信息科学与工程系列专著

基于无线自组网的应急通信技术

Emergency Communication Technologies Based on Wireless Self-organizing Network

王海涛　张学平　陈　晖　宋丽华　张国敏　等著

電子工業出版社
Publishing House of Electronics Industry
北京・BEIJING

内 容 简 介

应急通信是为应对自然灾害或公共突发事件而提供的特殊通信机制和手段。本书以突发紧急事件下应急通信网络组织和服务保障为研究重点，在系统阐述应急通信保障现状和传统应急通信技术手段的基础上，深入探讨了基于无线自组网的应急通信系统构建所涉及的一系列关键技术问题，内容涵盖了应急通信的基本概念、发展研究现状、网络架构、关键技术和应用，其中关键技术主要包括：异构网络融合互通，网络生存性增强技术，多业务流 QoS 支持技术，网络管理和安全，网络认知与协同，以及网络性能测量和评价方法等。

本书具有一定的前瞻性，并注重实际应用，适合准备和已经从事应急通信及相关领域工作的科技人员阅读，可为各级政府应急指挥部门、运营商和设备制造商选择、部署或开发应急通信系统提供参考，也可作为高校通信及相关专业高年级本科生和研究生的教材或参考书。

图书在版编目（CIP）数据

基于无线自组网的应急通信技术 / 王海涛等著. —北京：电子工业出版社，2015.8
（信息科学与工程系列专著）

ISBN 978-7-121-26828-1

Ⅰ. ①基… Ⅱ. ①王… Ⅲ. ①应急通信系统 Ⅳ. ①TN914

中国版本图书馆 CIP 数据核字（2015）第 174281 号

责任编辑：张来盛（zhangls@phei.com.cn）　特约编辑：王沈平
印　　刷：北京京科印刷有限公司
装　　订：三河市皇庄路通装订厂
出版发行：电子工业出版社
　　　　　北京市海淀区万寿路 173 信箱　邮编　100036
开　　本：787×1 092　1/16　印张：24.25　字数：620 千字
版　　次：2015 年 8 月第 1 版
印　　次：2015 年 8 月第 1 次印刷
印　　数：2 500 册　　定价：79.00 元

凡所购买电子工业出版社图书有缺损问题，请向购买书店调换。若书店售缺，请与本社发行部联系，联系及邮购电话：（010）88254888。

质量投诉请发邮件至 zlts@phei.com.cn，盗版侵权举报请发邮件至 dbqq@phei.com.cn。

服务热线：（010）88258888。

前　言

我国地处环太平洋和北半球中纬度两条灾害带的交汇处，是灾害多发、灾害面广、灾害损失严重的国家之一。20世纪90年代以来，我国年均受灾人口在2亿人次以上。在出现自然灾害、突发事件等各类紧急情况后，通信是实施抢险救援与对外联络极其重要的一环；政府和人民群众对通信的依赖程度显著高于平时，需要利用各类通信手段迅速通报险情、指挥救援、实施紧急援助等；快速响应、稳定可靠和全面高效的应急通信系统无疑成为降低灾害损失的一项决定性因素。即使在通信和信息技术高度发达的今天，在灾难面前，现有的应急通信保障措施也显得力不从心。近年来，特别是2008年以来我国相继发生了南方冰冻雨雪灾害、四川汶川大地震、舟曲泥石流和玉树地震等特大自然灾害，并且先后成功举办了举世瞩目的北京奥运会和上海世博会，这些突发自然灾害和重大事件使应急通信再度成为人们关注的焦点。面对这些重大突发事件，如何构建能实现平时和灾时结合的可靠、高效、安全的应急通信网络，成为迫切需要解决的问题。从某种意义上讲，有效应对重大突发事件的能力已成为社会现代化和国家综合实力的一个重要标志，直接关系到国家的政治稳定和经济发展。

大量事实表明，在突如其来的大型自然灾害和公共事件面前，常规的通信手段往往无法满足应急通信需求。应急通信正是针对这种特殊的通信需求而提出的，目的是在应急突发情况下有效利用各种通信资源和技术手段来及时发布通告、保证相关人员迅速准确获取和传递信息，协调各类用户群体的行动以及进行统一的指挥调度等，以便最大限度地降低灾难损失、维护社会稳定和辅助灾后重建。所以，必须探索和建立各种有效的、形式多样的应急通信保障措施和防灾、救灾预案，以便在各类紧急情况和自然灾害面前及时提供有效的通信保障。与西方发达国家相比，我国的应急通信技术手段相对落后。当前，国内应急通信主要依托现有通信设施（包括公共通信网和公众传媒网）并在基础设施受损或不能满足通信需求时借助卫星、短波和专用集群通信系统来提供应急通信保障。应急通信具有时间突发性、地点不确定性、业务紧急性、信息多样性和过程短暂性等显著特点，而传统的通信系统在设计和实现时并没有对这些特点予以充分考虑。应急通信的上述特点要求能够快速部署应急通信网络，为各类用户及时提供多样化的、满足各自需求的通信服务，对特定区域进行实时监控，对紧急突发事件做出快速响应，并能有效协调各种救援力量实施抢险救灾和灾后重建。目前国内的应急通信系统功能单一，且依赖基础通信设施，自组织能力和顽存性较低，难以进行网络管理和提供多业务流QoS支持。举例来说，公众通信网不可靠，且在应急通信情况下容易过载而变得不可用；集群通信系统能够在紧急突发场合下快速建立呼叫，并支持组呼、广播呼叫和补充业务，但其覆盖范围和通信容量较小，通常仅限于指挥调度应用并且仍依赖基础通信设施；卫星通信较健壮、覆盖范围广，但是传输能力有限，部署和使用成本高且技术支持困难。应急通信保障涉及防灾预警、网络组织、资源配置、通信支持、指挥调度等多方面的问题，现阶段包括卫星和集群通信系统在内的应急通信系统已不能满足复杂多样的应急环境下为各类用户群体提供快速、可靠、健壮的通信服务保障的要求，必须引入新的技术手段和方法。

随着信息网络技术的发展，近年来出现了一系列可供应急通信选择的新型技术手段，尤其是以Ad hoc网络为代表的无线自组网技术。无线自组网是无线（移动）通信和计算机网络融合发展的产物，其特点是网络无中心、自组织、多跳传输，具有灵活、易部署和自配置的优点，非常适合组建应急通信网络来协调各类人员展开救援行动和应对突发事件；而现有的公众通信网络在突发危机面前发挥的作用很有限，特别是不能满足重大自然灾害和突发公共事件出现时对应急通信服务的要求。因此，借鉴发达国家在应急通信保障方面取得的经验和技术成果，并结合我国国情和通信现状，针对应急通信网络的特点和应急通信的特殊要求，在依托传统通信手段的基础上充分利用无线自组网技术，制定有效结合无基础设施网络和有基础设施网络的应急通信网络组织和保障体系是十分必要的，也是完全可行的。

本书正是在上述背景需求下酝酿编著的，希望运用包括无线自组网在内的多种最新技术成果来支持应急通信网络的快速组建和有效维护，增强应急通信网络的适应性和应用效能，以便在复杂多样的应急环境下为不同用户群体提供各自所需的通信服务。

本书的主要著者长期从事计算机网络、移动通信、系统评估和人工智能等方面的研究工作，在网络体系结构、分布式计算、网络管理、网络协议开发和性能分析领域积累了大量经验。他们从 2001 年起开始对无线自组网技术进行了广泛深入的研究，尤其是在网络体系结构、分簇算法、跨层设计方法和 QoS 保障等方面取得了一些研究成果。本书的内容材料经过精心选取和构思，从理论与实践相结合的角度，先介绍应急通信网络基础知识，再系统阐述以无线自组网为代表的应急通信网络新技术。全书分为 10 章。其中，第 1 章介绍应急通信的概念和特点，对应急通信的各种场景进行分类比较，并阐述国内外应急通信的研究现状以及我国应急通信保障所面临的问题；第 2 章对应急通信已有研究成果进行深入调研，介绍应急通信网络技术选型，归纳应急通信技术热点和难点；第 3 章对无线自组网技术进行系统介绍，并举例说明无线自组网在应急通信中的应用；第 4 章探讨多种无线自组网之间以及无线自组网和现有网络基础设施的内在联系和有机融合，充分利用无线自组网技术设计融合多种通信网络的异构应急通信网络体系架构，包括物理网络结构和逻辑分层结构，并介绍应急通信网络的入网管理机制和应急响应模型；第 5～9 章对应急通信网络的组织和维护以及业务开展中所涉及的若干关键技术问题进行全面深入的阐述，并设计和实现相关网络协议和算法来解决异构网络融合互通、可生存的通信模式、多业务流 QoS 支持、网络安全和管理以及网络认知与协同等技术难题，包括：互联网关发现和网络选择机制、网络冗余控制、可生存路由协议、高效的信息传输模式、信息摆渡机制、网络安全技术、QoS 体系结构、业务流分类和优先级处理机制、网络资源管理、QoS 路由、拥塞控制机制、认知网络和协同通信技术等；第 10 章针对异构应急通信网络的特点制定全面、客观的性能评价指标体系，并基于该指标体系利用计算机仿真平台，在各种网络条件下对应急通信网络的效能进行定量评价。

本书是集体智慧的结晶。解放军理工大学的王海涛副教授负责全书内容的组织和主干章节的撰写，张学平教授、陈晖教授、宋丽华副教授以及张国敏讲师、张祯松讲师和朱震宇讲师负责部分章节的编写工作；李建洲、朱世才、陈磊、闫力、刘彦涵、张焕青、高晓睿和许尹颖也参与了部分内容的讨论和编写，并且绘制了书中部分插图。在本书的编写和出版过程中，解放军理工大学训练部的领导和同事给予了许多支持和帮助，电子工业出版社相关编辑付出了辛勤的劳动。此外，本书的部分研究成果得到了国家自然科学基金项目（编号为 61072043）、军队 2110 工程三期建设项目和解放军理工大学预研基金的支持，本书部分章节的内容引用了应急通信和信息网络领域相关学者的研究成果。在此，向所有为本书的出版做出贡献的人们表示真诚的感谢！

应急通信保障技术涉及多个学科知识领域，新的技术和方法不断涌现，新的思想和应用层出不穷，而且至今仍有大量技术问题未得到圆满解决，很多技术标准化工作还在进行当中，加之著者水平有限，时间紧、任务急，书中错误、疏漏在所难免，敬请读者批评指正。

著　者

2015 年 1 月 8 日

目　　录

第1章　应急通信概述

当发生重大突发事件时，与能源、电力、交通等基础设施一样，通信是保障紧急救援的重要生命线。紧急情况下的通信，即应急通信已成为应急保障体系的重要组成部分。作为本书的引子，本章首先说明应急通信的基本概念和特点；然后在对应急通信的各种场景进行分类分级比较的基础上，说明应急通信中不同用户的通信需求；最后，对国内外应急通信的发展现状进行概述，并指出我国应急通信保障工作存在的不足和解决对策。

1.1　应急通信的相关概念和内涵

1.1.1　突发事件

突发事件（unexpected events 或 emergency events）是指突然发生并（很可能）造成重大人员伤亡、财产损失、生态环境破坏和严重社会危害，危及公共安全需要采取应急处置措施及时应对的紧急事件或自然灾难。突发事件可以是公共范畴的，也可以是私有范畴的。突发事件的起因可归结于自然或人为两大因素，但其发生的时间、地域、事件类型和影响程度往往难以准确预测。按照事件是否可预知，突发事件分为可预知事件和不可预知事件两大类。可预知事件主要是指大型的社会性活动，而不可预知事件包括的范围比较广。我国 2006 年年初颁布的《国家突发公共事件总体预案》中，根据突发事件的发生过程、性质和机理，将不可预知的突发公共事件分成 4 大类，分别是：自然灾害，主要包括水旱灾害、气象灾害、地震灾害、地质灾害、海洋灾害、生物灾害和森林草原火灾等；事故灾难，主要包括工矿商贸等企业的各类安全事故、交通运输事故、公共设施和设备事故、环境污染和生态破坏事件等；公共卫生事件，主要包括传染病疫情、群体性不明原因疾病、食品安全和职业危害、动物疫情以及其他严重影响公众健康和生命安全的事件；社会安全事件，主要包括恐怖袭击事件、经济危机事件和涉外突发事件等。突发事件按照其性质、严重程度、可控性和影响范围等因素，由高到低分为Ⅰ级（特别重大）、Ⅱ级（重大）、Ⅲ级（较大）和Ⅳ级（一般）。上述各类突发公共事件往往相互交叉和关联，即某类突发公共事件可能和其他类别的事件同时发生，或引起次生、衍生事件；所以遇到突发事件应当具体分析、统筹应对。需要说明的是，突发事件的出现必将给某个特定区域造成重大影响，往往使用“事发现场”来表示这一特定区域，即在重点、特殊区域发生突发性事件，造成严重影响，需要快速处置的现场。重点、特殊区域是指在重点敏感地区、人群聚集区，以及通信手段不易覆盖的地下建筑区域，如地铁、地下停车场、体育场馆地下室、远郊山区等。

近年来突发事件频发且影响重大，对正常的经济和社会生活带来巨大冲击，甚至导致公共危机，影响社会稳定。例如，2001 年爆发的美国“9·11”恐怖袭击是迄今人类历史上最严重的恐怖袭击事件，造成 3000 余人死亡和数百亿美元的财产损失，给人们带来了挥之不去的心理阴霾，并对世界政治格局产生重大影响；2005 年 8 月下旬在美国佛罗里达州登陆的卡特里娜飓风是美国历史上破坏性最严重的一场风灾，造成包括大范围通信中断，死亡人数 1500 余人，经济损失超过 1000 亿美元；2004 年 12 月 26 日，印尼苏门答腊岛，附近海域发生的 9 级地震引发的大海啸给该地区 13 个国家造成重大损失，通信一度中断，死亡人数达 20 万，经济损失近千亿美元。我国 2008 年年初的南方冰冻雨雪灾害为新中国成立以来所罕见，冰雪灾害造成大面积交通瘫痪、电网破坏、通信中断，直接经济损失达 1500 亿元；2008 年的“5・12”汶川特大地震，造成灾区大量公路、铁路、桥梁、隧道和通信基础设施严重损毁，交通、通信大面积中断，实属罕见的特大自然灾害，直接经济损失达到 8000 多亿元，伤亡人数达数十万人。2001 年 3 月 11 日发生在日本沿海的 9 级特大地震引发了海啸和核泄漏事件，造成数万人死亡并对该地区的生态环境造成重大破坏，经济损失高达 2 万亿元。

从这些经验教训中，人们逐步意识到必须在平时完善应急通信体系，达到应急通信保障的要求，才能在紧急关头保持政府、企业和个人之间的通信，提高各级政府处置突发公共事件的能力，减少人民生命和财产的损失。可见，重大突发事件已成为影响人民生命财产安全、社会稳定和制约社会发展的重要因素之一，及时有效应对突发公共事件已成为各国政府应急管理的首要任务。

1.1.2 应急通信

“应急通信”一词，对许多非专业人士来说可能显得陌生，但若讲到“飞鸽传书”、“烽火告急”和“鸡毛信”等人们早期常用的应急通信手段，大家就很容易理解。其实，应急就是指一种要求立即采取行动的状态，以避免事故的发生或减轻事故的后果。现代意义的应急通信（Emergency Communication），一般指在出现自然的或人为的突发性紧急情况时，包括重要节假日、重要会议等通信需求骤增时，综合利用各种通信资源，保障救援、紧急救助和必要通信所需的通信手段和方法，是一种具有暂时性的为应对自然或人为紧急情况而提供的特殊通信机制。在不同的紧急情况下应急通信的需求不同，使用的技术手段也不同。

在突如其来的重大公共突发事件面前，常规的通信手段往往无法满足通信需求。一般而言，应急通信正是为应对公共突发事件而提供的特殊通信机制和手段，目的是在应急突发情况下有效利用各种通信资源和技术手段（有线、无线、卫星和集群通信等）及时发布通告，保证相关人员迅速、准确地获悉和传递信息，协调各类用户群体的行动以及进行统一的指挥调度等，以便最大限度地降低灾难损失、维护社会稳定和辅助灾后重建。也就是说，应急通信是为应对自然或人为紧急情况而提供的特殊通信机制，目的是在通信网络设施遭受破坏、性能降级、异常高话务量或特殊通信保障任务情况下综合利用各种通信资源和通信技术手段（有线、无线、卫星、集群通信等），使应急人员无论何时何地、采用何种接入方式，尽可能利用残存和临时部署的通信资源建立通信连接，在应急情况下最大限度地保障通信畅通，从而及时报告灾情、实施紧急救援、降低灾害损失和保障灾后重建。当然，应急通信不仅针对公众，也可针对个人。例如，当个人在生命财产受到安全威胁时，可以通过拨打 110、119 和 120 等紧急特服电话向救援机构求助。

应急通信并不是一种新近出现的概念，人类早期战争的烽火传递即可视为一种应急通信形式；它也不是全新的技术手段，而是已有各种通信技术手段在紧急情况下的综合运用。应急通信不仅是单纯的技术问题，还涉及管理和社会问题，需要建立完善的应急通信管理体系、指挥协调机构和资源调度机制。应急通信的内涵将随着通信行业和技术的发展不断发展和变化，涵盖通信技术、计算机技术、网络技术、智能决策技术、指挥控制技术以及社会管理学，是一种跨学科、跨领域的技术的综合运用。首先，必须明确应急通信是公用通信网的重要组成部分，可以视为公网的延伸和补充，而不应将应急通信与公网隔离开来。其次，应急通信既包括应急通信技术手段，也包括应急组织管理的方式方法，是技术和组织管理的统一。应急通信系统承担的任务总体包含三个方面，一是平时为公用通信网提供补充服务；二是为突发事件提供通信保障，这也是应急通信主要承担的任务职责；三是战时为作战提供支持。从应急任务的性质来分，可以分为应急服务和应急保障。应急服务主要是指为预定的重大社会、经济和外交活动提供业务支撑，而应急保障主要是为重大通信事故、突发公共事件和自然灾害提供通信保障。

应急通信的核心服务是通信保障和通信恢复。通信保障是指在发生各类紧急事件时，为政府或公众用户提供必要、及时的通信服务。例如，个人遇到紧急情况拨打110电话报警，地震发生后提供卫星通信实现应急指挥，利用互联网和电话网实现紧急信息传递，都属于通信保障的范畴。通信恢复是指由于发生公共安全事件或自身原因导致通信网出现问题，而需要尽快恢复通信。通信恢复更多的是通信行业内部的事情，大部分通过应急预案来实施和完成，即根据通信网络受破坏程度的不同，启动不同级别的应急预案。对于通信网来说，不同运营商都有自己的应急预案，不同机构也会针对各自的专业特点制定各自的应急预案，以保证在规定的时间内尽快恢复通信。通信保障更多的是使用卫星、短波等技术手段，用于政府机构之间的应急指挥调度；通信恢复更多的是指公众电信网的恢复，尽快给用户提供正常的通信服务，满足公众到公众之间的慰问交流、政府到公众安抚通告的通信需要。对于大多数紧急情况，虽然都是要保障通信和恢复通信；但当发生某些特殊情况时，则可能需要抑制通信。如当发生恐怖袭击等社会安全事件时，一方面要利用应急手段保证重要通信和指挥通信；另一方面，要防止恐怖分子或其他非法分子利用通信网络进行恐怖活动或其他危害社会安全的活动，此时需要抑制部分或全部通信。

应急通信的开展可以依赖专网和公共网络。专网在应急通信中基本上用于指挥调度，例如卫星通信、微波通信、集群通信等。而公网，如固定通信网、移动通信网、互联网等，基本都用于公众报警、公众之间的慰问与交流，以及政府对公众的安抚与通知等。近年来，利用公网支持优先呼叫成为一种新的应急通信指挥调度实现方法。公网具有覆盖范围广等优点，政府应急部门可以临时调度运营商公网网络资源，通过公众通信网提供应急指挥调度，保证重要用户的优先呼叫，如美国的政府应急电信业务、无线优先业务。公网支持重要用户的优先呼叫，逐渐成为应急通信领域新的研究热点。

应急通信能力对于快速有效的应急响应至关重要，以保持在应急救援行动中各类人员的信息联络持续畅通。应急响应（指挥）中心是应急通信系统的核心，是联系其他各级机构和人员的纽带。应急中心的选址要精心考虑，避免在灾难中遭受破坏。但是，有时往往难以保障应急中心和现场救援人员之间的通信联络在救援伊始始终畅通。为此，在应急区域附近可设立临时的应急事件指挥所，负责对应急事件的影响、损失和恢复情况进行定期评估，维护和控制通信联络，确定救援策略；制定行动计划并合理分配资源。

1.1.3 灾备通信

从理论上讲，灾害备份通信（简称灾备通信）也应属于应急通信的范畴。但是灾备通信又有其特殊性：它主要是指设计和构建通信系统时，在采用主流通信手段的同时，利用某种通信手段作为主流通信手段的备份和补充；以便当主流通信手段因某种灾害而中断时，能够使用备份手段继续保障最基本的通信需求。应急通信和灾害备份通信的共同点，在于它们都是在主流通信手段因灾害或其他原因阻断的情况下为受灾地区或单位提供临时通信联系的手段。不同点则在于（狭义的），应急通信往往是在原有通信手段中断之后，临时采用其他手段恢复通信，其性质主要属于亡羊补牢；而灾害备份通信是在灾害发生之前就为主流通信手段发生中断的可能做好准备，以保障相关地区或单位的通信在受到灾害影响时，能够不受阻断并保持最低限度的对外联系。因此灾害通信备份的性质更多属于未雨绸缪。应急通信和灾害备份通信之间应当是相辅相成的关系，且都不可或缺。

1.1.4 应急指挥

应急指挥泛指为应对突发事件，由应急响应处置部门（机构）指挥下级和指导公众进行相应应急处置的行动。应急指挥依据应急法规条例，通过对突发事件的信息采集、传输、分析和处理，形成指挥控制决策，进而下达指挥指令实现应急信息发布，以及应急人力和物资资源的协调、调配，以保证响应行动的顺利开展。可见，应急指挥的有效实施主要取决于两方面：应急处置法规条例和应急指挥通信技术。由于应急指挥是有效应对突发事件的关键，因此必须优先保障应急指挥信息在相关机构和人员之间及时、可靠地传递，即应急指挥业务是应急通信需要优先保障的通信业务。

1.1.5 应急联动

应急联动也称应急服务联动，是一种特殊的应急指挥调度机制，是指多个应急响应处置部门（如电信、公安、消防、医院）向公众提供紧急救助的联合行动。应急联动的核心是统一报警、统一指挥、快速反应、资源共享、联合行动，即从制度上和平台上实现跨部门、跨区域的多机构和多层次的联合行动和统一指挥，从而高效、有序地处理各种突发事件和开展紧急救援。现在，我国许多城市已建成城市应急联动系统（City Emergency Response System），将不同的报警与求助特服号码统一，并实现了不同部门和机构之间的互通与协调配合。应急联动业务流程一般包括报警、接警、预警、处警、执行与反馈、监控与记录、报表与统计等环节，应急联动的技术实现依赖于各部门应急通信的互连互通和应急指挥的协同。 应急通信是应急体系的重要组成部分，为整个应急过程提供通信保障。应急联动通常指的是城市应急联动，是国家或政府为了有效组织救援、实施抢险救灾而采取的一套运作机制，其核心是联动。应急联动过程中所涉及的通信过程和手段是特定场景下的应急通信。

城市应急联动系统可在计算机网络系统辅助下 24 小时受理市民的报警与求助，监控和 GPS 系统可 24 小时监控全市重要路口交通状况，卫星现场图像实时传输系统可将事故现场图像实时传送到应急联动中心，紧急移动通信车可用于快速在事件现场设立临时指挥中心或为部分无线集群通信覆盖盲区提供应急服务，无线调度通信可在全市覆盖辖区内同时与现场人员进行语音、数据通信，应急调度时联动中心可实时掌握现场救助资源的全面分布，真正实现全局统一的快速、有效的联动调度指挥。1998 年国务院即提出要在全国部署社会服务联动工作，希望通过各部门联合行动，最终建立一套社会化的公共救助体系，改进中国匪警 110、火警 119、急救 120、交警 122 等报警救助系统各成体系的不合理、低效率状况。广西省南宁市政府率先响应，并于 2002 年建设开通了南宁市城市应急联动系统。该系统充分利用数字化、网络化、图像化技术，将电子政务、全球定位系统（GPS）、GIS 和数据库等系统有机地集成为一体，将 110、119、120、122 等报警服务及 12345 市长公开电话全部纳入统一指挥调度系统，实现了跨部门、跨警种、跨警区的统一协调指挥及统一应急联动，如图 1.1 所示。

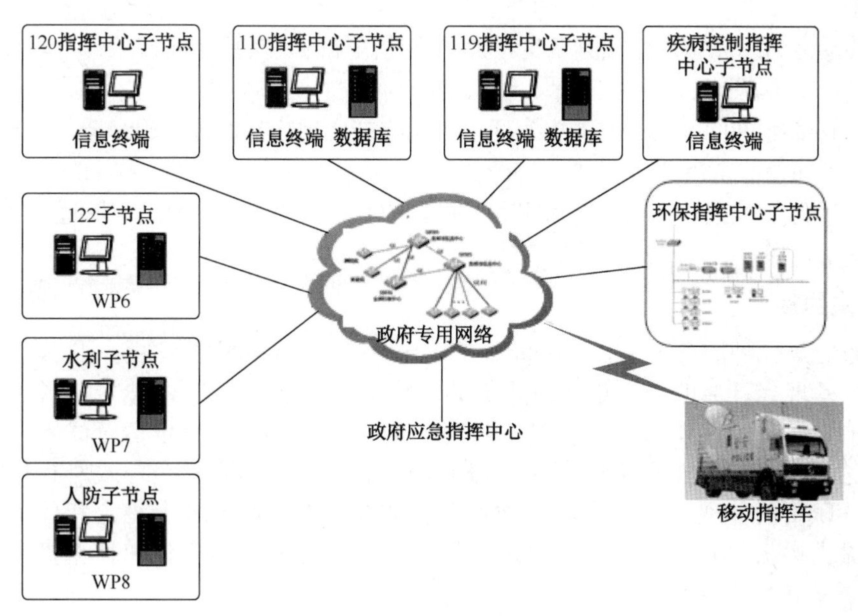

图 1.1 应急联动系统的网络结构

1.1.6 公众通信与应急通信的关系

公众通信是为常态社会活动建设的，通常依据常态情况下的网络规模、服务等级、利用率、忙时用户话务量等指标，并参考历史运行数据及经验值配置通信资源；虽考虑冗余，但难以抵御灾害破坏或突发大话务量冲击。应急通信则是为应对非常态情况而建设的。两者在应用主体、业务模式、保障要求、发展目标上存在差别，具体说明如下。

1．应用主体不同

公众通信的应用主体是广大公众，用户数量庞大，人员构成复杂，且入网不受限制，只要能够按时足额地支付通信费用即可。应急通信的应用主体是专业用户，如城市管理、公共安全、消防急救、应急指挥等政府职能部门，用户专业性强，数量相对较少，人员构成明确，且入网必须经过严格的资格审查，通信费用由单位统一支付。

2．业务模式不同

在业务模式上，公众通信的目标用户群以个体为单位，通信以一对一双工电话为主，使用目的主要是联络沟通、传递信息、提高工作效率、提升生活品质等。因此，公众通信的用途多样，通话模式各异，通话对象与时长具有随机性，用户之间相互平等，没有优先等级区别。应急通信的目标用户群以团体为单位，通信以一对多半双工组呼为主，使用目的主要是下达行动指令、反馈处置情况、横向联动协调、纵向垂直指挥等。因此，应急通信的用途明确，通话模式规范，通话对象与时长可控，成员用户有严格的等级划分、明确的工作流程和紧密的协作关系。

3．保障要求不同

相比公众通信，应急通信在保障要求方面具有其特殊性，具体体现为以下几点：

（1）优先保障：应急通信的业务流在穿越任何网络时，都需要获得优先保障。

（2）网络安全：应急通信网络应能够通过用户认证或设备鉴权防止非法用户接入，并能够通过加密，保护通信内容安全。

（3）移动能力：应急通信应具备良好的移动通信能力，支持无线接入、自动漫游及高移动速率。

（4）无缝覆盖/网间互连：支持应急通信的网络应实现广泛覆盖、无缝覆盖，支持网间互连，确保应急通信的可用性。

（5）生存能力/抗毁性：应急通信应具备良好的生存能力和抗毁性，能够适应在各种环境条件下的使用要求。

4．发展目标不同

公众通信是一种服务产品，使用价值是方便人与人之间的联络沟通，提高生活品质和工作效率，是现代社会的一个重要组成部分。除了“普遍服务”，公众通信并没有被赋予更多的政治责任和社会责任，运营商主要考虑的是科技投入及建设运营成本，发展目标是电信运营商的企业效益和国有资产的保值增值。应急通信则完全是政府行使社会管理和公共服务职责的体现，目的是为了处置各类突发事件、维护社会稳定和保障人民生命财产安全提供通信保障。因此，应急通信被赋予了明确的政治责任和社会责，目标是政府提高执政及服务的能力。

1.2　应急通信的特点

由于突发事件本身的不确定性，不同于常规通信，应急通信场景众多、环境复杂多变，具有时间突发性、地点不确定性、破坏程度随机性、通信需求不可预测性、成本效益矛盾性、业务紧急性和多样性、环境复杂性和过程短暂性等显著特点，具体说明如下。

1．时间突发性

对自然灾害和公共事件的预测是比较困难的，因此大多数紧急事件的发生具有时间不确定性，从而造成应急通信也具有时间不确定性，使人们无法预知什么时候需要应急通信。例如，“9・11”事件和汶川“5・12”大地震的发生时间就具有明显的突发性。少数情况下，人们虽然可以预知需要应急通信的大致时间，但却没有充分的时间做好应急通信的准备，例如台风、泥石流、海啸。只有在极少数的情况下，人们可以预料需要应急通信的时间，例如重要节假日、重要足球赛事、重要会议和军事演习，等等。

2．地点不确定性

大多数情况下，人们无法预知地震、大型火灾和水灾、瘟疫及一些恐怖活动的发生地点。只有在少数情况下，可以确定实施应急通信的具体地点，例如城市的高话务区域、北京 2008 年奥运会、上海 2010 年世博会等。在这种情况下，政府或者企业可以提前派驻和组建一些应急通信设备，如移动应急通信指挥车等应对话务高峰。

3．通信设施受损程度的随机性

在破坏性的自然灾害事件发生的情况下，例如飓风、地震，通信基础设施可能受到损坏而使网络陷入瘫痪。而另外一些突发事件虽然严重，但对通信基础设施的影响很小，例如公共卫生事件。

4．通信容量需求的不可预测性

突发事件发生期间，通信容量需求剧增，人们无法预知需要多大的容量才能满足应急通信的需求。局部出现的大通信流量会造成网络拥塞，并且通信流向往往是汇聚式的，即大量通信业务流向特定的地区，如应急事件处置中心，加重了通信的拥塞。应急通信的容量需求具有随机突发性，规模很难预测。

5. 成本效益矛盾性

应急通信专网建设投资巨大，在公益性和经济性方面存在矛盾，因此建设大而全的专网应急通信系统不太现实。另外，公网在突发事件出现时也应提供应急通信服务，这在商业利润和社会责任方面存在矛盾性。

6. 业务的紧急性和多样性

应急通信要求在最短时间内快速提供服务以恢复通信和避免信息孤岛，确保重要的指挥信息和求救信息的可靠传递，以便最大限度地挽救生命、减少经济损失和降低社会影响。另外，在进行应急通信时需要传递各类通信信息，包括数据、语音、图像和视频信息等。

7. 环境复杂性

应急通信往往处在较为复杂的自然和社会环境中，面对的情况十分复杂，不确定因素众多，如地震倒塌的废墟、水灾火灾现场、危险化学品现场和人员混乱现场等。

8. 过程短暂性

应急通信是为应对突发紧急事件开展的通信过程，相比于常规通信，应急通信的过程往往相对短暂，如从数分到数十天不等。

1.3 应急通信的分类和分级

1.3.1 应急通信场景的分类与比较

应急通信是针对应急突发事件实施的通信保障活动，不同的紧急突发情况，对应急通信的需求不同。因此有必要对各种常见的的应急突发情况进行分类比较，以便在特定应急情况出现时，可以采取有针对性的应急通信技术手段和组织方法。依据应急突发事件自身的特点和属性，可以将应急通信场景划分为三大类：个人应急突发情况、公共应急突发情况和突发战争行动，如图 1.2 所示。

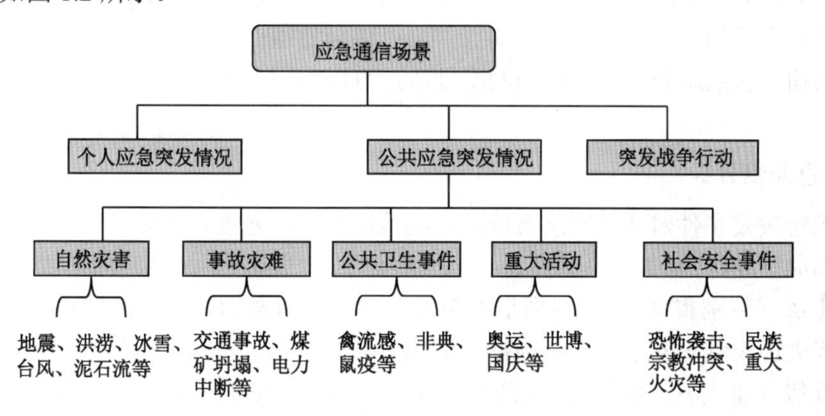

图 1.2 应急通信场景分类

个人应急突发情况是指个人在某种情况下其生命或财产受到威胁，通过向应急机构或应急联动系统上报求助信息的情况。例如，当用户遇到紧急情况时可以拨打 110、119 等特服号码以获得救助。在个人应急突发情况下，要保证用户的紧急呼叫准确到达应急指挥中心/联动平台，保证应急指挥中心/联动平台能够从 PSTN、GSM、CDMA、小灵通等用户报警所使用的公网得到报警用户的位置信息，找到用户的物理位置，保证应急指挥中心/联动平台与现场之间的通信畅通，完成现场的指挥调度。个人应急突发情况发生频率很高，对个人影响也较大，但是对国家和集体造成的损失和影响很小；突发战争行动虽然影响和破坏性较强，但是在和平年代出现的频率很低。所以，常见的应急突发情况主要是指公共应急突发事件。

公共突发事件通常是一种突然发生并造成重大人员伤亡、财产损失、生态环境破坏和严重危害社会和公共安全的紧急事件。依据事件的性质，公共应急突发事件又可进一步划分为 5 种类别，即自然灾害、事故灾难、公共卫生事件、重大活动和社会安全事件，而每一类突发事件又包含多种具体的事件。例如，自然灾害包括地震、洪涝、冰雪、台风和泥石流等情况。再者，还可以按照突发事件对通信基础设施的破坏程度将其分成破坏性突发事件和非破坏性突发事件两大类，例如自然灾害、突发战争行动通常属性破坏性突发事件，而其余的突发事件大都可以归为非破坏性突发事件。另外，有的应急突发事件可以预测，如重大活动、节假日和重点区域的通信保障；而有的则难以预测，如事故灾难。需要指出的是，公共突发事件出现时往往伴随着突发话务高峰，即产生突发话务造成网络拥塞，导致用户无法正常使用通信的情况。

应急通信可分为大规模、中规模和小规模等场景，如自然灾害和公共卫生事件的规模较大，范围可从数十千米到数千千米；大型事故灾难和社会安全事件的规模中等，范围从数百米到数十千米；重大集会和小型交通事故规模较小，范围从数十米到数千米。

1.3.2 应急通信的分类与分级

1．应急通信分类

依据不同的标准应急通信可以有不同的分类方法。按照突发事件发生时间顺序，可以将应急通信分为灾害发生之前的应急通信、灾害发生之后的应急通信及支持恢复重建工作的应急通信；按照实施机构的级别，可将应急通信分为国家（中央）级部门、各级政府部门及各级企业部门的应急通信；按照应急通信所涉及的紧急情况，可将应急通信分为个人紧急情况应急通信和公众紧急情况应急通信；按照通信的内容，可以将应急通信分为语音、数据、图像和视频类应急通信；按照通信发生地点，可以将应急通信分为灾区现场应急通信和后方指挥所应急通信；按照承载应急通信的网络性质，可以将应急通信分为公网应急通信和专网应急通信。

2．应急通信分级

依据应急突发事件对通信网络造成的影响范围和破坏程度，可以将应急通信按事件的紧急级别分为如下 4 级：

（1）Ⅰ级（特别重大）：因特别重大突发公共事件引发的，有可能造成多省（区、市）通信故障或大面积骨干网中断、通信枢纽遭到破坏等情况。

（2）Ⅱ级（重大）：因重大突发公共事件引发的，有可能造成某省（区、市）多个基础电信运营企业所属网络通信故障的情况。

（3）Ⅲ级（较大）：因较大突发公共事件引发的，有可能造成某省（区、市）某基础电信运营企业所属网络多点通信故障的情况。

（4）Ⅳ级（一般）：因一般突发公共事件引发的，有可能造成某省（区、市）某基础电信运营企业所属网络局部通信故障的情况。

1.4 应急通信的需求分析

应急通信面对的情况十分复杂，不确定因素很多。这就要求对于公众通信网络不能覆盖的广大区域，也必须有相应的部署方法和技术措施快速建立临时的通信网络来提供应急通信。一个显而易见的事实是，对于不同性质和级别的紧急突发事件以及突发事件的不同阶段，不同用户群体的应急通信需求各不相同。纵观各类公共突发性事件，将之合理分类，不难找到其中的规律及对应急通信保障的要求。因此，在处置突发事件过程中，需要有针对性地利用各种通信手段来保障现场指挥的畅通，如使用有/无线公众网络、无线集群、卫星通信、短波通信等，各级政府需要整合多种通信手段来保证数据、语音、图像的传输。只有充分利用公众通信网络、专用通信网络，充分利用各种社会资源和力量，才能达到既定目标。

1.4.1 不同应急突发情况下的通信需求

应急通信的核心任务是通信保障和通信恢复，对于不同的应急突发情况，其应急通信的保障需求和所采取的措施大不相同。个人紧急情况相对简单，而公共应急事件则较为复杂，需要针对事件的性质做不同处理。

1. 个人紧急情况

如前所述，个人紧急情况下的应急通信是指个人在生命财产受到威胁的情况下，拨打特服号码以求获得救助的通信过程。针对个人紧急事件情况，要保证用户的紧急呼叫迅速、可靠地到达应急指挥中心/联动平台，保证应急指挥中心/联动平台得到报警用户的位置信息，保证应急指挥中心/联动平台与现场之间的通信畅通。

2. 自然灾害

当发生洪水、地震、飓风等自然灾害时，由于其影响范围广、破坏程度大，对应急通信的要求相对较高。现有通信网络可能出现两种情况：一是自然灾害使通信网络本身出现故障造成通信中断，网络灾后需重建；二是自然灾害发生时未明显破坏现有通信网络。针对第一种情况，应急通信的首要目标是利用各种管理和技术手段尽快恢复通信，保证应急指挥和救援行动的顺利开展，进而保证广大用户正常使用通信业务。针对第二种情况，应急通信要优先保证应急指挥中心/联动平台与现场之间的通信畅通，及时向用户发布或解除预警信息，保证不同机构应急系统之间的互连互通，疏通灾区通信话务，尽量减少话务高峰对网络造成的冲击。

3. 事故灾难

当发生交通运输事故和环境污染等事故灾难时，灾难本身的影响范围一般较小，对通信基础设施基本上不会造成损坏。此时，应急通信主要应保障应急指挥中心和应急现场通信的畅通并及时向公众发布事故现场相关信息；此外还需要对现场进行监测，并及时向指挥中心通报监测结果。

4. 公共卫生事件

对于重大公共卫生事件，因为其波及面广、影响范围大，虽然不会对网络基础设施造成损害，但是通信量会在一段时间内急剧增加，所以会对网络承载能力带来很大压力。应急通信保障工作要及时疏通事发地区的业务流量，保障重要的指挥信息和灾情信息及时、可靠地传递。

5．社会安全事件

当发生恐怖袭击、暴力活动和示威游行等社会安全事件时，一方面要利用应急手段保证重要通信和指挥通信的畅通；另一方面要防止恐怖分子或其他非法分子利用通信网络进行恐怖活动或其他危害社会安全的活动，即通过通信网络跟踪和定位破毁分子，抑制部分或全部通信，防止利用通信网络进行破坏。

6．重大活动事件

对于重大活动这样的紧急事件，一般只是出现因突发话务高峰而造成网络阻塞或瘫痪；因此可以未雨绸缪，根据历史运行数据来预测和估算话务分布情况和人员流动情况，在事发区域增开中继、增设通信设施和临时应急通信车，并在特定时段进行流量控制，缓解网络出现的过负荷情况，保证用户正常使用通信业务。

1.4.2　不同应急时间阶段的通信需求

经验表明，应急事件发生的不同阶段的通信需求也大不相同，主要体现在通信业务量的大小方面，如图 1.3 所示。事发前 2 天（48 小时）内的预警阶段，通信需求逐渐增加；在事发后 3 天（72 小时）内的救援关键期内通信量最大；事发 3 天后的恢复阶段通信量逐渐减小。

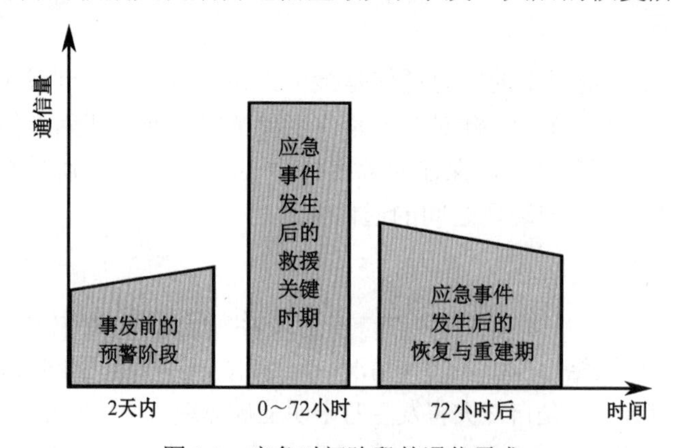

图 1.3　应急时间阶段的通信需求

灾难救援机构普遍认为，灾难发生之后存在一个“救援黄金 72 小时”，在此时间段内，灾民的存活率极高。研究资料显示，在灾难后的第 1 天，救出来的人的存活率高达 90%，第 2 天和第 3 天的存活率为 70%左右，但第 3 天以后，存活率骤减。近年来，多次重大灾难的救援都证明了黄金 72 小时的重要性。因此，必须尽快提供应急通信保障，确保救援行动及时、顺利地开展。

大量事实表明，灾后 3 天内的应急通信需求也各不相同，具体说明如下。

1．0～24 小时内的应急通信需求

自然灾害发生后，应急通信面对的最大难题是：通往灾区的交通受损，电力供应无法保障。此时，各地的救援人员和救援物资开始集结，并且救援先头部队需要在第一时间内携带救援物资及通信设备，通过步行或者空降进入灾区。该阶段对应急通信的主要需求是提供便于携带、容易安装部署和调试的应急通信设备，以便在极短时间内建立灾区与后方的通信联络，且主要是语音业务。该阶段组建的应急通信网络称为一级应急响应网络（1ERN），一级

响应网络要求在12小时内完成部署，寿命至少维持24小时以上，并且不应依赖于事发区域的可用资源。

2．24～48小时内的应急通信需求

灾害发生后24～48小时，大批救援人员开始进入灾区，救援工作逐步展开。灾区的交通部分恢复，可以提供有条件的电力供应，并在灾区建立了指挥机构。该阶段对应急通信的主要需求是确保灾区与后方的通信指挥调度顺畅，并不断扩大和恢复通信范围，通信业务以数据和语音为主并包括少量宽带视频业务。此阶段构建的应急通信网络称为二级应急响应网络（2ERN）。该网络要求在24小时内完成部署，寿命至少维持48小时以上，并且可以适当利用事发区域的资源。2ERN可以和1ERN同时或随后部署，成本相对更高。

3．48～72小时内的应急通信需求

灾害发生后的48～72小时内，大规模的救援工作全面展开。灾区大部分交通恢复正常，灾区救援指挥部开始全面指导救援工作。此时，应急通信的要求包括提供稳定、高效的指挥调度，保证各类救援机构的应急联动和协调行动，通信范围尽量覆盖整个灾区，并且满足不断增加的广大用户的通信需求，提供各种通信网络的互连互通。此阶段构建的应急通信网络称为三级应急响应网络（3ERN），要求在48小时内完成部署，寿命至少维持1周以上。此网络可以充分利用部署区域的资源，提供尽可能丰富的通信保障服务，不仅用于抢险救灾，甚至还可能用于灾后重建。3ERN最后部署，它可以包含1ERN和2ERN网络，并为它们提供资源。

1.4.3 不同应急用户的通信需求

当前，应急响应机构和人员的通信普遍依赖基础设施的支持，而灾难性突发事件往往会造成基础设施的损坏。应急通信场合的通信需求和模式与传统通信场合有很大不同：应急场合下应该尽量准确地定位待援/受灾用户，并将指控和相关资源信息（如周围环境的地形图）高效分发给救援人员，同时待援用户/幸存者也希望与营救人员或亲朋好友取得联系。一方面，营救人员需要和上级保持联系听从其指挥；另一方面，指挥机构需要组织整个营救行动，协调各类用户群体和救援资源。

1．应急通信的类别

总而言之，各种形式的应急通信应该满足三类用户和四个方向的通信需求。三类用户群体中，第一类用户是指应急事发地之外的政府决策机关和职能部门（统称为应急指挥机构），如国家应急指挥中心和各级政府部门。此类用户在应急通信中发挥着国家职能和承担指挥协调等任务，应该尽可能及时获得全面信息，做出决策，指挥和协调相关救援部门的行动。第二类用户为现场救援机构（包括部队和消防、交通、电力、通信、医疗和公安等机构），主要包括依据上级指令赶往事发地点展开救援的专业机构，担负着减灾、救灾和紧急救援的任务。第三类用户主要是指事发地区遭受紧急突发事件影响的待援用户。

四个方向的应急通信需求分别是：应急指挥机构和现场救援机构（待援用户）之间的（纵向）通信需求、现场救援机构之间的（横向）通信需求、待援用户和应急指挥机构（救援）之间的（纵向）通信需求以及待援用户之间的（横向）通信需求，如图1.4所示。

需要指出的是，在有些突发事件（如交通事故）中，应急指挥机构和现场救援机构可以合为一体。另外，在紧急情况出现时，还应考虑应急现场之外的普通用户的通信需求，但是如果突发事件导致网络通信资源匮乏，那么对此类用户的通信保障只能尽力而为。不难看出，不同用户对象之间的通信需求的重要性和优先级不同，通常赋予高等级重要用户更高的通信优先级。重要程度从高到低依次为指挥机构、救援机构、待援用户和普通用户。

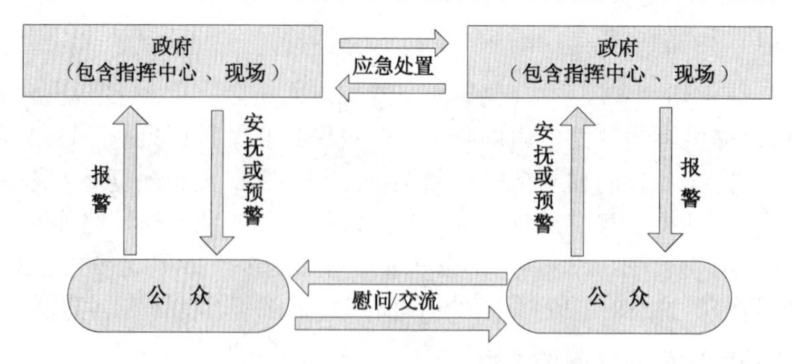

图 1.4　四个方向的应急通信需求

待援用户到应急机构的应急通信主要用来完成紧急情况和求救信息的报警，通常称为紧急呼叫，即第一时间通过各种通信手段将紧急情况告知相关应急机构。应急机构到待援用户的应急通信称为应急通告，主要通过各种大众媒体向待援用户发布各类信息，以起到告警、组织疏散、安抚等作用。应急机构之间的应急通信主要是指在发生突发事件时，为参与应急处理的各种机构提供通信保障，以便使其能够发挥职能，调配救援力量和部署救援方案。应急通信必须保证应急机构之间的通信畅通，保证通信的安全可靠，具体实现的功能包括传达指挥、控制和协调指令，情况汇报，以及各机构之间的信息共享等。待援用户之间以及待援用户和外界用户的通信主要是满足沟通/交流和慰问的需求。当前，普通用户之间的应急通信主要依靠公共通信网，如移动蜂窝网络和因特网；应急机构到公众的应急通信，除了采用一些具有广播特征的通信手段（比如短信群发），更有效的方法还是借助传统媒体来传播信息，如电视、广播电台和互联网等。而为了保障应急机构之间的应急通信，则要在依托现有网络基础设施的基础上，综合利用专用应急通信网络来实现，如卫星网络、短波网络、集群网络等。如果突发事件导致网络资源匮乏，那么网络对于公众之间的通信保障只能尽力而为，即不是应急通信保障的重点。表 1.1 简单总结了不同用户群体间的通信需求。

表 1.1　应急通信中不同用户群体间的通信需求

应急通信的环节和方向	通 信 需 求	汶川地震后所使用的通信手段
报警：公众到政府/机构的应急通信	当公众遇到灾难时，通过各种可行的通信手段发起紧急呼叫，向政府机构告知灾难现场情况，请求相关救援	互联网发挥了重要作用，在通信全部中断的情况下，第一个灾情报告是通过阿坝州政府网站发出的，第一个空降地点也是通过互联网报告的
应急处置：政府/机构之间的应急通信	在出现紧急情况时，政府部门之间，或者与救援机构之间，需要最基本的通信能力，以指挥、传达、部署应急救灾方案	卫星电话和无线电是主要手段：运营商调集应急卫星电话供灾区指挥救援通信，无线电台、对讲机作为近距离通信手段
安抚/预警：政府/机构到公众的应急通信	政府部门在灾难发生时可通过某些通信手段对公众实施安抚、预警等	利用广播、电视、互联网、短消息等各种媒体向公众提供各种安抚、预警信息
慰问/交流：公众与公众之间的通信	普通公众与紧急情况地区之间的通信，慰问亲人，交流信息等	电信机构负责迅速恢复灾区的固定和移动通信，采取过负荷处理等措施保障用户之间的正常通信

2．救援机构的通信需求

现场救援/指挥中心与现场救援用户之间的通信需求具有如下特点：存在大量、频繁的数据传输；要求信息的传送及时快速；要求通信信号足够强，能够克服障碍物的影响；通信范围变化较大，应可以支持较大范围的无线通信；现场指挥中心能够采用一对多的方式与现场移动终端进行通信。与此不同，现场指挥中心与后方指挥中心之间通信需求的特点是：存在大量、不频繁的信息传输；通信距离远；要求通信稳定可靠；通常为点到点的通信方式。

为简单起见，可以将应急指挥机构和现场救援机构统称为救援机构，救援机构的通信需求包括如下要点。

（1）网络连接和信息集成及交互能力：提供普遍的连接性，包括本地、地区、国家和国际。利用所有可用资源和网络接入点，充分使用可用的公共基础设施，实现公共通信和专用通信系统以及各厂商设备的互连和互操作。

（2）及时广播相关信息：救援的开始阶段需要在第一时间通过广播/洪泛方式将医疗、食品、救援等信息及时告知待援用户。

（3）通信的冗余性、健壮性和可用性：理想情况下，系统在各种环境下均应能够正常工作，实际上希望具有高可靠性和高生存性；提供链路和设备冗余，支持太阳能供电、可充电等。

（4）高带宽和多媒体业务：数据、语音、图像甚至视频。

（5）服务质量保障：及时更新信息，救援现状和指挥中心之间能够进行及时准确的信息传输。

（6）区分优先级：区分用户、信息和业务优先级，并且支持可扩展性。

（7）安全性：在重大活动，尤其是防恐行动中，通信的安全保密性至关重要。

3．待援人员的通信需求

与救援人员不同，待援人员需要知道在何时、何地以及如何获得医疗、食品、救援等信息，需要了解救援人员的大致情况和提供的救援服务，及时通告和反馈他们的位置信息和实际需要，并能够和其他待援人员相互通信协作以及和外界的亲朋好友取得联系。因此，待援人员的通信需求包括如下要点。

（1）获得多媒体服务：可以远程访问或被动接收图像和视频，使待援者获得更多的信息以便得到心理安慰、得到帮助、开展自救或协作救援。

（2）待援者反馈信息：为待援人员提供可以触手可得的便携式通信设备和网络接入点。

（3）社会文化和培训方面：通信终端必须简单易用，老少皆宜。

（4）环境监控：可以及时获得预警和灾情预报。

（5）待援人员之间的信息交互和协作。

1.4.4 不同应急事件级别的通信需求

区分应急场景的级别也非常重要，以便采取不同的应急通信模式和操作手段。在应急突发事件发生后，为了保证国家指挥当局和重要部门做出快速有效的反应并顺利完成指挥控制任务，应根据应急突发事件的级别优先保证重要部门和重要人员在危急时刻的通信联络。作为参考，针对不同级别的应急事件，表 1.2 列出了不同事件级别下应急通信保障服务对象的通信要求和技术手段。

表 1.2　不同事件级别下的应急通信需求

级别	应急指挥机构	现场救援机构	待援用户	普通用户	技术手段
特别重大	保障与救援机构之间的重要语音和数据通信	保证与应急指挥机构之间的基本语音和数据通信	尽量保证紧急热线畅通	对通信质量不做保证	各种通信手段并用
重大	保障与救援机构和待援用户之间的重要语音和数据通信	保证与应急指挥机构和待援用户之间的基本语音和数据通信	保证紧急热线畅通	保证短消息畅通	各种通信手段并用
较大	保障与救援机构和待援用户之间的基本语音和数据通信	保证与应急指挥机构和待援用户之间的基本语音和数据通信	保证紧急热线和即时消息畅通	保证短消息和基本的语音通信	路由迂回、数据灾备、应急通信车、互联网等
一般	保障与救援机构和待援用户之间的视频、语音和数据通信	保证与应急指挥机构和待援用户之间的视频、语音和数据通信	保证紧急热线和即时消息畅通	保证短消息和语音通信	路由迂回、路由自愈和数据灾备

1.5　应急通信系统的功能及提供的业务

应急通信系统是保障应急通信指挥畅通的基础平台，必须采用先进、可靠的技术确保系统工作稳定且性能良好，支持多种通信手段并具备一定的自动化、智能化功能。此外，应急通信系统不仅应能与公用电信通信网互连互通，也应能与军队、企业的专用通信网实现互连互通。

1. 应急通信系统的功能

应急通信系统应具备如下功能：

（1）能够在移动环境下与指挥部建立双向语音、数据及图像等业务联系，实时了解事件现场的主要情况。

（2）网络具备冗余性，支持不同通信手段和设备之间的互连互通并可快速进行组网。

（3）具有有线、无线、图像、传真、数据业务汇接功能，及时、可靠地分发信息。

（4）可以对系统中的多个终端进行实时跟踪，并可保障系统终端之间通信的安全。

（5）能够在现场快速建立应急通信指挥调度中心，远程指挥调度现场人员与物资。

（6）增强的优先权处理，网络应能优先保障传输应急通信业务流。

（7）应能使用加密和用户认证技术，防止未经授权的用户滥用或破坏本已稀缺的网络资源。

（8）应具有健壮性，保证生存性，如发生通信中断时网络应能支持最低限度通信。

（9）通信系统应该与设计要求和规范保持一致，并且应该高度可靠。

2. 应急通信系统提供的业务

针对应急通信的特殊服务需求，应急通信网络平台应提供以下专网应用业务：

（1）支持语音、短消息、图像、视频、流媒体、传感/状态/位置信息查询、数据库访问和远程控制等。

（2）无线调度指挥业务，包括组呼、群呼、强插、强拆等语音集群调度业务。这些可以通过外挂一个 IP-PBX 来完成，也可以通过在核心网络上进行开发来完成。群呼和组呼可以通过组播/广播功能实现。组呼是指系统中的一些用户作为一个小组，由一个标志符标识，在区域内组呼业务流使用相同的识别码，从而可以在相同的信道上传输相同的信息，由用户或者系统发起；群呼就是对所有用户使用相同的识别码，由系统发起。

（3）图像和视频数据的实时传输。在通信指挥车、治安巡逻车、应急处置车、刑侦勘查车、消防车、医疗救护车及应急救援舰船上安装图像采集和传输设备。在处置突发事件、重大活动保卫、刑事案件侦察等过程中，需要进行现场的临时多业务通信，同时也需要与现场指挥部和指挥中心进行视频、图像、数据的传输、通话等。将事件现场的图像传送至指挥中心，可有效地了解现场情况，为指挥中心做出及时、有效的判断提供依据。

（4）移动办公业务，包括 3 个方面。信息发布：数据中心服务器不定时向应急处置人员的手持终端发布警务新闻、每日工作动态等信息（如交警的路况信息等），包括点对点、组播、广播 3 种发布模式；数据查询和采集：在日常巡逻、险情排查过程中，相关人员可不受地理位置的限制，使用无线专网终端进行实时数据查询，同时可在工作中进行基础信息的数据采集、录入和更新；移动办公：为提高工作效率，方便移动状态下的办公应用，各级领导和基层人员的笔记本计算机可作为无线专网终端接入应急办公网络，收发公文、邮件，查看信息。

（5）偏僻地区和临时接入。许多应急事发现场地处偏僻或复杂地段，用有线方式进行网络接入所需要涉及的通信管道、杆路、线路投资等问题十分突出，且一时无法解决，这时可以采用无线专网终端来实现。部分事发现场即使可以采用光纤、电缆接入应急通信网，但使用有线方式接入网络既费时又不经济；还可临时架设无线监控点，满足对某一地区的监控，把需要监控的地区的实时图像用无线方式传回控制中心。

（6）自动信息采集。结合 RFID、传感器技术，可对城市应急防控系统涉及的各类信息资源进行快速采集，对可疑目标进行有效发现和监控，提高城市的应急监控和响应水平。

1.6 应急通信的国内外发展应用现状

1.6.1 国外应急通信发展动态

长期以来，世界上许多国家高度重视应急通信网络的研究和开发工作，尤其是欧美发达国家和亚洲的日本。这些发达国家的应急通信发展较早，经过了多年的建设和实践的不断检验，采用了很多先进的技术、手段和措施，目前已颇具规模。其中，日本、美国及欧洲的一些国家和地区均建立了较为完善的应急通信体系，在近年的突发事件应对中发挥了突出作用，对我国应急通信的发展具有很高的参考价值。

1. 美国应急通信的发展

美国国家应急系统的概念最早是 1967 年提出的，最高指挥当局具有向整个国家范围内的民众提供及时通信和信息的能力。该系统充分利用基本信息传输媒体：AM 和 FM 无线电、广播电视和有线电视。美国从 20 世纪 70 年代开始建设最低限度应急通信网，用于确保美国当局应对紧急事件的指挥调度。特别是 2001 年 9·11 事件和 2005 年卡特里娜飓风灾难之后，美国投入巨资建设与因特网物理隔离的政府专网，推行政府应急电信服务（GETS）和无线优先业务（WPS）计划，并利用自由空间光通信（FSO）、微波接入全球互操作（WiMAX）和无线保真（Wi-Fi）等通信新技术来提高应急通信保障能力。

GETS是由美国国家通信系统管理办公室（OMNCS）管理的通信服务，目的是在突发事件、危急灾害或核攻击等事件发生时保障国家安全应急通信的畅通。GETS 提供语音、传真和低速数据服务，通过简单的拨号计划或个人识别号码（PIN）卡识别策略进行认证接入，通过现有的 PSTN 通路通信，提供可选路由、优先级服务和其他增强服务等，实现普通 PSTN 呼叫不能提供的服务，即使在通信拥塞和遭到破坏的条件下，也能基本保证呼叫的实现。“9·11”事件后，美国通信行业总结教训，对基本无线业务进行改进，使得NS/EP 用户的无线呼叫排到优先服务的队列，以完成呼叫，这就是无线优先业务（WPS）。与 GETS 一起，在紧急情况下，WPS 可以大幅度提高“端到端”的呼叫完成率。WiMAX技术覆盖半径大，可把灾区的一些临时性 Wi-Fi 热点（如救助中心、避难所）进行连接，并在光缆断损时承担回路的作用。此外，美国建立了全球空中指挥所系统，是美军最低限度基本应急通信网的主要组成部分。该系统主要由美国国家应急空中指挥所、遭核攻击后的指挥控制系统、受领任务并开始行动系统三大部分组成，能在美国国家指挥中心和地面通信设备遭到破坏后为美国国家指挥当局提供备份的指挥控制能力。

2. 日本应急通信的发展

日本是自然灾害大国，更是地震灾害的重灾国。深受震灾之苦的日本目前已建立起覆盖全国的较为完善的防灾通信网络体系，如中央防灾无线网、防灾互连通信网等，并取得了理想的防灾减灾效果。中央防灾无线网是日本防灾通信网的骨干网络，由固定通信线路、卫星通信线路和移动通信线路构成。为解决出现地震、飓风等大规模灾害的现场通信问题，日本政府专门建成了连接消防厅与都道府县的防灾互连通信网，可以在现场迅速连通警察署、海上保安厅、国土交通厅、消防厅等多个防灾救援机构以交换各种现场救灾信息，以更有效地进行灾害的救援和指挥。例如，2003年日本本州岛发生7级地震，由于之前已经建立了完备的应急通信体系，整个处置过程非常迅速、有序。地震一发生，新干线列车、核电站、炼油厂等全部自动停止运行；地震发生后1～2分，电视画面出现地震消息及相应的视频；10分后，摄像直升机已向首相官邸传送灾区图像；1.5时后，日本政府召开记者招待会，宣布对地震的判断……日本政府反应极为迅速，应对有效，使得灾害造成的损失较为轻微，充分显示了现代化的应急通信系统在应对突发公共事件过程中所发挥的显著作用。另外，日本信息通信研究院设计开发出了一种多路接入系统，使因基站中断所影响的通话可通过使用其他运营商的基站和相对不繁忙的线路进行传输，以保障应急通信，使重要通信能够畅通，从而减轻自然灾害的损失。值得一提的是，日本NTT公司提供了“171”灾难应急消息和i-mode 消息板业务，可以有效降低灾害发生时的突发话务高峰。“171”灾难应急消息业务是指灾害发生后，某位受灾者拨打“171”留言，别人再拨打“171”时，只要输入那位受灾者的电话号码，就可以听到相应的留言。

3. 欧盟应急通信的发展

欧盟的e-Risk系统是一个基于卫星通信的网络基础架构，为其成员国实现跨国、跨专业、跨警种和高效、及时地处理突发公共事件和自然灾害提供支持服务。该系统于21世纪初建成。在重大事故发生后，救援人员常碰到通信系统被破坏、信道严重堵塞等情况，导致救援人员无法与指挥中心和专家小组及时联系。基于这种情况，e-Risk 利用卫星通信和多种通信手段支持对于突发公共事件的管理。考虑到救灾和处理突发紧急事件必须分秒必争，救援单位利用“伽利略”卫星定位技术，结合地面指挥调度系统和地理信息系统，对事故现场进行精确定位，在最短的时间内到达事发现场，开展救援和处置工作。而利用多种通信手段则表现为，应急管理通信系统集成了有线语音系统、无线语音系统、宽带卫星系统、数据网络系统、视频系统等多个系统，配合应急管理和处置调度软件，使指挥中心、相关联动单位、专家小组和现场救援人员快速取得联系，并在短时间内解决问题。

英国政府在应急通信方面的突出工作在于较好解决了突发事件出现时的网络拥塞问题。当出现由突发事件引发的话务高峰时，运营商首先采用“呼叫终止”的方式来平息网络拥塞。“呼叫终止”就是提前“丢弃”一部分打往拥塞地区的电话（不影响紧急呼叫业务），以降低网络的呼入业务量。此外，移动运营商还使用“半速率编码”，通过降低质量来处理更多的呼叫，还对短信进行了延迟传送。为了给重要应急响应部门提供通信保障，英国的移动网有一个特殊的网络管理方案，即接入超载控制（ACCOLC），它对持有 SIM 卡的重要人员提供“特权”接入（类似美国的 WPS，但当 ACCOLC 启动时，网络不再受理公众呼叫）。

鉴于当前的应急通信系统往往忽略待援群体的通信需求，而仅关注救援机构这一情况。法国的无国界电信组织提出了采用人道电话系统来支持待援群体的紧急通信，并尽量让待援群体的亲戚朋友了解他们自身的状况和需求，该系统通常借助于卫星通信。加拿大的 PACTEC 提倡采用 HF 无线电、无线 E-mail 和卫星电话来支持偏远地区和应急地区的紧急通信。另外，芬兰和德国等国家都建立了覆盖全国的 TETRA 数字集群系统。

与此同时，国际上许多标准化组织都在积极从事应急通信相关标准的研究，如 ITU-R、ITU-T、ETSI 和 IETF 等。国际电报联盟 International Telegraph Union，ITU 提出的“公众保护与救灾（Public Protection and Disaster Relief，PPDR）”通信目标和需求的报告，确定了 PPDR 无线通信的目标、应用、需求、频谱计算方法、频谱需求及互配解决办法。ITU-R 主要从预警和减灾的角度对应急通信展开研究，包括利用固定卫星、无线电广播、移动定位等向公众提供应急业务、预警信息和减灾服务，并能支持语音、数据与图像通信的集成，支持快速呼叫、一按即通的广播和组呼；根据不同的应用和业务，提供相应的通信安全级别。ITU-T 从开展国际紧急呼叫以及增强网络支持能力等方面进行研究，主要包括紧急通信业务（ETS）和减灾通信业务（TDR）两大领域。ETSI 主要关注紧急情况下政府/组织之间以及政府/组织和个人之间的通信需求，定义了应急通信领域的四类主要用户需求，包括普通市民到应急部门的通信（紧急呼叫）、应急部门之间的通信（公共安全通信）、应急部门到普通市民的通信（警报系统）和紧急状态下市民之间的通信。IETF 对应急通信的研究涵盖了通信服务需求、网络架构和协议等多个方面。IETF 的因特网应急准备工作组致力于描述因特网用于应急通信的要求，并特别强调通过标记分组的方法来实现优先级处理机制，应用包括音视频、即时消息、E-mail、数据库和 Web 浏览等。

1.6.2 国内应急通信发展概况

我国是世界上自然灾害频发的国家之一，目前在应急通信建设方面远远落后于发达国家，应急通信的建设投资严重不足，应急通信设备数量较少且陈旧。近年来的经验表明，我国通信传输系统承受重大突发事件的冲击能力有限。例如，2008 年 5 月 12 日，四川汶川县境内发生了 8 级地震，断裂带长达 300 多千米，使四川、甘肃和陕西 3 省的 20 个县损毁严重。据不完全统计，地震中有线交换局受损 616 个，无线基站受损 1.6 万多个，传输光缆损毁 1 万多皮长千米，造成四川重灾区 7 个县城及众多乡（镇）与外界通信中断。

改革开放后，我国应急通信的发展大致可分成 3 个阶段，第一个阶段是 1998 年以前，第二个阶段是 1999 年到 2003 年，第三个阶段是 2004 年至今。其中有 3 个标志性的事件：第一个标志性事件是 1998 年的抗洪和信息产业部的改革；第二个标志性事件是 2003 年的抗击非典，国务院开始着手制定应急预案并开始配备较为先进的应急通信设备；第三个标志性事件是 2008 年的抗震抢险，从中央到各级政府纷纷下大力气、投入巨资进行应急通信的建设，我国应急通信进入了一个快速发展阶段。在 1995 年以前，中国只有“战备”这一名词，随着 1998 年水灾的发生和 2003 年非典的出现，才逐步确立了“应急”理念。经历了 2008 年年初的雪冻灾害和 5·12 地震灾害，人们认识到通信、交通、电力中断是制约抗灾救援工作的“三大要素”。另外，我国也从 2003 年开始正式启动应急通信相关标准的研究，内容涉及应急通信综合体系和标准、公众通信网支持应急通信的要求、紧急特种业务呼叫等。2003 年下半年，国务院有关部门开始制定《国家突发公共事件总体应急预案》（简称《预案》）和《我国突发公共事件的应急预案体系框架》，明确提出“坚持预防与应急相结合，常态与非常态相结合，做好应对突发公共事件的各项准备工作”等相关要求。2006 年，国务院编制并发布了《国家通信保障应急预案》和《“十一五”期间国家突发公共事件应急体系建设规划》。2007 年，国务院发布《国家应急平台体系建设技术要求》。与此同时，国内许多企业也在积极研发应急通信相关产品，如华为的 GT800、中兴的 GOTA、中科院瀚迅无线技术公司的 MiWAVE、北京信威通信公司研发的 McWiLL 和国内自主研制的北斗卫星导航系统等。GT800 数字集群系统不仅可满足现阶段窄带应急通信应用需求，具备一对一、一对多快速接入功能，还可提供脱网/直接方式工作，可靠安全，同时还提供中高速数据传输功能，满足未来应急通信应用需求。目前，我国拥有的具体应急通信方式有：固定和移动电话、Ku 频段卫星通信车、C 频段单边带通信车、一点多址微波通信车、用户无线环路设备、海事卫星，北斗卫星、24 路特高频通信车、程控交换车、900M 移动电话通信车、自适应短波电台和互联网等。

在相当长的时间内，我国一直没有开展关于应急通信相关标准的研究工作。直到 2004 年，我国开始正式在中国通信标准化协会（CCSA）的领导下启动了应急通信相关标准的研究，内容涉及应急通信综合体系和标准体系、公众通信网支持应急通信的要求、紧急特种业务呼叫等。国务院于 2006 发布《国家通信保障应急预案》，进一步明确了重大通信保障或通信恢复工作的响应程序、组织指挥体系、职责和有关措施，以及时、有效地实施应急救援，最大限度地减少损失，维护人民群众生命财产安全和社会稳定。

《国家通信保障应急预案》明确了国家通信保障应急组织机构及职责，即信息产业部设立国家通信保障应急领导小组，负责领导、组织和协调全国的通信保障和通信恢复应急工作。国家通信保障应急领导小组下设国家通信保障应急工作办公室，负责日常联络和事务处理工作。各级电信主管部门应加强对各基础电信运营企业网络安全防护工作和应急处置准备工作的监督检查，保障通信网络的安全畅通。各级电信主管部门通信保障应急管理机构及基础电信运营企业都要建立相应的预警监测机制，加强通信保障预警信息的监测和收集工作。

当前，我国应急通信保障系统不够完善，缺乏能够跨部门、跨系统的统一调度指挥网络平台，各个专网之间以及专网与公众网之间无法有效地实现互连互通。许多部门的应急通信系统技术手段单一，有些通信系统带宽过窄，不足以支持视频图像等宽带多媒体业务，并且各专业部门应急通信系统缺少统一规划和互通标准，致使应急指挥平台很难互连，部门联动效率低下。为了提高蜂窝移动网络的容量，希望基站越多越好；但是基站越多，网络就越复杂，基站之间的干扰也更严重。因此，组建一个大规模的移动网络在技术上往往是困难和复杂的。

目前我国城市应急联动系统大抵可分为下述几种典型模式：①南宁模式（统一接警、统一处警、资源共享、联合行动）；②北京模式（统一接警、分布处警）；③上海模式（分布接警、分布处警、大警协同、资源共享）；④成都模式（统一接警、分布处警、大警协同、资源共享）；⑤潍坊模式（物理分散、逻辑集中、平战结合、应急响应、天地一体、安全可靠、高效快捷、共赢合作、联动运行）。各种模式均根据当地实际情况而构建，各有利弊，可作为积极推进应用的起点，之后应加速探索创新与累积经验，为进一步协同、融合及全国标准化奠定基础。

当前国内的应急通信系统主要依托于现有的通信基础设施（公众通信网络和公众传媒网络）并适时部署应急通信车以及利用专用卫星网络、短波网络和集群通信网络。由于集群通信具有快速呼叫建立的特点，并支持组呼、广播呼叫以及各种补充业务，目前在应急通信中应用得较多，但是覆盖范围和通信容量较小。卫星通信健壮性强、覆盖范围广、灵活机动，但是通信容量有限，使用成本高。因此，现阶段包括集群通信系统在内的通信组织方式不能满足为较大地理范围的受灾地区提供快速、灵活、可靠的通信服务保障的要求。此外，与发达国家相比，我国的应急通信技术手段也相对滞后。

总而言之，国内应急通信保障方面的研究工作可以归纳为以下几类：一是充分挖掘现有通信和网络基础设施（包括电信网、蜂窝网和互联网等）的潜能，通过增强网络自愈和故障恢复能力来提升其应急通信保障能力；二是针对现有应急通信系统缺乏有效的统一调度和指挥，考虑如何实现跨部门、跨系统的统一指挥调度平台，使各个专网之间以及专网与公网之间实现有效互连互通，中兴的GT800就属于此类产品；三是针对一些部门的应急通信系统带宽过窄，不足以支持视频图像等宽带多媒体业务的问题，考虑采用各种宽带无线接入技术（如WiMAX）来支持业务的高速率传输；四是针对各专用应急通信系统缺少统一规划和互通标准，着手启动应急通信相关标准的制定；五是研究应急通信资源的有效布局和调配问题，如优化通信基站的选址和频道分配来满足应急区域的通信覆盖要求。

近年来，我国应急通信研究重点围绕公众电信网支持应急通信展开工作，对于现有的固定和移动通信网，主要研究公众到政府/机构、政府/机构到公众的应急通信的应急通信业务要求和网络能力要求，包括定位、就近接入、电力供应、基站协同、消息源标识以及紧急特种业务呼叫的路由、紧急业务的定位等；另外也考虑在互联网上如何支持紧急呼叫，包括用户终端位置上报、用户终端位置获取、路由寻址等关键问题。上述研究工作有效地推动了国内应急通信系统和相关平台的建设和发展，增强了各种应急突发情况下的通信保障能力。不难发现，有关应急通信保障的研究工作大都没有充分关注和利用已在通信领域崭露头角的无线自组网技术，也没有考虑融合多种通信技术手段提供全方位、可靠的应急通信保障，而是过多强调发展集群通信、无线短波通信和卫星通信系统。

1.6.3 应急通信发展趋势

近年来，在自然灾害频发、技术发展和政府推动下，应急通信技术的发展趋势如下：

（1）新型的宽带卫星通信系统取代旧的窄带系统，为应急通信提供覆盖更广、带宽更宽、技术体制更新、可扩展能力更强的卫星通信系统，构成有线传输的有力备份。

（2）公众通信网的应急支撑能力进一步提高。在公网建设中，通过多路由、双节点（节点也称结点）、建设标准（选址、加固等）提高等来增强公网在突发事件中的生存能力；改造公网，实行应急呼叫优先服务，在网络拥塞时优先保障重要信息的传输。

（3）应急通信机动装备向便携化、小型化、本土化方向发展。近年来，微波终端、卫星天线越来越小，卫星通信终端的体积甚至已接近手机大小，带来了极大的便利；而装备本土化，不仅是市场的需要，更是国家安全的需要。

（4）新技术广泛应用于应急通信。利用 3G 通信技术，实现现场移动通信信号的快速覆盖；利用空间通信技术，实现搭载基站，如热气球、氦气球等；广泛利用云计算、包括 WSN 技术在内的无线自组织网络技术等：这些将促进应急通信保障发展到一个新的更高的阶段。

（5）标准化工作不断推进。国际上各大标准组织，如 ITU、IETF、ETSI 和 3GPP 等，均开展了应急通信相关技术与标准的研究。2009 年 5 月，中国通信标准化协会已经成立了相关任务组，多家机构、企业、高校加入该项工作。通过标准化工作，能够将应急通信资源进行整合，推动整个应急通信产业的良性、健康发展。

1.7 我国应急通信保障面临的问题和解决对策

1.7.1 存在的问题

目前我国应对突发事件应急工作总体基础比较薄弱，相关应急法规、应急机制有待进一步建立健全；相关应急信息管理系统建设还很落后；全民危机意识和危机教育比较薄弱；电力、交通、通信等基础设施建设相对脆弱，抗灾和保障能力较低等。具体而言，目前我国应急通信保障工作存在的主要问题表现在以下个方面：

（1）应急通信运行模式众多，尚缺乏有力的标准化及相互协同措施。从全国的情况来看，目前的应急通信管理机制包括部级和省通信管理局两级管理机构，无法对地市级以下的通信资源直接进行管理，这样对于应急处置的响应速度会造成一定的影响。

（2）应急通信建设覆盖广度不够，地区配置不合理。目前，我国的应急通信资源（应急通信装备和技术人员）基本上集中在省级大城市，对基层、县级、乡级，则缺乏必要的应急通信资源的投放。而从实际情况看，基层往往是设计建设的薄弱环节，对于应急通信的需求更加迫切。

（3）应急通信的资金投入不足且不合理。虽然国家和地方政府都会提供部分专向基金，但是由于通信企业出于自身追求经济效益的目的，在应急通信建设的资金投入远远不能满足实际需要，并且在建设过程中重硬件装备开发，轻软件系统建设，造成因缺乏有效的应急通信联动系统而不能有效地整合各部门、各行业的应急通信资源。另外，我国的应急通信系统建设多以应急通信设备配置为主，对公用通信网的依存度较高，自组网能力欠缺。

（4）应急通信技术体系自主创新不够，应急通信人员队伍建设力度不足，并且缺乏科学有效的应急通信预案。应急通信基本属于“养兵千日，用兵一时”的运营方式，如何处理好其运作、维护、融资、经营等均具挑战性。目前，我国的应急通信技术创新、物资储备和专业技术人员队伍都不能满足需要，应急抢险指挥队伍及机动通信队伍的建设明显滞后。

（5）我国专用应急通信网的建设相对于公众通信网较滞后。现有的城市应急联动通信既包括有线又包括无线，既包括卫星空间段又包括地面段，是一个极庞大复杂的系统工程。另外，我国的公用通信网建设很少考虑应急需求，特别是在应急优先接入方面十分欠缺，导致在突发事件面前，公用通信网难以发挥应有的作用。

（6）应急通信管理的安全性、统一性不能适应实际需要。当前，各级政府建设的应急通信系统对安全性重视不足。当前应急通信系统一旦面对海量信息就表现出通信效率低、数据传输存在很大瓶颈等问题，以及地面通信系统在应急保障中存在无法克服的脆弱性。

1.7.2 解决对策

应急通信保障体系建设是一项复杂而艰巨的系统工程，涉及多个层面，既要考虑事件发生前的应急准备和预防工作，又要考虑事件发生时如何实施抢险、救灾、指挥和调度等；还要兼顾网络建设和安全方面的措施，以便在灾害中如何保障网络尽量少受损失，尽量保证网络通信的畅通。为此，可以考虑从以下几方面加强和完善我国的应急通信建设：

（1）应急通信体系应该作为国家应急工作当中的有机组成部分。应急通信在整个应急保障工作中的地位与作用日益突出，不可或缺。过去很多应急通信工作大都是站在行业自身发展上考虑的，力求保障通信不中断和重大活动的安全，但这显然不能反映国家的整体利益。因此，应该把应急通信系统纳入国家应急工作中统筹考虑，必须站在国家角度来考虑，要在国家层面上统一规划，加强政府不同部门之间的协调和联系，构建一种政府主导、企业支持的多业务融合、快速响应与联动的统一应急通信保障体系。

（2）需要提高综合抗灾能力，不断强化和完善通信手段和通信系统。国家应从总体上考虑应急通信系统的建设，真正做到国家组织、投入，企业承担、支撑，加强国家的领导与统筹规划，这样才能保证应急通信与国家应急工作构成一个有机的体系。加强国家的统筹规划，有助于将国家与地方的建设统一起来，基于已有的系统建设，进行有效结合，实现很好的统筹规划。另外，企业要在国家统筹规划的基础上，把自身的网络建设与业务发展结合起来，加强与其他部门协作，实施企业间合作与资源共享，改善通信网络组织，增强通信能力，实现多企业、多手段、多方位交叉覆盖，力求构建一个立体的应急通信网络。

（3）建设完善的应急通信响应机制，建立自上而下的应急通信保障组织机构和一体化应急通信管理体系，完善应急通信规章制度和处理流程，配备必要的人员，开展日常应急通信保障监督检查工作。应急通信保障应该是一个跨部门、跨地域的联动体系，应能在最短的时间内调集各方的资源和力量。应急通信技术人员需要面对更加复杂的自然环境和工作环境，这部分人员需要更好的心理素质、应对恶劣环境的生存能力和解决通信疑难技术问题的能力。今后要进一步完善两个队伍的建设，两个队伍分别是指应急抢险指挥队伍和机动通信队伍，坚持应急通信演练活动制度化和规范化。

（4）政府主导，加大投入，加速制定应急通信保障体系的行业和企业标准。应急通信不同于普通的公众通信服务，是一种具有暂时性的特殊通信机制，肩负着特殊时期非常重要的通信保障的功能。目前国际上许多组织和企业都在从事应急通信相关标准的研究，国内的相关组织和通信企业，也应该根据国情，提出具有中国特色的应急通信保障体系的标准。应急通信标准化工作及基本运营模式的创新探索与确立是一项极其重要而紧迫的任务，必须开放标准、接口，促进网络、系统和设备的有效互连互通，维持多厂商环境下企业及用户利益的最大化。

（5）积极推进一体化应急联动通信管理体系建设，制定详尽周密的应急保障预案。应急联动通信系统涉及专网、共网和公网的协同和融合，需要有效整合有线通信系统、计算机网络通信系统、卫星通信系统、集群通信系统、移动通信系统及其他专用通信系统等。应急通信保障预案要体现全面性、科学性、前瞻性、时效性和可操作性，以使其真正能够在应对突发事件中发挥作用。针对突发事件的特点，应有重点的实施保障工作，优先保障重点区域、重点部门的通信需求。

（6）应急通信网络建设既要从当前的需求出发，同时要有长远眼光，尤其对重要网络、传输节点、骨干线路、重点区域应有特殊考虑和超前思维。首先，要考虑网络构建的机动性。采用的设备必须是便携、轻便、可携带且足够机动的。另外，应急通信运营应不依赖于现有通信网络和一般通信手段，不能受制于现有公共基础设施。其次，应急通信网络是一个全程全网的概念，应该保证网络节点具有足够抵御各种风险和突发灾害的能力，对网络采取必要的冗余保护措施。在传输手段上应该采用“天地结合”的方式，综合采取多种通信手段，提高公用通信网应对灾害的能力。最后，应将突发事件的预警融入网络的日常维护和管理中，加强自然灾害监测和预警能力建设，提高全民的防灾意识、知识水平和遇险自救能力。

1.8 本章小结

应急通信在通信领域具有特殊的地位，在抢险救灾、物资调运、集会演习、应对和处置各种突发紧急事件中发挥着重要作用。当前，我国应急通信保障系统不够完善，许多系统缺少多种通信手段的集成。有些通信网络带宽较窄，不足以支持视频图像等宽带多媒体业务，并且各专业部门应急通信系统缺少统一规划和互通标准，应急指挥平台很难互联，部门联动效率低下。另外，近年来我国重大突发公共事件时有发生，给公共安全造成严重威胁，大力发展我国的应急通信系统势在必行。欧美等发达国家正在加强应急通信系统的研究开发工作，多个国际标准机构均已开始研究应急通信技术，制定应急通信标准。我国应该吸取这些先进技术，并结合我国应急通信的具体情况，发展我国应急通信系统，制定相应的应急通信标准，进一步规范我国应急通信系统的建设。与此同时，应为各类新技术提供试验、应用基地，促进新技术在应急通信领域的应用和产业化，提高应急响应能力，为构建完善、科学、先进的应急通信体系提供技术保障。

第 2 章　应急通信保障方式和技术手段分析

应急通信保障是国家突发事件应急管理体系的有机组成部分，无论和平时期或战争状态，当出现通信网设施遭受破坏、性能降级、异常高话务量或特殊通信保障任务的情况时，均需借助应急通信方式恢复国际、国家、地区或本地的通信能力。另外，常规通信的发展使应急通信技术取得了巨大的进步，应急通信技术越来越先进，手段越来越丰富，通信效率越来越高。对于各种不同的紧急情况，应采用不同的通信技术，故应打造多维度的应急通信技术体系。因此，如何构建有效的应急通信保障方式并选取合适的应急通信技术手段，进而形成一套完备的应急保障处置体系是一个亟待解决的重大问题。

2.1　应急通信保障的基本概念

应急通信保障不同于常规性通信保障，而是针对重大突发性事件的通信保障。在处置突发事件时，应急通信的关键作用主要体现在两个方面：一是在处置突发事件初期，在现场参与救助的人员，如不能及时将现场的状况准确、客观地反馈到各级指挥员和高级决策层手中，就会贻误最佳处置时机；二是信息反馈，由于现场的局限性和通信性能的局限性，回馈影像较为模糊，很难使指挥员和高级决策层得到全面、客观、准确的信息，仅通过有限的口述和文字等简单通信来分析判断，导致指挥员不能做出正确判断。加强对应急通信保障的研究，建立实战性强的应急通信保障机制，是对各类公共突发性事件进行预防、应对处置的重要环节。

应急通信保障是国家应急保障体系的重要组成部分，也是国家突发事件应急管理体系的保障。简言之，应急通信保障是指某个组织或实体为了应对各种紧急突发事件（如通信网设施遭受破坏、性能降级、异常高话务量或特殊通信保障任务）的出现而在事发前所做的通信准备工作，以及在事件发生时及发生后所采取的各种通信保障措施，目的是为了保障关键网络服务的正常运行，降低网络脆弱性，缩短网络遭受破坏后的恢复时间。应急保障的一般工作流程如图 2.1 所示，包括 3 个阶段：事前应急通信资源准备和预警、事中应急备用资源和应急措施的组织实施、事后应急通信的恢复重建及总结评估和提高，也可简略为事前预警、事中响应、事后处置。其中预警是整个应急保障体系的基础和关键，是体系建设的重中之重；应急响应则要体现多部门、多网络、多技术协同配合，解决问题的能力和快速的反应机制；后期处置则要进行经验的总结和制度流程的完善。尽管难以防范各类突发事件对网络造成的破坏，但是应该保障即使在遭受攻击时也能提供关键的基本网络服务，即保障网络系统的生存能力。网络的生存能力有一个明确的、以服务为核心的保护对象，即使攻击已造成网络系统一定程度的损坏，仍然要保证网络系统的基本服务。

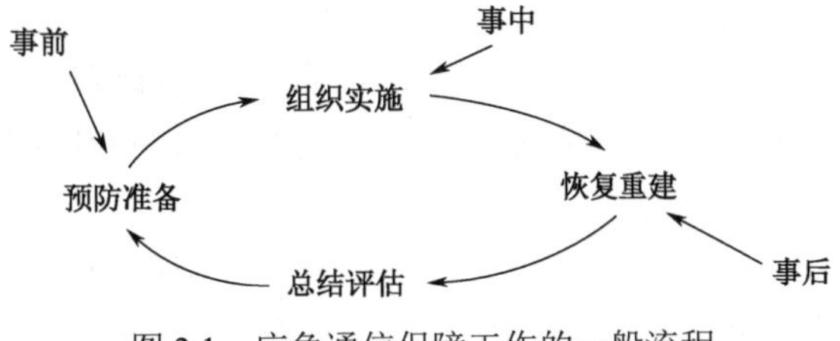

图 2.1　应急通信保障工作的一般流程

应急保障工作涵盖人员保障、物资保障、技术保障、经费保障、通信保障、交通运输保障和电力保障等，涉及市政、人力、交通、消防、医疗、军队、公安、民政、能源和食品等部门提供的各种应急支持服务（ESF）。不同的公共突发性事件对应急通信的要求有所不同。例如，地震、洪水、泥石流、山火、恐怖袭击、局部战争等应急通信保障要求要更高一些。因为这类事件的随机性大、突变性强且事件影响判断难度大，故对应对措施的实施和减少灾害损失的决策方面有着更高的要求，所以对应急通信保障的时效性要求更高。

2.2 应急通信保障体系

国家应急通信保障作为国家专项应急保障的重要组成部分，在抗灾抢险、物资调运、灾情实时发布等方面起到了至关重要的作用。因此强化和完善应急通信保障体系，是当前乃至将来很长一段时间内的迫切要求。

2.2.1 应急通信保障的指导思想和总体目标

应急通信保障体系建设是一项长期、艰巨、严峻的任务，需要从思想上、制度上和流程上给予足够的重视，同时加强突发事件的预告预警机制，坚持“日常通信确保安全畅通、应急通信务必及时到位”的工作方针，加强统一指挥，分级分层负责，进一步充实和完善应急预案管理体系，提高应急通信机制的运行效率。应急通信保障工作不仅是某个组织和机构的单独行为，而且是关系整个国家和社会利益的集体行为，应是政府主导、企业支持的，多业务融合、模式多样、快速响应与联动的统一活动。应急通信保障工作的顺利开展，离不开完善的应急通信响应机制，具体实施时应该遵循以下指导思想：

（1）政府指导，出台相关标准规范。要在遵守国家相关条例规定的基础上建立一体化应急通信管理体系。应急通信保障工作要符合国家相关法律法规和条例的规定，依法办事。目前我国专门针对应急通信保障的法规较少，以后应制定并完善应急通信方面的法律法规，使危机管理中的政府应急管理行为和程序规范化、制度化、法定化。在规划、设计和建设应急通信网络时，应遵照应急通信保障体系相关要求，预留应急通信资源及开放接口，以实现应急通信网络的互连互通。

（2）以人为本，科学实施。在实施应急通信保障的过程中要把保证人员的生命安全作为首要任务，最大限度地减少灾害事故对生命的威胁和危害。当突发事件可能威胁人员的生命安全时，要服从安全保卫部门的指挥，危险消除后再进行应急抢险等工作。

（3）要制定详尽周密的应急通信保障预案，以预防为主。应急是不得已而为之的事情，应急通信保障不仅仅体现在事件发生后的应对和善后处理，更要体现预防为主的原则，平时应加强预防事故的教育，严格按照规程进行生产，提高安全意识，尽量杜绝事故的发生。

（4）政府主责，统一领导。应急通信保障工作应该由国家和企业的应急通信保障专门组织机构统一负责，在统一领导和统一指挥下实施。

（5）政府推动，企业参与。从长远发展的眼光看网络融合及通信技术发展，研究融合通信时代的应急通信保障体系建设的目标和思路，制定战略发展规划。

（6）突出保障重点。针对突发事件的特点，有重点地实施保障，优先保障重点区域、重点部门的通信需求。在重点区域，建立独立于公众通信网络的专用应急通信网络，确保应急通信指挥调度的安全、可靠和畅通。

（7）资源共享，互连互通。充分利用各种专网通信资源，加强各种通信资源的整合，统一技术指标，不断促进不同部门各种通信系统之间的互连互通。建立相关专网通信资源的协调调度机制，实现资源共享，为应对各类突发事件和保障各项重大活动提供有效的通信保障。

（8）要定期进行应急通信演练。在执行应急通信任务时，需要相关人员能够操作熟练、快速准确。为此，要形成制度，定期进行应急通信演练活动。

应急通信保障的总体目标是建立一个统一的应急通信管理系统，健全国家通信保障和通信恢复应急工作机制，以政府主导、民间力量参与的方式，充分利用各种应急通信技术手段，提高应对突发事件的组织指挥能力和应急处置能力，保证应急通信指挥调度工作迅速、高效、有序地进行，满足突发情况下通信保障和通信恢复工作的需要，确保通信的安全畅通。

2.2.2 应急通信保障体系总体架构

完善的应急通信保障体系包括应急通信管理体系、应急通信技术体系和应急通信标准体系，如图 2.2 所示。应急通信管理体系通过制定相关法律法规对应急通信进行组织和管理，并且负责协调相关应急部门的行动，包括各级政府、军队、公安、消防、医疗、交通、电信运营商、企事业单位和社会团体及民间组织等；应急通信技术体系指应急通信过程中采用的各种通信和网络技术，包括支撑应急信息传输的各类应急通信网络；应急通信标准体系为应急通信的各个层面提供标准支撑。应急通信技术体系和应急通信网络共同构成应急信息基础设施，是保障应急信息传输、处理、安全防护和综合管控的各种软硬件设施的总称，包括信息传输平台、信息处理平台、基础服务系统和信息安全保障系统等，如图 2.3 所示。

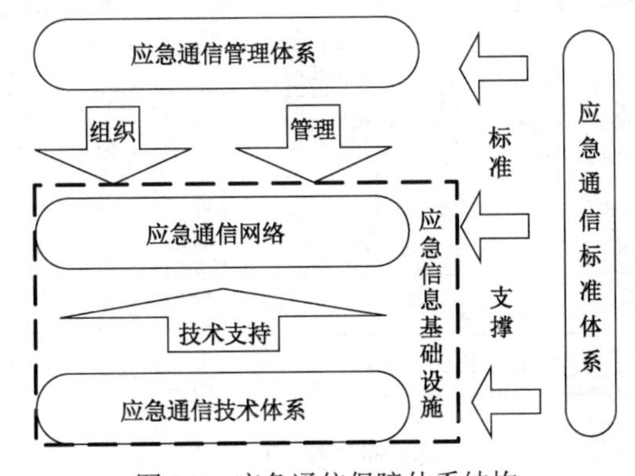

图 2.2 应急通信保障体系结构

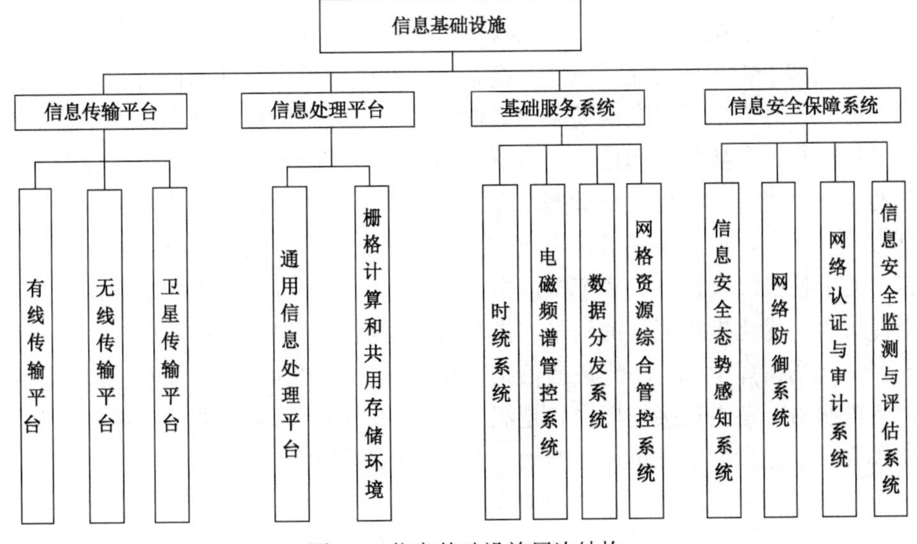

图 2.3 信息基础设施层次结构

基于建设应急通信保障体系的相关要求和应急通信中各类人员的通信需求，给出应急通信保障体系的总体架构，如图 2.4 所示。该框架主要包括三大部分：应急组织和管理；应急通信指挥和救援；应急信息共享和传输平台。其中，应急组织和管理是指各级应急管理机构应担负平时和紧急情况时应急通信保障的组织和管理工作，工作内容涵盖法规政策与标准规范的制定、突发事件的信息收集和发布、预防预警和网络舆情监管、应急资源准备和调度、不同应急部门和救援机构的协调、人员培训和组织应急演习、信息安全保障等诸多内容；应急通信指挥和救援涉及远程/现场应急通信指挥中心、现场应急救援机构、事发地区的待援用户群体和其他普通用户群体，不同应急救援机构应在指挥机构的统一指挥下协调运作，从而高效地展开应急救援行动；应急信息共享和传输平台是进行应急组织和管理以及实施应急指挥和救援的信息基础平台，是一种多业务融合、模式多样、快速响应与联动的统一应急通信网络，应该支持公网、专网等网络的有机互补和共赢合作，提供开放的标准接口。

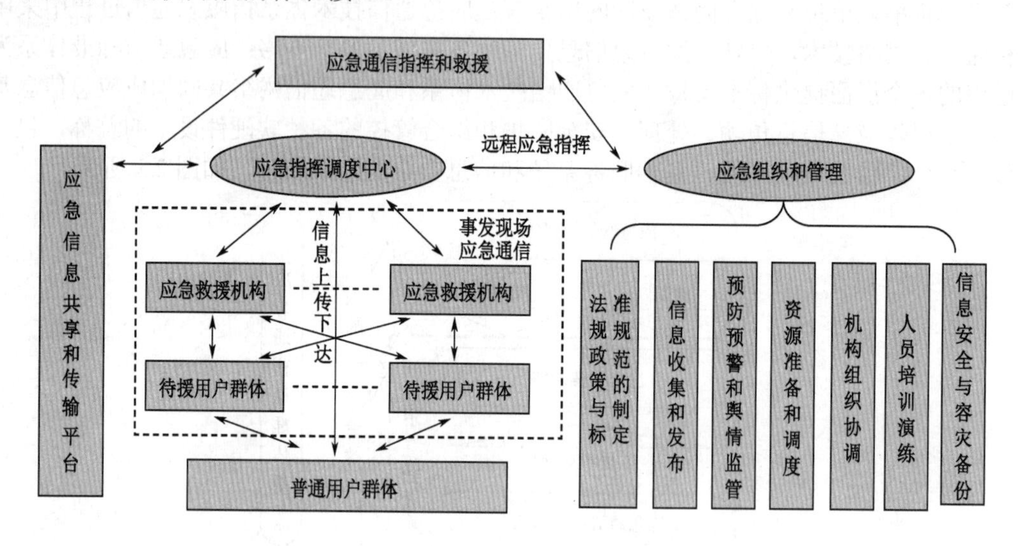

图 2.4 应急通信保障体系总体架构

应急管理机构借助各类通信手段远程指挥现场应急指挥机构（中心），现场应急指挥中心负责现场应急通信的组织和保障，协调现场救援机构的行动。现场各应急救援机构在指挥中心的统一调度和组织下共同完成应急救援任务，并根据自己所处的位置和职能对所在地区的待援用户群体展开救助。事发现场应急通信需要利用应急信息共享和传输平台来有效保障事发地区指挥机构、救援机构和待援用户群体各自的通信服务需求，并且应赋予不同用户群体不同的通信优先级，如指挥机构最高，救援机构次之，然后是待援用户群体。另外，在通信资源富裕的情况下，还应考虑待援用户和事发地区之外的普通用户群体的正常通信要求。一般而言，为了使多级指挥所、多个指挥中心在同一层次上进行信息共享和协调行动，应建立减少指挥层次、优化指挥流程的扁平式指挥体制，横向增加通信指挥单元，纵向采用中央—地方政府—现场指挥中心三级应急通信指挥机制。这样，既可保证横向上资源信息的共享，又可简化指挥网络，使得直接指挥网和越级指挥合为一体，以集中通信力量与资源，减少网络层次和数量，确保指挥信息迅速、准确、及时、高效的传递。

2.2.3 应急通信保障管理体系

2006 年发布的《国务院关于全面加强应急管理工作的意见》中明确提出：加强应急管理，是关系国家经济社会发展全局和人民群众生命财产安全的大事，是全面落实科学发展观、构建社会主义和谐社会的重要内容，是各级政府坚持以人为本、执政为民、全面履行政府职能的重要体现。因此，在应急通信保障的体制、机制、法制和预案建设上，政府要肩负主要责任。近年来，政府部门对通信行业相关服务水平的标准正在逐步规范化，电信企业需要确保通信网络安全、可靠地运行才能满足相关法律法规的要求。我国电信法等相关法律法规也在不断制定和完善中，特别是 2008 年大地震和奥运会以来，我国对电信运营商提供的网络服务水平提出了更高要求。因此，应急通信保障工作应该作为一项基础工作来做，积极探索和建立各级应急通信保障管理体系，为进行危机管理提前制定有效的应急预案。

2006 年国务院颁布了《国家突发公共事件总体应急预案》，规定了突发公共事件分级分类和预案框架体系，明确了国务院应对特别重大突发公共事件的组织体系、工作机制等内容。另外，还颁布了《国家通信保障应急预案》、《国家自然灾害救助应急预案》、《国家防汛抗旱应急预案》、《国家地震应急预案》、《国家突发地质灾害应急预案》等一系列突发公共事件专项应急预案。2007 年颁布了《中华人民共和国突发事件应急法》，对突发事件的预防与应急准备、监测与报警、应急处置与救援、事后恢复与重建等应急活动做了法律规定。

首先，应建立自上而下的应急通信保障组织机构，完善企业的应急通信规章制度和处理流程，配备必要的人员，开展日常的应急通信保障监督检查工作。目前，我国应急管理机构主要分为地方和中央两个层面，中央层面包括领导机构和办事机构，领导机构主要指国务院，国务院总理为应急管理工作最高行政领导；办事机构为设置在国务院办公厅的应急管理办公室，履行值守应急、信息汇总和综合协调职责。地方应急管理机构主要指地方各级人民政府，负责本行政区域内各类突发事件的应对工作。截至 2006 年年底，全国所有省份（不含港澳台）都成立了应急管理领导机构。《国家通信保障应急预案》的制订提高了各级政府应对突发事件的组织指挥能力和应急处置能力，可保证应急通信指挥调度工作迅速、高效、有序地进行，满足突发情况下通信保障和通信恢复工作的需要。图 2.5 为我国现行的通信应急保障组织结构图。

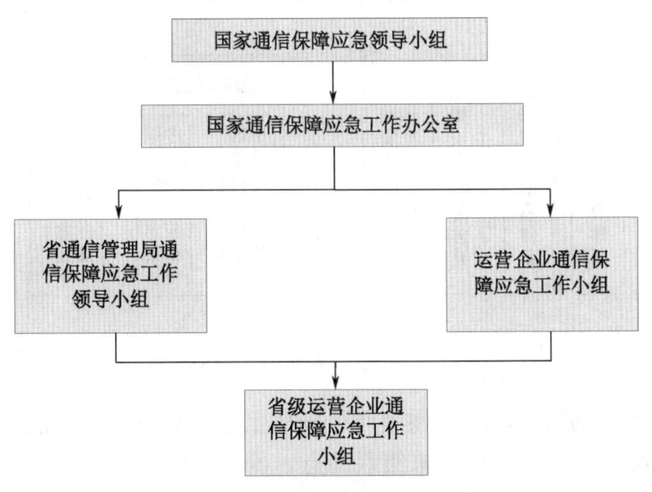

图 2.5　我国现行的通信应急保障组织结构图

其次，要不断完善应急抢险机制。突发事件发生时，一要及时成立应急追回和救援机构，确保救援行动的统一协调、指挥通畅；二要强化军地双方通信保障联动机制，在网间互通、应急供电、设备抢修等方面得到相互支援；三要及时掌握灾害发生的类型及趋势，预判灾害程度、抗击规模及需运用的保障方案；四要重视后备力量建设，注重储备按灾害特点划分与训练的通信保障力量，并做好应急油机、抗灾车辆、便携装备的调配和物资油料储备等工作。应急通信保障主要针对突发事件，不同于日常运行维护中的例行维护工作内容。概括而言，应急通信保障预案一般涉及8个阶段和一系列事件。8个阶段从时间顺序上依次是：预警与预防、信息获取与处理、辅助决策分析、指挥调度处置、应急结束、灾害评估分析、恢复重建和总结研究。

不难看出，应急通信保障预案中必须包括科学有效的应急通信保障风险管理方法，制定风险管理计划。对风险的处理应该是有备无患，对所有风险无论其发生概率的多少，都需要对该风险进行评估，综合考虑风险的概率和发生后果，针对性的设计应对方案。参与重大事件和突发事件的风险管理的相关成员都应该明确风险管理针对的假设，这些部门和成员应不仅仅来自于网络管理和运维部门，而且包括客户服务和市场部门，因为他们都有可能参与到风险管理计划中。风险发生的概率是不断变化的，风险应对措施也是不断完善的，需要不间断地监控风险，反复评估风险发生的概率和风险发生的后果，做到主动的管理而不是被动的管理。风险应对计划包括风险控制、减缓计划和应急预案等不同策略，需要被正式地确认、测试和实施，需要有专门的人员负责每一项风险应对方案。

从整个国家的角度来看，通信行业保障应急管理体系是国家突发事件应急管理体系的一个组成部分。从我国应急管理实践经验来看，早在 20 世纪 70～80 年代就开始的加强战备应急通信工作，在 90 年代得到了大力发展并建立了 12 个机动通信局。2002 年 5 月，原中国电信集团分拆为新的电信集团和网通集团，应急通信队伍中的 5 个机动通信局划归中国网通，7 个划归中国电信。2008 年电信重组后，我国电信运营企业形成中国电信、中国移动和中国联通三足鼎立的局面。三大电信运营商的应急预案体系共同构成了通信行业应急管理体系。除了通信行业，整个国家突发事件应急管理体系还包括公共卫生、安全、金融和交通安全等应急体系，如图 2.6 所示。

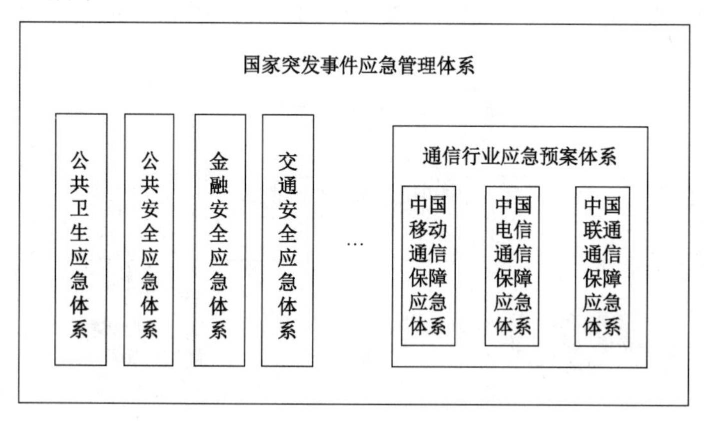

图 2.6　国家突发事件应急管理体系

根据我国的行政级别层次，应急通信网可以从上至下划分为 4 个层次：国家管理中心；区域调度中心；市级协调中心；村镇末级联络点。国家管理中心的主要任务是对全国各地无线电应急通信网运行机制进行部署和管理，获取下级部门相关的信息反馈，及时进行政策的调整和任务的下达。区域调度中心无线电传输具有距离长、范围广的特点，往往一个短波电台覆盖的地域就能达到几百至几千平方千米。如果完全按照我国省级行政区域划分省级调度中心，那么使用的频段重叠，不但会造成资源的浪费，也会降低运行的效率。所以，区域调度中心应以地理位置划分，按相邻省份全国大致分为几个区域调度中心，主要负责短波电台的监听、监测，区域内的应急处理、资源调配、网络完整性督察，以及信息的上报和政策的下达。市级协调中心主要负责本市城区和村镇末级联络点应急通信网电台的分配、安装和维护，超短波电台的监听、监测，以及一旦启动应急通信时，对信息的传递和中转。村镇末级联络点作为整个通信网的末梢神经，虽然是通信网的最小单位．却是建立通信网的重点。村镇末级联络点的主要任务就是对电台进行简单使用和保护，以备应急通信时能发送信息。

除运维体制之外，通信保障应急预案体系的设置还与地域特点有关，具体采取的方案可以是上述方案的组合形式。例如，某个省份，对规模比较大的地市公司或者经常发生突发事件的地市公司，可以单独设置地市公司级应急预案；对规模比较小的地市公司，可以采取设置区域中心级应急预案的方式，或者根据具体情况，也可以不设置应急预案。应急通信保障的执行流程如图 2.7 所示。

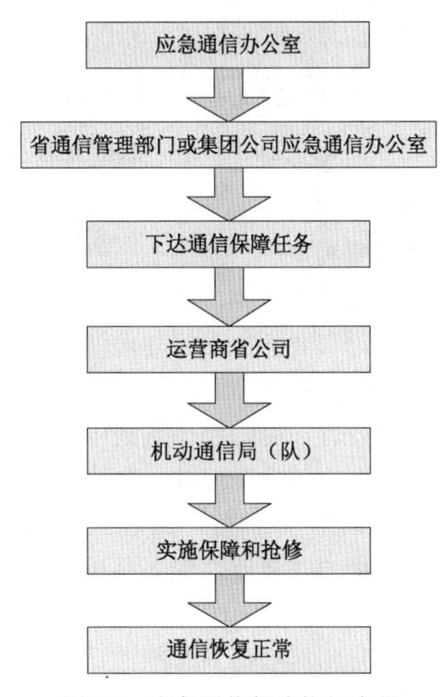

图 2.7　应急通信保障执行流程

通信应急保障体系分预告预警、应急响应、后期处置 3 个阶段，而保障工作则贯穿始终。其中预告预警是整个应急保障体系的基础和关键，是体系建设的重中之重；应急响应则要体现多部门、多网络、多技术的协同配合解决问题的能力和快速的反应机制；后期处置则要进行经验的总结和制度流程的完善。保障工作涉及应急队伍保障、物资保障、技术保障、交通运输保障、电力保障、经费保障。

对于通信运营企业而言，应急响应是指对外提供可靠安全的应急通信服务。应急通信提供的服务主要有两类，一类面向政府及其职能部门或负责减灾救助的机构，另一类面向公众。面向政府或专业机构的服务主要是在出现灾害或其他紧急情况时，为这些部门和机构提供高优先级的有保障的应急通信；面向公众的服务主要是指为一般用户提供的紧急呼叫服务。对于通信运营企业而言，应急响应的处理流程如图 2.8 所示。应急响应的首要任务是恢复通信服务功能。一些自然灾害带来了毁灭性的破坏，使通信网络陷于瘫痪，完全不能提供通信服务，此时最为紧迫的任务是通过各种方法和手段恢复通信服务，为抗险救灾提供通信保障服务。这种恢复可能是部分业务的恢复或部分功能的恢复，此时应有重点、分轻重缓急地开展工作，确保核心部门和核心区域能在非常短的时间内恢复最急需的通信业务。

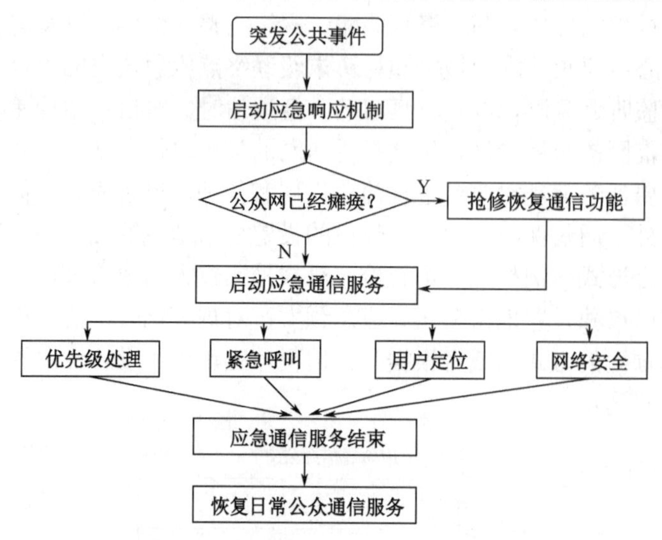

图 2.8　移动通信网络应急响应流程

在通信恢复或部分恢复以后，还需要解决一些应急过程中必须面临的问题，如呼叫优先级处理、紧急呼叫认证鉴权、紧急呼叫定位、网络安全管理等问题。优先级处理是对应急通信的一个基本要求。在通信资源匮乏的情况下，进行有重点的通信保障是应急通信的根本所在。优先级处理包括用户优先级处理和业务优先级处理两部分。随着软交换技术的应用，下一代电信网络将是一个控制与承载分离的网络。承载网络将会采用基于 IP 的分组交换网，这就导致下一代网络在解决呼叫优先处理问题时将比传统电路交换网更复杂一些，不仅要在呼叫的控制信令中增加优先级标志以保证信令交互被优先处理，还要设法实现端到端的承载资源保障。但是对于呼叫优先级处理来说，做到这一点还不够，因为优先级处理还有一个要求，就是在资源严重匮乏时，具有优先级的呼叫能够优先甚至以抢占的方式获得资源。这一点在现有的下一代网络构架中还是很难做到的，一个折中的办法是将应急通信用户定义为一类高等级用户，并在网络中预留一部分只向这些用户开放的资源。

2.2.4　应急通信技术体系

应急通信技术体系是指在突发事件发生后，在常规通信设备无法正常使用的情形下采用的一系列应急通信网络和相关技术手段，它能够使受灾人员发出求救信号或者获得被困人员位置，甚至能与其取得联系，便于救援和制定相关策略。应急通信技术手段一方面要求所采用的设备必须是便携、轻便、可携带而且足够机动的；另一方面还必须是不依赖于现有通信网络和一般通信手段的，不能受制于现有公共设施（如供电、道路等设施），是为应急指挥、抢险调度专门设计的相对独立的体系。

应急通信网是专门用于应对突发公共事件而建设的通信信息网络，从组成级别可分为国家网、行业（部门）网和地方政府网。国家网通称国家应急通信信息网，它以公众通信网为基础，是一个“多通信手段、以应急为主，多业务提供、为领导服务”的，安全可靠的专用通信信息网络。为此，当突发公共事件发生时，以适时保障中央至省（市、自治区）领导通信信息畅通为主，以便实施自上而下的调动和救援服务。行业网是指国务院相关部（委、局、办）建立的应急信息通信网，它依附于公众通信网或自建通信网，是一个“行业信息监控、适时广域收集，专业汇总分析、以预防为己任”的专用信息通信网，是国家安全网的重要支撑设施。为此，当突发公共事件发生时，适时将相关信息上传下达，为支撑救援决策服务。地方政府网是指地方各级政府建立的应急通信信息网，是国家网和行业（部门）网的补充和延伸，是两网的重要组成部分。该网的规划建设以各级政府为主导，以当地自然地理环境为基点，以本地公众通信网为基础或自建专网，因地制宜的形成“省—市（地）—乡（镇）”应急通信信息网络体系。为此，当公共安全事件发生时，各级领导可适时将信息上传下达，为救援和协调服务。

应急通信网络往往依赖于现有互为补充的各种公网和应急专网，由多种不同性质的互连互通的通信网络组成，它们基于不同的技术（例如电路交换、无线、IP 和 ATM）和架构，支持不同的协议和业务。不同类型的网络包括电路交换网络、卫星网络、无线网络、专用集群网络、IP 多媒体通信网络和无线广播网络，如图 2.9 所示。

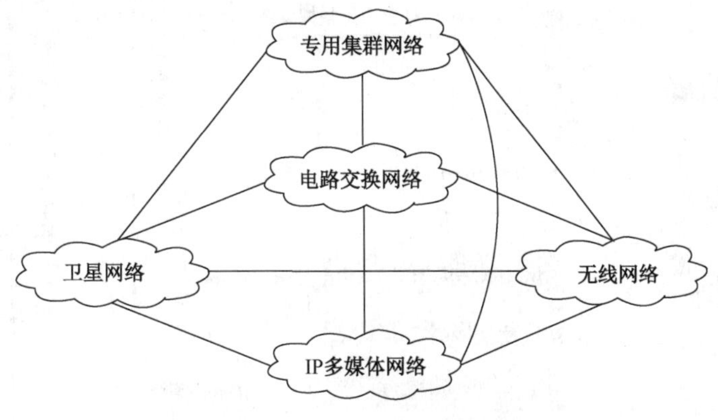

图 2.9　互连互通的异构网络

应急通信网络体系必须考虑各种网络的互补协调，互连互通。作为民众，不仅可以通过呼叫中心的方式和政府联系，还可以采用即时消息、E-mail 和 Internet 等多种方式和政府进行联系，而政府也可以通过移动通信技术随时获取受灾民众的汇报、位置等信息，如图 2.10 所示。

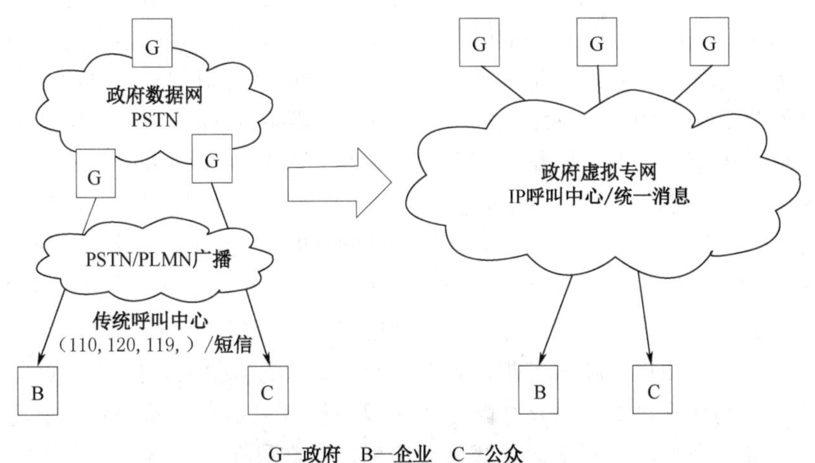

图 2.10　应急通信网络的演进

除了各种网络传输平台，应急通信网络体系还必须提供有效的应急联动系统。应急联动系统是一个集语音、数据、图像为一体，以信息网络为基础、以各分系统有机互动为特点的整体解决方案，如图2.11所示。其中，通信子系统完成应急联动中心与各分中心之间的语音传输、交换和分配；接警中心统一接听和处理灾区的报警、求助电话；指挥调度中心（或处警中心）采用计算机辅助调度系统，通过直观的地理信息系统和数据库，可以对所有的资源和警力分布了如指掌，通过一体化的无线数据传输和无线调度台进行方便的统一管理、指挥和调度。通常，应急联动系统由两大部分组成：一是设在指挥中心称为接警和处警系统的计算机辅助调度和信息系统；二是覆盖全市的专用应急通信网，目前一般选用集群指挥调度系统。把这两大系统进行多层次集成，提供一套能进行统一接警/处警和调度指挥的完整系统，能够实现智能化的应急联动解决方案。

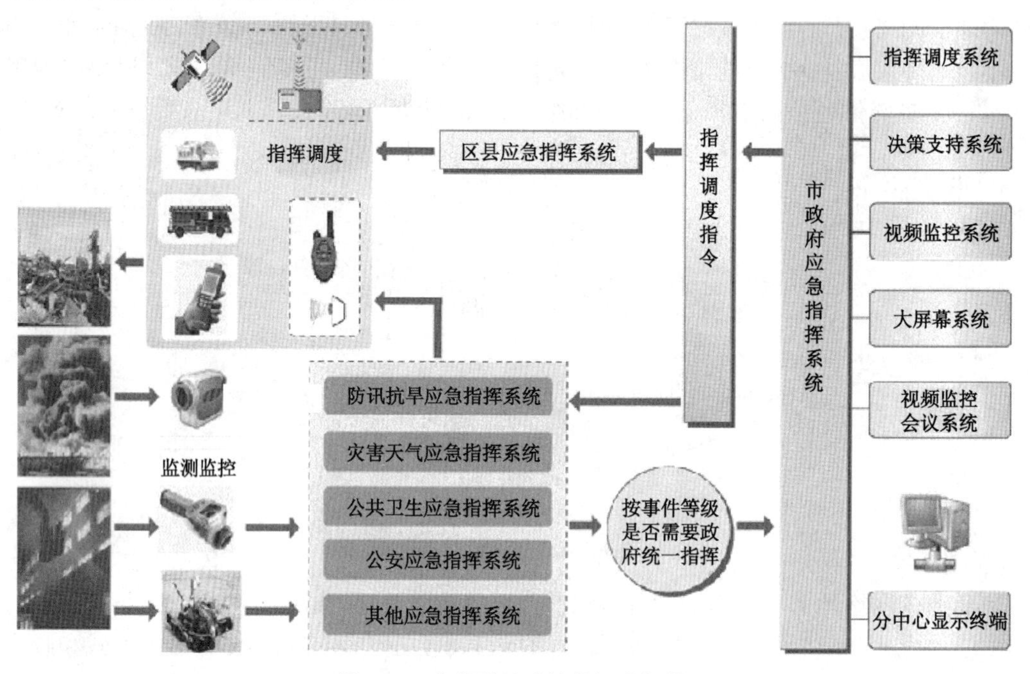

图 2.11　应急联动系统的组成架构

在重大突发事件发生后，相关机构应当正确引导公众合理地使用公众通信网络，积极疏通突发的巨大话务量，减轻通信设备的阻塞，保证重要通信的畅通；因为通常情况下，灾难发生后的网络通话量和短信数量会增加数倍，而网络容量是有限的不足以承载所有业务量。另外，在灾难发生后原有的通信网络往往会受到不同程度的破坏，通信容量也会降低，这就很容易造成网络的拥塞。为此，网络运营和管理机构可在技术层面采取如下应对措施：

（1）首先用“呼叫终止”来平息网络拥塞。“呼叫终止”就是提前“丢弃”一部分打往拥塞地区的电话（不影响紧急呼叫业务），以降低其他网络的呼入业务量。其次，网络运营商还可使用“半速率编码”，依靠降低质量来处理更多的呼叫。最后，可对短信进行延迟传送。

（2）提供优先通信。为了对重要应急响应部门进行通信保障，移动通信网可以预设一个特殊的网络管理方案，即接入超载控制，它对持有SIM卡的重要人员提供“特权”接入。当超载控制启动时，网络不再受理公众呼叫。“特权”接入只是在非常特殊的情况下才调用，在相关部门的特殊指令下，由网络运营商进行调用，通常只在特定网络和有限的地区及很短的时间内使用这个方案。

（3）预留通道。平时在通信规划和建设中，可以为重要通信专门预留通道，并在发生灾难时，对受灾地区的普通电话进行控制，以保证重要通信的畅通。同时，引导用户使用灾难应急消息业务，从而将受灾用户信息存储到该系统中，以供亲友查询他们的消息，这样也可以缓解通信压力。

2.2.5 应急通信标准体系

应急通信不同于普通的公众通信，是一种具有暂时性的特殊通信机制，肩负着特殊时期的非常重要的通信保障功能。如何建设一个能够在灾时有效为政府和公众提供必要信息服务、实现各部门之间信息共享的应急通信网，已经成为各方关注的焦点。首要的问题是要解决专网与专网之间以及专网与公网之间的互连互通。应急通信实际上是一种应用，所涉及的技术体系庞杂，但并不是全新的技术，如卫星通信、集群通信、视频通信、站址共享等技术并不是只用于应急通信，平时也都在使用。但由于应急通信所具有的随机性、不确定性、紧急性、灵活性、可靠性和可扩展性等特点，对这些技术会产生新的需求。对于这类技术的标准化工作，应从分析业务需求入手，研究应急通信对这些技术的特殊需求，包括组网、安全、互通、物理环境、管理等，解决应急通信的关键需求，有针对性地制定网络、设备、协议、管理等配套标准。应急通信涉及管理、网络和技术等多个层面，需要按步骤、分阶段制定应急通信标准，建立完善的标准体系。在建立和完善现有标准的基础上，还要研究无线传感器、风险评估、安全加密、容灾备份、P2P、宽带无线接入等新技术在应急通信的应用，以及网络、系统能力评估和测试标准。目前有许多国际性组织都已经开展了应急通信方面的技术标准研究，包括ITU-T、ITU-R、ETSI、IETF、ATIS、ISO/IEC、T1/TIA、3GPP 等。

ITU-T 在 2001 年就已经开始了应急电信业务（Emergency Telecommunications Service, ETS）的研究工作，主要开展提供国际紧急呼叫以及网络支持应急通信所需的能力增强等方面的研究工作，涉及 ETS 和减灾通信业务（Telecommunication for Disaster Relief，TDR）。目前研究的焦点为 TDR。ITU-T 制订的第一批 ETS/TDR 建议包括建议 E.106《对国际应急优选方案（IEPS）的描述》和草案建议 F.706《对国际应急多媒体业务（IEMS）的业务定义》。

ITU-T 有很多研究组和课题参与了对 ETS/TDR 的研究。SG2 负责研究 ETS/TDR 业务和操作要求和定义以及国际互连；SG3 研究政策和管制方面的问题；SG4 负责研究 ETS/TDR 网管方面的问题；SG9 负责研究 CATV 网络的能力；SG11 负责提出为支持 ETS/TDR 能力在信令方面有哪些要求；SG12 研究 ETS/TDR 能力服务质量和性能方面的要求；SG13 负责 ETS/TDR 的网络体系结构和网间互通问题；SG15 负责提出传送层的性能和可用性对 ETS/TDR 能力的影响；SG16 负责研究用于 ETS/TDR 能力的多媒体业务体系架构和协议以及 ETS/TDR 的框架；SG17 负责与 ETS/TDR 相关的安全性项目以及如何对使用者进行鉴权的问题；SSG 负责研究支持 ETS/TDR 能力的3G移动网络的一些特征以及它们与其他网络的互通要求。2003 年 6 月开始，ITU-T SG2 已经开始制订应急通信业务要求的建议，并计划 2004 年 1 月提出能够满足要求的 ETS/TDR 能力的概念，于 2005 年发展一个体系框架方面的建议，指出要支持 ETS 能力需要哪些成分。另外，ITU-T SG16 还专门设立了一个新的课题《在应急和减灾操作中对电信业务的使用》，计划由该课题负责 ITU-T 各研究组之间以及与其他标准化研究组织之间标准发展的协调和综合，以便能够制订出一套全球的、综合的、有关 ETS/TDR 能力的标准。

ITU-R 作为国际化的标准组织，主要从预警和减灾的角度对应急通信展开研究，包括利用固定卫星、无线电广播、移动通信、无线定位等对公众提供应急业务、预警信息和减轻灾难。目前，ITU-R 与减灾相关的建议包括：ITU-R M.693 使用数字选择呼叫指示应急位置的 VHF 无线电信标的技术特性；ITU-RM.830 用于 GMDSS 规定的遇险和安全目的的 1530～1544 MHz 和 1626.5～1645.5 MHz 频段内卫星移动网络或系统的操作程序；ITU-R S.1001 在自然灾害和类似需要预警和救援行动的应急情况下卫星固定业务系统的使用；ITU-R M.1042 业余和卫星业余业务中的灾害通信；ITU-R F.1105 救援行动使用的可搬运的固定无线电通信设备；ITU-R M.1467 A2 和 NAVTEX 范围的预测及 A2 全球水上遇险与安全系统的遇险监测频道的保护；ITU-R M.1637 在应急和赈灾情况下无线电通信设备的全球跨边界流通；ITU-R M.1746 使用数据通信保护财产的统一频率信道规划；ITU-R BT.1774 用于公共预警、减灾和赈灾的卫星和地面广播基础设施；ITU-R M.2033 用于保护公众和赈灾的无线电通信的目标和要求；等等。

ETSI 作为欧洲的通信标准化组织，非常重视应急通信相关标准的制订，专门成立了应急通信特别委员会（Emergency Telecommunication，EMTEL），EMTEL 作为 ETSI 应急通信需求对内、外的主要协调者，发布应急情况下的网络安全、网络应急通信需求，先后设立了 STF315（紧急呼叫和位置信息）和 STF321（紧急呼叫定位）特别任务组；同时，制订了 2 份重要文件，它们分别是 DTS/TISPAN-03048（分析各标准组织所提出的位置信息需求）和 DTS/TISPAN-03049（NGN 提供紧急业务时支持各种位置信息的信令需求和信令架构）。ETSI 现阶段的技术标准主要包括：ETSI TS 102 181 紧急情况下政府/组织之间的通信需求；ETSI TS 102 182 紧急情况下政府/组织到市民的通信需求；ETSI TR 102 410 紧急情况下市民之间以及市民和政府之间的通信需求；ETSI TS 102 424 NGN 网络支持紧急通信的需求，从市民到政府；ETSI TS 182 009 支持市民到政府紧急通信的 NGN 体系架构；ETSI TR 102 444 短消息（SMS）和小区广播（CBS）业务用于紧急消息的分析；ETSI TR 102 445 紧急通信网络恢复和准备；ETSI TR 102 180 紧急情况下市民与政府/组织通信的基本需求；ETSI TR 102 476 紧急呼叫和VoIP（标准化活动和可能的短期和长期方案）；ETSI SR 002 299 紧急通信欧洲管制原则。

随着 Internet 上 VoIP 业务的大量开展，IETF（互联网工程任务组）开始日益重视互联网上的应急通信问题，建立了 ECRIT（Emergency Context Resolution Using Internet Technologies，基于互联网技术的紧急服务内容解析工作组），专门研究 Internet 的应急通信问题。IETF 对应急通信的研究涉及需求、架构、协议等各个方面，目前相关的标准文档主要包括：Draft-Ietf-Ecrit-Requirements-04.txt 基于互联网技术实现紧急服务的需求；Draft-Ietf-Ecrit-Service-urn-00.txt 用于业务的统一资源名称（URN）；Draft-Ietf-Sipping-sos-02.txt SIP协议紧急业务 URI；Draft-Taylor-Ecrit-Security-Threats-01.txt 紧急呼叫的安全威胁和需求；Draft-Polk-Newton-Ecrit-Arch-Considerations-01.txt 基于互联网技术的紧急服务路由——体系架构；Draft-Rosen-Dns-sos-03.txtDNS 系统中的紧急呼叫信息；Draft-Schulzrinne-Ecrit-Lump-01.txt 对 URL 影射协议的定位（LUMP）；Draft-Hardie-Ecrit-Iris-03.txt 紧急业务关联 URI 的 IRIS（因特网注册信息服务）方案；等等。

ATIS（美国电信产业解决方案联盟）根据不同的研究领域，成立了相应的技术委员会和论坛，如网络可靠性指导委员会（NRSC），电信欺诈预防委员会（TFPC），网络性能、可靠性和服务质量委员会（PRQC），协议相互作用委员会（PIC），紧急业务互联论坛（ESIF），互动语音反映论坛（IVR），光传输和同步委员会（OPTXS）（原 T1 X1），分组技术和系统委员会（PTSC）等。各个技术委员会都有紧急业务相关的研究，如 PTSC 制定了

"ATIS-PP-1000010.2006 支持 IP 网络中紧急通信业务（ETS）的标准"。ATIS 还成立了紧急业务互联论坛（ESIF），为有线、无线、电缆、卫星、互联网和紧急业务网络提供了一个相互联系交流的论坛，以推动技术层面和操作层面的决议产生进程。目前，ATIS 完成的与应急通信有关的工作有：ATIS-PP-0500002-200x 紧急业务和紧急业务网络（ESNet）的接口标准；NGN（IMS）紧急呼叫处理（Issue 51）；下一代紧急业务定位标准（Issue 50）；基于 NGN/IMS 的 NG9-1-1 标准（Issue 49）；支持对话音和非话音的紧急呼叫的定位识别和回复能力（Issue 45）；等等。

目前，中国在应急通信标准方面已具有一定研究基础，在中国通信标准化协会（CCSA）的领导下成立了应急通信任务组，基本建立了应急通信的标准体系，在政策制度、网络架构和通信技术方面制订了相应标准，内容涉及应急通信综合体系和标准体系、公众通信网支持应急通信的要求、紧急特种业务呼叫等。另外，在没有明确提出应急通信标准体系的概念以前，已经存在一些与应急通信相关的标准，涉及公众通信网、集群、车载、微波、视频会议和视频监控、地理信息系统、电子政务、安全和加密、定位、卫星通信等多个方面。这些领域的标准可以纳入应急通信标准体系。当这些技术应用于应急通信时，首先要满足这些标准；而根据应急通信的需要，可能会增加新的技术要求。

目前，CCSA 已发布的应急通信标准包括 UD/T 2247-2011《不同紧急情况下应急通信基本业务要求》、YDB 087-2012《区域空间应急通信系统技术要求》和 SR107-2001《自组织网络支持应急通信的架构和标准化需求研究》。近年来，CCSA 的研究重点是公众电信网支持应急通信，对于现有的固定和移动通信网，主要研究公众到政府/机构、政府/机构到公众的应急通信的应急通信业务要求和网络能力要求，包括定位、就近接入、电力供应、基站协同、规定时间内传送信息、多语言通知、支持多种通信手段、消息源标识等，以及紧急特种业务呼叫的路由、紧急业务的定位等。针对互联网研究如何支持紧急呼叫，包括用户终端位置上报、用户终端位置获取、路由寻址等关键问题。而针对下一代网络（NGN），则重点研究在 NGN 架构中如何支持紧急呼叫，包括就近接入、呼叫定位、域选择等关键问题。另外，在通信装备的研制和生产过程中也必须高度重视标准化工作。由于任务、职能的不同，不同救援部门和机构装备的通信设备也有所区别，在救援现场各机构的通信装备无法完全互连互通，不能满足在点多、面广、距离远的保障区域内的通信要求。因此，要首先制定全国范围内对通信装备发展起引导作用的各种标准。然后利用既定标准，一方面，在原有装备的基础之上进行改进；另一方面，以此标准进行研制与生产新的通信装备。另外，通信装备的研制、生产与改进都必须考虑保密问题，可以采用嵌用保密模块或嵌入式芯片的方式增强通信内容的保密性。

2.3 传统应急通信技术

应急通信并不是一种独立存在的新技术，而是很多技术在应急通信方面的特殊应用。面对不同的紧急情况，需要的应急通信技术手段也不尽相同。从国内外重大自然灾害的应急通信保障实践来看，能否有效整合社会的通信资源同样有着十分重要的意义。在处置突发公共事件过程中，需要综合利用有线通信系统、计算机网络通信系统、卫星通信系统、集群通信系统、移动通信系统、短波通信系统、业余无线电、互联网及其他专用通信系统等，来保障现场指挥的畅通。一个完整的应急通信过程通常涉及应急指挥中心、公众通信网/专用通信网、现场救援 3 个关键环节。公众通信网/专用通信网是应急通信的网络支撑，应急通信现场要保障指挥通信，通常以无线通信方式为主，即以电磁波传输信息为主。早期无线应急通信以中/短波通信为主，在 20 世纪 40 年代以后，短波和微波通信业务得到迅猛发展。进入 20 世纪 70 年代，无线集群通信业务发展很快，特别是卫星通信的出现使得“通信不受时空限制”的愿望成为现实。无线通信抗毁能力强，具有机动灵活、组网方便的优点，是应急通信保障的有效手段。就地震、水旱等自然灾害来说，首先要做的一般就是通过应急手段保障指挥通信；同时，对自然灾害可能引发的通信网络本身故障造成的通信中断，需要启动应急预案，利用各种管理和技术手段尽快恢复通信，保证用户正常使用通信业务。在通信恢复后，需要保障重要通信和指挥通信、应急指挥中心与救援现场间的通信畅通；及时疏通灾害地区通信网的话务量，防止网络拥塞，保证正常使用；此外，通过互联网、短信等通信方式及时向外发布信息。

近年来，由于光缆技术的快速发展及光缆成本的不断降低，我国大量使用光缆建设网络，微波、卫星等无线技术的应用推广步伐相对较慢，导致公用通信过分依赖地面传输，自身抗毁能力比较薄弱。另外，我国应急通信设备在传输方面较为薄弱，有些设备还需依赖公用通信网的有线传输资源，难以在突发事件中迅速发挥作用。对于应急救灾通信全局而言，灾难发生后的第一时间抓紧修复有线光缆依然为关键任务之一。与此同时，借助适当容量的卫星系统、移动车微波系统、点对多点无线接入系统以及移动大容量一体化接入基站系统等均为可选的技术手段。也就是说，在重大突发事件情况下，各级政府需要因地制宜地整合多种通信手段，以保证数据、语音、图像的传输。

2.3.1 基于公共固定通信网的应急通信

公共固定通信网，特别是有线公众电信网作为分布最广泛、最重要的基础电信网络，线路资源丰富、服务类型多、费用低廉、覆盖范围广、受众群体大、通信质量高、安全保密性好，是应急通信不可或缺的组成部分。利用有线公共电话交换网的语音信道，通过综合通信终端设备可以方便地实现中央救灾指挥中心与各地指挥中心的电话、传真、计算机数据等综合信息的传递业务。例如，人们常使用的 110、119 和 122 等紧急呼叫就是一种传统的应急通信手段。

但是，有线固定通信网应急通信主要通过光缆、电缆进行传输，受到线缆和地理条件的限制且抗毁能力差，一旦被摧毁，通信立刻被阻断且很难恢复。原有的应急通信构架并没有考虑由固定电话网来承担应急通信，一旦发生紧急情况，政府决策机构和职能部门便会优先使用专用应急通信系统（如卫星和微波通信系统）；而个人用户能够使用的应急通信手段通常非常有限，如只能依靠紧急呼叫服务。另外，在各种突发性大型灾难事件中，交换机、光缆甚至机房很容易被损坏，而且突发的巨大话务量远远超过交换设备的设计极限值，很容易造成网络阻塞甚至瘫痪。

基于公共固定通信网构建应急通信网络，不需要单独建设一套专用网络，有以下两种方案可以借鉴：

（1）临时调配通信资源。此方案类似于英国政府在公共电话交换网中使用的“政府通信优先方案”，即当网络发生严重拥塞时，除了特定的政府电话用户，其他所有用户的呼出业务一律被禁止，但是允许接听来电。平时，该方案不启动，网络对于政府用户和公众用户一视同仁，不区分优先等级；一旦启动该方案，则通过临时限制公众通信的权利，确保通信资源专为应急用户服务。

（2）事先预留通信资源。此方案可以通过静态资源配置，在全网范围内对应急通信的资源预留进行统一规划和配置。这种方式在用户接入局端容易实现，只需预留相应的接入线资源即可；但是要在全网范围内实现，尤其是需要跨越不同运营商网络时，难度大且建设、运营成本高。此外，静态的资源预留配置无法实现资源自动调配，难以应对突发情况。为此，可以采用“用户标记+资源动态分配”的方式，事先对应急用户接入进行标记，网络支持标记识别，并能够在动态电路交换的所有途经节点优先分配资源，甚至抢占普通用户资源，以确保应急通信的优先权。但是，现有的信令体系和交换机制还不能很好地支持这种方式，成本高且较难实现。

对于通过公众电信网提供应急通信服务，当前的研究方向主要包括3个：一是研究如何提升电信网络的应急通信能力，使其可以承担应急通信任务；二是研究传统的紧急呼叫向何处发展才能适应用户的需求；三是研究在出现紧急情况时，如何能够保证网络的畅通。另外，利用公众固定通信网构建应急通信网，还需要解决非常态情况下用户的鉴权与认证、用户移动性和紧急业务的服务质量保证等问题。

2.3.2 卫星通信

卫星通信利用人造卫星转发器作为中继站转发无线电波，可以在两个或多个地球地面站之间进行通行。此类通信方式的通信距离远，且不受地面条件及地震、洪灾、火灾的影响和限制，具有灵活机动的特点，能够以较好的性能及时、快捷地实现在地面传输手段无法满足的地点之间的通信，非常适合应急通信的需求。特别是在面积较大、地面环境复杂、地面通信线路不发达的地区，卫星通信可发挥不可替代的重要作用，可作为主要的临时救灾通信手段。

卫星通信具有通信频带宽、传输容量大、线路稳定可靠、传输质量高等特点，可以通过建立“静中通”、“动中通”以及卫星电话的方式建立应急通信。与传统的通信和传输方式相比，卫星通信可确保在任何情况，包括地面网络无法覆盖或无线通信网络基站遭到破坏的情况下，能够及时、快速、可靠地提供宽带多媒体通信服务，实施快速救援、处理等应急指挥。在国外，卫星通信被普遍作为一种十分奏效的应急通信方案，在抢险、救灾、疾控、环保、森林防火、水利、石油、高速公路、质量监督等领域的应用也非常广泛。目前，我国各级政府和应急响应部门已经陆续建设了卫星应急通信网。但是，由于缺乏自主研发的卫星移动通信系统，大多数卫星移动通信系统均为国外拥有，这会导致一些问题：一是从国外紧急采购终端设备时需进行国际协调，降低了救灾时效性；二是安全稳定性无法保证，救灾期间甚至发生国外公司因商业纠纷删除中国卫星用户数据，造成通信短暂中断的情况。另外，国内目前还缺乏合理的卫星通信运行体制。虽然多个行业部门均将卫星通信作为应急通信的一种手段，但各个部门独立发展，卫星终端资源分散，造成应急时无法实现卫星资源的统一调度。而且，卫星通信设备的储备也不足。中国在应急通信方面虽然储备了一定数量的便携式甚小口径卫星通信（VSAT）设备、卫星电话、卫星应急通信车等卫星设备，但数量还是不足以满足重大灾害发生时的救灾需要。

构成天基信息系统的卫星种类多样，包括固定和移动通信卫星、广播电视卫星、导航定位卫星和对地观测卫星等，其中，通信卫星又可分为同步通信卫星和非同步通信卫星。高轨道同步通信卫星是运行在约36 000 km上空的静止卫星，信号基本可以覆盖全球。卫星的高度高，要求地球站发射机的发射功率大，接收机灵敏度高，天线增益高。一些覆盖一个地区或国家的通信卫星高度则可以低一些。非同步通信卫星为运行在500～1 500 km上空的非静止通信卫星，采用多颗小型卫星组成一个星座，如果能够实现在世界任何地方上空都能看到其中一颗星，则这个星际通信就可覆盖全球。低轨道通信卫星主要用于移动通信和全球定位系统。卫星通信的主要业务包括卫星固定业务、卫星移动业务和VSAT业务。

卫星通信是地面系统的有效支持、补充与延伸，特别是应充分利用其广播多播能力、广域连接优势及对距离因素不敏感等特点，对地面通信系统未能覆盖延伸的区域，发挥其有效的互补、支撑作用。因此卫星通信系统必须与地面通信系统进行紧密、有机的集成综合，才能充分发挥其互补优势的重要潜在作用。

目前，我国卫星通信主要有两种业务应用模式：窄带的卫星移动电话和宽带的卫星中继传输。尽管卫星通信被认为是应急通信中非常重要和有效的手段，然而目前仍然是我国应急通信体系中的薄弱环节，主要表现在以下几个方面：卫星资源不足，信道堵塞严重；没有自主的卫星移动通信系统，应急通信装备数量不足；现有应急卫星通信系统缺乏统一标准，互连互通困难；对应急通信系统的应急需求、应急模式研究不够深入，缺乏行之有效的应急通信体制。为此，基于卫星中继传输构建应急通信网，应注意做好以下几点：

（1）常态与应急相结合。建立卫星通信资源应急储备机制，预留满足应急通信所需的转发器资源与频率资源，并配备网管系统；通过统一管理和动态资源调配，实现常态应用与应急通信的有机结合。

（2）固定站与移动站相结合。为重要的应急指挥场所建设固定地面站，合理配置车载移动站、便携地面站及应急供电设备，通过固定站与移动站的卫星连网，提高应急通信的反应速度、机动性和环境适应能力。

（3）卫星网与地面网相结合。一是作为地面通信网的接入网，将传输线路中断的移动基站等接回局端，迅速恢复移动通信业务；二是作为地面通信网的干线传输中继，与光纤通信、微波接力等有机结合、优势互补，有效扩展地面网络的覆盖范围；三是通过在卫星地面站设置接入地面通信网络的关口局，实现卫星通信网与地面通信网互连互通、互为备份、混合组网，为下一步构筑天地一体的多业务综合应急联动通信系统奠定基础。

（4）加快技术创新和设备更新换代，发展宽带化和具有综合业务的卫星应急通信系统。今后，卫星应急通信系统应该能够提供高传输速率，具有语音、图像、实时视频监控、视频会议、调度、定位等业务的综合性应急通信平台，并且卫星终端应更加智能化、小型化、自适应化，维护及使用操作应更加简便，集成度应更高。

2.3.3 无线集群通信

无线集群通信系统（Trunking System）源于早期的专网无线电调度通信系统。与专网调度相比，集群调度具有共用载频/信道、共用设施（机房、移动交换机、基站、天线、电源等）、共享覆盖区、共享通信业务、分担费用等优点，是一种多用途、高效能的移动调度通信系统，代表着通信体制之一的专用移动通信网发展方向。无线集群通信与公众移动电话的不同点在于：集群通信以组呼为主，用户之间有严格的上下级关系，用户根据不同的优先级占用或抢占无线信道，呼叫接续快（300～500ms），且以单工、半双工通信为主要通信方式。具体而言，无线集群通信提供的业务具有以下特点：

（1）呼叫迅速，组呼为主。无线集群呼叫采用“一按即通”方式接续，呼叫建立快（小于500ms），可以进行一对一的选呼，但以一对多的组呼为主。

（2）脱网直呼。在接收不到基站信号时，通信终端可以转为对讲模式，保证用户之间的通信。

（3）支持不同的优先级。调度员可以强插或强拆组内任意一个用户的通话，且不同用户有不同的优先级，信道全忙时，高优先级用户可强占低优先级用户所占的信道。

（4）单工、半双工为主。无线集群通信中为节省终端电池与少占用户信道，用户间通话以单工、半双工为主。

（5）支持紧急呼叫。无线集群终端带有紧急呼叫键，紧急呼叫具有最高的优先级。用户按紧急呼叫键后，调度台有声光指示，调度员与组内用户均可听到该用户的讲话。

此外，对于特殊用户无线集群还能提供双向鉴权、空中加密、端到端加密等功能。

在通信基础设施严重受损的灾害地区可以基于无线集群快速搭建应急指挥集群通信网，具体可以采用以下 3 种方法：

（1）脱网直通。直接利用集群终端的直通模式，在半径 1～2 km 的视线范围内即可实现电台之间直接通信。其优点是不需要基站支持，只需编写直通频点即可；缺点是通信范围小，无法实现前后方统一指挥，且容易产生同频干扰。

（2）单基站组网。只需一个移动基站，即可在半径 3～5 km 范围内组建本地集群网络。此时，基站并不需要与交换机连接，而是工作于单站集群模式；电台终端工作于网络模式，但是仅能在该基站覆盖范围内通信。其优点是电台可以保持原有通话组，通信范围相对扩大；缺点同样是无法实现前后方统一指挥，移动基站也需要电力及环境保障系统的支撑。

（3）卫星连网组网。在第二种方式的基础上，通过卫星信道将移动基站接入交换机连网运行，则该基站下的电台全部并入大网，实现了前后方的无缝通信和统一指挥；其缺点是移动基站及卫星通信设备对电力及环境保障的要求较高。

无线集群通信适合诸如公共安全（警察、消防、安全、保安、军队等）、交通运输（航空、铁路、内河航运、公共交通、出租汽车等）、社会联动、市政管理、水利电力、厂矿企业生产管理等行业或部门，以及抢险救灾、处理各种突发事件等场景的调度指挥通信，是保障社会稳定、确保安全生产、提高工作效率、降低事故损失的重要手段，具有社会效益和经济效益的双重特性。

集群通信系统从运营方式上可分为专用集群系统（PMR）和共用集群系统（PAMR）。专用集群系统是仅供某个行业或某个部门内部使用的无线调度指挥通信系统，系统的投资、建设、运营维护等均由行业或部门内部承担，早期的集群系统大多属于这一类型。共用集群系统是指物理网络由专业的电信运营企业负责投资、建设和运营维护，供社会各个有需求的行业、部门或单位共同使用的集群通信系统，它具有资源利用率高、单位成本低廉、网络覆盖和运营质量好、可持续发展能力强、用户业务可自行管理等诸多优点，是集群通信运营体制的发展方向。共网和专网各有不同的用处，特别是有些专网是一定要建立的，例如涉及国家公共安全的调度指挥专网。

20世纪90年代研发的模拟集群移动通信系统已经适应不了各专业部门发展的需要。当代各种通信系统的全数字化已是大势所趋，提交给ITU（国际电信联盟）的数字集群系统列入数字集群报告中的有美国的Project25调度系统、泛欧TETRA系统等7种技术体制。这也是国际上主要的几种数字集群移动通信系统。2000年12月28日，我国信息产业部正式发布的《数字集群移动通信系统体制》（SJ/T 11228—2000）行业推荐标准，参照国际标准TETRA（体制A）和美国国家标准iDEN（体制B），确定了两种集群通信体制，后来又加入了我国自主研发的Gota和GT800两种体制。

陆地集群系统（Terrestrial Trunked Radio，TETRA）是由欧洲电信标准协会（ETSI）制定的欧洲集群标准，是一种基于数字时分多址（TDMA）技术的无线集群移动通信系统。该系统可提供语音、电路数据、短数据信息和分组数据业务及多种附加业务。系统具有兼容性好、开放性好、组网灵活、频谱利用率高和保密功能强等优点，是目前国际上较为先进、参与生产厂商较多的数字集群标准。TETRA 系统可以支持电路交换和分组交换模式多种类的服务，如单呼、组呼、广播、优先呼叫、调度服务、短数据业务和数据传输等。TETRA 实施大区制组网，一个 TETRA 基站可以覆盖几十千米的范围，因而只要少数几个基站就可以完成对一个地区的覆盖。如果对基站进行备份和独立的电源设计，抗毁性高，可以有效地保证应急情况下的通信。TETRA 系统最初是针对欧洲公共安全的需求而开发的数字集群通信专网，系统调度功能比较完善，非常适合用作专网。目前数字集群 TETRA、iDEN 系统存在的主要问题是价位高、数据速率较低、互连互通能力差且安全保密能力较弱。此外，TETRA 系统依赖于固定的基站，难以适应大规模灾难情况下的通信需求。相比而言，GoTa 和 GT-800 等新系统在价位方面具有极大优势且支持多媒体业务，发展潜力较好。

2.3.4 公众移动通信网络

移动通信最大的优点在于它的移动性，通信不受时间、地点的限制，只要是在覆盖区内就可以自由通信，非常灵活方便；加上手机价格和移动通信费用也都已经逐步降低到普通民众所能接受的水平，这使得移动电话网络在应急通信中占据着重要位置。GSM 车载应急通信系统既可在特殊情况下不受地域限制地快速开通应急通信网，顺利地完成各种应急通信任务，也可为现有移动通信公众网提供及时、便利的应急通信支撑。目前，在应急通信中，移动通信已经不仅仅是用来进行通话的简单应用了，还可以利用移动通信的定位业务和位置业务，进行安全救援、位置跟踪及安全导航等。另外，基于现有宽带 3G 网络可以提供无线视频监控服务，这种无线视频监控系统具有便携、灵活、无须布线、灵活组网的优势，不仅可做到移动中视频图像清晰流畅，而且数据在前端已做加密处理，在整个传输过程中无明码传输, 满足了大多数场合的数据安全要求。尤其是我国拥有自主知识产权的 TD-SCDMA 标准，由于具有频谱利用率高、频谱灵活性高、接受灵敏度高，特别适合用于非对称移动应用等特点，一定会为应急通信的发展提供更广阔的空间。

但是，移动通信网络除最后一跳是无线外，从基站开始都用光纤作为骨干网络，这种网络结构决定了网络容易受到突发灾害的破坏。现行移动通信网络复用比大概为 20 : 1 且本地通信链路与长途通信链路也是多对一的关系，所以突发事件发生后骤增的通信量很易造成移动电话网络发生拥塞现象。此时，一方面可以通过提高系统本身的容量，如通过小区分裂和降低无线公众网的多路复用比例，来提高系统抗话务量峰值冲击的能力；另一方面，可以通过呼叫阻塞、通话时长限制、跨网分流和重要业务优先接通等手段来缓解网络拥塞对应急通信的影响。此外，还可以为无线基站增设一种“孤岛模式”，这是一种单小区广播模式。在此模式下，基站可以单独为其信号覆盖范围内的手机提供注册、认证，并为小区范围内的手机提供一定的广播通信能力。如果再辅助以其他临时通信链路，就可以打通小区到外界的通信通道。

利用公众移动通信网构建应急移动语音通信网，不需要单独建设专用网络或搭建虚拟专网，也无须改变现有的点对点通信模式，就可以充分发挥移动通信网的资源条件和覆盖能力；但需要对现网进行技术改造，支持用户优先级别或预留信道资源，投资较大，管理成本较高。

而公众移动通信网的数据服务功能本身就是基于分组交换的IP网络实现，因此具备构建应急移动数据通信网的天然条件，但要注意4个问题：其一，要为应急通信搭建虚拟专网，预留通信资源，提供相应接口，以便让用户能发起高优先级的紧急呼叫；其二，要支持紧急呼叫的鉴权和加密机制，包括提供紧急注册流程以及在注册鉴权未通过的情况下允许发起匿名紧急呼叫，在一定程度上保证信息安全；其三，解决对紧急呼叫的定位问题，使网络能够确定呼叫的位置，第一时间出动紧急求援；其四，对于现有的移动通信网络而言，急需改进的是位置保密能力，因为以现有的移动通信技术，移动终端用户很容易被跟踪和定位。

针对现有的蜂窝移动网络，可以通过多种方法进行改造来提高应急通信能力。一种简单的方案是允许基站移动，也就是构造所谓的移动蜂窝（Cells on Wheels）。但是这种方法仍依赖固定无线接入网络，因此在固定网络基础设施遭受破坏时不能提供可靠的通信服务。第二种方法是将传统无线蜂窝网络中的大部分或全部网络控制单元转换成移动单元。但是这种方法实现起来非常困难，缺乏可扩展性且成本巨大。第三种方法是将上述的所有功能集成到专门为应急通信网络设计和优化的单个网络单元中。这种网络集成方案将传统的集中式分级网络体系结构转变成分布式扁平式网络体系结构。例如，可以采用一种车载移动蜂窝网络来提供按需的通信覆盖和容量要求，构成不依赖预设网络基础设施的自配置移动通信系统。

2.3.5 短波和微波应急通信

1. 短波应急通信

近年来，短波应急通信技术得到了快速发展，原因主要有3点：

（1）短波通信是唯一不受网络枢纽和有源中继体制约的远程通信手段，一旦发生战争或严重灾害，无论哪种通信方式，其抗毁能力和自主通信能力都无法与短波通信相比。

（2）短波适应性很强，在山区、戈壁、海洋等超短波覆盖不到的地区，主要依靠短波通信。

（3）短波通信投资省、建台快、维护方便，与卫星通信相比，短波通信不用支付话费且运行成本很低。

短波应急通信可以适用于远距离、近距离和现场的通信。例如，在“9·11”事件中，美国纽约地区的固定电话、移动电话、寻呼机都因严重超负荷而无法使用。这时业余无线电爱好者提供了能覆盖全国的应急通信服务，成了真正的幕后英雄。民间无线电爱好者（HAM，昵称火腿）及业余电台是重要的应急通信资源，在国内外应急通信保障中发挥了积极作用。所以政府部门在预案编制中，应充分考虑业余电台资源的情况。

目前，我国无线电管理部门已组建短波通信网。首先，基于掌握无线电频率资源的优势，国家无线电管理机构可以在短波频段选择便于组建全国无线电短波通信网的短波频率，并通过设在全国各地的9个国家级短波无线电监测站（点），及时掌握其他部门使用短波频率的相关信息，实现多系统、多部门的信息沟通和资源共享，充分发挥无线电管理部门远距离监测的优势，多层面地加强对短波通信频率的监督管理。其次，各地无线电管理机构通过多年的无线电管理技术设施建设，已具备了查处各种无线电干扰的先进监测设备，可协助监测监听全国短波通信网频率，及时查处干扰，保证应急短波通信频率处于良好状态。最后，组建短波通信网后能加强对地市短波通信“盲区”的有效管理。现在短波无线电通信设备种类较多，价格便宜，在应急情况下，只要有电瓶或小型发电机，通过简单架设就能够实现短波电台的正常发射和接收；也可通过装备车载短波设备，实现移动中的短波通信。建设国家、省（区、市）、地（市）及县级应急短波无线电通信网，并配置一定数量的车载短波设备，不仅可以加强短波频率的日常监听和管理，而且能够确保在大型活动中实现较远距离通信联络，尤其在重大自然灾害来临之际，将发挥重要作用。

2. 微波应急通信

微波是指波长在 0.1mm～1m 或频率为 300 MHz～300 GHz 范围内的电磁波，微波通信利用微波作为载体并采用中继转发完成无线接力通信。微波通信不需要固体介质，当两点间直线距离内无障碍时就可以使用微波传送，并能跨越高山、水域迅速组建网络。地面微波中继通信具有通信容量大、传输质量高等优点；然而随着光纤通信的出现，微波通信在通信容量、质量方面的优势将不复存在。但是，在地震、洪水等自然灾害发生时，常常伴随着通信光缆的断裂，这时微波通信就能够大显身手。例如，通过微波线路跨越高山、水域，迅速组建电路，替代被毁的支线光缆、电缆传输电路，在架设线路困难的地区传输通信信号。另外，在修复公众网基站、架设应急无线集群基站、连通交换机之间的 E1 电路等方面，地面微波也可以发挥重要的作用。

2.3.6 业余无线电通信

业余无线电应急通信系统（Amateur Radio Emergency System，ARES）主要在特殊情况下为社会公众提供应急通信服务。实际上，ARES 并非只在自然灾害发生时才可以启动，ARES 是配合其他通信服务的重要组成网络，只要社会需要即可启用。国外的 ARES 有固定的使用呼叫频率，并且每个频段都有。发达国家都有相关的专业组织，如美国设有专业的 ARES 委员会，每年都进行专业的训练、演习，并且吸收青少年参与。业余无线电凭借其无须建网、广播通信、即时通信等先天优势，凸显出在恶劣环境下的通信能力。

据报道，在美国“9・11”恐怖事件发生时，纽约和华盛顿特区的有线、无线商业电信系统都受到损害，美国纽约地区的常规通信陷入了前所未有的困境。在大量救援人员涌向各出事地点的同时，业余无线电的力量很快被动员起来。纽约的 ARES 业余无线电应急通信网在事件发生之后不到 5 分钟便迅速活跃起来，大量业余无线电通信设备被用于应急通信保障，及时援助了美国红十字会超载并阻塞的电话系统。

在中国香港，已有一批业余无线电爱好者，贡献自己的知识、时间、力量、金钱组成了一支业余无线电应急通信小组，并定期开展通信训练、应急演习、知识培训等工作，为各种慈善活动、恶劣环境无偿提供通信支援，获得了社会的赞赏及好评。

业余无线电应急通信来源于社会和团体的志愿者，在减灾救援中往往可以弥补局部其他通信方式不足以覆盖的地域。突发的灾难和危机往往是短时间（数小时或数天）、局部性的（城区的一部分或更小），但是又需要快速、多点、可移动的通信网络在普通民众与专业机构之间架起信息交流的桥梁。

2.3.7 无线广播和互联网

在重大突发事件发生后，公众经受了极大的心理考验，都希望在第一时间获得有效的信息与帮助。因为缺乏其他的渠道，公众通信网络作为唯一的联系通道，承受着极大的压力。特别是在我国，移动运营网络的规模巨大，在极端突发事件面前，即使运营商尽最大的努力，也只能保证少部分用户能够打通电话。此时，无线广播电台在救灾过程中则能发挥重要作用。一方面，能够让民众获得有效的信息；另一方面，可以显著地减轻移动通信网络的压力。通过城市 FM 和 AM 广播，无线电台可以向受灾群众传送外界的关心，同时受灾群众通过收音机也可以了解当地的受灾和救灾状况。虽然无线电台并不能进行对讲通信，但也能间接地起到灾区与外界互动的作用。例如，在日本，每个人都常备一个收音机，而收音机是自动激活的。这样当有紧急广播的时候，收音机会自动响起来播报最新信息。信息技术发展到今天，实现更高效、更方便的基于手机的灾害广播是可行的。例如，让移动通信的协议支持广播功能，当灾害发生后，移动通信网可以广播及时、准确的灾害短信，且几乎不占用无线资源。再如，通过制定标准，让所有的手机均支持收音机功能。这样当灾害发生后，手机中的收音机模块自动打开，接收最新的灾害信息。

与其他应急通信技术相比，目前互联网在应急通信中发挥的重要作用往往被人们所忽视。互联网已成为人们日常生活中的一种重要通信手段，作为连接世界的高速信息网络，具有开放互连、海量信息、快速传播、交流互动等特点，在突发事件处置中也能发挥重要作用。近年来，重大突发事件的预警和通报信息很多是通过互联网发布到外界的。基于互联网的电子政务和电子商务系统在应急事件预防、信息发布、引导公众舆论和配合抢险救援工作方面发挥了积极的作用。计算机网络一般都与互联网相连，通过该连接方式，可以与指挥中心内部的局域网络相连接，完成数据的交换。互联网作为通信网络不仅可以进行 E-mail、QQ、即时消息之类的传递，而且还可以进行 IP 语音和视频通信，并可利用微博、微信等应用及时传递其他种类繁多的信息。在应急通信方面，互联网具有很好的自愈合、路由迂回等能力，并且能够承载大容量信息。利用互联网可以构建应急通信虚拟专网，主要用于数据通信和 VoIP 语音通信，作为专业应急通信网络的备份网络或辅助手段。但是，互联网的设计核心理念是“端到端透明性”，即将复杂性和控制权交给用户终端，因此引发了互联网安全和流量控制问题。基于互联网的应急通信应用，主要存在网络安全和服务质量两大问题。互联网已经融入国家军事、经济基础设施等多个方面和领域，互联网的安全直接影响着国家关键基础设施的安全。因此，基于互联网构建应急通信网络，必须首先解决安全问题；其次，要解决对紧急呼叫的支持。此外，还要解决对紧急业务的服务质量保障问题，以确保响应急救援行动的顺利实施。

2.4 新型应急通信技术

2.4.1 遥感与定位技术

遥感（Remote Sensing，RS）是指利用仪器设备无接触、远距离地探测、记录、分析目标的电磁辐射信息，生成遥感资料并通过加工处理这些资料来识别目标的性质及其变化。在应急处置过程中，遥感技术能够对有害气体、水污染和特殊地质环境进行监测并对危险目标进行远距离侦查，是能从不同的时空维度提供现场信息的重要手段之一。

遥感系统一般包括遥感平台、遥感器、遥感数据接收与处理子系统、遥感资料分析与解释子系统 4 个部分。利用天空地不同高度的遥感平台，可以构成立体式遥感观测网，用于重大突发事件的事前、事中和事后 3 个阶段：事前提供历史地理态势信息；事中提供紧急救援的现场态势图和目标位置；事后提供灾害监测和评估灾区受损状态。但是，遥感技术局限于电磁辐射，遥感空间和精度受限于电磁波的穿透能力。今后，应进一步提升遥感系统的全天候、全天时监测能力，并做好与地理信息系统、全球定位系统和防灾救援系统的综合集成与应用。

信息感知节点和用户终端的位置是应急通信系统需要维护并应加以利用的重要信息，以便高效地实施抢险救灾。现场指挥中心需要时刻监视现场中各移动终端的位置变化情况，因此需要构建系统的定位方案。应急通信系统中的定位技术应满足：对节点故障的健壮性、对背景噪声的不敏感性、位置估计的低误差和对各种地形（市内和市外环境）的适应性。根据应急通信的不同场景，应急通信过程中涉及的定位问题涉及如下两个方面。

（1）个人紧急情况下，对于报警用户的定位（与呼叫相关的定位）。用户遇到个人紧急情况，拨打 110、119 等电话时，需要对报警用户进行定位，以便准确地实施救助。这种情况下的定位是与呼叫相关的，即根据用户当前报警呼叫的信息，判断用户位置。此时的定位能力，很大程度上取决于当前呼叫所携带的信息内容，即与用户报警所使用的公用电信网信息传送能力有关。根据用户拨打电话时所使用的网络不同，涉及固定通信网、移动通信网的定位问题：在用户报警过程中，一方面用户可以说明自己的当前位置；另一方面通过网络传送用户当前的信息，系统可以查询、匹配地理位置信息系统，实现对报警用户的准确定位，快速实施救援。

（2）各类公共紧急情况下，应急救援相关目标的定位（与呼叫无关的定位）。这种情况下的定位与呼叫无关，主要是对现场人员、车辆和物资进行定位，并将位置信息通过各种传输手段及时地传送到定位信息处理中心，然后经处理后显示到 GIS 电子地图上。例如，当移动台处于公共移动网络中时，利用移动系统 HLR 或 VLR 中关于移动台所属小区的小区识别号（Cell ID），可得知移动台位于该小区的服务范围内。只要系统能够把该小区基站设置的中心位置和小区的覆盖半径发送给移动台，移动台就能知道自己处在什么地方，查询数据库即可获取位置信息。应急指挥系统既可提供准确的地理信息服务，也可以发布定位信息，使系统内的用户能够接收和使用定位信息，如为现场指挥人员提供物资、车辆等位置信息。这种情况下的定位能力取决于当前所使用的定位技术和定位终端能力，主要采用无线定位技术。

无线定位技术通过测量无线电波的传输参数并根据已知位置信息的参照物来计算得到被测目标的位置信息，从而可以在突发事件发生时提供定位、目标追踪、位置导航等服务。目前全球有四大卫星导航定位系统，即美国的全球定位系统（GPS）、俄罗斯的全球导航卫星系统（GLONASS）、欧洲的伽利略卫星导航定位系统（GALILEO）和中国的北斗卫星导航定位系统，这些系统均采用三球交会几何定位方法。卫星定位具有定位覆盖范围大、定位精度高的特点。GPS 是最成熟、最完善、使用最多的定位技术，在国内外的各行各业中都已经获得了广泛的应用；安装了 GPS 的设备已经普及，应用也很多，可以方便地进行全天候全时段的定位应用。伽利略卫星导航定位系统、全球导航卫星系统也是两种比较成熟的定位系统，在定位精度、定位效率等方面各有千秋；但从目前民用方面来看，这两种系统的应用均不如 GPS 普及。具有我国自主知识产权的北斗卫星导航系统，覆盖中国及周边国家和地区，可向用户提供全天候、24 小时的即时定位服务，定位精度可达数十纳秒的同步精度，其精度与 GPS 相当。

2.4.2 号码携带

号码携带对于保障用户的通信畅通具有重要作用。具体地说，号码携带的含义主要体现在 3 个方面：用户更改地理位置后号码不变；用户更改业务后号码不变；用户更改运营商后号码不变。

1．更改地理位置的号码携带

更改地理位置的号码携带特别适用于在固定网上实现的号码携带，可以给企业用户和家庭用户在办公地点搬迁、住房搬迁时带来很大的方便。例如，我国很多城市早就实现了移机不改号的服务，也就是地理位置改变的号码携带。由于移动用户天生具有漫游特性，所以在我国，用户在任何位置都可以接听来话，并不依赖于某个特定位置的交换局。因此在我国，更改地理位置后号码不变实际上就是特指固定用户的号码携带。但是有的国家，移动用户的来话也会依赖于某个特定位置的交换机，即每个移动用户都有一个归属交换机，移动用户的来话都必须经过归属交换机查询 HLR 后才能接续到用户的当前位置。美国就是这样一个例子，因此在美国，移动用户的号码携带也可以是基于地理位置的号码携带。

2. 更改业务的号码携带

更改业务的号码携带是指终端用户从一种类型的业务变更为另一种类型的业务时其号码不变，例如用户从非 ISDN 用户改为 ISDN 用户，从 2G 移动用户改为 3G 移动用户，从 PSTN 用户改为 VoIP 用户等。实现方式主要是更改用户的接入方式或者更换交换机。例如，从非 ISDN 用户改为 ISDN 用户时，需要将用户由非 ISDN 接入改为 ISDN 接入。如果用户原来的端局不具备 ISDN 功能，则需要升级用户所在的端局；如果用户原来所在的端局已经具备了 ISDN 功能则只需要增加 ISDN 用户板，将用户由非 ISDN 接入改为 ISDN 接入即可。

3. 更改运营商的号码携带

更改运营商的号码携带是指用户更换签约运营商时，仍使用原运营商所分配的 ISDN 号码，通常称为不同运营商网间号码携带。从国际上的情况来看，网间号码携带是用户需求最强的一类，目前全球陆续有 40 多个国家和地区不同程度地实施了网间号码携带。

以上 3 种号码携带都可以应用于紧急情况下快速恢复用户的全部或部分业务。由于紧急情况下，通常是部分地理位置的通信设施遭到破坏，因此应急通信中最主要的应用就是基于地理位置的号码携带。但是基于受影响地区的运营商分布情况的不同，也可能会采用不同运营商之间的号码携带来实现应急通信。相比之下，单独使用更改业务的号码携带的情况略少。例如，将来我国放开 VoIP 业务，在 PSTN 通信设施遭到破坏时，可以将 PSTN 用户暂时携带到 VoIP 网络中。

2.4.3 应急通信车

当重大突发性事件发生后或者大型活动需要时，应急通信车可以迅速到达应急现场附近开展工作。实际上，应急通信车就是一个可移动的通信系统，基于应急现场的车载通信和计算机处理平台，实时处理现场传输过来的语音、视频、图片等信息，实现现场各种不同制式、不同频段的通信网络之间的互连互通，以及与远程指挥中心之间的通信，构成统一的应急指挥平台，以进行全方位的高效有序的指挥和调度。由于应急通信车具有布置开通速度快、机动性高、运用灵活、调度方便、与现有通网信络接入便捷、自带电源设备等特点；因此，在大多数自然灾害、突发事件和重大事件的发生的情况下，应急通信车是实现现场应急通信的首选方式之一。应急通信车不仅可以应用于一些基站遭到破坏的灾害中，如地震，也可以用于一些通信量急剧增加的场合（如大型集会）。应急通信车可以看作移动网络增加生存能力、抗毁性和提高恢复能力的一种手段。在 2008 年的冰雪灾害、汶川地震、奥运保障等一系列重大事件的现场，都能看到各式各样的应急通信车。

1. 应急通信车的组成

应急通信车一般由现有车辆根据需要改装而成，包括车辆部分、车载部分和监控部分。车辆部分通常是指用于改装成为应急通信车的车辆，是应急通信车的基础，其功能主要是承载和运输。车载部分通常是指改装后车辆上增加的设备，一般包括电源设备、通信设备、传输设备（天线设备）、天线桅杆（塔）、空调设备、接地系统（防雷）、多媒体设备、灯光设备等，是构成应急通信平台、实现应急通信功能的核心设备和辅助设备的总和。监控部分通常是指改装后的各项监测和控制系统，一般由车内监控系统、通信监控系统和车外环境监控系统 3 部分组成。应急通信车具有应急平台综合应用、卫星通信功能、视频会议、现场无线组网覆盖、图像接入、语音通信与综合接入调度指挥、光纤接入、公用无线网络接入、导航定位、野外供电、现场照明广播等功能。

2. 应急通信车的功能

应急通信车的主体是通信系统，另外还有安全支撑系统、导航定位系统等辅助系统。通信系统可以包括卫星通信子系统、无线公网通信子系统、现场无线网络子系统、光纤通信子系统、语音通信与综合接入调度指挥子系统、计算机网络系统、视频会议系统、图像接入系统等。卫星通信子系统按照移动性可划分为动中通卫星通信系统和静中通卫星通信系统；现场无线网络子系统通过自组织等技术在现场快速建立网络；光纤通信子系统是有线通信系统，在应急中作为无线通信的补充；语音通信与综合接入调度指挥子系统能够提供语音通信业务并实现多种制式的通信系统的互连互通；计算机网络系统能够构建车载局域网；视频会议系统是现场与上级指挥中心之间进行视频会商、处置决策的基础支撑；图像接入系统依托于通信网络将现场图像采集回传。安全支撑系统实现保护网络安全和信息安全的功能，防止非法入侵。导航定位系统主要由卫星定位装置、导航软件及显示终端组成，实现导航定位。

当重大突发性事件发生后或者大型活动需要时，应急通信车接到命令迅速到达应急现场附近开始工作。应急现场周围可能覆盖多种可接入的无线公众电信网络、无线专用通信网络和有线电话网（PSTN/PABX）。基于应急通信车的应急通信系统可以实现各种不同通信网络的互连互通，如图 2.12 所示。应急通信车上的指挥员或应急现场的应急工作人员可以通过应急通信车对各个不同通信网内的用户实现个别呼叫（单呼）、组（群）呼、全呼（通播）以及多方同时通话，并可根据应急需要将系统内用户分成若干等级，优先保障高等级用户的呼叫。

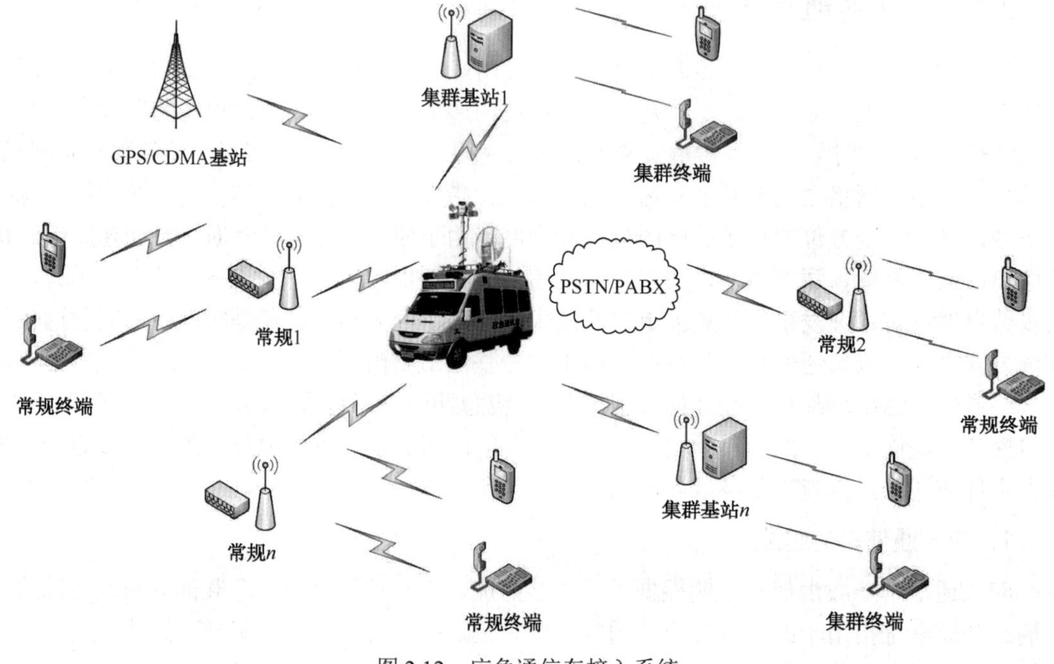

图 2.12　应急通信车接入系统

2.4.4 空中通信平台

应急通信车和高空卫星通信在各种自然条件和突发事件中发挥着重要作用，但是也存在一定的局限性：应急通信车的通信保障受到事发区域地形和道路条件的制约，无法满足一些特殊环境的通信保障要求；卫星通信系统的灵活性受到便携式终端的制约，且便携式终端的价格和通话资费都很高，普及率非常低。因此，除了使用高空卫星通信进行远距离通信覆盖，在条件允许的情况下，还可以建立中低空空中通信平台（也称空基通信平台和空中中继平台）作为非常规应急通信手段来支持应急救援行动的顺利开展。例如，在地震灾区，通信基础设施遭到严重破坏，给灾区救援工作造成了重大阻碍。这时可采用指挥控制直升机装载转信设备，利用漂浮在平流层搭载基站的飞艇、系留气球以及无人机等，通过空中—空中和空中—地面转信的方式，保证复杂地形条件下的地面用户移动通信的顺畅。如图 2.13 所示，自由飞艇迅速飞到受灾区域上空，对应急区域进行覆盖。自由飞艇可以通过地面微波或卫星接入核心网。

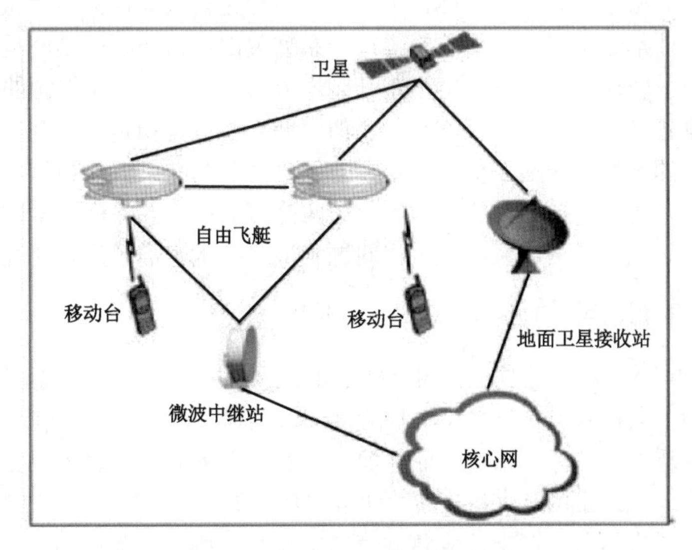

图 2.13　空中通信平台应用示意图

空中通信平台具有的优点：很强的灵活性，反应迅速，可快速部署；部署不受道路和地域限制；覆盖范围大，能够提供语音和视频通信。但是这种通信手段受天气影响大，对操作人员的技术要求较高。

空中通信平台由多种系统集成，是构建空中信息传输的基础设施，可以根据覆盖范围、操作带宽和支持 IP 连网能力进行分类。按覆盖范围，空中通信平台可以分为低空通信平台和高空通信平台；按操作带宽，空中通信平台可以分为宽带通信平台和窄带通信平台；按支持 IP 连网能力，空中通信平台可分为专用空中通信平台和基于 IP 的空中通信平台。

关于空中通信平台的设想很早就被提出。自 20 世纪 90 年代起，美国、欧洲和日本等国家和地区已经开始对空中通信平台和系统进行深入研究，并开展了一系列试验。ITU 还给出了高空通信平台（High Altitude Platform Station，HAPS）的定义，将其视为应急通信的一种重要方式。HAPS 是一种位于平流层的无线基站，通过位于 20～50 km 高空的电台向地面用户提供固定业务和移动业务，是一种良好的具有潜在应用价值的无线接入手段。HAPS 与卫星通信和地面通信相比具有许多明显的特点：与卫星通信系统相比，其优势是高容量和高频谱利用率以及时延比较小，相对容易建设维护和升级；与地面通信相比，其优势是具有超大覆盖的特点，发射功率可以相对低一些，同时也具有容易升级和快速建设的特点，在发生地震等地面灾难时所受影响很小。HAPS 综合了地面无线系统和卫星系统的技术优点，理论上可以用少量的网络设施实现大区域和高密度覆盖。距地面 20～50 km 的平流层的气象状况远不如航空空间复杂，雷暴闪电较少，没有云、雨和大气湍流现象；同时由于它的高度比太空低很多，到达难度、费用和风险也小得多，临近空间在情报收集、侦察监视和通信保障等多个领域展现出巨大应用潜力，特别适合于应急通信领域。

在空-地立体式应急通信网络中，空中飞行器节点可为容量受限的地面无线网络和使用全向传输的用户提供宽带连接，避免了传统平面无线网络在可扩展性方面的限制。通过维护与地面节点之间的通信链路，空中飞行器能够使地理上遥远、被阻隔或执行不同任务、分属不同种类网络分区的节点之间实现通信，为分组转发起到了扩展通信射程的作用，并能增强区域目标的全天候、全天时、不间断监视能力。

但是，现有的 HAPS 技术尚不成熟，由于没有进行过较大规模的技术试验，系统的稳定性、安全性和可靠性都无从保证，仍需要解决一系列关键技术问题：第一是飞行器技术及飞行器控制技术，目前轻于空气的飞行器很难升到平流层；其次第二，能源的供给及平台的稳定技术也是一个难题，虽然平流层气流平缓，但保持平台位置稳定度在几百米内也不容易；第三是在平台移动的条件下的通信保障技术，必须研究天线波束摆动模型以及非稳定条件下的软切换算法，如阻塞率、掉话率的控制等；第四是传输信道的保证技术，应针对大气层损耗特点进行相关的研究；第五，系统间干扰问题和天线技术也需要进行研究。

2.4.5 基于 NGN 的应急通信

下一代网络（NGN）是一种基于分组交换的电信网，控制与承载分离，呼叫与会话分离，可为用户提供多种手段接入，且可灵活选择运营商及其提供的服务，具有通用移动性。NGN 提供开放接口和广泛的业务，包括实时业务流、非实时业务流和多媒体业务流等；通过开放接口与现有网络互连，融合固定业务与移动业务，兼容现有各种规范要求。NGN 具有先进的技术架构和开放的网络体系，在支持应急通信方面具有独特的优势：

（1）增强的优先级处理功能。优先级处理功能是应急通信的基本功能之一，表现在以下几个方面：在网络接入上为不同用户和不同业务提供不同的优先级，而不仅限于一些专线或热线电话；在网络资源的使用上，应急通信业务应具有高于普通业务的优先使用权，在 NGN 中可采用信令也可采用数据包中的标签来识别和区别对待不同应急业务和普通业务；在路由选择上可区别对待，当突发事件造成路由不可用或业务堵塞时，可为应急业务提供备选路由；当网络资源不足时，允许降低应急业务的 QoS。

（2）网络安全性较好。为防止非授权的用户抢占紧张的应急通信资源，网络安全措施非常必要。应急通信安全首先要实现对授权用户的快速鉴权。在应急状态时，授权通信用户一旦通过鉴权，应急通信业务将只为授权用户服务。另外，为了保证应急通信信息的安全，防止信息篡改，可采取必要的加密技术。

（3）防跟踪性。在某些紧急状态时，应急业务需采取某些特别手段防止重要用户的通信被侦听。例如，在遭到恐怖袭击时，反恐行动小组成员必须确保通信的高度机密性，并且不能泄露应急通信用户的位置。

（4）网络互通和互操作性。提供应急通信的网络应具备良好的与其他网络互通的能力，尤其是在灾害发生区域跨越国界时，应急通信的国际互通性非常必要；此外，NGN 能够提供良好的网络互操作性。

（5）支持终端移动性。基于 NGN 的应急通信网络具备较好的移动性，终端并不需要与固定的接入线绑定，这有利于实现网络的移动性。

下一代网络给应急通信带来了更快速、更方便、功能更强大的解决方案，同时也使应急通信面临新的需求与挑战。例如，对于从传统电信网络发出的紧急呼叫，由于号码与物理位置的捆绑关系，很容易对用户进行定位。而对于承载与控制分离的 IP 网络，由于用户的游牧性，以及 IP 地址动态分配、NAT 穿越等技术的使用，给用户定位带来了一定的难度。IP 多媒体子系统（IMS）是 NGN 的核心，IMS 对应急通信的支持能力将直接反映 NGN 的应急通信能力。例如，可以在 IMS 网络系统中引入紧急呼叫会话控制功能（E-CSCF）来支持紧急呼叫，通过位置获取功能实体（LRF）可获得发起 IMS 紧急呼叫的用户终端的位置信息。

随着网络向下一代网络演进，日本、欧洲等地已经启动面向未来的防灾通信网项目。2006 年以来，日本总务省开始对未来网络使用的安全技术、对实现无处不在的安全社会所需的措施进行研究，并已经开始规划设计“下一代防灾通信网”，如图 2.14 所示。

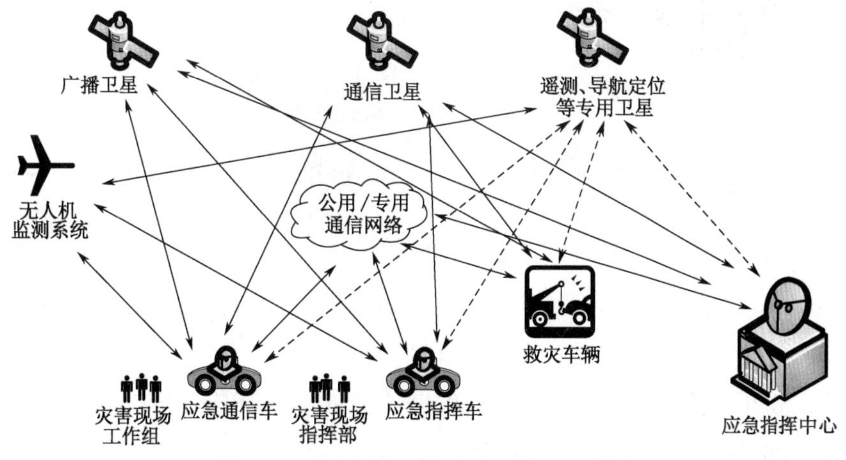

图 2.14　日本的下一代防灾通信网示意图

实际上，单单依靠公众网络可能导致网络全局瘫痪。而公网、专网可以很方便地融合于以IP为平台及以包交换为核心的NGN，各种网络资源在融合的框架之下能够进行整合，从而更好地应付突发事件。

2.4.6　无线宽带专网

发生重大突发事件时，通信基础设施往往遭到破坏，即使网络基础设施可用，由于通话量激增，也会导致公众通信的拥塞或瘫痪，无法进行调度指挥和通畅的信息传输。因此，在应急通信场合有必要部署以应急通信车为主体，与卫星、微波传输相结合的，高速率、高带宽且支持高速移动的无线宽带应急通信专网，并应与现有各种通信系统（如 GSM、GRPS、UMTS 等）互连。

无线宽带应急通信专网主要是指接入速率达到 2 Mb/s 及以上的网络系统。这种网络系统因其可以提供高质量的视频业务，能够实时地反映事发现场的真实情况而备受青睐。按照是否支持终端的移动性，宽带无线接入技术可以分为固定无线接入技术、游牧无线接入技术和移动无线接入技术。另外，宽带无线接入技术具有组网灵活、建设周期短、网络成本较低、维护费用低和支持移动性等特点，同时覆盖范围大、通信能力强。它支持视频图像和数据的实时传输，尤其适合用于要求通信系统建设快、不受非正常情况影响等要求的通信场合，如抗灾应急通信场景、反恐应急通信场景、野外应急通信场景和临时作战指挥场景。

图 2.15 和图 2.16 分别给出了固定宽带无线接入系统和移动宽带无线接入系统在应急通信中的应用。固定宽带无线接入系统由基站（BS）和用户站（SS）组成，采用点对多点拓扑结构。当固定宽带无线接入系统应用于应急通信时，主要提供固定多点的视频监控业务。在需要进行视频采集的地点安装用户站（SS），通过 SS 将视频监控获得的信息上传到基站，进而通过互联网或者专网传至远端监控指挥中心。移动宽带无线接入系统由基站（BS）和移动台（MS）组成，采用点对点拓扑结构。移动宽带无线接入系统能支持高速数据传输，支持终端的移动性；针对应急通信，可以开发多种终端，适应不同的环境要求。现场指挥中心与现场各用户终端采用一对多的通信方式，基于移动宽带无线接入系统提供各种类型终端的接入能力。

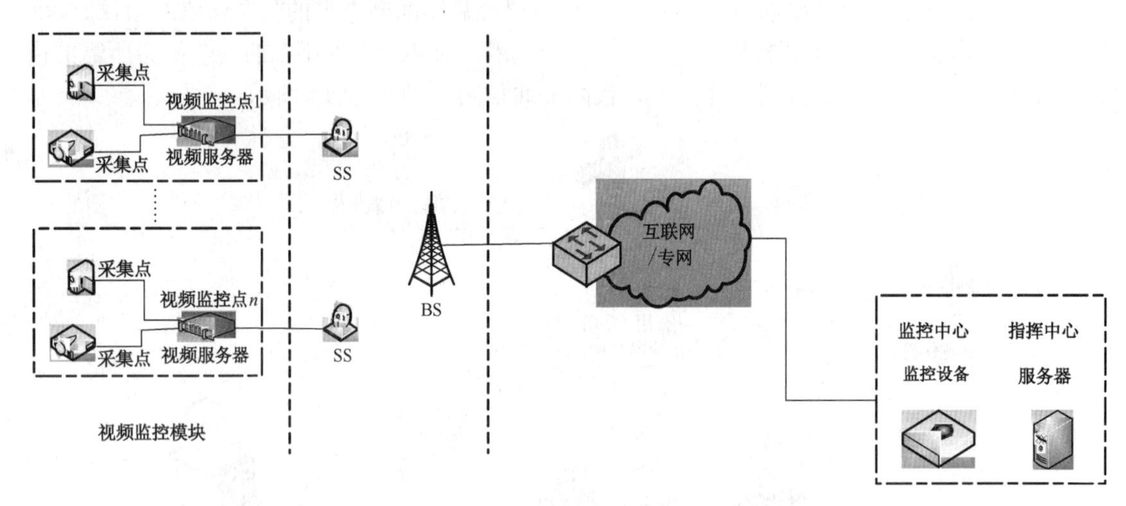

图 2.15　固定宽带无线接入系统在应急通信中的应用

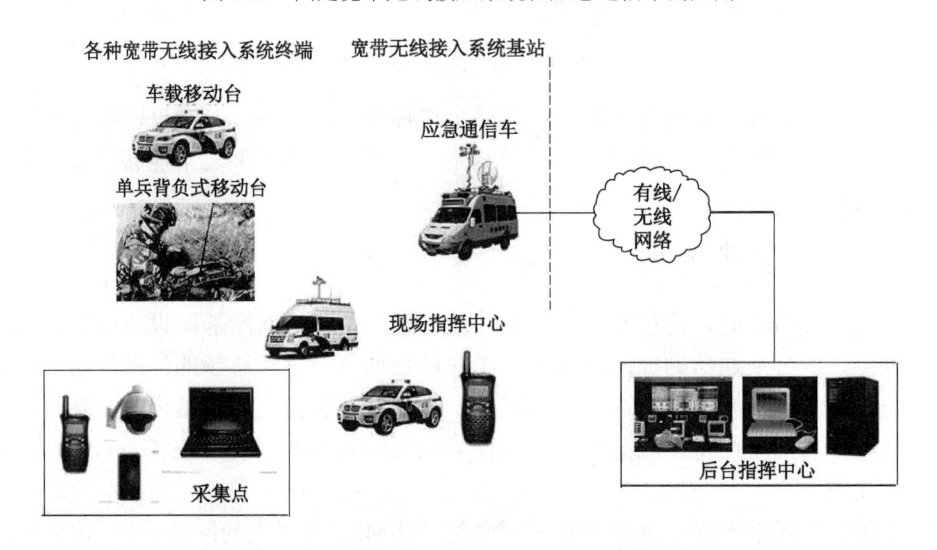

图 2.16　移动宽带无线接入系统在应急通信中的应用

在汶川地震后的抗震救灾中，中科院微系统所和上海翰讯公司联合研制的宽带无线交互多媒体系统（MiWAVE）发挥了重要作用。MiWAVE 是上海瀚讯无线技术有限公司推出的宽带无线接入系列产品，支持 WiMAX 国际技术标准，未来也将支持中国宽带无线多媒体（BWM）标准。MiWAVE 支持固定/游牧/便携/移动接入和丰富的业务，便于在复杂地形环境下实现大范围覆盖及快速组网，可在移动状态下实时传送高速率交互视频信息。

该系统终端可通过宽带无线多媒体空中接口与基站相连，并且在当地基础通信设施已损坏殆尽的情况下，可由该基站通过卫星接入、微波中继、地面其他接入手段与 IP 骨干网及互联网连接。它可通过自动扫描获取可用频率，无须架设即可在应急通信车上使用，无法行车时亦可通过单兵徒步携带基站设备在 1～2h 内方便地架设好基站；终端则可使用背包式电池或汽车点烟器作为供电装置，配备于单兵、汽车、无人机等多种载体。特别是对唐家山堰塞湖，在其要害部位上游左岸及下游两岸安置了 3 个监控点，对坝体及其水文情况进行实时视频远程监控，通过卫星远程传输图像，在无人状态下将大坝整体状态直观地在指挥中心呈现。

目前，全球已有多个城市开始建设无线宽带城域网络，以满足公共接入、公共安全和公共服务的需要。在无线城市建设中应尽量采用国内具有自主产权的通信技术，如北京信威公司研发的多载波无线信息本地环路（Multi-Carrier Wireless Information Local Loop，McWiLL）。McWiLL 是基于 SCDMA 技术平台的移动宽带无线接入系统，能够同时提供超大容量的语音业务和宽带数据业务。McWiLL 创造性地将 OFDMA 与 SCDMA 有机结合起来，融合了 3G 和 WiMAX 的技术优势并克服了两者的缺陷。McWiLL 全面支持固定、便携及全移动模式下的语音、数据和多媒体业务，支持切换和漫游，所支持的终端最大移动速度可达 120 km/h，是目前适合城市应急通信和无线数字城市融合发展的无线宽带技术之一。

为了适应“平战结合、平灾兼顾”的融合发展模式，使城市应急通信专网能真正做到平时服务于政府和社会，在重大灾害等突发事件发生时能够保障国家、集体的利益，可考虑将应急通信与无线数字城市融合发展：发生突发事件时，作为政府专用应急指挥网络，并保障决策支撑系统的信息传输畅通，实现应急指挥、应急救援、应急决策、应急联动；平时作为城市公共服务和城市管理信息化宽带基础设施平台，为政府各部门，特别是公安、交通、消防、水力、电力、林业、城市管理、卫生医疗、社区服务等，提供无线视频监控、交通指挥、城管监察、环境保护、社区卫生等各种信息化服务。

2.4.7 基于 WiMAX 的应急通信

全球微波接入互操作性（World Interoperability for Microwave Access，WiMAX）是一种基于 IEEE 802.16 标准的宽带无线接入城域网技术，采用正交频分复用（OFDM）、正交频分多址接入（OFDMA）、混合自动重传（HARQ）、自适应调制编码（AMC）和多入多出（MIMO）等先进技术，改善了系统性能。OFDM 将给定信道分成许多正交子信道，在每个子信道上使用一个子载波进行调制，且各子载波并行传输，其优点是可以大大消除信号波形间的干扰。OFDMA 引入跳频技术，可以根据跳频图样来选择每个用户所使用的子载波频率。MIMO 天线系统在不增加带宽和天线发送功率的情况下，可以成倍地提高频谱利用率，同时也可以提高信道的可靠性，降低误码率。自适应编码调制技术可使用户的数据速率根据信道状况及时调整调制方案，以便很好地平衡信号传输可靠性和频谱利用率。在 MAC 层，WiMAX 采用的是 TDMA 方式。通过这种多址方式可以使 WiMAX 基站同时接入上千个远端用户站，既可满足无连接传输的需求，也可在 QoS 下进行面向连接的传输。

具体而言，与当前其他无线接入技术相比，WiMAX 具有以下技术特点和优势：标准化程度高，WiMAX 基于 IEEE 802.16 系列技术标准；接入速率高，WiMAX 所能提供的最高接入速率达 70 Mb/s；支持非视距传输，传输距离远，单基站最大传输距离可达 50 km；提供多样化的通信服务，能够支持开展数据、语音、图像和视频等多种业务；安全性好，WiMAX

可提供较完善的加密和认证机制，并通过数字证书认证来确保用户终端和基站之间的安全连接和访问控制；组网灵活，WiMAX 宽带无线接入技术可以快速部署，弥补传统接入技术的覆盖盲区。表 2.1 对 WiMAX 和其他几种无线通信技术进行了比较，可以明显看到 WiMAX 在数据速率、覆盖范围、移动性和 QoS 支持上的技术优势[1]。

表 2.1　常见无线通信技术的性能比较

无线技术	移动性/(km/h)	数据速率/(Mb/s)	覆盖范围/km	频谱类型	QoS 支持能力
WiMAX（802.16e）	100	70	6.5	授权/非授权	强
WiFi（802.11g）	10	54	0.03	非授权	较强
UMTS	500	上行（0.4），下行（2）	30	授权	一般
HSDPA	500	上行（0.4），下行（14）	30	授权	一般
TETRA	400	0.01	20	授权	弱

WiMAX 支持 3 种组网模式：点对点（P2P）模式、点到多点（PMP）模式和网状（mesh）模式。点对点组网模式最为简单，通信的两个端点的 WiMAX 设备完全对等，直接进行通信，不区分主站和端站功能。PMP 模式按照蜂窝网络结构组织节点，包括 WiMAX 基站（BS）和 WiMAX 用户站（SS）；信道划分成上行链路和下行链路，在基站控制下由用户站共享使用；利用 WiMAX 基站覆盖范围大的特点，只要部署少量 WiMAX 基站，基站之间采用有线信方式互连，便可实现覆盖城市大部分区域的 WiMAX 无线通信网络。网状组网模式也称中继组网方案，节点距离较远时可以利用中间节点进行中继转发，所有节点自组织地构成无线 Mesh 网络，共享无线信道。实际应用中主要采用 PMP 组网模式和 mesh 组网模式，前者主要用于提供最后一千米接入服务，采用星状结构，BS 充当中心节点，SS 作为子节点；后者可以通过多跳传输增大覆盖范围，并且更加灵活和健壮。

WiMAX 具有诸多适合开展应急通信服务的技术优势，能够满足应急通信系统的一般要求：WiMAX 网络能够提供较大的覆盖范围和较高的传输容量；成本低廉，部署快捷、方便，并且支持终端用户的移动性；能够提供安全和可靠的通信服务，并可以实现与异构网络的互连；可以针对不同的应用提供相应的 QoS 保证，例如为紧急业务赋予较高优先级并优先分配通信资源。

面对复杂多变的紧急突发情况，及时准确地将现场的情况传输到各级指挥人员，对于有效处置应急突发事件起着至关重要的作用。基于 WiMAX 的应急通信系统通过在应急事发现场部署高性能的可移动 WiMAX 基站，可以在应急现场支持救援人员和待援人员的各种通信服务需求，将收集到的现场的态势信息及时上传到后方指挥中心，接收后方指挥中心的指挥调度，并且可与现有的各种网络系统互连互通。从地理范围和功能上看，基于 WiMAX 的应急通信系统主要包括 3 个子系统：应急现场通信网络、后方应急指挥中心和应急通信传输网络，如图 2.17 所示。

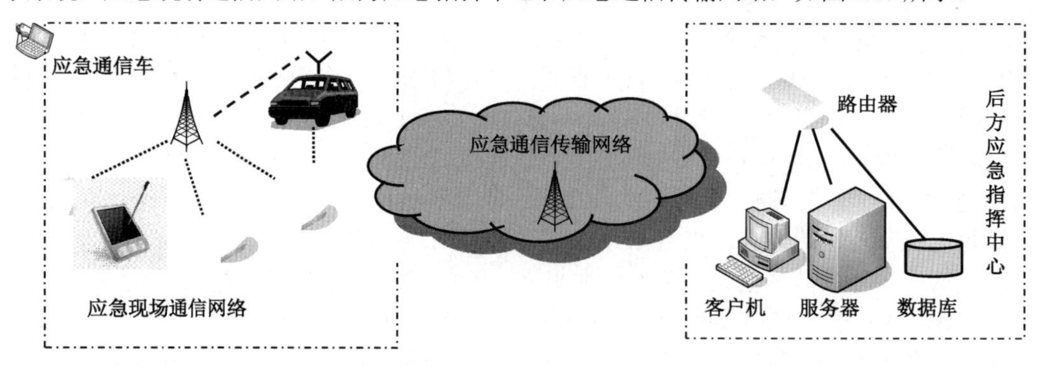

图 2.17　基于 WiMAX 的应急通信系统组网方案

应急现场通信网络负责提供现场各固定点、移动点之间的语音、数据、视频等信息的传输，为应急现场建立可靠的通信指挥调度功能。可以根据网络事发区域的面积和用户的通信需求部署适当数量的 WiMAX 基站，这些基站可以固定安置，也可以置于应急通信车上，采用 PMP 或 mesh 组网模式为终端用户提供通信服务。应急通信车反应迅速、部署方便，能够以应急和平时相结合的方式为用户提供服务。当某地区有临时的紧急通信需求时，可以在该处快速部署应急通信车以提供应急通信支援任务，并且应急通信车可以充当现场应急指挥中心。多个 WiMAX 基站可以通过微波接力方式互连构成移动骨干网（MBN），固定和移动用户终端则就近接入移动骨干网，并且在基站不可用时还可以相互连接构成无线自组织网络（Ad hoc 网络）。Ad hoc 网络中的移动终端能够通过 Wi-Fi 接入点（AP）接入 WiMAX 网络。

2.4.8 基于无线自组网的应急通信

无线自组网综合了移动无线通信和计算机网络等技术，无须依赖预设的通信基础设施就可以快速自动组网，具有自组织、自愈合、无中心、多跳路由和高抗毁性等显著特点，特别适合突发、临时性的应急通信场合。Ad hoc 网络、无线传感网和无线网状网均属于无线自组网范畴。Ad hoc 网络是一种特殊的无线通信网，具有自组织、无中心、多跳路由、无须固定网络设施等特点，无须依赖任何预先架设的网络设施就可以快速自动组网，并具有很强的抗毁性和灵活性。利用 Ad hoc 网络的多跳转发和自组织特性可以提高网络组织的维护灵活性和健壮性。例如，可以通过在应急现场构建结合 Ad hoc 和蜂窝网络的混合式网络来提高通信系统的容量、扩大覆盖范围和保证服务质量。再如，在大型自然灾害面前，设备故障或信道条件恶化使得许多用户终端不能访问基站。无线传感网（WSN）整合了 Ad hoc 网络技术、传感器技术和分布式信息处理技术，是一种具有传感功能的小型移动设备构造的用于收集、传播和处理传感信息的 Ad hoc 网络。它可以有效监控特定目标区域，及时向相关用户发出通告，并通过对收集的传感信息加以处理来辅助行动决策。在 WSN 中，多个传感节点协作运行，并可根据网络规模和应用需求选用合适的信息处理机制和路由协议，以高效完成特定的信息监测和传输任务。Mesh 网络是 Ad hoc 网络和基础网络的有效结合，采用网状拓扑结构并利用了无线骨干路由器，具有高可靠性和强自愈能力。Mesh 网络作为一种新型宽带无线分布式网状网，已纳入 IEEE 802.16（WiMAX）无线宽带接入网络标准和 IEEE 802.11s Mesh 标准。利用 Ad hoc 网络和 Mesh 网络可以快速构建高抗毁性的应急救援网络，协调各救援群体，同时可以部署无线传感网来实时监控事发区域的各种情况并把相关信息及时通知现场人员和上报指挥中心。有关无线自组网技术及其在应急通信中的应用将在第 4 章中详细介绍，在此不再展开阐述。

2.4.9 认知无线电和认知网络

认知无线电（Cognitive Radio，CR）是一种智能无线通信技术，它可以通过感知周围无线电环境特征进行工作参数的重配置，实现对无线电环境的动态自适应，在不影响授权用户通信的前提下伺机利用空闲的无线频谱资源，提高频谱利用效率。认知无线电具有认知性、智能性和适应性特点，可增强无线通信系统的灵活性、健壮性和可扩展性。在应急通信场合，认知无线电可以与多种通信技术结合使用，为应急通信指挥提供支持优先级区分的动态频谱接入能力，保障重要应急指挥业务的服务质量。另外，认知无线电与无线传感网的结合可以构成无线认知传感网，具有认知能力的传感节点可伺机接入授权频谱，从而保证紧急传感数据的及时传递，提高系统容量。

认知网络（Cognitive Network，CN）是在认知无线电的基础上提出的，是一种具有认知过程，能够感知当前网络条件，并据此进行规划、调整和采取适当行动的网络。认知网络要求网络具有自调节性以实现特定的网络功能，也称为软件可调节网络（SAN）。认知网络技术的研究，对于救灾应急通信系统具有十分重要的意义。在发生突发灾害的情况下，已有通信网络必定遭到严重损坏，原有的网络拓扑结构、网络能力和网络环境将发生不可预测的重大变化；此时，如何感知网络现状，迅速做出自适应的调整，并且综合利用多重网络的能力，对于通信能力的恢复至关重要。例如，地震发生后可以综合应用卫星、蜂窝、宽带无线和有线等多种通信手段，覆盖 4 类不同的区域环境：指挥中心、安置中心、灾区现场和救援物质中转中心。每一类区域可用的通信手段不尽相同，通信需求和通信方式也不相同，这时可以考虑通过认知网络技术来实现不同区域内和区域间的高效通信。有关认知无线电技术及认知网络在应急通信中的应用将在第 9 章中详细介绍，在此不再赘述。

2.4.10 其他应急通信新技术

1. 无线光通信

无线光通信又称自由空间光通信（FSO），是一种无须光纤进行通信的方式，因其高带宽、部署快、价格低廉、传输保密性好和无须频率申请等优势，一经推出就得到业界关注。无线光应急通信可以对有特殊要求的线路进行冗余备份，或用于突发的自然或人为意外灾害中，原有通信线路被破坏，需要应急通信的场合。此外，无线光应急通信也可以用于需要临时补充通信的场合，如电视现场直播、大型集会等需要快速建立现场通信的场合。

无线光通信包括大气激光通信、蓝绿光通信、红外线通信和紫外线通信等。大气激光通信是指信息以激光束为载波，沿大气传播，它不需要铺设线路，设备较轻，便于机动，保密性好，传输信息量大，可传输声音、数据、图像等信息。蓝绿光通信是一种使用波长介于蓝光与绿光之间的激光，在海水中传输信息的通信方式，是目前较好的一种水下通信手段。红外线通信是利用红外线（波长为 300～0.76μm）传输信息的通信方式。可传输语言、文字、数据、图像等信息，适用于沿海岛屿间、近距离遥控、飞行器内部通信等。红外线通信容量大、保密性强、抗电磁干扰性能好，但在大气信道中传输时易受气候影响，传输的距离最大约为 4 000 m。紫外线通信是利用紫外线（波长为 0.39～60×10μm）传输信息的通信方式，其基本原理与红外线通信相似。当前，网络用户对高速数据服务日益高涨的需求与网络基础设施建设资金相对短缺之间的矛盾，是困扰运营商的一个现实问题。据估计，大中城市 95%的建筑物位于距离大容量光纤通信中心设备 1.5 km 的半径内，如果用光纤把它们连接起来，费时费力，且成本较高。这使得无线光通信在本地网和边缘网等近距离高速网的建设中大有用武之地。实际上，射频无线通信和光频无线通信两者可以实现优势互补，可以使用射频提供广覆盖，而在热点地区使用光频提供大容量通信能力。光频无线通信的一大挑战是如何改善接收机的灵敏度，同时还需要综合考虑通信成本、功率损耗和通信可靠性等。

2. 公共预警技术

随着突发公共事件对人类和社会的影响越来越大以及信息技术的进步，各国政府对突发事件的应急处理由传统的事后响应逐渐向事前预防的方向发展，以便在灾害发生前，提前做好准备，尽可能减少灾害所带来的财产和生命损失。为了迅速、有效地应对各类灾害性事件，政府部门可以设置专用的服务器用于广播预警救助信息。该服务器与政府部门应急救灾的专用服务器和运营商的后台操作系统相连，通过该系统把信息经由基站控制器（BSC）下发到受灾人群的终端。近年来，公共预警技术越来越受到研究机构、标准化组织和各国政府的重视。第三代合作伙伴计划（3GPP）机构已就公共预警系统（Public Warning System，PWS）开展研究，分析灾害发生时对公共预警有哪些需求，并就地震和海啸预警系统（Earthquake and Tsunami Warning System ，ETWS）开展了研究。另外，美国也在研究商用手机预警系统（Commercial Mobile Alert System，CMAS），亚太电信标准化计划正在开展早期预警与减灾无线电通信系统（Radio Communication Systems for Early Warning and Disaster Relief Operations）的研究。这些都表明公共预警技术已成为应急通信领域新的技术趋势，这些事前的监测和预警手段的使用，从时间维度上为现有应急通信进行事后处理提供了很好的辅助和补充，标志着应急通信步入了新的时代。

3．对等网络（P2P）技术

P2P 是 Peer-to-Peer 的缩写，可以理解为“伙伴对伙伴”的意思，或称为对等连网。P2P 网络是一种分布式网络，网络的参与者共享他们所拥有的一部分硬件资源（处理能力、存储能力、网络连接能力、打印机等），这些共享资源能被其他对等节点（Peer）直接访问而无须经过中间实体。在此网络中的参与者既是资源（服务和内容）提供者（Server），又是资源（服务和内容）获取者（Client）。P2P 网络具有较好的负载均衡性、可扩展性、健壮性和性能/价格比，并且能够为用户提供更好的隐私保护，因此可以在应急通信中占据一席之地。例如，在应急救援现场，来自不同机构的应急处置人员可以利用各自的通信终端构建的 P2P 网络方便地进行文件共享和交换，协作式地开展对等计算和实施协同工作。

4．SIP 技术

SIP（Session Initiation Protocol）是 IETF 于 1999 年提出的一种应用层信令控制协议，用于创建、修改和释放一个或多个参与者的会话，可以很好地支持 VoIP 网络电话。VoIP 也可作为一种应急通信手段，为应急通信提供基于 IP 承载网的语音通信。但是，由于 SIP 是基于客户-服务器模型的，因此服务器的带宽、处理能力等可能成为 SIP 网络的瓶颈；同时，这类网络的健壮性也受到了服务器的限制，一旦服务器发生故障，将影响整个网络的正常运行。P2P 网络的出现，打破了原有的客户-服务器模型，以全新的理念影响着网络的发展。P2P SIP 技术结合了 SIP 和 P2P 技术的特点，具备灵活的网络结构和可靠的呼叫控制。在 P2P SIP 网络中，每一个节点既可以作为客户端发起和接收电话，也可以作为服务器为其他节点提供路由搜索和转发功能；所以任何一个节点的故障对网络的影响均较小，网络具备较强的健壮性。对于需要临时搭建小规模网络（例如会议系统、现场指挥调度系统、自组织网络等）或者在灾难中为用户公众之间提供通信，该技术均可作为一个可选技术。

5．数据融合技术

数据融合是对来自多个信息采集点和信息渠道的大量相关数据进行多级别、多层次的信息检测、关联、估计和综合，以获得精确、可靠的目标状态和特征估计的一种自动信息处理过程。从本质上看，数据融合的需求来源于信息的冗余性和互补性。作为一种新兴的智能信息处理技术，数据融合通过对不同信息源的数据的采集、传输、综合、过滤、关联及合成，以辅助人们进行态势或环境的判定、规划、探测、验证和决策。在应急通信应用中，基于数据融合技术，可以获得更准确的现场态势信息，并且能够大大减少应急现场传往后方指挥中心的数据量，缓解网络容量的压力。

6．协同通信技术

协同通信也称协作通信，基本思想是利用无线信道的广播特性允许多个单天线用户共享彼此的天线，形成虚拟MIMO系统，从而降低无线通信系统的视线复杂度，提高系统的频谱效率、能量效率和可靠性。协同通信包括用户终端间协同和固定中继协同两大类。在应急通信场合，可以利用协同通信技术在现场应急处置人员之间快速组建协同通信网络，协同转发临近救援人员的应急信息，扩大应急处置人员的通信范围，减少通信终端的能耗。另外，在救援现场可以利用固定协同中继将不同的应急网络系统进行有机融合，实现异构网络互连互通。

7．网络生存性技术

网络生存性是指网络在面临网络拥塞、故障和攻击等各种不利情况下仍能维持关键服务持续提供的能力。网络生存性技术的研究内容不同于传统的网络安全技术，而更注重网络的容错、容侵和容毁，以及网络的重配置和重构技术。应急通信面临的一个突出问题是通信环境及通信网络自身的不确定性和不可控性，利用网络生存性技术可以显著提升应急通信网络的容灾能力。例如，当应急突发事件造成网络拥塞甚至基础设施受损时，高生存性的应急通信网络仍能通过网络设备备份、拓扑动态重构和抗毁性路由等技术手段，利用空闲网络资源为受影响的业务重新选路，优先保证关键应急通信指挥业务的继续进行。

8．物联网

物联网是指通过传感器、射频识别（RFID）、全球定位系统、激光扫描器和红外感应器等信息传感装置与技术，实时采集任何需要监控、连接和互动的物体的声、光、热、电、力学、化学、生物、位置等各种信息；然后按约定的协议，把这些物体与互联网相连接，进行信息交换和通信，以实现人与物和物与物的相互沟通和对话，对物体进行智能化识别、定位、跟踪、管理和控制的一种信息网络。针对多技术手段的信息智能获取、随时随地的移动应急处置和多样化的应急通信指挥需求，物联网可在构建新型综合性应急通信系统中起到重要作用。物联网不仅可以用于应急现场的信息采集和智能监控，还可以利用内嵌RFID等无线射频标识器件，实现人机对话和身份识别及确认。RFID 是一种非接触式自动识别技术，它通过射频信号自动识别目标对象并获取相关数据，具有防水、防磁、耐高温、使用寿命长、读取距离大、标签上数据可以加密、存储数据容量大、存储信息更改自如等优点。RFID 在应对突发事件的过程中可发挥的重要作用为：不仅可以应用于伤员救助， 也可以用于人员的追踪；能够划定受灾区域，能够甄别关键人员（如警察、消防员等）和设备，并将其引导到最急需的地方。此外，RFID能够把人员和物资在合适的时机，进行合适的管理，放置到合适的位置，特别是在需要迅速、高效且准确地进行数据交换的时候。

9．云计算

云计算（Cloud Computing）是由分布式计算（Distributed Computing）、并行计算（Parallel Computing）、网格计算（Grid Computing）发展而来的，是一种新兴的商业计算模型。云计算也可以看作虚拟化（Virtualization）、效用计算（Utility Computing）、IaaS（基础设施即服务）、PaaS（平台即服务）、SaaS（软件即服务）等概念混合演进并跃升的结果。简单地说，云计算将计算任务分布在由大量计算机构成的资源池中，使各类用户能够使用各种终端根据需要获取服务提供商提供的计算能力、存储空间和各种软件服务。云计算的本质是分布式计算，但又具有某些集中管理的特征。概括地说，云计算的技术特点是虚拟化、易扩缩、可靠性和灵活性，具有较好的性价比和适应性，并且维护和升级方便。基于云计算的应急通信系统可以满足密集型的计算、海量的存储和实时智能决策等特殊的应急通信指挥需求，进一步提升应急通信的效能。

2.5 应急通信网络的组成和技术选型

2.5.1 应急通信网络的组成

在应急通信过程中，既会使用现有的固定有线网、蜂窝无线网、互联网等公众通信网络，也会使用到集群、卫星、短波等专用通信网络，广播、电视、报纸等公众传媒网络，以及传感网、Ad hoc 网络等现场监控和救援网络；既可能利用先进的 IP 基础平台和 IMS/P2P 平台，也可能利用非 IP 和非 IMS 平台。应急指挥和通信调度既需借助专用的有线、无线平台，亦需公众平台的有效补充支持；既需要有效感知、认知与云计算等高技术支持的快速智能、智慧决策行动，亦需能随时随地紧急应对的卫星移动电话和单兵卫星联络对讲的简单有效设施的支持。也就是说，应急通信网络是一种涉及多种通信技术手段的异构网络，根据事发的时间、地点和基础设施网络的受损程度，其网络构成是不确定的、多样的和动态变化的。

因此，设计应急通信网络是一个极庞大而复杂的系统工程，需谨慎细致的规划设计，很难有一个统一、完美的体系架构，需要根据实际需求进行全盘考虑，选择合理的应急通信技术手段，并进行有效整合。一般情况下，首选应急突发事件后残存的基础设施网络，而后根据需要部署其他网络。固定有线通信网能够提供高速和稳定的通信信道，通话费用较低，适用于大数据量的实时传输，但是由于受到线缆的限制，并不是任何时间、任何地点都可以使用的。移动通信支持动中通，灵活方便，更合适应急通信的需求，但其覆盖范围和所能承载的业务有限。卫星网络通信距离远，且不受地面条件的限制，能够迅速实现地面传输手段无法满足的地点之间的通信，尤其是在面积大、地面通信线路不发达的地区。但是卫星通信网络建设投入大、传输速率相对较低、通话费用高，因此更适用于极端情况下的应急通信。数字集群系统可实现组呼、单呼、广播以及短消息和分组数据传输业务，适用于应急指挥调度。随着互联网的不断普及，其应急通信能力逐渐得到人们的认可，并开始在实际应用中发挥着重要的作用。互联网可以提供包括 E-mail、即时通信、文件传输、流媒体在内的多种通信服务，具有网络覆盖范围广、信息传递量大、费用低廉的优点，但是存在突发情况下容易发生网络拥塞而不能快速响应的问题。无线自组网是移动通信技术和计算机网络技术融合的产物，具有网络自组织和协同合作特征，非常适合组建应急通信网络来协调各类人员展开救援行动和应对突发事件。无线自组网的典型实例包括 Ad hoc 网络、无线传感网和无线 Mesh 网络，它们具有鲜明的技术特色和不同的应用领域，在应急通信场合均能发挥重要作用。这些无线自组网技术的有机融合，必将大大加强应急突发场合下的通信保障能力。

2.5.2 应急通信保障中的技术选型

应急通信技术与其他技术领域不同，它并不是独立存在的新技术，而是很多技术在应急方面的特殊应用，即各类技术通过不同组合来满足应急通信的不同需求。目前，与应急通信相关的技术包括公众通信网、数字集群、无线传感器、Ad hoc 网络、短波、超短波、微波、视频会议和视频监控、安全和加密、定位、卫星通信、地理信息系统等多个技术领域。每种类型的通信技术都有其特点，适用于特定的应用领域和对象，因此设计合理、有效整合上述各种技术的异质应急通信体系结构面临很大的技术挑战。在突发事件发生后，政府部门需要在充分利用运营商网络资源及各专网资源的基础上，协调其他已有的各项资源，针对应急事件的不同特点，选择相应的应急通信技术手段。

选择什么样的技术手段不仅与紧急突发事件的性质紧密相关，还要充分考虑通信中断的原因。具体而言，通信中断（或阻塞）的原因主要有以下 4 个：

（1）通信基础设施（如光缆、铜缆、无线基站、交换设备、机房）的损坏，原因为机房房屋倒塌以及水、电、火、气温等因素引起的通信设备及配套设备的损害，使事发地区的通信网络特别是与外界的主要通信干线被切断。

（2）供电中断，原因为供电系统出现故障或备用电源耗尽等，进而导致通信设施瘫痪。

（3）交通中断，使预先准备的应急通信设备和人员难以进入现场。

（4）事发地区人们的恐慌和其他地区人们的关注，即使当地通信网络没有受到损坏，也会由于出现远超当地通信网络设计负荷的呼叫和话务量而导致网络瘫痪，使得紧急信息难以有效传递。这种通信中断突出表现在两个方面， 一是话务冲击破坏了网络负荷均衡，二是话务冲击下的雪崩效应。

从应急突发事件的实际情况来看，以上4种情况虽然破坏程度不同，但往往同时发生；从而不仅使得事发地区原有的通信网络瘫痪，而且使得采用应急通信手段紧急恢复通信也变得相当困难，其结果就是事发地区在相当长的时间内无法恢复正常通信从而与外界隔绝。根据上面的分析，在进行应急通信和灾害备份通信的设计或制定相关预案时，必须慎重考虑中继、电力、交通和超负荷业务量等4个因素的影响。

在长途中继方面，地面光缆和铜缆的优势是容量大、性价比高，但易遭地震、水灾等自然灾害的破坏。因此在灾害情况下，采用微波和卫星通信作为中继电路备份是比较好的选择，也可以考虑利用无线自组网技术进行多跳中继。

在电力方面，当灾害导致大规模停电发生时，根据国内外的实际经验来看，由于规模导致的成本问题，很难为所有的无线基站、微波中继塔提供备份供电；而卫星通信由于自成体系，对电力的要求最低，只需要事先为相关卫星终端配备一台小型便携发电机，就可以在灾难发生时为相关地区或单位提供基本的对外联络。无线自组网可以由多部电台临时构成，对电力供应的要求较低。

在解决交通阻断对通信的影响方面，一旦灾害发生，无论多么轻便灵活的应急通信手段（如卫星手持终端）也都需要在交通恢复后（包括采用非常规的运输手段，如地震灾害中动用直升机）才可以运进灾区。为了避免通信的恢复依赖交通恢复的尴尬局面，只有在灾难发生前未雨绸缪，建立灾害备份通信系统，才能在灾后确保通信不致中断。

表2.2描述了各种应急通信手段的优缺点与应用场景。

表 2.2 应急通信手段比较

通信手段	优　　点	缺　　点	应用场景
有线通信	通信带宽高、质量好、保密性高，适用于大数据量的实时传输	发生重大突发事件时，基础设施受到损坏，造成网络瘫痪，移动性差	多用于日常工作，应急时作为备用手段

续表

通信手段	优　点	缺　点	应用场景
移动公网通信	支持移动性、通信带宽较高、质量较好，能提供多种服务	基础设施易受破坏，抗毁能力差	多用于日常工作，应急时作为备用手段
短波通信	通信距离远，机动灵活，而且架设简单	通信带宽小，网络稳定性差	应急时重要的语音通信保障手段
微波通信	通信容量大、可靠性高，传输质量高	容易遭受电磁干扰，频率、方向要求严格	应急时重要的通信手段
集群通信	组网灵活，支持组呼、单呼、广播及分组数据业务	建设成本高，互连互通性较差	突发事件现场应急指挥调度和协同处置
卫星通信	网络覆盖广、容量大，通信质量好，而且不受地理环境限制	通信带宽低，不及有线通信和公网通信	适用于应急通信和灾害备份通信
无线自组网	网络自组织，组网速度快	网络动态性强，带宽较低，稳定性差	重要的应急通信手段，非常适合用于战场侦察、抢险救灾等场景

应对灾后恐慌引起的网络阻塞对关键通信的影响，目前通常采用两种办法。第一种方法是建立政府部门或企业专门的应急指挥通信系统，不和民用网络有任何关联，目前多采用数字集群系统。第二种方法是建立政府或企业的卫星灾害备份通信系统，因为当卫星通信作为接入网时，由于和当地的接入网没有任何关联，电话或数据上星后直接到达设在异地或本地与长话局相连的卫星通信关口站，因此可以避免灾后恐慌引起的当地网络阻塞。无线自组网同样能够发挥传递关键通信的作用，而且组网快速、灵活，健壮性强。

2.5.3 面向不同用户对象的通信手段

1. 面向待援用户群体的应急通信手段

突发事件发生时，需要通过专用的紧急信息通信系统向群众传递相关信息。在预测到灾害发生和灾害真正发生时，灾害信息要从救灾相关行政部门传送到当地政府，再由当地政府传达给群众。在这种情况下，广播电视、无线广播电台都是很好的通信工具。在日本，政府专门设有“同步防灾行政无线网”，可将灾难信息和基于信息做出的避难建议等警报信息迅速地通知给该地居民。该系统在平时也可用于对群众的宣传和一般的行政事务播报。从2002年起，日本开始引入数字同步无线电通信系统，数字系统可实现双向通话及传输受灾地区的图像，能够更好地满足灾害时的信息传输。与此同时，受灾群众也需要向救灾部门报告灾情，这时主要可借助固定电话和手机向警察、医疗等部门请求援助。

2. 面向指挥救援用户群体的应急通信手段

灾难发生时，需要第一时间紧急召集相关救援机构的工作人员，常用的通信手段是移动电话和短信。在紧急情况下，可采用技术手段对应急部门的救援人员的通信进行优先接通，并可通过直接群发短信通知相关救援部门的工作人员。另外，救援人员需要借助应急通信网确定待援用户的确切位置。当前，很多应急救援部门都建有彼此互连的专用网络。应急通信网络一般按行政级别组织，包括国家、省、市和县/镇等层次。以日本为例，其灾难管理网分国家、都道府县和市镇村3层，全国的防灾无线网络的整体结构如图2.18所示。图中，最高层是以内阁府（防灾负责机构）为中心的中央防灾无线网，其与多个不同用途的防灾无线网直接相连；第二层是都道府县防灾行政无线网；第三层是市镇村防灾行政无线网。此外，还设有地区防灾无线网以连接地区防灾相关部门的网络。

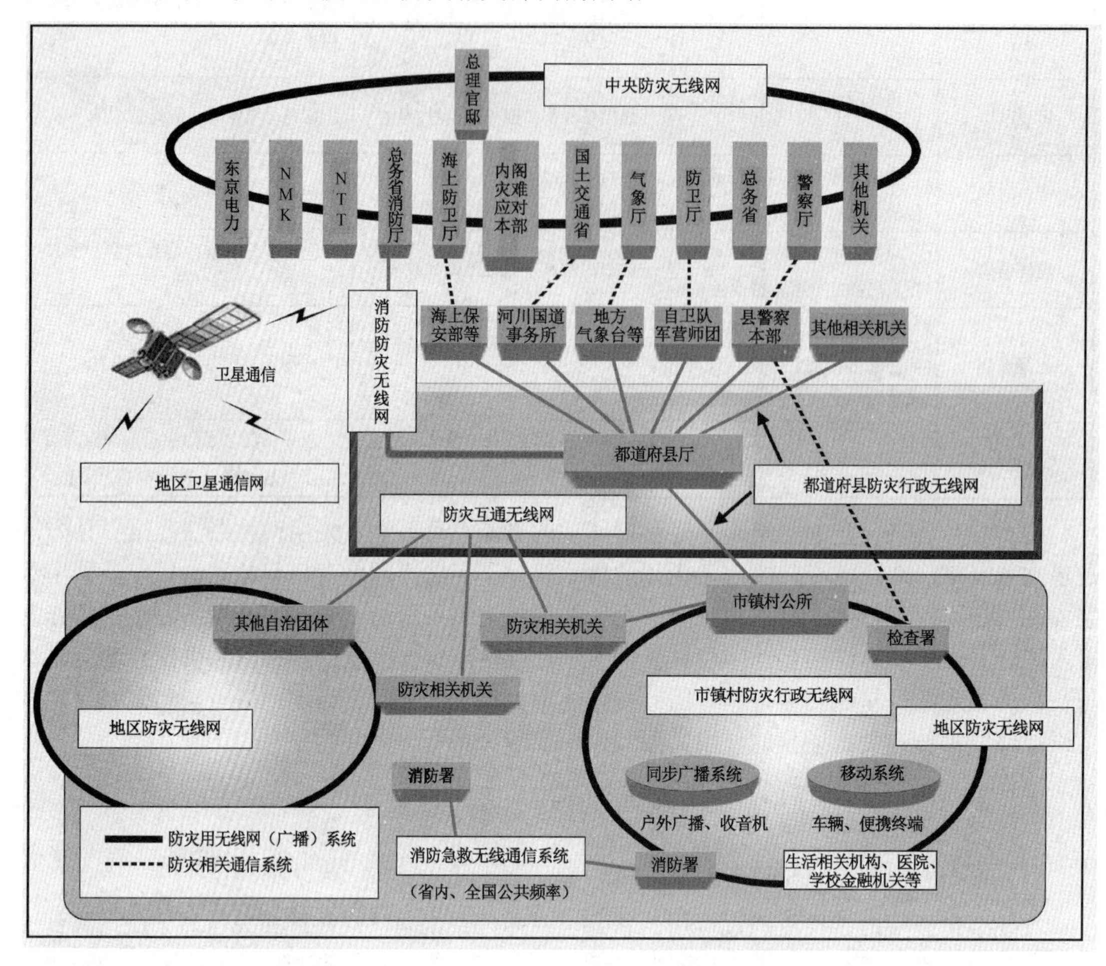

图 2.18　日本灾难应急响应的组织架构

在救灾现场，消防、警察、医疗等各种应急处置队伍往往需要通过集群系统指挥、调度现场的工作，集群系统所具有的群呼、组呼、优先级接入等功能是其他网络无法替代。

2.6　应急通信的技术热点和技术难点

2.6.1　应急通信的技术热点

传统的应急通信通常以卫星通信、集群通信、微波等技术为主。随着宽带、无线、异构等新技术的出现，为应急通信带来了更快速、更方便、功能更强大的解决方案，产生了很多技术热点，可以实现高效快捷、形式多样的应急通信。也就是说，应急通信系统是一种多维度的综合体系，涉及多种网络类型、多个通信环节以及多种通信技术的运用，如图 2.19 所示。

一个完整的应急通信过程通常包括应急指挥中心、公众通信网/专用通信网和应急通信现场 3 个关键环节，技术热点也集中在这 3 个方面：

（1）公众通信网包括现有的 PSTN/ISDN、PLMN、互联网及下一代网络等，是应急通信的支撑网络，用于紧急情况报警、应急指挥中心与现场的通信连接等，涉及的技术热点包括下一代网络对应急通信能力的支持、互联网对应急通信的支持、优先路由、抗灾超级基站、资源冗余备份、过载控制、跨运营商的资源共享和对用户的精确定位等。

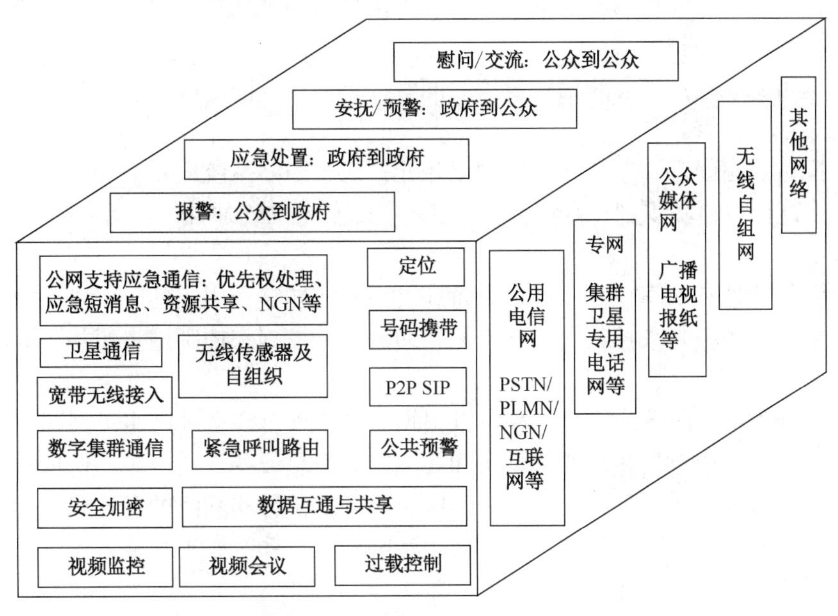

图 2.19　应急通信涉及的通信环节、网络类型及关键技术

（2）对于应急通信现场，首先要保障指挥通信顺畅并支持动中通，通常以无线方式为主，使用集群、卫星、应急通信车、可移动基站、WiMAX、Ad hoc 网络和 P2P 等技术手段，快速部署通信网络，提供通信保障。其次，要满足监测与预警的需求，尤其当出现重大灾害事故时，现场的监测、预警、跟踪和定位显得尤为重要。这时可以采用宽带移动通信系统、无线传感网、图像监控、认知无线电、数据挖掘和移动定位等关键技术，加强对现场的监控和对各种灾害事故的实时信息进行智能处理。

（3）应急指挥中心是应急通信的指挥决策中心，是联系其他各级机构和人员的纽带，必须保证不同职能部门的应急指挥系统之间的互连互通和信息共享，确保指挥系统的高可靠性和稳定性，并能将各种信息图文并茂地展示给指挥人员。应急指挥中心通常由各部门单独建设，但不同部门之间的应急系统如何互连互通、信息如何共享都要仔细考虑。应急指挥中心的选址要精心考虑，避免在灾难中遭受破坏；采用的技术包括容灾备份、数据复制、数据统计评估、GIS、专家系统、信息加密、视频会议和多媒体技术等，这些都是需要深入研究的技术热点。

随着 B3G/4G 及新一代数字集群技术的演进和发展，未来新一代公众移动通信与新一代数字集群专用移动通信可能以新 IP 协议及全 IP 平台为基础融合在一起，构筑新一代综合型 4G/5G 移动通信系统。对此，在考虑数字集群新系统技术装备及体制标准改进与更新时，应充分顾及 NGN/NGBW 的演进方向与发展态势，应按 NGN 及 3G 演进概念建设一种使用灵活有效、多业务增值扩展能力强、价廉物美、可快速应急响应的与公众现代化通信网络发展相协调的新一代社会应急联动系统。最终，社会应急联动通信系统将与社会公众有线网、公众无线/移动通信网、Internet、智能交通（ITS）网等一道，构筑一个更广义的信息通信平台，实现对突发事件的更加快速、有效的应急处理。

2.6.2 应急通信的技术难点

为了实现快速、灵活地组建异构应急通信网络，方便、安全和可靠地在应急指挥中心和现场传递指挥控制信息和现场监视的数据，并且支持应急现场救援机构之间的协同通信，应急通信仍需要解决以下技术难点：

（1）快速可部署性：应急通信对反应时间有很高要求，因此应急系统和网络应该能够方便、快捷地规划和部署。

（2）自配置和自管理：与传统通信网络相比，应急网络系统应该减少对于人为干预和管理的依赖，应该可以自我识别、自我配置，以提供尽量好的连通性，包括分配 IP 地址和分配信息。

（3）电源便捷性和功率控制：网络设备和终端应该能够利用本地可用的各类电源，支持即插即用；采用各种机制来控制和节省电源，通过功率控制来控制网络拓扑，提高资源使用率和数据传输可靠性。

（4）网络异构性：应急网络是一种可以根据需要合理整合多种网络类型和技术手段的混合式异构网络，网络中包括各种通信设备和终端，如卫星设备、通信车、便携式电台、计算机、PDA、微波接力设备、无线传感器等，因此必须解决异构网络的互连和互操作问题。

（5）可靠性和顽存性：应急通信网络必须足够健壮，系统必须高度可靠，提供冗余，保障最低限度通信。

（6）安全性：应急突发环境多种多样，可能处于敏感的地理环境和政治氛围中，因此要对所传递的信息视情况提供特定的安全保护，并考虑采用基于角色的访问控制和基于策略的网络管理方式。

（7）可扩展性：应急通信网络规模可大可小，大到遍及全球的传染病疫情的应急监控网络，小到处置交通事故的应急现场网络，因此网络必须具有良好的可扩展性和可裁减性，这对底层的路由、地址分配、资源管理等机制提出了较高的要求。

（8）跟踪定位：在应急通信中，各种人员的位置信息至关重要。可以考虑根据 RFID、GPS、信号到达强度、信号到达角度等多种方式来确定各类人员的位置，并提供基于用户位置和状态的服务，即情景感知服务。

（9）服务质量：应急通信系统应针对不同的用户和业务特性提供有差别的服务质量保障，在确保重要指挥控制信息可靠、及时传递的同时尽量保障其他用户和业务的通信需求。

2.7 应急通信保障实施建议

虽然有着众多的应急通信保障资源和应急通信技术手段，但是如果缺乏跨部门、跨系统的统一网络平台，那么专网之间、专网与公众网之间就仍然无法互连互通。这种“只应急不联动”或“小联动”，使应急通信体系存在着频率资源浪费和制式混乱的现象，从而导致各行业的应急通信系统各自为战，互相争夺频率资源，造成频率资源短缺而且利用率很低。缺乏统一协调等这一现状导致目前的应急通信体系存在很多问题，在重大突发事件发生时不能及时响应，救济滞后。针对这些问题，可考虑采纳以下几点措施。

1．统筹协调，综合利用

每种类型的通信网都有其特点和优势，适用于特定的应用领域和对象，但是也都有其不足之处，因此必须整合社会资源构建完善的应急通信网络体系。在综合利用电信运营商的公众通信基础设施构建应急通信网时，应特别注重统筹考虑、统一规划，实现应急通信网络的资源共享、互连互通、优势互补、互为备份，以及应急应用的相互融合，以避免分散建设，各自为政。政府负责协商各专网之间的开放标准、接口，促进应急通信网的有效互连互通，解决专网之间及专网与公众网之间的互连互通。政府统一制定应急通信标准；统一分配应急通信专用无线频率资源；在政策上突出应急通信体系的重要性，保障应急通信体系占用最优的频率资源；部署以应急通信车为主体，与卫星、微波传输相结合，高速率、高带宽、支持高速移动的机动应急指挥网络，作为应急通信专网的有效补充。政府通信主管部门应加强应急通信相关国家标准、规范的研究和制定，特别是有关提高公网应急服务能力的优先接入、呼叫控制等标准，指导电信运营企业提高公众通信网的应急能力。

2．因地制宜，注重实效

我国的经济发展很不平衡，东西差距、城乡差别较大，这一点同样也反映在通信网络基础设施条件方面。在规划建设应急通信网时，需要科学发展，因地制宜，注重实效。东部大城市的网络基础设施十分完善，移动网、固定网等十分发达，且重叠覆盖，有利于方便地构建应急通信网络，关键是要做好不同应急通信网络之间的应用融合与互连互通，避免简单的叠加堆砌和重复建设。相比而言，西部乡村，尤其是偏远山区，虽然在国家与地方政府的大力扶植下，实现了广播电视、电话及互联网的“村村通”，但是其网络覆盖与可用资源均仅限于满足农村日常工作和生活的基本使用需求。因此，在构建应急通信网时，必须结合考虑当地经济发展水平和网络基础设施条件，避免盲目攀比，在充分利用公众通信网络基础设施的基础上，注意做好以下几点。

（1）为应急指挥部门配备卫星电话。目前，卫星电话的终端价格及通信资费并不太贵，为重要应急指挥部门配备卫星电话，简单易行，使用方便，十分适用于通信不发达且地理条件复杂的偏远山区。

（2）建设卫星地面站和卫星通信车。为重要的应急指挥中心建设卫星地面站，并配备卫星通信车或便携式卫星小站及应急供电设备，实现 VSAT 连网通信。

（3）提高重要移动基站的通信保障能力。对于地理位置重要的移动基站进行改造，提高通信保障能力。例如，除有线传输线路外，配备微波传输设备或卫星通信接口；除市电供电外，配备应急发电设备或应急供电接口等。

（4）语音优先，数据次之。应急指挥首先需要畅通的语音通信渠道，因为语音通信可满足情况汇报和指挥命令下达的需要，同时语音通道可以基于各种通信基础设施和通信技术快速建立和部署，是应急指挥的首要通信方式，其次才是数据通信的需求。

3．增强通信网络应对异常事件和突发灾害的防护和自愈能力

电信运营企业在网络建设规划中，应在灾难多发地区采取多手段、多路由相结合的建设方式，大力推进卫星手段的使用，全面提高公用通信网的安全性、可靠性和抗毁性。交换局的站址要尽量选择地面高程，机房或通信线路都应远离河道、水库，并实施防震加固。通信网络是一个全程全网的概念，应该保证网络的每个节点都具有足够抵御各种风险和突发灾害的能力。例如，作为接入网的无线基站设备要具有应对突发话务高峰和自然灾害破坏的能力，作为核心网的交换设备应具有负荷分担及路由迂回的能力，作为传输网络应具有有线、无线、卫星等多种技术的备份及保护功能。对重要地区（节点）不仅要建有内环网，还需要建立对外的多路由迂回传输网，并在重要节点加装部分通道的交叉连接设备。对网络采取必要的冗余保护措施，虽然在表面上看似乎是一种浪费，实际上却是网络安全的重要体现。

4．建立综合立体的指挥通信系统，加快新型应急通信装备研制

第一，建立地下干线综合通信系统。建设纵深的高速率、大容量抗毁通信干线，为通信准备提供稳固的基础。第二，完善地面移动通信系统。各级政府在移动通信的基础上，组建战略移动通信系统。第三，建立空中通信平台。以卫通信星系统为主，建立具有高度机动和安全保密能力的天基指挥通信系统。第四，研制高性能、适应性强的通信装备。高性能通信装备的研制与生产，可保证应急通信部队通过多手段在多领域对作业区域实施全方位保障。应急通信装备应按照多用途、小型化、高性能、适应性强等要求进行研制与生产，满足应对多种突发事件威胁时的通信装备发展需要与生产要求。

5．基于平战结合的专网和公网融合

当前已建的无线数字城市，大多都面临缺乏有效的商业模式及统一的规划和标准等问题。我国目前的应急通信专网通常只能提供集群调度功能，系统的建设和运行基本属于“养兵千日，用兵一时”的状况。今后，在无线数字城市建设中应融合城市应急通信系统，做到政务先行、先政后民，平战结合、平灾兼顾；推动对应急通信与无线数字城市融合发展的组织保障和立法保障，使应急通信实现上通下达，全方位联动；改变过去无线数字城市和应急通信系统的分立状态，平战结合，以网养网，大幅度地降低投资和管理成本。无线数字城市政务共网运营模式可为应急通信专网的发展提供良好的借鉴，即应急通信与无线数字城市融合发展：发生突发事件时，作为政府专用应急指挥网络，并保障决策支撑系统的信息传输畅通，实现应急指挥、应急救援、应急决策、应急联动；平时作为城市公共服务和城市管理信息化宽带基础设施平台，为政府各部门，特别是公安、交通等部门提供无线视频监控、交通指挥、城管监察、环境保护、社区卫生等各种信息化服务。

6．加强多方联动，完善各级应急预案保障体系，定期进行应急演练

国家应针对各类应急事件分别制定大型活动应急通信体系、自然灾害应急通信体系、公共卫生应急通信体系、公共安全应急通信体系、事故灾难应急通信体系和金融安全应急通信体系。通信行业应积极建立部门间的应急联动机制，协调电力、交通、石油等相关部门，努力将通信作为电力、交通、石油等部门的优先保障对象之一，共同提高通信应对灾害能力，保证抢险抗灾通信抢修恢复工作的快速、有序进行。突发事件的预警应融入网络的日常维护和管理中，各通信运营商也应建立通信行业应急预案，并形成从集团公司到省公司再到本地网的完整体系。在应急预案制定的基础上，还需定期组织人员进行应急演练。演练应具有真实性和可行性，应通过演练发现应急预案中存在的问题，对应急预案的能力进行评估和改进。

7．充分利用业余组织、行业协会等民间组织的力量

培育发展民间组织，有效整合政府与民间组织的资源和力量，加强两者之间的合作与协调，是现代应急机制发展的特点与趋势；另外民间组织可以弥补政府在应急通信过程中的空白，使社会管理更加完善。也就是说，在依靠专职队伍的基础上，要充分发挥更为广泛的兼职队伍的力量，形成全员应急、人人参与的有效应急动员机制。

2.8 本章小结

本章首先介绍了应急通信保障的基本概念，然后阐述了应急通信保障体系并概述了传统的和新型的应急通信技术。在此基础上，说明了应急通信网络的组成和网络技术的选型，并归纳了应急通信热点技术和难点技术。最后，给出了应急通信保障实施的相关措施和建议。

当前，我国应急通信保障系统不够完善，许多系统缺少多种通信手段的集成，并且各专业部门应急通信系统缺乏统一规划和互通标准，应急指挥平台很难互连，部门联动效率低下。此外，近年来我国重大突发公共事件时有发生，给公共安全造成严重威胁，大力发展我国的应急通信系统势在必行。欧美等发达国家正在加强应急通信系统的研究开发工作，多个国际标准机构正在研究应急通信技术，制定应急通信标准。我国应该吸取先进技术，并结合我国应急通信的具体情况，发展我国应急通信系统，制定相应的应急通信标准，进一步规范我国应急通信系统的建设。实际上，应急通信保障不仅是技术层面的问题，而且是一项涉及管理、网络和技术等多个层面的系统工程，需要解决大量技术之外的政策颁布、标准制定、组织协调、人员培训等问题。为此，首先要借鉴国外的经验，结合我国特点，通过政府来主导，制定一个既适合常态社会又适合突发灾害环境的应急通信网络标准，然后建立由政府主导、企业配合，跨越不同运营商、部门和军队，有线与无线相结合、固定与机动相结合、空中与地面相结合、公网与专网相结合，模式多样、功能齐全、技术先进、快速响应与联动的统一立体式防灾通信网络体系。妥善处理好公网、专网，公网及应急联网通信与无线数字城市等有机互补、共赢合作发展关系。与此同时，应为各类新技术提供试验、应用基地，促进新技术在应急通信领域的应用和产业化，提高应急响应能力，为构建完善、科学、先进的应急通信体系提供技术保障。

第3章　无线自组网及其在应急通信中的应用

无线通信网络分为有中心网络和无中心网络，前者通常需要固定基础设施的支持，而后者不依赖固定基础设施，能够快速自动组网，即本章要讨论的无线自组网。无线自组网（Wireless Self-organizing Network）是一种特殊的移动通信网络，具有自组织、无中心、多跳路由等特点，具有很强的抗毁性和灵活性，特别适用于突发、临时性通信场合，尤其适用于军事通信和应急通信等场合，是常规通信手段的必要补充和发展。无线自组网的典型代表包括 Ad hoc 网络、无线传感网络和无线网状（Mesh）网络，它们各具技术特色和应用领域。本章首先介绍引入无线自组网技术的必要性和可行性，然后依次介绍 Ad hoc 网络、无线传感网络和无线 Mesh 网络，并说明这些技术在应急通信中的典型应用。

3.1　前言

当前，国内应急通信系统功能单一，依赖基础通信设施，自组织能力和顽存性较低，并且难以提供多业务流 QoS 支持。例如，公众通信网不可靠并且在突发事件发生时由于巨大的话务量冲击容易过载甚至瘫痪；集群通信系统能够在紧急突发场合下快速建立呼叫，并支持组呼、广播呼叫和补充业务，但其覆盖范围和通信容量较小，通常仅限于指挥调度应用并且仍依赖基础通信设施；卫星通信较健壮，覆盖范围广，但是传输能力有限，部署和使用成本高且技术支持困难。因此，现阶段包括卫星和集群通信系统在内的应急通信系统已不能满足在复杂多样的应急环境下为各类用户群体提供快速、可靠、健壮的通信服务保障的要求，必须引入新的技术手段和方法。

我们注意到，当前有关应急通信保障的研究工作大都过多强调发展集群通信、无线短波通信和卫星通信系统，而没有充分利用已在通信领域崭露头角的无线自组网（Wireless Self-organizing Network）技术。无线自组网具有无中心、自组织和多跳路由等特点，无须依赖预设的通信基础设施就可以快速自动组网，具有很强的健壮性，特别适合用于应急通信场合，其典型代表有 Ad hoc 网络、无线传感网（Wireless Sensor Network，WSN）和无线网状网（Wireless Mesh Network，WMN）。Ad hoc 网络是一种特殊的移动通信网络，具有自组织、自愈合、无中心、多跳路由等特点，无须依赖预先架设的网络基础设施就可以快速自动组网，具有很强的抗毁性和灵活性，特别适合应急通信这类突发、临时性通信场合。无线传感网有效整合了 Ad hoc 网络技术、传感器技术和分布式信息处理技术，是一种具有传感功能的由小型移动设备构造的用于收集、传播和处理传感信息的 Ad hoc 网络。WSN 网络自组织，无人值守；传感器节点体积小，隐蔽性强；网络高冗余，具有很高的抗毁性和较高的探测精确度；与探测目标近距离接触，能有效地降低环境噪声对系统性能的影响，及时地对现场情况进行反馈。因此，WSN 非常适合在恶劣环境中应急部署，执行监测侦察、态势感知以及目标跟踪与定位等任务。它可以有效监控特定目标区域，及时向相关用户发出通告，并通过对收集的传感信息加以处理来辅助行动决策。在 WSN 中，多个传感节点协作运行，并根据网络规模和应用需求选用合适的信息处理机制和路由协议来高效完成特定的信息监测和传输任务。Mesh 网络是无线局域网（WLAN）和 Ad hoc 网络的结合，是 Ad hoc 网络在商业应用领域的发展，采用网状拓扑结构并利用了无线骨干路由器，具有高可靠性和强自愈能力。Mesh 网络作为一种新型宽带无线分布式网状网，已纳入到 IEEE 802.16（WiMAX）无线宽带接入网络标准和 IEEE 802.11s Mesh 标准中，成为未来无线城域网的首选组网方式。这些技术手段各有特色，但都具有网络自组织和协同合作特征，非常适合组建应急通信网络来协调各类人员展开救援行动和应对突发事件。

总之，在应急通信场合中 WSN 多用于事前预警和事后跟踪，Ad hoc 网络和 Mesh 网络多用于事后通信指挥保障。无线传感网和 Mesh 网络具有鲜明的技术特色和应用领域，但是从网络自组织、多跳中继和协同传输的角度讲，它们都是 Ad hoc 网络技术在特定应用领域的延伸和拓展，均可归属于无线自组网技术领域。这些无线自组网将在应急通信场合发挥重要作用。基于无线自组网技术构造的应急通信网络在紧急情况下不需要依靠既有的网络基础设施，可快速地组建通信网络，具备高可靠性、灵活性和低成本的特点。例如，在发生地震、水灾、火灾或遭受其他灾难后，固定的通信网络设施都可能无法正常工作。此时可以在事发现场利用 Ad hoc 网络和 Mesh 网络可以快速构建高抗毁性的应急救援网络，协调各救援群体，同时可以部署无线传感网来实时监控事发区域的各种情况，并把相关信息及时通知现场人员和上报指挥中心。

3.2 Ad hoc 网络

3.2.1 提出背景

Ad hoc 网络是一种采用了分组交换技术的无线多跳网络，它的出现最早可以追溯到 1968 年组建于美国夏威夷的 ALOHA 网络。ALOHA 是一种单跳网络，网络中的每个节点之间都可直接互相通信。其后，美国国防部高级研究计划局（DARPA）于 1972 年启动了分组无线网项目（Packet Radio Network，PRN），研究在战场环境下利用分组无线网进行数据通信。PRN 在真正意义上首次实现了多跳无线网络，提出了无基础设施网络（Infrastructureless Network）的概念，对 Ad hoc 网络的发展起到了奠基性的作用。此后，为了解决 PRN 遗留下来的诸如网络可扩展性差、安全无保障等问题，DARPA 先后启动了抗毁自适应网络（Survivable Adaptive Network，SURAN）、低成本报文无线电（LCR）、可生存通信网络（SCN）、全球移动信息系统（Globle Mobile Information Systems，GloMo）、联合战术无线电系统（Joint Tactical Radio System，JTRS）和近期数字无线电台（Near-term Digital Radio，NTDR）等项目，旨在对能够满足军事应用需要的高抗毁性移动信息系统进行全面深入的研究。20 世纪 90 年代以来，随着处理器、内存性价比的极大提升以及分布式计算、集成电路和信号处理等技术的迅猛发展，Ad hoc 网络的应用逐渐推广到民用通信领域，焕发了新的活力，并以前所未有的深度和广度得到了普遍的研究和应用。成立于 1991 年的 IEEE 802.11 标准委员会采用“Ad hoc[①]网络”一词来描述这种自组织多跳移动通信网络，1997 年 IETF 成立了移动 Ad hoc 网络（Mobile Ad hoc Network，MANET）工作组，主要负责研究和制定 Ad hoc 网络路由算法的相关标准，极大地推动了 Ad hoc 网络的发展和应用。另外，第三代移动通信协作项目（3GPP）和欧洲通信标准化组织（ETSI）也都对这类无线自组网展开了深入研究，并在 Ad hoc 网络节点接入和自优化等方面制定了相关标准。

① Ad hoc 是拉丁语，意思是“for this”即“（为某种目的）特别设置的，特别的”意思。

3.2.2 基本概念和特点

Ad hoc 网络是由一组带有无线收发装置的移动终端组成的一个多跳的临时性自治系统，其中移动终端具有路由功能，可以通过无线连接构成任意的网络拓扑。这种网络可以独立工作，也可以与 Internet 或蜂窝无线网络连接。在后一种情况中，Ad hoc 网络通常是以末端子网（树状网络）的形式接入现有网络。考虑到带宽和功率的限制，MANET 一般不适于作为中间承载网络，它只允许产生于或目的地是网络内部节点的信息进出，而不让其他信息穿越本网络，从而大大减少了与现存 Internet 互操作的路由开销。在 Ad hoc 网络中，每个移动终端兼备路由器和主机两种功能：作为主机，终端需要运行面向用户的应用程序；作为路由器，终端需要运行相应的路由协议，根据路由策略和路由表参与分组转发和路由维护工作。

在 Ad hoc 网络中，节点间的路由通常由多个网段（跳）组成。由于终端的无线传输范围有限，两个无法直接通信的终端节点往往通过多个中间节点的转发来实现通信。所以，它又被称为多跳无线网络、自组织网络、无固定设施的网络或对等网络。Ad hoc 网络同时具备移动通信网络和计算机网络的特点，可以看作一种特殊的移动计算机通信网络。图 3.1（a）中给出了 Ad hoc 网络的一种典型的物理网络结构，图 3.1（b）是其逻辑结构，图中终端 A 和 I 无法直接通信，但 A 和 I 可以通过路径 A—B—G—I 进行通信。

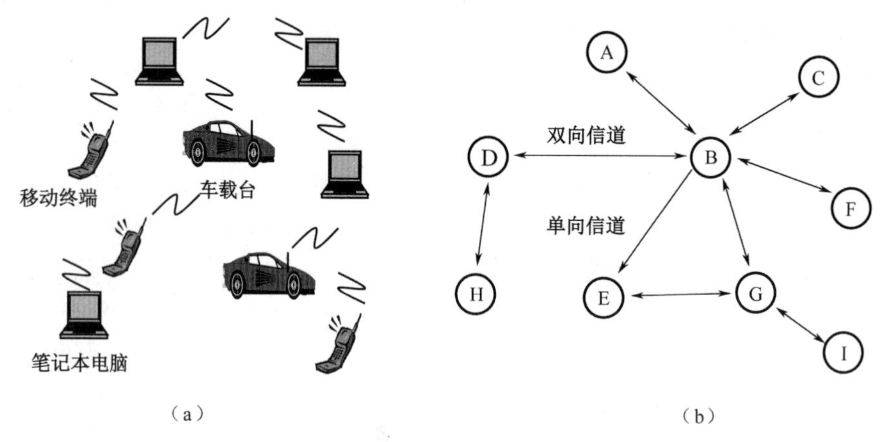

图 3.1 典型的 Ad hoc 网络的物理结构（a）和逻辑结构（b）

与传统通信网络相比，Ad hoc 网络具有以下显著特点：

（1）无中心和自组织性：Ad hoc 网络中没有控制中心，节点通过分布式协调彼此行为，无须人工干预和预设网络设施，可以在任何时刻、任何地方快速展开并自动组网。

（2）网络拓扑动态变化：Ad hoc 网络中的移动终端能够随意移动并可调节功率或关闭电台，加上无线信道自身的不稳定性，移动终端之间形成的网络拓扑随时可能发生变化。

（3）受限的无线传输带宽：由于无线信道本身的物理特性，Ad hoc 网络所能提供的带宽较低。此外，竞争无线信道产生的冲突、信号衰减、噪声和信道之间干扰等因素都会使得移动终端得到的实际带宽远远小于理论带宽。

（4）移动终端的局限性：移动终端存在很多固有缺陷，如能源受限、内存较小、CPU 处理能力较低和成本较高等，这给其应用的设计开发和推广带来了一定的难度；同时，由于其显示屏等外设的功能和尺寸受限，不利于开展功能较复杂的业务。

（5）安全性差：由于采用无线信道、有限电源、分布式控制等技术，Ad hoc 网络容易受到被动窃听、主动入侵、拒绝服务、剥夺“睡眠”等网络攻击。

（6）多跳网络特性：由于节点传输范围有限，当它要与覆盖范围之外的节点通信时，需要借助中间节点的转发，即形成了多跳通信网。

（7）存在单向的无线信道：Ad hoc 网络采用无线信道通信，地形环境或发射功率等因素都可能会产生单向无线信道。

表 3.1 介绍了 Ad hoc 网络与传统无线网络的主要区别。

表 3.1　Ad hoc 网络与传统无线网络的主要区别

网络类型 比较内容	传统无线网络	Ad hoc 网络
无线网络结构	单跳	多跳
拓扑结构	固定	动态建立，灵活变化
有无基础设施支持	有	无
安全性和服务质量	较好	较差
配置速度	慢	快
成本	高	低
生存时间	长	短
路由选择和维护	容易	困难
网络健壮性	低	高
中继设备	基站和有线骨干网	无线节点和无线骨干网
控制管理	由基站集中负责	由无线节点负责

3.2.3　Ad hoc 网络的体系结构

Ad hoc 网络的设计非常复杂，面临很多挑战。本节重点分析适用于 Ad hoc 网络的体系结构及其相关问题。体系结构对于网络协议和各功能模块的设计起着至关重要的作用，并且在很大程度上决定网络的规划和整体的性能。

1. 节点结构

Ad hoc 网络的节点不仅需要具有移动终端的功能，还要完成路由器的功能。因此，网络节点通常包括主机、路由器和电台 3 部分：主机部分（外置计算机或嵌入式计算机）完成移动终端的功能，包括人机接口、数据处理等；路由器部分主要负责维护网络的拓扑结构和路由信息，完成报文的转发功能；电台部分（无线接口）提供无线信息传输功能。按照物理结构，节点可以被分为以下几类（参见图 3.2）：单主机单电台、单主机多电台、多主机单电台和多主机多电台。手持机一般采用单主机单/多电台结构，复杂的车载台可能包括通信车内的多个主机，它可以采用多主机单/多电台结构，以实现多个主机共享一个或多个电台。多电台使节点具有更大的灵活性和自适应能力，不仅可以使用多个电台来构建叠加（Overlay）网络，还可以作为网关节点来互连多个 Ad hoc 网络。

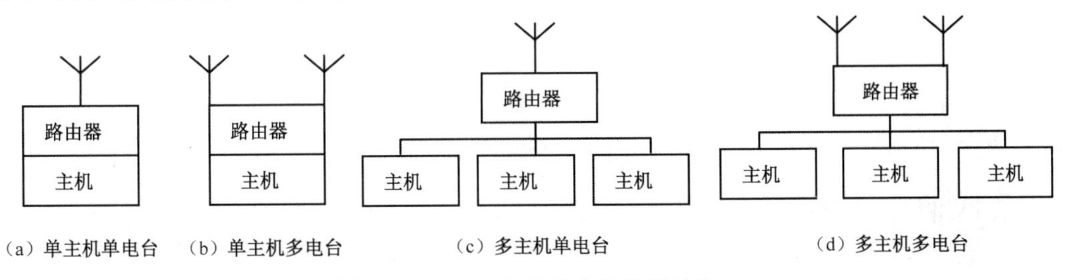

图 3.2　Ad hoc 网络节点的几种结构

2. 网络结构

拓扑可变的网络包含 4 种基本结构：中心式控制结构、分层中心式控制结构、完全分布式控制结构和分层分布式控制结构。

前两种属于中心式控制结构，普通节点设备比较简单，而中心控制节点设备较复杂，具有较强的处理能力，负责选择路由和实施流量控制。在 Ad hoc 网络中，节点的能力通常相同，并且中心控制节点易被发现和易遭摧毁，使得 Ad hoc 网络不适合采用中心式控制结构，特别是在战场环境中。

完全分布式网络结构又称为平面网络结构，如图 3.3 所示。在这种网络结构中，所有节点在网络控制、路由选择和流量管理上是平等的，原则上不存在瓶颈，网络比较健壮；源站和目的站之间一般存在多条路径，可以较好地实现负载平衡和选择最优的路由。另外，在平面网络结构中，节点的覆盖范围比较小，相对较安全；但在用户很多，特别是在移动的情况下，存在处理能力弱、控制开销大、路由经常中断等缺点，并且无法实施集中式的网络管理和控制功能，因此它主要用于中小型网络。

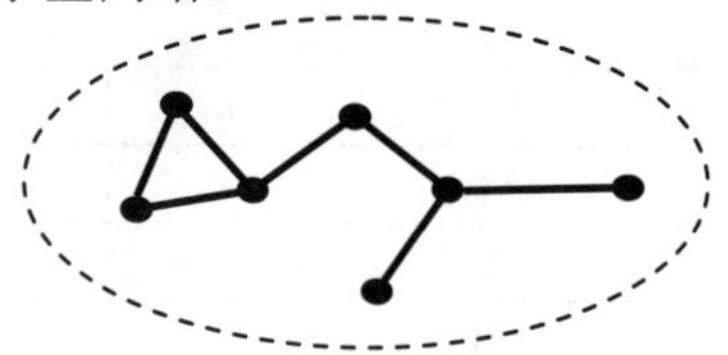

图 3.3　平面网络结构

分层分布式控制结构又称分级结构，借鉴了全分布式和分层中心式的优点。分级结构中，网络被划分为簇。每个簇由一个簇头和多个簇成员组成，由簇头节点负责簇间业务的转发。根据不同的硬件配置，分级结构又可以分为单频分级和多频分级两种结构。单频分级网络（参见图 3.4）只有一个通信频率，所有节点使用同一个频率通信。为了实现簇头之间的通信，要有网关节点的支持。簇头和网关形成了高一级的网络，称为虚拟骨干网。而在多频率分级网络中，不同级采用不同的通信频率。低级的节点的通信范围较小，而高级的节点要覆盖较大的范围。高级的节点同时处于多个级中，有多个频率，使用不同的频率来实现不同级的通信。在图 3.5 所示的两级网络中，簇头节点有两个频率。频率 1 用于簇头与簇成员的通信，而频率 2 用于簇头之间的通信。目前在军事系统中，规模较大的 Ad hoc 网络常采用分簇结构，而且簇的划分和管理通常与作战单位相对应，而不同簇的节点之间的通信必须借助簇间网关节点的转发完成。例如，以一个建制连作为一个簇，不同连之间节点的通信必须通过营的网关节点转发。

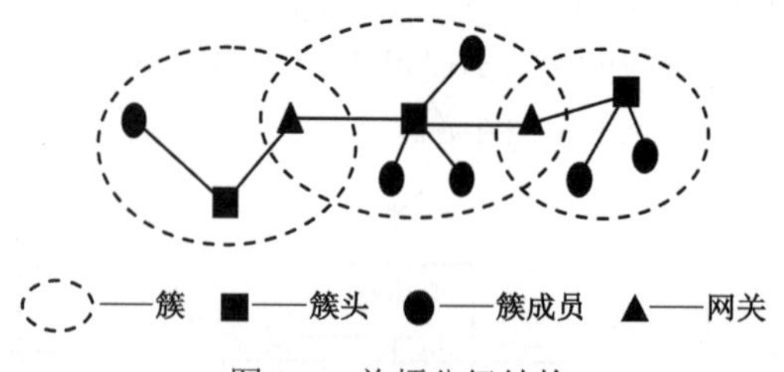

图 3.4　单频分级结构

平面网络结构的最大缺点是网络规模受限。在平面结构中，每一个节点都需要知道到达其他所有节点的路由，而维护这些动态变化的路由信息需要大量的控制消息。网络规模越大，路由维护和网络管理的开销就越大。当平面结构网络的规模增加到某一程度时，所有的带宽都可能会被路由协议消耗掉，因此网络的可扩充性较差。分级结构可以大大减少路由开销，克服了平面结构可扩充性差的缺点，网络规模不再受限制，并且可以通过增加簇的个数或网络的级数来提高网络的容量。

然而，分级结构也有其缺点：需要簇头选择算法和簇维护机制；簇头节点的任务相对较重，可能成为网络的瓶颈；簇间的路由不一定能使用最佳路由。这些问题都是在设计分簇网络结构时需要特别考虑的问题。但是从实施资源管理和提供业务服务质量保障的角度出发，分级结构有较大的优势。首先，分级结构具有较好的可扩展性。其次，分级结构通过路由信息局部化可提高系统的吞吐量。分级结构使路由信息局部化，减小了路由控制报文的开销，并且容易实现网络的局部同步。再次，分级结构中节点的定位要比平面结构简单得多。在平面结构中，想知道一个节点的位置，需要在全网中执行查询操作。而在分级结构中，簇头知道自己簇成员的位置，只要查询簇头就可以得到节点的位置信息。最后，分级结构是无中心和有中心模式的混合体，可以采用两种模式的技术优势。分级后网络被分成了相对独立的簇，每个簇都设有控制中心，因此基于有中心的 TDMA、CDMA、轮询等接入技术都可以在分级的网络中使用。基于有中心控制的路由、功率调整、移动性管理和网络管理等技术也可以移植到 Ad hoc 网络中来。美军在其战术互联网中使用近期数字无线电台（Near Term Digital Radio，NTDR）组网时采用的就是如图 3.5 所示的双频分级结构，每个簇由一部 NTDR 电台充当簇头，簇内成员都在簇头的无线电中继范围内，并且同属一个战斗单位组织。总之，当 Ad hoc 网络规模较小时，可以采用简单的平面式结构；而当 Ad hoc 网络规模较大并需要提供一定的服务质量保障时宜采用分级网络结构。

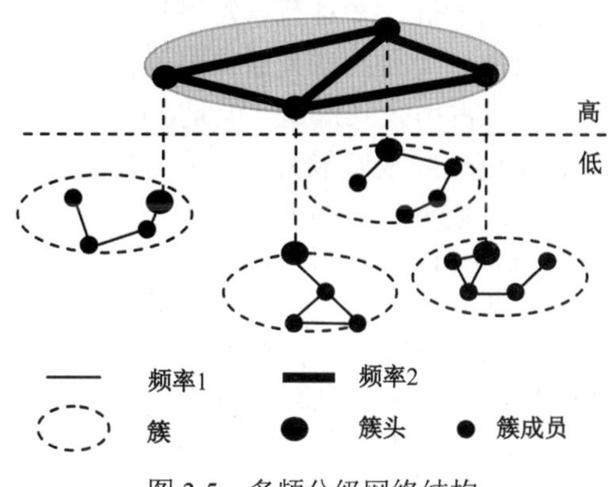

图 3.5　多频分级网络结构

3.2.4　Ad hoc 网络的主要研究内容

早期的 Ad hoc 网络主要用于军事通信领域，由于当时多方面技术的限制，其主要研究内容集中在如何保证在多跳无线网络环境中高效和可靠地传送数据。在此期间众多学者针对各种通信环境提出了大量卓有成效的信道接入协议和路由算法。随着研究的深入和信息技术的进步，Ad hoc 网络的应用逐渐转向民用和商业领域，研究的内容也更为宽泛，其中包括网络体系结构、分簇算法、跨层设计、QoS 支持、服务发现、网络互连和信息安全传输等。Ad hoc 网络时变的链路特性、节点的移动性、受限的能量和处理能力、恶劣的无线环境和安全性都是必须面对的问题，网络的自组织、无中心控制及临时配置特性也对协议的设计提出了新的特殊要求，因为固定有线网络和无线蜂窝网络中使用的各种协议和技术无法直接应用于 Ad hoc 网络。

1. 物理层技术

物理层负责频率选择、载波产生和监听、信号监测、调制、数据的发送接收和加密等。目前一般采用基于 2.4 GHz 的免费的 ISM 频带。Ad hoc 网络物理层可以选择和参考 IEEE 802.11、蓝牙和 HiperLAN 等标准所定义的物理层。具体而言，物理层可采用的传输技术包括：正交频分复用（OFDM）；自适应编码调制（ACM）；红外线和扩频技术，其中包括直接序列扩频（DSSS）和跳频序列扩频（FHSS）。今后的任务是发展简单和低功率的调制技术，减少信号传播特性的负面影响，开发低功耗、低成本和高性能的硬件等。

2. 信道接入协议

信道接入协议处于协议栈底层，是报文在无线信道上发送和接收的直接控制者，用来管理和协调用户竞争/共享信道资源。在流量呈现高突发性时，适合采用随机接入方法；但是当流量平稳连续时，宜采用某种调度（分配）机制来减少分组冲突。也就是说，信道接入协议的目标通常是低时延、低能量损耗、高信道利用率、较好的公平性并支持实时业务。信道接入协议能否有效使用无线信道的有限带宽，将对 Ad hoc 网络的性能起着决定性的作用。

现有的信道接入协议可以分为以下几种类型：

（1）信道划分机制。信道划分机制包括频分多址（FDMA）、时分多址（TDMA）、码分多址（CDMA）、空分多址（SDMA）以及这些方法的组合。TDMA 将时间划分为时隙，具有较好灵活性，可以方便地将多个时隙分配给单个用户，节点可在不发送数据时转入休眠来减少能耗。但是 TDMA 需要预留保护时间间隔来维护时隙同步。FDMA 将系统带宽划分为不交叠的信道，实现简单，但不够灵活。相比于 TDMA，FDMA 减少了时间保护和同步所需的开销，但也需要保护频带以防止干扰，并且节点始终处于工作状态，增加了能耗。CDMA 不仅具有较强的抗干扰性和适应性，而且具有灵活的信道接入能力。只要不同节点采用不同的伪码序列，就容许多个节点同时占用公共信道。但是，CDMA 对接收器的要求较高，实现较复杂。SDMA 通过使用定向波束天线或智能天线技术来增加系统容量，理想情况下可以使所有用户在同一信道中同时通信，缺点是复杂性和成本均较高。

（2）随机接入机制。随机接入协议中，用户通过竞争方式共享信道资源。载波侦听多址（CSMA）在单跳环境下可以很好地工作，但是多跳共享的无线信道所造成的隐终端使它不能有效地检测和避免冲突，此外暴露终端则会降低信道利用率。很多媒体访问控制（MAC）协议，如 MACAW 和 IEEE 802.11，采用握手机制来解决隐终端和暴露终端问题，但是增加了系统开销和能量耗费。因为节点需要检测是否收到 CTS 消息，并且如果节点长时间无法获得信道，会使缓存溢出而丢失分组。随机接入协议实现简单，不需要了解网络拓扑和实施全局控制；但是传输冲突较多，难以提供 QoS 保障，并且没有过多考虑能量使用效率问题。

（3）调度机制。当用户具有较连续的业务流量时，随机接入协议性能较差。在这种情况下调度机制能够更有效地为用户分配信道，并能保证每个节点发送/接收分组而不与邻居节点发生冲突。蜂窝网络中可以采用简单的集中式调度机制，而 Ad hoc 网络中的分布式调度通常是 NP 完全问题，并且问题的复杂性随系统规模的增加而迅速增加。即使采用调度机制，在网络的初始化阶段也需要某种随机接入协议的支持，用于提供初始化交互和为后续的数据传输建立合适的调度表。例如，分组预约多址接入协议（PRMA）结合了预约 ALOHA 和 TDMA 方法，可以同时支持数据用户和语音用户。

（4）混合式 MAC 协议。混合协议结合了随机接入协议和调度协议，基本思想是为节点固定分配一个 TDMA 传输调度，同时允许节点通过随机竞争来回收/重用空闲的时隙。ADAPT

协议在 TDMA 调度协议中集成了基于握手机制的竞争协议来解决隐终端问题。每个时隙被划分为 3 个阶段：在第一个阶段，节点通过与目的节点进行握手来声明它要使用的时隙；在第二个阶段（竞争阶段），节点可以竞争未分配的时隙；第三个阶段用来传送分组。ADAPT 可以提高信道利用率，但是不支持多播。ABROAD 协议对 ADAPT 进行了改进以满足多播要求，并采用一种负反馈响应机制来减少竞争阶段，控制分组的冲突。

3．路由协议

Ad hoc 路由协议的主要作用是在自组织网络中迅速、准确地计算希望到达目的节点的路由，同时通过监控网络拓扑变化来更新和维护路由。Ad hoc 网络的独特性使得常规路由协议（如 RIP、OSPF 等）不再适用，这是因为：动态变化的网络拓扑使得常规路由协议难以收敛；常规路由协议无法有效利用单向信道；常规路由协议的周期性广播会耗费大量带宽和能量，严重降低系统性能。Ad hoc 路由协议的目标是快速、准确、高效、可扩展性好。快速是指能对网络拓扑动态变化做出快速反应，查找路由的时间较短；准确是指能提供准确的路由信息，支持单向信道，尽量避免路由环路；高效是指计算和维护路由的控制消息尽量少，尽量提供最佳路由，并支持节点休眠；可扩展性是指路由协议能够适应网络规模的增长。

依据路由信息的获取方式，Ad hoc 路由协议大致可分为先验式（Proactive）路由协议、反应式（Reactive）路由协议和混合式（Hybrid）路由协议。在先验式路由协议中（如 DSDV、WRP 和 GSR 等），每个节点维护到达其他节点的路由信息的路由表，故又称表驱动（Table Driven）路由协议。当检测到网络拓扑变化时，节点在网络中发送更新消息，收到更新消息的节点将更新路由表，以维护一致、准确的路由信息。源节点一旦要发送报文，可以立即获得到达目的节点的路由。因此这种路由协议的时延较小，但是开销较大。反应式路由决议（如 AODV、DSR 和 TORA 等）不需要维护路由信息，当需要发送数据时才查找路由，故又称按需（on Demand）路由协议。与先验式路由相比，反应式路由的开销较小，但是传送时延较大。在高速动态变化的 Ad hoc 网络中，使用先验式路由会产生大量控制报文；如果单独采用反应式路由，则需要为每个报文查找路由。由此可见，结合先验式路由和反应式路由的混合式路由协议（如 ZRP）是一种较好的折中协议：在局部范围使用先验式路由，维护准确的路由信息，缩小路由消息的传播范围；当目标节点较远时，则按需查找路由。这样既可以减少路由开销，又可以改善时延特性。

按照拓扑结构组织方式，Ad hoc 路由协议可分为平面式（Flat）路由协议和分级式（Hierarchical）路由协议。在平面结构中，所有节点地位平等，通信流量平均分散在网络中，路由协议的健壮性好。但当网络规模很大时，每个节点维护的路由信息量很大，路由消息可能会充斥整个网络，且消息的传递也将花费很长时间，故网络的可扩展性差，故它主要用在小型网络中。对于规模较大的网络，分级式路由是较好的选择。对于分级路由，网络的逻辑视图是层次性的。层次的划分可以基于信道频率、协同关系和地理位置等多种因素，最常见的是由骨干网和分支子网组成的两层网络结构。分级网络结构常借助某种分簇算法得到，分支子网是由普通节点构成的簇，而骨干网由簇头和网关构成。同一个簇内的节点之间可以自主通信，并通常采用先验式路由；不同簇的节点之间的通信需要跨越骨干网，并往往采用反应式路由。分级路由的协议开销小，可扩展性较好，适合大规模 Ad hoc 网络；缺点是需要维护分级网络结构，骨干网的可靠性和稳定性对全网性能影响较大，并且得到的路由往往不是最佳路由。

4. 传输层协议

目前 Ad hoc 网络的传输层基本上还是采用传统有线网络中的 TCP 和 UDP。TCP 假定链路传输出错率很低并且链路是准静态的，无法区分网络拥塞、路由失效和链路错误造成的分组丢失，而将分组丢失都看成网络拥塞的结果，从而启动拥塞控制过程：超时重传未确认的分组，重传定时器指数退避并减小窗口，甚至进入慢启动阶段。当路由失效时，重传的分组不能到达目的节点，而且浪费了节点的能源和链路带宽；当路由恢复时，由于慢启动机制，吞吐量仍很低。因此传统的 TCP 协议在 Ad hoc 网络中常会引起不必要的重传和吞吐量的下降，此外它也没有考虑节点移动和无线多跳路由对传输层协议造成的影响。

传统无线网络中对 TCP 协议的改进大都利用了基站，同时假设无线链路是单跳链路，并且不考虑节点移动引起的链路失效或重路由。因此，这些协议通常不能直接用于 Ad hoc 网络，但可借鉴其中的一些设计思想。一种最直观的方法是使用显式反馈机制来通知链路故障或路由失效引起的分组丢失。借助于显式链路故障通知机制（ELFN），TCP 能够较准确地获得网络的实际状况，从而做出合适的动作以改善协议性能。无线信道使得分组丢失较频繁，但可通过增强链路可靠性来缓解此问题。更加严重的问题是，经常发生并且无法预测的路由失效，以致在路由恢复或重建时间内，分组无法到达目的节点，从而引起分组排队或丢失。为此，TCP-F 协议采用显式反馈机制来通知路由失效事件，从而使源端暂时关闭定时器并停止发送分组。当路由恢复后，通过路由建立消息通知源端，然后源端重新启动定时器并发送分组。显式反馈机制有助于抑制拥塞控制并以网络能够支持的速率恢复分组发送，显著提高了 Ad hoc 网络中 TCP 的吞吐量。但是，TCP-F 依赖于路由节点检测路由失效、重建路由和反馈信息的能力，并且中间节点需要记录源节点 ID。TCP-BUS 协议结合路由反馈和分组缓存机制来提高 TCP 协议的性能，使用反馈消息来通知路由失效和重建事件。节点在路由失效和重建期间缓存分组，并且通过被动确认来保证控制消息的可靠传输。此外，源节点可以定期发送探测分组以查询是否已经找到可行路由。相比于 TCP-F，TCP-BUS 采用分组缓存机制减少了分组的重传，并通过加倍定时器的方法减少了超时情况的出现。另外，ATCP 协议是一种平衡网络透明性和应用灵活性的 TCP 协议，它向应用提供关于连接状态的信息，允许应用控制数据流的可靠性和服务质量级别。它试图在 IP 和 TCP 之间实现一个中间层来解决由于路径失效或传输错误引起的分组丢失并维护较高的吞吐量。

5. 分簇算法

分簇算法是构造分级网络结构的关键技术，按系统要求将节点组织成若干可管理的簇，簇的大小可以由节点的无线传输功率来控制，每个簇一般由一个簇头和多个普通节点组成。簇头之间的通信需要借助于网关或分布式网关完成，簇头和网关形成了高一级的网络，称为虚拟骨干网。Ad hoc 网络面临的挑战之一是如何分配资源，以便可以按照定量或统计的方式来预约带宽。在蜂窝网络中，各移动终端可以直接或借助基站获得对方的带宽要求，资源分配较易实现。通过把网络划分成簇可以将这种方法扩展到 Ad hoc 网络，在簇内，簇头可以控制节点的业务接入请求并合理分配带宽。基于分簇结构，还可以采用混合式路由算法，簇内采用先验式路由，而簇间采用反应式路由来减少路由开销。此外可以借助于虚拟骨干网来提高业务的 QoS 保障能力。因此，通过分簇算法将网络划分成簇可以在很大程度上提高 Ad hoc 网络的性能和实用性，因此具有重要的意义。由于簇头承担繁重的工作，很可能成为瓶颈节点。为此，需要采用合适的分簇结构并动态选举簇头。分簇算法的目标是构造一个能够覆盖整个网络的可以较好支持资源管理和路由协议的簇集合。好的分簇算法应尽量保持网络拓扑稳定，减少重新分簇次数，优化簇内和簇间连接，并要考虑节点的能量、网络的负载平衡，以及对路由算法和信道接入协议的支持等。

在分簇网络结构中，动态运动的节点会经常加入或离开某个簇，从而影响系统的稳定性。更为严重的是，剧烈的节点移动有时会导致簇头的频繁更新和网络的重新配置，这将引入较大的计算和通信开销，并且严重影响其他网络协议的性能，如分组调度、路由和资源管理等。分簇算法的目标就是构造一个能够覆盖整个用户节点的可以较好支持资源管理和路由协议等网络控制功能的相互连接的簇的集合。为了减少分簇算法带来的通信和计算开销，分簇算法应该简单高效，在只有很少的节点移动和拓扑变化较慢时，分簇机制应该尽量保持原有结构，从而减少分簇的开销和提高网络的总体效能。簇头的优化选择是 NP 完全问题，因此一般采用启发式算法来解决。但是好的分簇机制应尽量保持网络拓扑稳定，减少重新分簇的次数，并且还应考虑节点的能量级别、网络的负载平衡和对信道接入协议的支持等多个方面。

迄今，业界已经提出了大量适用于不同应用场合的分簇算法，如最小 ID 分簇算法、最高节点度分簇算法、最低移动性分簇算法、考虑能量耗费和稳定度的分簇算法、加权分簇算法、限制簇尺寸的分簇算法、基于信道接入的分簇算法等。依据不同的标准可以将它们归为不同的类别，如有簇头算法和无簇头算法、单跳簇算法和多跳簇算法、主动分簇算法和被动分簇算法等。这些分簇算法各有优缺点和其适用的场合，必须根据应用需求加以适当选择，以便充分发挥各个分簇算法及分簇网络结构在路由、移动性管理、资源管理、信道接入等方面的优势。

6. 节能机制

移动节点通常由电池供电，为了增加移动节点的寿命和网络服务时间，必须高效地使用能源。节点的能源耗费来自两个方面：与通信相关的功耗和非通信功耗。前者主要是指发送/接收数据的功耗，而后者是指用于计算和运行相关的应用程序的处理功耗和其他设备的功耗。协议栈各层都与功耗密切相关，主要体现在以下几个方面：

（1）物理层和无线设备。该层可以进行的节能措施包括：降低显示器、CPU 和硬盘的功耗，提高算法效率，关闭不用的设备或使设备处于待机/休眠状态。在物理层还可以通过功率控制来调节传输功耗，应在能够维护网络连通性的基础上尽量以最低的功耗发送和接收数据。

（2）数据链路层。Ad hoc 网络中的传输错误率较高，这将导致频繁的重发请求，故数据链路层应使用高效的重传请求机制来降低能耗。一种方法是当发送节点收不到确认时，它认为信道很差而不再重传，从而节省了能源，但是会增加分组投递时延。另一种方法是重传数据时增大传输功率来减少传输错误率，从而减少重传次数，但是会增加信号的干扰。因此以多大的功率重传数据是一个很难抉择的问题。此外，节点应在不使用的时候进入休眠状态，以消除不必要的监听和传输冲突来达到降低能耗的目的。

（3）网络层。为了节省功耗，路由算法应该将功耗作为一个选择最佳路由的约束条件，并应尽量将分组转发负载平均分配到各个节点，从而尽量延长网络的使用寿命。根据不同的度量指标，节能路由协议包括以下几种：最小传输功耗路由（MTPR）选择从源节点到目的节点功耗最小的路径，但是可能造成节点电量使用的不公平性；最小电池耗费路由（MBCR）使用最小电池耗费量作为路由衡量指标，但是它只考虑了总电池耗费，选择的路由可能包含电池量很低的节点；最小最大电池耗费路由（MMBCR）能够使每个节点的电池耗费相对较公平，但是不能保证选择最小传输功耗的路由；受限的最大最小电池容量路由（CMMBCR）结合了 MBCR 和 MMBCR 的优点，可在很大程度上克服以上 3 种路由协议的缺陷。

7. 网络互连

Ad hoc 网络通常以一个独立的通信网络形式存在。但是，在实际应用中，移动终端要访问有线网络中的资源，这时位于不同 Ad hoc 网络中的移动终端之间就要进行通信等。因此仅仅依靠独立的 Ad hoc 网络已经无法满足用户需求，Ad hoc 网络与其他网络实现互连互通才能真正发挥网络的潜能。Ad hoc 网络的互连主要包括 3 种形式：一是多个同种类型 Ad hoc 网络间的互连，这种网络互连形式可以用来为多个地理位置分散的工作小组或移动用户提供协同通信和信息共享能力。二是 Ad hoc 网络与有线网络和无线网络的互连。在这种情况下，Ad hoc 网络通常作为一个末端子网使用，这种形式的互连主要用于满足 Ad hoc 网络的移动终端访问有线网络资源的需求。三是通过隧道方式，利用现有网络（如 Internet）作为信息传输系统，将位于不同地理位置的 Ad hoc 网络通过隧道方式组成一个更大的"虚拟"Ad hoc 网络。这种隧道操作模式有以下好处：采用 TCP/IP 协议的 Ad hoc 网络可以通过非 IP 传输网络（如 X.25 网络）来实现网络互连；采用内部地址的 Ad hoc 网络，可以通过地址转换来完成网络互连。此外，还可以组合以上 3 种互连方式以构成更通用的网络互连形式。

为了支持移动终端在不同的 Ad hoc 网络之间漫游，可以利用移动 IP 协议。移动 IP 协议要求移动节点位于某个外地代理的通信范围内。但是，这一假设在 Ad hoc 网络环境中并不成立。为此，需要对移动 IP 协议进行适当的改动来有效地传播代理请求和通告报文。例如，MIPMANET（Mobile IP for Mobile Ad hoc Network）通过利用移动 IP 协议和反向隧道机制，能够使 Ad hoc 网络中的移动节点接入 Internet。

3.3 无线传感网

3.3.1 基本概念

无线传感网（Wireless Sensor Network，WSN）是指由大量小型移动或静止的传感器节点构造的，主要用于收集、传播和处理传感信息的无线自组织网络，旨在协作地感知、处理和传输监测区域内的信息，并及时传递给终端用户或者指挥中心。无线传感网集传感技术、微机电系统技术、低功率无线通信技术、计算机网络技术、嵌入式计算和分布式信息处理技术于一体，其中传感器技术、计算机技术和通信技术分别构成了无线传感网的"感官"系统、"大脑"系统和"神经"系统。现代信息技术与无线传感网之间的具体关系如图 3.6 所示。

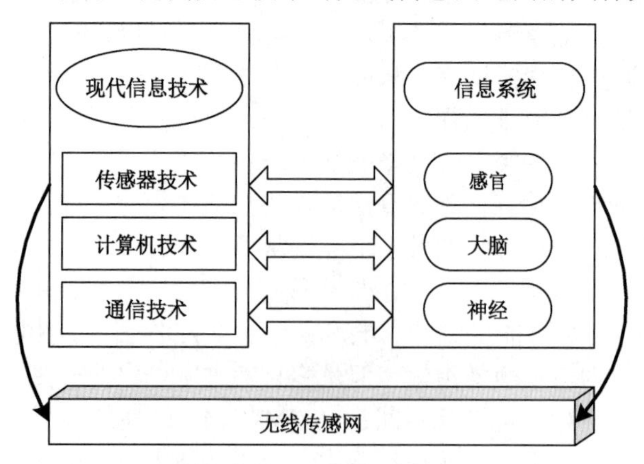

图 3.6　现代信息技术与无线传感网之间的关系

无线传感网是传感器和 Ad hoc 网络的有机组合，提高了冗余性、错误容忍性、吞吐量和精度，并具有智能感知等优点。在这种网络中，节点不仅能够借助于中间节点的转发来实现通信，还可以监测本地环境的变化，收集和处理相关的传感信息，从而增强了传统传感网络和 Ad hoc 网络的功能。和 Internet 一样，WSN 可以帮助人们更好地了解周围环境、控制环境并构建新的生活模式。在无线传感网络中，各传感节点协作运行来完成某项任务，并根据网络的规模选用合适的 Ad hoc 路由协议来选择路由和转发传感信息。无线传感网络的挑战在于网络节点的计算能力、存储空间、通信范围和电池功率非常有限，使得高效网络协议的设计和实现非常困难。无线传感网络可以广泛地应用于军事和民用环境，进行信息的收集和处理、对象的跟踪和网络环境的监测，尤其适合配置在野外、交通要道、安全部门等场合。例如，军用传感网络可以监测战场的态势；环境传感网络可以检测环境和气候的变化；交通传感网络可以配置在交通要道用于监测交通的流量，包括车辆的数量、种类、速度和方向等相关参数；监视传感网络可以用于商场和银行等场合，以提高安全性。此外，在无线传感网络中，传感节点可以使用多种传输媒质，如无线电波、声波和地震波等。

WSN 有着广阔的应用前景。在应急通信环境中，WSN 的节点部署位置随机性高、工作时间长、通信环境恶劣，且重要数据需及时、可靠地传输等，对 WSN 的服务能力提出了更高的要求，而 WSN 的服务能力受到了能量、体积以及成本等方面缺陷的制约。因此如何在应急通信环境中使 WSN 有效利用能量并增强服务能力，既是难点，又是重点，是目前较热的研究领域。

3.3.2 WSN 的应用目标与特征

WSN 是指由大量的小型传感器组成的，用来监视物理环境和相关现象并向观测者或处理中心报告测量结果的自组织网络。典型的传感器包括 5 个功能部件：传感硬件、内存、电池、嵌入式处理器和发送接收器。

1. WSN 的应用目标

无线传感网络的目标通常由应用决定，但大都需要实现以下目标：

（1）需要完成多种任务，包括测量环境的温度、湿度和气压等，因此需要能够根据不同的任务要求选用合适的参数，如抽样速率和消息发送周期等。

（2）检测相关事件的出现并估计相应的参数。

（3）对收集到的数据进行处理和分类。

（4）跟踪被监视的对象，并能够迅速、准确地将信息传送到指定的位置。

2. WSN 的特征

尽管无线传感网络的实现依赖于无线 Ad hoc 网络技术，但是许多用于传统 Ad hoc 网络的协议和算法并不适用于传感网络，这是因为传感网络通常具有以下不同于传统 Ad hoc 网络的特征：

（1）WSN 规模庞大，存在大量（成千上万）的传感节点，并且大多数情况下传感节点的位置相对固定，密度较高，因此需要着重考虑网络的可扩展性问题。

（2）传感节点经常配置在偏远或危险的地区并且需要持续工作，节点容易受到破坏和干扰，并且节点的寿命将由电池的能量决定，因此需要更加重视节能措施，以延长网络生命周期。

（3）对于由大量节点构成的传感网络而言，手工配置是不可行的，因此网络需要具有自组织和重新配置能力。

（4）无线传感网络主要采用广播通信模式，而许多Ad hoc网络则是一种基于点到点的通信。

（5）WSN 面临更加严峻的安全攻击问题，如节点被窃听和俘获的可能性更大，在软硬件方面均保证 WSN 的安全性更困难。

（6）应用不再是传统的端到端的应用，不同节点的传感数据间有较大冗余，可以容忍一定程度的数据丢失；通常对传输时间有较高的要求。

（7）WSN 期望的特性依赖于应用，可以据此在不同的参数（包括抽样速率、节点密度等）之间折中考虑。例如，部署在金融机构收集监视图像的 WSN 要求较高的带宽和较低的时延，这种情况下网络寿命并不重要；而监视森林环境的 WSN 则对网络寿命有较高的要求。

（8）无线传感网络区别于 Ad hoc 网络的一个重要特征是它的目标是检测相关事件的发生，并将感知的事件及时传递到中心处理节点，而不仅仅是实现节点间的通信；因此节点之间通常需要协作来进行信息的汇聚和处理，但这增加了通信开销，占用了部分可用带宽。

3.3.3 无线传感网的体系结构

1．通用网络架构

WSN 的通用网络架构如图 3.7 所示，其中包含大量的传感器节点、极少量的汇聚节点（也称基站）和管理节点（或终端用户）。大量功能有限的传感器节点随机部署在特定监测区域内协作完成感知信息采集、处理和传输任务，将感知信息融合处理后发往汇聚节点，然后通过各种可行的通信网络传至管理节点。传感节点具有路由器转发数据功能，协作进行动态搜索、定位以及恢复网络连接，并且部分传感器节点可以移动。

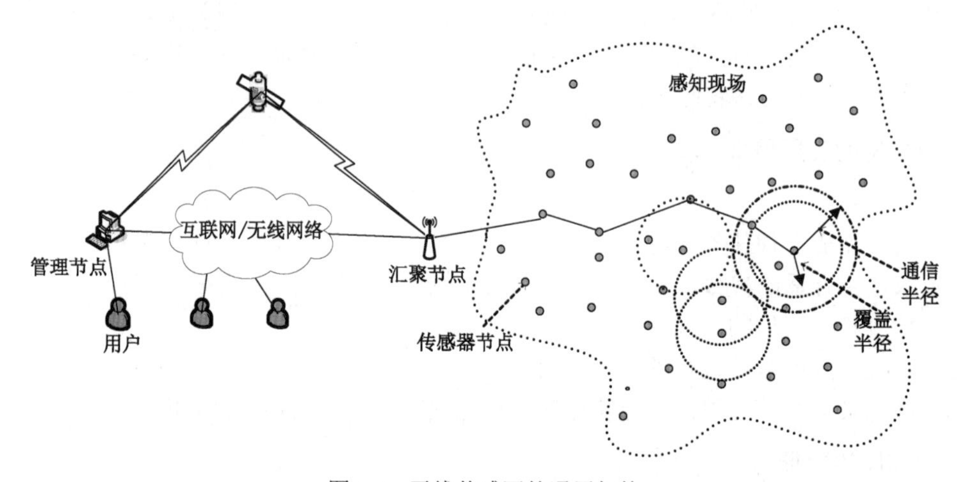

图 3.7 无线传感网的通用架构

WSN 中的节点大多是同构的，初始能量也都基本相等。通常情况下，传感器节点利用电池提供能源，电池能源一旦耗尽，节点便不能继续为网络提供服务。为了高效使用能源，最大化网络生命周期，当网络没有监测任务且不需要传递信息时，便可切断低能耗部件的射频部分电源，降低能耗；同时，在设计各层协议时都应该把节约网络能源作为首要条件，必要时可以牺牲其他一些网络性能指标来提高能量效率。汇聚节点通常具备充足的能源、较强的存储能力和处理能力。汇聚节点及时向管理节点传输数据，管理节点则通过汇聚节点对无线传感网进行配置。感知对象是终端用户感兴趣的监测目标，如温度、湿度，敌方兵力，灾区场景等。一个传感网络可以监测覆盖区域内的多个感知对象，同时，一个感知对象也可以被多个传感网络所监测。

在构造无线传感网络体系结构时需要考虑网络中设备的种类和能力。假设网络中存在两种设备，一种是普通的传感节点，另一种是计算能力和功率较强的处理节点。在这种情况下通常可以采用两层分级网络结构，如图 3.8 所示。下层网络由普通传感设备按照某种分簇算法构成多个簇，其中簇头节点负责协调簇内各传感节点、对信息进行汇聚并向功能较强的处理节点传送信息。功能较强的处理节点可以对上传的信息进行处理，并可以相互通信来构成上层网络。上层网络可以用于连接距离较远的低层簇，并且一些处理节点可以作为网关与外部有线网络互连，将处理后的传感信息交付骨干中心节点。采用这种分簇分级结构，簇头节点可以对簇内节点发出的传感信息进行预处理和汇聚，减少了通信开销和普通节点的传输功率，从而可简化网络的设计。

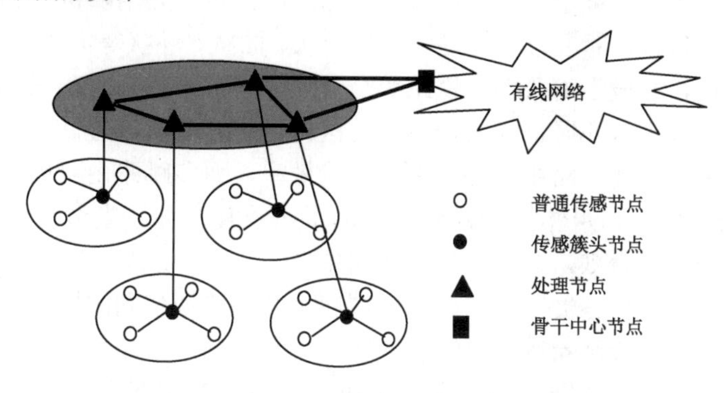

图 3.8　一种基于簇的两层分级网络结构

考虑到传感节点的移动性较弱，簇维护的开销较小，为了防止簇头过快地耗尽能量，分簇算法应尽量将簇头角色均等地分配到所有节点中。此外，考虑到传感网络中通常具有中心节点，可以由中心节点收集相关信息来实施集中式的分簇以优化簇结构，但这样做开销较大。另外，在采用 TDMA 的分簇结构中，节点按照分配的时隙发送数据，可以防止簇内的数据冲突，并可在不发送数据的时隙转入休眠模式来减少能量耗费。

2. 传感器节点组成结构

无线传感器节点由感知模块、处理器模块、通信模块和能量模块组成，如图 3.9 所示。其中，感知模块负责采集并转换监控区域内的数据信息；处理器模块负责对传感器节点的操作进行管理，如对数据进行存储和处理；通信模块负责节点间以及节点与汇聚节点间的控制信息交换、数据收发及路由选择；能量模块通常采用微电池为感知、处理和发送数据提供所需能量。除此之外，传感器节点还可包括定位系统、移动系统以及自供电系统等辅助模块。

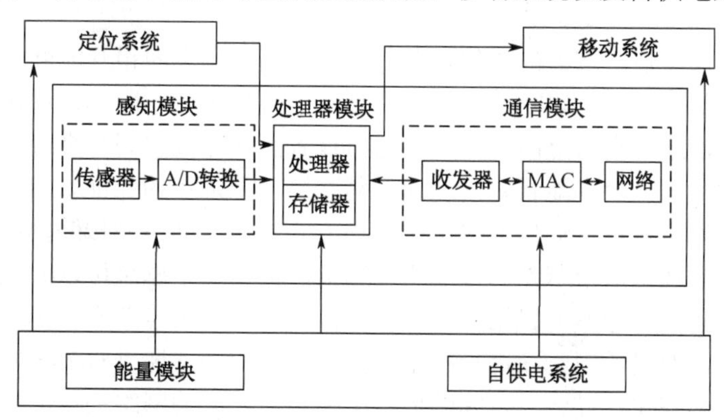

图 3.9　传感器节点的组成

3. 设计考虑要素

无线传感网设计必须考虑网络动态性、节点部署、通信模式和数据处理方式等诸多问题。

（1）网络动态性。大部分传感网络假定节点是静止的，但是有时支持节点的移动性却是必要的，此时必须考虑路由的稳定性。静态事件的监视适合采用反应式模式，而动态事件的监视一般则需要进行周期性的报告并向接收节点发送至关重要的流量。

（2）节点部署方式。节点的拓扑部署与应用相关，部署的优劣对 WSN 的性能有很大的影响。部署方式可以分为确定性部署和随机性部署两类。前者一般用于常规监测，在环境状况比较好且人力可以到达的区域；后者一般用于应急场合，可在灾害现场、战场尤其是敌控区域等环境中快速部署，环境恶劣时，如沙漠、沼泽等，也多采用随机性部署的方式。按照节点布设区域的几何特征，部署方式还可以分为带状、面状、环状等类型。在军事侦察领域，为了更好地跟踪目标，一般沿着公路、铁路等交通要道进行带状部署；在交战对峙区域，则多进行面状部署；在敌占核心区，通常选择核心区外围进行环状部署。

（3）节点通信模式。建立路由时必须考虑能量效率，而多跳路由可以节省能量，但同时也引入了更多的拓扑管理和媒体接入开销并增加了实现复杂性。当节点距离接收节点很近时，倾向采用直接路由；否则，通常采用多跳路由。

（4）节点感知模型。传感器节点的感知区域就是其能够观察到的地域范围。不同的传感器，如红外传感器、压力传感器等，感知到的物理现象不同，感知范围的差别也很大。通常利用感知模型来抽象描述传感器节点的感知范围。在目前的 WSN 研究中，主要使用 3 种感知模型：圆盘感知模型，圆内的情况都可以被节点监控到，圆外不能被监控，简化了问题的研究；概率感知模型，圆内的情况以一定的概率被监控到，这是由节点处在非理想环境或者自身工作状态不稳定引起的 ，通常节点对距离自己较近的区域监控性能较好；方向感知模型，有些传感器节点对目标的感知具有方向性，只有当目标位于节点的“视角”内才能被感知到。

（5）节点的覆盖特性。按照 WSN 的应用范围进行划分，覆盖特性可分为点覆盖、域覆盖和栅栏覆盖。点覆盖考虑的是监控区域内的一组点；区域覆盖考虑的是监控区域中每个点都被传感器节点覆盖；栅栏覆盖研究的是当目标沿着任一轨迹穿越 WSN 监控区域时，网络对该目标的监测情况。感知区域中某点的覆盖阶数是指网络中能够监控到该点的传感器节点的数目。按照覆盖阶数进行分类，覆盖分为单阶覆盖和多阶覆盖。多阶覆盖增加了感知准确度，但同时也带来了更多的通信干扰和冗余信息传播，所以一般只在关键区域保证多阶覆盖，而其他区域进行低阶覆盖。如果感知区域内任意一点都为 K 阶覆盖，则称该感知区域为 K 阶覆盖。

（6）节点的连通特性。节点的通信功率通常可调整，节点间相互能够通信的最大距离称为通信距离。在理想情况下，节点的通信范围是一个圆形区域，因此，通信距离也常被称为通信半径。节点间连通是指节点间能够直接通信或者能够通过中间节点进行通信。节点连通性关系到网络中的数据和命令能否正常传递，是网络功能发挥的保证。但在 WSN 中，只要每个节点能够与汇聚节点直接通信或采用中继的方式通信，网络的传输功能就能得到保证；因此，没有必要要求任意两个节点间都能相互通信。根据这一思想可以简化连通算法并使其效率得到提高。节点的连通度可以用节点通信范围内的邻居节点个数来衡量。增加连通度，可以避免节点失效对网络的影响，增加网络的抗毁性。但高连通度对节点发送功率有较高的要求，能耗也因此而增大，导致节点间的信号干扰增加，影响网络的传输服务质量，所以连通度的选择要适度。

（7）节点能力。节点的能力既要考虑计算、存储和处理能力，还要考虑是同质节点还是异质节点。对于同质节点，各节点需要分工协作，分别完成数据中继、监听和聚集的任务，如果一个节点承担所有任务则会过快耗尽能量；在异质网络，应尽量选择能力强、功率大的节点作为簇头，用以承担更多的路由和数据聚集任务。

（8）数据投递模式。数据的投递模式有 4 种：事件驱动投递模式、查询驱动投递模式、连续投递模式和混合投递模式。大多事件驱动的应用是交互式的、非时延容忍的、任务紧急的非端到端应用。在这样的 WSN 应用中，一端是数据接收节点，另一端是一组传感节点；同时传感节点的数据相互关联，数据流量具有突发性特点并且需要及时地进行传递。涉及事件检测和信号估计/目标跟踪的应用大多采用这种事件驱动数据投递模式。大多数查询驱动模式的应用是交互式的任务紧急的非端到端应用，并且时延要求与查询的事件相关。为节省能量，查询请求按需发送。这类应用在很多方面与事件驱动应用类似，但是它采用数据拉方式，而前者则采用数据推方式。此外，查询驱动模式还被用于管理和配置传感节点，包括更新传感节点的软件、配置抽样速率和改变传感任务。在连续投递模式应用中，传感节点按照预定速率连续发送数据，包括时延受限的实时业务和周期性收集数据的非实时业务。此外，还有一些应用采用混合投递模型，即涉及到以上所有 3 种数据投递模式，这种网络的设计更为复杂。数据投递模式影响路由和 MAC 性能，特别是能量效率和路由稳定性。例如，对于连续投递模式，最适合采用分级路由，因为它会产生极大的冗余数据，可以通过数据汇聚来减少数据流量和能量耗费。另外这种数据投递模式适合采用时间划分的 MAC 协议，允许一部分节点休眠。而基于事件驱动的数据投递模式因其随机地产生数据，所以适于采用 CSMA 类的随机 MAC 协议。为此，需要采用一些特殊的 QoS 参数，包括聚集时延、聚集丢失率、聚集带宽和信息吞吐量等。

（9）数据聚集/融合。数据聚集是指可以聚集多个节点产生的相似的数据来减少传输的数据，通过采用抑制、Min、Max 和 Average 等操作来提高能量效率和优化传输流量。另外，可以通过信号处理技术获得数据聚集，在这种情况下被称为数据融合。节点可通过减少噪声以及使用波束形成等技术来获得更准确的信号。但是数据聚集增加了 MAC 协议的复杂性，因为消除了冗余的数据，需要即时对信道接入进行仲裁，倾向于采用随机接入协议。

（10）能耗模型。无线信号在传播过程中随距离增加而发生衰减，传播损耗的计算公式为：

$$L_{\mathrm{P}} = \left(\frac{\lambda}{4\pi D}\right)^k \tag{3-1}$$

其中：L_{P} 为路径损耗；D 为传播距离；λ 为信号波长；k 为能耗模型因子，对于自由空间能耗模型 $k=2$，对于多路衰减模型 $k=4$。

一般情况下，无线通信的能量消耗与通信距离的关系为：

$$E = kd^n \tag{3-2}$$

其中：k 为系数；参数 n 通常满足 $2 \leqslant n \leqslant 4$，其取值与多个因素有关，如天线质量、障碍物和噪声干扰等。一般而言，传感器节点的无线通信半径在几十米到几百米范围内。

数据融合耗能与数据长度正相关，线性相关是一种比较简单的模型，即数据融合能耗的计算公式为：

$$E = L \times E_{\mathrm{DA}} \times (N + n) \tag{3-3}$$

其中：E_{DA} 为单位长度数据融合时所消耗的能量；N 为簇内节点数目；n 为向本簇头发送信息的其他簇头的数目。

3.3.4 无线传感网的设计

1．网络设计的要点和目标

无线传感网络同时具备 Ad hoc 网络和传感网络的特点，因此它具有传统 Ad hoc 网络所面临的问题，如能量非常有限、链路质量不稳定并且带宽受限，同时传感网络还有一些特殊之处（详见 3.3.2 节）。因此，网络协议应尽量简单，节点间的通信开销应尽可能少，节点应具有一定的抗干扰性，并且网络需要具有较强的容错能力。具体而言，设计无线传感网络时必须考虑以下指标和问题：能量效率/系统寿命；信息传输时延和信息投递的准确性；适合于传感节点协同工作的信号处理算法；高效的具有能量意识的 Ad hoc 网络路由协议和信道接入算法；合适的网络体系结构和自组织算法。另外，对于军用无线传感网络，还需要具有较低的检测概率（LPD）以及较高的抗干扰性、安全性和可靠性。由于实现所有以上目标是不可能的，因此需要综合考虑，合理地进行折中。

WSN 的能耗主要包括 3 个部分：信息感知能耗、信息处理能耗和信息传输能耗，其中信息传输的能耗最大。减少网络能耗的 3 种常用方法是：混合投递、网络分区和数据聚集。混合投递是指节点直接向汇聚节点投递数据或者通过多跳转发来投递数据，可以视数据的紧急、重要程度和能耗平衡考虑来选择数据投递模式；网络分区可以减少传递的数据量，常用的分区方法有基于切片的分区方法和基于环带的分区方法；数据聚集可以消除冗余数据，

在无线传感网中，数据发现和数据分发是两个独立的过程。前者依赖传感节点自身的功能，后者需要根据应用需求、节点的运动模式和密度选用合适的路由协议进行。为了支持多种应用，无线传感网络还应包含以下功能部件：命名/寻址系统（用于节点的移动管理和路由）、路由协议、广播和多播能力。另外，还需采用一种高效的分布式算法来解决当节点故障或网络出现分区时需要重新组织网络并进行路由分组的问题。对于这种分布式算法的要求如下。

（1）节点所需维护的状态信息尽量少。

（2）采用分级网络结构，高效地使用能量并可以获得可靠的传输路径。

（3）状态更新的频率和数量较低。

在 WSN 中，应特别保证数据可靠、高效地在网络中传输；而对于无线传感网络，在很多情况下时延并不是最重要的性能指标，最为关键的是数据的可靠投递和能源的耗费。因此可以综合考虑能量意识路由、基于链路稳定性的路由和多路径路由，并需要构造一种可以根据网络的状态动态变化的多播树来满足网络性能指标。满足以上要求的一种无线传感网络是用于银行系统的安全监控网络，在这种网络中将包含视频、声音、运动等多种传感器，它们需要互相协调通信并将信息快速、可靠地传送到数据中心进行处理；每个节点被分配一个唯一的地址，采用某种 Ad hoc 路由协议来传输信息，并且可以通过多播来协调相同类型传感器，同时使用广播对所有传感节点进行控制。

作为一种无线自组网，在无线传感网络中实施跨层设计也是非常必要的：严格的分层设计限制了各层的协同，并且各层的优化目标可能相冲突，通过紧密耦合协议栈各层可以改善系统性能和降低系统开销，以满足网络服务质量、可扩展性、安全性和节能的需求。跨层设计有助于解决无线传感网络中系统需求和资源约束之间存在的多种内在矛盾，如网络规模和吞吐量、功耗和系统寿命以及实现复杂性和系统功能，从而推动 WSN 的大规模实际应用。但是，跨层设计需要解决如下问题：信息转换功能，将信息源的信息语法和语义转换为目标层所需的形式；信息收集与分发，从各层收集其他层需要的信息，以获得必要的信息用于控

制；自适应处理，向相邻层添加期望的控制功能而不修改这些层。

2．网络协议栈

无线传感网络的协议栈也可参考OSI分层模型进行设计，但应特别考虑节点的环境感知、数据处理能力及节省节点的能量。一种可能的传感网络协议栈包含6层（见图3.10）：物理层、数据链路层、网络层、传输层、传感层和应用层，其中传感层负责完成特定的传感任务。此外，该协议栈还包括3个平面：能量管理平面负责管理节点如何使用能量，如调节节点的发送功率，控制开机和关机，决定是否转发数据和参与路由计算等；任务管理平面负责为一个给定区域内的所有传感节点合理地分配任务，任务的划分基于节点的能力和位置，从而使节点能够以高效的能量方式协调工作；移动管理平面跟踪节点的移动，并且通过与邻居节点的协调来平衡节点之间的功率和任务。

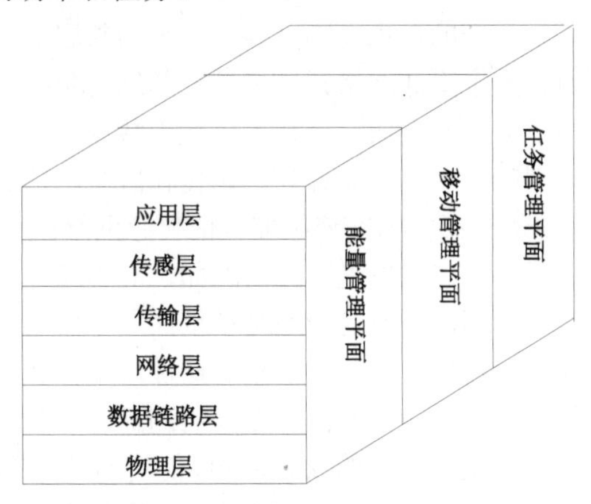

图3.10　传感网络协议栈结构

3．网络自组织算法

在无线传感网络中，节点通过自组织算法构成骨干网络，传感节点只需选择位于其传输范围内的节点作为中继节点，如果存在多个路由节点，可以选择距离最近或负载最轻的节点。网络自组织算法具体包括以下4个过程：

（1）发现阶段。节点根据周期发送的信标（Beacon）分组和传输范围来识别周围的邻居节点。

（2）组织阶段。距离相近的路由节点可以构成簇，不同的簇可以构成更大的簇，从而形成一个级联的分簇结构。每个节点将基于它在级联结构中的位置被分配一个唯一的地址并维护相应的路由表，同时将在网络中形成一个遍历所有节点的广播树；然后，传感节点通过选定的路由向中心处理节点发送数据。

（3）维护阶段。节点通过主动监测或被动监测的方式维护网络结构。在第一种方式中，节点主动检测自己的内存和能量，并周期性地向邻居节点发送广播消息；在第二种方法中，节点按需向其邻居节点发送查询和响应消息。主动监测能够及时地发现错误并做出快速反应，而被动检测可以节省节点的能源并减少控制开销。在此阶段，节点需要根据收到的信息不断更新路由表，并与其他邻居节点交换路由表和其他状态信息。

（4）重新组织阶段。当网络分区或节点发生故障时，节点可以基于网络拓扑的变化更新路由表，并根据需要决定是否重新启动上述的发现阶段和组织阶段。

在进行网络设计时，必须对节点的传输功率和邻居节点的数量进行限制，否则会导致时延的增加和吞吐量的减少。因为一个节点的接收器被所有邻居节点共享，邻居节点数量越多，每个节点的有效发送时间会相应减少；而传输功率越大，节点间的干扰也越大，系统容量将越小。一种确定节点传输范围的方法为：每个节点 x 选择一个较小的传输半径 r 广播 hello 消息，收到 hello 消息的节点将响应 reply 消息，如果响应 reply 的节点数量小于预先规定的邻居节点数的下限 $n(x)$，那么节点 x 将增大 r 继续广播 hello 消息；如果响应 reply 的节点数大于邻居节点数的上限 $N(x)$，节点 x 将减少 r，直到邻居节点数 N 满足"$n(x) \leqslant N \leqslant N(x)$"为止。

4．数据的采集和处理

无线传感网络一般采用分布式检测方法采集（收集）和处理数据，也就是说，让大量的传感器独立地检测和收集数据并进行本地化处理后再将有用的数据发向决策中心，然后由决策中心对大量的数据进行汇聚并做出最终的决定。考虑到稀有的能量资源，所有传感节点直接向基站传输数据的做法是不明智的，也是不必要的，因为邻居节点收集的数据往往存在冗余性并且是高度相关的；而且为了降低网络开销和减轻基站的负担，需要在传感节点中对数据进行预处理以减少传输的数据量。完成这一任务依赖于数据聚集，即（在中间节点）聚集来自多个传感节点的数据以消除冗余的信息并向基站传输融合的信息。

为此，需要区分事件驱动的传感网络和连续监视的传感网络。两者的区别主要在于应用。前者只在发生特定事件时，传感节点才发送数据。例如，对于森林火灾预警系统，直到检测到烟雾或温度异常后才会发送数据。主要的问题是在事件发生后唤醒整个网络或相关的节点以构造一条到中心节点的路径。在后者中，数据被周期性地采样和传输，例如温度监测。实际上，为了检测相关事件的发生，一段时间内的连续监测机制也是必要的。

数据采集和处理的目标是收集最重要的数据，并以能量高效的方式及时（尽量小的时延）将它们传递到基站（或中心接收节点）。在很多应用中，数据的传输延迟和及时更新非常重要，如环境监测。决定传感网络能量效率的因素很多，包括网络体系结构、数据聚集机制和底层的路由协议。数据聚集算法的重要指标包括网络寿命、数据准确度和延迟。网络寿命定义为在预定比例的传感节点（极端情况下是一个传感节点）耗尽能量之前网络数据聚集功能正常运行的时间（或运行的轮次）。理想情况下，希望在每轮数据聚集中传感节点消耗的能量相同。数据准确度的定义依赖于应用，如在目标定位系统中，目标位置的精度决定着数据的准确度。延迟定义为数据聚集和传输过程中花费的时间，即基站收到数据和传感节点采集数据之间的时间间隔。另外，数据采集和处理还必须考虑最大化全局事件检测概率和最小化全局错误概率。使用反馈机制可以在一定程度上提高网络性能，但是将会增加实现和计算的复杂性并消耗更多的能量。为了节省网络带宽，通常让节点承担更多的信号处理和计算任务。基于簇的网络结构是一种较好的选择，在簇内可使用多频率或多模式方式来配置节点，并可结合本地数据汇聚功能来提高网络性能。此外，如果节点具有情景意识能力，那么传感网络的整体功能可以得到显著提高。情景意识能力包括可以识别传感节点周围的区域和地形、节点的邻居节点数及传输安全级别等。

3.4 无线 Mesh 网络

3.4.1 基本概念

现有的无线网络大多采用的是点到多点的星状组网方式，需要通过基站或接入点接入有线骨干网，网络拓扑结构相对简单，但网络部署时间长、成本大，覆盖范围、可扩展性和灵活性受限。无线 Mesh 网络（Wireless Mesh Network，WMN）恰好能弥补传统无线网络的这些缺陷。Mesh 一词原意是指所有连接都能无线连接。WMN 源于 Ad hoc 网络，但是 Ad hoc 网络通常采用全分布式网络结构，网络中节点可以随意移动，因而使得这种网络的信道带宽和传输速率都非常有限，不合适在商业领域得到大规模应用。针对上述问题，在 Ad hoc 网络的基础上衍生出覆盖范围大、传输速率高、部署方便的 WMN。

无线 Mesh 网络也称无线网状网或无线网格网，是一种具有多跳、自组织和自愈特性的无线宽带接入网络，可应用于多种网络环境。实际上，WMN 是 Ad hoc 网络在商业应用领域中的发展，可以视为微缩版的无线互联网。WMN 采用网状拓扑结构，任何节点都可以同时充当接入点（AP）和路由器，并可以与多个邻近对等节点进行直接通信，也可以通过多跳中继的方式与远距离的节点进行通信；从而提供从源节点到目的节点的多条冗余路径，不存在单点故障，具有高可靠性和强自愈能力。此外，无线网状网能够使网络节点以较低的发射功率与邻居节点通信，从而可以有效地延长节点寿命并提高无线频谱利用率和网络容量。WMN 作为一种新型宽带无线分布式网状网，已纳入到 IEEE 802.16（WiMAX）无线宽带接入网络和 IEEE 802.11s Mesh 网络标准中。

3.4.2 研究和应用现状

自从 WMN 的概念提出后，WMN 了受到学术界和产业界的广泛关注，已成为一种有前途的宽带无线接入技术，是解决“最后一千米”问题的关键技术之一。目前，WMN 逐渐进入了民用商业化研发和应用阶段，人们期待 WMN 能够在网络接入和互连、泛在网络和移动计算、宽带信息传输以及应急通信系统构建等众多领域中发挥重要的作用。近年来，MeshNetworks 和 Intel 等公司相继开发出适用于商业应用的产品，可以灵活构建无线 Mesh 网络。美国的无线 Mesh 解决方案提供商 SkyPilot 公司将智能天线技术应用于 WMN，极大提高了频谱的利用率。2004 年，IEEE 802.11 工作组成立了网状网研究任务组，这标志着 WMN 技术正式迈上了标准化之路。

WMN 易于与其他网络融合，如传感网络、蜂窝网络、因特网等，且融合方式灵活多样，所以 WMN 拥有良好的发展前景。美国杂志 Telecommunications 在 2004 年曾把它评为十大热门通信技术之一。近年来，WMN 在校园网、城域网等实际应用上取得了一些实质性进展。2004 年摩托罗拉公司收购了 MeshNetworks，因此可向客户提供更多的解决方案以建设可伸缩性的宽带无线网络。该网络可提供包括数据、视频、定位信息和 IP 语音等业务在内的新一代服务内容。美国的旧金山、费城等城市已部署了由安装在路灯和屋顶上的无线路由器构成的 WMN 来覆盖整个城市，为人们提供无处不在的无线网络接入服务以及大量新兴的公众服务。在中国，WMN 市场还处于初级探索阶段，由于核心技术、芯片生产都掌握在欧美公司手中，大部分 WMN 设备均为进口产品。目前，天津开发区采用 WMN 进行无线网络部署，可覆盖大约 30 km^2 的无线覆盖范围。另外，汶川大地震抢险救灾期间，在青川县关庄镇等地成功搭建了无线 Mesh 网络用于应急通信指挥，取得了很好的应用效果。所以，可以预见，随着 WMN 的发展及相关技术的日益成熟，WMN 在军事通信、商业、智能交通、宽带因特网接入和应急通信等领域将有广阔的发展前景。

3.4.3 相关技术标准

随着对于 WMN 的研究和应用的不断深入，相关国际标准化组织制定了一系列技术标准来支持 WMN 的大规模推广应用。目前，与 WMN 有关的技术标准主要包括 IEEE 802.11s、IEEE 802.15、IEEE 802.16 和 IEEE 802.20 等。

1．IEEE 802.11s

IEEE 802.11 在大规模应用时遇到的一个难点是系统的覆盖能力有限，由于 WLAN 受发射功率的限制，因此其覆盖范围一般在几百米以内。为了扩大网络的覆盖范围，可以采用添加访问节点（AP）的方式，但这也增加了网络的投资建设成本。为此，成立于 2004 年的 IEEE 802.11s 任务组创新性地提出利用无线 Mesh 网络技术来解决上述问题。IEEE 802.11s 主要定义了 WMN 的 MAC 协议和路由机制，还考虑了网络互连和安全问题。IEEE 802.11s 突破了 Wi-Fi 技术对 AP 功能的限制，使之具有 Mesh 路由器的功能，多个 AP 之间可以通过自配置多跳无线连接的方式进行组网，以提高 WLAN 的覆盖范围，并可以支持点对点和点对多点的数据传输。这种方式决定了 WMN 具有较高的可靠性、较大的伸缩性和较低的投资成本等特点。此外，为了更好地支持 WMN 的推广应用，IEEE 802.11s 给出了无线 Mesh 网络的参考体系结构，并制定了支持骨干网 Mesh 结构和客户端 Mesh 结构的相关规范。

2．IEEE 802.15

IEEE 802.15 系列标准主要是针对无线个域网制定的，其定义了 WPAN 的物理层规范和 MAC 层规范。实际上，IEEE 802.15.1 到 IEEE 802.15.5 协议对 WMN 都有一些支持：IEEE 802.15.1 支持点到多点的微微网结构和网状的散射网结构；IEEE 802.15.2 制定了 WLAN 和 WPAN 共存的规范；IEEE 802.15.3 是针对短距离无线高速 WPAN 制定的标准；IEEE 802.15.4 定位于为低速 WPAN 提供综合网络解决方案，定义了星状、簇状和 Mesh 三种网络结构；IEEE 802.15.5 定位于 WMN 的 MAC 层，完全支持 Mesh 网络结构，并特别关注移动设备的功率限制问题。

在采用 IEEE 802.15.3 标准的 WPAN 中，设备的通信采用类似于蓝牙微微网的形式组织，通常覆盖个人数十米以内的操作空间。微微网内各设备之间的通信通过一个充当微微网协调器（PNC）的设备来协调，PNC 通过传送 Beacon 信号为网内所有成员设备提供基本的同步信息；此外，它还负责管理 QoS 请求、功率节省模式和访问控制方式。操作在网状结构下的 PAN 可以采用两种连接模式：全网状网拓扑和部分网状网拓扑。全网状网拓扑中每个节点与其他所有节点相连，部分网状网拓扑中只有部分节点与其他所有节点相连。对于部分网状网拓扑而言，设备之间的通信存在诸多限制，不是一种真正的 Mesh 网络。此外，父子结构存在单点故障问题，一旦父 PNC 失效，所有相关的子微微网的通信都会受到影响。网状化 PAN 可以解决上述诸多限制并改善系统性能。现有的 IEEE 802.15.3 是单跳网络，设备需要使用较高的功率以便与较远距离的邻居节点通信。而在网状化 PAN 中，可以通过中间节点转发分组到目的地，从而达到扩展网络和节省功率的目的。此外，还可以减少邻居设备之间的干扰，从而减少分组丢失和重传，增加吞吐量和改善链路质量。此外，当在 Mesh 配置下操作时，网络的可靠性得到增强，因为存在更多的路由冗余，并且存在多个互连的 MPNC（避免了单点失效问题）。此外，在 MPAN 中，设备可以同时处理多条连接，同时传输自己节点的数据和转发邻居节点的数据。

3．IEEE 802.16

IEEE 802.16 标准定义了无线城域网空中接口规范，为无线城域网提供“最后一千米”接入，是一种点对多点（P2MP）技术，但是没有解决非视距通信问题。IEEE 802.16a 使用了较低的 2～11GHz 频段来支持非视距通信，并且还支持可选的 Mesh 组网模式。鉴于无线 Mesh 网络技术的不断发展，IEEE 802.16 标准工作组已将 Mesh 网络结构纳入了 IEEE 802.16d/e 标准中，其中 IEEE 802.16 e 是为支持节点移动性而提出的扩展标准。IEEE 802.16 Mesh 网络中的每个节点都与周围邻居节点形成多条链路，并且可以选择其中的一条链路来传输来自本节点或其他节点的信息。这样，连接断开的可能性要远低于 P2MP 模式。随着节点数的增加，IEEE 802.16 Mesh 网络更为健壮，覆盖范围也随之扩大，并能提供更强的远距离穿越障碍物的能力。

IEEE 802.16 Mesh 网络支持自适应调制和编码，因此链路速率随着信道条件的变化而变化。另外，IEEE 802.16 Mesh 的集中式调度是基于时分多址（TDMA）方式的，可提供较高的资源利用率。

4．IEEE 802.20

IEEE 802.20 工作组的全称为 Mobile Broadband Wireless Access 工作组，目标是在蜂窝体系结构中提供无所不在的移动宽带无线访问。IEEE 802.20 是为支持移动宽带无线接入制定的标准，主要服务于两个目的：一是兼有固定无线接入网络的高数据传输速率和蜂窝网络的高移动性的优势；二是实现低成本的随时随地的网络接入。IEEE 802.20 具有很高的频谱利用率，可以提供较好的 QoS 保障，支持可靠的高速无线数据传输，有望为以 250 km/ h 速度移动的用户提供高达 1 Mb/s 的数据传输。IEEE 802.20 网络是一个纯 IP 网络。在室内外环境中，IEEE 802.20 均支持 WMN 结构。在这种网络结构中，移动节点之间可以直接或间接通信，故可以避免三角路由问题，改善移动网络性能。

3.4.4 技术特点

WMN 中包含可以固定安置或动态移动的无线骨干路由器，因此可以灵活地应用于多种无线环境。在传统的无线局域网中，节点之间的通信需要通过一个称为 AP 的固定接入点来完成，这种网络结构称为单跳网络。WMN 是对 Ad hoc 网络的扩展，WMN 中的任何网络节点都可以同时充当 AP 和路由器，与一个或者多个对等节点直接进行通信。采用这种结构的最大好处在于：如果某个 AP 由于流量过大而导致拥塞时，数据可以自动重新路由到一个通信流量较小的邻近 AP 进行传输，直到到达目的节点，故这种网络结构也称为多跳网络。

WMN 的工作原理类似于 Internet 中的存储转发方式，只不过是工作于无线网络环境。实际上，可以将无线城域网（WMAN）视为 WLAN 和 Ad hoc 网络的融合，以便充分发挥 WLAN 数据传输速率高和 Ad hoc 网络多跳自组织的优势，因此 WMAN 是一种大容量、大覆盖、高速率的新型宽带无线分布式网络。WMN 源于 MANET，两者拓扑结构相似，但又有很大区别，主要体现在以下方面：

（1）WMN 中大多数节点移动性较弱，拓扑变化较小；而 Ad hoc 网络的动态性更强。

（2）WMN 强调的是网络的吞吐量和稳定性，主要用于宽带无线网络接入；而 Ad hoc 网络更注重可靠性、健壮性和安全性等，主要用于军事通信和其他专业通信。

（3）在业务模式上，WMN 着重为用户节点提供网络接入，主要业务来自于节点与因特网网关之间；而 Ad hoc 网络主要实现用户节点之间的交互通信，主要业务来自于任意节点对之间的业务。

相对于传统的星状单跳无线局域网，WMN 可以通过增加跳数扩展网络的覆盖范围，支持更好的移动性和更广泛的热点接入，为更多的用户提供更好的通信服务。由于有冗余 AP 和冗余路径的存在，WMN 中的数据传输比较可靠。当某段网络出现拥塞时，WMN 可以自适应地选择相邻负载较轻的路径来减轻网络拥塞。表 3.2 比较了 WMN、蜂窝网络、WLAN 和 MANET 的技术特点。

表 3.2　WMN、蜂窝网络、WLAN 和 MANET 的技术特点比较

网络技术	拓扑结构	路由算法	MAC 协议	覆盖范围规模	能量限制	传输速率	移动性
WMN	多跳分布式	动态多径	单/多信道	较大	较低	较高	较弱
蜂窝网络	单跳集中式	静态单径	单/双信道	较大	较低	较低	较强
WLAN	单跳集中式	静态单径	单信道	较小	较低	较高	较弱
MANET	多跳分布式	动态单径	单/多信道	适中	较高	较低	较强

尽管 WMN 具有诸多优良特性，但也存在着技术标准不统一、信息传输延迟较大、共存干扰、网络安全性较弱和管理困难等问题，因此仍有待进一步研究解决。

3.4.5　网络结构

无线 Mesh 网络与传统的无线网络相比，存在很多不同之处。传统的无线网络主要采用点到点或者点到多点的拓扑结构。这种拓扑结构中一般都存在一个中心节点，如移动通信系统中的基站、WLAN 中的 AP 等。中心节点与各个无线终端通过单跳无线链路相连，控制各无线终端对无线网络的访问；同时又通过有线链路与有线骨干网相连，提供到骨干网的连接。而无线 Mesh 网络采用网状拓扑结构，是一种多点到多点网络拓扑结构。在这种 Mesh 网络结构中，各网络节点以无线多跳方式与其他网络节点相连。

在 WMN 中包括两种类型的节点：无线 Mesh 路由器和无线 Mesh 客户端。WMN 组网灵活多样，但是依据网络的规模和终端设备的类型和数量，WMN 网络结构基本上可分为 3 种类型：客户端 Mesh 网络结构、骨干 Mesh 网络结构和混合 Mesh 网络结构，如图 3.11 所示。

1. 客户端 Mesh 网络结构

客户端 Mesh 网络结构是指由多个对等的用户终端设备互连构成的小型对等式网络结构，其用户终端可以是笔记本电脑、手机和 PDA 等便携式设备。这种网络结构本质上是一种 Ad hoc 网络，网络配置简单，不需要 Meth 路由器，主要用于支持移动终端之间的信息交互，而不提供接入 Internet 的服务。

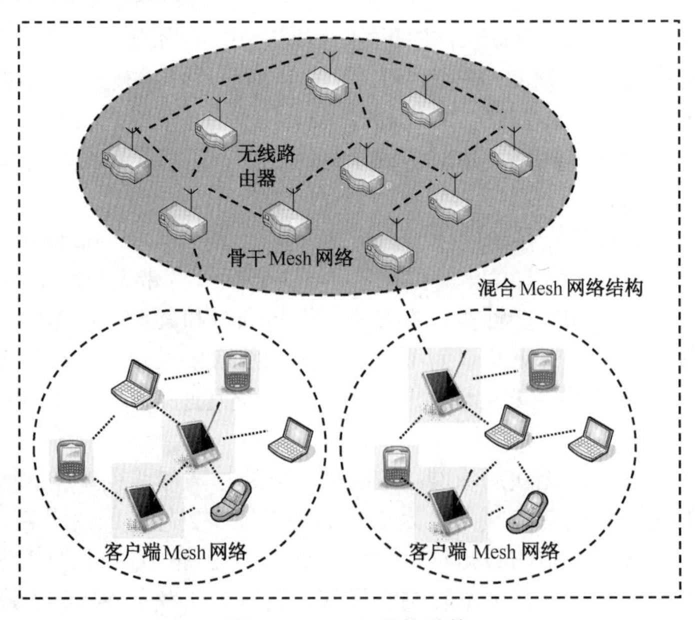

图 3.11　Mesh 网络结构

2. 骨干 Mesh 网络结构

骨干 Mesh 网络结构主要是指由无线 Mesh 路由器互连构成的健壮、可靠的无线 Mesh 干线网的网络结构。骨干Mesh 网中的可充当网关的 Mesh 路由器与外部网络相连，为普通客户端提供网络接入功能。Mesh 路由器可以通过无线多跳通信，以较低的发射功率提供较大的无线覆盖范围。骨干 Mesh 网主要是为无线 Mesh 客户端提供接入因特网的服务，而不提供普通无线 Mesh 客户端的点对点服务。

3. 混合 Mesh 网络结构

混合 Mesh 网络结构则结合了上述两种网络结构的优点，既包括无线 Mesh 客户端，又包括无线 Mesh 路由器，并且无线 Mesh 客户端可以通过无线 Mesh 路由器接入骨干 Mesh 网络，可以在广阔的区域内实现多条的无线通信。在实际应用中，WMN 通常采用混合式 Mesh 网络结构。

3.4.6 关键技术分析

WMN 的设计和实现不仅需要考虑无线接口和数据传输问题，如智能天线、信道接入控制等，还要考虑各种网络层路由和系统安全等问题。

1. 智能天线

智能天线是指具有测向和波束成形能力的天线阵列，用户可以根据网络状况来调整天线的波束方向，起到空间复用的目的，以提高系统容量。此外，当系统工作在低频段时，智能天线可以增强系统抗频率性衰落和抗多径衰落的能力；当网络拓扑变化时，智能天线可以通过自动调整波束方向来重新建立用户节点之间的连接。采用智能天线技术，WMN 可以在提高系统性能的同时简化其安装和使用。

2. 正交频分复用（OFDM）技术

无线 Mesh 网络的物理层可采用 OFDM 技术。利用 OFDM 技术可将高速的数据流通过串/并变换, 分配到传输速率相对较低的若干正交子信道中, 在每个子信道上进行窄带调制和传输，以减少子信道之间的相互干扰。每个子信道上的信号带宽小于信道的相关带宽，因此，每个子信道上的频率选择性衰落是平坦的，大大减轻了符号间干扰。由于无线信道的频率选择性, 所有的子信道不会同时处于深衰落中，故可减轻多径传播效应的影响。因此，可以通过动态比特分配及动态子信道分配的方法, 利用信噪比高的子信道提升系统性能。由于窄带干扰只能影响一小部分子载波，因此 OFDM 系统在某种程度上能抵抗这种干扰。OFDM 技术结合了分集、时空编码、干扰和信道间干扰抑制以及智能天线技术，可最大程度地提高系统性能，使无线 Mesh 系统性能得到进一步优化。

3. MAC 协议

MAC 协议处在协议栈中的底层，用于控制节点接入无线信道，是报文在信道上发送和接收的直接控制者。因此，MAC 协议对于无线 Mesh 网络的性能起着决定性的作用，也成为无线 Mesh 网络的研究热点之一。

WMN 是 WLAN 和 Ad hoc 网络相互融合的产物，其 MAC 协议在 IEEE 802.11 MAC 协议基础上进行了有针对性的改动，主要考虑了信息多跳传输和拓扑结构的动态性。IEEE 802.11 MAC 协议通过分布式协调功能（DCF）和点协调功能（PCF）实现对 MAC 子层的接入控制。其中，DCF 是基于 CSMA/CA 的单信道 MAC 协议，而 PCF 是一种由接入点（AP）集中控制的 MAC 协议，能够提供一定的服务质量保证。对于单信道方式，每个节点只有一个收发器，单一时刻只能有一条业务流，如何避免信道冲突和提高网络容量是单信道 MAC 协议必须面对的问题。在 WMN 中，单信道 MAC 协议不仅要解决多跳无线网络中的隐藏终端和暴露终端问题，还要解决多优先级业务公平接入问题和高优先级业务的端到端 QoS 保障问题。但是，单信道 MAC 协议很难消除隐藏终端/暴露终端问题，并且会限制网络的吞吐量，难以提供服务质量保证，为此目前 WMN 倾向采用多信道 MAC 协议。

多信道 MAC 可以分为两大类：多信道单无线电（MCSR）和多信道多无线电（MCMR）。对于 MCSR，节点需要在无线电接口上频繁切换信道以便与不同的节点进行通信，网络拓扑和节点间干扰变化剧烈，难以维持网络负载平衡和服务质量；而对于配备多个无线电台的 MCMR，则可以较好地解决上述问题。典型的多信道 MAC 协议包括动态信道分配 MAC 协议（DCA）、基于主信道分配的多信道 MAC 协议（PCAM）和多射频统一协议（MUP）等。采用多个无线信道可以给 WMN 带来多种好处，如减少链路干扰、提高网络吞吐量、减少端到端时延、获得更好的负载平衡及防止节点饿死。但必须解决两个关键问题：一是节点之间的协同传输问题，多信道 MAC 协议必须能够保证节点之间的信息传输是协同工作的，当发送者将信道切换到接收者的信道时，应避免接收者将接收信道切换到别的信道而造成数据传输丢失；二是信道分配问题，多信道 MAC 协议要根据业务需求和网络环境为不同节点合理分配信道，以便消除信息传输冲突和干扰，提升通信质量。此外，还可以基于分簇网络结构来实现信道接入协议。这样，信道协商和分配可以在簇间而不是节点间进行，因此简化了信道分配算法并提高了系统容量。在一个簇内通过簇头协调可以实现无冲突的调度，簇头收集资源请求并根据各自要求向簇成员分配资源（功率、时隙和频率）。最后，MAC 协议的设计可以考虑与其他层次的融合，如结合物理层的多入多出（MIMO）、正交频分复用（OFDM）和功率控制技术来进一步改善网络的整体性能。

4．路由协议

路由协议也是无线 Mesh 网络的研究热点之一。WMN 是 Ad hoc 网络的扩展和延伸，其路由协议可以沿用现有的 Ad hoc 网络路由协议（如 DSDV 和 DSR）或对其进行适当的改造，但必须考虑不同于 Ad hoc 网络的下列特点：Mesh 客户网能量受限，而 Mesh 骨干网通常没有这种限制，并且计算和处理能力较强；Mesh 网络的大量业务往返于因特网网关与 Mesh 客户端之间；由于网络拓扑受节点信道分配的影响，多信道 WMN 中的路由选择问题较为复杂，网络中节点之间的路由受到信道分配机制的影响，不仅需要选择一个最佳的路径，还需要选择最佳的信道。因此，WMN 的理想路由协议不仅要消除路由环路，尽量减少路由开销，还要有利于能耗管理、动态拓扑控制以及保证网络的健壮性等。在源路由协议中，WMN 可以使用信息标识技术来解决路由环路。每一个分组可用源节点和序列号来唯一地标识每条路由，从而较好地解决了分组到达时发生的失序和重复。

另外，目前大多数 WMN 路由协议都是以最小跳数/最短路径作为选路标准，但是该指标无法真实反映无线环境中路径的质量，并不能够使网络性能达到最优。因此，WMN 路由协议应根据网络状况和业务需求选择合适的路由度量指标，以优化网络资源利用率、平衡网络负载和改善业务服务质量。相关研究表明，采用考虑链路条件的具有无线信道意识的路由指标可以获得更好的系统性能。在多信道 WMN 中，路由指标必须考虑信道的多样性，同时必须平衡网络吞吐量和每节点吞吐量，如多射频链路质量源路由协议（MR-LQSR）选用加权累积期望传输时间（WCETT）作为选路指标，综合考虑跳数、往返时延和期望传输分组数作为路由判据。需要说明的是，WMN 中的路由协议要求能同时支持 Mesh 路由器和 Mesh 终端。对于相对静止的 Mesh 路由器，由于没有功耗限制，可以采用比现有 Ad hoc 路由协议简单得多的路由协议；而对于 Mesh 终端，则需要采用类似 Ad hoc 网络的路由协议。因此，就需要一种行之有效的路由协议能够自适应地支持 Mesh 路由器和 Mesh 终端。最后，还可应用跨层设计方法，综合考虑链路层 MAC 协议和网络层路由算法，根据 MAC 层数据包冲突和成功传输率等参数来选择数据包传输较为可靠和传输率较高的链路来转发分组，从而优化路由算法的性能。

5. 安全机制

作为一种无线自组网，多跳及自组织特性是 WMN 在安全性方面不可回避的弱点，也是限制其推广应用的一个重要因素。首先，无线信道使得 WMN 易于遭受被动窃听和主动干扰等攻击；其次，移动设备容易被捕获和劫持而造成信息泄密甚至造成网络瘫痪；最后，WMN 采用分布式网络结构，没有可信的中心授权机构负责分发密钥。目前，主要是从加密算法、数字签名机制、认证和授权方案、入侵检测方法和安全路由协议等方面入手来加强 WMN 网络的安全性。

在 WMN 中，AP 与 AP 之间以及对等终端之间的接入认证非常重要。现有的 WLAN 身份认证机制比较脆弱，不能直接应用到 WMN 中，必须通过可信和安全的身份验证方法才能够提供网络节点之间可信和安全的通信。由于 WMN 属于一种分布式网络结构，WLAN 采用的集中式密钥体制不适合 WMN，有必要为 WMN 提供一种分布式安全密钥管理机制。为进一步保证 WMN 的安全性，可以考虑运用安全监控和反馈机制来检测攻击和监控服务中断，并对攻击做出快速反应。

3.5 无线自组网在应急通信中的应用

3.5.1 Ad hoc 网络在应急通信中的应用

Ad hoc 网络所具有的特性为它在应急通信领域占据一席之地提供了有利的条件。首先，网络的自组织性提供了廉价而且快速部署网络的可能；其次，多跳和中间节点的转发特性可以在不降低网络覆盖范围的条件下减少每个终端的发射范围，从而可降低设计天线和相关发射/接收部件的难度，也降低了设备的功耗，从而为移动终端的小型化、低功耗提供了可能。从共享无线信道的角度来看，Ad hoc 网络降低了信号冲突的几率，提高了信道利用率。另外，网络的健壮性和抗毁性也可以满足某些特定应用的需求。

在发生了地震、水灾、火灾或遭受其他灾难后，固定的通信网络设施都可能无法正常工作。此时 Ad hoc 网络能够在这些恶劣和特殊的环境下提供通信支持，保障前后方指挥所对现场人员实现有效的指挥控制，支持现场人员的协同行动，对抢险和救灾工作具有重要意义。NEC 公司开发的基于 PHS 无线技术的 Ad hoc 网络系统就可以为协同工作的一组用户提供一种无线通信环境：底层通信技术采用 PHS 分组交换协议，允许用户在不依赖其他网络设施的情况下按需自动组网；用户可以自由加入或离开系统；以 TCP/IP 作为主要通信协议，支持多播传输。例如，当警察或消防队员在事发现场执行紧急任务时，可以通过 Ad hoc 网络快速部署现场应急通信指挥网络，以保障通信指挥的顺利进行。当在边远或野外地区实施紧急任务时，无法依赖固定或预设的网络设施进行通信，这时也可以利用 Ad hoc 网络进行临时组网。在大型集会、庆典、展览等场合，Ad hoc 网络可以作为基础设施网络的补充，其快速、简单的组网能力使得它可以用于临时场合的通信，从而免去布线和部署网络设备的工作。在危险事发区域，可以部署移动机器人群体，组建 Ad hoc 网络，以相互通信和协调行动。Ad hoc 网络还可以用于在自动高速公路系统（AHS）中协调和引导车辆，以及对工业处理过程进行远程控制等。Ad hoc 网络还可以用来扩展现有蜂窝移动通信系统的覆盖范围，实现地铁和隧道等场合的无线覆盖，以及汽车和飞机等交通工具之间的通信。

基于 Ad hoc 网络的应急通信网络架构如图 3.12 所示。在图 3.12 中，通过灾难或事故现场，部署应急通信指挥车和各类现场救助单元，救助单元可以是各种车辆、便携设备或背负通信设备的人，每个救助单元通过无线通信设备以移动自组织方式组成 Ad hoc 网络。现场救助单元可以在网络内进行通信，每个单元既可以是通信双方的源节点或目的节点，也可以是转发分组的中间节点。这些救助单元还可以通过现场应急指挥车，经过 GSM/CDMA 蜂窝网络或卫星通信网络等，与远程的应急指挥中心进行通信。在图 3.12 中，现场指挥车充当着灾难现场通信网络与远程应急指挥平台之间的网关节点。

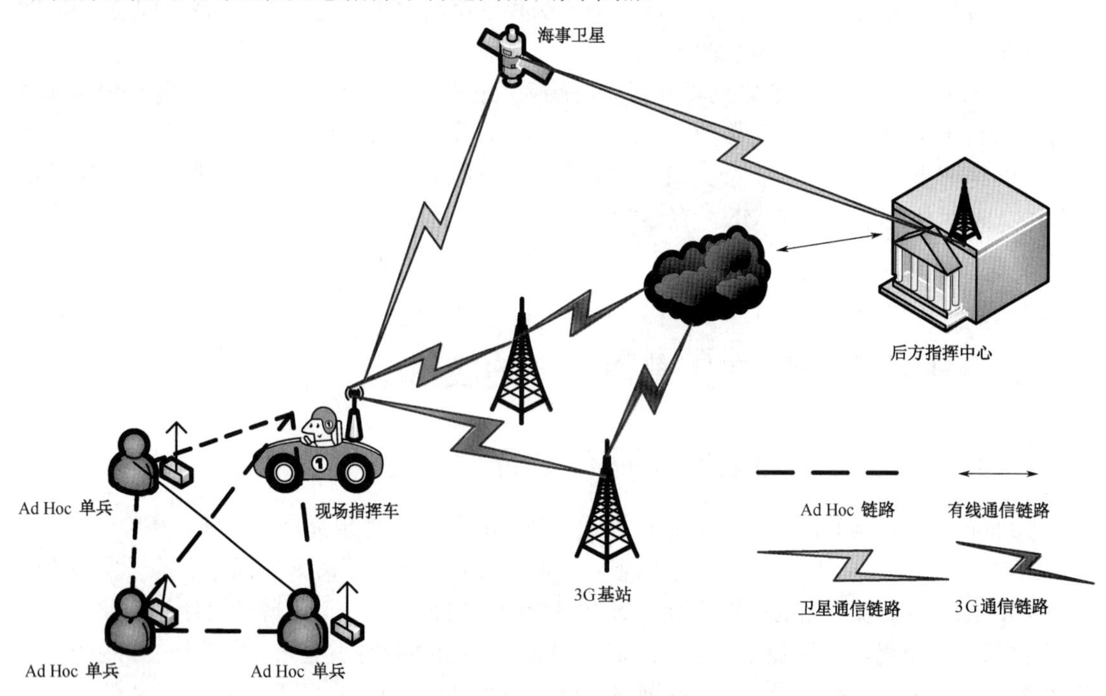

图 3.12　基于 Ad hoc 网络的应急通信网络架构

在应急救援过程中，大量车辆要运送物资到灾区，而灾区的道路往往遭到严重损坏，交通驾驶安全问题非常突出。此外，灾区内救援机构所属的许多救援车辆之间也迫切需要一种安全、便捷的通信协作方式。为此，可以利用 Ad hoc 网络在车辆之间组建灵活的车联网（Vehicle Ad hoc Network，VANet），从而大大改善交通安全性和道路使用效益，缓解道路拥塞和提高车辆之间的协同性。车联网不仅允许车辆之间及时交互信息，而且能够与道路上已有的基础通信设施进行通信，访问因特网和展开其他服务，从而有助于缓解交通拥塞、减少交通事故和提高车辆协同。VANet 是一种智能交通辅助系统，依赖于车辆之间的通信来满足各种应用需求，如避免碰撞、交通疏导、相互支援、编队行驶和交互沟通等。当前一些车辆配备了 GPS 导航系统，能够提高驾驶人员的舒适度和缓解拥塞，但是这依赖于卫星等基础通信设施，并且成本相对昂贵，而 WANet 是一种不依赖基础设施的 Ad hoc 网络系统，具有高度的灵活性和动态性，组网方便，成本也低。

VANet 是一种特殊的 Ad hoc 网络系统，与传统的 Ad hoc 网络有很大不同。例如，MANET 通常采用点到点的单播通信方式，而 VANet 则常常采用点到多点的多播通信方式，如图 3.13 所示；同时要满足车辆的地理位置和运动方向的约束，因此不同的通信模式意味着采用不同的路由协议。另外，相比于 MANET，VANet 动态性更强，网络拓扑变化更加频繁，而频繁更新和维护路由会带来巨大开销，故难以保证通信质量。但是，由于车载通信设备具有充足的电源和计算能力，VANet 不用过多关注能耗和计算开销问题。在车联网中，车载通信设备一般包含以下组件：一个能够实现通信和应用协议的中央处理单元；一个能够与邻居车辆和路由通信设备交互信息的无线收发器；一个能够提供位置定位和时间同步的 GPS 接收器；一些能够采集、分析和传输必要的车内外信息的传感器；一个允许和车内人员交互的输入/输出接口。

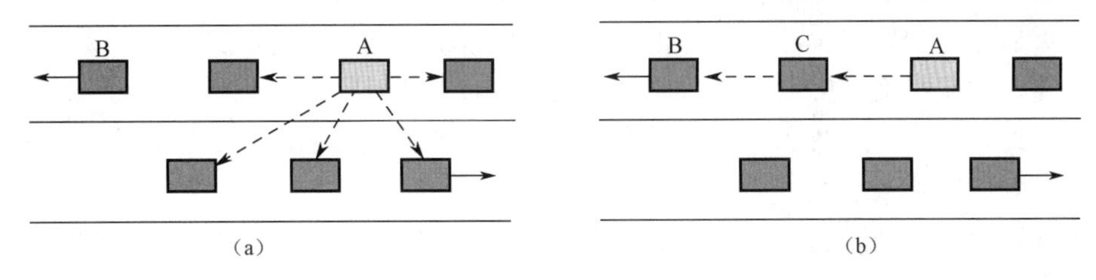

图 3.13　道路交通应用中的车联网系统

由于自然灾害等突发事件的破坏性和不确定性，应急通信系统的部署时间将直接影响救助效果和损失程度。由于 Ad hoc 网络的分布式组织管理特性，可以快速自动组成一个通信网络，因此可以满足应急通信系统对快速部署能力的要求。当根据应急现场的情况需要部署 Ad hoc 网络时，要确保网络具有足够的连接性、容量和健壮性。路由协议可以采用改进的 OLSR，支持多信道路由，并且度量不再以跳数为准，而是需要考虑路径的带宽。另外，可以在网络中配置信号监测工具，以监视现场网络和最近的中继节点的信号强度，当信号强度低于预定门限时，则需要部署新的中继节点以改善路由。为了减少干扰，每个节点配备两个无线接口，一个接口用于和上一跳节点通信，另一个接口用于和下一跳节点通信。为了使新节点快速发现网络和恢复路由，引入了默认信道的概念。当新节点加入网络时它自动切换到默认信道，并迅速发现网络和恢复路由，此后它可以通过扫描切换到其他网络接口以提供质量更好的路由。通过配备多个无线接口可以迅速恢复链路故障和路由失效。另外，建议采用具有可扩展性较好的分级 Ad hoc 网络，节点可以很方便地加入和离开网络，可根据灾害的种类和破坏程度，扩充或调整应急通信网络，以扩大灾害现场通信网络覆盖的范围和增加通信能力。

3.5.2　无线传感网在应急通信中的应用

无线传感网的优势在于通过一组大冗余、低成本的简单传感器的协同工作，可实现对某一复杂环境或事件的精确信息感知能力，具有高可靠性、高抗毁性、随需而设、即设即用等特点，适合用于恶劣的野外环境或者救灾等需要网络快速、灵活部署的场合。由于无线传感网络的冗余特性，即使在某个或某些节点失效时，仍能保证整个传感系统具有很高的可靠性。

应急通信通常都用于恶劣环境之下，且具有一定的突发性。无线传感网络可广泛用于应急通信领域。大量传感器节点通过随机部署快速自动组网，可对环境或特定物质进行全方位的无人值守式精确监测，以更直接、更快速的方式近距离地获取环境信息，为应急指挥人员提供更为精确的现场环境信息和现场环境发展趋势，从而结合当前资源和环境等信息，为应急处置提供充分可靠的决策依据。另外，后方管理节点可以对事发现场部署的传感网进行远程配置和控制，以保证紧急信息的及时、可靠上传。

应急通信系统必须对应急事发区域实施全面、有效的监控，以预防和管理可能的风险。事发地区很可能在出现意外突发事件之前已设有通信基础设施，为此可以事先或事后部署无线传感网络实施监控和预警任务。无线传感网络应用于应急通信领域主要有两种情况：

（1）灾前监控和预警。可在事故多发的地点和季节，针对各种监控对象部署相应的无线传感器节点，如部署雨量测量仪、雪量测量仪、风力测量仪、倾斜仪、振动计、振动传感器、声音传感器等，采集各类信息；通过部署各类传感器，建立各类灾害的预测和告警系统，如碎片流监测系统、山崩监测系统、洪水预测和告警系统等。

（2）灾后监控和处置。当发生自然灾害时，灾害现场通常环境恶劣，人员无法达到，而化学品泄漏、河流污染等突发事故灾难现场还通常对人体有一定的危害性。对于这种灾后现场，都需要部署无线传感网络，监测事故和灾害现场的各类信息，为应急处置提供依据，以便及时、高效地展开救援。

对于支持上述两种应急通信应用的场景，无线传感网络的架构相同，所不同的是对监测数据的处理。灾前预警更多的是对数据的分析和处理，根据历史经验，设定告警的阈值，以便提前预防；而灾后处置更多的则是实时监控，根据当前状况快速做出响应和处置。基于无线传感网的应急通信系统如图 3.14 所示。针对不同的突发公共事件，可以部署不同的传感器节点，构建信息采集环境。通过无线传感网络对复杂环境和突发事件的动态感知，建设基于无线传感网络的灾前监测和预警体系、灾害监控和处置体系，一方面可以实现对水旱灾害、气象灾害、地震灾害、地质灾害、海洋灾害、生物灾害和森林草原火灾等自然灾害以及环境污染和生态破坏等突发事故灾难的精确监测；另一方面可以将现场动态信息与应急指挥数据库中的各类信息相结合，对突发公共事件的发展趋势进行动态预测，进而为应急指挥和处理提供科学依据，提高应对突发公共事件的能力，最大限度地预防和减少突发公共事件所带来的生命和财产损失。

无线传感网络应用于应急通信领域，需要解决的最关键问题就是应用相关性。无线传感网络最重要的功能是感知、采集并传输监测环境中各种信息的变化，因此感知装置是节点的最基本组成部分。不同灾害现场存在不同的应用环境，所要监测的信息不同，因此感知节点的组成和要求也不同。根据应用场景的不同以及成本高低，节点中感知单元的功能和数量也不尽相同。其核心问题是传感器在每种应用中的规模并不很大，但应用的领域很多。应用多样化带来网络拓扑多样化及大量非标准化的私有协议，存在多种应用需求与标准化的矛盾。无线传感网络具有很强的应用相关性，使得这一领域的研究成果差别很大，并没有一个可以通用的协议和解决方案。不同的应用需要配套不同的网络模型、软件系统和硬件平台。针对应急通信所监测的水旱灾害、气象灾害、地震灾害、地质灾害、海洋灾害、生物灾害、 森林草原火灾、环境污染及生态破坏等不同应用，需要规划网络模型，选择合适的路由协议，解决好数据管理机制等关键问题。

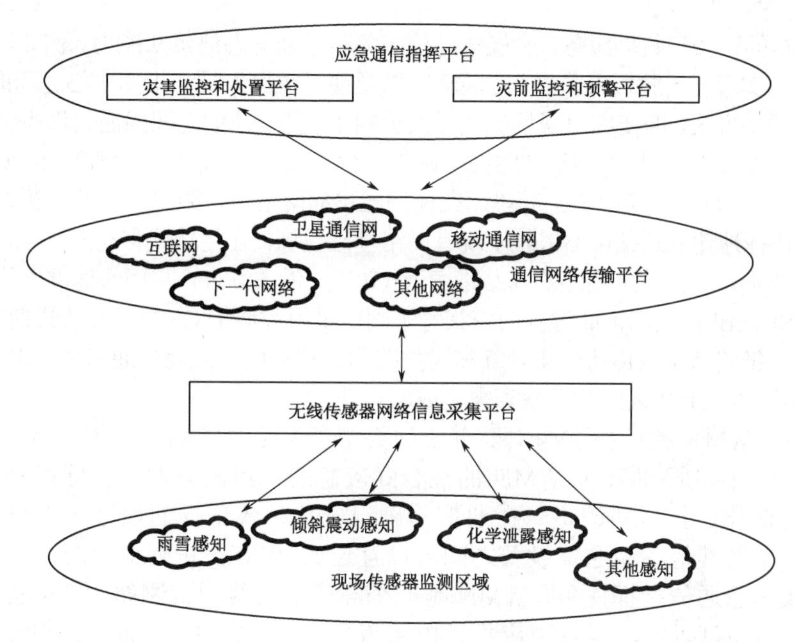

图 3.14　基于无线传感网的应急通信系统

WSN 中的传感器节点承担着组网协作、监测感知、数据存储处理、路由转发等多重功能，但是，无线传感网存在节点处理能力低、节点能量有限、存储空间小、通信距离短等局限性以及网络拓扑变化频繁和信道传输不稳定等不利因素。另外，应急通信场合往往环境恶劣，传感器节点随机快速部署，节点分布很不均匀，并且这些节点存在易受攻击、能量耗尽或出现故障等问题，甚至造成部分网络瘫痪，从而大大影响网络的服务能力和安全保障能力。为此，网络如何有效对抗和适应灾区恶劣的环境，持续提供关键的网络服务，准确、及时、畅通地传递抢险救灾信息，以便指挥中心实时掌握灾区通信、道路和伤亡情况，并及时调整救灾策略和行动方案，以完成抢险救灾和灾后重建的工作成为了业界日益关注的课题。

3.5.3　无线 Mesh 网络在应急通信中的应用

从前面所介绍的 WMN 的技术特点不难看出，WMN 具有诸多适合构建应急通信网络的技术优势，能够满足应急通信系统的一般要求：部署容易，不依赖于现有的基础设施，网络可扩展性强，可根据情况设置适当数量的 Mesh 路由器，为终端用户提供网络接入；能够提供较大的覆盖范围和较高的传输速率；网络设备成本相对低廉，并且支持终端用户的移动性；能够提供较为安全和可靠的通信服务，并可以方便地与异构网络互连；可以针对不同的应用提供一定的 QoS 保证。此外，WMN 的多路由、多信道冗余特性可以显著提高网络的健壮性，具有很强的生存能力，在应急现场可以根据救援需要随时允许特定的用户接入网络，从而为救援提供更多的支持。

当发生重大自然灾害或突发公共事件时，固定的有线通信网络和无线蜂窝基站很容易遭受破坏，使得应急现场的用户群体无法有效接入网络或者与后方指挥中心建立可靠的通信连接，而且重新铺设常规通信网络则需要花费大量的人力、物力和时间，不能适应应急通信快速处置的要求。在这种情况下，可以基于 WNM 技术迅速构建灵活、高抗毁的应急通信网络，作为现有常规通信网的有效补充。WMN 通过多跳传输可以减少干扰、降低功耗、提高频率重用和增加无线覆盖范围，从而为应急通信场合的各类用户提供必要的通信服务保障。另外，利用可移动基站可以构造可移动的无线 Mesh 网络，随时随地按需提供网络容量和覆盖范围。这种移动 Mesh 网络支持灵活的可扩展的网络部署和多种空中接口技术，包括 GSM（全球移动通信系统）、UMTS（通用移动通信系统）和 WiMAX（全球微波互连接入），可以部署在多种应急救援和灾难恢复通信场合，提供基本的话音和数据服务、多媒体通信服务和增强的态势感知能力。例如，便携式移动网络可以方便地实现现场救援人员之间的通信，以及现场救援人员和指挥中心之间的通信。如果采用传统无线通信方式，即使应急现场的救援人员相距很近，他们之间的通信仍需涉及无线网络中的各种基础网络设施，其中包括 BTS（基站收发台）、BSC（基站控制器）、RNC（无线网络控制器）和 MSC（移动交换中心）等。而在便携式移动网络中，距离较近的救援人员可借助移动基站方便、快捷地建立通信，不依赖于现有网络基础设施。在便携式移动网络中，需要定期维护和更新移动终端，以及与之相连的基站路由器（BSR）的关联表，从而快速准确找到转发分组需要经过的 BSR。BSR 之间构成健壮的网状骨干网，采用类似于 OSPF（开放式最短路径优先）路由的触发更新链路状态路由协议来计算和维护路由。移动终端之间的通信借助 BSR 构成的网状网以及移动终端和 BSR 之间的关联表来完成。

如前所述，WMN 的拓扑结构主要有 3 种类型，但是最常用的是混合式 Mesh 网络。图 3.15 给出了一种典型的基于 WMN 的混合式应急通信组网方案，实际组网时可对此方案进行必要的简化、扩展和改进。在通信基础设施缺乏或受损的地区，用户个人移动终端、应急通信车及其他各种通信设备之间可以互连成 WMN 进行信息交互，保持密切联系以协同完成应急通信指挥任务。WMN 是一个高带宽无线通信网络，能够提供语音、数据、视频传输，还可以与其他各种应急指挥通信系统、蜂窝网和 Internet 相连接。图 3.15 中的网络结构为多层分级式网络结构，可以划分为 3 个层次：底层包括残存的无线蜂窝网络、无线局域网以及临时部署的无线 Mesh 客户网；中间是由无线路由器（WR）互连构成的健壮、可靠的无线 Mesh 骨干网；上层是 IP 骨干网，Mesh 骨干网通过充当网关的路由器（即无线接入点 AP）可以接入 IP 骨干网，实现应急现场终端与外界用户的通信。这里的 AP 具有智能性，在传统 AP 的基础上增加了 Ad hoc 路由选择功能和网管功能，可实现对无线接入网络的控制和管理，将传统的智能性分散到接入点 AP 中，提高了网络的可延展性。这种分级 Mesh 网络结构的优势是大大减少了参与网络自组织和动态路由的节点数量，大大降低了网络的组网开销，易于网络的扩展和管理，同时也适合应急通信 Mesh 网络与现有的通信系统进行互连和协同工作。AP 的主要作用是将无线网络接入 IP 骨干网，并将各个与 WR 相连的无线客户端连接在一起。

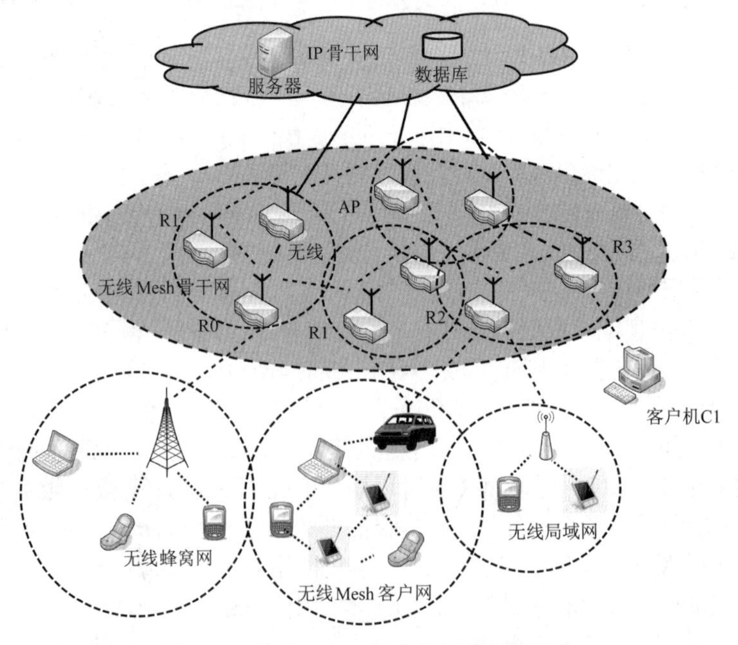

图 3.15　基于 WMN 的应急通信组网方案

WMN 中的 Mesh 路由器的移动性通常较低，而 Mesh 客户终端则可以任意移动。另外，Mesh 路由器通常由外部供电，功耗限制不严格，而 Mesh 客户终端则需要考虑节能机制。还要指出的一点是，Mesh 骨干网为了实现路由和中继功能，每个无线 Mesh 路由器至少配备有两个以上的无线网卡，其中一个工作在接入信道，负责 Mesh 客户网的接入；其余的网卡工作在网络信道，构成 Mesh 骨干网络并实现与其他网络的互连。利用无线 Mesh 网络，可以显著降低对通信基础设施的依赖性，有效增强网络系统的健壮性和通信可靠性。具体而言，当 Mesh 骨干网中某条路径或者某个节点出现故障时，可以选择其他可用的路径作为替代路径，提高了应急通信网络的生存能力。例如，当图 3.15 中的 R1 损坏或离开时，无线 Mesh 客户网可以利用 R2 接入 Mesh 骨干网，体现出很强的自愈性。另外，一旦发现当前的网络覆盖范围不能满足需要，如某一偏远地区有一个客户机需要接入骨干网络以便与外界交互获得更多的援助时，可以根据需要架设 Mesh 路由器 R3 为客户机 C1 提供网络接入。当 Mesh 骨干网规模较大时，可以考虑将网络划分成多个簇以便于管理网络资源和改善网络性能。例如，图 3.15 中将 Mesh 骨干网分成了 4 个簇，并且簇内所有节点一跳可达。基于分簇网络结构，可以由簇头协调簇内节点的信道分配并且代表簇内节点参与路由计算，从而简化了信道分配和路由算法，同时有助于提高业务的服务质量。

3.5.4 基于无线自组网的综合应急通信应用

完整的应急通信过程通常涉及应急现场、公众通信网/专用通信网、应急指挥中心 3 个环节，其中应急现场和应急指挥中心依赖应急通信系统可靠、及时地获取各种必要的信息以协调应急操作。应急通信现场要保障指挥通信，一般以无线方式为主，使用应急通信车、卫星、集群等技术手段。对于恶劣环境监控、灾情预报和战场态势感知等应急通信场合，WSN 得到了广泛的应用。公众通信网/专用通信网构成应急通信的网络支撑，实现应急指挥中心与现场的连接。典型的综合应急通信组网方案如图 3.16 所示；其中，无线自组网发挥着重要作用。

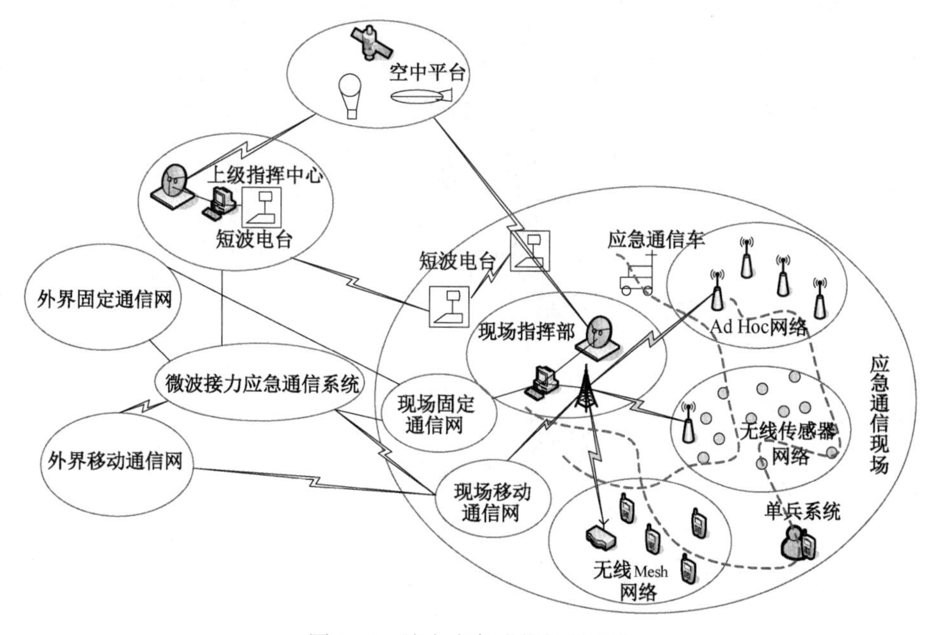

图 3.16 综合应急通信组网方案

例如，当发生自然或人为的应急事件时，如地震或者恐怖袭击等，可以将大量传感器节点通过飞机撒落方式部署在受灾区域内或附近，传感器节点通过相应协议自组织无线网络，在监控区域内协作地感知、采集和处理所需监测数据，并通过多跳方式将监测数据转发给汇聚节点。汇聚节点再结合其他通信手段将监测信息传送到指挥控制中心，这样指挥控制中心就可以实时掌控灾区的状况，迅速、高效地完成抢险救灾和灾后重建工作。现场的移动用户终端可以通过 Ad hoc 网络协议自动组网，共享灾情和指控信息，协同完成救援行动。此外，还可以利用已有的基站和新部署的无线路由器来构建宽带无线 Mesh 网络，满足视频和多媒体通信需求；也可以结合 Ad hoc 网络和 Mesh 网络，以支持各种应急机构之间的本地通信以及和外界的通信。在应急通信场合，配备有无线定位系统的急救车，可准确定位突发事故现场；而在事故现场，通过便携式感知设备可监测病人的体征数据，并通过无线自组网接入现场应急指挥中心，实时访问医疗服务系统，下载有关病历数据等必要信息。

3.6 本章小结

本章阐述了无线自组网的提出背景、基本概念和技术特点，然后依次对 3 种典型的无线自组网技术——Ad hoc 网络、无线传感网和无线 Mesh 网络进行了详细介绍，并说明了它们各自在应急通信场合中的应用。无线自组网有着广阔的应用前景，特别适合临时的突发性应用场合。例如，当自然灾害造成基础通信设施毁损时，在抢险救灾初期可以利用无线自组网快速组建应急通信网络来保障各类应急信息的及时、可靠传递，因此无线自组网络是抢险救灾行动得以顺利实施的重要保障之一。但是，这种网络技术有着自身的局限性和复杂性，并且有必要和传统的网络技术结合使用，以充分发挥各自的优势。

第 4 章　基于无线自组网的应急通信网络体系架构

当前，任何一种单独的通信技术都难以满足复杂多变的应急通信环境的用户需求，应急通信网络必须能在紧急突发事件发生时利用多种通信技术手段快速、有效地为不同用户群体提供可靠、灵活的通信服务。无线自组网非常适合在应急通信场合下快速提供通信保障服务，并可以很好地与其他传统通信技术手段有机结合。本章首先介绍构建基于无线自组网的应急通信网络的背景，然后说明应急通信网络的构建要求；在此基础上，详细阐述一体化异构应急通信网络体系框架的设计方案，并探讨应急通信网络的入网管理机制；最后，介绍一种适用于应急通信保障的应急响应模型。

4.1　引言

近年来，各类重大紧急突发事件时有发生，造成了巨大的人员伤亡和经济损失，暴露出当前的通信基础设施十分脆弱，许多常规通信业务（如打电话和访问因特网）由于基础设施受损或严重拥塞而变得不可使用。因此，构建在紧急突发事件发生时能够快速、有效地为指挥人员和营救人员提供可靠、灵活的通信服务的应急通信网络已成为世界各国都急待解决的重大课题。应急通信网络要求能够快速部署和配置，为各类用户及时提供多样化的满足各自需求的通信服务，对特定区域进行实时监控，对紧急突发事件做出快速响应，并能有效协调各种救援力量实施抢险救灾和灾后重建。

应急通信需求形式多样、不确定因素众多、环境复杂多变，任何一种单一的网络技术和通信手段都难以满足当前应急通信的服务需求。为此，必须充分利用各种通信技术手段和组网方式构建一体化应急通信平台，以便满足在复杂多样的应急环境下为各类用户群体提供快速、可靠、健壮的通信服务保障的要求。随着通信技术和网络技术的快速进步和发展，近年来涌现出一系列可供应急通信选择的新型技术手段，尤其是以 Ad hoc 网络为代表的无线自组网技术。无线自组网的特点是网络无中心、自组织、多跳传输，优点是灵活、健壮、易部署和自配置，非常适合快速组建应急通信网络来协调各类人员展开救援行动和应对突发事件。在应急通信网络中，无线自组网扮演着重要角色。当通信设施不可用时可以使用无线自组网来快速构建临时通信网络，扩展现有通信的覆盖范围，消除通信盲区。考虑到现有的公众通信网络在突发危机面前发挥的作用非常有限，不能满足突发事件出现时对应急通信服务的要求，在依托传统通信手段的基础上充分利用无线自组网技术，构建有效结合无基础设施网络和有基础设施网络的一体化应急通信网络体系架构是十分必要的，也是完全可行的。

4.2　应急通信网络的构建要求

目前的应急通信系统主要提供语音通信，由于信道不安全、不可靠，难以保证语音的通信质量，并且重要信息可能会漏听或误听。因此，要采用更先进的通信手段来确保将各种应急信息及时、可靠、准确地传给所需要的人，并且信息量要尽量精简，以防延迟和拥塞。应急通信网络（Emergency Communication Network，ECN）是指为了满足应急通信的特殊需求而构建的，一种涉及多种通信技术手段的异构通信网络。根据事发的时间、地点和基础设施网络的受损程度，其网络构成是不确定的、多样的和动态变化的，可能包含固定有线网、蜂窝移动网、互联网、卫星通信网、集群通信专网和无线自组网。每种类型的通信技术都具有其自身的特点，适用于特定的应用领域和对象。通俗地讲，应急通信网要满足：跑得动，随时可以建立应急通信网；通得上：在任何地点都能保证通信的畅通；看得清：能实时全天候采集现场态势信息；传得快：将感知的信息快速传送到各级指挥中心；查得准：随时随地连接专网数据库，保证高速数据通信。相比于常规通信网络，应急通信网络对网络自身和通信设备都提出了更高要求：

（1）快速可部署性。灾难往往具有突发性，应急通信对响应时间有较高的要求。在事发区域公共通信网络往往不可使用，相关网络和通信设备应可快速运送至目标区域，做到尽量不依赖专业人员和复杂的配置过程，就可以快速、机动地部署临时性通信网络，并且最好做到部署安装完毕后上电就能工作。

（2）健壮性。快速部署和恶劣的现场环境都对网络健壮性提出了极大的挑战，应急通信网络应具可靠性和健壮性，保证支持各种网络情况下用户的基本通信需求。网络设备应具有较高的容错性，并能保障最低限度的通信。

（3）自配置、自管理和自操作性。与现有的蜂窝网络或无线局域网相比，应急通信网络系统应该减少人为干预和管理，应该可以自我识别、自我配置并提供尽量好的连通性，包括分配 IP 地址和分配信息。

（4）组网灵活。突发事件发生后可能面临着通信量骤增的情况，因此可能产生网络拥塞并导致系统崩溃。因此，应急通信系统的网络结构要足够灵活并能自治组网，可根据应急通信的范围大小，迅速、灵活地部署设备，并且通信设备可以通过不同的节点同时连接到网络，保证网络通信量骤增时不会导致网络性能的下降。

（5）可扩展性。应急网络规模可大可小，大到遍及全球的疫情，小到局部的交通事故，因此网络必须具有良好的可扩展性和可定制性。另外，网络基础设施应足够灵活，可以适应环境变化以便为不同的用户提供适当的支持。这对底层的路由、地址分配、资源管理等机制提出了较高的要求。

（6）小型化和可移植性。网络部署的快速性要求网络设备和通信终端小型化且操作便捷。另外，应急通信装备应按照多用途、小型化、高性能、适应性强等要求进行研制和生产。

（7）电源便捷性和灵活的功率控制。网络设备和终端应该能够利用本地可用的各类电源，支持即插即用；应能采用各种节能措施来节省电源，适应不同的内外环境；应能通过功率控制来控制网络拓扑，提高资源的使用率和数据传输的可靠性。

（8）安全性。应急突发环境多样，可能处于敏感的地理环境和政治氛围中，对于所传递的信息应视具体情况对其提供安全保护。应急通信网络必须具备一定的抗攻击和抗干扰能力，应能使用适当的加密和用户认证技术防止对通信流量的破坏、控制以及未经授权的访问。大规模的应急救援涉及大量敏感信息，必须加以适当的保护，如应防止应急指挥人员位置信息的泄露。另外，应急通信资源有限，必须明确应急通信系统的使用权限，严格限制非法使用。

（9）业务优先级处理。应急通信网络通常提供包括电话、高速数据、图像视频以及无线定位和寻呼等多种业务，应急通信业务应该能获得超越其他网络流量的优先级，同时应急业务之间应根据业务源和信息内容区分不同的优先级。

（10）互连和互操作性。在应急救援现场，各种通信系统必须彼此兼容，支持各种运营商通信网络的异构互连和互操作，从而使应急用户可以建立端到端的通信连接。

（11）成本合理。尽量利用可用的网络基础设施，网络的部署和维护应该投入合理的成本。推荐采用商用成熟技术和产品，从而既可以充分利用现有技术的市场规模和技术发展优势又可以节省投资。

（12）终端的用户友好性。通信终端适合各种人群使用，适用于不同文化背景的用户，并且可以向不同用户提供不同的信息展现方式。

4.3 一体化异构应急通信网络体系框架设计

4.3.1 设计原则和目标

应急通信网络往往需要操作在复杂和恶劣的环境中，所处地理和气候条件多种多样，网络规模可大可小；此外，应急通信网络涉及多种具有不同能力和特性的网络系统，包含大量移动速度和处理能力不同的通信单元，并且业务种类繁多。为此，应急通信网络应该能够通过有效整合多种通信技术手段和方法来增强网络的适应性和应用效能，使应急现场内各类人员之间以及应急现场到应急指挥中心的信息交互能够及时、准确和顺畅，能够在复杂多样的应急环境下为不同用户群体提供各自所需的通信服务。

1．设计原则

一体化异构应急通信网络的设计原则是：针对应急通信的特点和应急通信环境中各类用户的通信需求，依托当前可用的基础网络设施与临时部署的机动通信系统，充分发挥无线自组网在支持应急通信方面的技术优势，设计一种有机融合有基础设施网络和无基础设施网络，涵盖有线、无线、卫星等多种通信手段的异构应急通信网络体系；实现不同通信技术间的优势互补和协作，快速组建可靠、高效、健壮的应急通信网络，在各种网络条件下提供尽可能好的通信服务保障。例如，Ad hoc网络具有很强的灵活性和健壮性，但难以为用户提供有保证的服务质量；而传统的蜂窝网络具有较好的服务性能，但是健壮性不够。因此，可以结合两种技术来构建灵活和健壮的异构应急通信网络，以达到在紧急情况下维护网络连接和改善服务可用性的目的。

2．设计目标

一体化异构应急通信网络的主要设计目标包括：为处置应急突发事件提供一种可靠、灵活的具有较高生存性的通信支撑平台，以保障应急现场内各类人员之间以及应急现场到应急指挥中心的信息交互及时、准确和顺畅，协调各种救援力量，有效实施应急行动；快速恢复正常的通信，辅助灾后重建；预测和防范今后可能出现的突发事件，对特定区域实施监测和数据分析，支持异质网络互连。

4.3.2 异构应急通信网络的分层框架和通用协议栈

1．分层框架

基于上述设计原则和目标，借鉴覆盖网络[①]（Overlay Network）和网络分层的思想，基

[①]覆盖网络是建立在已有物理网络基础上的一个虚拟网络（或逻辑网络）。利用覆盖网络，可以不需修改已存在的软件协议和网络的底层结构而快速地添加新的网络功能和提供新的业务。

于无线自组网的一体化异构应急通信网络采用一种通用的异构应急通信网络的分层框架，由下至上依次划分为通信网络层、信息采集层、分布式计算层和应用业务层，如图 4.1 所示。在这一分层框架中，通信网络层由当前可用的有基础设施通信网络的和临时部署的无基础设施通信网络构成，其中包括各种有线通信网络（如有线电话网、数字数据传输网等）、无线通信网络（如无线局域网和蜂窝网络等）和卫星通信网络，这些网络之间可以互连互通构成异构通信网络，为其上 3 层功能的实现提供物理网络支撑和数据来源；信息采集层用于收集和关联通信网络层内各种通信网络的相关信息并在上下层之间交互必要的控制信令，收集的网络信息涵盖网络拓扑、网络性能、地理方位、设备状况等，交互的控制信令包括网络管理指令、资源调度指令、设备部署指令等；分布式计算层负责对信息采集层收集到的各种原始信息进行进一步的分析和处理，并通过数据过滤和数据挖掘得到与网络情景和用户需求紧密相关的应急现场态势感知信息，从而辅助高层决策；应用业务层根据不同的应急场合和通信需求为各类用户群体提供多样性的应急通信应用和服务，其中包括各种形式的文本消息传输、语音通信、图像和视频展示以及多媒体信息交互等业务。

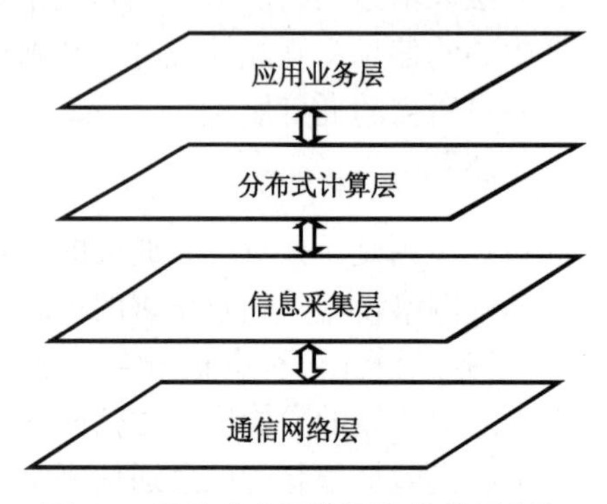

图 4.1　异构应急通信网络的分层框架

2. 通用协议栈

根据无线自组网的特征，仿照 OSI 的经典 7 层协议栈模型和 TCP/IP 的体系结构，可将应急通信网络的协议栈划分为 5 层，如图 4.2 所示，其中虚线方框表示可选的功能部件。在通用协议栈结构中，物理层完成无线信号的调制、加密、发送和接收等任务，此外还决定采用哪种无线扩频技术，如直接序列扩频（DSSS）技术或跳频序列扩频（FHSS）技术，移动模型和无线信道传播模型。数据链路层中的 MAC 子层控制移动节点对共享无线信道的访问，它可以采用随机竞争机制（CSMA、IEEE 802.11 或 MACA）、基于信道划分的接入机制（TDMA、FDMA、CDMA 或 SDMA）、轮转机制（轮询或令牌环）或动态调度机制；逻辑链路控制子层负责数据流的复用、数据帧的检测、分组的转发/确认、优先级排队、差错控制和流量控制等。网络层可以使用 IPv4 协议、IPv6 协议或其他网络层协议来提供网络层数据服务，并且需要完成邻居发现、分组路由、拥塞控制和网络互连等功能。邻居发现用于收集网络拓扑信息。路由协议的作用是发现和维护去往目的节点的路由，将网络层分组从源节点发送到目的节点以实现节点之间的通信。路由协议包括单播路由协议和多播路由协议，此外还可以采用虚电路方式来支持实时分组的传输。传输层用于向应用层提供可靠的端到端服务，使上层与下三层相隔离，并根据网络层的特性来高效地利用网络资源。目前无线自组网的传输层还是基于传统有线网络中的传输层协议，包括传输控制协议（TCP）、用户数据报协议

（UDP）以及适用于无线环境的其他特定的传输层协议。应用层协议用于提供面向用户的各种应用服务，包括具有严格时延和丢失率限制的实时应用（紧急控制信息）、基于 RTP/RTCP 的自适应应用（音频和视频）和没有任何服务质量保障的数据报业务；此外还可以采用各种应用层协议和标准，如 WAP（Wireless Application Protocol）。虚线方框的可选功能包括：功率控制机制、分簇算法、信令协议、移动管理和位置定位、服务发现、地址自动配置和安全策略等。图 4.2 给出了这些可选功能模块在协议栈中可能出现的位置，具体的位置取决于各功能模块的作用及与上下层协议的关系。例如，功率控制机制可以工作在物理层之上为数据链路层提供服务；信令协议一般在网络层之上工作，为传输层提供服务；而分簇算法可以工作在链路层之上为网络层提供服务。此外，为了优化系统性能，应采用跨层协议设计方法。考虑到 Ad Hoc 网络中的能量极其宝贵，各层也应采用相应的能量保护机制。

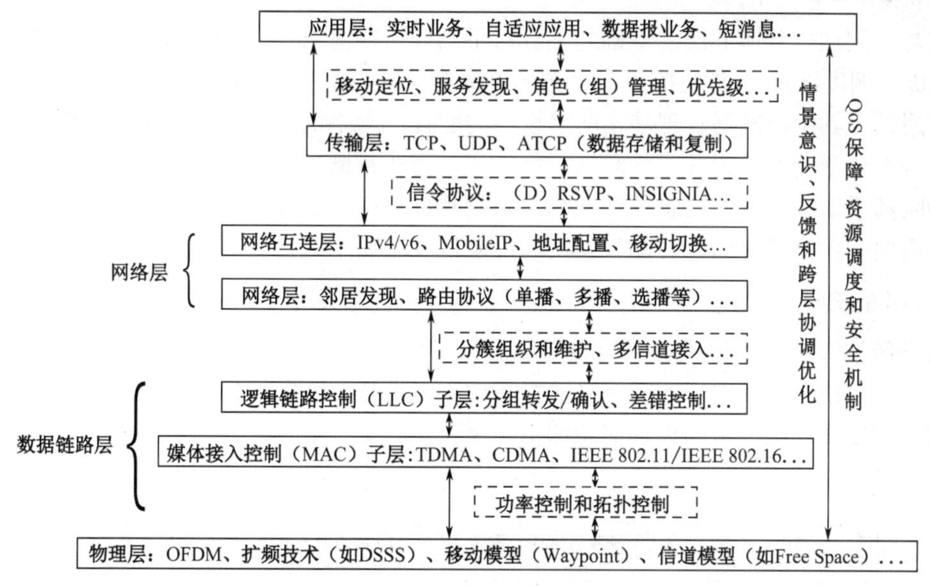

图 4.2　基于无线自组网的应急通信网络的通用协议栈

需要指出的是，上述分层框架和协议栈均可针对不同的应急通信情景进行定制，以充分发挥无线自组网的技术优势。例如，对于具体的应用场合，该协议栈既可以简化去掉不必要的功能模块，也可以添加新的功能模块，并可根据系统和应用的要求进一步地细化。

4.3.3　系统体系结构

在分层框架的基础上，进而可设计系统的体系结构。应急通信网络的体系结构应以用户服务为中心，适应应急突发环境下动态的网络环境，考虑包含各种通信和网络资源。应急网络的要求、应急机构的组织结构和应急响应操作的特点决定了应急通信网络在系统体系结构上应是一种多层分布式信息系统；具体包含 4 个层次，从下至上依次是网络基础设施层、公共服务层、特定功能层和应用系统层，如图 4.3 所示。

1．网络基础设施层

底层是通信网络基础设施，它包括各种可用的公共通信网络（如因特网和蜂窝网）、专用通信网络（如集群和卫星通信网）和无线自组织网络（如 Ad Hoc 网络和无线传感网），但并不严格区分有基础设施网络和无基础设施网络。

2．公共服务层

公共服务层主要进行数据采集和处理、情景监控、提供通信服务以及 GPS/GIS 服务，并为上层（特定功能层）提供公共支撑服务。其中，数据采集和处理是对底层网络信息的收集、分类、存储、检索和处理；情景监控是对应急通信网络的环境进行全方位的实时监控并可以在指挥中心进行实时显示，可以通过在应急现场部署无线传感网来实现；通信服务是核心服务，基于网络基础设施层的各种通信网络向特定功能层提供无所不在的通信服务（包括应急现场中各类人员的通信以及应急现场与后方指挥中心的通信），并且向特定功能层屏蔽网络基础设施层复杂的异构网络的组网细节；GPS（全球定位系统）服务用于通信终端和人员定位，而 GIS（地理信息系统）服务用于可视化展现应急现场的情景态势。

3．特定功能层

特定功能层在公共服务层的基础之上针对不同应用的需求完成特定的功能，主要包括网络管理、资源调度以及 QoS 支持和系统安全等功能模块，目的是增强整个应急通信网络的适应性和可用性。其中，网络管理涉及网络设备的配置、网络性能的调整、移动终端的管理和故障恢复等；资源调度负责各类资源（网络带宽、无线频谱、CPU 和内存等）的统筹分配；QoS 支持应基于事发区域的危急程度、业务类型和用户身份提供区分优先级的通信服务保障；系统安全需要确保信息存储、传输和使用的安全以及应用系统自身的安全。

4．应用系统层

应用系统层主要负责提供各类应急通信服务（如文本、语音和多媒体信息交互），其包含三大应用子系统，即面向后方指挥员的指挥中心子系统、面向现场指挥员的现场应急指挥子系统和面向现场营救人员的现场应急通信子系统。

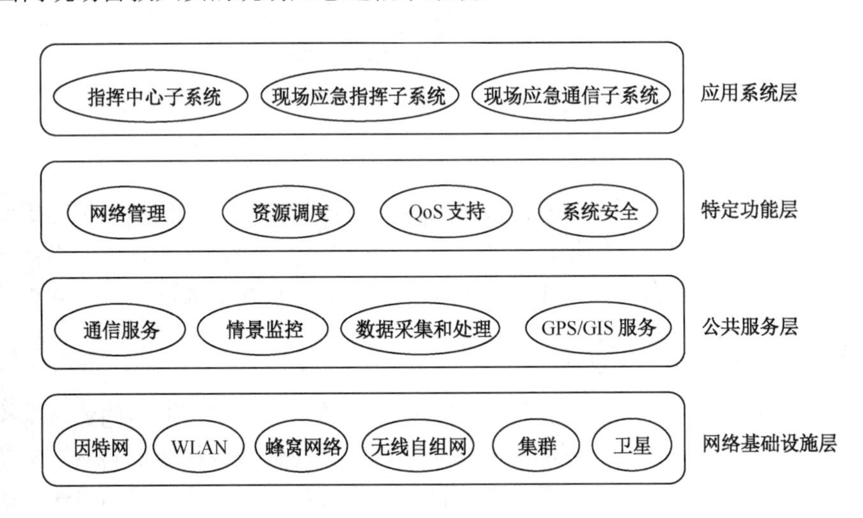

图 4.3　应急通信系统体系结构

三大应用子系统具有不同的软件界面和定制功能，分别面向后方指挥员、现场指挥员和现场营救人员提供服务。其中，指挥中心子系统以各种信息表达形式（文本消息、图表、音视频等）向后方指挥员提供应急现场的信息，以便获得全面的态势图，并做出科学决策，然后向现场指挥员发号施令。现场应急指挥子系统支持多种通信技术，可以与后方指挥所进行通信联系，上报事发区域的情况，请求访问其数据资源并接受其指挥控制。基于可用的网络资源、通信技术和消息优先级实施消息的调度和传输。另外，现场应急指挥子系统允许指挥员对现场的救援人员进行协调和管理（传输方式可以是单播、多播、任播和广播），并且对现场救援人员上传的数据进行分析、过滤和融合，精简后再上传给后方指挥中心，以便高效利用稀缺的通信资源。现场应急指挥子系统不同于一般的指挥调度系统，不仅要求能够向指挥系统内的成员下达命令，而且要求能在复杂环境中快速部署、快速实施，系统内成员要能时刻保持联系，传递信息，协调各自的活动或行为。现场应急通信子系统主要向现场营救人员提供信息的采集、查询、发送和接收以及告警服务。借助于该子系统，营救人员可以向现场应急指挥子系统查询有关现场的环境信息、上传采集的传感数据，进行相互之间协作通信，以及向指挥员传递文本和可视态势信息，并接收指挥员的指令和告警提示。

4.3.4 物理网络结构

从通信网络的作用和覆盖范围的角度看，应急通信网络包括广域中继组网、现场区域中继组网和现场接入组网 3 种主要的组网方式。其中，广域中继组网实现应急现场与后方指挥中心之间的网络连接，保持前后方指挥通信畅通，避免出现信息孤岛；现场区域中继组网实现现场较大范围内多个接入网络的汇聚和互连，接入现场应急指挥平台并通过广域中继网络与后方指挥中心相连；现场接入组网实现较小范围的工作区域内应急处置人员的通信指挥与信息传递任务，并可直接接入现场指挥平台。需要指出的是，当应急现场区域半径小于 10 km 时，可能不需要进行现场区域中继组网。

基于上述系统结构，所述异构应急通信网络不再严格区分有基础设施的通信网络和无基础设施的通信网络，而是有机融地合包括现有网络系统和无线自组网在内的各种通信资源，在物理网络结构上采用一种分层立体式通信网络结构，包括地面通信设施和空中通信设施。综合运用地面有线和无线通信以及低空平台和高空卫星等技术手段构建的地面—空中一体化异构应急通信网络（见图 4.4），可以有效支持待援用户群体、应急救援人员、指挥人员和其他相关人员之间的信息交互和应急联动，在突发紧急场合快速地为各类用户群体提供各自所需的灵活、健壮和多样的应急通信服务。这种应急通信网络本质上是一种多跳覆盖对等通信网络，并不再严格区分有基础设施网络和无基础设施网络。而是有机融合包括现有网络系统和无线自组网在内的各种通信资源，及时为各类用户群体提供各自所需的灵活、健壮和多样的应急通信服务。

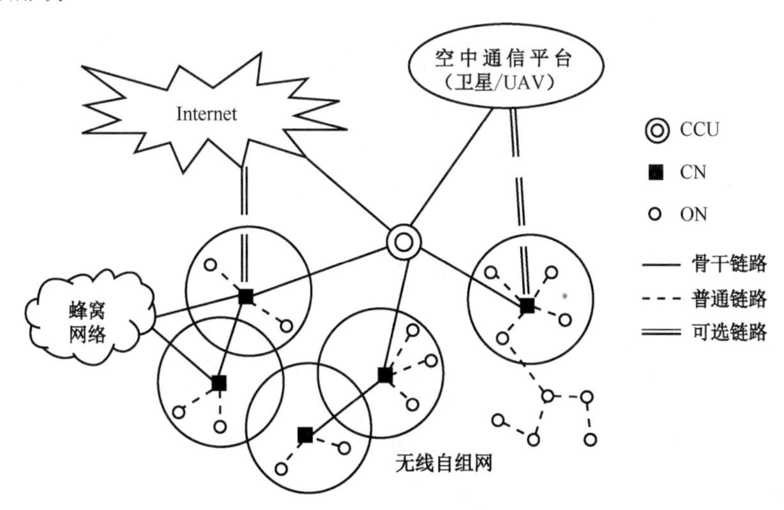

图 4.4　异构应急通信网络分层立体式网络结构

当前有基础设施网络的设计原则主要是在保持连接的情况下优化网络资源的利用率，由于内在的一些冗余性，如蜂窝小区的重叠覆盖和多宿主因特网接入，可以容忍较小的本地化故障，但是难以应对大的灾难，并且花费的代价也大得多。本地应急救援机构依赖备份通信支持，但这些备份通信手段也依赖固定基础设施。造成这种局面的主要原因是缺乏可灵活配置和组织的网络资源，并且没有将它们安全、有效地集成到现有的网络体系结构中。这些可用的网络资源包括个人无线设备构成的PAN、家庭无线局域网（Wi-Fi网络）、外部可生能源和广域广播信道。此外，还应充分利用车辆网络和车辆中的电池。另外，通过部署适当的中继节点可以改善网络连接。尽管网络不能在任何时间都保持全连接，通过节点的移动（在分割的网络之间移动）和存储转发基本上能够支持所有网络设备之间有效交换信息，按照这种方式将信息传输问题转化为信息的存储管理问题。考虑到当前移动设备的存储容量较大，可以存储大量应急相关的信息，并且信息存储成本相对较低，可用于处理时间较长的网络分割。由此看来，信息存储管理和网络带宽及时延控制一样重要。救援人员可以通过搜寻和读取这些设备（包括传感节点）感知和存储的信息来实施更有效的救援行动，幸存者也可以通过它们了解相关的救援信息。此外，要充分利用无线电台或卫星的无线广播信道，这种广播通信通常是单向的，可以包括语音、数据和视频等。整个网络还包括少量接入外网的上行链路、大量间断连接的对等链路和少量下行的广播链路。

一体化异构应急通信网络的地面通信设施主要包括一个中心控制单元（CCU）、多个骨干节点（CN）和大量的普通节点（ON）。CCU应具有很强的通信和计算能力，要有专人可靠地进行管理和维护，通常位置相对固定，但允许根据应急现场情况变更位置，具有和因特网及/或蜂窝网络连网的能力；CN应具有较强的通信和计算能力，有一定的电力保障，可以固定设置，也可以移动设置，并且当CCU失效时附近的某个CN应能接管其职责；ON是便携式通信终端或传感节点，相邻的ON可以自行组网，或者加入附近CN所在的簇，通过中继转发来扩大网络的通信覆盖范围和提高通信的可靠性。CN充当簇头节点，或者在CN数量不足的时候，部分ON充当簇头节点；簇头节点在CCU控制下相互连接组建成应急通信骨干网，并通过各种无线技术为邻近的ON提供服务。CCU能够通过任何合适的入口节点入网，然后通过应急通信骨干网收集事发区域的情况并负责协调指挥各营救单元之间的通信。空中通信设施主要用来维护相距较远的应急通信骨干网和ON之间的通信，并且充当应急通信骨干网的备份通信设施，其主要由低空无人驾驶飞行器（UAV）和高空卫星构成。由空中通信设施形成的空中通信平台不仅能够实现大范围的通信覆盖和增强网络连接，还可以完成现场监视、信息收集、协调营救等任务，并可以为后方指挥中心提供通信和指挥能力。

通过采用上述分层立体式通信网络结构，可以为应急通信网络提供一种可靠性强、易于管理、灵活的通信支撑平台，提高整个应急通信网络的服务性能和生存性。

4.3.5 组织和部署方案

在应急现场通常会部署少量网关设备、一定数量的车载大功率电台、数量较多的便携式小功率电台和数量庞大的无线传感节点。车载电台和便携电台的配置数量由应急通信要求、事发区域面积、地形、电台的处理能力和传输功率及无线信道质量等因素确定。车载电台具有很大的功率和很强的处理能力，担当CCU或CN；而便携电台的功率较小且处理能力较弱，充当ON。网关设备是一种特殊的用于提供网络互连能力的车载设备。多个车载台可以通过有线或微波接力方式互连构成移动骨干网（MBN），便携电台可以就近接入移动骨干网，并且也可以相互连接构成用户网。每个通信设备的能力不同，通过计算其功率、存储容量、能量和通信能力（可用的网络接口和带宽）来描述。在应急通信场合，当移动终端不能采用常规方式进行通信时应切换到应急通信模式，即不依赖基础设施的对等多跳通信方式。为了防止滥用授权频带，应急通信模式必须严格管理，并应考虑利用认知无线电技术来提高频谱资源的使用效率。

为兼顾网络的性能和可扩展性，应急通信网络采用分级分簇网络结构。簇的概念类似于时延容忍网络中区域的概念，但是区域要比簇更加稳定。每个簇都是一个 Ad hoc 网络，簇尺寸可大可小，初始时簇数量很多，随着节点的增多、电源的恢复和通信基础设施的修复，这些簇会合并成单个簇。动态变化的簇结构对簇管理以及簇内和簇间路由都提出了诸多挑战。在异构应急通信网络中，可以采用相对简单的分簇机制：一般由功能较强的 CN 充当簇头，一个簇通常由一个 CN 及与其直接通信的 ON 组成，簇中 ON 的数量与 ON 的发送功率、CN 的处理能力、地形、信道传播特性和 ON 的分布相关。比如 ON 可以选择离其较近且负载较轻的 CN 作为簇头。参见图 4.4，CCU 应该首先尽快部署在便于协调指挥的位置，与此同时，在一些优选的位置部署适当数量的 CN，并且通过单跳或多跳传输与 CCU 相连。ON 的成本较低，但是也容易失效，部属的数量要有一定冗余，ON 可以通过自组织方式连接附近的 CN。在抢险救灾过程中，现场应急通信网络拓扑会随节点的加入、离开、移动和故障而不断变化，需要采用一种快速响应的簇维护机制来重组网络。基于受限的通信资源，有些簇可能会暂时相互分离。为了保持网络连接，具有多个网络接口的节点可以连接分离的网络簇。随着节点的移动，网络簇动态维护，信息随节点的移动可以在簇间传播。当没有富余的 CN 时，邻近的 ON 可以自行协商构成簇，并由计算和通信功能相对较强的 ON 充当簇头，簇之间的通信借助于簇头完成。这种分级网络结构便于管理，只需考虑到簇一级，而不需考虑簇内部的细节，大大减少了维护和管理开销，提高了网络可扩展性。CN 构成的骨干网主要负责长距离的业务传输，ON 构成的小型自组网主要负责应急现场信息的收集、发送和接收。现场应急通信网络有很强的机动性，ON 和 CN 均可以移动，但 CN 的平均移动速度相对较慢。为了满足 ON 的入网要求，CN 需根据 ON 的数量和分布调整部属位置。因此，ON 的分布很大程度上将决定 CN 的位置和骨干网的拓扑结构。

应急救援网络中的用户节点往往不采用随机移动模式，而是类似于军事行动中战斗小组的组移动模式。具体而言，移动节点将分成不同的小组执行特定的营救任务，每个组中的节点有着大致相同的移动方向和速度，并且通信范围有限。但是整个营救任务需要各小组之间的通力协作，通常由组中的组长节点负责完成组间的通信联络和组内的通信指挥。基于任务的部署特点可以在一定程度上预测各个组的移动特性，并且一段时间内节点通常在某个区域内移动。这一移动特点会对网络路由和 MAC 层协议的选择和设计造成影响。

应急通信网络必须适应各种应急突发场合，地域范围可大可小。当现场应急通信网络规模较大时，可将网络划分为多个应急通信区域网。每个区域网包括若干 CN，并为一定范围（几百米到几千米）内的 ON 提供服务。距离较近的区域网之间可以通过地面 CN 进行通信，当距离较远时可以借助于无人驾驶飞机（UAV）或卫星进行通信。为了提高通信质量和便于管理，希望每个区域网内的 ON 尽量一跳接入骨干网，但是这样需要配置较多的 CN，网络成本较高。另外，网络中 CN 数量过少会降低网络的冗余性和健壮性。同时，CN 的数量还受到 CN 的发射功率和分布的制约，如增大发射功率可以减少 CN 的数量，但是会造成较强的干扰。因此，应综合考虑这些因素。节点部署策略通常为：合理配置 CN 的数量，使骨干网尽量覆盖所有 ON，以便将指挥控制等重要信息迅速传送到 ON；允许 ON 一跳或经多跳转发接入骨干网，以减少 CN 的数量和增加系统的灵活性。当骨干网失效时，如果条件允许，ON 可以借助低空中继平台或高空卫星进行通信；否则，分级网络退化为平面 Ad Hoc 网络，此时服务性能会下降，但仍可以通过节点的多跳转发来满足基本的通信要求。

应急通信系统以 IP 协议为纽带连接各种异构网络，一般包括后方指挥中心内的有线局域网、应急现场的（无线自组织）应急通信网以及后方指挥所和应急现场之间的广域通信传输网（因特网、专用集群网络和卫星通信网），如图 4.5 所示。具体部署应急通信系统时，其包含的三大应用子系统分别运行在不同的硬件平台上。一般而言，指挥中心子系统安装在后方指挥所内的服务器（工作站）上，现场应急指挥子系统安装在现场应急通信车内的笔记本计算机或 PC 上，而现场应急通信子系统安装在营救人员的手持终端（PDA、手机等）上。应急通信系统中三大应用子系统之间的逻辑连接关系如图 4.6 所示。

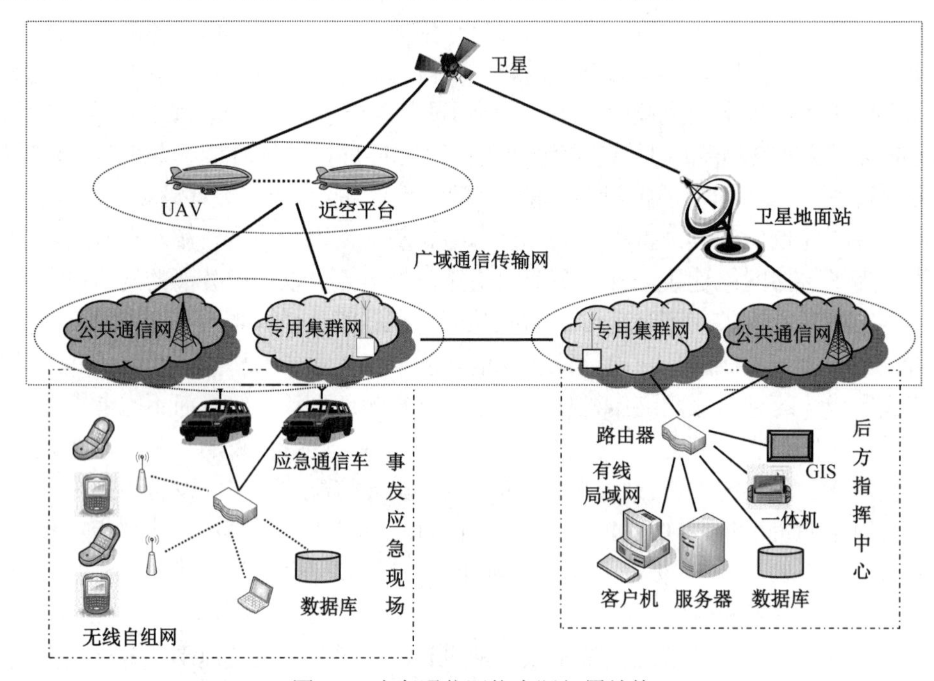

图 4.5　应急通信网络实际部署结构

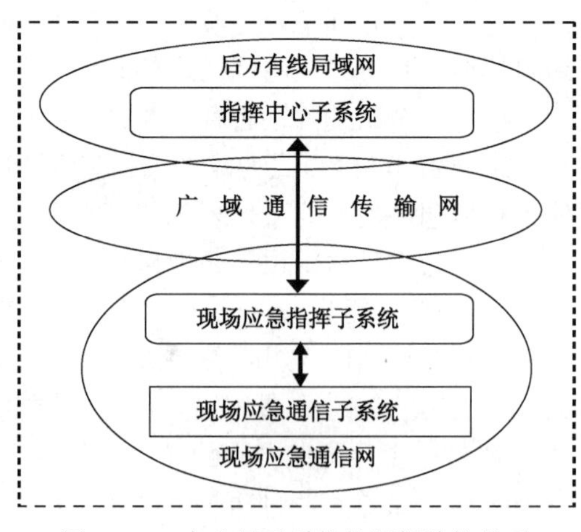

图 4.6　三大应用子系统的逻辑连接关系

一体化应急通信网络体系结构应是一种面向服务的网络体系结构，按需管理和调度应急突发场景下动态变化的通信和网络资源。在后方指挥中心内，客户机、服务器、电话/传真一体机、GIS 系统和数据库通过路由器构成有线局域网。其中，GIS 系统能将目标位置信息实时显示在指挥中心的大屏幕上，数据库负责存储应急响应行动的相关资料，包括电子地图、个人详细资料和事件背景资料等，以便当发生突发事件时向现场指挥中心提供所需的各种资料。在事发应急现场，可以使用蓝牙、Wi-Fi、Ad hoc 网络、无线传感网、Mesh 网络、无线蜂窝网络和 WiMAX 网络等通信技术手段来支持现场各类用户群体的通信服务。现场指挥中心设有数据库，负责对现场采集到的各种信息进行存储，包括声音、图像、文字等；同时还负责向现场人员提供关于出事地点或有关人员背景等相关信息，这需要从互联网和后方指挥中心获取。在应急事发现场，应急处置人员通常可以使用两类通信终端进行协同组网和通信联络，一类是无线自组织单兵终端，另一类是宽带无线集群通信终端，并且这两类终端可以结合使用。无线传感网主要实现对现场态势信息的采集，是现场接入网络的末梢网络。在应急现场，一个关键的应急通信部件是应急通信车（ECV）。当突发事件造成应急区域的基站受损或容量不足时，应急通信车将迅速到达现场充当临时基站，满足基本的吞吐量和网络覆盖要求。应急通信车也可以作为现场应急指挥车使用，指挥车中的指挥人员可以通过广域传输网获得指挥中心发来的文字信息、图像信息和命令；同时可以在指挥车的屏幕上看到现场人员的位置和状态，将有关指令发送给现场相关人员，并及时向后方指挥中心传递现场情况，以便后方指挥员做出正确的决定。连接应急现场和后方指挥中心的广域传输网可以采用固定电话交换网、数字数据网、基于 2G/2.5G/3G 的公共移动网络、专用集群通信网、卫星通信网和因特网等。

4.3.6 入网过程与管理

入网过程与管理是无线自组织应急通信网络的基础问题之一。为了快速组建无线自组织应急通信网，基于时间约束对网络节点入网和认证，应对网络通信启动直至节点全部入网的时间加以限制。

1. 入网过程

入网过程是无线自组织应急通信网络组网的重要环节，节点入网包括网络初始化或新节点加入两种情况。在入网过程中，入网流程和入网协议是两个重要的内容。在 IEEE 802.16d 和 MIL-STD-188-220 中，分别定义了 Ad hoc 模式下的入网流程，主要包括网络同步、能力交换、认证注册等。在入网过程中新节点入网需要 MSH-NCFG 和 MSH-NENT 两种消息。MSH-NCFG 消息由网络中的节点发出，可为相邻节点提供基本的通信信息，网络中的节点都应按照一定方式转发 MSH-NCFG 消息。MSH-NENT 消息是为新节点获取同步、进行实体初始化及加入网络提供的。下面简要介绍新节点入网的具体过程，主要可以分成两大步骤：

（1）新节点想要加入网络时，首先通过监听邻居节点发送的 MSH-NCFG 消息来获得相关网络参数，通过连续不断监听邻居节点的 MSH-NCFG 消息建立物理邻居列表，并完成与网络的大致同步。然后，新节点依据既定原则（如距离最近原则或通信能力最强原则），从建立的物理邻居列表中选择一个合适的候选代理节点作为入网请求转发节点；最后，新节点通过信道竞争获得接入机会，向候选转发节点发送包含候选节点 ID 的入网请求消息（MSH-NENT）。

（2）当候选节点收到请求消息时，判断是否接受此请求。如不接受，回复 MSH-NCFG:

NetEntryReject 消息；如接受，则回复 MSH-NCFG:NetEntryOpen 消息，这时候选节点变成新节点的代理节点。代理节点发送的 MSH-NCFG:NetEntryOpen 消息中包含的时间信息用以帮助新节点完成精确同步，并为新节点开放一个临时的通信调度资源。新节点利用代理提供的调度资源进一步执行能力交换、认证程序和注册程序。完成上述程序后，新节点通知代理释放临时调度资源，并给新节点发送确认消息。至此，节点入网过程结束，新节点可在网络中正常工作。

需要说明的是，对于基于 IEEE 802.16d 的 Mesh 网络，存在基站设备。因此新节点的网络同步、认证程序和注册程序都可通过基站完成。

2．入网管理

依据上述入网过程，一个新节点加入网络需要发送 MSH-NENT 消息，而候选/代理节点则需要发送 MSH-NCFG 消息来响应。新节点占用网络信道是通过竞争方式实现的，IEEE 802.16 协议给出了一个冲突避免的信道接入方法，该方法可以保证在网络节点发送 MSH-NCFG 消息时不会产生冲突。该方法的原理是让所有成员节点考虑自己两跳以内节点的 MSH-NCFG 更新时间，选择一个网络占有时机，使之发送 MSH-NCFG 消息不会跟两跳内所有节点有冲突。

当无线自组网按照 IEEE 802.16 协议的 PMP 模式部署时，节点的覆盖范围为十几千米。在图 4.7 中，假设节点 A、B 都为网络中的成员节点，并且 A、B 节点都不处于各自的通信范围内，而且彼此也不是对方的两跳邻居节点，因此节点 A、B 可以同时接入信道来发送自己的 MSH-NCFG 消息，而彼此不会产生影响。这时有一个新的节点 C 要加入网络，并且由于节点 C 的到来，使得原来没有关系的节点 A 和 B 现在变成了两跳邻居。假设节点 C 在某个网络接入时机成功地向节点 A 发送了 MSH-NENT 请求消息。节点 A 接受了这个请求消息后，在自己的信道占用时机发送 MSH-NCFG 消息进行应答。但是，由于节点 B 不知道节点 A 已经变成了两跳邻居，所以节点 B 也会在同一时机发送自己的 MSH-NCFG 消息；这样节点 C 就不能正确地接收到节点 A 的应答，所以节点 C 在超时后会重发请求消息。在节点密度比较大的情况下，这种类型的冲突会很多，将会造成很大的网络接入延迟。也就是说，节点 A 和 B 成为隐终端，这时可以借鉴相关的冲突避免信道接入协议来解决。

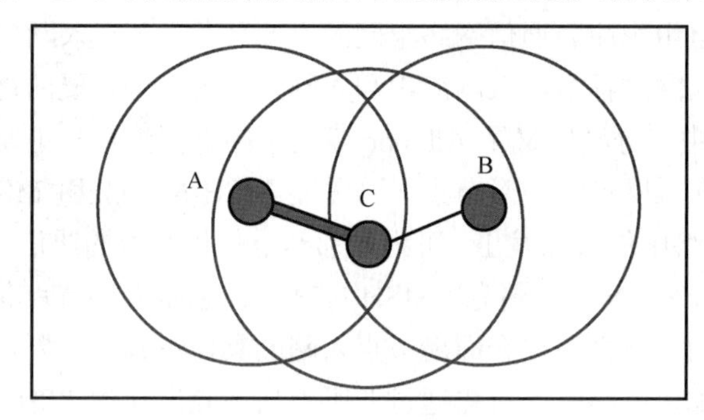

图 4.7 新节点入网示意图

当网络节点按照广域 Mesh 模式部署时，节点的通信范围比较大，基本上不会产生隐终端问题，但会带来新的问题。假定节点 A 是已有的网络成员，在某一时刻节点 B 和节点 C 同时到达网络并完成了网络信号同步。对 3 个节点而言，它们的通信范围都较大，均处在彼此的通信范围之内。这时如果节点 B 和节点 C 同时向节点 A 发送入网请求 MSH-NENT 消息，则会导致冲突。尤其在大量节点要加入网络的时候，这种冲突会更加频繁。

考虑到无线自组织应急通信网络要求节点应快速加入网络，所以需要采取有效的冲突解决算法来保障快速解决节点入网冲突。基于竞争/冲突的网络资源管理的实践表明，退避算法是一种解决冲突的有效方法。对无线自组织应急通信网络而言，如果在已知有大量节点要加入网络，并且这些节点相关信息已知的情况下，可选用集中式的静态配置的入网管理方法，使所有节点以无冲突的、最小时延的方式迅速加入网络。但是这种假设条件不符合实际，因此应采用分布式入网管理方法。分布式入网的基本思想是基于窗口选择的退避机制：给定一个随机窗口，在这个窗口中选择一个随机数，每当检测到网络的一个空闲时隙，随机数值减 1，当随机数减到 0 时节点就可以发送消息。但是，如何选择随机窗口以及如何在随机窗口中选择随机数是影响算法性能的重要因素。

此外，为了实现节点入网过程的快速认证，需要一种简单而有效的加密和认证机制。不同的应急网络中对节点的安全性、入网的时延要求不同。如战场环境中，节点入网时必须保障节点的可信度，否则将影响整个网络的安全。对于灾难现场，多数是为了传递现场信息，只要保障数据的正常传送即可，对入网节点的可信度要求相对较低。因此，对不同的应急通信场景，需要定义相应的可信等级并统一划分入网节点的可信等级。

4.3.7 结合无线自组网和蜂窝网络的混合式组网

蜂窝通信系统是覆盖范围最广的陆地公用移动通信系统。蜂窝系统需要有线网络通信基础设施的支持，如基站、交换机、卫星等。这些设施的建立和运转需要大量的人力和物力，因此成本比较高，同时建设的周期也较长。在发生重大自然灾害时，蜂窝网络中的部分基站设备会因受损而无法正常工作；即使基站可用，由于信道条件恶化或急剧增加的业务量也会使得许多移动终端不能访问基站。而无线自组网不需要基站的支持，由节点自主组网，并可灵活地重新选择路由；但是由于节点移动、隐终端和信道竞争引起的干扰，难以维护可靠的链路。另外，随着网络规模和路由跳数的增加，网络性能会明显降低。因此有必要结合分布式架构的无线自组网和集中式架构的蜂窝网络的技术优势，形成所谓的混合式多跳蜂窝网络，利用移动台的多跳转发能力扩大蜂窝移动通信系统的覆盖范围，对蜂窝系统中的盲区予以覆盖，均衡相邻小区的业务，提高小区边缘的数据速率等。

当前，结合无线自组网和蜂窝网络的混合式组网研究已不是一个新课题，很多研究工作主要关注的是提高数据传输速率、系统容量、扩大覆盖范围和保证服务质量。例如，MRAC 系统包括专用中继站和普通用户终端，但是最多只允许两跳转发。机会驱动多址接入（ODMA）模型结合了 MANET 和传统蜂窝网络特性的接入技术，终端可以灵活地选择传统单跳或多跳工作方式。然而 ODMA 系统中的每一跳都会因为业务调度、信道冲突和干扰限制而带来较大时延。ICAR 考虑了网络拥塞，引入 Ad hoc 中继站（ARS）在小区之间平衡业务量负载，如拥塞小区中的节点可以通过 ARS 来访问邻近非拥塞小区的基站。但是在大规模自然灾害面前，许多小区都会陷入拥塞。

混合网络模型 Sphinx 除考虑提高吞吐量和降低功耗外，移动站按照对等模式通信，但是在灾难环境下容易出现拥塞。上述这些机制大都没有考虑在应急场合下维护网络连接和可访问性。ECCA 组合集中式的分级网络（CH-Net）和 Ad hoc 网络，前者直接连接 BS 和邻近节点，后者直接连接节点。网络使用两种信道：一种是数据信道，用于 CH-Net 来传输大量数据；另一种是公共通信信道，用于 CH-Net 和 Ad hoc 网络来传送少量控制和状态数据以及紧急数据。节点可以选择操作在蜂窝模式或Ad hoc模式，前者直接向BS发送数据，后者需要动态构建到BS的路由。正常情况下节点操作为蜂窝模式。在紧急突发事件发生时，节点发现无法与BS直接通信并尝试一定次数时会切换到Ad hoc模式，并设法通过多跳转发来构建一条到BS的路由（只需找到能够到达BS的下一跳节点即可）。

例如，在图4.8中，当基站B出现故障时，移动节点4可以通过中继转发节点2或5来访问基站A或C，从而避免通信中断；即使基站B没有故障而只是其所在小区出现网络拥塞，通过上述方式也可减轻基站B的业务处理负担。

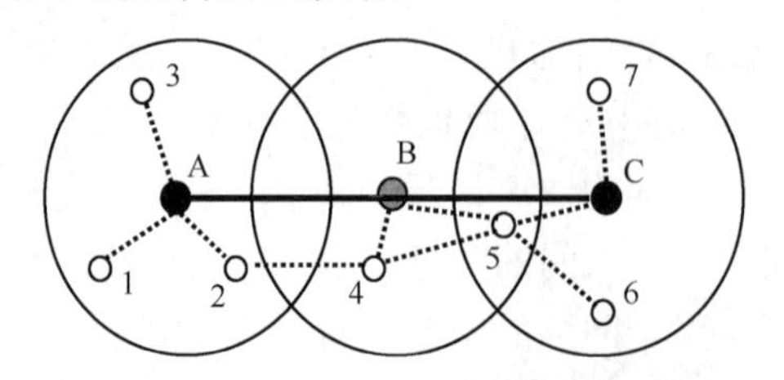

图4.8 多跳蜂窝通信网络结构

当应急通信区域的基站数量不足时，还可以部署适当数量的应急通信车（Emergency Communication Vehicle，ECV）充当临时基站，以满足基本的吞吐量和网络覆盖要求，如图4.9所示。混合式应急通信网络可以视为分级网络结构：低层是移动终端自组构成的多跳通信网络，高层是基站和应急通信车之间构成的骨干网络。混合式无线网络中的应急通信过程分为两个阶段：首先，移动终端按照蜂窝模式正常访问基站，如果接收到的功率过小，则尝试采用多跳中继方式；在多跳中继转发下，移动终端基于信道质量和路由跳数查找和选择到基站的多跳路由，并定期更新路由表。在这种混合式应急通信网络中，移动终端至少应配备两个无线网络接口，其中一个蜂窝网络接口用于和基站通信，而另一个蓝牙或IEEE 802.11接口用于和其他移动终端进行通信。此外，移动终端应存储必要的应急信息，包括位置、状态、紧急程度等。为了提供更有效的通信服务保障，应急通信车和基站还可以充当访问因特网的网关。网关不仅充当内外网之间的业务转发节点，而且还担当内部网络地址和外部全局可路由地址的翻译节点。

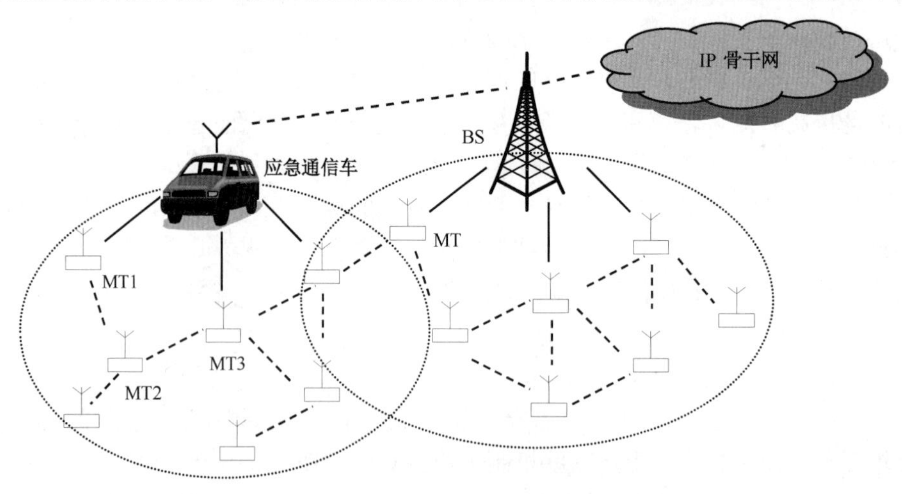

图4.9 基于蜂窝和ad hoc网络的应急通信网络

4.3.8 网络特点和优势分析

不难看出，一体化应急通信网络中使用了多种通信技术手段，它们各有使用场合及优缺点。由于仅使用某一种技术手段不可能满足多样性的应急通信需求，所以应根据应急事件的性质、程度和涉及范围以及用户的需求，将多种可选技术合理地集成到一个通信平台上，使它们相互补充，互为备份，协同工作。这样当某种通信网络变得不可用时，应急通信网络可按照预先定义的规则或自适应地自动或手动切换到另一种通信网络上。这种一体化应急通信网络涵盖公网和专网，实现了有线固定通信和无线机动通信的结合，提供了地面、低空和高空通信平台，可以在合理的成本投入下提供一种高可用、健壮和灵活的通信服务平台。

这种一体化应急通信网络体系结构的优点体现在以下几方面：

（1）通用性——不依赖特定的网络技术，支持各种空中接口技术，如 GSM、UMTS、WiMAX，并能适应多样化的应急网络部署情景，包括广域覆盖、热点覆盖和室内覆盖；

（2）可用性——允许灵活集成各种网络和通信资源，包括存储、计算和通信资源以及能源。

（3）可靠性——充分利用新的网络技术，以及各种现存的无线设备的通信、计算和存储能力，在任何时间、任何地点按需提供网络容量和覆盖范围，不依赖网络基础设施就可以有效支持应急现场通信；

（4）可扩展性——由于没有中心控制点，网络可以方便扩展到需要的规模；

（5）互操作性——通过采用标准的 IP 协议，可以实现不同网络之间的互操作性；

（6）自配置性——IP 地址分配、网络拓扑发现、传输参数选择和移动管理都可以自动配置完成，需要最小的人为干预；

（7）性能增强——各种通信手段的综合运用增强了态势感知能力，减少了传输时延和呼叫建立时间，可以支持开展多样性业务的需求，扩展了应急场合下各类用户群体的通信范围和服务支持能力；

（8）安全性——通过采用包括认证、加密、扰码和链路层安全协议在内的综合安全防护机制，可防止欺骗、信息窃听和会话劫持。

总之，基于无线自组网的一体化异构应急通信网络具有通信设备机动性、网络抗毁性、系统可靠性和服务可用性等优点。

4.4 基于 RBAC 的应急响应模型研究

4.4.1 需求背景

公共突发事件可能发生在政治、经济、社会、金融、资源、环境等多个方面，如经济危机、重大事故、恐怖活动和自然灾害等。诱发这些突发事件的原因可能是自然灾害，也可能是人为造成，或多种因素共同作用所致。因此，政府需要针对公共突发事件制定有效的应急响应机制，采取有效措施保护人民的生命与财产，动员和组织民众实施紧急救助，最大限度地减少人民群众的损失。当前，我国在应对公共突发事件方面还存在许多不足，如应急体系结构不健全[1]、科技保障落后、法律体系有待完善等。以地震灾害应急响应为例，我国的救援机制过于注重国家层面的总体协调，导致灾害发生后，应急部门之间的协调性较差，甚至出现地震发生后才组织指挥部、临时拼凑人员的现象，使应急部门不能及时有效发挥作用。另外，应急预案难以在救援现场实施，可操作性较差。这种现状直接导致了救援效率低下，容易造成人民群众生命和财产的大量损失；因此需要建立有效的应急响应模型，对现有的应急体制进行优化和改进。常规网络的首要目标是维护主机的端到端通信连接，而应急通信网络的主要目标是支持各类用户群体获得必需的资源和服务。因此，应急网络中的通信必须是基于角色的。例如，基于 RBAC（Role-Based Access Control，基于角色的访问控制）的应急响应模型，能够快速实现不同环境下应急响应的有效运行，增强了传统应急响应机制的适应性、时效性和安全性。

4.4.2 应急响应的一般模型

应急响应就是针对突发事件的紧急处理，包括应急通信、应急决策、应急指挥和应急处置等。有效的应急响应活动离不开便捷的通信手段、畅通的指挥流程和及时的反馈系统。此外，应急响应活动还需要大量可靠数据的支持，这些数据可能来自不同的单位和部门，只有进行信息资源整合，才能有效支持应急响应的各种活动。

对我国而言，当出现突发事件时一般采用“乡（镇）—县—市—省—中央政府”分层交互的应急响应模式进行消息收集和决策下发。这种应急模式有两个弊端：第一，分层交互的信息交互模式，会错过解决突发事件的最佳时机。前线要经过多层部门才能和后方进行沟通，应急响应不能及时、有效地得到开展，特别是部分地区因为道路交通等原因，还会拖延救援行动。第二，这样的响应模式属于事后反应型，灾害发生后才能对其采取措施，因此这样的反应模式不能充分发挥人的主观能动性和现有的研究成果。针对这两个弊端，应建立反应迅速且能遂行多种任务的应急响应模型，将指挥体系扁平化，以便快速、有效地实施应急活动。为此，除了设置少量指挥机构，还可以组建多个应急响应任务组，这些应急任务组通常是由一个或多个专业机构或组织的人员构成，能利用专业的知识、技术和设施，为不同环境下发生的各类突发事件提供技术支持和专业指导，其模型如图 4.10 所示。图 4.10 中的应急响应机制模型包含了 5 个部分：应急任务组、现场指挥机构、应急指挥中心、总指挥和应急信息处理平台。图中的双向箭头表示实体之间的权限委托、资源继承和信息共享；单向箭头表示单向指挥，是对现场指挥的指导或根据需要调度应急任务组。

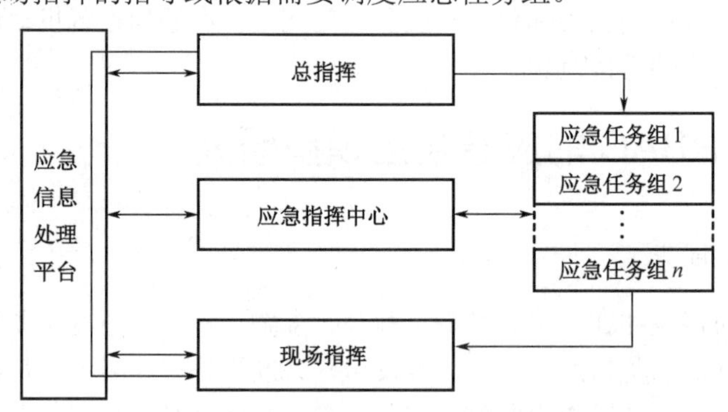

图 4.10　应急响应机制的一般模型

应急任务组是指针对专业领域发生各种突发事件进行相关研究，形成拥有专业理论支撑的特殊机构。应急任务组利用现有的知识对可能出现的突发事件进行预测和分析，提前做好预防措施，并将情况交给应急信息处理平台进行处理。现场指挥担负着现场信息搜集、处理、传递的重要任务，是处置突发事件以及抢险任务的直接执行者。应急指挥中心担负着应急指挥任务，在紧急情况下运用正确的指挥，充分发挥有限的应急力量控制事态发展，体现在突发情况下减少损失、保护生命财产安全的效率。总指挥提供应急决策和资源调度，处于战略指挥位置，为应急响应构建一个平战结合、预防为主的指挥平台，为应急指挥中心提供人力和物力等资源支撑的后勤保障。应急信息处理平台提供应急通信以及管理信息和资源，对总指挥、应急指挥中心和现场指挥提供的信息进行专业处理，模拟实施方案并将结果反馈给各级指挥参考，从而提出最佳的解决方案。不同的指挥层能够根据需要，通过应急信息处理平台进行信息交互。总指挥可以实时掌握应急指挥中心和现场指挥的情况和数据，应急指挥中心和现场指挥可以根据资源的使用情况进行资源调度。这种 3 层指挥模式能够实现公共安全从被动应付型向主动保障型、从传统经验型向现代高科技型的战略转变，促进应急管理水平的全面提升。

4.4.3 基于 RBAC 的应急响应模型

现有的应急响应模型没有很好地解决角色分配、权限继承和资源分配问题。RBAC 能够减小授权管理的复杂性，降低管理开销，灵活地支持对象的安全策略，并且具有很强的对象描述能力。为此，在一般应急响应模型的基础上，提出了基于 RBAC 的应急响应模型（RBAC Based Emergency Response Model，RBERM）。

1. RBERM 模型描述

RBAC 是一种在网络安全领域中有着广泛应用的基于角色的访问控制模型，包含用户、角色、目标、操作、权限 5 个基本元素；将权限赋予给角色，当给用户指定一个角色时，此用户就拥有了该角色所对应的权限。RBAC 中的角色划分以及权限分配有着严格的限制，灵活性不够。在实际的应急响应环境中，应急指挥者往往为了解决某类突发事件，需要临时创建一些角色，并将相应的权限和资源委派给这些角色。但是，传统的 RBAC 并不能胜任这些任务。RBERM 对传统的 RBAC 进行了扩展和改进，主要体现在支持角色的动态扩展，考虑权限和资源的选择性继承。

2. 命名

为了方便基于角色的通信，节点通过属性名（如角色）进行标识以表示节点所对应的功能和能提供的服务。角色示例包括“指挥员”、“营救人员（警官、消防员、医务人员等）”、“志愿者”、“受害者”、“网关”和“因特网访问点”等。在应急通信环境中，大部分角色可以预定义和预注册，这也是灾前准备工作的一部分。而一些短期临时性角色则需要动态地进行分配和管理。由于基于角色的命名本质上是面向功能的，因此在应急通信网络中使用基于角色的命名是很直观的做法，可以很好地支持各种应急服务。在这种通信场合常常使用泛播和多播通信模式，如向救援小组发送一条消息或者从最近的志愿者那里获得帮助。基于角色的命名非常灵活，一个名字可分配多个角色。此外，基于角色的泛播路由策略在大型分簇网络中具有较好的可扩展性，因为路由到一组节点中的任何一个节点要比路由到组中各个节点稳定得多，而且开销也小许多。此外还可以利用角色和资源使用权限之间的关系来实施有效和灵活的访问控制。

为了防止可能的滥用，必须对角色加以认证。认证最好通过基于公钥的签名来实施，挑战在于证书的发放和回收。节点名称最终要绑定到节点的硬件接口，如 MAC 地址，以完成邻居节点之间的消息交换。这类似于 DNS 名称到 IP 地址的映射。但是不同之处在于名字只在逐网段的基础上绑定到地址，跨越网络边界的邻居节点之间的通告需要经过认证。另外，跨越多网段的路由和传输服务仍使用 Phoenix 名字进行操作。这样做不需要维护和查询类似 DNS 的分级命名结构，因为这在频繁断链的应急网络中是难以实现的。

3．角色的扩展

在应对公共突发事件时，通常需要创建一个临时用户组，赋予它新的角色名称和一组权限，但传统 RBAC 模型只允许级别最高的用户（也就是图 4.10 中的总指挥）拥有该权限。为了消除这一限制，RBERM 模型对角色的概念进行了扩展，将角色分为永久角色（Permanent Role）和临时角色（Provisional Role）。永久角色是由总指挥在模型初始化时指定的角色，临时角色就是其他指挥机构根据需要临时创建的角色。临时角色受存在条件和生命期限的限制，当存在条件和生命期限都符合要求时，才能激活该角色。当存在条件不符合，或不在生命期限内时，则该角色被禁止。根据 RBAC 模型的权限设计思想，只有当角色被激活时，用户或用户组才可以使用相应的权限对资源或者事件进行操作处理。

创建和管理熟知的长期角色较为直观，因为在灾前就可以建立这些角色，如“警官”、“消防员”和“志愿者”等。这些角色是 Phoenix 名字的一部分，采用名字属性的方式。为了在应急情况下按需分配角色，定义一个称为角色管理器（RM）的特殊的长期角色。充当 RM 的节点能够向节点发布新的证书，支持新角色的创建和角色的重分配。例如，RM 能为连接因特网的应急通信节点分配“因特网接入点”的角色。

4．权限的扩展

对角色进行扩展，能够使各级指挥者拥有创建临时角色的权限，但还不能实现权限的选择性继承。例如，当一个角色 R2 继承了另一个角色 R1 时，R2 就拥有了 R1 的全部权限，这种继承关系中角色权限的继承是全部继承，不是部分选择性的继承。因此需要对权限概念进行扩展，将权限划分为公有权限、私有权限和保护权限。RBERM 模型中的角色权限继承关系如图 4.11 所示。

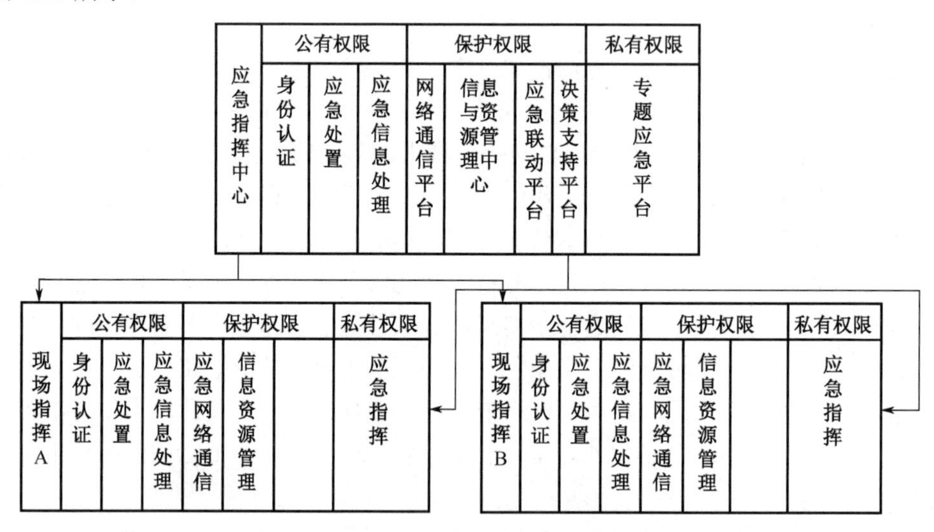

图 4.11　应急响应中角色权限委托继承模型

公有权限是不同的角色等级都共同具有的权限，如身份认证和应急信息处理等；保护权限是可以被继承或委托给下级角色的部分权限；私有权限是该角色的内部权限，不能被继承或委托。在图 4.11 中，应急指挥中心创建现场指挥 A 和现场指挥 B 来应对出现的突发事件。根据任务的不同，现场指挥从应急指挥中心继承的权限也不同。公有权限能被所有的生成角色完全继承；私有权限不能被任何子角色继承；而保护权限可以被生成角色部分继承。

对于保护权限，需要引入权限深度，定义为（p, d）；其中 p 为权限，d 为权限深度。权限每被继承或委托一次则 d 减 1，当 d 小于 0 时，权限 p 被视为无效而被删除。因此可认为；私有权限的 d=0；公有权限 d 为∞；而保护权限的 d 为一正整数。这样的权限划分能够简化角色权限委托继承的复杂度，限制权限的使用范围，实现权限的全部或部分继承。在图 4.11 中，应急指挥中心的公有权限可以不限制地被继承，私有权限不能被继承，这是因为公有权限的继承深度为∞，私有权限的继承深度为 0；对保护权限只需细分，现场指挥 A 和现场指挥 B 都能从应急指挥中心的网络通信平台和信息与资源管理中心继承权限，如现场指挥 A 继承的权限少于现场指挥 B 所继承的权限，这样可以容易地实现权限继承的灵活配置。

5．资源的继承

应急资源包括防灾、救灾、恢复等环节所需要的各种应急保障性资源。我国对应急资源的管理主要采取依托相应职能部门的非常设机构来进行，实行的是分灾种、分部门、分地区的管理模式。这种管理模式对突发事件应急响应需要的信息和资源整合度较低。在应急资源的需求确定方面，主要由各灾种的主管部门负责。这种模式下的资源调度有可能会造成资源的浪费，甚至在资源有限的情况下不能保障资源结构的合理性，使得应急资源不能发挥最大效用。此外，传统的资源管理模式在对资源进行调度时主要针对的是特定的突发事件，不能满足复杂应急环境下的资源调度。只有将资源进行统一管理，由总指挥通过应急信息处理平台将资源调拨给应急指挥中心，应急指挥中心再通过应急信息处理平台得到资源的使用情况，然后根据需要提前调拨资源给现场指挥。这样的调拨模式既能较好地应对复杂环境下的突发事件，还可以从整体上对资源进行分配，掌握资源的使用情况，避免资源的浪费和不合理配置。

在图 4.12 中，“*”表示资源。从图中可以看到，资源和权限一样，也需要被继承，但资源只能部分继承，上级角色将这部分资源配发给下层角色，就失去了对这些资源的控制。资源和权限密切相关，下级角色继承得到了上级配发的资源，还需要继承相应的权限才能实现对这些资源的操作。如上级角色在面对紧急情况需要使用这些资源，可以向下级角色进行资源征用；当下级角色因为缺少资源无法应对突发事件时，就需要向上层角色申请资源和权限借用，在突发事件解决后，需要将资源和权限归还给上层角色。

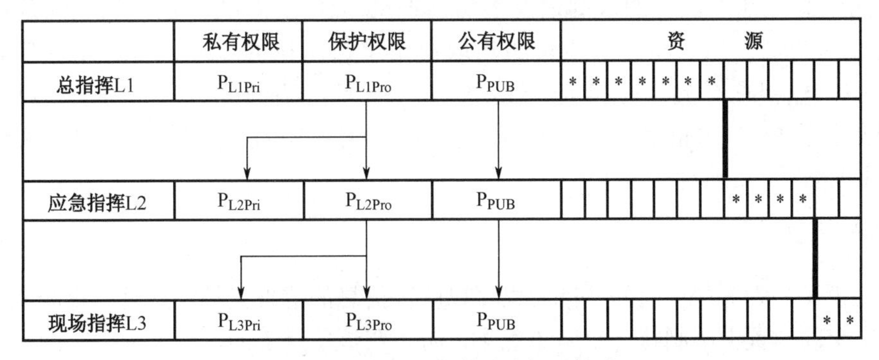

图 4.12　应急响应中资源和权限的继承

4.4.4 约束条件分析

RBERM 应急响应模型应能对各类突发情况进行描述，所以模型必须具有很强的灵活性和安全性，因此需要增加约束条件进行限制。在现实中，应急事件类型和所处的环境存在较大差异，因此本节只对部分模型约束进行简单描述。

1. 时间约束

资源和权限具有非常密切的联系，权限的操作建立在资源基础之上，如果资源不能被调配，相应的权限也就不能实现。为保证及时、有效地应对突发事件，增加特定时间范围内激活权限的次数限制[6]，用来限制用户或角色在一定的时间范围内的激活次数不超过一个规定的上限，或必须超过一个绑定的下限。这就引入了激活时间属性，该属性可以记录用户或角色使用资源的时间和权限。这个属性记录的时间数据可以供以后查看，为模型的高效、合理优化提供信息支持。这一限制进而又为模型引入了时间约束，限制在一个规定的时间范围内激活权限或者权限激活维持在一个有限的时间范围内，而超过这个时间范围该权限不允许生效。

对模型引入时间约束主要有两种方法：第一种是对 RBAC 模型做时间上的扩展，通过定义一个离散时间点序列来模拟现实世界中的连续时间序列；第二种是通过引入日历的概念来定义周期时间表达式，通过周期的时间检测使角色处于许可和非许可状态。第一种时间约束方法可以在空间信息处理平台对突发事件进行动态模拟推演，通过不同的处置方案快速得到不同的结果，从而甄选出最佳方案。第二种时间约束方法可以限制权限的执行，即为按照一定的发生顺序串行或并行的执行，减少权限在执行过程中发生其他意外情况。

2. 职责分离约束

职责分离的目的是为了减少重大错误发生的可能性，降低安全风险。它通过将一些安全敏感的任务分割成几部分，并将完成任务所需要的权限分配给多个成员来实施。在基于角色的系统中，职责分离是通过控制成员的分配、权限的分配、角色的激活和使用来实现的。

Elisa Bertino 等人提出了 GEO-RBAC 模型，它扩展了传统的 RBAC 模型，以将其用于处理空间和基于地理位置的数据信息的访问控制。GEO-RBAC 定义的空间角色是受地理位置约束的角色，用户角色是否被激活取决于用户所在的地理位置。角色模式（Role Schema）使该模型具有灵活性和重用性，扩充空间环境下的职责分离约束，解决不同粒度（空间角色模板/空间角色实例层）、不同维度（空间/非空间）和不同的约束验证时间（静态/动态）。

3. 空间约束

空间约束可分为 3 类：空间区域约束可以解决信息的位置依赖性问题；空间职责分离约束能在特定空间位置上限制特定空间角色集，防止在该位置上的授权冲突；空间角色激活基数约束能够实现最小特权的管理和基于位置的信息安全管理。

4.5 本章小结

应急通信并不是一种独立存在的新技术，而是多种技术在应急情况下的特殊应用。研究应急通信的特点和网络体系，充分利用各种通信手段保证应急情况下的通信保障，不仅需要考虑通信网络演进的趋势性，还要充分利用有前途的网络新技术来设计有机结合有线网络与无线网络的异构应急通信网络体系。本章针对应急通信的特点和要求，描述了基于无线自组网的一体化应急通信网络体系框架的提出背景和构建需要，说明了这种网络体系框架的设计思路和具体方案，包括系统结构、网络结构、部署方案和入网管理等，并给出了一种适用于应急通信场合的基于 RBAC 的应急响应模型。

一体化应急通信网络应该充分利用当前各种网络、通信和信息技术手段，并将它们有效地集中到一个便于配置和管理的可扩展、可靠的异构应急通信平台上。这种网络能够在灾难出现时为政府和公众提供必要的信息服务，高效实现各系统之间的信息共享，并且在平时能够为政府和公众提供一般信息服务。最后，必须清醒地认识到，一体化异构应急通信的具体构建和实现仍面临着大量的技术难点和挑战，是一项复杂的系统工程，需要政府、相关机构和广大科技工作者不断地努力和创新。

第5章　支持应急通信的异构网络融合技术

异构网络融合可以实现不同网络间的互连互通、资源共享和业务综合，是未来网络发展的必然趋势。应急通信系统要充分发挥其功效，必须有效解决所属不同类型的网络之间的融合互通问题。本章首先概述异构网络融合的背景需求和研究发展现状；然后分析异构网络融合面临的技术问题，阐述异构网络互连原理和策略；在此基础上，给出一种支持异构网络互连的应急通信网络体系结构，以及无线自组网与其他网络互连互通的技术方案；最后，提出一种基于用户等级和负载均衡的多属性网络选择算法，并进行了性能分析。

5.1　背景需求

随着移动通信和互联网（也称互连网）技术的高速发展，涌现出了大量不同类型的通信网络，用户已置身于一种复杂多样的异构网络（Heterogeneous Network）环境之中，信息获取和传输的手段以及数据存储和共享的方式发生了很大变化，人们能够以多种方式随时随地接入网络，以满足通信的多样性需求。当前，网络种类繁多，各具特点，但没有一种单一的通信方式能够为用户提供一个高带宽、广地理覆盖以及综合了语音、数据和各种多媒体业务的综合网络。因此，这些网络之间必定是一种共存发展的关系，并且从经济和技术上考虑（在今后很长一段时间内没有哪一种网络独自能够满足各类用户多样化的通信服务需求），预计这种关系仍将长期存在。这些网络涵盖有线通信网络（主要是 PSTN 网络和因特网）、无线通信网络和卫星通信网络，特别是体现在各种新兴的无线通信网络方面，包括 2G 和 3G 蜂窝移动通信网络（如 GSM、UMTS、cdma2000 等）、无线个域网（WPAN，如 IEEE 802.15）、无线局域网（WLAN，如 IEEE 802.11）、无线城域网（WMAN，如 IEEE 802.16）、无线广域网（WWAN，如 IEEE 802.20）、移动 Ad hoc 网络（MANET）、无线传感网（WSN）和无线 Mesh 网（WMN）等。不同网络的异构性（Heterogeneity）主要体现在 3 个方面：第一，是网络接入技术的异构性，典型的接入技术按作用范围划分可分成 WWAN、WMAN、WLAN 和 WPAN 技术；第二，是组网方式的异构性，除了单跳式无线蜂窝网络，还有多跳式无线自组织网；第三，是用户终端的异构性，存在大量功能不同、性能各异、形式多样的通信和网络终端。

尽管异构网络为用户提供了多种多样的通信方式和网络接入手段，但是如果它们之间不能实现有效的互连互通，则会产生许多信息孤岛，无法提供具有端到端服务质量（QoS）保证的通信服务，从而大大削弱网络的整体效用和用户的服务体验。用户要求能够自由地享受独立于终端和网络制式的开放式服务，但不同无线网络之间的差异性和不兼容性却制约了这一需求。两者的矛盾客观上加速了异构网络之间的融合。因此，异构网络融合互通不仅是实现信息共享和构建无所不在的通信网络的迫切需求，也是今后信息网络发展的必然趋势；从而适应不同的通信场合和不同的业务需求，实现不同的技术体制对特定应用环境和业务需求的优化。异构网络融合必须充分利用不同网络间的互补特性，解决多种不同类型网络的有机融合问题。也就是说，异构网络融合就是采用通用、开放的技术实现不同网络或网元的互连、互通和集成，涉及接入网融合、核心网融合、终端融合、业务融合和运营管理融合等方面。

网络类型繁多对于运营商和用户来说不见得是一件好事。对于用户来说，必须携带若干不同的无线通信终端才能保证在不同的环境中保持通畅的信息服务；而对运营商来说，则需要建立不同的网络提供给用户，这将导致网络维护费用的剧增和平均收益的降低。因此，在异构网络之间实现无缝漫游和通信就是一件非常紧急的需求。

当前，应急通信主要依托现有的通信基础设施（包括公众通信网络和公众传媒网络），并在基础设施受损或不能满足通信需求时快速部署无线自组网，以及利用专用卫星和集群通信系统。在应急通信场合，单一的通信技术手段和通信网络已不能满足在复杂多样的应急环境中为各类用户群体提供快速、灵活、可靠的通信服务保障的要求，必须充分利用有线、无线、卫星等多种通信手段，构建一种融合无基础设施网络和有基础设施网络的异构应急通信网络，以便为多种应急突发情况提供有效的通信保障。面对重大突发事件，如何结合常规通信手段、专有应急通信系统以及短波和卫星等通信方式，通过网络融合快速组建可靠、高效的应急通信网络，确保应急现场救援各部门、公众和后方上级指挥决策部门相互间能正常通信，已成为迫切需要解决的重大技术问题。也就是说，异构网络融合互通是组建一体化应急通信网络的基础工作，目标是实现各类业务在不同网络之间的透明传输和移动终端在不同网络之间的平滑切换，为移动终端获取泛在的应急通信服务提供基础网络平台。例如，在实际的应急通信场合，无线自组网不可避免要与其他网络互连，特别是与蜂窝网络和 Internet 进行互连。由于无线自组网与有基础设施网络的路由方式不一样，如果要在它们之间实现无缝互连，就必须存在一种特殊的网关，它既能适应基础设施网络的层次性路由机制，也能适应无线自组网中的特定路由机制，并且能实现不同网络中节点间的通信。

另外，应急指挥系统往往由多个相互独立又互为补充的通信系统构成，这些层次不同、体制各异和地理分散的通信系统共同组成了应急指挥系统的信息传输平台。这一平台的通信设备品种繁多，没有统一的操作接口，传输的数据格式、设备控制方法各异。为了提高通信网络对指控系统的支撑能力，增强指控系统的适应性和可用性，保证应急指挥系统的功能得到充分发挥，解决异构通信网络的互联互通问题就越来越重要。应急协同指挥建立在异构应急通信网络互连互通的基础上，主要涉及两个层面：上级到下级的纵向指挥调度和同级之间的横向联动响应；实现各相关应急处置部门以及本部门内部应急处置人员的高效协作与信息共享。此外，应急通信场合的通信模式与传统通信模式有很大不同，它不仅要了解待援者的态势信息（主要是获得目标的位置和周围环境信息），将有关救援信息高效分发给不同救援群体；而且幸存者还希望与救援人员或亲朋好友取得联系，救援人员之间以及和上级之间也都需要保持联系。为此，必须能实现不同用户所处的各种异构通信网络以及所使用的异构通信设备的互连互通，以便协调各类用户群体之间的协同行动，高效完成应急响应任务。例如，美国纽约 9·11 事件造成救援人员伤亡惨重的一个重要原因，就是各部门间的无线通信系统不能互连互通。在事件现场，当警用直升机发现世贸中心北楼受损严重时，用警用信道呼叫，要求北楼救援人员全部撤离。大部分警察收到了呼叫，但由于消防部门未能与警察部门实现很好的互通，所以未能了解大厦将要倒塌的消息，而继续进入北楼进行营救，最终导致了 300 多名纽约消防队员的牺牲。通过对 9·11 事件的反思可以看出，各应急处置部门的通信系统间的互连互通和通信资源的有效整合，已成为应急处置和救援行动中亟待解决的问题。

5.2 研究发展现状

网络融合的概念可以追溯到 20 世纪 70 年代。当时通信界提出了网络和业务综合（Network and Service Integration）的概念，如著名的综合业务数字网（ISDN）和宽带综合业务数字网（BISDN）；但是受到业务和技术发展的制约，ISDN 未能获得成功。Internet 诞生的一大初衷就是为了解决网络的互连，而且更多的是集中在异构有线网络的互连。相比较而言，异构无线网络互连的研究还较少，更多的是各自为政。直至 20 世纪 90 年代，随着移动通信技术的发展，国外提出制定 IMT-2000 全球统一移动通信标准的目标，但也未能成功。与此同时，20 世纪末伴随着 Internet 的迅猛发展，业界提出了下一代网络（NGN）的概念，研究思路由网络综合转向网络融合（Network Convergence），首次在统一的 IP 技术基础上展现了信息通信网融合的前景。NGN 关于网络融合的研究成果集中体现在由 3GPP 提出的 IP 多媒体子系统（IMS）技术，它集成了电信网和因特网技术以及固定网和移动网技术，形成了包括 3 个层面的融合技术：网络融合综合了互联网 IP 技术、软交换技术和蜂窝核心网技术；业务融合综合了开放式 Parlay/OSA 技术和 Web Services 技术；管理融合综合了电信网管理、IP 网络管理和策略控制技术。

实际上，从20世纪90年代以来，电信网、广电网与互联网融合发展的问题就被提上了议事日程，也就是我们常说的“三网融合”。三网融合的目标是实现三大网络的互连互通、资源共享和业务综合，为广大用户提供包括语言、数据、广播电视和多媒体业务在内的多样性服务。三网融合是信息技术不断革新应用的产物，也是信息化不断深入发展的必然要求。但是，直至今日还没有完成真正意义上的“三网融合”。鉴于三网融合已进入实质性实施阶段，这里主要关注异构通信网络（特别是异构无线网络）之间的融合互通。

迄今，学术界和产业界已就异构网络融合问题相继提出了大量实现机制和演进方案，涵盖了无线网络与 Internet 的融合、无线广域网与无线局域网的融合以及无线局域网和蜂窝网络的融合。欧洲电信标准化组织（ETSI）和其他一些标准化组织已经对蜂窝通信网络与 WLAN 的融合进行了广泛的研究。例如，WLAN 的标准化组织建立了无线互通工作组（WIG）来处理蜂窝通信网络与 WLAN 的互通机制。针对无线广域网（如 GPRS）与无线局域网的融合，ETSI 制定了松耦合和紧耦合两种方案。在松耦合下，WLAN 作为 GPRS 网络的补充，只利用 GPRS 网络的用户数据库，与 GPRS 的核心网络没有接口。而在紧耦合下，WLAN 则通过特定的网络接口直接连接到 GPRS 核心网。由于 3G 标准的选择趋于多样化，各个国家采用了多种无线通信技术，并且所分配的频段也有所不同，异构网络之间的融合成为通信产业发展的必然要求，而多模终端取代单模终端也成为无线通信由2G向3G逐步演进的必然结果。未来的 B3G 移动通信系统将实现全球统一的通信体制，其首要目标是将各种网络的优势联合起来，实现全球网络的融合，这样用户就可以任意选择不同的网络，获得最佳的服务。因此，B3G 系统必须解决在几种不同通信系统的重叠区域内如何选择最佳系统和子网的问题，这也是 B3G 的关键技术之一。

目前多网融合的研究取得了很大进展，有两个主流方向：一是以 IP 骨干网为基础的网络融合，二是基于 Ad hoc 模式的多网融合。基于 Ad hoc 网络的多网融合系统可以扩展无线通信的覆盖范围，提高资源利用率，改善系统吞吐量，平衡业务流量，降低移动终端的功耗，因而成为近年来国内外研究的热点；特别是在无线自组网与蜂窝移动通信系统的结合方面取得了一系列研究成果，提出了许多实用的网络模型，如 A2GSM（Ad hoc assisted GSM）、MCN

（Multi-hop Cellular Network）、SOPRANO（Self-organizing Packet Radio Ad hoc Networks with Overlay）、iCAR（integrated Cellular and Ad hoc Relaying system）、UCAN（Unified Cellular and Ad hoc Network architecture）等。A2GSM 在传统蜂窝网络中支持移动终端多跳中继，以增加系统容量、增强网络覆盖和解决始终存在的蜂窝覆盖盲区问题；MCN 提出允许数据包从移动节点多跳传输到蜂窝通信系统基站的集成通信网络模型；SOPRANO 将蜂窝网与无线自组网相结合，在蜂窝网中引入动态分布的具有路由中继转发功能的无线路由器，以提供无线因特网和多媒体服务；iCAR 的基本思想是通过设置一定数量的自组网中继站（ARS），实现小区间业务流量的负载均衡，以控制网络拥塞、疏导热点区域和避免掉话等。

从全球范围看，欧盟对于异构网络融合的研究居于领先地位，开展了一系列研究项目。例如，BRAIN 项目提出了无线局域网与通用移动通信系统（UMTS）融合的开放体系结构；DRiVE 项目研究了蜂窝网和电视广播网的融合问题；MOBYDICK 项目重点探讨了在 IPv6 网络体系下的移动网络和 WLAN 的融合问题；MAGNET 项目通过设计、研发和实现个人网络（PN）来为移动用户在异构网络环境中提供无处不在、安全的个人服务；EuQoS 项目侧重于研究异构网络的端到端 QoS 技术；WINNER 项目希望以一个无处不在的无线通信系统代替目前多种系统（蜂窝、WLAN 和短距离无线接入等）共存的格局，以提高系统的灵活性和可扩展性，并能够在各种无线环境下自适应地提供各种业务和服务。这些项目的研究范围涵盖接入、网络和业务等方面，既相互竞争又相互合作，从多个层面和角度对异构网络融合问题进行了有意义的研究。虽然这些项目提出了不同的网络融合的思路和方法，但与多种异构网络融合的目标仍有一定距离。始于 2004 年的环境感知网络（Ambient Network，AN）项目提出了基于认知网络和无线自组网的网络融合理念，为异构网络融合的实现提供了更广阔的研究空间和更有效的技术途径。AN 项目的研究工作涉及很多方面，包括移动性管理、多无线接入方式、无线资源管理、动态网络连接和路由、服务感知自适应传输以及异构网络的统一动态融合机制等。AN 是一种基于异构网络间的动态合成而提出的全新的网络观念，它不是以拼凑的方式对现有的体系进行扩充，而是通过制定灵活、即时生效的网间协议来为用户提供访问任意网络的能力。

5.3 技术问题分析

在未来的融合通信网络中，业务的提供将与网络无关，用户可自由选择业务供应商和网络接入方式，真正实现任何人（Whoever）在任何地方（Wherever）使用任何终端（Whatever）都可以获得各种通信服务的目标。但是，要真正实现异构网络的融合互通，还面临一系列问题与挑战，主要包括移动性管理、无线资源管理、呼叫接入控制、异构网络选择以及端到端 QoS 保证等方面。

5.3.1 移动性管理

无所不在的通信服务需要有效的移动管理解决方案，以便为用户提供无缝的网络连接和服务；即网络连接和上层应用不受终端移动的影响，在终端移动过程中自动和透明地解决网络重连接和重配置。相同管理域内的终端移动性称为微移动性，而不同管理域之间的终端移动性称为宏移动性。移动管理旨在支持移动环境中的终端可达性和无缝切换，是实现异构网融合的关键技术。移动管理主要包括位置管理和移动切换两个方面。移动管理使得网络能够对移动终端进行准确定位以传递呼叫，并且当移动终端改变附着点时仍能维持网络连接。

1. 位置管理

位置管理是指跟踪移动台的位置，并将语音或数据业务传递到移动台。位置管理包含位置注册、位置更新和呼叫传递（Call Delivery），涉及移动台的寻呼、位置数据的鉴权、数据库查询与更新等。位置管理通常在会话发生之前进行，主要包含3部分：位置更新（含初始注册）、寻呼和位置信息传播。当移动台改变其在固定网中的接入点时，需要向固定网中的数据库发出位置更新消息，以反映其最新位置。位置更新通常采用位置区（Location Area，LA）标识符的变更来完成。为了将到达的呼叫接续到移动台，还需要寻呼功能（即位置跟踪）了解移动台的精确位置（处于哪一个小区），这是通过移动台返回寻呼响应来实现的。位置信息传播指位置信息的存储和分发过程。寻呼、位置更新和传播需要占用无线网络的带宽及系统存储和能耗等资源，这种资源的占用或消耗统称为系统的位置管理开销。

2. 移动切换

移动切换解决移动终端在同一网络内部或不同网络之间的漫游问题。在下一代移动通信系统中，一个主要的挑战就是如何提供无缝（Seamless）的切换。无缝包括两层含义：从用户角度讲，“无缝”意味着感受不到切换带来的影响，包括明显的时延、停顿和数据丢失等；从网络来看，“无缝”意味着切换对于高层应用是透明的。尽管移动设备上的多个网络接口允许它们连接到多个无线网络，但是实现无缝切换仍是一个技术难题。移动切换需要选择网络链路以及从一条链路切换到另一条链路。每条链路都有其特性，包括可用性、数据速率、覆盖范围和成本。链路的选择取决于用户喜好、网络可用性和应用需求。

目前移动切换主要包括水平切换和垂直切换。水平切换是指在同一无线接入技术下接入不同的接入点，如蜂窝网络中的移动台从一个基站切换到另一个基站。在水平切换中，大多以简单的信号强度作为移动切换准则。不同于水平切换，当用户从一种网络切换到另一种网络时，这种切换称作垂直切换。垂直切换技术是实现异构无线网络无缝互连的关键技术之一。由于采用不同技术，网络在数据速率、频谱、QoS、安全性、成本及服务支持等各个方面都存在着很大差异，其技术难度远高于水平切换。面对这些异构网络，要实现快速、高效的垂直切换，其机制非常复杂。同时，异构网络中设计合理的切换机制还必须保证：用户在异构网络之间漫游时能够实现快速的切换，从而保证服务的连续性；如果用户处在多个不同的接入系统的覆盖范围时，能够总是选择最好的连接，从而保证服务的高质量。除寻求最好质量的网络连接外，还应要求通过垂直切换实现系统间合作，以提高网络的整体性能和容量，满足用户的技术经济要求。因此，需考虑4类垂直切换：基本的连接保持切换；保证业务性能和网络性能的QoS优化切换；提高系统能力的负荷均衡切换；满足端用户特定需求的优先策略切换。因此，垂直切换本质上是一个多判据的决策优化问题，不但涉及多个无线接入系统，而且涉及无线链路、网络层、管理平面等多个层面。有效的垂直切换应该基于环境信息的感知，并且需要多个网元之间的信息交互和协同配合，根据认知决策选择目标网络和目标无线接口。认知网络技术对于解决垂直切换问题构成了有力的支撑。

过去，对移动切换技术的研究多集中在单一通信系统内，从用户的角度出发，主要保证语音业务和低速率业务的延续性和可靠性。在异构网络环境下，则需要从网络的角度重新设计切换方案，以实现网络之间和网络内部的业务负载均衡，从而有效地利用网络资源，满足用户的多业务需求。因此，如何设计具有高灵活性、低复杂度并综合考虑多种异构网络参数的移动切换机制是当前研究的重点和难点。近年来，业界针对移动性管理开展了系统研究，并提出了大量解决方案。20世纪90年代末提出的移动IP是一种典型的网络层移动性管理机制，通过隧道提供透明的移动性支持，使移动设备在不同 IP 网络之间移动时能够继续使用其 IP 地址。

网络层移动性管理可以屏蔽物理层和链路层之间的差异，在 IP 层提供统一的移动性管理手段。但移动 IP 是一个纯路由解决方案，路由的不高效，以及开销高、切换时延长并且可扩展性和安全性不够好，严重影响了系统提供无缝移动切换的能力。为此，针对移动 IP 提出了许多改进方案，如蜂窝移动 IP 和移动 IPv6 等。在传输层，传统的 TCP 使用 IP 地址来提供服务并基于端口号来区分连接，在建立的 TCP 连接中不支持 IP 地址更改；然而一些针对 TCP 的扩展机制，如 TCP-Migrate、TCP-MH 等，可通过允许无缝的 IP 地址更改来支持垂直切换。此外，许多研究工作致力于在端主机上支持垂直切换。例如，Windows Mobile 提供了一个连接管理器（Connection Manager，CM），用于建立和管理各种网络连接。当应用请求建立连接时，只需指定连接名和网络名，CM 即可使用优化的连接路径建立连接，具体的路径取决于成本、安全和特定的网络考虑。尽管 CM 可以处理多种类型的连接，但是目前它还不支持不同网络之间的垂直切换

5.3.2 无线资源管理

无线资源是一个难以准确定义的抽象概念，通常包含时间、频率、空间、功率和码字等。相比于有线资源，无线资源更为稀缺和珍贵，必须实施有效的管理，特别是在业务需求激增的应急通信场合。与传统的单一无线系统相比，异构无线网络中的无线资源还包括移动用户的接入权限、信道编码和连接模式等。无线资源管理（RRM）也称作无线资源分配（RRA），是指通过一定的策略和手段对无线系统资源进行管理、控制和调度，以尽可能地充分利用各种有限的无线网络资源，满足各种业务需求，保证网络的服务质量。

异构无线网络中的无线资源管理涵盖功率控制、切换控制、信道分配、接纳控制、负载控制和分组调度等，其中接纳控制、负载控制和分组调度等面向网络层面，而功率控制和切换控制面向特定的连接。功率控制的目的是在保证业务质量的情况下，将上行链路和下行链路的传输功率调整到适当的程度，以控制同频干扰；信道分配旨在高效分配时间、频率、空间和码字资源，主要包括固定信道分配（FCA）、动态信道分配（DCA）和随机信道分配（RCA）；切换控制的作用是处理网络用户从移动网络的覆盖范围内的一个区域到另一区域的切换问题，往往也将其归类为移动管理问题；接纳控制是在系统即将过载或者资源不足的条件下控制用户接入网络的请求；负载控制是将系统从过载情况恢复到正常情况；分组调度的功能是处理各种分组业务，以便在特定容量和延迟条件限制下保证业务的服务质量。

无线资源管理的目标是在无线网络资源受限的条件下，为网络内各种用户终端提供适当的业务质量保障，其基本出发点是在网络业务量分布不均匀、信道特性起伏不定及网络资源动态变化等情况下，灵活分配和动态调整无线网络的可用资源，最大限度地提高无线频谱利用率，防止网络拥塞和改善网络整体性能。例如，在支持不同比特速率、不同服务质量要求的混合业务的情况下最大化系统的吞吐量。当前，针对异构无线网络设计了一系列有效的资源管理方式，其中比较著名的当属联合无线资源管理（JRRM）和多无线资源管理（MRRM）。

1. 无线资源管理（JRRM）

JRRM 通过综合应用多种接入技术、可重配置技术、多模终端技术、接纳控制技术和功率控制技术，来实现无线资源的优化使用，达到系统容量最大化的目标，是端到端重配置的资源管理的重要技术手段。JRRM 涵盖了原有无线资源管理的各项功能，主要包括联合会话

准入控制（JOSAC）和联合资源调度（JOSCH），可以最优化异构网络的频谱效率，处理各种类型的业务承载和用户的各种 QoS 需求，对各种混合型业务流自适应地进行调度。JRRM 模式不再局限于单一的集中式管理，而是可以采用集中式、分布式以及介于两者之间的分级式管理方式。JRRM 需要终端乃至网络都具有可重配置性，以满足接入允许控制和联合资源调度的综合管理需求。多接入选择（MRAS）作为 JRRM 中的关键技术，通过动态管理终端接入一个或多个不同的无线网络，可有效利用多接入增益。由多接入选择所带来的多接入增益包括两个方面：多接入分集和多接入合并。另外 JRRM 通过负载均衡和动态频谱分配等技术，使得在多个可用无线网络之间能够以一种协调的方式自适应地分配资源。

2. 多无线资源管理（MRRM）

类似于JRRM，MRRM的目标在于通过融合多种无线接入技术进一步提高整个系统的容量和覆盖范围。MRRM通过选择最有效的某个或某些无线接入技术，获得资源使用率、系统开销、终端用户性能和服务质量（QoS）要求等因素之间的良好协调。MRRM在逻辑上可分为两部分：协调功能块和补充RRM功能块。协调功能块的职责范围横跨多种可用的无线接入技术，其主要功能包括: 动态发现可用接入技术、不同网络的MRRM之间的通信、接入方式选择、不同接入技术间的切换、拥塞控制、负载均衡、自适应协调多种无线接入网络的资源分配等。补充RRM功能块是特别为某个无线接入技术设计的模块，它并没有取代各种无线接入技术现有的RRM功能块，而是作为一种补充。补充RRM功能块可以为现有的无线接入技术提供其缺少或改善其不适用的RRM功能，例如可以为基于IEEE 802.11的WLAN提供接纳控制、拥塞控制、无线接入技术内部切换等其所不具备的功能。

5.3.3 呼叫接入控制

呼叫接入控制（CAC）也称为接纳控制和允许控制。传统蜂窝网络中的呼叫接入控制已经得到了广泛的研究。不同于蜂窝网络，在异构网络融合系统中，由于多种无线接入技术的存在以及多媒体应用的不同 QoS 要求，给设计有效的 CAC 算法带来了极大的挑战。

异构网络融合系统具有多种无线接入技术，不同的无线接入网络呈现出异构特性。例如，蜂窝网络是有基础设施的无线网络，基站控制和管理各移动用户对信道资源的接入，向用户提供具有 QoS 保证的服务；而 IEEE 802.11 无线局域网则采用了载波侦听多点接入/冲突避免（CSMA/CA）的信道资源接入方式，尽管 IEEE 802.11e 标准考虑到了实时业务的信道资源接入，增强了对 QoS 的保证，但是与蜂窝网络相比，只是提供了对实时业务相对较弱的 QoS 的支持。由于用户在具有异构特性的网络间的移动产生了垂直切换，在设计 CAC 算法时应该考虑这一特殊的切换呼叫类型，确定该类切换的优先级，推导和计算该类切换的中断概率。垂直切换中断概率成为异构网络融合系统的一个重要性能指标，应限制在可接受的范围之内。

异构网络融合系统提供了多种业务类型，不同类型的业务需要不同的 QoS 保证。语音、视频等实时业务是时延敏感而分组丢失可承受的，非实时业务是分组丢失敏感而中等时延敏感的，文件传输等尽力而为业务是分组丢失敏感但对时延相对不敏感的。不同的网络对不同的业务具有不同的支持能力。蜂窝网络能够提供对实时业务的有效支持，保证其实时性，但是数据业务的传输速率较低；WLAN 等短距离通信网络提供了较高的数据传输速率，但是对实时业务的支持有待于进一步提高。

目前，对于异构网络融合系统中的 CAC 算法的研究，主要集中在蜂窝/WLAN 融合系统中的呼叫接入控制。在基于分组交换的无线网络中，使用跨层优化将能提高系统性能。因而，在研究异构网络 CAC 算法时，应该通过跨层设计来评估呼叫级（呼叫阻塞率、被迫中断概率）和分组级的 QoS 性能。

5.3.4 异构网络选择

在异构网络融合的环境中，由于不同接入技术的覆盖范围往往重叠，用户总是希望能够选择最适合的网络为自己提供服务。异构网络环境中的网络选择与切换管理紧密相联。在异构网络环境中，终端的移动或者附近环境的变化，会导致由衰落、障碍物和干扰引起的信号变化，从而启动切换。这些切换不仅可能是移动终端在一个网络内部的水平切换，也可能是移动终端在不同类型子网之间的垂直切换。相比而言，移动切换强调的是切换过程的透明性、低时延性和低开销性；而网络选择则关注用户在任何时间、任何地点能够接入最优网络以获得最佳服务。从终端用户、网络服务提供商和网络本身等方面权衡，异构网络间的选择决策需要综合考虑服务类型、费用、网络条件、系统性能、终端自身条件和用户的喜好等因素，以便可能为用户选择一个最佳的目标网络，同时缓解网络拥塞，从应用和业务层面实现异构网之间的真正融合。

异构网络选择是一个移动设备在众多无线接入网络中，根据网络选择准则选择最优接入网络的问题，其实质是一个最优化问题。许多研究者已经提出了网络接入选择算法，如随机接入、高带宽优先接入等。然而，这些算法只考虑用户侧或者只考虑总体网络容量，所以仅适用于单用户情形，而不适用于多用户存在的情况，并且缺乏对异构资源影响的考虑。因此，异构网络选择算法需要细致分析异构网络环境中网络选择的需求和特点，从多层协调（物理层、链路层、网络层、应用层）的思想出发研究相应的数据信息模型。由于受到各个异构网络特征的影响，采用传统的单目标决策理论，仅仅优化某一种性能指标就很难找到一种完备的方案，使得在接入选择时各用户要求的多个目标同时达到最优。如果将该类问题看作多目标优化问题，则可以引入多目标决策理论，考虑如何在有限资源的限制条件下找到一个平衡方案，即在做接入选择时在多种方案的有效解之间进行权衡，从而找到最终的满意解。多属性决策以及代价函数等理论能够同时评估不同的决策因素，可用于设计异构网络选择策略，其优点在于：可设计为多用户共同决策的接入网络选择算法，以提高算法对异构网络环境的适应能力；可利用实时的网络资源状态作为决策目标，从而有利于异构资源的动态协调，以达到保证用户的 QoS 和异构网络资源优化分配的双重目标。

5.3.5 端到端 QoS 保证

QoS 定义为网络向用户提供的服务性能级别。对于多媒体应用，吞吐量、时延和时延抖动是重要的 QoS 参数。对于应急业务，（强占或非强占）还要额外考虑安全性和可靠性。通过服务级别协定、允许接纳控制、资源预约和优先级调度，可提供 QoS 和服务区分。QoS 提供机制分为硬 QoS 和软 QoS，后者提供概率和统计意义上的 QoS 保证。在异构网络融合架构下，一个必须考虑和解决的关键问题是：如何使任何用户在任何时间、任何地点都能获得具有 QoS 保证的服务。由于异构网络的融合是完全基于 IP 的，因此对于任意具有 IP 互连能力的通信终端，端到端的呼叫不仅将跨越不同所有者的网络、采用不同接入技术，而且不同网络的 QoS 支持能力与 QoS 控制策略可能无法在呼叫发起之前获知。因此，为了在异构移动网络中提供完善的端到端 QoS 保证，首先需要提供基于 IP 的 QoS 协商与联合资源分配机制。尽管目前已经就无线自组网的 QoS 支持提出了大量的方案，不过尚无完整的端到端解决方案可供使用。

异构环境下具备QoS保证的关键技术的研究，无论是对于最优化异构网络的资源，还是对于接入网络之间协同工作方式的设计，都是非常必要的，已成为异构网络融合的一个重要研究方面。目前的研究主要集中在呼叫接入控制（CAC）、垂直切换、异构资源分配和网络选择等资源管理算法方面，并已在传统无线网络领域中取得了丰硕的成果；但是在异构网络融合系统中的资源管理由于各网络的异构性、用户的移动性、资源和用户需求的多样性和不确定性，给该问题的研究带来了很大困难，特别是无线自组网的QoS保障问题仍面临着诸多技术挑战。

公众移动通信网络通常采用干扰受限以及基于保护信道的资源分配方案。然而，异构网络融合系统中的资源分配算法需要有效地控制实时、非实时等多种业务的无线资源接入，需要能有效地处理突发业务、分组交换连接中数据分组随机到达以及数目随机变化等情况；异构网络系统中用户需求具有多样性，网络信道质量具有可变性；不同的无线网络分别由各自的运营商经营，这样的经营模式在今后很长的时间内将无法改变，决定了这些网络更有可能采取一种松耦合的融合方式。因此，异构网络融合系统应该采用新颖的分布式动态信道资源分配算法。动态自适应的信道资源分配算法可根据用户的 QoS 要求和网络状态动态地调整带宽分配，在网络状况允许时，给用户呼叫分配更多的信道资源，以提升用户的 QoS 保证；当网络拥塞时，通过减少对系统中已接纳的呼叫的信道分配来容纳更多的呼叫，从而降低系统的呼叫阻塞率和被迫中断概率，提高系统资源的使用率和用户的 QoS。

基于上述分析，异构融合网络必须根据不同应用的特点和用户的需求，合理选择适当的接入网络和调度适当的网络资源，从而为用户提供各自所需的尽量好的通信服务。

5.3.6 安全问题

与传统有线网络和无线网络一样，安全问题同样是异构网络发展过程中所必须关注的一个重要问题。异构网络融合了各自网络的优点，也必然会将相应的缺点带进融合网络中。异构网络除存在各自网络所固有的安全需求外，还将面临一系列新的安全问题，如网间安全和安全协议的无缝衔接，以及提供多样化的新业务所带来的新的安全需求等。此外，攻击还可能来自网络内部被俘获的节点。例如，在融合无线自组网的多跳蜂窝网络中，允许移动终端与邻近终端通信并为其他终端转发数据，终端在加入或离开一个子网时无须声明，很难保证所有移动终端都按预定的协议进行操作，这些均对数据的保密与安全带来了新的问题。

应急通信环境下的异构网络（特别是无线自组网部分）将面临更多安全威胁，包括拒绝服务攻击（不可滥用强占优先级，以免对无线网络资源造成极大浪费，谨慎使用相关的访问控制和安全机制）、用户授权（在提供优先级处理之前必须确认授权）、机密性和完整性（确保应急业务不被截获或更改，可使用 IPSec）。另外，还要防范针对路由的恶意攻击，安全扩展机制不能过多影响路由性能。基本的安全措施是通过实体认证来验证节点的信任级别，以便确保正确执行关键的网络功能。如果存在一个公共的受信任的权威机构，则可以由它负责管理和分配网络节点的信任关系。但是这通常不适用无线自组网环境，为此也提出了许多分布式协作机制，如门限加密、渐进授权和重组的共享密钥等。此外，与基础设施网络互连的无线自组网将面临更多的安全威胁，例如 Internet 上的恶意用户将对 MANET 节点所拥有的信息、资源或其存在构成威胁，通过固定网络中的主机，恶意用户可以调配更多的资源来达到自己的目的。因此，如何消除网络互连时的潜在威胁，使得 MANET 节点不会因互连而增加更多的危险就显得非常重要。

5.4 异构网络互连原理与策略

5.4.1 异构网络互连的基本概念和原理

网络互连是指将使用不同链路或 MAC 层协议的多个网络连接成一个整体，使之能够相互通信的一种技术和方法，它能整合任意多个网络而构成一个规模更大的网络，实现所有用户之间的互连和资源共享。需要说明的是，网络互连在很多文献中亦称网络互联。若要严格区分，网络互连（Interconnection）强调网络在物理上的连接，即两个网络之间至少有一条在物理上连接的线路，它为两个网络的数据交换提供了物资基础和可能性，但并不能保证两个网络一定能够进行数据交换，因为这要取决于两个网络的通信协议是不是相互兼容。而网络互联（Internetworking）则是指网络在物理上和逻辑上均可连通，尤其是逻辑上的连接。进一步，互通（Intercommunication）是指两个网络之间可以交换数据，互操作（Interoperability）是指网络中不同计算机系统之间具有透明地访问对方资源的能力。本书并不严格区分网络互连和网络互联，认为这两种术语含义相同，可通用，都包括物理上和逻辑上的连通并可互相交换数据。

在同构网络内部，由于通信体制一致，可以采取统一的组网方式、组网协议，从而实现子网内部的互连互通。在异构网络之间，由于缺乏统一的传输协议、处理标准和应用流程，不能直接进行互连互通，必须建立合适的异构网络互连结构。不同类型的网络要互连在一起需要解决一系列问题，其中包括：不同的寻址方案、不同的最大分组长度、不同的网络接入机制、不同的差错控制方法、不同的路由选择技术、不同的管理与控制方式及不同的服务类型（面向连接服务和无连接服务）。

设计和实现异构网络互连时，必须保证互连互通后的单个子网尽量保持原网络结构、特性不变，同时具有很好的扩展性，增加或减少网络时不会引起整个体系结构的变化。网络互连需要借助一个中间设备（或中间系统），ISO 将其称为中继（Relay）系统。从原理上来说，网络互连可以在物理层、链路层、网络层、高层（传输层及以上层）等不同层面实现。根据中继系统所在的层次，有 4 种中继系统：物理层中继系统，即转发器（Repeater）；数据链路层中继系统，即网桥（Bridge）或交换机（Switch）；网络层中继系统，即路由器（Router），特别适用于大规模网络互连环境；网络层以上的中继系统称为网关（Gateway），即在高层通过协议转换来连接两个不兼容的系统，但网关设计较复杂，开销较大。需要指出的是，还存在网桥和路由器的混合物——桥路器（Brouter），兼有网桥和路由器的功能。

当中继系统为转发器或网桥时，此时的网络互连仅仅是把同一种网络扩大了，是同构子网内部的连接。大部分异构网络互连都是借助于路由器或网关来实现的，很多文献也将网络层路由器称为网关。在因特网中，互联网协议 IP 是进行异构网络互连的核心协议，与其配套使用的还有 3 个协议：地址解析协议（ARP）、反向地址解析协议（RARP）和因特网控制消息协议（ICMP）。因此，在网络层上实现互连互通是一种合适的选择，基于网络层的 IP 协议实现异构网络互连已被证明是网络互连领域的首要技术手段。

从网络协议参考模型来看，异构网络互连互通涉及 3 个平面：用户平面、控制平面和管理平面，如图 5.1 所示。用户平面上的互连是指不同用户间异构应用与业务的转换和互通，数据业务通常基于 TCP/IP 协议利用数据网关来实现异构互连；控制平面上的互连是指不同应用系统之间基于信令网关实现不同信令协议的转换与互通；管理平面上的互连是指不同网络管理协议间的转换与互通。

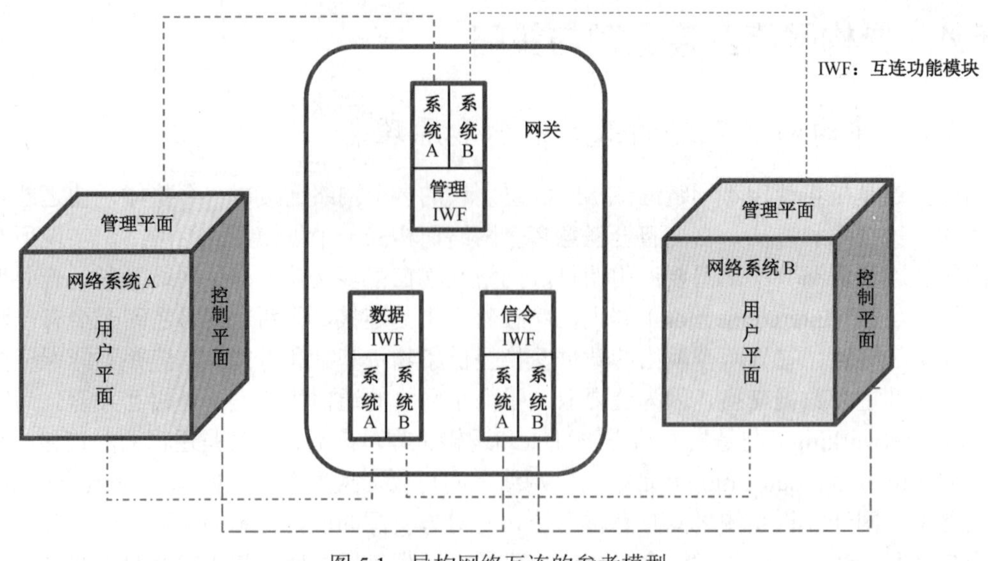

图 5.1 异构网络互连的参考模型

5.4.2 异构网络互连策略

在异构网络环境中，除了包含不同类型的子网，还存在大量形式多样、功能各异的通信终端。目前多种网络并存的现状在短时间内不可能改变，用户不得不面临多种标准、众多混合网络的整合与过渡。为了达到异构网络融合的目的，要么对网络进行升级改造，要么对终端进行升级改造。相比而言，网络系统的升级改造要考虑复杂的兼容已有系统设备的投资问题，实现难度和成本都较大；而用户更换终端则要方便得多，通过采用多模终端实现跨网漫游或跨模兼容将成为一种可行的异构网络融合策略。

1. 基于子网适配和子网选择的互连策略

异构网络可以从 3 个层面完成互连互通：终端在业务应用层面完成互通，子网设备在子网内部实现互连，不同类型的子网通过子网选择模块和适配模块组成的异构网络互连核心模块实现跨子网互连互通，如图 5.2 所示。

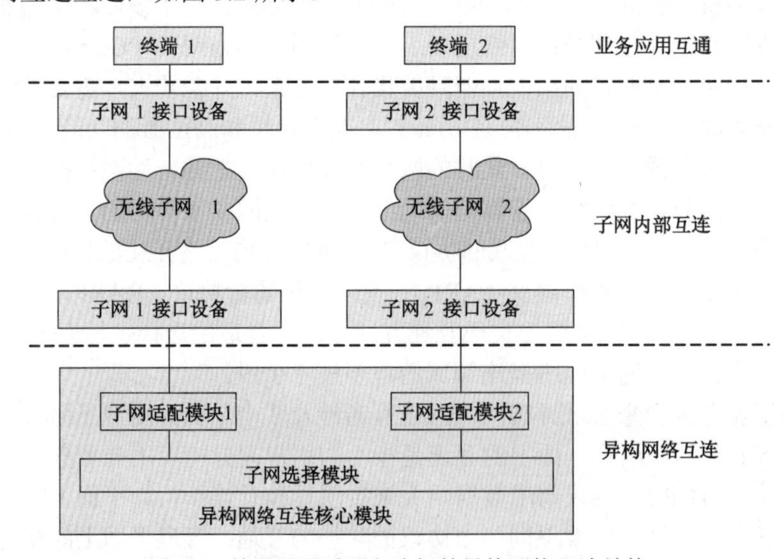

图 5.2 基于子网适配和选择的异构网络互连结构

上述这种互连结构充分考虑了各种子网的特点，在基本不破坏子网内部通信流程的前提下，通过异构网络互连核心模块中的子网适配过程，有效屏蔽了各子网内部的信息特征，通过合理的设计，将子网数据信息转换为统一的数据格式；同时通过子网选择模块在网络层采用 IP 交换方式进行子网之间的信息转发，从而实现异构子网之间的互连互通。在多种子网共存的环境下，通过统一的 IP 承载协议，完成各种子网之间的信息共享、资源协商和移动终端漫游的联合管理。融合的异构通信网络将以 IP 作为统一的接口标准和连接手段，即成为全 IP 通信网。

子网适配模块的作用是屏蔽各种子网特征，将子网数据转化为统一的标准 IP 格式，或反之。可以采取两种方式完成子网适配：一种是 IP 封装（IP Encapsulation）方式，另一种是 IP 映射（IP Mapping）方式。IP 封装方式将子网选择模块中的 IP 数据全部当作子网设备网络层 IP 数据中的净荷部分，子网设备网络层 IP 数据中的首部需要根据子网选择模块中的 IP 数据首部，以及子网内通信要求进行组装和解析。IP 映射方式根据子网选择模块中的 IP 数据首部，按照子网内通信要求重新生成子网内 IP 数据首部，净荷部分不需要进行特别处理。相比而言，IP 映射技术在开销、吞吐量方面均优于 IP 封装技术，其原因主要是因为 IP 封装需要在原有 IP 报文基础上增加 IP 首都所致。因此，在传输速率较低的无线网络中，应优先考虑 IP 映射方式，以便有效提高传输效率；而在传输速率较高的无线网络中，可以采用 IP 封装方式，从而有效减少网络处理复杂度。

对子网选择模块来说，选择不同的子网就是选择不同的路由，因此，子网选择模块的基本功能就是路由器功能。与子网选择模块相连接的子网设备除了要完成本子网内的通信传输，还要负责将本子网的可达信息、链路质量信息等向连接的子网选择模块报告，同时要对不同子网的链路质量信息等进行归一化处理，屏蔽子网特征。子网选择模块根据这些信息进行路由选择，从而完成子网选择功能。

2．基于多模终端和多无线电协作的异构网络互连

传统多模终端是为了解决移动通信系统演进而提出的，典型的如 GSM/WCDMA 双模手机，就是利用原有的 2G 网络为演进初期 3G 网络覆盖不到的地方向用户提供服务。这种传统多模终端，两种模式并不能同时工作，对于当前的活跃服务，如通话，可以通过系统切换保证模式切换时服务不中断，类似于单模时的小区间切换。随后推出的多模终端则采用同时待机的工作方式，任何时间他人拨打其任一模式均能打通。同时待机方式保证了两种网络的手机卡在同一手机中同时工作，真正实现了两网自由连通，与单模工作方式相比具有较为明显的优势。

随着 3G 应用的深入和 4G 的正式发牌，丰富多彩的多媒体业务成为手机市场拓展的关键点，这就要求移动终端具有强大的处理能力和业务提供能力，移动终端开始向智能化方向发展。与普通终端的单处理器双内核架构不同，智能终端多采用双处理器架构，采用单独的应用处理器来实现存储器、外围设备、外部接口、应用程序和电源等的管理。为了实现异构网络之间的切换和漫游，今后智能移动终端更多将采用多模通信终端，以兼容新建网络和原有网络。在短期无法改变多种通信网络并存的状况下，在移动多模终端上制定一系列开放的业务标准，将解决不同网络的业务互连互通问题，从而从另一个角度实现统一通信。随着人们需求的提高，可以预见不仅会出现按客户需求定制的具有特定功能的终端，也会出现能够运行于目前所有网络之上，用户不用区别网络的全制式多模终端。

与多模终端类似，随着硬件技术的发展及成本的降低，在一个网络节点上配备多个无线电系统将会逐渐得到普及。应运而生的多无线电协作技术为异构网络的无缝融合提供了一种有效方法。多无线电系统是指单一无线网络节点配备多个独立的无线电收发装置，并且每个无线电收发装置可以使用不同的接入技术和不同的信道；即一个无线网络节点可以同时与不同的接入系统建立连接，或者同时与一个接入系统保持多条连接。多无线电协作技术是指通过多无线电系统间的协作以及对多无线电系统的资源进行有效管理和分配来达到异构网络间的协同工作，从而能够提高网络容量、降低能量消耗、增强移动管理和扩大网络连通范围，最终实现异构网络之间的互连互通。

在无线多跳网络中，如果每个中继节点配备多无线电设备，通过这些多无线电中继节点的协调配合，可以实现节点同时收发数据，从而可降低传输延迟。仿真实验结果表明，在理想状态下采用多无线电协作技术能获得两倍于单无线电情况下的网络容量。在未来的异构融合网络中，能量问题在很多时候都将成为网络大规模应用的瓶颈。目前提出的许多节能的方法和技术大多数仍然是在单无线电环境下进行的，而具有唤醒功能的多无线电协作技术可以获得很好的节能效果。在多无线电协作技术中，每个移动设备包括两个无线电收发设备：一个是用来发送和接收控制信息的低功耗无线电设备（LPR），另一个是用来传送和接收数据的高功耗无线电设备（HPR）。当移动设备不传送和接收数据时，HPR关闭而LPR处于开启状态，以监控突发消息。如果有数据需要收发，由高层传送信息给LPR，并通过LPR唤醒HPR进行数据的发送和接收。这样HPR 就不需要一直处于等待信息的状态而消耗大量的能量，从而达到节能的目的。另外，研究表明移动切换过程中90%的延迟时间都消耗在扫描过程。因此降低扫描过程延迟是切换方案关键的一步。基于多无线电协作的扫描技术通过两个无线电之间的无缝切换可以降低扫描延迟。

5.4.3 异构网络互连实现方法

1. 基于 IP 核心网的网络融合方案

无线自组网常常以独立的通信网络形式存在，不与其他网络互连，所有节点之间的通信都在网络内部进行。但是在实际应用中，特别是在军事通信和应急通信场合下，无线自组网不可避免地要与其他网络互连，特别是与蜂窝网络和 Internet 进行互连。由于无线自组网与有基础设施网络的路由方式不一样，如果要在它们之间实现无缝互连，就必须存在一种特殊的网关，它既能适应基础设施网络的层次性路由机制，也能适应无线自组网中的特定路由机制，并且能实现不同网络中节点间的通信。

一种简单可行的实现异构网络融合的方案是允许各种网络通过多种不同接入技术接入基于 IPv4/v6 协议的公共核心网，然后通过 IP 核心网络实现各类网络的互连互通。各种不同的网络，如移动蜂窝网络、WLAN 和卫星通信网等，均作为 IP 核心网的接入网络。IP 协议支持不同网络之间的各种业务信息的传递，进而为各种通信制式的终端提供集中、统一、便于操作的通信网络平台，为移动用户提供无缝的通信服务。

2. 基于互连网关和移动 IP 的异构网络互连

目前，国内外解决无线自组网接入因特网的思路主要是利用固定或移动路由器充当互连网关和外地代理（FA），通过改进的移动 IP 协议实现无线自组网和 Internet 的互连。这种互连方法将无线自组网视为 Internet 的一个子网，对其进行统一的子网编址和默认路由计算。除完成移动 IP 协议功能外，FA 还起到协议转换的作用，对无线自组网和因特网的数据进行双向分析。在这种情况下，FA 逻辑上归属于无线自组网，因此当具有不同路由协议的多个无线自组网同时接入时，FA 必须运行多种不同的网关协议，这不仅增加了 FA 的复杂性而且限制了无线自组网的整体移动性能。如果移动节点各自独立地接入 Internet，虽然可保证 Ad hoc 网络中各移动节点的接入能力不受编址的影响，但每个节点接入时都必须重复泛洪查找互连网关的操作，造成稀有网络资源的巨大浪费。事实上，移动 IP 主要解决单个移动节点或某个移动子网和 FA 之间仅有一跳距离时的网络接入问题。当 MANET 中某个节点需经过多跳接入 FA 时，FA 不应当承担 MANET 的路由寻找责任，路由计算应由 MANET 自身完成。

在实际应用中，MANET 往往保持着一种松散的组织关系，如战术小分队、救援小组等。在设计 MANET 与 Internet 互连方法时应考虑这种组织关系：可以视 MANET 为 Internet 的一个移动无线子网，通过某种方式（如节点竞争）推选出该无线子网的虚拟中心，并由此中心代表整个 MANET 作为移动 IP 协议的一跳节点。这种互连方法的好处是：可以保证 MANET 的自组性和整体移动性，基本不需要对传统的移动 IP 协议进行改进，降低了 FA 的复杂性；保持了接入的灵活性，适合具有不同内部路由协议的多个 MANET 的同时接入；减少了因移动节点多次泛洪查找操作所造成的网络资源浪费。

互连网关方案在网络层实现 WPAN 与 WLAN、GPRS 网络的融合。增强型互连网关对传统 WLAN 中的 AP 接入点功能进行了扩充，同时具有 WLAN 接入点、蓝牙接入点的功能，并且可以接入 GPRS 与 Internet。嵌入式网关以 IP 包转发的方式实现 WPAN、WLAN 、GPRS 网络和 Internet 的互连。增强型互连网关包括无线电台接入模块、PSTN 公网接入模块、互联网接入模块和用户终端接入模块，可以实现无线蜂窝网络、PSTN 电话网、因特网和无线自组网之间的互连互通。

3．基于应用层信息处理的异构网络互连

实现异构通信网络系统的互连可以在网络层进行，如通过互连网络控制器实现信道的接入，在接入信道上实现 IP 的封装，对应用开放统一的 IP 接口。该方法简化了网络配置，方便实现多种网络的互连。但这种方式成本高、传输数据量大、接入的设备种类有限，且对通信体制差别大的设备不适用。为此，可以考虑在应用层采用软件方式通过数据传输服务实现系统互连，其好处是互连成本低，对通信设备的适应性好，对原有信息系统的改造简单。但是，这种方法的数据处理效率相对于硬件方案低，且运行过程中路径选择和路径维护的过程较复杂。

为了提升应急指挥能力、减小互通的复杂性、增强网络的可扩展能力，当前应急通信网络逐步向 TCP/IP 体制发展，支持 TCP/IP 协议栈的通信设备将在应急通信网络中占主导地位。在解决异构通信网络互连问题时，常把网络类型分为 IP 网络和非 IP 网络两大类。非 IP 网络作为 IP 网络的补充，只在部分区域或者特定时机承担特定的通信任务。应急指挥系统的网络以 IP 链路为基础，非 IP 链路作为辅助手段。非 IP 链路包括 3 种类型，即转发链路、专线链路和终端链路。根据上述特点，可以采用一种应用层信息传输服务模型来解决异构通信网络上信息的传输与互连问题。信息传输服务部署于每个通信节点，通信节点间的信息传输服务是对等的，基本功能包括：数据包的分段/重组传输功能；数据包的转发功能；在多种非 IP 设备上传输数据的功能；传输路径选择功能；传输路径维护功能。

通信节点标识唯一确定一个通信节点，信息传输服务根据这个标识来识别传输数据的源节点和目的节点，并据此选择传输路径。该模型统一使用 IP 地址格式标识通信节点。对于接入 IP 网络的节点，直接使用其在 IP 网络中的地址；对于接入非 IP 网络的通信节点，则根

据 IP 地址的分配规则为其分配一个虚 IP 地址，虚 IP 地址到通信设备地址的映射由设备驱动并根据网络规划结果进行维护。

4．基于无线自组网的异构网络融合方案

无线自组网的自组织和多跳转发等特点使它自身可以作为多种现有通信网络的扩展和接入手段。无线自组网被认为是下一代移动通信系统解决方案中最有希望被采用的末端网络。在实际应用中，无线自组网除了可以单独组网实现局部的通信，还可以作为末端子网通过接入点（AP）接入其他的固定或移动通信网络，与无线自组网以外的主机进行通信。因此，可以基于无线自组网来实现多种异构网络的融合。例如，WSN、WPAN 或 WLAN 中的移动终端收集处理后的数据，然后利用无线自组网的多跳转接功能进入公众移动通信网、电信网或互联网。

为了实现移动终端在固定或移动通信网络与无线自组网之间的无缝切换，可以采用多跳转发技术和自适应路由选择算法，实现移动终端与移动终端之间的直接通信和多跳通信，并能支持与现有移动蜂窝通信系统之间的无缝切换与漫游。蜂窝系统的基站覆盖区域可以分为 3 个区域：第一部分是高速率传输区域，在此区域内的移动终端能够以较高数据速率与基站进行通信；第二部分是低速率传输区域，在此区域内的移动终端由于离基站较远或传输环境较差，只能以较低数据速率进行通信；第三部分是基站没有覆盖的区域，即非覆盖区（或盲区），在此区域内的移动终端由于接收不到基站发送的同步信息而无法通过蜂窝网进行通信。在没有引进无线自组网的多跳转发机制时，移动终端都只能依靠蜂窝网的基站进行通信。但当移动终端具有多跳转发功能时，终端之间可以在一定范围内直接通信，并且一些终端还可以提供中转服务，使非覆盖区中的移动终端也可以获得基站提供的服务。

5．基于认知网络的异构网络融合策略

随着对于无线网络带宽的更高追求以及业务的多样化，网络模式越来越复杂，无线频谱资源越来越宝贵，因此如何有效融合异构网络以及提高无线资源利用效率面临巨大的挑战。面向不同应用的无线终端具有不同程度的智能和能力，近年来针对多制式网络适配开始大力研制多模终端，同时学术界还在积极研究基于软件无线电（SDR）和认知无线电（CR）技术的可重配置终端。不难看出，要支持如此复杂的异构接入环境的融合，面向蜂窝网络的 IP 多媒体子系统（IMS）融合技术已力不从心，必须要有新的融合技术思路。新的融合网络不但要考虑网络层和业务层技术，还要考虑各种网络接入的物理层和链路层技术，甚至还需考虑自适应接入网络环境的能力，使网络能够在感知环境信息的基础上，向用户提供无处不在、无所不有的服务。正是基于这样的思路，学术界提出了基于认知网络（CN）的网络融合概念。

认知网络是在认知无线电的基础上提出的，是一种具有认知能力，能感知当前网络条件，然后依据这些条件做出规划、决策和采取行动的网络。在未来的网络环境中存在大量不同的无线接入系统，基于认知网络技术，可以通过标准化、模块化的硬件平台，利用软件加载方式来实现各种无线接入系统，实现移动终端在不同无线接入系统中的无缝漫游，进而实现异构网络的有效融合。建立可认知、可重构的无线网络体系，对于节省网络投资，优化网络部署以及提高网络健壮性等方面都有重要的作用。通过将网络业务和网络控制信息进行分离，可以更好地协调和支持网络的学习、推理、预测、融合、决策和重构等行为，在保证现有网络结构与传输质量的同时，降低未来网络的硬件成本、部署成本和维护成本。认知网络从多个角度（无线环境、网络环境、业务环境等）为异

构网络的融合提供了一种可行的解决方案。

具有可重构能力的基站设备和多频段、多模式终端是实现认知网络的重要部件。可重构基站能够融合现有的 WLAN/GSM/WiMAX/3GPP 等模式，通过核心主干网络可将其他网络互连起来。同时，可重构基站还具备独立组网能力。在基站独立组网时，通过对周围无线环境的认知，选择适合的模式及频段为终端提供服务。可重构基站能够为用户提供多种服务，包括语音服务、视频电话服务和流媒体服务等。相比单一固定模式的终端，可重构的多频段、多模式终端能够利用其多接口的并行优势，接入多种无线网络环境，构成重叠（Overlay）网络拓扑。当多模式终端在多种异构网络间漫游时，可以自适应地进行重配置，从而改善用户的服务体验。由于各种模式工作在不同的频段，因此模式切换除了协议的切换，还有频率的切换。同时，为了提高频谱利用率，可以基于认知无线电技术对频谱资源进行有效的管理与分配。当终端进入某个无线环境中后，通过认知技术对无线环境及网络协议进行识别，然后进行自动切换与配置。此外，还可以采用智能天线技术，保证终端能够在多频段下进行切换。

5.5 支持异构网络互连的应急通信网络结构设计

5.5.1 设计目的

在应急通信场合，随时随地地访问有基础设施网络来查询信息和获得帮助已经成为广大用户的一种迫切需求。对于应急通信业务，除了需要考虑在同一类型网络或同一网络域之内发生的情况，还要考虑跨越网络边界发生的情况。在一体化异构应急通信网络中，应急通信场合常常需要快速部署无线自组网，支持事件监控、协作通信和指挥控制等多种应用。但是无线自组网中的用户如何安全、可靠地接入蜂窝网络和 Internet 这类有基础设施网络仍需要进行深入的研究。当前的无线技术手段众多，虽然不同无线传输技术的带宽、时延、频率和覆盖范围各不相同，但大体上可以分为两类：一类是提供较低带宽的广域无线传输技术，另一类是可以提供较高带宽的无线局域网技术。但是，当前的无线广域网（WWAN）的特点是时断时续的连接、低比特率、高成本和高时延，并且在近期内不会得到明显改观；传统的移动网络，如蜂窝网络可以借助于基站与 Internet 相连；而无线自组网中不存在类似于基站的中心节点，因此无线自组网中的移动主机必须借助其他方式接入无线广域网（公共移动网）或 Internet。

5.5.2 设计方案

当前 Internet 是按照分级网络结构组织的，整个网络由大量用户子网与一个核心骨干网组成。蜂窝网络采用的也是一种分级网络结构，移动终端通过基站与由 MSC 构成的骨干网连接到固定有线网络。分级结构能够将节点移动和链路质量变化带来的影响限制在系统的底层，从而使网络具有较好的可扩展性。考虑到分级网络结构的诸多好处，支持异构网络互连的应急通信网络也应采用分级结构，以方便无线自组网与固定网络进行无缝通信、高效管理网络资源和降低网络的构建成本。无线自组网可以采用基于簇的分级网络结构，每个簇可视为一个小型的无线分组网，异构应急通信网络结构如图 5.3 所示。

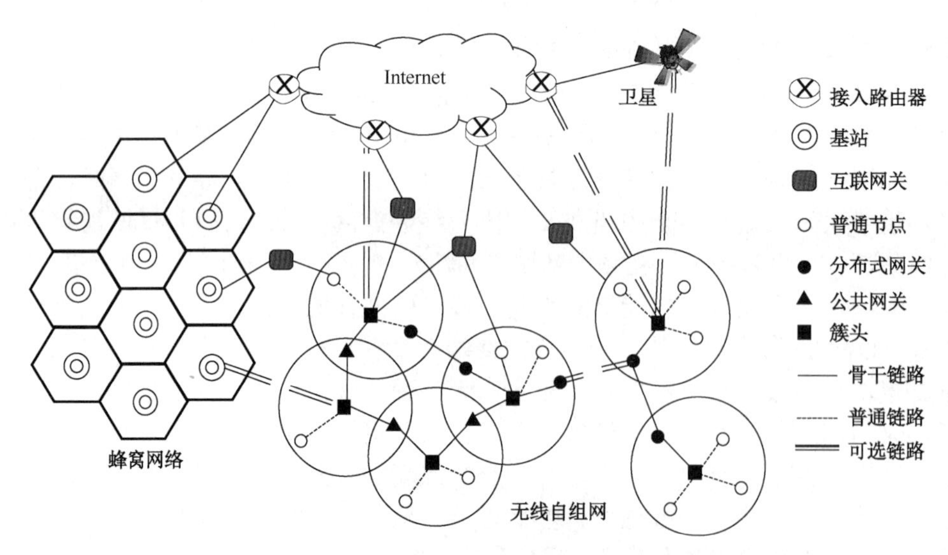

图 5.3　一种支持异构网络互连的应急通信网络结构

图 5.3 中的无线自组网涵盖 Ad hoc 网络、无线传感网和无线 mesh 网络。当前，蜂窝网络已能够很好地与因特网实现互连互通，因此这里主要考虑无线自组网与因特网和蜂窝网络的互连问题，并以与因特网实现互连来进行说明。关于无线自组网之间以及无线自组网与其他网络的互连问题，将在 5.5.3 节中详细说明。在无线自组网中，簇头和网关（包括公共网关和分布式网关，前者指位于多个簇头通信范围内的节点，后者指位于相邻簇中可以直接通信的节点对）可以互相连接构成虚拟骨干网络（VBN）。与此同时，其中的一些簇头可以与互连网关相连（允许多个簇头同时连接一个或多个互连网关），通过互连网关来访问 Internet，甚至在某些情况下簇头可以直接访问 Internet（如不存在互连网关或者互连网关负担过重并且簇头本身可以充当互连网关时）。互连网关可以是移动/固定路由器或能够同时与 Internet 和无线自组网相连的移动双宿主机，它需要一个可以被 Internet 寻址的 IP 地址，并可以运行 MANET 路由协议和 Internet 路由协议，支持用户面、管理面和控制面的中继功能。早在 1994 年，加州大学（位于 Santa Cruz）就在 GloMo 项目的资助下开发了无线 Internet 网关（Wireless Internet Gateway，WING），试图互连 Ad hoc 网与 Internet 等 IP 子网，不过当时出于安全考虑仅从链路层来解决这种互连问题。借助互连网关接入 Internet 的好处在于它通常具有更强的处理和通信能力（相比于簇头），减少了簇头的负担，并且可以在逻辑上分离无线自组网和因特网。

应急现场环境复杂多变，这种基于分级网络结构的应急通信系统能有效应对恶劣的网络条件，确保应急现场的无线自组网、IP 电话网、移动蜂窝网和因特网的互连互通，并采用可伸缩音视频编码技术以适应应急通信网络环境的变化。距离较远的两个独立运行的无线自组网（如一个应急通信车辆 Ad hoc 网络和一个无线传感网）也可以通过 Internet 或卫星实现互连，从而扩展了应急通信场合下各类用户群体的通信范围和服务支持能力。另外，可以使用移动 IP 协议和反向隧道机制使无线自组网中的移动节点接入 Internet。此时，互连网关作为移动 IP 网络中的外地代理。无线自组网中移动主机和 Internet 中通信对端的通信必须通过外地代理转发，并且外地代理的选择需考虑处理能力和负载均衡等因素。为了向 Internet 中的主机发送分组，移动节点需要通过隧道机制（外层为外地代理的 IP 地址，而内层为通信对端的 IP 地址）将分组转发到其所注册的外地代理上，然后由外地代理将分组转发至通信对端。

Internet 的主机向无线自组网中移动主机发送的数据，首先按照移动 IP 协议被家乡代理截获，然后家乡代理通过隧道传送给外地代理，而在已获悉外地代理地址的情况下也可直接发送给外地代理。此后，外地代理使用无线自组网路由协议将分组传递给移动主机。

5.5.3 其他考虑

无线自组网与 Internet 之间的通信连接以互连网关为分割点，可以划分为有线固定区域和无线移动区域。为了提供有保障的业务服务质量，移动主机和互连网关之间的虚电路（VC）应按照软状态的方式维护，需要周期性刷新或基于反馈进行动态刷新。另外，对那些要求较高吞吐量或较低丢失率的会话可以使用多条独立的虚电路来传输业务流量，类似于多路径传输机制。虚电路应能适应节点的移动以减少会话中断的次数。当节点移动范围较小时，可以使用自适应链路控制机制来维护链路的有效性，否则需要采用可替代路径或虚电路修复机制来维护连接。移动节点周期性地测量收到的来自簇头的传输功率，当功率低于门限值时它将发起簇间切换，并向簇头节点反馈信息。同理，簇头也可以按照上述方法在不同的互连网关节点之间进行切换（后面将详细描述互连网关的选择和允许控制机制）。此外，互连网关可以通过反馈（周期性或按需发送反馈分组）来收集当前链路特性和网络状况信息，根据业务的 QoS 要求在移动网络和固定网络之间实施接入控制，并且可以预留部分带宽用于处理由于节点移动而建立的新连接。

在这种网络结构中，节点可以基于链路状态信息来计算 QoS 路由，簇头和网关节点以链路状态的形式分发路由信息。对每个簇而言，链路状态信息包括与簇间和簇内连接相关的服务特性值，如时延、时延抖动、分组丢失率、链路容量和簇连接的稳定性等。QoS 路由的计算可以使用改进的 Dijkstra 最短生成树算法，节点选择一个最重要的服务指标作为成本函数来计算最短生成树路由，而其他服务指标可以作为路由选择的附加限制条件。路由选择需要考虑会话的服务要求并应尽量减少资源的使用和会话活动期间重路由的次数，从而使网络容纳更多的会话，减少由于节点移动而中断会话的概率。

在这种网络结构中，可以由簇头轮询成员节点并依次为它们分配无线信道资源。考虑到簇内节点数较少，采用基于 TDMA 的信道接入机制可以保证多个用户无竞争地共享信道，并且相邻簇可以使用正交码字来提高系统吞吐量。另外，在采用 TDMA 的分簇网络结构中，节点可在不发送数据的时隙转入休眠模式以减少能量耗费。可扩展性也是设计网络协议需要考虑的一个问题。无线自组网可以使用分布式控制算法（节点根据本地信息调节其行为）来获得自组织性，由于没有采用集中式的信息处理和控制，可扩展性较好。但是分布式协议也会消耗大量的能量和带宽用于本地信息收集、处理和交换，因此可以考虑将信息进行聚集并将部分本地处理任务转移到一些功能较强的中心节点进行，如簇头和互连网关节点可以执行更多的任务。为了支持 QoS，网络协议不可避免地会引入许多控制开销。因此对于规模较大的无线自组网，网络的可扩展性问题有待进一步研究。

5.6 无线自组网与其他网络的互连方案

5.6.1 网络互连的需求和形式

业界长期以来都是将无线自组网视作一个独立的自治系统而开展研究的，但实际上，将无线自组网与既有的有线网络和蜂窝网络互连，使之成为一种混合异构网络才能更好地发挥不同网络的功效，增强无线自组网的服务能力。在应急通信场合，无线自组网之间以及无线自组网与其他网络都需要互连互通和协同工作。例如，救援人员通过无线自组网可将自己所观测到的灾情数据及时通知周围人员，进一步的，他还可以通过网关接入固定网络将这些情况传送到后方指挥部；而后，指挥部对这些情况进行综合分析，再将对策及指令传送给所有相关的一线救援人员。此外，移动终端需要随时访问有线网络中的资源，如 Internet 上的海量的信息存储资源、强大的信息处理资源和丰富的信息服务资源；位于不同 Ad hoc 网络中的移动终端之间要进行通信等。传统的移动网络，如蜂窝网络借助基站与 Internet 相连，而无线自组网中不存在类似于基站的中心节点，因此无线自组网中的移动主机必须借助于其他方式接入无线蜂窝网或 Internet 等有基础设施网络。但是，由于无线自组网最初并不是像有线网络那样是作为子网来设计的，因此它与有线网络存在巨大的差异。要使原本孤立的无线自组网有效地建立起与 Internet 之间的连接，进行全局路由计算，需要解决包括网关发现、地址配置、转发策略、移动管理、安全保障和计费等在内的许多技术问题。

无线自组网之间以及无线自组网与基础设施网络之间的互连有多种形式，图 5.4 中给出了无线自组网互连常见的 3 种不同形式。其中，图 5.4（a）中所示的情况是多个同种类型无线自组网之间的互连，这种网络互连形式可以用来向位于多个分散地理位置上的工作小组或移动用户提供协同通信和信息共享能力。图 5.4（b）中给出了无线自组网与有线网络（包括 Internet 和 X.25 网络等）和无线网络（如蜂窝网络和无线局域网）的互连。在这种情况下，无线自组网通常作为一个末端子网使用，这种形式的互连主要用于满足无线自组网中的移动终端访问有线网络资源的需求。需要说明的是，当基于 IP 网络与非 IP 网络（如 X.25 网络）互连时，常常需要采用协议转换网关。图 5.4（c）中给出了通过隧道进行网络互连的方式，这种互连形式利用现有网络（如 Internet 或 GSM）作为信息传输系统，将位于不同地理位置的无线自组网通过隧道方式组成一个更大的“虚拟”网络。此外还可以组合以上 3 种互连方式，以便构成更通用的网络互连形式。鉴于无线自组网之间的互连实现较为简单，本节主要说明无线自组网与有基础设施网络的互连方案。

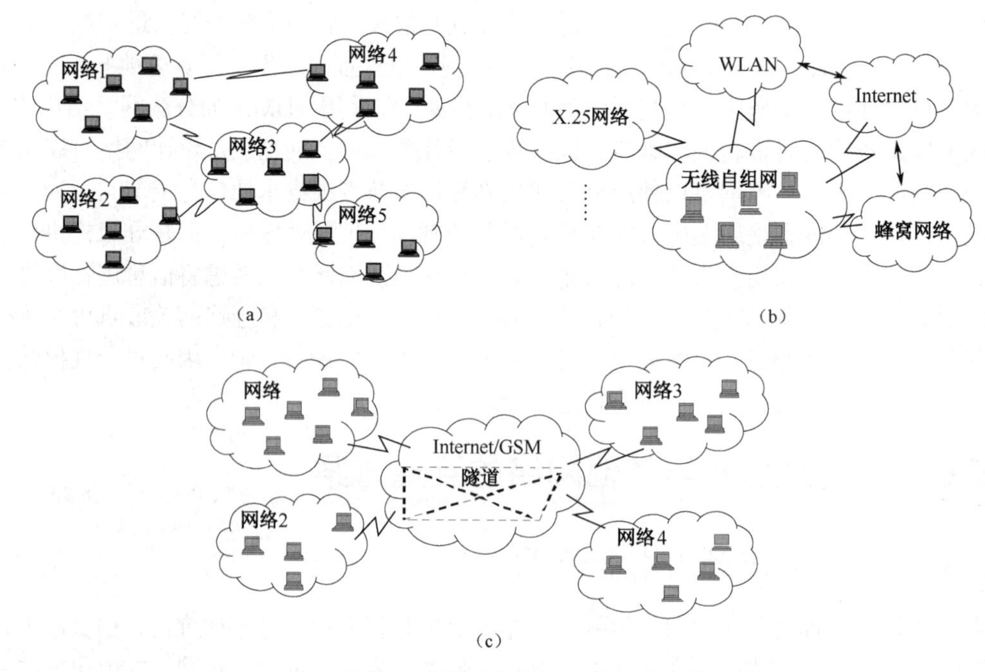

图 5.4　无线自组网互连的几种形式

不管哪种互连方式，都需要称为网关的互连设备来提供接入服务。该设备通常应当具备以下功能：具备多个有线或无线收发设备；在某些应用环境下，需要具备移动性；同时支持无线自组网路由协议和 Internet 常规路由协议；某些情况下，还需要完成地址分配、协议转换和隧道封装功能，以屏蔽两个异构网络的差异和多跳传输细节。

5.6.2 网络互连解决方案

1．基于移动无线路由器的解决方法

针对上述的各种网络互连形式，一些文献提出了利用移动无线路由器来解决网络互连的方法。移动无线路由器应当具备以下这些特征：具备多个高速有线或无线收发设备；具备移动性；同时支持 Ad hoc 网络路由协议和 Internet 常规路由协议。其中，无线收发设备可以采用无线局域网卡、无线电台等，有线接口包括以太网卡、X.25 网卡、采用 SLIP 协议的 RS-232 串口和用于控制台配置端口的 RS-422 串口等。

在图 5.3（a）所示的互连网络中，每个 Ad hoc 网络都可以看作一个 IP 子网。Ad hoc 网络路由协议负责建立每个 Ad hoc 网络的链路状态数据库，并根据路由算法计算去往每个移动节点的路径，然后将计算结果存入路由表。这里，为了支持移动终端在不同的 Ad hoc 网络之间漫游，可以利用移动 IP 协议解决这个问题。定义所考察的终端所在的 Ad hoc 网络为其家乡网络，相应的移动无线路由器充当本子网内的移动终端的家乡代理（Home Agent），同时为访问该 Ad hoc 网络的来自其他子网的漫游节点提供外地代理（Foreign Agent）服务。移动节点通过发出广播代理请求（Agent Solicitation）和（或）监听外地代理广播的代理通告（Agent Advertisement）来发现代理。标准的移动 IP 协议要求每个移动节点都在某个外地代理的通信范围内。但是，这一假设在 Ad hoc 网络环境并不成立。为此，需要对移动 IP 协议进行最小的改动来有效地传播这些广播报文，进而在 Ad hoc 网络中较好支持移动 IP 协议。

移动无线路由器需要实现的另一个重要功能是提供隧道机制。隧道机制可以将具有自身协议的复杂网络作为一般的硬件传输系统对待，通过静态配置隧道两端的移动无线路由器，将 Internet、X.25 等现有的网络基础设施作为信息传输系统。在隧道进入端按照传输网络的格式封装 Ad hoc 网络的分组，在隧道的出口端对分组解封，然后根据 Ad hoc 网络路由协议继续转发。这种隧道操作模式有以下好处：采用 TCP/IP 协议的 Ad hoc 网络可以通过非 IP 传输网络（如 X.25 网络）来实现网络互连；采用内部 IP 地址的 Ad hoc 网络，可以通过 IP 地址转换来完成网络互连。

2．基于移动 IP 协议的互连方案

移动 IP 协议与底层路由技术无关，可扩展性较好，主要受家乡代理和外地代理资源的限制，可以通过与现有的各种专用移动协议结合来支持更广泛的应用。由于移动 IP 协议可以解决移动主机在不同网络之间的漫游问题，而 Ad hoc 网络中的移动节点会在多个 Ad hoc 网络之间或 Ad hoc 网络与 Internet 之间移动，因此在设计 Ad hoc 网络中移动主机的无缝漫游方案时可以借鉴移动 IP 协议。

移动 IP 协议主要是针对 Internet 以及与 Internet 相连的无线子网设计的，基于移动 IP 协议，移动主机可以在 Internet 中漫游，对上层应用程序提供透明、无缝的服务。透明是指应用程序不用重新配置和编译，仍然像以往一样运行；无缝是指从一个地方移动到另一个地方，不会为用户带来任何麻烦。因此，在 Ad hoc 网络中采用移动 IP 协议实现到 Internet 接入时必须做适当调整，特别需要考虑以下两个因素：

（1）多跳通信环境的影响。首先，移动 IP 协议中假定移动主机与移动代理是一跳可达的，而在 Ad hoc 网络中，作为外地代理的主机与目标移动主机通常要经过多跳转发来通信，因此需要借助于 Ad hoc 网络路由协议来转发控制分组。其次，在多跳的 Ad hoc 网络中，代理通知等消息需要在整个网内广播，这会消耗大量网络带宽和节点能量，而在传统的移动 IP 协议环境中，广播只需在本地范围内进行。因此，在 Ad hoc 网络中必须限制移动 IP 协议广播消息的数量和频率。最后，多跳通信环境还会影响移动 IP 协议的移动检测机制。一个移动节点无法通过链路层反馈机制来判断外地代理是否可达，它需要使用 Ad hoc 路由协议来决定是否存在到外地代理的路由，并且由于涉及多跳链路，选择最佳的外地代理也变得较为困难。

（2）按需路由协议的影响。为了减少开销，Ad hoc 网络常常采用按需路由协议，而移动 IP 协议采用的是先验式路由方法。在标准移动 IP 协议中，外地代理周期地广播代理通知消息来声明它们的存在，而不考虑其他节点是否需要这些信息，这会增加网络开销。如果对移动 IP 协议进行修改使其以按需方式工作，将会对移动 IP 协议的一些机制造成负面影响，包括代理发现和移动检测等，因为移动节点收到的关于外地代理的信息会大大减少。另外，如果移动节点想及时获得详细的代理信息，代理通知和代理请求消息将会占据大量网络资源。因此必须合理地进行折中，一种可行的方法是只在需要时发送代理请求，而且可以采用单播路由。

MIPMANET（Mobile IP for Mobile Ad hoc Network）是一种基于移动 IP 协议和反向隧道机制使 Ad hoc 网络中的移动节点接入 Internet 的方案，并且它不影响 Ad hoc 网络本身。在 MIPMANET 中，使用移动 IP 协议的外地代理作为到 Internet 的接入点（即网关节点作为移动 IP 协议中的外地代理）。该外地代理负责跟踪节点在 Ad hoc 网络内的位置，并负责与 Internet 交换数据分组。Ad hoc 路由协议用于在移动节点和外地代理之间传递分组，并采用一种具有隧道功能的分层传输机制向外输出数据流。采用这种方法，移动 IP 协议功能与 Ad hoc 路由相分离，不需对现有 Ad hoc 路由协议进行改动，并且移动节点可以在多个接入点之间无缝地切换。图 5.5 给出了移动 IP 协议和 Ad hoc 路由功能相结合的 MIPMANET 体系结构。从图 5.5 中可以看出，移动 IP 协议机制对传输层协议透明，而 Ad hoc 路由协议对移动 IP 协议透明。但是，Ad hoc 网络中移动主机和 Internet 中通信对端的通信必须通过外地代理转发，并且外地代理的选择需要考虑处理能力和负载平衡。

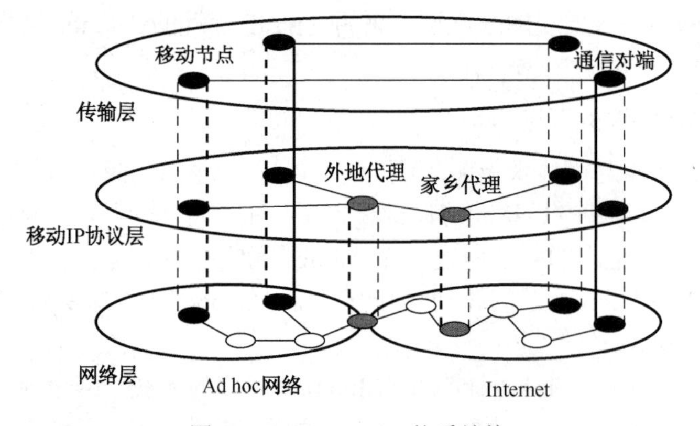

图 5.5　MIPMANET 体系结构

采用移动 IP 协议外地代理作为网络接入点具有很多优势。首先，一个外地代理使用一个单独的 IP 地址作为转交地址可以为整个无线自组网提供 Internet 接入。其次，无线自组网内任意一个具有家乡地址的移动节点都可以通过外地代理来访问 Internet，但要求相应的外地代理向移动节点的家乡代理进行注册。此外，移动 IP 协议还可以提供移动节点在不同网络之间的无缝的透明切换。在无线自组网中（通常不具有网络 ID，无法通过察看目的主机的网络 ID 来判断它是否在无线自组网内），当节点无法从目的主机的 IP 地址判断其是否在无线自组网内时，它需要首先在无线自组网内部搜索；如果找不到，再通过外地代理向通信对端转发。通过使用隧道机制，MIPMANET 可以将默认路由的概念应用于无线自组网，即向不在无线自组网内的目的主机投递分组时只需要简单地通过隧道将其送到外地代理。在 MIPMANET 中，也可以考虑无线自组网的安全性：只有注册的节点才能接入 Internet，并且只有节点的家乡代理才能向无线自组网传送分组，从而实现对无线自组网自身的流量和进出无线自组网的流量的分离和监控。

3. 基于连接共享的网络互连机制

在无线自组网中，本地的信息查询可以在网络内部进行，而如果想与基础设施网络（如 Internet）上的通信对端进行通信则需要接入广域网。因此，为了增强数据的可用性和网络的连接性，无线自组网内的某些移动主机可以配置两个网络接口，即移动双宿主机。连接共享机制就是由能够与无线自组网和 Internet 双向连接的移动双宿主机充当其他移动主机的临时网关，以实现无线自组网与 Internet 的互连。例如，移动双宿主机可以是配备了无线网卡（包括红外接口或蓝牙接口等）和无线 Modem 的移动主机，无线网卡用于本地局域网内部的通信，而无线 Modem 可以用于接入无线广域网和 Internet。此外，无线自组网中移动主机的协作性也要求信息资源和网络连接的共享。图 5.6 给出了一种这类网络的配置结构。在图 5.6 中，可以互相进行通信并相互协作的移动主机构成无线自组网（在此也可以把它看作一个多跳的无线局域网），其中一些移动主机配备额外的无线接口，可以通过无线广域网接入 Internet。考虑到孤立的无线自组网的信息资源非常有限，使用这种方法，可以提高无线自组网在应急通信环境下的使用效能。例如，在协作执行救援任务的场合，常常需要访问基础网络以查询和检索相关资料。

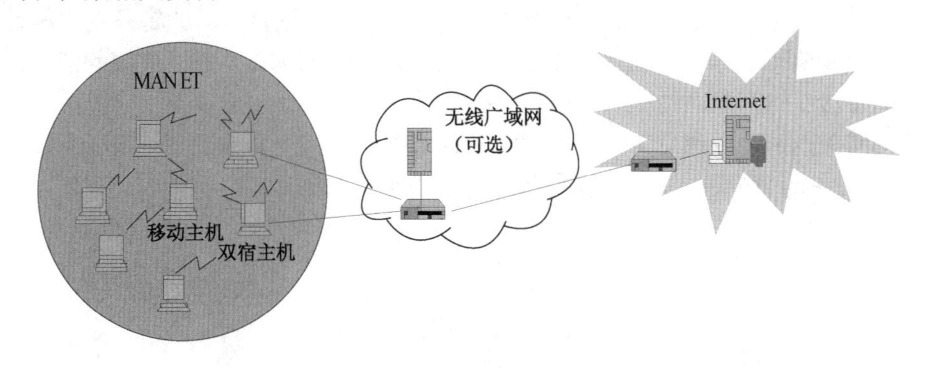

图 5.6　MANET 通过双宿主机接入 Internet

通过用户协作和共享连接资源能够获得以下好处：可以利用暂时空闲的连接和突发性业务的统计复用特性，提高无线连接的利用效率；可以减少协作式应用中重复数据的传输，节省网络带宽和接入成本。例如，当一个可以连接到 Internet 的移动用户的连接空闲时，其他用户可以暂时使用该主机作为到 Internet 的临时网关。例如，当无线自组网中的一组用户想获得 Internet 上的信息时，Internet 中的服务器没有必要传输相同数据的多个副本到不同的移动用户，而只需向其中的某一个移动用户传输信息即可；而后该用户可以借助于某种无线自组网多播路由协议将数据传输到属于一个多播组的其他用户，即由该主机充当连接网关和信息代理，这样既可以减少数据传输量，又可以增加网络的安全性。此外，单个无线 WAN 连接的带宽往往不能满足多媒体业务的传输要求，为了提高业务的服务质量，基于分层编码机制的多媒体业务可以通过多个无线 WAN 连接（多个网关）来传输多媒体业务的不同层的数据信息；并可以在连接带宽不足时优先丢弃增强层数据，然后可以通过在无线自组网内基于多播路由使所有的多播组成员获得该视频业务的两层数据。但是，双宿主机的处理能力和连接带宽十分有限，网关节点可以动态地加入或离开，并要考虑临时网关的负载平衡问题。

下面简要说明连接共享机制的工作过程。为了简化分析，假设临时网关的无线 WAN 连接的带宽相关，并且所有网关的功能和地位相同。在这种系统中，移动主机首先要发现可用的网关，这可以通过发送网关查询消息（Query Gateway）来实现。网关可以周期性地发送通告广播消息（Announcement），或者只在收到网关查询消息时才发送通告消息（基于事件触发）来声明自己的存在，而且通告消息中含有此网关广域无线连接的可用带宽等信息。周期性发送通告消息的方法开销较大，但是主机可以通过分析通告消息来选择合适的网关，而不需要发送网关查询消息。然后移动主机向所选择的网关发送接入请求消息（Request Access），该网关需要根据自己是否有足够的资源来决定是否响应此主机的特定请求，即网关需要实施某种允许控制机制。然而，网关是否采用允许控制机制将依赖于业务的要求，对于不需任何服务保证的应用，网关可以按照尽力而为的方式工作，不需要采用允许控制；但是如果用户需要服务保证，特别是当应用了某种价格调节机制时，必须实施某种形式的允许控制。另外，网关发现过程可与 RIP 路由器搜索、MIP 代理搜索或者 MANET 路由协议的路由发现机制相集成，在 IPv6 环境下，网关发现过程还可以和邻居发现协议（Neighbor Discovery Protocol, NDP）集成。需要指出的是，网关发现实际是服务发现的一种，当前关于网关发现进行的研究主要就是发现 Internet 互连服务；至于其他的服务，如应用层的服务发现对于这样一个没有中心控制实体的对等（Pear-to-Pear）网络而言，也是十分重要的。

图 5.7 给出了在移动主机和网关之间建立连接共享机制的通信过程。移动主机首先查询合适的网关，网关按照一定的方式通告其无线广域连接的可用带宽。假定移动主机选定了网关 G2，它将向该网关发送包含用户相关要求（如连接速率为 ra）的请求接入消息，然后由网关决定是否接受该请求，并发送 Accept/Reject 消息通知移动主机。当移动主机收到 Accept 消息后应向网关返回确认消息 ACK。移动主机可以显式地发送拆链信息，或者通过软状态机制动态地进行刷新，如果一段时间没有用户使用该连接，网关将自动释放此连接，从而可以提高资源的利用率。

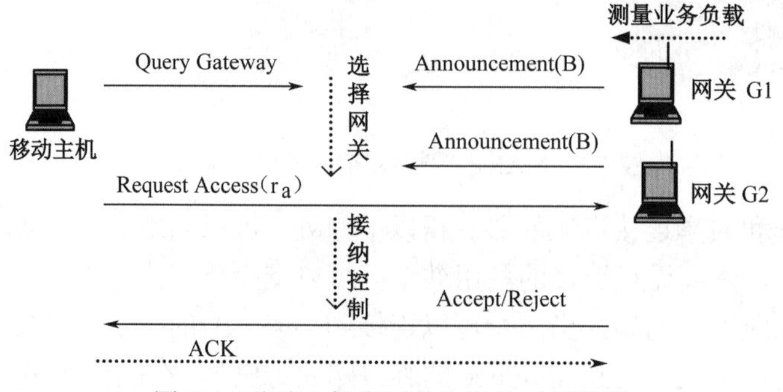

图 5.7　移动主机和网关之间的通信过程

4．网关选择和接入控制

网关选择的标准很多，当前很多方案都是基于最小跳数优先的原则来选择网关。这样做的缺陷很多：首先，某些到网关的链路跳数更多，但无线带宽可能更大；其次，较短的链路可能是热点链路，其上已经承载了过多的业务流量。由此可见，在多网关环境下，应合理地将业务量分配到不同网关上以达到改善互连性能的目的。也就是说，网关选择的目标是尽可能地平衡流经各网关的业务量负载，防止某些网关出现拥塞而另一些网关相对空闲的情况，从而获得较好的网络性能。负载平衡的标准很多，下面选用的标准是尽量减少一定时间τ内流经各网关的平均负载的最大差别，即

$$\text{Minimize}\left[\frac{\max_i\{L_i(\tau)\}-\min\{L_i(\tau)\}}{b}\right] \qquad i\in(1,\cdots,N) \tag{5-1}$$

其中：$L_i(\tau)$为时间τ内网关i的平均负载；b为WWAN连接的带宽，这里假设各网关的WWAN带宽相同；N是网关节点的数量。

由于很难预测接入请求的到达时刻和持续时间，加之业务量自身的突发特性和网关的动态特征使得优化网关网络负载的问题比较复杂；所以一种简单的方法是采用贪心算法，即移动主机基于网关的通告消息优先选择当前负载最小的网关。需要指出的是，移动主机在选定网关并工作一段时间后，可能会在某些情况下（如网关负载过大、主机和网关之间的链路质量变差等）进行网关切换，可以是主机主动发起切换或网关通知后被动发起切换。

为了能够向接入网关的业务流提供一定的服务质量保证，网关需要实施某种接入控制。由于无线自组网的特殊性（多跳和动态特性），应用很难获得严格的QoS保证。因此接入控制机制的设计应该遵守以下原则：操作简单和易于实现；较高的带宽利用率；可以为那些具有某种自适应性的可以容忍一定程度的时延抖动和分组丢失的实时业务提供一定的服务质量保证，但不能确保应用一定能够获得所请求的带宽。例如，可以采用基于测量的允许控制机制，即估计网关连接现存业务的负载，如果$v+r_a>\mu*\beta$，那么接受此连接请求。其中v表示现存业务的负载，r_a表示业务流的请求连接速率，μ为带宽利用率，β为网关的无线广域连接的带宽。业务负载测量周期性地进行，测量的间隔时间越短，越能够及时地反映连接的可用带宽，但是计算开销越大，并且测量得到的平均值也会有所增加（由于业务的突发特性），使得允许控制过于保守，带宽利用率较低；而测量周期过大可能会接纳过多的连接请求，造成连接拥塞，使得业务的服务性能降低。因此，应该合理、慎重地选择测量周期和μ值。如果连接请求被接纳，那么网关将对其进行服务，直到服务完成或由于网关或主机的移动而中途中止；在第二种情况下，业务流将被拒绝并且移动主机不再保存该流而简单地将其丢弃。

5.7 一种基于用户等级和负载均衡的多属性网络选择算法

5.7.1 算法提出背景

如前所述，异构无线网融合中的一个关键技术问题是用户终端如何在多网络共存的环境中合理、有效地选择网络。多属性算法由于综合考虑了网络中的多种因素，在网络选择中被广泛使用。例如，Mohamed Lahby利用层次分析法和熵值法为不同属性分配权重，有效地减小了用户网络之间的乒乓切换次数。Xinjun Liu提出了一种基于上下文感知的网络选择方案，并使用WPM（Weighted Producted Method）的多属性判决方法对不同网络进行比较，降低了

计算开销和失序性。但是，现有的多属性判决方法对网络的负载均衡问题考虑较少，也没有区分用户的服务等级，因此高等级用户的服务质量难以保障，且网络资源使用效益不高。例如，当一个重要的呼叫接入网络时，需要选择一个性能很好的网络，而此时性能好的网络负载过大，不能接受该呼叫，其余的网络即使允许该用户接入也不能满足其服务需求。所以，在进行网络负载均衡时必须考虑用户的服务等级问题。

针对上述问题，本节提出了一种基于 TOPSIS 和 AHP 并考虑用户等级和网络负载的网络选择算法：使用 AHP 方法确定权重，然后基于 TOPSIS 方法选择最优网络；同时，对不同性质的呼叫分配不同的权重以便使网络选择更准确。当最优网络的网络负载达到一定程度时，可使用户以一定概率选择该网络或次优网络，从而使等级高的呼叫有较高概率选择最优网络，而等级低的呼叫接入最优网络的概率根据当前网络的负载状况决定。

5.7.2 基于 AHP 和 TOPSIS 的网络选择

1. 通过 AHP 法确定权重

AHP 是对定性问题进行定量分析的一种简便、灵活而又实用的多属性决策方法，通过属性间的两两比较来确定权重，主要步骤如下。

在确定权重时，利用 AHP 中划分的 9 个等级（见表 5.1）进行两两比较，建立判断矩阵 $\boldsymbol{P}$。其中 p_{ij} 为 i 属性相比 j 属性的重要等级，$p_{ij}=1/p_{ji}$。

表 5.1 AHP 等级划分

属性	相等	稍重要	重要	很重要	极重要	其他
p_{ij}	1	3	5	7	9	2, 4, 6, 8

则可得判断矩阵

$$\boldsymbol{P}=\begin{bmatrix} p_{11} & \cdots & p_{1j} & \cdots & p_{1n} \\ \vdots & & \vdots & & \vdots \\ p_{i1} & \cdots & p_{ij} & \cdots & p_{in} \\ \vdots & & \vdots & & \vdots \\ p_{n1} & \cdots & p_{nj} & \cdots & p_{nn} \end{bmatrix}. \tag{5-2}$$

将每一列规范化，即 $\overline{p_{ij}}=p_{ij}\Big/\sum_{k=1}^{n}c_{kj}$。将规范化后的矩阵按行相加，得 $\overline{w}_i=\sum_{j=1}^{n}\overline{p}_{ij}$。规范化后得 $w_i=\overline{w}_i\Big/\sum_{j=1}^{n}\overline{w}_j$，则向量 $\boldsymbol{W}=[w_1 \;\; w_2 \;\; \cdots \;\; w_n]$ 表示各属性的权重。

网络中的用户请求可分为不同的类型，不同类型请求的属性的重要程度相应地也不同。下面选择会话类、流类、交互类这 3 种业务类型进行介绍。

会话类业务对时延和时延抖动的要求较高，允许丢包，对带宽要求较低，对费用不敏感；流类业务对丢包率和带宽要求较高，对时延和时延抖动要求较低，对费用不敏感；交互类业务要求有较低的丢包率，对时延和时延抖动要求较低，对带宽要求一般，但对费用敏感。所以针对不同的业务，应根据该业务对网络属性要求的不同，建立不同的判断矩阵，分别得出不同的权重向量 $\boldsymbol{W}_{会话类}$、$\boldsymbol{W}_{流类}$、$\boldsymbol{W}_{交互类}$。

2．使用 TOPSIS 进行网络筛选

TOPSIS（Technique for Order Preference by Similarity to Ideal Solution）是一种所选择的方案与正理想方案差距最大且与负理想方案差距最小的选择算法。在网络选择中，运用此种算法，根据权重的设定，对于用户偏好较高的属性更加敏感。例如，在流类业务中，对丢包率和带宽较为敏感。

下面通过综合考虑网络的效率、稳定性、费用等问题，选取费用（Cost）、时延（Delay）、时延抖动（Jitter）、丢包率（Lost）和带宽（Bandwidth）5 种网络属性来建立判断矩阵。

首先，根据已选择的候选网络中的网络属性，建立判决矩阵

$$\boldsymbol{A}=\begin{bmatrix} c_1 & d_1 & j_1 & l_1 & b_1 \\ \vdots & \vdots & \vdots & \vdots & \vdots \\ c_n & d_n & j_n & l_n & b_n \end{bmatrix} \tag{5-3}$$

其中，c 表示开销，d 表示时延，j 表示时延抖动，l 表示丢包率，b 表示带宽。

其次，对原判决矩阵中的元素进行标准化处理，即 $a_i^{'}=a_i\Big/\sqrt{\sum_{k=1}^{n}a_k^2}\,(i=1,\cdots,n)$，则可得到原判决矩阵 $\boldsymbol{A}$ 标准化之后的矩阵

$$\boldsymbol{A}^{'}=\begin{bmatrix} c_1^{'} & d_1^{'} & j_1^{'} & l_1^{'} & b_1^{'} \\ \vdots & \vdots & \vdots & \vdots & \vdots \\ c_n^{'} & d_n^{'} & j_n^{'} & l_n^{'} & b_n^{'} \end{bmatrix} \tag{5-4}$$

再次，根据请求业务的不同，选择不同的权重向量 $\boldsymbol{W}$，将各网络属性对应的权重与标准化之后的属性值相乘，得到矩阵 $\boldsymbol{P}$，即

$$\boldsymbol{P}=\begin{bmatrix} C_1 & D_1 & J_1 & L_1 & B_1 \\ \vdots & \vdots & \vdots & \vdots & \vdots \\ C_1 & D_n & J_n & L_n & B_n \end{bmatrix}=\begin{bmatrix} c_1^{'}w_1 & d_1^{'}w_2 & j_1^{'}w_3 & l_1^{'}w_4 & b_1^{'}w_5 \\ \vdots & \vdots & \vdots & \vdots & \vdots \\ c_n^{'}w_1 & d_n^{'}w_2 & j_n^{'}w_3 & l_n^{'}w_4 & b_n^{'}w_5 \end{bmatrix} \tag{5-5}$$

对于成本型，取每一列中的最小值作为该网络属性的正理想解，记为 X^+；取每一列中的最大值作为该网络属性的负理想解，记为 X^-。对于效益型，取每一列中的最大值作为该网络属性的正理想解，记为 X^+；取每一列中最小值作为负理想解，记为 X^-。其中，X 为 $\boldsymbol{P}$ 的元素 C、D、J、L、B。

可得每个候选网络与正、负理想解的距离分别为：

$$S_i^+=\sqrt{(C^+-C_i)^2+(D^+-D_i)^2+(J^+-J_i)^2+(L^+-L_i)^2+(B^+-B_i)^2} \tag{5-6}$$

$$S_i^-=\sqrt{(C^--C_i)^2+(D^--D_i)^2+(J^--J_i)^2+(L^--L_i)^2+(B^--B_i)^2} \tag{5-7}$$

其中，$i\in(1,\cdots,n)$。

最后，计算相对接近程度，即

$$H_i=\frac{S_i^-}{S_i^-+S_i^+} \qquad i\in(1,\cdots,n) \tag{5-8}$$

比较 H_i 的大小，H_i 越大网络性能越好，H_i 最大的网络为最优网络。所以可根据 H_i 的大

小依次选出最优网络和次优网络。在原始的 TOPSIS 算法中，只是通过 H_i 的值选择用户接入的网络，而没有进一步考虑用户等级和负载均衡等问题。

3. 考虑网络负载和用户等级来选择网络

上述计算最优网络的算法没有考虑负载均衡问题，即用户都选择最适合自己的网络而忽略了网络当前负载，导致最优网络的负载过大，从而使得服务质量下降。单纯在判断属性中加入对网络负载进行加权的方法也不能很好解决上述问题，因为不同的业务关注的网络属性不同。此外，现有的考虑了网络负载的网络选择算法大都没有区分用户呼叫的等级。如果一个重要的呼叫在接入网络时，最优的网络因为负载过大而不能接受该呼叫，则会大大影响网络的服务效益。综合上述问题，对原有 TOPSIS 算法进行改进，以解决这一问题。

对于异构无线网络而言，不同的无线网络对负载指标的判定不同。UMTS 通常用接收到的功率大小来计算，而 WLAN 通常用连接到 AP 的用户数目来计算。不同的计算方法意味着不能直接进行比较。所以，需要对负载进行统一的定义。

为简单起见，网络的容量用网络的带宽来表示，可以将用户连接网络时需要的带宽资源与总资源的比例作为负载。

定义 1：已连接到网络的所有用户占用的带宽资源与该网络的总带宽资源的比例记为网络的负载。

定义 2：呼叫的级别 Y 分为重要和普通两个级别。当 Y 等于 1 时呼叫为普通呼叫，当 Y 等于 2 时，呼叫为重要呼叫。

引入负载分析模块，在执行网络选择算法之前，首先对各个网络的负载进行分析，去掉不能满足用户资源需要的网络。

算法描述如下：首先，在用户计算得到网络的 H_i 后，选择最优网络和次优网络。当最优网络的负载小于预设的门限 α $(0<\alpha<1)$ 时，直接选择最优网络；当最优和次优网络的负载都大于 α 时，仍选择最优网络；当最优网络的负载大于 α 且次优网络小于 α 时，对这两个网络按照下面的公式进行比较，根据比较结果选择一个网络：

$$F = r + (h - \text{load} \times \frac{1}{Y}) \tag{5-9}$$

其中，r 为 0 到 1 的之间的一个随机数，h 为常数且 $\alpha<h<1$，load 为最优网络的负载。当 $F>0.5$ 时，选择最优网络；当 $F<0.5$ 时，选择次优网络。

由式（5-8）可以看出，当用户等级为普通且 $\text{load}=h$ 时，F 大于 0.5 和小于 0.5 的概率均为 1/2。load 越大，$F>0.5$ 的概率越小，即用户选择最优网络的概率越小。而对于重要用户来说，$\text{load}=2h$ 时，F 大于 0.5 和小于 0.5 的概率为 1/2。在下面的仿真实验中，我们取 α 为 0.8，h 为 0.9。可以看出，对于重要用户，选择最优网络的概率要远大于选择次优网络的概率。而对于普通用户，当 $\text{load}<h$ 时，选择最优网络的概率要略大于选择次优网络的概率；当 $\text{load}>h$ 时，选择最优网络的概率要小于选择次优网络的概率。

基于 AHP 和 TOPSIS 的网络选择算法流程如图 5.8 所示。从该算法流程可以看出，网络首先利用 AHP 法确定权重，利用 TOPSIS 法筛选网络。当网络负载达到一定程度时，用户对网络的选择会根据网络的负载状况和用户的呼叫级做出二次选择，而不会根据原 TOPSIS 算法直接做出选择。在选择的时候，重要的用户有更大的概率选择最优网络，而普通的用户则主要根据网络的负载状况选择网络。这样，不仅均衡了不同网络间的负载，解决了个别网络因负载过大而导致接入失败的问题，还可以在很大程度上为重要用户预留一定资源，防止重要用户呼叫失败的情况发生。

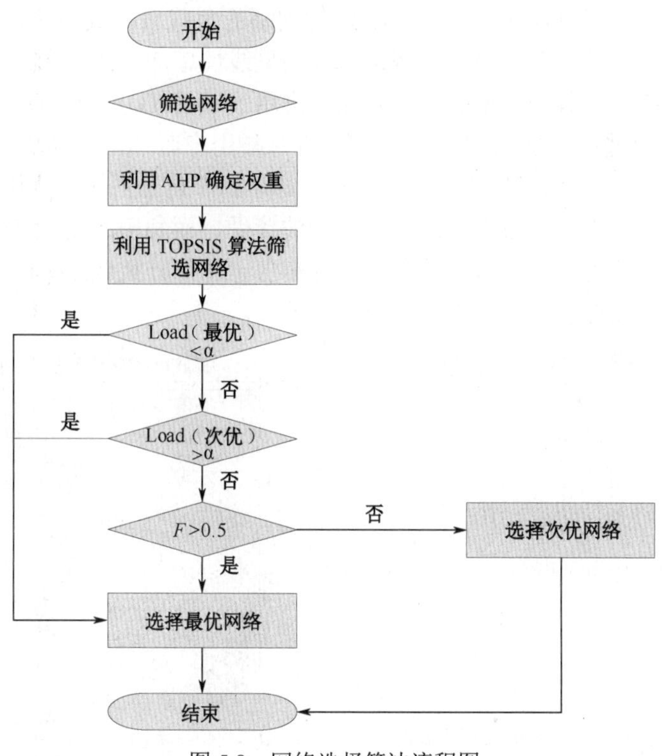

图 5.8　网络选择算法流程图

5.7.3　仿真分析

本算法使用 MATLAB 软件进行仿真，仿真环境包括两个 WLAN（IEEE 802.11a 和 IEEE 802.11b）网络、一个 UMTS 网络和一个 WiMAX 网络。仿真时假设用户可以接入 4 个网络中的任意一个。用户的呼叫种类分为会话类、流类、交互类 3 种；用户的等级分为重要和普通两种。仿真实验中取网络的开销、时延、时延抖动、丢包率、带宽 5 种网络属性，各网络的属性值如表 5.2 所示。

表 5.2　各网络属性值归一化

网络类型/属性	开销 C	时延 D	时延抖动 J	丢包率 L	带宽 D
IEEE 802.11a	20	40	13	3	70
IEEE 802.11b	30	40	13	2	80
WiMAX	50	25	8	7	60
UMTS	60	19	5	6	20

仿真中对改进后的 TOPSIS 算法和原 TOPSIS 算法进行了比较，分别模拟了网络接纳用户呼叫个数上限为 450 和 600 时的网络选择情况。当网络中有 450 个用户呼叫时，仿真结果如图 5.9 所示。图中：data1 表示 IEEE 802.11a 网络，data2 表示，IEEE 802.11b 网络，data3 表示 WiMAX 网络，data4 表示 UMTS 网络。

由于 IEEE 802.11b 网络和 IEEE 802.11a 网络有较低的丢包率和较高的带宽，且开销也相对较小，所以流类业务和交互类业务倾向于选择这两种网络，并且这两类业务都占用较大的带宽。而由于 UMTS 和 WiMAX 有较低的时延和较小的时延抖动，会话类业务倾向于选择这两种网络，此类业务占用较小的带宽。从图 5.9 中可以看到，IEEE 802.11b 网络和 IEEE 802.11a 网络的负载显著增大；而 UMTS 网络和 WiMAX 网络的负载增加较小。但是，可以看到采用原 TOPSIS 算法时，随着仿真的进行，网络负载均呈线性增加；而采用改进的 TOPSIS 算法时，负载较大的网络，负载平滑增加。这是因为采用改进的 TOPSIS 算法时，网络在负载较大时，一部分用户会选择次优网络，而选择的概率与用户呼叫的等级有关。同时，对于原 TOPSIS 算法，在仿真进行到最后阶段，所有网络都达到了自己的负载上限，WiMAX 网络甚至超出了自己的负载上限，导致之后的用户不能被接受。而利用改进的 TOPSIS 算法，到仿真的最后阶段，网络还可以接受更多的用户。这是由于在部分负载过大时，用户合理选择网络使得网络资源得到充分利用，达到了负载均衡效果。

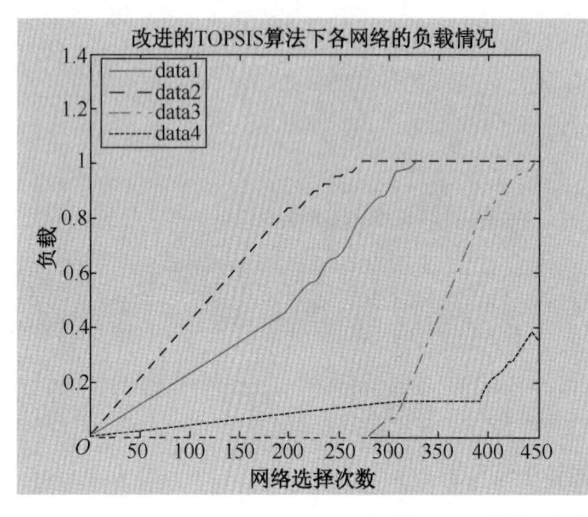

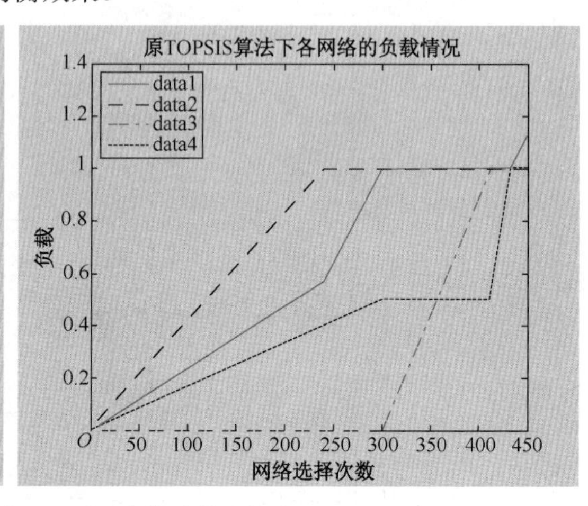

图 5.9　用户呼叫为 450 时两个算法的比较

将用户呼叫进一步增加到 600 个，仿真结果如图 5.10 所示。图中：data1 表示 IEEE 802.11a 网络，data2 表示 IEEE 802.11b 网络，data3 表示 WiMAX 网络，data4 表示 UMTS 网络。从图 5.10 中可以明显看出，原 TOPSIS 算法在 450 个用户呼叫之前已经到达了网络的上限，而改进的 TOPSIS 算法，可接受 500 多个用户的呼叫，大大增加了网络的容量。

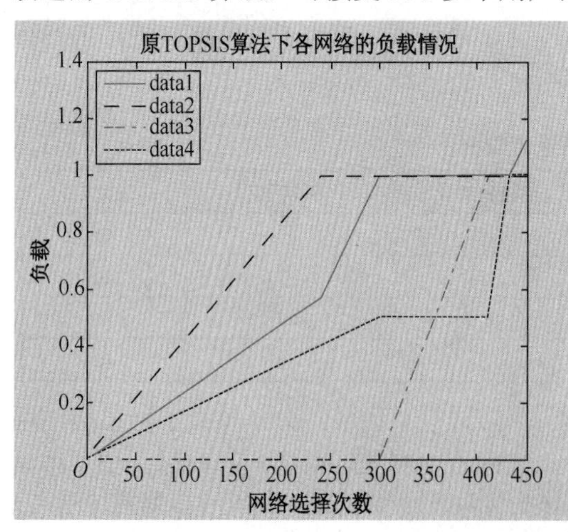

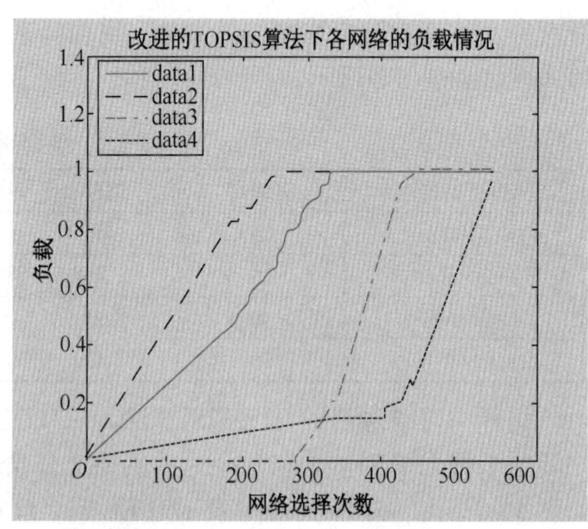

图 5.10　用户呼叫为 600 时两个算法的比较

此外，在 600 个呼叫情况下，两种算法成功接入的高等级用户呼叫数量明显不同，如图 5.11 所示。从图 5.11 中可以看出，改进后的 TOPSIS 算法重要用户的成功接入数要高于原 TOPSIS 算法的接入数。这是因为当网络负载大时，重要用户呼叫接入最优网络的概率要远远大于普通用户呼叫，网络相当于给重要用户呼叫预留了资源。

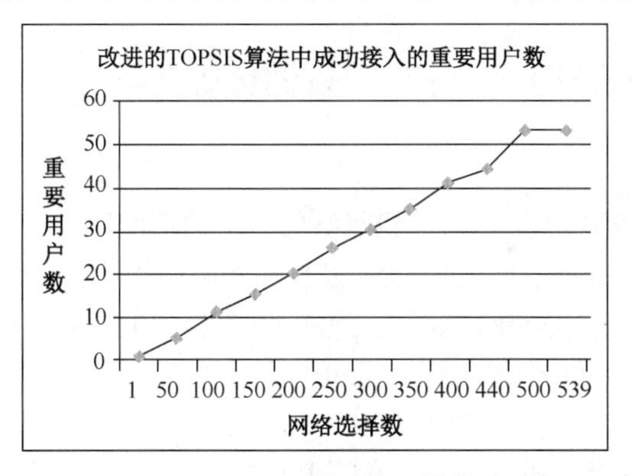

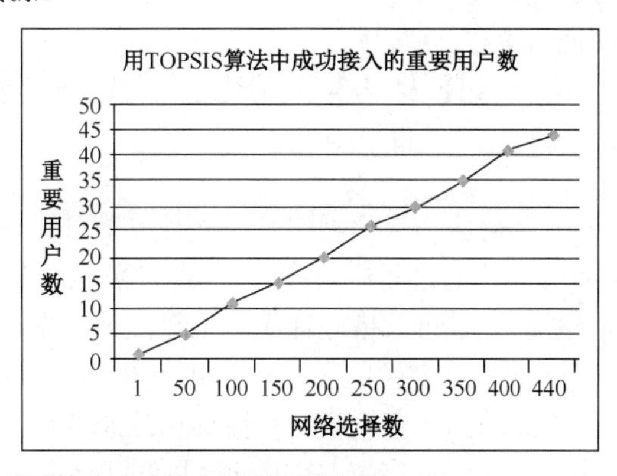

图 5.11 用户呼叫为 600 个时两算法成功接入的重要用户数

5.8 本章小结

异构网络融合是一个长期逐步演进的过程，当前很多研究仍处于初始阶段。异构网络资源的复杂性、网络状态的多样性、各网络之间的差异性等特点给异构网络融合的设计和实现带来了诸多问题和挑战，其中包括移动切换、无线资源管理、服务质量保障、系统安全和能耗开销等。作为复杂的异构网络，应急通信网络要充分发挥功效，必须综合各现有的网络基础设施和临时部署的网络设施，并充分利用各种通信技术手段，包括无线自组网、蜂窝网络、因特网和卫星网络等。为此，必须有效解决各种不同网络的异构互连问题。

通过异构网络互连，大大拓展了应急通信的覆盖范围，同时显著增强了网络的可生存性。基于高效的网关发现、连接共享和网络选择机制，无线自组网内的移动主机可以借助少量临时网关访问最优网络，然后通过信息共享机制快捷地获取所需的信息，这非常有助于应急行动的实施。挑战与机遇并存，我们有理由相信，在广大学者和产业界的共同努力下，不久的将来，异构网络融合技术必将取得突破性进展，可以将各种网络、通信和信息技术手段有效地集成到一个便于配置和管理的基于 IP 可扩展的应急通信平台上，通过网络间的融合与协同，对分离的、局部的优势能力与资源进行有序地整合，最终使应急通信系统拥有自愈、自管理、自发现、自调整和自优化等一系列智能化功能，从而更好地为不同用户群体提供各自所需的应急服务。

第 6 章　应急通信网络的生存性增强技术

一体化应急通信网络是指涵盖有基础设施网络和无基础设施网络的异构通信网络，在应对突发事件的过程中可发挥巨大作用。但恶劣的应用环境使网络生存性面临诸多问题和挑战，必须采取有效措施提高其生存能力。本章首先介绍网络可生存性的概念和相关背景，然后对网络可生存性的研究现状进行概括，归纳增强应急通信网络可生存性的策略和关键技术；在此基础上阐述高生存性异构应急通信网络的设计思路和方法，并给出若干生存性增强措施；最后，对无线自组织应急通信网络中的信息传输模式、信息摆渡机制、冗余控制机制、能量意识的生存性路由进行逐一阐述。

6.1　引言

网络生存性（Survivability）也称网络顽存性，是确保网络有效提供通信服务的重要前提之一，对于保证商业利润和军事利益至关重要。当前，用户对网络服务性能的要求日益提高，尤其在应急通信中，网络服务性能的好坏（包括安全性、可靠性、服务提供和安全保障能力等）往往可以决定抢险救灾的胜败。网络生存性研究充分考虑了自然灾害、意外事故和人为操作失误对网络造成的影响和应对措施，能为网络系统在各种环境下的服务性能提供预报，有助于进行合理的维护和技术改造，并可以在理论上指导可生存系统的设计与实现。

异构应急通信网络是一种包括多种网络类型的大规模复杂网络，网络机动灵活，便于部署，在应对公共突发事件过程中发挥着巨大作用。异构网络环境复杂多变，用户需求多样，信道质量不稳定且包含大量资源受限的移动通信设备，因此网络的生存性面临巨大挑战。相比于传统的有线和无线通信网络，异构应急通信网络的可生存性具有明显的不同特点和需求。一方面，异构网络具有一些有利于增强网络可生存性的特点：异构网络，尤其是无线自组网不依赖基础设施，采用无中心分布式网络结构，网络结构本身较健壮，通常不存在单点失效问题，也不必过多考虑基础设施本身的抗毁性问题；异构应急网络可灵活集成多种类型的网络，环境适应性较强，应用领域广。另一方面，异构应急通信网络的生存性面临许多新的问题和挑战：异构无线网络环境复杂，网络拓扑结构动态多变，无法事先确定链路的数量和容量以及网络需承载的流量；无线频谱资源稀缺，网络带宽不足且信道质量不稳定，难以保障持久的网络连接和通信服务的质量；移动设备的存储空间、功率和计算能力以及电能供给都非常受限，路由计算和维护困难，并可能超出网络协议反应的能力，难以开展资源消耗较大的网络业务；异构网络包含数量众多类型不同的网络和通信设备，并且设备可随意移动，使得网络之间的互操作性和移动切换问题比较突出；无线网络部分更容易遭受窃听、流量分析和干扰以及拒绝服务等攻击，并且传统的加密、认证、容错和可靠性技术不能直接用于这种复杂的异构分布式网络环境。不难看出，异构应急通信网络生存性的目标、研究的问题和采用的技术，与传统商用网络（因特网和移动蜂窝网络）有很大的不同。以前对网络可生存性的研究主要集中在网络抗毁性方面，而没有全面考虑网络生存性的内涵，难以确保在应急通信过程中网络遭受攻击、故障或者意外事故后仍能有效地提供基本的通信服务。因此，对异构应急通信网络的生存性进行全面剖析和系统研究是非常必要的。

6.2 网络生存性研究状况分析

网络生存性的研究由来已久，涉及多个学科领域，但至今没有明确和统一的定义。依据工作环境、研究对象和系统目标，网络可生存性有多种定义，并且生存性概念也在不断发展之中。1993 年，Barner 等人首次提出了信息系统生存性的概念。随后，ANSI T1 小组给出了一个得到广泛认可的定义：在网络出现故障和受到安全威胁及攻击的情况下，仍能保证系统获得必要服务或完成基本任务的能力。这一定义包括两方面的含义，一是物理上的坚固性（Rigidness），二是网络功能的健壮性（Robustness）。在软件工程领域中，生存性定义为，即使在存在故障和攻击的情况下系统及时完成任务的能力。这种定义强调及时性以及在网络受到攻击下的可生存性，不仅考虑系统的安全和故障容忍能力，还特别重视在入侵或出现故障时保证系统获得必要的服务。学术界普遍认为，网络生存性依赖 3 个关键的要素：抵制、识别和恢复。抵制是指系统抵抗攻击的能力；识别是指系统检测攻击并评价其危害程度的能力；恢复是指系统在受到攻击时隔离异常部分，重配置资源，维持必需的服务，并在故障排除和攻击结束后恢复原有服务水平的能力。与网络抗毁性技术相比，网络生存性的中心思想是在任何环境下保证完成任务，而不是保证某个子系统或者系统的某个组件的存活。

网络可生存性与网络安全性密切相关而又有所不同。从某种意义上来讲，网络生存性研究不再局限于传统网络的安全性和可靠性问题，而是从新的视角来审视网络在各种网络环境下的服务提供和安全保障能力。具体而言，网络可生存性是安全领域的一个新的研究内容，它融合了网络安全的冗余、容侵和可靠性等思想。网络安全性强调系统各组件的安全性，通常利用防火墙、入侵检测系统等来增强网络“防”、“检”入侵的能力；而网络可生存性则是以提高网络“容侵、容灾、容错”能力并及时完成网络的关键任务为目的，在提高网络抗攻击能力的同时，更加注重系统在攻击时的识别能力、攻陷后的恢复能力以及恢复后的演变和学习能力。判断网络可生存性的标准，不是网络是否被入侵，而是网络能否提供用户需求的关键服务。为了在“任何不利条件下”完成其关键服务必须利用相关策略来维持网络的 4 个关键属性。网络可生存性的关键属性及其相应的增强策略如图 6.1 所示。

增强网络的生存性就是利用相应的技术措施来提高网络生存能力的过程。迄今，在网络生存性增强技术方面，许多学者提出了大量卓有成效的方法和机制，下面予以简要介绍。

（1）在基础设施网络的生存性增强方面。传统的有线和无线网络主要考虑防止出现单点失效和服务中断，关注服务性能和服务恢复时间，而很少考虑由于节点移动性和恶意用户攻击造成的影响，目标是让用户感觉不到故障而能继续使用服务。这类网络常常使用冗余网络、多模式设备和覆盖网络（Overlay Network）来提高可生存性。常用的网络保护/恢复措施包括：硬件冗余和物理备份，如对重要节点或设备提供备份，提供线路保护倒换，环形网保护等；基于逻辑通路的网络恢复，如利用数字交叉连接设备（DXC）切换通路或基于动态 IP 路由实现故障恢复；混合保护，结合环形网和 DXC 保护；使用加密和认证等机制确保信息安全性。恢复策略在网络故障发生时被动执行，能够减少资源耗费但网络恢复时间较长；保护策略提前主动预留资源和备份路径，网络恢复快，资源利用率较低。为此，有些学者考虑根据应用需求优化组合这两种策略。

（2）基于关键属性的生存性增强技术。该技术针对不同的生存性威胁，为提高网络的关键属性而制定相应的增强策略。例如，梁霄等人针对生存性威胁对网络造成的影响将博弈过程分为抵抗、识别和恢复 3 阶段，通过纳什均衡选择最优策略来提高网络的生存能力。

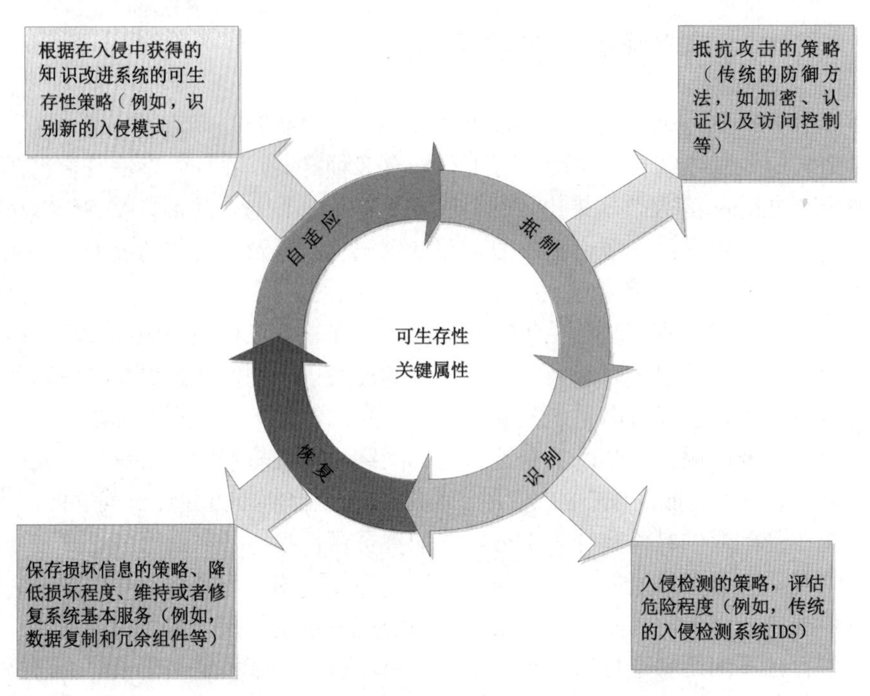

图 6.1　可生存网络的关键属性及其增强策略

（3）基于服务漂移的生存性增强技术。该技术在网络构件发生故障时，通过其他能提供类似功能的网络构件来完成用户的服务请求，为网络持续提供关键服务，但是传统的服务漂移时间开销大、服务器集群负担过重。赵二虎等人针对传统服务漂移的不足提出了一种漂移意图可感知的 IP 网络生存性服务提供模型。该模型使漂移意图感知化，可保证服务漂移的随机性并减小服务漂移间隔时间，有效增强 IP 网络的生存能力。

（4）网络重配置技术。该技术是指当网络已经遭受生存性威胁时，对网络资源进行重配置，使网络恢复到正常状态，因此是一种有效的生存性增强技术。张乐君等人通过动态配置系统冗余的原子组件提出了一种生存性增强算法，该算法在服务能力下降和组件遭受攻击时均能保证系统的关键服务，提高了系统的可生存性。

生存性分析与评估，尤其是定量刻画生存性是研究网络系统可生存性的重要基础。但是，对于网络生存性很难做出准确度量，其程度和级别应基于网络环境和应用需求而定，同时必须考虑网络资源的使用效率和维护成本。在这方面，已有一些学者展开了研究，并常常使用可靠性（Dependability）和可用性（Availability）作为衡量网络生存性的指标。这些衡量指标相对简单，尚不能全面衡量异构无线通信网络的可生存能力。用来建立评价指标体系的方法主要有模糊综合评价法、层次分析法（Analytic Hierarchy Process，AHP）、网络分析法（Analytic Network Process，ANP）和德尔菲法（Delphi）等。AHP 假设同层元素相互独立，只考虑上层元素对下层元素的支配和影响，用来构建复杂、层间相互反馈和层内互相联系的生存性系统的指标体系，但往往存在偏差。为此，熊琦等人利用 ANP 和极大不相关法定量分析各指标间的相关性，建立了无线网络的评价指标体系；林雪纲从攻击阶段和攻击内容等方面综合分析了网络可生存性，通过形式化描述给出了一种网络生存性评价指标体系；还有学者将模糊综合评价法和层次分析法相结合（称为 AHP_Fuzzy 法）来评价网络的可生存性，先利用层次分析法确定各评价指标的权重，然后应用 Fuzzy 法建立模糊矩阵并量化评价结果来建立评价指标体系。网络生存性评估模型是指在对网络进行简化的基础上为分析其生存能力而建立的模型，是进行可生存性分析的基础，是评价网络生存能力的主要途径，可为增强网络可生存性提供重要依据。卡内基梅隆大学SEI研究中心提出的基于系统结构的评估模型，即网络可生存性分析（Survivable Network Analysis，SNA）方法，其分析步骤如图6.2所示，它可利用3R（Resistance，Recognition，Recovery）属性定性评估网络的可生存性。

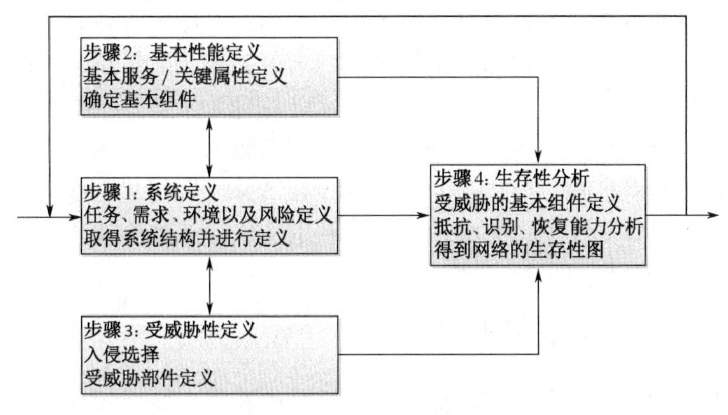

图6.2　SNA方法分析步骤

6.3　应急通信网络生存性增强策略与方法

6.3.1　生存性增强策略

应急通信网络的目标之一是在任何条件下均应可以生存，即使性能下降。因特网的设计目标是支持可扩展的路由，而应急通信网络关注的则是提供应急服务。因特网假定网络始终连接；而应急通信网络假定连接是断续的，即通过不同接口到达不同的子网。此外，应急通信网络还需要为业务流提供服务区分和安全支持。增强异构应急通信网络的生存性需要综合考虑网络安全性、可靠性和容错性等问题，涉及网络组织维护、资源调度管理、信息可靠传输等多方面的问题；所以要解决网络体系结构、服务模型和通信模式、网络协议设计和资源冗余配置等技术难题，是一个复杂、开放的研究课题。为此，必须合理运用信息领域（尤其是网络领域）的最新技术成果（如延迟容忍网络、拓扑控制、多径路由等），采用有效的网络组织和资源管理方法来增强网络的适应性和应用效能，确保异构应急网络中的各类用户群体能够在复杂多变的网络环境下获得各自所需的基本通信服务。

应急网络工作在高度动态的环境中，频繁的网络断链意味着双向端到端信令已不可行，网络拓扑的动态性意味着消息的到达会失序。由于难以及时、有效地收集网络全局信息，异构无线通信网络不适合采用集中式网络组合和管理方式，而宜采用分布式网络管理方法。异构无线通信网络中的服务模型不同于因特网中的端到端通信服务模型，而是类似于时延容忍网络（DTN）环境下的断续伺机型通信服务模型。在应急通信场合，应急用户群体常常采用组通信服务模型，因此可以通过基于角色的网络管理方式来实现组管理，而网络中的通信模式大多是多播、泛播和选播方式。多播和广播适用于用户群体内和群体间的信息传输，而泛播和选播适合用户访问服务资源和发布信息。因此，需要在网络协议栈各层设计支持上述服务模型和通信模式的网络通信协议和算法：在物理层，利用节点移动性和协作性尽可能建立和维护可生存网络连接；在路由层，采用多径路由和泛播传输机制，通过有效的移动存储转换和空中中继技术来减少移动性的影响并增加网络的可靠性；由于通信不再是主机到主机通信，即端到端的概念不那么清晰，传输层应该是一种尽力而为的实体；在应用层，通过冗余性和缓存来管理期望的通信可靠性，并希望消息在语义上是自包含的，以便提高应用程序的响应性。此外，采用各种保护措施和安全机制来应对网络攻击和安全威胁等。

对于动态多变的异构无线通信网络而言，具有情景感知能力的网络重构方法对于确保网络连接和通信服务至关重要。网络要具备情景感知能力，必须能够及时获取网络规模、拓扑和资源变化状况、用户所处的位置和应用需求，然后依据相应的策略灵活地分配和调整可用的节点资源和信道资源，对网络结构进行重组并对相关网络协议（如路由算法）进行重配置，以便主动增强网络的可生存性，为不同业务提供不同等级的通信服务保障。异构无线通信网络中的无线频谱资源相对稀缺，而传统的固定资源频谱分配机制却不能高效利用无线频谱资源。为此，可以基于认知无线电思想来设计高效利用网络资源的管理和调度机制，最大限度地提高整个网络的可生存能力。

6.3.2 生存性增强技术和方法

可生存应急通信网络必须有效解决连接维护、路由发现、数据转发以及密钥管理和访问控制等问题。维护必要的网络连接是网络提供服务的必要前提；路由发现应确保路由协议健壮，能容忍多种网络攻击和入侵；数据转发是指通过使用各种措施来保证数据可靠投递到目的节点；密钥管理和访问控制应确保节点的访问权限和传输数据的完整性和机密性。在应急通信中可以采用多种技术手段和方法来增强网络的生存能力，这些技术手段和方法包括覆盖连通控制、节能机制、信息摆渡和数据复制等技术。

1. 拓扑控制和功率控制

拓扑控制和功率控制是维持可生存的网络连接和保证可生存的通信服务的关键技术。应急通信网络希望能够对事发区域进行全面覆盖并保持网络连通（即任何节点对之间存在通信路径），以保障通信指挥在事发现场的畅通。

拓扑控制是指通过调整活动节点的数量、分布和发送功率来确定邻居关系的过程，拓扑控制往往离不开功率控制。一个好的网络拓扑具有以下特性：每个节点的节点度相近并较小，网络呈现规则和一致的结构，具有较高的连通度。拓扑控制的目标是，根据网络环境的变化自适应地改变拓扑结构，以维持/改善某些系统指标，例如在连接度约束下最小化传输功率或者在传输功率约束下最大化网络连接度和吞吐量。通过拓扑控制（也称覆盖连通控制），可以组成覆盖度高、节点间相互连通但冗余度低的网络，这将有助于提高信息传输的效率，降低资源消耗，进而增强上层应用的服务性能。

功率控制通过合理配置和调整节点的传输功率可有效改善无线网络的性能。一方面，适当限制发送功率可以减少节点间的传输干扰，减轻隐终端/暴露终端问题，提高信道的空间重用率，进而增加网络容量。另一方面，适当增加传输功率可以减少分组传递时延，增加成功投递率和网络连通度。因此，功率控制必须根据应用需求来确定优化目标。为了改善无线自组网的可生存性，应在满足连接约束的条件下最小化总传输功率以减少干扰并降低 LPD/LPI 及能耗。为了维持网络的连通性，可以采用增加节点功率的方法，即增加节点的传输距离和邻居节点数。但节点功率过高，会增加相互干扰和降低工作效率，同时增加能耗也容易暴露节点行踪。因此，维护拓扑连接和维持 LPD/LPI 之间存在矛盾，需要根据应用需求和网络环境折中考虑。功率控制的目的是在保持网络连通度的前提下，通过自适应地调节传输功率来均衡邻居节点度和平衡网络负载，以适应服务需求和网络环境的变化。功率控制对协议栈各层都有很大影响，因为节点的传输功率会影响节点度和网络连接度，并在一定程度上决定了信道接入、路由和其他高层协议操作的环境。因此，功率控制在开发跨层网络协议时扮演重要的角色，需要综合考虑功率控制、多址接入协议和路由算法来提高网络可生存性。例如，具有活动链路保护功能的分布式功率控制机制（DPC-ALP）可以在节点发生移动的情况下维护激活的链路，这将有助于缓解拥塞，提高系统吞吐量。

能量受限的无线节点容易因受到拒绝服务攻击而耗尽能量。当一定数量的无线节点耗尽能量时，需要补充新的节点以维持网络连接。另外，恶意的网络节点可以通过广播虚假的拓扑连接信息来妨碍正常的网络节点了解真实的网络拓扑，进而达到隔离网络和阻止数据传递的目的。因此，必须考虑减轻恶意操作对拓扑连接造成的影响。例如，可以基于节点的位置信息来验证其发布的拓扑信息与实际物理拓扑的一致性。实际上，在存在各种网络攻击的无线自组网中很难持续地维持网络连接，特别是在节点密度稀疏的网络环境下。此时，网络协议必须能够在链路时断时续、链路故障和拓扑动态变化的情况下发现路由和传递数据。也就是说，网络通信节点对之间并不总是存在可用的端到端路径，源端发出的数据只能沿着到目的节点的可用路径伺机逐跳转发，直到到达目的节点。

2．节能机制

无线自组网是现场应急通信网络中的重要组成部分。在这类网络中，大多数移动终端依靠电池供电，能量有限，必须采取有效的节能措施以便延长网络的生存时间。除设计低功耗的 MAC 协议和路由协议，实现能量动态管理外，还要充分考虑网络的特点。鉴于无线节点很多时候处于空闲模式，而空闲模式仍会产生很多不必要的能耗，因此应考虑让无线节点在非工作状态下转入休眠模式以降低能耗。由于无线传感网（WSN）中的传感器节点在相隔很短的时间内采集的数据具有很高的相似度，因此可以在一个工作周期内的部分时间里允许传感器节点转入休眠状态来。此外，WSN 中节点部署后，可能部分区域密度过高，邻近的传感节点采集的数据有很高的冗余度，可以利用上述的覆盖连通控制算法在保持覆盖连通性能的前提下，让这些邻近节点轮流工作并进行必要的数据融合处理，以减少上传的数据量。根据数据融合的操作级别，数据融合技术可以分为：数据级融合，如目标识别中的像素融合；特征级融合，如监测温度时，提取温度范围；决策级融合，如在灾难监测时，综合多个传感器节点判断是否发生灾害。在无线自组网中，数据传输耗能最多，路由协议对网络能耗有着直接而关键的影响。为此，可以集成分簇路由和数据融合来提高信道利用率和能量效率。针对 WSN 的数据传输特点，可以将无线传感网划分为不同宽度的同心圆，采用混合单跳传输和多跳传输的策略，提高能量均衡，解决分簇的无线传感网中存在的能量空洞问题，以便有效延长网络的生存寿命。最后，能量受限的无线节点容易受到一种通过强迫它持续工作而耗尽能量的拒绝服务攻击，这要求节点在察觉到攻击时能够切换工作模式或转移任务，以保护能量。

3．抗毁性路由

健壮的路由机制是增强网络生存性的关键技术，它的重要特点是能够快速适应网络的规模、拓扑和业务量的变化，避免路由环路和网络拥塞，并满足分布式运行和低能耗的设计要求。当拓扑变化过快时，路由可能只能采用洪泛机制，以此来保证重要（高优先级）信息的传输，这在战场环境中是非常必要的。抗毁性路由协议必须具有足够的错误容忍能力，及时发现网络中节点和链路的故障，然后缓存数据、确定可替换节点并自动重新选择路由，恢复通信。节点应能够支持多种路由协议并可以自动切换，例如可以在先验路由和按需路由之间切换，或者在簇内和簇间采用不同的路由策略。为了减少路由开销和能量耗费，以及增强网络隐蔽性，倾向采用按需路由协议。此外，可以根据应用需求和网络环境利用分级路由来减少路由开销，或者采用多径路由来提高数据传递的可靠性。在无线自组网中，路由优化往往不是最重要的，而是希望以最小的开销快速找到路由。当业务负载较轻时，应采用最短路由来减少传输时延；而当业务负载较高时，倾向采用拥塞意识路由来平衡网络负载。

多路径传输（MPT）是指一种采用多条不相交的路径来投递应用分组以增加连接的带宽和可靠性的机制。采用 MPT 主要有以下好处：增加会话的带宽和系统吞吐量；减少单个路径上的业务突发性和分组的投递时延；对信道质量的变化具有更好的自适应性，增加会话连接的可靠性。APR（Alternative Path Routing）算法利用多径路由机制实现负载均衡，但是需要考虑寻优策略的稳定性和可靠性问题，以减少路由的震荡和维护开销，并且希望多条可行路径之间的相关性越小越好。两条路径 m 和 n 的相关性由这两条路径共享的公共链路数或节点数的比例决定，比例越高，相关性越大。如果两条路径没有公共节点或公共链路，则分别称为节点无关多径路由或链路无关多径路由。节点无关多径路由有两种情况，分别如图 6.3（a）和（b）所示。在图 6.3（a）中的各条路径中，只有源节点和目的节点相同，路径各自独立，有较强的可生存性。但这种结构中，只有源节点具有多径信息，当存在链路失效时，需要通知源节点。当网络规模扩大后，维护多径路由的开销增大，限制了路由协议的可扩展性。在图 6.3（b）所示的网络拓扑中，S→A→B→C→D 路径上所有节点都有可以到达目的节点的路由，每个节点都具有自愈能力，如果出现链路失效，可以通过备份链路到达目的节点，无须通知源节点。但是，实际网络中一般很难找到符合此条件的多径结构。在图 6.3（c）所示的网络拓扑结构中，不同路由使用的链路都不相同，但是可以有相同的节点，如节点 C。这种链路无关多径路由对网络拓扑的要求没有节点无关多径路由高，可生存性相对较低，一旦公共节点 C 脱网或者离开了原来的网络区域，则将导致多条路径失效。

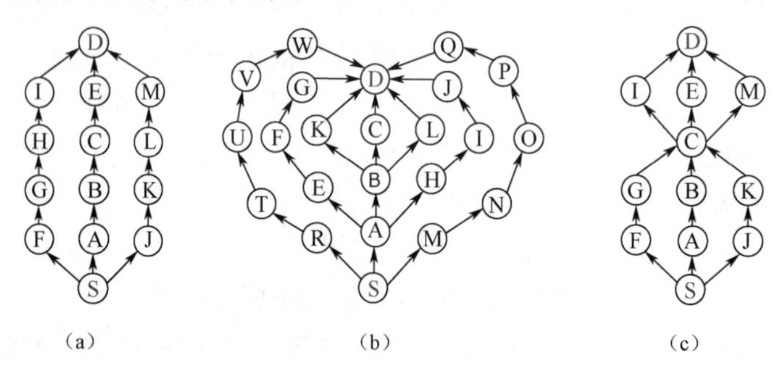

图 6.3　非相关多径路由的 3 种情况

能量多路径路由（EAMR）机制可在源目节点间建立多条路径，把数据分成多个部分在这些路径上并发传输或者分别传输数据的多个副本，既可使网络能耗均衡，也可提高发送速度或投递率以及容错性能。在可靠多路径数据转发（Reliable Information Forwarding suing Multiple paths，ReInForM）路由中，从数据源节点开始，根据信道质量、数据传输可靠性以及传感器节点到汇聚节点的跳数，确定需要的传输路径数目，以及下一跳节点的数目和相应的节点。邻居节点在接收到数据源节点的数据后，重复上述选路过程。ReInForM 协议能够满足可靠性要求。同时，ReInForM 协议还可考虑不同的传输可靠性要求，选择最优的路径进行数据传输。

4．自适应技术

自适应性是可生存应急通信网络的重要特征之一。异构应急通信网络必须适应网络资源的不断变化，容忍短暂的服务降级和中断，可根据流量负载、环境条件和可用资源自治地选择网络协议和通信模式；在遭受攻击而导致通信中断时，无须（或仅需要最低限度的）人工干预，就能迅速做出适应于网络环境和系统资源状况的恢复决策，重新配置业务，恢复通信；当出现无法恢复的故障时，必须将故障信息及时分发到网络中，以便网络其余部分迅速进行调节来维持基本的网络服务。

自适应和自调整技术是一种适应网络环境变化和节点异质性的常用方法，涉及很多内容，其中包括：根据链路状况动态调节传输功率以维持网络连接的功率自适应；自动调整天线方向图，使主瓣对准有用信号而避开干扰信号的自适应天线；根据信道状态自动选择合适的调制方式，从而有效挖掘信道的传输潜力；自动选用最佳频率建立通信链路的频率自适应；使传输速率匹配信道质量的速率自适应。自适应技术可提供在网络中动态部署协议和调整流量的能力，当环境和需求变化时可动态更改 MAC 协议和路由算法。另外，在异构无线网络环境中，需要根据终端的位置变化和系统需求进行水平切换（同一种网络内）和垂直接换（不同种类网络之间）。

可生存异构应急通信网络应该实现健壮的自适应路由机制，以便快速响应由于电磁干扰、敌方破坏、节点移动造成的网络拓扑变化，这一点常常比适应流量负载的变化更为重要。路由协议应高效地利用现有的网络资源，尽量减少传递消息的数量和传输每个消息的能耗，以降低整个网络的资源耗费。每个节点维护一组到目的节点的路由表项，包括一条优选路径和一条备用路径。消息在优选路径上转发，并在优选路径不可用时切换到备用路由。在多路径路由中，中间转发节点可以向它的多个邻居节点同时转发分组的多个副本。接收节点可以基于本地信道质量、投递的可靠性和节点度来决定是否转发收到的分组。但是有时网络中只存在一条可行路径，此时可以采用多分组转发机制，即每个转发节点可以根据网络状况多次转发同一个分组。但是这种方法完全依赖于本地信息，节点可能无法按照所期望的服务级别转发分组；同时由于它采用单条路径，在某个瓶颈节点容易出现网络拥塞并会引入大量开销。自适应转发机制（AFS）是一种组合多路径转发和多分组转发的自适应混合转发机制，节点通过显式的交换控制分组来了解网络状态。分组的转发频次正比于分组期望的投递可靠性，这也意味着分组副本的数量正比于分组的优先级。此外，还可以考虑组合自适应转发机制和信道探测机制来减少无谓的转发，以便减少系统开销。

5．错误检测与恢复

除网络拥塞外，无线自组网中数据包丢失的原因还包括无线链路上较高的误码率、节点失效、过时或错误的路由信息以及能量不足等。为解决这些问题，可以增大源节点的发送功率或采用基于检测重传的数据丢失恢复机制。

不同于 TCP 采用基于端到端的检测方法，无线自组网往往采用基于逐跳的数据包检测方法，利用邻居节点检测数据包的丢失并且在局部区域进行数据重传。在基于发送端的数据包丢失检测机制中，发送者通过定时器或侦听来检测数据包的丢失。在基于定时器超时的方法中，发送者经过一段设定的时间间隔没有接收到接受者的确认消息，就认为发送的数据包的丢失。在基于接收端的数据包丢失检测中，如果接收者接收到的数据是乱序的，就认为有数据包丢失。可以采用 3 种方法通知发送者数据包丢失：ACK（Acknowledgment）、NACK（Nagative ACK）和 IACK（Implicit ACK）。ACK 和 NACK 依靠的是发送控制信息，而在 IACK 中，如果一个数据包能够再次发送出去，就意味着这个数据包被成功接收并得到了确认。因此，IACK 不需要控制消息，也减少了能耗。但 IACK 的应用依赖于无线节点能否随时侦听物理信道。

如果能找到数据包丢失的原因，就可根据原因来改善网络的性能。例如，对于接收节点缓冲区溢出而导致的数据包丢失，可以降低源节点的发送速率。对于信道质量差而导致的数据包丢失，可以进行数据包重传。丢失或损坏的数据重传分为端到端重传和逐跳重传。端到端重传是由源节点来完成数据重传。而在逐跳重传中，接收到数据包丢失消息的中间节点检查自己的缓存区是否有丢失数据包的副本，如果有则进行重传，否则把数据包丢失消息继续传输到上游节点。端到端的重传需要更长的传输距离；而逐跳重传需要在中间节点存储数据。一般而言，当检测到数据包丢失后，数据包重传立即被触发。对于时间敏感的应用，两者时间间隔越短越好；对于拥塞引起的重传，立即重传数据反而会使拥塞更严重。逐跳重传中的另一个重要问题是，移动节点存储空间有限，如何在中间节点中有效存储数据包也是一个需要考虑的关键问题。

6. 信息摆渡机制

异构应急通信网络，尤其是无线自组网难以确保网络时刻都是连通的，即某些时候应急现场会存在多个彼此无法连通的子网。这种情况对于应急通信保障是极为不利的，必须加以克服。一种有效的解决方案就是基于时延容忍网络的思想，利用某些称为摆渡节点的特殊移动，在网络出现分割时通过主动移动和存储转发数据的方式来保持应急业务在整个网络中的顺畅流动。信息摆渡机制可以有效弥补由于网络分区或节点密度过低造成的网络服务性能下降，在应急通信中是一种重要的生存性增强方法。在条件允许的情况下，还可以通过补充节点来对应急现场节点密度过低或节点分布不均匀的区域进行弥补。在应急现场，摆渡节点可以是通信车、单兵系统甚至传感节点等。有的信息摆渡机制采用多分区的方式来增强信息摆渡：在每个分区部署一个摆渡节点，使其负责各自的分区，并且多个摆渡节点之可相互合作，交换发往对方区域的信息。此外，WSN 中如果只存在一个汇聚节点，一旦该节点因环境因素或人为因素而失效，整个网络就将瘫痪。同时，只存在一个汇聚节点也易造成网络流量和能耗的不均衡。为此，可考虑使汇聚节点移动或部署多个汇聚节点来解决上述问题。后文将对信息摆渡机制进行详细说明。

7. 数据复制

随时随地访问服务和共享数据是应急通信网络的基本任务之一。在无线自组织应急通信网中，节点的频繁移动和能量耗尽都会导致网络分割，从而影响数据的可用性。即使不存在网络分割，在规模较大的网络中，数据拥有者和数据提供者之间也可能因相距较远而造成数据访问时延过长和开销过大。解决这些问题，除上文提到的信息摆渡机制外，还可以采用数据复制协议。数据复制是分布式系统所采用的一种基本技术，即在多个节点上存储相同的数据和服务，以改善数据的可访问性，减少数据的查询和访问开销。

假定系统包含 n 个移动节点，感兴趣的数据或者集中存放或者分散存储。在集中式数据库系统中，单个称为服务器的节点存储所有感兴趣的数据。在分布式数据库系统中，每个节点 i 存储数据项 D_i，并且有若干节点存储其他节点的数据副本，这些节点称为副本服务器。数据复制就是一种创建和管理数据副本的技术，目标是以最小的资源耗费获得期望的数据可用性和应用性能。但是，无线自组网中的数据复制必须解决如下问题：网络分割、能耗和可扩展性。当前针对上述问题提出了大量可行的复制协议，从实现方式看，可分为集中式复制和分布式复制、先验式复制和反应式复制、基于簇的复制和基于位置的复制等。数据复制协议的评价指标包括复制成本、数据更新/查询、数据可用性和数据一致性。不难发现，上述部分指标之间是相抵触的。具体而言，增加服务节点数量可以提高数据可用性，减少查询成本，但会增加复制成本和更新成本，也给数据一致性带来难度。因此，好的数据复制协议必须在这些指标之间恰当地做出权衡。

针对网络分割问题，基于数据库可用性组（DAG）的数据复制协议首先构造一个以服务节点（优选能力和稳定性强的节点充当服务节点）为根的有向非循环图，并采用临时按序路由算法（TORA）分割检测机制来检查客户节点和服务节点之间是否可达；并且基于链路稳定性将路径划分为强路径和弱路径，如果路径变成弱路径，则复制数据到客户节点。在 Jorgic 提出的本地化数据复制算法中，节点通过收集 *k* 跳范围内的邻居信息来确定可能造成网络分割的关键节点和链路(去掉此节点或链路则 *k* 跳邻居子图不连通)，一旦发现关键节点或链路，则复制服务。Hara 提出了一种适应拓扑变化的复制分配方法，每个节点维护一个邻居列表来存储 *N* 跳内的邻居节点信息。当两个节点连接或断开连接时会向 *N* 跳范围内的节点洪泛（链路和节点）状态更新分组。基于网络分割的协议大都属于反应式协议，因为只有在发现网络分割即将出现时才触发复制过程。相比而言，基于 DAG 的复制协议具有较低的成本和较高的数据可用性。

针对可扩展性问题，分布式哈希表复制（DHTR）方法基于节点的能力（剩余能量和空闲存储空间）来选举簇头以形成分簇结构，并由簇头充当簇内的复制管理器。数据查询首先在簇内进行，如果找不到所需数据，查询在簇头间传播并复制到本地簇。与此类似，在基于簇的数据复制算法（CDRA）中，一组移动节点通过稳定的链路构成簇，保证簇内任意节点对之间至少有一条稳定的路径，其余数据复制操作类似于 DHTR。

8. 安全机制

安全性是网络可生存性不可或缺的组成部分。传统网络的安全问题主要考虑如何检测和防止入侵及攻击，而可生存异构应急通信网络强调在受到恶意攻击下仍能维持提供基本的服务，如路由发现、数据传输以及密钥管理和访问控制。异构无线网络的特点使其容易受到各种安全威胁和攻击，如信息干扰和窃听、数据篡改和重发、伪造身份、选择性转发和拒绝服务等。在传统的有线和蜂窝无线网络中，网络拓扑稳定，并且拥有可信任的服务器、命名机制和证书权威机构（CA），而这些恰恰是无线自组网所不具备的，从而使得传统网络中的安全机制不再适用于异构应急通信网络。为此，必须通过特有的措施和方法来增强网络的安全性。有关异构应急通信网络的安全技术将在后续章节专门介绍，在此不再赘述。

6.4 高生存性异构应急通信网络的构建

第 4 章给出了一种基于无线自组网的一体化异构应急通信网络体系结构，其中包括地面无线自组网、地面干线网、空中中继系统和卫星网络，介绍了网络的物理结构、逻辑结构，并重点阐述了网络的部署和组织方案以及节点的入网管理方法。本节从提高网络生存能力的角度出发，在一体化异构应急通信网络体系结构的基础上，采用有针对性的措施和技术手段，对其加以改造来构建高生存性异构应急通信。高生存性异构应急通信网络旨在为应急通信场合提供一种可靠、灵活的具有较高生存性的通信支撑平台，使应急指挥员和救援机构及时、准确、可靠地获取信息，保障现场态势信息和指控消息的顺畅传递，最大程度地发挥各种通信系统的效能。

6.4.1 应急通信网络的生存性特点和需求

应急通信网络往往需要在复杂和恶劣的环境中运行，所处地理和气候条件多种多样，网络规模可大可小；在极端恶劣的情况下网络会遭受恶意攻击，甚至会使部分节点被敌方捕获。

因此很多时候需要采用无线通信手段，这时虽然能够迅速、机动灵活地建立网络，但信号易被侦听、干扰和截获。具体而言，这种网络具有以下显著特点：具有大量的速度和处理能力不同的异质节点，包含静态的监视传感设备、低移动性的普通用户通信设备以及高移动性的应急通信车和救援飞机等通信单元，并且这些节点重要程度不同，承担的任务不同；大量通信单元之间需要协调通信，完成应急救援任务；信息传输量大，突发性强；信息类型多样且信息传输具有不对称性。例如，现场营救单元会向现场指挥中心/后方指挥中心发送少量监测到的数据和请求消息，而需要接收大量的信息以获得现场的环境信息。在不同的应急通信场合中，网络生存性考虑的主要因素不尽相同（参见表6.1），这就要求根据不同的应急场景选择不同的可生存技术。

表6.1 各种应用场合中WSN可生存性的主要考虑因素

应用场合	主要考虑的因素
抵御敌对势力攻击	网络的安全性（数据机密性、完整性和新鲜度），可靠性、健壮性、可拓展性、容错性、自适应性、信息及时性和自愈能力
预防恐怖袭击	网络的可靠性、可拓展性，抗毁性，健壮性和安全性
抢险救灾	网络的可靠性、生命周期、抗毁性、健壮性和自愈能力
大型集会活动	网络的可拓展性、可靠性和信息及时性

应急通信网络的目标是，能够及时在事发现场为各类用户群体提供全天候、全方位的各自所需的通信服务。因此，应急通信网络必须能够快速构建且具有很强的生存能力，即高抗毁性、可用性、安全保密性、机动性和抗干扰性。具体而言，高生存应急通信网络应该满足以下要求：

（1）抗毁顽存能力。抗毁顽存能力反映了系统抵抗攻击和应对突发事件的健壮性。应急通信网络是在恶劣和危险情况下保障现场应急救援行动顺利开展的基础，网络环境复杂多变，必须具备很强的抗毁和容错能力，不存在单点故障点。应急通信网络必须在各种网络条件下尽量维护基本的网络服务，如网络连接、路由转发和端到端数据投递。对应急通信系统而言，可靠性比功能完备和高性能更为重要。网络必须具备硬损伤和软故障后的自组织恢复能力，同时应具备很好的弹性，能适应不对称链路和受限的网络资源，支持多路径路由、自适应路由、冗余备份和网络自愈。网络弹性（Resilience）反映了一个网络系统的恢复能力。

（2）机动通信和快速反应能力。应急通信系统应能够保障指挥人员随时随地对高度机动的救援团队进行指挥与控制。因此，要求通信设施或装备能随救援人员移动，能为救援人员遂行抢险救灾行动提供不间断的“动中通”能力。应急现场态势瞬息万变，通信业务量很大，要求通信系统具备快速响应、实时调整网络资源的能力，确保在用户所期望的时间内完成关键服务。

（3）协同通信和整体保障能力。应急救援行动往往需要多个部门、多个机构联合行动，以充分发挥各部门的优势，而这种联合行动只有通过节点协同通信和共享数据才能有效实施。为此，必须综合利用各种通信技术手段来适应复杂多变的网络环境，支持不同类型的网络系统之间的融合互通，以便在各通信单元之间无缝地传输信息，实施全过程、全方位的整体通信保障。

（4）确保信息安全。应急通信系统传输的信息往往事关重大，并且可能面临敌对势力的监视和侦听威胁。为对抗敌方非法存取、插入、删改信息，必须对信息收发者的身份和信息完整性进行鉴别和认证，对传输信息进行必要加密并控制节点的访问权限；同时，网络还应具有自动密钥分发和遥控密钥销毁等管理功能。另外，考虑到通信中可能存在的人为干扰，应急通信系统应采用猝发通信、扩频、跳频、方向性天线和波形屏蔽等技术来提高抗干扰性和抗截获能力。

（5）自适应调节能力。应急通信网络应能够根据节点的不同特点、能力和剩余能量来合理分配任务，根据人员规模和部署调节通信支持能力，如动态更改网络连接和节点的配置参数及调整节点的传输功率，以适应网络环境的变化；WSN 应能够根据网络环境的变化学习并调整生存策略，并不断演化网络来提高网络的生存能力。此外，应急通信网络还应能够支持服务区分，保障高优先级用户和紧急的业务。

为了满足上述生存性要求，高生存异构应急通信网络应该具有如下特性：自管理和自控制，不宜采用集中控制方式，而适合采用分布式的自组织网络形式，必须能够适应网络规模的扩展；自诊断和自恢复，应能监视自身工作状况，发现异常行为和识别各种攻击，可以从故障中恢复服务并能够通过重配置来保持网络正常运作。

6.4.2 高生存异构应急通信网络的设计

1．设计策略和组网方式

应急通信网包括机载/车载大功率通信设备和个人便携式小功率通信设备，车载设备和个人设备的配置数量由通信需求、应急现场区域、气候地形、电台的处理能力和传输功率及无线信道质量等因素确定。车载设备具有较大的功率和较强的处理能力，可担当骨干节点；个人设备的功率和处理能力较弱，只能充当普通用户节点。多个车载台可以通过有线或微波接力方式互连构成移动干线网（MBN），个人设备可以就近接入移动干线网，并且可以相互构成用户网。另外，应急通信网具有接入蜂窝网和因特网等网络的能力。

骨干节点构成的干线网主要负责长距离的业务传输，而用户网是由小范围内的用户构成的局域网，主要负责现场信息的收集、发送和接收。可生存无线自组织应急通信网络具有很强的机动性，用户节点和骨干节点均可以移动，但骨干节点的平均移动速度相对较慢。为了满足用户节点的入网要求，骨干节点需根据用户节点的分布调整部属位置。因此，用户节点的分布很大程度上将决定骨干节点的位置和干线网的拓扑结构。用户节点的分布一般根据实际需要配置，在确定用户节点分布、操作区域和传输范围后就可以对骨干节点和用户节点进行合理的组网。

如果依照蜂窝网络来设计应急通信网络，即用户节点和基站相连，各基站通过有线或无线链路相连。这种组网方式可简化网络的部署和管理，但是不能满足应急通信网络的机动性和抗毁性要求：固定的大功率基站易受敌方攻击；灵活多变的部队部署要求网络可以快速配置，即使一些节点遭到破坏、一些链路发生拥塞，要求网络仍能继续工作；网络应具有较好的可扩展性以支持大量的用户。无线自组网能够满足以上要求，特别适合于应急通信。在应急通信网中，存在机载通信设备、车载电台和个人手持通信终端等功率和功能相异的设备，是一种典型的异构网络。对于这种异构应急通信网络，较好的组网方式是采用分簇分级网络结构。簇头的选择很容易，一般由功能较强的骨干节点充当簇头（类似可移动的基站）；一个簇通常由一个骨干节点及与其直接通信的用户节点组成，簇中用户节点的数量与用户节点的发送功率、骨干节点的容量、地形、信道传播特性和用户节点的分布相关。例如，用户节点可以选择离其较近且负载较轻的通信车作为簇头。这样，用户节点之间的协同通信将变得非常简单。

应急网络通常规模较大，节点的种类和数量较多，因此可以将整个应急网络区域划分为多个应急行动区域网。每个区域网包括若干骨干节点，并为一定范围（几千米到几十千米）内的普通用户节点提供服务。距离较近的行动区域网之间可以通过地面骨干节点进行通信，距离较远的行动区域网之间可以借助 UAV 或卫星进行通信。在同构单频分级网络结构中，需要复杂的簇头选举和维护算法来构造和维护虚拟骨干网（VBN）。在异构应急无线自组网中，一般由处理能力和功率均较强的骨干节点（如车载电台）充当簇头，而由个人可携带电台作为普通节点，并且骨干节点可以采用不同的频率和功率分别与普通节点和骨干节点通信，即构成 3.2.3 节中介绍过的多频分级网络结构。相比于 VBN，这种由骨干节点构成的 MBN 的建立和维护开销更小且功能更强大，使得无线自组网中的路由、接入控制、分组调度和管理变得更为容易。应急通信网络可以通过地面干线中继、低空通信平台和高空卫星通信实现大范围通信网络的覆盖。地面中继需要大量骨干节点以形成连通网络，需要仔细配置和规划网络；低空 UAV 可以向所覆盖操作区域内的节点提供通信中继，规划简单，但可能成为拥塞点；卫星可以服务更大的地理范围，但是成本高，数据速率低。为此，应以适当的成本高效集成这 3 种中继方式。

2．多层分级网络结构

分级网络结构可以将节点移动和链路质量变化带来的影响限制在局部范围，从而使网络具有较好的可扩展性。从理论上讲，网络可分成任意多个层次。一般而言，对于规模较大的网络，级数越多，可扩展性越好，但是维护开销也越大，操作和管理也越复杂，并且节点间的通信采用最优路由的机会也越少。因此，应在满足网络功能和可扩展性要求的前提下尽量减少网络的级数。根据应急通信网络的特点和可生存性要求，依据网络分层的思想，可将整个应急网络划分为 4 级，分别对应地面普通用户节点、地面骨干节点、低空 UAV 和高空卫星，如图 6.4 所示。

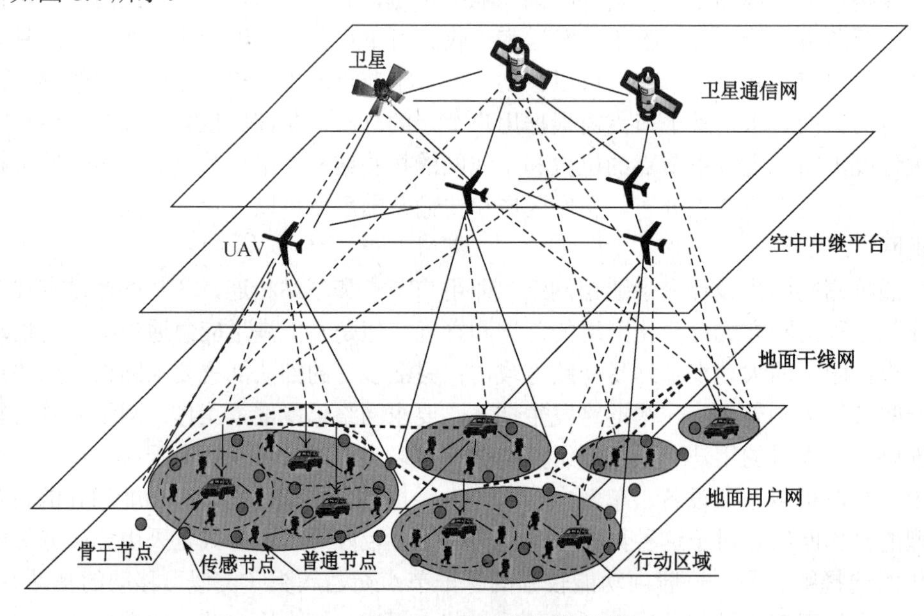

图 6.4　多层分级网络结构

（1）地面用户网是分层网络结构的底层。该层包括各种具有不同通信和处理能力的车载电台（骨干节点）和个人可携带移动通信设备（普通节点），是一种异构 Ad hoc 网络。普通节点尽量以骨干节点为簇头，将网络划分成多个簇。在每个簇内，簇头负责管理和协调普通节点，并可以在簇间使用 CDMA 技术来增加网络的空间重用率。如果普通节点附近不存在骨干节点，可以通过其他节点的中继转发接入地面干线网，或在可能的情况下接入空中网络。地面用户网抗毁性较强，支持移动用户间的话音和数据通信。另外，可以在事发区域部署大量无线传感节点，它们可自组织地构成无线传感网络来执行定位、跟踪、侦测和监视任务。无线传感网络在逻辑上位于地面用户网之下，为各类用户提供信息支持，可以和信息传输系统及指挥控制系统相连构成一体化通信支撑平台。

（2）地面移动干线网作为第二层网络。地面干线网构建于底层的地面用户网之上，并且只包含骨干节点。在应急通信环境中，地面上的各种基站和应急通信车均能充当骨干节点，并可以按照多跳通信方式互连或者借助定向天线实现高速的点到点无线连接，形成栅格状的干线网。干线网主要用于支持行动区域内的指挥控制和态势感知信息的传输，并可以方便对于网络资源的管理。另外，骨干节点也可根据需要划分成簇而构成多级地面网络。地面用户网应与地面干线网实现无缝连接，充分利用干线网支持地面行动单元进行高速话音、数据的综合传输。

（3）在大气层以下的 UAV 等各种低空中继平台构成第三层网络。UAV 覆盖地面几十千米至几百千米的范围，可以克服高速无线电台的视距传输限制，通常为地面一个行动区域提供服务，改善通信的可用性和可靠性。多个 UAV 之间需保持密切联系以协作完成特定任务，这些 UAV 可以构成特殊的空中多跳自组织网络，为更大范围的应急事发区域提供通信服务。

（4）网络结构的最高层是由多个种类和（或）型号不同的卫星构成的卫星通信系统，可以满足从战略层次到战术层次的全方位的信息传输需要。相比于 UAV，卫星具有更大的覆盖范围和更强的通信和信息处理能力，但是成本较高，传输时延大，部署不方便。因此可以和 UAV 结合使用以形成优势互补。

高空卫星通信网和低空中继平台互连构成的空中骨干网（ABN）能够充当地面干线网的备份通信设施，增强网络连接，协助转发应急行动区域之间的通信流量，简化网络配置，减少节点移动和信道质量变化的影响，降低系统开销，从而提高整个应急通信网络的可扩展性和可生存性。这种空中骨干网还可以辅助完成整个应急现场区域的态势感知、目标定位、协调行动和灾情评估等任务。多层分级无线自组织应急通信网络具有很强的的可生存性：立体栅格状网络结构的抗毁性很强，网络存在大量冗余连接，个别节点故障和线路毁坏不会影响网络的正常通信，并能自动为用户信息传输选择迂回路由；网络能够快速配置和展开，适应多变的应急现场环境；干线网具有集中控制能力，便于实现应急现场的统一指挥；用户网采用分布式控制，适合为应急救援机构提供“动中通”。整个网络涵盖应急救援现场涉及的陆、海、空、天、电/磁五维空间，强调各维通信要素间的相互配合，加强了系统的互连、互通、互操作能力，将高空卫星通信、低空中继平台、地面干线网、用户电台网和无线传感网络无缝衔接在一起，构成一个有机的整体，保障态势感知和指挥控制信息在整个应急现场范围内的横向和纵向传递，可有效保障应急行动的顺利开展。

3. 网络部署和节点配置

无论对于移动通信网络还是无线自组织网络，进行网络部署和规划都是网络性能优化的重要策略。在移动通信网络中，由于基站的位置和数量直接影响网络的覆盖范围和信号质量，而且基站价格昂贵，直接影响整个网络的投资成本，因此，基站的部署和定位十分重要。通过使用合理的基站部署策略对移动通信网络进行规划，可以使网络满足覆盖、容量和干扰等方面的要求，同时最小化系统成本。应急通信网络应保障网络有较好连通性，同时还要兼顾网络成本，因此必须仔细部署空中通信网络和地面通信网络。

空中通信网络的主要任务是进行空间监视和提供数据中继，广阔的覆盖性、经济的系统成本是部署时主要考虑的因素。由空中飞行器构成的空中自组网具有如下特点：网络组成复杂，通信模式多样，既包括水平方向通信也包括垂直方向通信；传输距离远，通信时延较长；具有编队移动的节点等。另外，空中通信平台的网络拓扑结构存在许多可控因素。例如，空中飞行器既可以简单地随风飘浮，也可以机动或悬停，具有良好的可控性。因此，部署空中飞行器节点时，由于其资源成本和部署成本较高，因此可以采用静态部署策略。以最大化网络通信覆盖率为目标，增强对于移动节点运动的适应性，延长信息有效时间，提高数据传输对网络拓扑变化的容忍程度，从而可以保证网络通信具有较高的稳定性。

网络的优化部署是一个多目标优化问题，可以采用基于粒子群（PSO）算法的网络优化部署方案。粒子群优化算法的基本思想是通过群体中个体之间的协作和信息共享来寻找最优解。PSO 算法的优势在于简单、容易实现，没有大量参数的调节；同时该算法具有记忆功能，所有粒子都保存较优解的信息，能以较快的速度收敛到全局最优解。对于临近空间飞行器节点，一个粒子代表所有飞行器节点坐标的集合，因此可以最大化网络覆盖空间和最小部署成本为粒子迭代更新策略，计算得到临近空间飞行器节点的优化部署位置。

地面网络的主要任务是完成网络分区内部的数据采集处理和网络分区之间的数据交互，可靠的数据传输、更小的通信延时和更低的通信开销是部署时的主要考虑因素。在进行地面网络部署时，要根据网络环境和应用需求确定骨干节点的数量及普通节点和骨干节点的传输范围。为了满足普通节点的入网要求，骨干节点应根据普通节点的分布状况调整部属位置。普通节点的分布一般根据实际需要而配置，在确定普通节点分布、操作区域和传输范围后就可以对骨干节点和普通节点进行合理组网。一方面，为了提高通信质量和便于管理，希望每个行动区域内的普通节点尽量一跳接入骨干网络，但是这样需要配置较多的骨干节点（特别是当骨干节点可以移动时），网络成本较高。另一方面，网络中骨干节点数过少会降低网络的健壮性。同时，骨干节点的数量受节点的发射功率和分布的制约：增大发射功率可以减少骨干节点的数量，但是会造成较强的干扰，并且易被敌方侦听和截获。

因此，应综合考虑这些因素。一种可行的设计策略是：合理配置骨干节点的数量，使干线网尽量覆盖所有普通节点，这样可以将指挥控制等重要信息迅速传送到普通节点；同时，允许普通节点一跳或经多跳转发接入干线网，以减少骨干节点的数量和增加系统的灵活性。在恶劣的应急网络环境中，骨干节点易因暴露而遭到各种自然或人为的干扰和破坏。当干线网失效时，如果条件允许，普通节点可以借助空中中继平台或高空卫星进行通信；否则，分级网络退化为平面对等式网络，此时服务性能将下降，但仍可以通过节点的多跳转发来满足基本的通信要求。为简单起见，下面仅对地面应急通信网络的配置进行分析，具体分为 3 种情况：

（1）在一个行动区域内，所有骨干节点均可直接相连，同时所有普通节点都均可一跳接入干线网。为了满足第一个条件，如果骨干节点位置固定，那么骨干节点的最小传输范围为：$\max(r_{i,j})$，$i,j \in C_g$；其中 C_g 为骨干节点的集合，$r_{i,j}$ 表示骨干节点 i 和 j 的距离。如果骨干节点可移动，那么骨干节点的最小传输范围不应小于该区域的有效距离。为了满足第二个条件，一个普通节点的传输范围内至少要有一个骨干节点，并且通常为离其最近或信号最强的骨干节点。另外，骨干节点的处理能力也是有限的，希望每个骨干节点服务的用户数量应尽量相等以平衡网络负载。网络设计的目标就是在满足上述要求的情况下，配置适当数量的骨干节点来覆盖整个行动区域。当普通节点和骨干节点的具体参数确定后，可以估算骨干节点数的下限。设普通节点数为 N，传输范围为 R，骨干节点容量为 C，普通节点分布区域的面积为 A，那么骨干节点数的下限为：$S=\max[N/C, A/(\pi\times R^2)]$。

（2）在一个行动区域内，骨干节点之间可以一跳或通过多跳中继相连，而所有普通节点可一跳接入干线网。此时骨干节点的数量与情况（1）相同；而骨干节点的传输范围只需满足干线网的连通度接近 1 即可。

（3）在一个行动区域内，骨干节点间可以一跳或通过多跳中继相连，普通节点也可以一跳或通过多跳转发接入干线网。此时骨干节点传输范围的设置与情况（2）相同。但由于条件二的放宽，所需骨干节点的数量将会大大减少，并且网络的配置更加容易，充分利用了无线自组网的多跳特性。但是，骨干节点数的减少是以增加普通节点的接入时延为代价的。

6.4.3 提高应急通信网络可生存性的若干措施

1. 干线网备份方案

干线网是应急通信网络传输和交换的枢纽，是整个应急现场范围内信息传递的主要载体，同时还要为用户节点、指挥所和互连其他网络提供接口。干线网一旦瘫痪，整个应急通信网很可能被分割成多个孤立的子网，整个应急现场内的信息传递和协同指挥将无从实现，这是实际中最不期望看到的情况。可见，保障地面干线网的可生存性是至关重要的。

为了提高干线网的抗毁性和抗干扰能力，应使用可以操作在多频带、多模式的具有环境感知能力的通信传输设备（如认知无线电台），同时每种设备之间均能构成一条传输通道，多条传输通道互为备份。在条件允许的情况下，选择传输通道的原则应该是：先有线，后无线；先宽带，后窄带；先动态，后静态。具体而言，应急区域应优先利用现存的有线传输线路。在无法利用有线传输设施的条件下，则应优先使用宽带无线电台网（如 UHF 网）作为干线网。在宽带电台发生故障或受到较强干扰时，可以选择较低速的无线传输设备（如 VHF 电台）。干线网应该采用动态路由协议，而不宜设置静态路由。目前，许多 UHF 网和 VHF 电台具有自组网能力。当 UHF/VHF 电台网被毁或遭受干扰时，还可以采用短波信道实现战术通信网干线传输，但是短波信道建链时间长，速率低。因此，短波往往作为（除最低限度外）最后的传输手段。在短波通信亦无法工作时（如全频带干扰），最低限度通信手段（如低频地波通信和地下通信系统）可在干线节点间传输一些低速的指控数据。在实际应用中，应根据具体应用环境及传输设备选用适当的干线网备份手段。

在干线网中，路由应该能够自动切换和自恢复以提高网络的抗毁能力。当某一路由失效后，系统自动切换到备用路由；而当主路由恢复时，系统也能够自动恢复到主路由。具体而言，当原始路由失效时，备份路由将成为新的默认路由，同时生成一个新的备份路由。如图 6.5（a）所示，每个节点使用主路由转发分组，同时维护一个备份路由。当主路由失效时，备份路由变成主路由，并计算一条新的备份路由，如图 6.5（b）所示。为了按次序自动启动各种备份路由，应按照路由优先级为不同路由方案赋予不同的度量值。赋予高优先启动的备份路由较低的度量值，而赋予低优先备份路由较高的度量值。

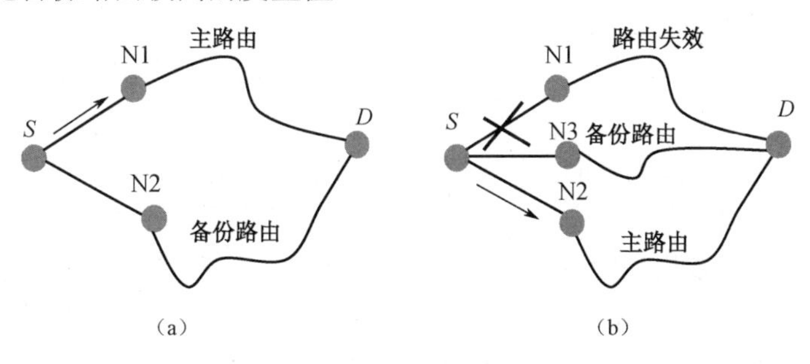

图 6.5　备份路由及其工作方式

2．单向链路和不对称的信息流

时变的信道、不对称的传输功率和节点静默都会引起不对称的信道连接，从而影响交互式通信和数据的可靠传输。传统的网络协议假定连接是双向的，路由协议不用考虑单向链路。但是，应急现场的无线自组网有时需要利用不对称链路和单向链路来提高可生存性。单向链路的存在会严重影响网络协议的性能。例如，采用单向链路的路由协议发现链路失效的时间将会大大增加。例如，在图 6.6 中，当节点 1 和 2 之间的链路失效时，节点 1 不能立即了解此情况，它只有收到来自节点 2 经节点 3、4、5、6 和 7 转发的消息后才了解此事件。因此，路由通常不采用单向链路，只有通过双向链路无法到达目的节点时才使用单向链路。

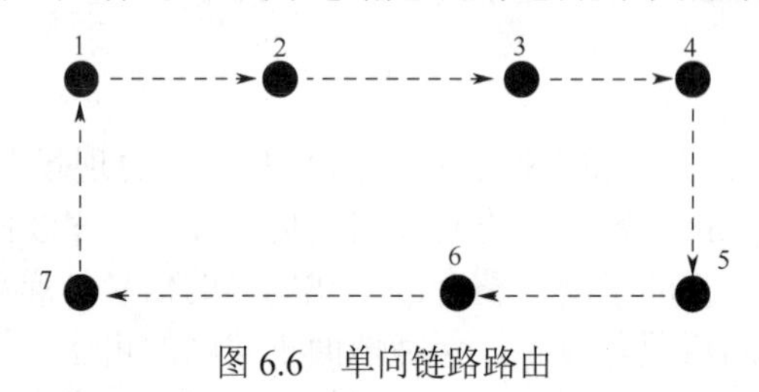

图 6.6　单向链路路由

在分级应急通信网络中，地面行动区域的地面骨干节点到 UAV 的信息流量极不对称。例如，骨干节点可能向 UAV 发送数千比特的请求分组以要求获取地理信息，而 UAV 会返回数兆比特的地理信息。因此应依据不对称的信息传输特性来设计高效的协议。例如，C-ICAMA 就是一个针对此特点的基于预约的信道接入协议，它能够动态调整上下行链路的带宽比例，以适应不对称的业务流量。C-ICAMA 协议能够高效利用信道带宽，区分业务优先级。该协议基于 TDMA 方式，包含两种信息时隙：无竞争时隙用于保障多媒体业务和紧急的数据；竞争时隙主要用于支持常规的消息。

3．存储转发路由和对等式信息分发机制

为了维持通信，要求源目节点对之间存在可用路径。传统网络的路由模型要求存在到目的节点的端到端路径，并将链路失效看作必须修复的故障。应急通信网络环境往往无法满足此路由模型的要求。此外，信道干扰和节点的移动使得路由算法难以收敛。为此，可生存应急通信网络应采用新的路由模型。在这种模型中，数据尽可能沿着到目的节点的可用路径逐跳投递，直至到达目的节点，而不要求存在完整的端到端路径。这种路由模型扩展了存储转发的概念，要求中间节点缓存分组并在缓存已满时丢弃部分分组，当下一跳链路可用时继续发送分组。该模型通过在节点和链路之间转移突发数据来平衡网络负载，并通过合理的传输调度来降低能耗。在某些情况下，可以结合使用这两种模型：当存在稳定的端到端路由时，可以利用传统的路由模型以提高投递效率；否则，利用新的路由模型以提高可生存性。

在基于无线自组网的应急通信网络中，一般采用对等式信息分发方式，而不是传统的客户-服务器方式。在客户-服务器方式中，客户机必须向服务器发送请求消息来获取信息。这种信息获取方法的效率低、时延大，并且应急现场环境中服务器容易出现故障甚至遭到摧毁。采用对等式的信息分发方法，任何节点均可请求和响应信息，信息可从最近的信息源获得，而不是指定的服务器，加快了信息获取速率。另外，由于信息分布存储在多个节点上，大大改善了信息分发系统的错误容忍性。为进一步提高应急现场信息的分发效率，可使用按需信息发布-订购机制。类似于因特网新闻组，用户可以订购感兴趣的信息。采用这种方法只需将信息发布到订购此信息的用户，因此可以减少不必要的信息传递，提高网络资源的利用率。

4. 赋予通信节点情景感知能力

传统的通信节点的工作模式和工作参数（包括工作频率、发送功率和信息编码方式）一经配置通常固定不变，难以适应复杂多变的应急网络环境，不能充分利用有限的网络资源并且不利于提高业务的服务质量。为此，可以考虑利用认知无线电技术使通信设备具有频谱感知和伺机接入能力，使它们能够根据所处环境和网络状况自适应地调整工作参数和操作方式，充分利用空闲的授权用户的频谱资源，从而提高应急通信网络的资源使用效率和整体性能。此外，具有情景感知能力的通信设备可以根据业务特征和服务要求采用适当的操作策略。例如，当出现突发紧急情况而导致业务量剧增时，往往需要采用拥塞控制机制。此时，系统会放弃处理部分呼叫来保证紧急呼叫得到及时处理。如果拥塞控机制没有网络认知能力，而遵循先来先服务的原则，则不能区分业务类型和用户优先级，难以满足应急通信场合下不同用户群体（如救援机构和受灾群众）的特殊通信要求。

总之，应充分考虑应急通信网络动态变化的业务量、资源状况和服务需求以及各类通信网络和终端设备自身的内在约束（如无线传感网络通信带宽较低且不稳定，网络节点传输功率和处理能力非常有限且依靠电池供电），合理运用协同通信、认知无线电、环境智能感知、可重构柔性网络、拥塞控制和功率控制等技术领域的最新成果，使应急通信网络能够根据网络状况和用户需求的动态变化对网络工作参数和操作方式进行优化配置和资源重组，达到高效利用网络资源和优化网络整体效能的目的。

5. 移动性考虑

节点的移动常使通信连接和已建立的路由失效，对网络的吞吐量和时延等性能指标具有显著影响。为此，可生存应急通信网络必须适应和利用节点的移动性。在应急通信网络中，有效的移动管理机制是必要的，以了解节点的位置并将数据正确传送到目的节点。在理论研究和仿真实验中，经常假定无线自组网中各节点的移动是随机的，没有任何的规律性。但是应急通信网络中节点的移动大都和应用场景相关，具有一定运动规律，这一点在应急事发现场尤为明显。例如，救灾场景中各救援机构的节点移动与军事行动中执行任务的节点移动特点非常相似，往往具有集群效应，即两者都是移动节点分成不同的组，每个组有着相似的移动方向和速度。这是因为每个组中的所有移动节点均执行相同的任务，并且救灾场景中节点的部署和职能也是基于任务的，某些节点在一段时间内很可能是固定在某个区域内移动的，而不是随机移动的。

因此，可以利用节点当前的位置信息和运动规律来预测其将来的位置和网络拓扑的变化，以辅助路由、接纳控制和移动管理。其他可选的移动控制策略包括：控制部分节点移动到某个地理范围，以便构建一条到目的节点的路径；使某些提供服务的节点进入失去网络连接的区域，通过将数据推送到目标区域来减少数据传递时延以适应网络分区的情况；控制部分节点的移动来构成双连通拓扑以提高错误容忍性。

6.5 应急通信网络的信息传输模式

6.5.1 信息共享方式和传输模型

在应急通信网络中，节点之间有效共享和传输信息是履行应急通信保障的基本任务之一。不失一般性，可以将完成信息传输任务的无线自组网视为与底层路由协议无关的数据存储转发系统。例如，可以通过基于推-拉的数据传输方式来转发数据。移动用户从与基础设施网络相连的服务器或网关上获取数据并可以与兴趣相近的用户共享和交换信息。这种信息共享和传输基于这样一个事实：在一个地理范围内的信息具有较高的本地化特性，通过有效共享和传输信息可以提高不能直接访问基础网络的用户的数据获取能力。应急通信网络中的节点通常由后方机构统一指挥调度，节点之间是一种相互协作的关系。本小节对无线自组织应急通信网络中的信息共享和传输问题进行了阐述和分析，在不同的实验场景下模拟了无线自组织应急通信网络中的信息共享和传输情况，包括传染模型、信息连锁反应系统和多跳信息传输系统。

通常而言，在无线自组织应急通信网络内，用户之间可以按照某种方式交换信息或通过本地服务器获得相关信息，并且一些移动用户还可以通过网关接入 Internet。用户之间一般通过广播方式完成信息的查询和响应，即信息查询主机发送广播消息以发起信息查询，而信息提供主机周期性或按需广播包含其信息内容索引（如信息标题和格式）的通告消息。在无线自组网中，每个主机综合了客户和服务器功能，同时还包含一个存储管理器、一种消息响应或发布机制。每个主机的存储管理器按一定规则存储和检索信息，并且按不同属性对信息进行标记。例如，媒体信息的属性包括播放要求（操作系统版本）、媒体格式（RM 或 MP3 格式）、地理位置、信息的内容和访问权限等。这些信息按照不同的属性加以标记存储，并且与一个包含文件属性的索引文件相关联，这样只需通过搜索索引文件就可以快速查找到相应的信息。信息查询主机发送的查询消息包含所需信息的属性，信息提供主机收到查询消息后，可以通过某种认证机制判断信息查询主机是否为授权用户，如判断通过则允许其获得相应的信息。

在多跳无线网络中，非相邻的查询者和响应者的信息交互往往不会那么顺畅，因为中间节点可能出于某种考虑（如能量限制）或由于移动而不能转发信息，因此用户之间可能需要经过多次尝试才能成功完成信息传输。在应急通信网络中，大多数用户会进行合作。在协作期间，主机发送/接收和响应查询，并通告其存储信息的索引文件，无偿转发消息；然后转入休眠期，如此往复交替进行，直到离开网络或耗尽能力。用户参与协作的时间和策略依赖于需要完成的任务、设备的电池能量和功率限制等，可以由节点自动完成或借助于用户干预完成。此外，设备应及时向用户通告其地理位置、电量、协作程度，因为在不同的地区和时间其协作发生的频率不同。如果考虑简化信息传输机制，可限制信息共享和传输只在一跳相邻用户之间进行，不依赖中间节点的转发，这样可增加系统安全性并减少系统开销。当用户数量较多时需要相同信息的用户的数量也随之增加，并且用户是不断移动的，最初不相邻的信息提供者与信息查询者在某个时间段很可能变成一跳可达。因此，在用户密度较大的网络环境下，单跳信息传输方式能够较为高效、安全地实现用户之间的信息传输。

6.5.2 基于角色的路由和选择性扩散

1. 基于角色的路由

传统的基于子网的因特网路由和现有的基于唯一节点标识符的 Ad hoc 路由在异构应急通信网络中的性能都不够好，缺乏可扩展性。地理辅助路由可扩展性较好，但是却没有考虑无线和有线混合的网络环境。在应急通信网络中，基本的通信模式是泛播、选播和多播，非常适合采用基于角色的路由。具体而言，路由表中的每个表项是指向某个角色的下一跳节点列表及对应的成本。路由表的复杂性从 $O(N)$降到 $O(mn)$，其中 N 是节点总数，m 是角色数量，

n 是一个网段的平均节点数。m 对应泛播开销，n 对应多播开销。采用基于角色的路由基于这样一个事实；应急通信网络通常包含少量定义明确的应急通信服务，而因特网中的服务类型多种多样，难以限定。

采用这种基于角色的路由，泛播到一个角色的过程很简单：将消息简单转发到成本最低的下一跳节点即可。当消息向目的节点转发时，中间节点对路由进行缓存，以支持单播响应。基于角色的多播路由值得进一步研究，如应该如何裁剪多播转发子图来得到优化的多播树。然而这两种路由都无法保证服务质量，因为它们无法保证路由表的完整性和正确性。这是因为某些节点可能不愿通告它的所有角色，或者出于安全考虑或者为了减少开销。如果路由表中没有希望的目的角色，则需要发起路由请求查询对应的角色。

相比于带宽利用率，应急通信网络中的路由更注重数据的持久性存储管理以提高数据投递率。持久性存储主要用来防止消息因等待传输而丢失。考虑到中继节点的随机性和短暂性，业务的优先级传输是改善总体效用的关键技术之一。因特网传输层关注端到端交互，而应急网络传输层关注中继跳的存储和转发的协调。另外，当先前分离的节点（由于移动或更改传输功率）变得相邻并且可以通信时，应考虑选取适当的邻居节点以最大化全局效用。如果应急通信网络中的源节点对目的节点的位置和运动模式知之甚少，信息传输的方式可采用选择性扩散。如果中继节点连接到含有目的角色的簇，那么可以将消息通过簇内路由转发到目的节点。如果目的角色不在同一个簇内，消息则伺机扩散到选定的接收者。

2. 选择性扩散

选择性扩散的目标，是在不依赖目的节点位置和移动模型的情况下进行上述泛播和多播操作。在相关的子网内需要实施扩散以便向目的节点传递消息，并且将消息转发到最有可能到达目的角色的节点以增加网络整体效用（可考虑部署适当数量的信息摆渡节点，即能自由移动并愿意执行中继转发任务的节点）。此外，选择性扩散还考虑如下限制：应急通信网络中并非所有节点都是主动协作的，其中少数节点因为救援机构之间存在一定的利益冲突，更常见的情况是待援者之间以及待援者和救援者之间的通信需求往往存在冲突。例如，待援者个体希望尽快得到营救，而救援人员则从全局考虑希望营救更多的幸存者。为此，选择性扩散可以针对不同的用户采用不同的中继转发策略。例如，区分上行链路和下行链路的信息，以及不同用户业务流的传递优先级；限制低优先级用户发送报文的大小和频率。对于传统的时延容忍网络，最简单的扩散策略是让每个节点与它遇到的其他所有节点共享它了解的所有信息，以便最大化投递概率和最小化投递时延。但是，资源受限的无线自组织应急通信网络中不宜使用这一策略，而应根据数据类型（如文本消息或音视频信息）对扩散的数据加以过滤，以减少相遇的节点之间交换传递的数据量。

发送节点遇到新的传输邻居时需要过滤待传递的数据以提高通信效率。过滤可以基于多种因素，如目的节点的身份、消息的重要性、邻居节点成功转发到目的节点的概率、邻居节点的资源约束和消息在系统中的停留时间等。为了支持这种数据过滤，相遇的邻居节点首先需要交换相关的情景信息。例如，每个节点交换它在最近一段时间内遇到的邻居数量，遇到邻居节点数越多的中继节点（活跃节点）优先成为候选转发节点。但是，活跃节点倾向吸引更多的传输，但是也容易耗尽资源。因此，节点转发数据要考虑资源成本，系统也要提供某种激励机制促使节点交换它们真实的情景信息。可以利用经济模型来协调发送者和接收者的效用，如市场模型，考虑设计基于多种资源约束的协作式效用优化算法。协作优化算法既要考虑应急通信场景下少数实体间的利益冲突，又要考虑大多数实体间相互协作的事实，目标是最大化全局收益，如消息投递概率。当存储空间将满时，接收者需要决定丢弃哪些消息以便腾出空间容纳新到的消息。也就是说，不仅要过滤传输的消息，还要过滤存储的消息，此时过滤器类似于存储管理器。

选择性扩散算法的目标，是在最大化消息投递率的同时最小化投递时延。扩散算法在消息途径的每一跳至少确定两个参数：消息转发冗余度（转发到多少个邻居）和消息存储寿命（保存消息的时间）。冗余度过小会降低消息投递率和增加投递时延，但也会减少控制开销和能耗，故需要权衡考虑。一种可选的解决方法是将上述投递最优化问题建模为拥塞控制问题，即控制网络流量以防止网络瓶颈资源过载。在传统的无线网络中，瓶颈是链路带宽，而在端到端连接保证的无线自组织应急通信网络中，瓶颈不仅包括链路带宽，还包括节点存储空间。在无线自组织应急通信网络中，影响瓶颈资源利用率的主要因素之一，是网络中的消息复制程度。当网络轻载时，应尽可能多地转发和复制消息以提高投递率；而当网络负载较重时，需要有选择地转发和复制消息以避免链路拥塞和缓存溢出。此外，可以基于控制理论模型来预测对消息实施冗余性控制的全局影响。信息扩散和复制模型可以基于网络传输模型，如基于前面提到的信息传染模型。信息的传染性等效于信息扩散中的消息复制程度，而死亡率可以反映缓存溢出率。为了实施自适应调整，需要通过接收反馈信息来了解当前网络的性能，关键在于需要反馈哪些信息以及如何收集这些信息。类似的，反馈信息过多会浪费网络资源，而信息过少又难以做出最优的自适应调节。除冗余控制外，拥塞控制还要对分组的保存期限加以控制，即节点在丢弃分组之前予以保存的时间。通常情况下，当分组停留时间超过一定期限，或者当分组已转发给一定数量的邻居节点后予以丢弃。

6.5.3 基于短消息服务的位置路由

在无线自组织应急通信网络中，位置信息对于抢险救灾至关重要。传统的 Ad hoc 位置路由算法不是针对异构应急通信网络设计的，没有很好地利用已有的基础设施网络，不利于在应急网络中应用。当前，传统的蜂窝网络能够提供很好的短消息服务。短消息服务是一种长度比较短的分组数据，不仅能够容许一定时延，而且能提供位置服务。为此，有学者提出采用基于 GSM 短消息的 Ad hoc 位置路由，使用 GSM 短消息提供位置信息服务，可加快位置信息的更新和查询时间。这里的位置服务是指发送节点通过位置服务可以得到目的节点的位置信息，并且把目的节点的位置信息包含在要发往该目的节点的数据报中。通常情况下，移动节点可以通过 GPS 或其他形式的位置服务获取当前位置信息。在位置路由算法中，每个节点的路由决策是根据目的节点的位置信息和下一个转发数据报的邻居移动节点的位置信息决定的。这样，基于位置的路由协议不需要建立路由，也不需要维持路由信息，简化了路由的建立和维护。

在基于 GSM 短消息的位置路由中包含两类节点：一类是位置信息服务节点，储存网络中移动节点的位置信息，通过 GSM 短消息和其他位置信息服务节点交换各自所拥有的普通节点的位置信息，为普通移动节点提供位置信息的更新和查询服务；另一类是普通移动节点，它从所连接的服务器更新位置信息，实现和其他普通节点的通信。在应急通信网络中，位置信息服务节点并非像基站那样是固定的，而是可以根据需要灵活移动的。普通节点发送数据报给目的节点时，首先通过位置信息服务得到目的节点最新的位置信息，再根据一定的条件选定一个期望的目标区域；然后，源节点把数据报发送到这个期望区域中的邻居节点，由这些在区域中的节点把数据报最终送达目的节点。例如在图 6.7 中，节点 node1 要发送数据给节点 node3，node1 首先通过基于 GSM 短消息的位置信息服务得到 node3 当前的位置信息，根据 node3 的移动速度计算出一个半径为 r 的圆形期望区域。在期望区域内的 node3 的邻居节点有 node4 和 node 5。源节点 node1 把数据报转发给和期望区域同方向上的节点，如节点 node2。node2 继续这个过程，直到把数据报转发给 node4，再由 node4 最终把数据报发送给目的节点 node3。

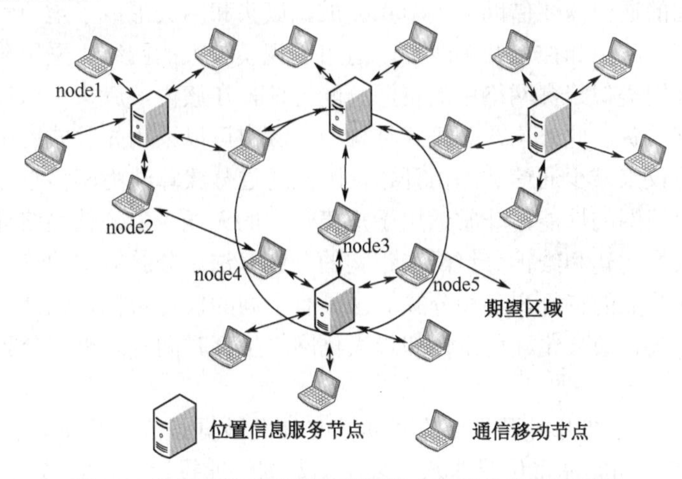

图 6.7　无线自组织应急通信网络中的消息传递示意图

6.6　应急通信网络中的信息摆渡机制

6.6.1　背景需求

现有的研究工作大都假设无线自组网是连通的，也就是假定任何两个节点之间在任何时候都存在端到端路径。但是在实际场景中，如发生战争、大型自然灾害或突发公共事件时，在突发事件发生区域，难以在短时间内部署足够多的节点，使得临时搭建的网络节点呈稀疏分布。同时由于天气、地形等因素的影响和短时间激增的通信量，使得临时搭建的无线自组网往往无法满足应急通信对于时间突发性、地点不确定性、业务紧急性和信息多样性的特殊需求。为了提升网络性能，下面结合使用分簇算法和信息摆渡机制，为提升网络服务性能，提出分别基于任务（固定移动路线）、基于消息（按需调度）和随机移动形式的 3 种不同的摆渡节点调度方案，并分析 3 种方案的优缺点。

在应急通信网络中需要多个节点之间协作来维护网络连接和提供网络服务。然后由于灾害事件发生突然且波及区域较大，难以在短时间内部署足够数量的网络节点；加之普通用户终端的通信范围很有限，使得构建的无线网络是一种节点稀疏分布（密度较低）的难以保持网络连通的无线自组网。在这种网络中常会出现较长时间的网络分割现象（即存在多个不能互相连通的子网），甚至整个网络也不能满足区域覆盖要求，从而不能保证数据在全网内的可靠投递；即使能够投递到目的节点，往往也只能具有较低的数据投递率并会存在较大的时延。虽然通过增加节点密度或发送功率的方法可以消除网络分割，但是前者会大大增加网络部署成本，而后者则会过快消耗稀缺的节点能量，进而降低网络寿命。为此，迫切需要一种有效的网络组织和数据投递机制来增强数据投递的可靠性，提高数据投递率和降低投递时延，进而改善网络的服务性能。

6.6.2 相关工作说明

当前研究成果表明，无线自组网的组网方式可以采用平面式结构或分级式结构。在平面式网络结构中，所有节点的功能和地位平等，存在控制开销大、路由经常出现中断等缺点，主要适用于中小型网络。在分级式结构中，网络被划分成簇，每个簇由一个簇头和多个普通节点组成。簇头间的通信需要借助网关节点完成，簇头和网关形成了虚拟骨干网。分级网络结构的可扩充性好，路由和控制开销较小，适用于规模较大的网络。采用分簇网络结构，无线自组网还可以采用类似蜂窝网络中的资源分配方法，在簇内，簇头可以控制节点的业务接入请求并合理分配带宽。此外，在分级式结构中，簇内可以采用先验式路由算法，而簇间则采用反应式路由协议来减少通信和路由开销。因此通过分簇算法将网络划分成簇可以在很大程度上提高无线自组网的性能，非常适用于规模较大的无线应急通信网络环境。迄今为止，业界已经提出了大量构建和维护分级网络结构的分簇算法。分簇算法的选择依赖于应用的需求、网络的环境和节点的特征，各种分簇算法具有不同的优化目标，包括最小化簇计算和维护开销、最小化簇头、最大化簇稳定性和最大化网络生存时间等。有关分簇算法的详细介绍将在之后的章节中给出。

近年来，有些学者提出利用节点的移动性来辅助数据投递。例如，无线传感网络中的DataMule机制使用移动实体将传感器感知采集的数据快速投递到接收节点。但是该机制是针对相对静态的传感网络设计的并且目的节点位置固定。时延容忍网络（Delay Tolerant Networks，DTN）利用消息存储转发机制试图通过牺牲信息传输时延来保证信息投递的可靠性。具体而言，在出现网络分割时携带数据的节点暂时缓存数据，并当网络合并时将数据转发到其他子网中。这种缓存转发方式是一种被动式传递机制，适用于时延容忍型应用，却不适合时延敏感性应用。另外，有些研究工作提出采用空中基础设施，如低空飞行器或卫星来互连隔离的地面 MANET。但这种方法网络部署复杂，成本过高。还有学者提出采用数据复制机制来解决稀疏 MANET 的数据投递问题，如基于洪泛广播的传染路由。但是这种方法的网络控制开销较大，可扩展性和能效较低。相比而言，W. Zhao 等人提出的信息摆渡（Message Ferrying，MF）机制可通过中继节点的主动移动来提供临时性网络连接，进而提高网络服务性能。但是，现有的 MF 机制主要是面向 DTN 网络考虑摆渡路由的设计问题，并没有针对应急通信场合提出满足各类用户群体通信需求的组网方式和数据投递方法。

6.6.3 基于网络分簇的信息摆渡机制

1. 设计思想和目标

为了改善无线自组织应急通信网络中数据传递的可靠性和网络服务性能，目前提出了结合使用分簇结构和信息摆渡机制来解决大规模应急通信场景下的网络可扩展性和网络连通性问题。这一方法通过建立基于簇的分级网络结构和基于信息摆渡的主动式移动中继机制来提高数据传输的可靠性和时效性。网络分簇有利于提高网络的可扩展性和支持业务 QoS 保障，信息摆渡将传统的被动缓存转发变为主动的有意识的移动携带转发，因此可以有效地减少能耗、控制消息开销和投递时延。在分簇网络中应用信息摆渡机制可以根据业务投递需要连通分割的子簇子网，并且分簇子网之间的通信只需借助于网关和摆渡节点，这样不仅可以降低摆渡机制实现的复杂性，还可以进一步提高分簇网络的服务性能。例如，在大型自然灾害发生后的救灾应急通信场合，部署的低空飞行器和地面应急通信车辆都可以充当摆渡节点，在事发区域及时、可靠地收集和投递应急数据。借助于摆渡机制，无须大量部署专用移动通信设备，受灾群众和救援人员可以利用普通移动设备进行通信连通和协同救援。分簇网络结构和信息摆渡机制的结合使得无线自组网在支持应急通信上的技术优势得以有效发挥，可以使应急现场内各类人员之间以及应急现场到应急指挥中心的信息交互可靠、及时，在复杂多样的应急环境下为不同用户群体提供有区分的通信服务保障。

2．网络分簇

在无线异构应急通信网络中，簇头的选择比较容易：一般由功能较强的骨干节点充当簇头节点，一个簇通常由一个骨干节点及与其直接通信的用户节点组成。通常应急通信网包括3个层次：最高层由功率和处理能力很强的一台（或两台，其中一台备用）应急通信车充当临时性的应急现场指挥中心（ECC），ECC应该尽快予以部署，位置相对固定并且可以与后方指挥中心建立双向通信连接；第二层由在事发区域内部署的一定数量的功率和处理能力较强的应急通信车充当应急救援专用通信节点（ECN），这些ECN可以是应急通信车或功率较大的通信电台，并且可以通过单跳或多跳中继方式与ECC相连；底层由大量功率和处理能力较低的用户终端通信设备充当普通通信节点（OCN），这些节点尽可能以附近的计算和通信功能相对较强的ECN为簇头构成分簇子网。如果OCN周围没有可用的ECN，邻近的OCN也可以按照某种分簇算法自组织地构成分簇子网。这种异构分级应急无线网只需考虑簇一级，而不需要考虑簇内部的细节，大大减少了维护和管理开销。此外，分级网络便于定位节点和检索信息。ECC收集所有簇的相关信息并维护整个网络的视图，而ECN只需要维护簇内的节点信息和邻居簇头的信息。

在基于分簇的无线应急通信网络中，簇头节点和网关节点（统称为骨干节点）互连构成无线干线网（WBN），普通通信节点（OCN）可以就近接入无线干线网，并且可以相互连接构成本地用户网（LUN）。无线干线网的信道质量较好且带宽较高，主要负责长距离的业务传输；本地用户网是由小范围内的用户构成的局域网，主要负责局部范围内信息的收集、发送和接收。另外，无线干线网中的应急现场指挥中心和部分应急救援专用通信节点具有通过有线或无线中继等方式与后方指挥中心通信的能力。但是，考虑到普通通信节点的数量和位置会动态变化，整个应急事发现场很可能存在多个彼此隔离的无线干线网。此时为了提供端到端的通信服务，并降低部署成本和便于网络配置，就需要借助于下面的信息摆渡机制。

3．信息摆渡机制

由于无线自组网往往是针对特定区域临时性部署的，考虑到网络要求及时、快速部署和降低成本的要求，网络节点密度相对稀疏，因此往往会出现网络分割现象，即整个网络不是全连通的，不同的簇之间可能无法互相通信。针对这种情况，可采用信息摆渡机制来解决上述问题。具体而言，就是在网络中部署一些特殊的移动节点（称为摆渡节点），如专用应急通信车或低空飞行器，为整个网络区域中隔离的分簇子网或节点提供必要的通信服务。即使网络本身是连通的，借助于主动性的信息摆渡机制也可以增强网络的性能。通过这些摆渡节点主动的有针对性的移动可以高效、及时地传递应急数据，达到共享关键信息和协调救援行动的目的。

与被动的伺机信息传递方式不同，信息摆渡机制采用一种主动式移动消息投递模式。摆渡节点类似于主动网络中的移动代理，它可以主动更改自身的运动模式（包括移动轨迹和移动速度）以便最小化消息传输时延和最大化消息投递率。具体而言，在大范围无线自组应急通信网中部署适当数量的摆渡节点，通过这些摆渡节点有意识的主动移动、存储和转发数据来支持常规节点（分簇网络中簇头/簇成员）之间高效的有针对性的数据投递。例如，当某个子网中的常规节点希望向另一个非连通的子网中的常规节点传递数据时，它可以将数据转发给簇头节点，通过簇头主动向邻近的摆渡节点发送服务请求消息（允许用较大的功率和特殊的频段）；邻近可用的摆渡节点接收此请求消息后，快速接近希望发送紧急数据的子网，然后接收其要转发的数据并继续移动到目的节点所在子网将数据转发给目的节点。

4．摆渡节点的工作模式

信息摆渡机制下的无线自组网中存在两种不同的节点：常规节点和摆渡节点。一般而言，摆渡节点的功率和存储空间相对富裕，可以先验式地记录各分簇子网节点的位置，以便在与这些子网节点交互时根据这些位置信息做出合理的有意识的移动。采用网络分簇和信息摆渡机制对常规节点要求很低，常规节点在簇内使用常规无线自组网路由协议即可；但是对功能较强的摆渡节点要求较高，需要同时支持无线自组网路由协议和特殊的摆渡路由。摆渡节点和常规节点的工作过程简要说明如下：初始时常规节点按需产生发往目的节点的数据，并传给所属簇头，而摆渡节点按既定模式运动或处于待命状态；如果簇头当前没有到目的节点的路由，则广播包含自身位置和数据传递请求的消息；当摆渡节点收到簇头的请求消息并移动到该簇头通信范围内时，摆渡节点会做出应答并准备接收簇头待转发的数据；而后摆渡节点和簇头交换待转发的数据，并继续移动到目的节点所属的簇头附近与其交换数据，而后返回既定运动模式；最后，由目的节点的簇头将数据转发给目的节点。另外，摆渡节点也会定期广播 Hello 消息通告它的存在，并同时把自身缓存中存放的数据的目的地址发送出去，而后通信范围内需要交换消息的簇头节点将回应 Echo 消息来建立消息交换。不难看出，摆渡节点可以根据应急通信场景配置初始状态：固定部署在应急现场指挥中心（ECC）处，或按照既定路线在网络中游走。这两种情况统称为默认配置模式。随后，当收到摆渡服务请求消息并且经过认证确认能够提供服务后（考虑摆渡机制的安全性），切换到主动移动转发模式，并移动到等待服务的节点附近或子网边缘，完成信息承载和转发任务，然后再返回到默认配置模式。摆渡节点的状态转移示意图如图 6.8 所示。

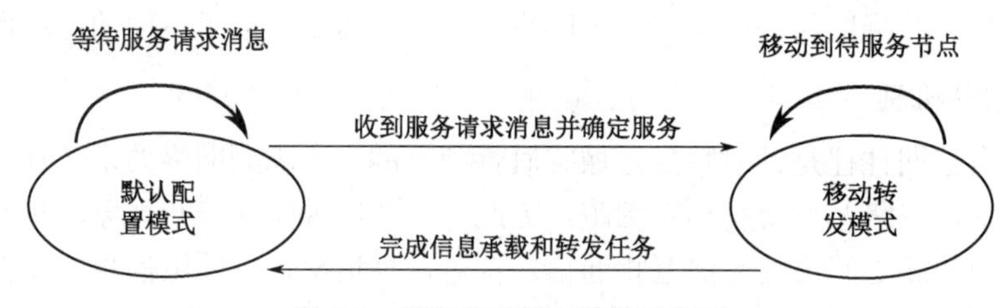

图 6.8　摆渡节点状态转移示意图

5．摆渡节点调度方案

摆渡节点的移动既可以是基于消息驱动的（按需调度），也可以是基于任务驱动的（固定移动路线）。前者是指摆渡节点根据收到的请求消息确定移动路线，后者是指摆渡节点按照任务要求和既定的路线进行移动。

图 6.9 给出了在基于簇的无线应急通信网络中，基于消息驱动的信息摆渡节点调度方案。在按需调度模式中，默认节点了解应急现场指挥中心（ECC）的位置，并且摆渡节点初始时

在 ECC 处待命。应急指挥中心根据 ECN 发出的服务请求调度摆渡节点移动到相应的 ECN 附近完成信息摆渡任务。在这种模式下，摆渡节点不需要通告自己的位置。

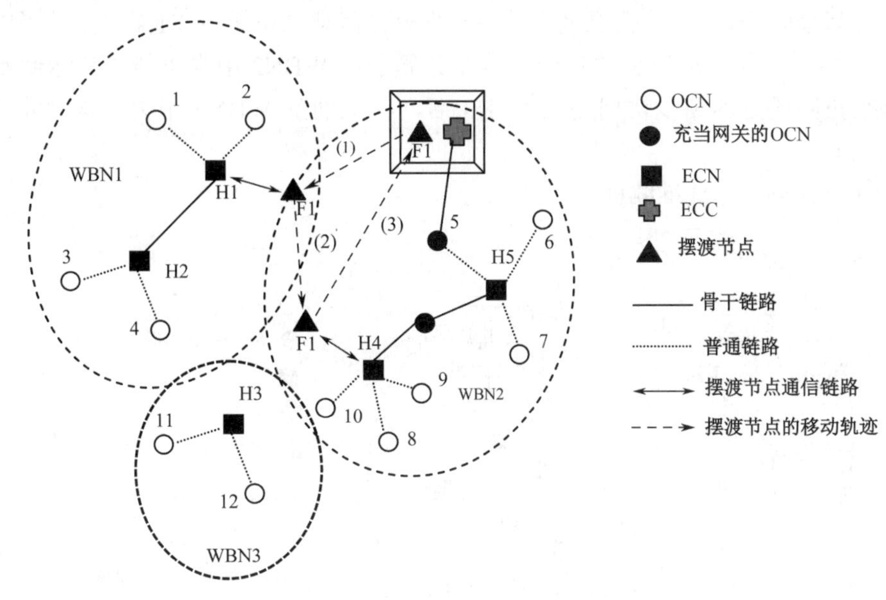

图 6.9　基于消息驱动的摆渡节点调度方案

假设图 6.9 中存在 3 个彼此隔离的分簇子网 WBN1、WBN2 和 WBN3，WBN1 中的普通节点 1 希望向 WBN2 中的普通节点 8 投递数据。参照图 6.9，按需调度的信息摆渡机制的工作过程简述如下：

（1）节点 1 向簇头 H1 发送消息 M，H1 查询其所在子网，发现节点 8 不在 WBN1 中。

（2）H1 向 ECC 发送包含其位置信息的请求消息 R1，ECC 收到 R1 后，如有可用的摆渡节点，则将摆渡节点 F1 派遣到 H1；如果没有可用的摆渡节点，则告知 H1 需要等待。

（3）H1 将消息 M 转发到其通信范围内的 F1，F1 根据消息的目的地址确定目的节点在分簇子网 WBN2 中。

（4）F1 携带消息 M 主动移动到节点 8 的簇头 H4 的通信范围内，并将 M 转发给 H4。

（5）H4 将 M 投递给节点 8，与此同时完成信息摆渡任务的 F1 立即返回 ECC 处。

实际上，为了提高信息传递的时效性，还可以在网络中部署按照既定路线移动的摆渡节点，并且要求摆渡节点能够在一定的时间内遍历整个网络区域，并事先由应急现场指挥中心（ECC）将其移动路线广播给全网。当摆渡节点在移动过程中接收到客户 ECN 的请求消息时，主动向 ECN 移动，接收数据并传递给目标节点所在的子网的 ECN。也就是说，摆渡节点可以在执行信息传递时临时更改移动路线，但在执行完任务后，立即返回既定的移动路线继续遍历整个网络。

图 6.10 给出了分簇应急通信网络中应用任务驱动的信息摆渡方案。当摆渡节点按照一定的路径，遍历完整个应急通信网络后，更新后的存储表中将记录所有 ECN 的位置坐标。图 6.10 中存在 3 个彼此隔离的分簇子网 WBN1、WBN2 和 WBN3，同样的，WBN1 中的普通节点 1 希望向 WBN2 中的普通节点 8 投递数据。参照图 6.10，以任务为驱动的信息摆渡机制的一种可能的工作过程简述如下：

（1）节点 1 向簇头 H1 发送消息 M，H1 查询其所在子网，发现节点 8 不在 WBN1 中。

（2）H1 将消息 M 保存在自身的缓存中，等待摆渡节点的访问，同时 H1 不断广播包含其位置信息的请求消息 R1。

（3）若某个时刻，H1 收到摆渡节点 F1 的应答消息，则等待 F1 靠近，并向 F1 发送消息 M。此时 F1 即使知道消息的目的节点在分簇子网 WBN2 中也不能立刻运动到 WBN2 中去，必须按照既定的路线访问完 H2、H3 后，再运动到 WBN2 中去，这时才能把消息 M 转发给 H4。

（4）F1 按照固定路线继续移动下去。

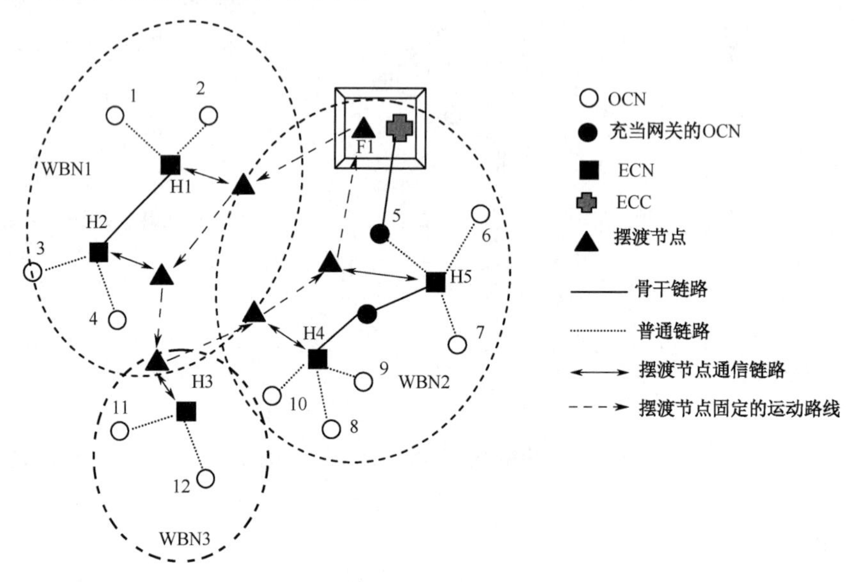

图 6.10　基于任务驱动的摆渡节点调度方案

假定只有一个摆渡节点在网络中游走，为了使摆渡节点能遍历网络中的所有节点，一种简单且保守的既定移动方式描述如下（见图 6.11）：将网络区域划分为多个尺寸相同的方格，让摆渡节点从网络区域的左上角按照从上到下从左到右的顺序遍历所有方格，直至到达网络区域的右下角；然后再按照相反的顺序返回网络区域的左上角，如此反复游走。图 6.11 中的网络区域内每个方格的边长为 $2r$，r 为普通通信节点（OCN）的最大传输范围。

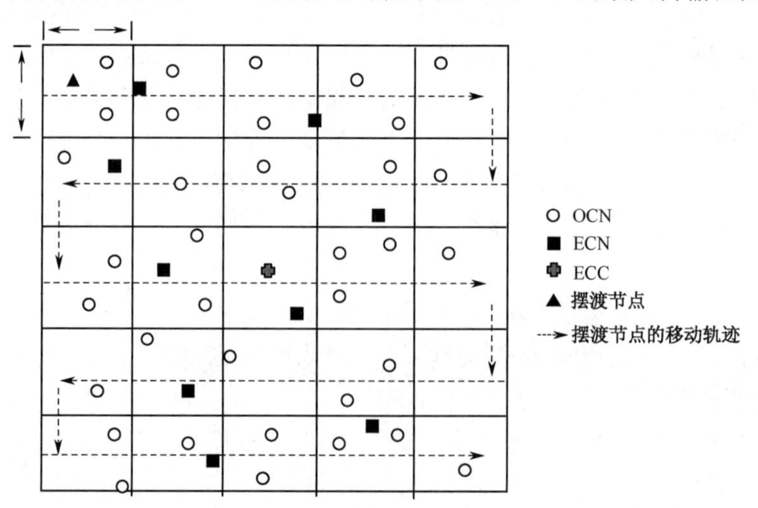

图 6.11　一种摆渡节点遍历整个网络区域的移动路线示意图

6.7 无线自组网中基于概率估计的冗余控制算法

6.7.1 相关工作

如前所述，覆盖连通控制算法也称网络冗余控制算法，旨在规划出满足覆盖性和连通性且效率高、能耗低的网络，从而延长网络生存时间和提高网络效用。迄今，针对该问题已提出了大量相关算法，下面进行简要的归纳与阐述。

域覆盖算法（Perimeter-area Coverage Algorithm，PCA）用来判定监控区域内的每个位置是否被 k 个传感器覆盖，但没有考虑网络连通性和节能。该算法假定感知范围是一个圆盘或者凸多边形，根据节点的位置和节点的覆盖半径，找出感知范围（圆）的相交点，然后计算出重叠的角度 α（rad），如图 6.12 所示。通过对一个节点与所有相邻节点的 α 按照[0，2π]排列，便可计算出节点的覆盖圆周上最小的覆盖重复度 k。因为空间的连续性，算法通过对几个覆盖圆周闭包的一个最小区域进行研究，推导出如果网络中每个传感器节点都是 k 阶圆周覆盖，那么网络中的每个点都是 k 阶覆盖。该算法的复杂度为 O（$nd\log d$），其中 n 是监控区域中传感器节点的数目，d 是最大的感知邻域中节点的数目。

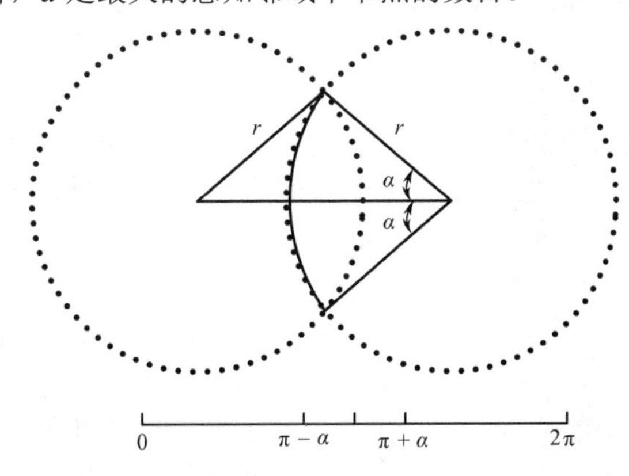

图 6.12 决定两节点覆盖范围的重叠角度

本地平均算法（Local Mean Algorithm，LMA）和本地邻居平均算法（Local Mean of Neighbors Algorithm，LMNA）是典型的通过功率控制来实施网络拓扑控制的算法，它们周期性地对节点发射功率进行调整，使节点的邻居节点数处于一个合理的区间。LMA 算法与 LMNA 算法的区别是后者是对该节点邻居的邻居数求平均值作为自己的邻居数，它们均可利用少量的局部信息达到一定程度的优化效果。算法的一种改进是对从邻居节点得到的信息根据信号的强弱给予不同的权重，从而对拓扑结构进行更细致的判断。

密度控制算法是针对网络中部分区域节点密度过高的情况提出来的。节点判断距离自己 r 的范围内有没有节点，若有则将自己休眠。r 的值是由目标区域的大小及节点探测半径决定的。不管初始时布撒的节点密度多高，经过密度控制以后，网内节点的平均邻居节点数都不会超过一定的比率。该算法简单，且能够有效降低分布密度过高的节点数。但它是一个不精确的覆盖控制算法，可能会对覆盖度造成影响。

与域覆盖算法类似，覆盖配置协议（Coverage Configuration Protocol，CCP）利用覆盖交叉点的覆盖阶数来判断自己覆盖区域的覆盖度是否达到要求，如果达到则将自己休眠。该协议可以用来维持网络中不同的覆盖程度。

域主宰集（Area Dominating Set，ADS）协议可以构造一个完全覆盖和连通且兼顾能量效率的网络，它假定所有传感器节点的感知范围相同，且通信距离和感知距离相等。ADS 在连通主宰集（Connected Dominating Set，CDS）的基础上进行修剪，可以构造一个完全覆盖监控区域且由最少数目节点组成的网络。CDS 是这样的连通子集，其中每一个顶点要么在这个集合里，要么与这个子集中的一个顶点相邻。

覆盖连通算法（Connectivity and Coverage for Network Lifetime Optimization，简称 CCLO 算法）假定网络中节点的覆盖半径与连通半径相等，把节点感知圆形区域等效为内接正四边形，从而将求感知圆间交点的问题简化为节点位置关系的线性判别，将满足休眠条件且能量少的节点休眠，显著降低了判别冗余节点算法的复杂度。

上述算法大都存在假设前提条件较多、计算度复杂度较高等问题。例如，覆盖配置协议的计算复杂度为 $O(n^3)$，n 为最大的监控邻域中节点的数目。域主宰集协议采用的是集中式算法，不适用于大规模无线自组网，计算复杂度也为 $O(n^3)$，n 为最大的通信邻域中节点的数目。

6.7.2 算法设计目标和思想

合理的节点分布是改善无线自组网能耗和 QoS 保障的重要条件。针对已有的冗余控制算法存在假设前提条件多、计算复杂度高的问题，希望设计一种假设前提条件少、计算复杂度低且性能好的冗余控制算法，以便更好地适应应急通信环境。

考虑到无线自组织应急通信网络中节点数目多（尤其是部署在事发区域的无线传感节点），很可能呈现出统计学特征，提出了以概率估计为基础的冗余控制算法 PERCA（Probabilistic Estimation Redundant Control Algorithm），采用概率的方法来估计每个节点覆盖区域被其他节点覆盖的比例，并据此使尽量多的节点休眠。

对 WSN 而言，传感器节点对监控区域做到 100%的完全覆盖较为困难而且也没有必要。但为了保证 WSN 能够完成目标区域的监控任务，网络的覆盖度需要维持在较高的比例。随机撒布的节点的覆盖范围往往会发生重叠。如果能够计算出某节点的覆盖范围以 x%比例的期望值被其他节点覆盖，当期望值超过预定门限（如 x=90）时，即便很小的范围没有被其他节点覆盖，该节点休眠后，其监控范围内的目标特征仍然极有可能被其他节点监控，所以可以认为此节点是覆盖冗余节点，可以转入休眠状态以减少冗余和能耗。也就是说，如果一个节点 A 的的覆盖范围以很高的比例期望被其他节点覆盖，可以推断其周围必然以很高的概率存在非常近的邻居节点 B 或者较近的邻居节点集 S。原先通过节点 A 转发信息的节点，在节点 A 休眠后，可以直接或者通过略微调整发射功率由节点 B 或 S 中的节点来进行转发。因此，节点 A 休眠后，WSN 的覆盖度和连通性仍然可以以很高的期望概率不受到影响。

6.7.3 PERCA 算法描述

1．覆盖期望比例的计算

如图 6.13 所示，节点 A 接收到节点 B 的信号，如果节点 A 能够计算出它们之间的距离 d，则可以计算出它们覆盖范围的重叠面积 S_c，S_c 等于 4S（S 为图中阴影区域的面积），即

$$S_c=4S=2\left[\arccos(\frac{d}{2}/R_c)\right]R_c^{\ 2}-2\times\frac{d}{2}\sqrt{R_c^{\ 2}-(\frac{d}{2})^2} \tag{6-1}$$

其中，d 代表两节点间的距离，R_c 代表覆盖半径。节点 A 覆盖范围内被节点 B 所覆盖的比例为：

$$P_{AB}=S_C/S_A \tag{6-2}$$

其中，S_A 为节点 A 的覆盖面积。

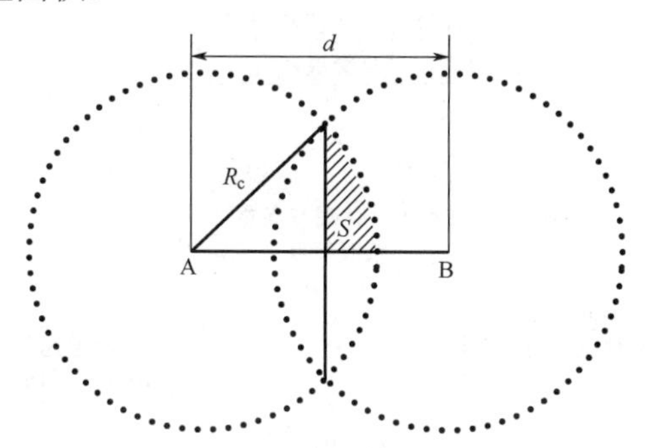

图 6.13　节点 A 和 B 的覆盖范围发生重叠

下面，用 P_{AX} 表示节点 A 的覆盖范围被节点 X 覆盖的比例，也表示 A 的覆盖范围内任一点位于 A 与 X 覆盖重叠区域内的概率。节点间的距离可以通过接收信号强度和相关定位算法求得。以此类推，如果节点 A 还接收到节点 C 的信号，覆盖重叠比例 P_{AC} 也可以计算得到。因此可以求得 A 的覆盖范围内的任一点 a 位于节点 A 和节点 B 或节点 A 和节点 C 重叠范围外的概率为：

$$P_{not\_c}=(1-P_{AB})(1-P_{AC}) \tag{6-3}$$

而 a 位于节点 A 与节点 B 或节点 A 与节点 C 重叠范围内的概率为：$P_c=1-P_{not\_c}$。当节点 A 附近有更多的邻居节点时，重叠的覆盖范围会持续增加，a 位于节点间重叠范围内的期望 P_c 也会不断增加。当 P_c 大于某设定值 P_{req}（如 P_{req} =90%）时，即节点 A 的覆盖范围以大于 90%的比例期望被其他节点覆盖，此时节点 A 具备成为覆盖冗余节点的条件。

P_c：节点 A 的覆盖范围被其他节点覆盖的比例期望。

P_{req}：当一个节点的 0.0013 pJ /(bit • m^4) 值大于某个设定值时就认为该节点满足覆盖冗余条件，这个设定值即为 P_{req}。

当一个节点的 P_c 值小于 P_{req} 时，它就必须处于工作状态。所以可以设定不同的 P_{req} 值以进行不同程度的冗余控制。

2．算法流程说明

PERCA 算法流程图如图 6.14 所示，简单介绍如下。

每个节点首先以相同的功率广播包含自身 ID 的消息，然后邻居节点根据接收到的功率强度或者数据消息中的位置信息，计算出相邻节点间的距离 d，并按照上述方法确定节点的 P_c。

P_c 大于 P_{req} 是节点可以进行休眠的必要条件，但非充分条件。因为某一区域内满足该条件的节点可能不止一个，并且它们的覆盖范围可能发生重叠。一个节点休眠后，其邻居节点的 P_c 值就很可能变得小于 P_{req}。为了使网络监控更大的范围，应优先休眠 P_c 较高的节点。

因此，节点计算出 P_c 后会相互交换 P_c。然后，节点将自身的 P_c 与 P_{req} 进行比较，如果 $P_c<P_{req}$，则节点处于工作状态；否则检查自己的 P_c 是否为邻域中最高的，如是，则节点广播自身将要休眠的信息并转入休眠状态。接收到节点休眠信息的相邻节点对自己的 P_c 进行调整，并重复上述过程。

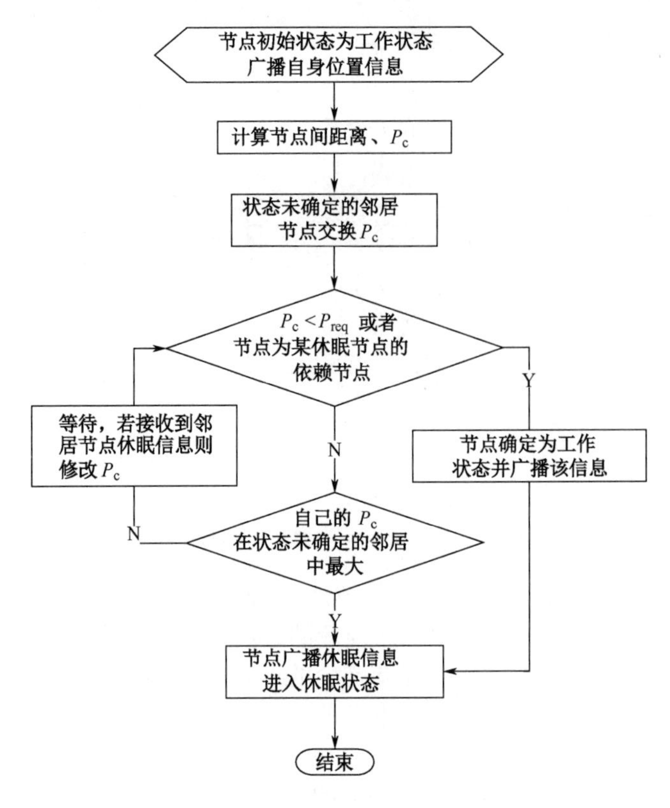

图 6.14 PERCA 算法流程图

考虑在实际情况中，休眠节点主要是因较近的节点覆盖而满足休眠条件的，而较远的节点对此贡献很小。所以 PERCA 算法对休眠节点的邻居节点按照由近到远的顺序加入集合 G（初始为空），直到 G 中的节点已能够使休眠节点满足休眠条件（即 $P_c>P_{req}$）。在此将属于集合 G 的节点称为休眠节点的依赖节点。集合 G 是休眠节点的邻居节点集 S 的子集。G 的补集中的节点休眠后，不会使休眠节点不满足休眠条件。因此，如果一个节点属于 G 的补集，并且它调整后的 P_c 仍大于 P_{req}，它就进行休眠；否则，它确定处于工作状态。

最后，当所有节点都确定自己的状态时，算法结束。

6.7.4 仿真验证

1．仿真工具和环境配置

仿真工具选用非常适合无线自组网模拟验证的开源工具 OMNeT++。OMNeT++（Objective Modular Network TestBed in C++）是开源的基于组件的模块化的开放网络仿真平台，主要用于通信网络和分布式系统的仿真。从本质上讲，OMNeT++是一个强大的离散事件仿真器，能够用程序抽象表示的离散事件都能在 OMNeT++上进行仿真。OMneT++具有完善的图形界面接口和可嵌入式仿真内核。在 OMNeT++中，可以简便地定义网络拓扑结构，因此其具备编程、调试和跟踪支持等功能。

网络仿真区域设为 500 m×500 m，节点的通信半径和覆盖半径分别设为 100 m 和 50 m。根据服务质量与节点数的关系，计算出满足 P_{req} =99%需 145 个节点，考虑边缘效应，将节点数设为 160。

2．仿真结果及分析

表 6.2 所示是 10 次随机实验的平均结果。实验结果表明：执行 PERCA 算法后，覆盖比例变化的平均值为 0.000 961 2，覆盖比例变化的最大值仅为 0.004 004，变化非常微小；而平均节点休眠比例达到 24.40%，最大为 26.88%。

表 6.2　节点数为 160、P_{req} =99%时的 10 次随机实验数据

节点休眠比例/%	原覆盖比例/%	新覆盖比例/%
0.25	0.989508	0.989404
0.2563	0.978292	0.978084
0.225	0.993076	0.99248
0.25	0.975352	0.975112
0.2563	0.972988	0.969744
0.25	0.987872	0.987872
0.25	0.974632	0.970628
0.2125	0.99544	0.995112
0.2688	0.980604	0.979716
0.225	0.991044	0.991044

对于节点较少，但局部节点可能较多的情况，PERCA 算法同样也能有效地找出冗余节点。其他条件不变，节点数变为 80，5 次随机实验的结果如表 6.3 所示。

表 6.3　节点数为 80、P_{req} =99%时的 5 次随机实验数据

节点休眠比例/%	原覆盖比例/%	新覆盖比例/%
0.0625	0.913524	0.913524
0.0625	0.883068	0.883048
0.0375	0.903104	0.903104
0.075	0.960104	0.960104
0.05	0.858036	0.857612

从表 6.3 中可见，覆盖比例变化的平均值仅为 0.000 068，覆盖比例变化的最大值仅为 0.000 324；而节点休眠的平均比例达到 5.75%，最多为 7.5%。可见，当节点数较少时，算法也仍能起作用。

仿真实验表明，PERCA 算法具有适应性强、休眠节点比例高且覆盖比例变化小的特点；同时计算复杂度低，效益明显。

6.8　无线自组网中能耗均衡的分簇路由协议

6.8.1　相关工作分析

节能路由协议亦称能量意识路由，目的是在保持路由正确、高效的同时尽量均衡和减少节点能耗，以达到延长网络生存时间的目的，是增强网络生存能力的关键技术之一。迄今，针对无线自组网已提出了大量节能路由机制。考虑到能耗是 WSN 最关注的性能指标，在此主要针对 WSN 领域归纳分析有关的技术成果。

低功耗自适应集簇分层型（Low Energy Adaptive Clustering Hierarchy，LEACH）协议是

WSN 中首个提出的分簇节能路由协议，其思想是以随机轮转方式选择簇头，将能量负载近似均匀地分配到每个传感器节点，从而降低网络能耗和延长网络生存时间。此后，很多节能路由协议都是在 LEACH 协议的基础上所进行的改进。

根据 LEACH 协议，节点成为簇头的概率与节点数、簇头比例和轮数有关，具有一定的随机性。传感器节点 n 随机生成一个（0，1）之间的随机数 ，并且与阈值函数 $T(n)$进行比较。$T(n)$定义为：

$$T(n)=\frac{P}{1-P(r\times\bmod\frac{1}{P})}\qquad(n\in G_r)\tag{6-4}$$

其中：P 为簇头比例；r 为已完成的轮数；G_r 为在最近的$1/P$ 轮中未当选簇头的节点集合。如果随机数小于该阈值 ，则该节点当选为簇头。$T(n)$的设计可以保证每个节点在连续的$1/P$ 轮中有一次成为簇头，从而均衡了能耗。簇头广播自身消息，接收到该消息的普通节点与距它最近的簇头形成簇，并通知簇头。簇头再为每个簇内成员节点分配工作时隙以减少相互间的干扰。该成簇机制具有计算简单、交互信息少、能耗较均衡的优点；缺点是可能使部分区域的簇头过多或过少，没有考虑剩余能量，剩余能量较少的节点有可能再次被选为簇头。

很多新的协议考虑了如节点度、距离、剩余能量等因素。在 LEACH 的基础上对阈值函数 $T(n)$乘以加权因子，可形成更优的分簇结构。例如，在基于时间片的低功耗分簇算法中，将 $T(n)$定义为：

$$T(n)=\frac{P}{1-P(r\times\bmod\frac{1}{P})}\sqrt{\frac{E_{\text{cur}}}{E_{\text{total}}}}\qquad(n\in G_r)\tag{6-5}$$

这样做可减小能耗高的节点再次成为簇头的概率，但是网络在长期运行后，整体簇头比例会降低，从而将减少网络覆盖范围，增加簇头间的中继距离。

LEACH-C 协议中，基站在收到每个节点的剩余能量后，计算所有节点的平均能量值，把能量不低于平均能量值的节点作为候选节点。所以，LEACH–C 属于集中式的路由协议。

节能分簇路由算法（Coverage and Energy Aware Clustering Algorithm，CECA）在分簇过程中优先选择邻居节点较多并且与邻居节点间相对距离较短的节点充当簇头，同时考虑了节点剩余能量，使得能量较少的节点成为簇头的概率降低。通过该方法形成的簇，簇头个数和簇的规模都得到了控制，簇内成员和簇头节点的通信代价较小，提高了成簇质量，延长了网络的时间。基于分层的多跳分簇路由算法（Layer Based Multihop Clustering Routing Algorithm，LBMC）将网络节点分层，各层以不同的概率选取簇头，均衡和减少了中继负担，但分层及预设层宽度不一定符合网络实际部署情况。

在 WSN 中，传感器节点发送消息，可以由事件驱动，也可以由自汇聚节点的命令驱动。TEEN 协议采用与 LEACH 相同的分簇策略，但设定了硬、软两个门限值，只有当传感器检测到的属性值及属性值差超过了设定的门限时才向簇头发送数据，减少了网络内传输的数据量。簇内节点通常与簇头直接通信。同时为了减少干扰，簇间通信采用不同于簇内通信的信道接入机制，如簇内通信采用时分多址（TDMA）方式，而簇间通信采用码分多址（CDMA）方式。在 LEACH 协议中，汇聚到簇头的信息由簇头直接发送给汇聚节点，通信距离远，能耗高。因此，LEACH 协议不适用于大型网络。E_LEACH 协议采用多跳中继方式将数据转发到汇聚节点，并且优先选择距离最近的节点作为中继节点。GPSR 协议基于地理位置信息采用贪婪的方法，每次把数据转发到邻居节点中距离目标最近的节点。如果转发节点本身就是邻居中距目标节点最近的节点而它的通信距离又达不到目标时，则沿周边转发，以寻找新的路径。此外，为了减少传输的数据量，可以对数据进行融合处理。簇内节点距离较近，簇头对簇内节点发来的数据的融合比例较高；而对于簇间中继的数据，因距离较远融合的比例很低，有时只是将几个数据包合并成一个长的数据包。

6.8.2 EBCRP 协议的设计

1. 设计思想

已有的很多节能路由协议存在不同的问题。例如，LEACH-C 协议属于集中式算法，不适合大规模无线自组网；E_LEACH 协议和基于不均匀分簇的 LEACH 协议都没有定量考虑传输的方向性；LBMC 算法的假设条件往往不符合网络实际部署情况，因为这一基于时间片的低功耗分簇算法没有考虑轮转周期对能耗的影响。针对上述问题，借鉴已有的分簇多跳路由协议的基础上，目前提出了一种考虑多种因素的均衡节点能耗的分簇多跳路由协议（Energy Balanced Clustering Routing Protocol，EBCRP）。该路由协议的设计综合考虑了簇头概率、中继簇头选择、数据融合和轮转周期等因素，并具有区域自治、计算复杂度低和简单实用等特点。

2. 分簇策略

因为承担中继任务，越靠近汇聚节点的簇头能耗就越大。为此可以考虑使靠近汇聚节点的区域含有更多的簇头，以均衡簇头的中继能耗。因此，节点成为簇头的概率应与节点到汇聚节点的距离成反比。EBCRP 协议的成簇方法与 LEACH 相同，但令 LEACH 中的阈值函数 $T(n)$ 乘以经验因子，使簇头概率随距离成反比变化。考虑到精确求解簇头概率与距离的关系较为困难，EBCRP 协议采用的是经验公式方法。假设网络区域的半径为 R，d 是节点与汇聚节点的距离，在对 $\exp[(R-d)/R]$、$1-(R-d)/R$、$a^{(R-d)/R}$（$a>1$）等多种经典反比例函数进行反复仿真比较后，确定经验因子为 $1.5^{(R-d)/R}$，即当

$$T(n)=\frac{p}{1-p\left(r\times\operatorname{mod}\frac{1}{p}\right)}1.5^{(R-d)/R} \tag{6-6}$$

时，网络分簇情况最佳。

3. 数据融合方式

EBCRP 协议考虑到了簇内中继信息的融合，而对簇间数据则不予融合，并引入了等待策略。簇内数据进行融合的比例可以根据应用环境进行适当调整。发送时隙到来时，簇头将簇内节点汇聚的数据和其他簇头转发来的数据融合在一起发送。距汇聚节点较远的簇头等待时间较短，而距汇聚节点较近的簇头等待时间较长，以便簇头对更多的簇间数据进行融合。这样做的代价是，靠近汇聚节点的簇头收集的数据不能及时传送到汇聚节点（可以通过为重要信息设置更高的优先级及时进行中继来解决该问题），以及需要更大的存储空间来保存中继信息。EBCRP 协议中的簇头等待时间 T 设为：

$$T=10-\sqrt{d}/100 \tag{6-7}$$

其中：d 为节点到汇聚节点的距离，10 和 100 起调节作用，也可以针对不同的网络环境设置不同的值。根据应用环境对时延的要求，等待策略可选择性地采纳。

4. 路由转发机制

在簇内，EBCRP 采用与 LEACH 相同的节点单跳传输数据至簇头的方式；在簇间，EBCRP 采用数据包在相邻簇头间多跳中继转发的方式。簇间中继时，下一跳簇头的选择同时考虑传输的距离与方向。以图 6.15 为例，簇头 B、C 是距簇头 A 最近的下一跳簇头，且簇头 A 到

簇头 B 的距离与簇头 A 到簇头 C 的距离相等，但簇头 A 到簇头 C 的方向更接近于簇头 A 到汇聚节点的方向，显然选择簇头 C 比选择簇头 B 理想。

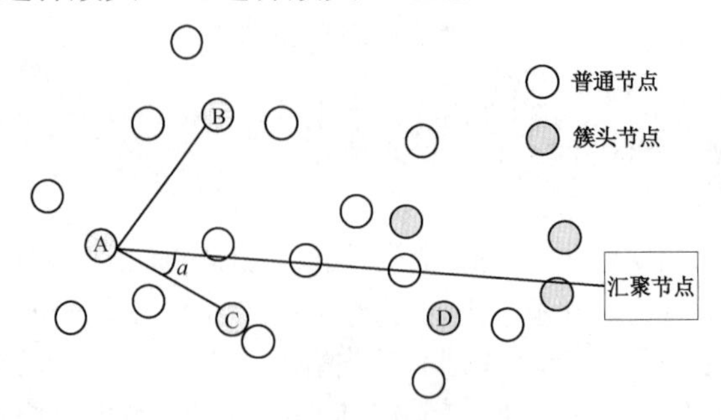

图 6.15　簇间路由与角度

如果节点 C 是节点 A 的邻居节点，节点 A 到汇聚节点的连线与节点 A 到节点 C 的连线的夹角为 a，则 a 为 C 相对于 A 的路由角度。在无线自组网中，路由角度可以通过定位技术计算出来。选择路由角度小的节点作为下一跳，有助于减少中继跳数和通信冲突。综上所述，簇间路由应该选择距离近且路由角度小的节点。因此，以 $\cos a/(d/R)$ 的值作为选择中继簇头的度量标准，其中 a 为上述的路由角度，R 是整个区域的半径，d 为节点到汇聚节点的距离。

为了进一步减少距汇聚节点较近的簇头节点的中继负担，EBCRP 还将一跳可达汇聚节点的节点都设为单独簇头。单独簇头没有簇内节点，只承担数据采集和中继任务，所以靠近汇聚节点的较多单独簇头均摊了该区域较重的中继负担。

5. 工作流程

EBCRP 协议的工作流程如图 6.16 所示。EBCRP 首先采用与 LEACH 相同的成簇方法形成簇结构，但是阈值函数 $T(n)$ 乘以经验因子；簇形成后，簇内节点采集数据并直接发送至簇头；簇头等待一定时间后，选择 $(\cos a)/(r/R)$ 值最大的邻近簇头作为中继节点进行转发，直至数据到达汇聚节点。

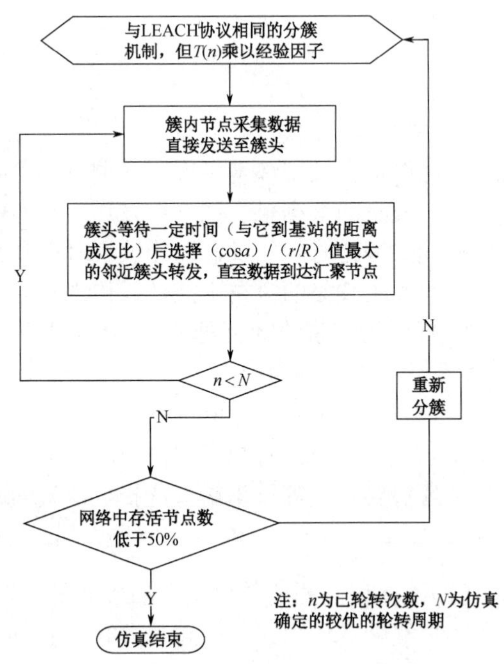

图 6.16　EBCRP 协议主要流程图

EBCRP 协议还选择经仿真确定的较优的轮转周期 N 进行重新分簇。根据 EBCRP 协议，簇内节点采集并发送一次数据，簇头就转发一次数据。现给出一轮和轮转周期的概念：一轮是指网络中的节点每间隔一段时间采集并发送一次数据，簇头接收到数据后通过中继转发直到传递到汇聚节点这一过程；轮转周期是指网络在两次分簇间运行的轮数。实际上，当轮转周期较短时，重新分簇的能耗比重增加；而当轮转周期较长时，网络则很可能在较长时间内处于能耗很不均衡的簇结构，造成部分节点过早死亡。在不同网络环境中，理想的轮转周期应不同。

6.8.3 仿真实验分析

1. 仿真环境及参数配置

仿真工具仍采用 OMNeT++ 4.0，仿真参数配置如表 6.4 所示，节点在网络区域中随机均匀分布。仿真实验设定一轮的时间为 60 秒，设定理想轮转周期为 20 轮。

表 6.4 仿真实验参数

参　　数	参 数 值
网络大小	500 m×500 m
节点数	160 个
汇聚节点位置	550 m，250 m
E_{elec}	50 nJ/bit
e_{fs}	100 pJ/(bit · m^2)
e_{mp}	0.0013 pJ/(bit · m^4)
初始能量	0.5 J
d_0	87 m
E_{DA}	5 nJ/bit
数据帧大小	128 B
广播帧大小	64 B

2. 评价指标

仿真中比较不同路由协议的性能所需要依据的评价指标，主要有首个节点的死亡时间、网络生命期及拐点出现的时间。下面简单予以介绍。

- 首个节点的死亡时间：从网络开始运行到有一个节点能量耗尽为止所经历的时间。
- 网络生命期：从网络开始运行到有一半节点能量耗尽为止所经历的时间。
- 拐点：网络节点死亡速率由慢开始变快的时刻（时间点）。

网络中能量消耗快的节点会先死亡，进而对网络拓扑造成影响。节点间能耗越均衡，越有利于延长网络的生命期和采集并发送更多的数据包。

3. 仿真结果及分析

图 6.17 显示了簇间转发数据时只考虑距离的 E_LEACH 与综合考虑角度和距离的 D_A 分簇路由协议的仿真结果对比。仿真结果表明，前者网络中存活节点数变化较快，后者变化较慢；簇间路由时综合考虑角度和距离后，减少了数据包的平均传输跳数，能耗更少。

在综合考虑角度与距离的路由协议基础上阈值函数乘上经验因子可以增加靠近基站的簇头的比例，均衡和减少了节点的能耗。在图 6.18 中，比较了引入经验因子的 EBCRP 和

E_LEACH 路由协议的仿真情况。可以看出，由于 EBCRP 在很大程度上改善了能耗均衡，第一个节点死亡时间、网络生命期都显著增加，并且拐点出现的时间也明显推迟。

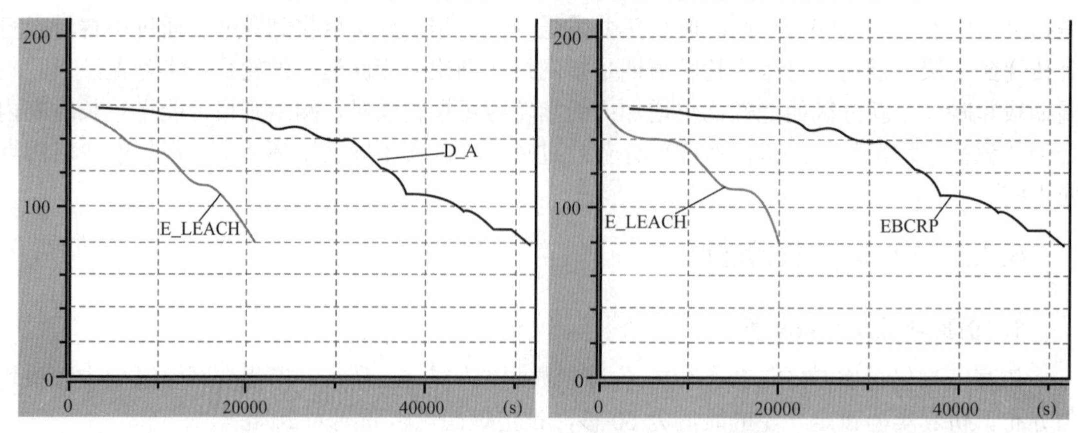

图 6.17 存活节点数的变化情况

图 6.18 路由协议改进前后存活节点数随时间变化情况

6.9 应急通信中基于簇的 WSN 生存性路由协议

6.9.1 动机和目的

目前，国内有关无线传感网生存性路由协议的研究很少，更缺乏对应急通信特殊性的考虑。现有的 WSN 路由协议或者仅考虑安全问题，或者从节能的角度进行设计，缺乏足够的生存性意识，不能防御恶意节点攻击和簇头自身能量耗尽带来的生存性威胁。

WSN 生存性路由协议研究的核心，是如何在特定的应急场景下高效地利用受限资源并在生存性需求和协议开销之间取得平衡。针对应急通信中簇头易受攻击、被摧毁或者被俘获等生存性威胁，在 RLEACH 协议基础上设计了一种基于簇的 WSN 生存性路由协议（Survivable Routing Protocol Based on Cluster，SRPC）。该协议通过密钥协商和身份认证等机制来抵御恶意节点的攻击，引入备用簇头链（backup cluster head chain）有效解决了主簇头（master cluster head）在传输监测数据时由于遭受攻击、发生故障及损坏所造成的网络瘫痪问题，并结合单跳路由和簇间多跳路由来传输监测数据。

6.9.2 网络模型

存在恶意节点的 WSN 通用网络模型如图 6.19 所示，簇内成员节点（CM）只负责收集所感知区域内的数据，然后传输到簇头节点（CH）。簇头节点负责管理簇内成员节点，协调成员节点之间的任务，收集并融合簇内监测的数据信息，分配簇内通信信道，转发监测数据到基站（BS）。当恶意节点（MN）成为簇头节点（CH）后，就会对簇内监测的信息进行篡改或者丢弃，并消耗网络的受限资源，威胁网络的生存能力。另外，簇头在转发监测数据时可能会失效，失效后的簇头不再承担传输和转发数据的任务。

应急通信中无线传感网的生存性威胁主要体现在以下 3 个方面：

（1）恶意节点使用大功率信号周期性地广播路由信息，引诱其通信范围内的传感器节点视其为簇头，并向其发送监测数据，造成一定的能量消耗；而当恶意节点向基站转发数据包时随机丢弃数据包。

（2）恶意节点通过生成随机数伪装成网络中的任何一个节点来增加成为簇头的概率，成为簇头后再结合选择性转发攻击对网络监测数据进行篡改和丢弃。

（3）在数据传输阶段，簇头节点会以一定概率失效，如战场中遭受摧毁或者损坏。另外，还以一定概率被恶意节点俘获，俘获后的簇头节点对收集的监测数据进行随机丢弃。

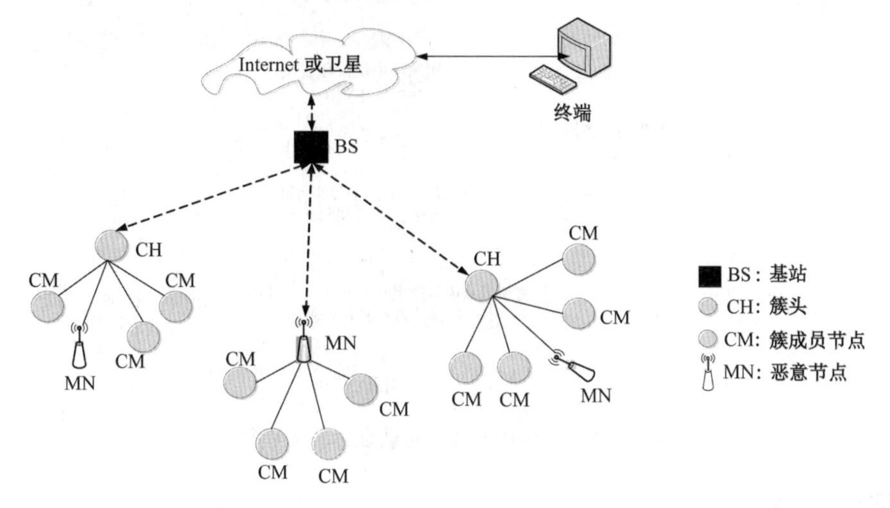

图 6.19　存在恶意节点的 WSN 通用网络模型

6.9.3　协议的工作流程

SRPC 协议的工作流程可分为 4 个阶段：初始化阶段、密钥协商及身份认证阶段、簇形成阶段和数据传输阶段。

1．初始化阶段

该阶段完成节点的初始化和密钥的预分配，先给每个传感器节点 i 分配一个标识 ID_i 和一个初始密钥 K_i，将 ID_i 和 K_i 相互对应，赋予节点相同的初始能量，再从密钥池中随机地选取 m 个互异的密钥形成密钥环存储在节点内存中，节点可以利用这些密钥作为会话密钥，最后每个节点再存储一个单向 Hash 函数，可将其定义为 Hash（ID_i，X_i，Y_i，E_i），X_i 和 Y_i 表示传感器节点所处物理位置的坐标，E_i 表示该节点的剩余能量。此外，基站（汇聚节点）需要保存所有传感器节点的 ID、整个密钥池和单向 Hash 函数。

2．密钥协商及身份认证阶段

该阶段的流程如图 6.20 所示。节点首先向周围邻居广播 HELLO 消息，内容包括其标识 ID、物理位置、密钥环和 Hash（ID_i，X_i，Y_i，E_i）。为简单起见，以节点 A 和节点 B 为例说明密钥协商及身份认证过程：节点 B 收到节点 A 的 HELLO 消息，节点 B 先查询密钥环来判断和节点 A 是否具有相同的密钥；若有则将该密钥作为节点 A 和节点 B 的会话密钥，若没有则计算 Hash（ID_A，X_A，Y_A，E_A）并和 HELLO 消息中的值对比；若相同则用 Hash（ID_A，ID_B，E_A，E_B）产生会话密钥，若不相同则把该节点放入数组 malicious_nodes[n]中并给邻居发送广播通告，将此恶意节点隔离。这样就有效地避免了 HELLO 洪泛攻击和 Sybil 攻击。

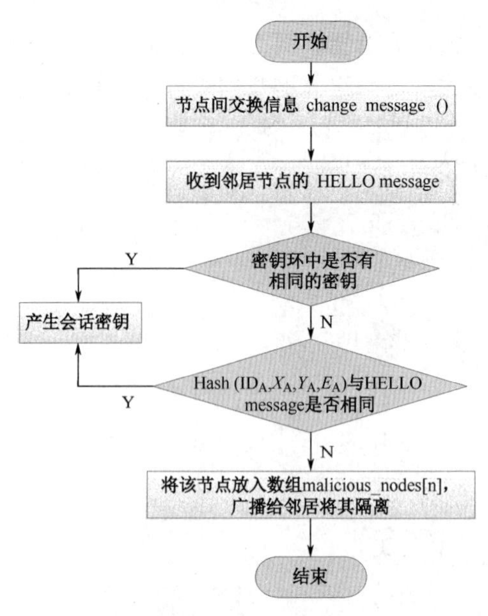

图 6.20　密钥协商及身份认证阶段流程图

3．簇形成阶段

该阶段主要完成分簇和备用簇头链的建立，流程如图 6.21 所示。

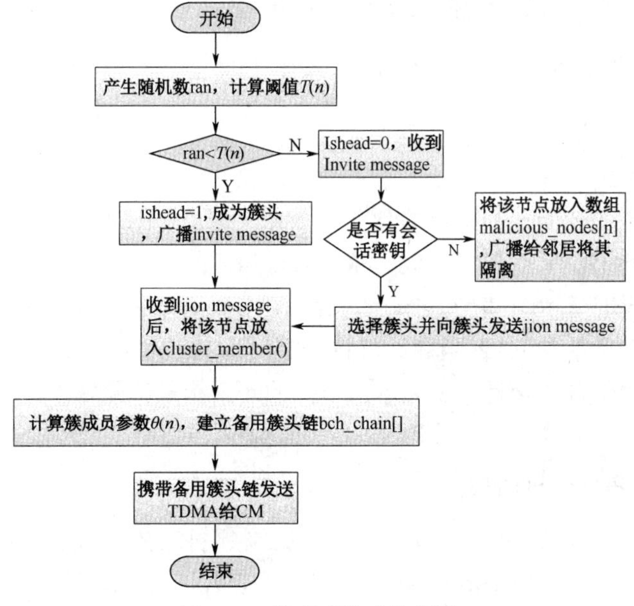

图 6.21　簇形成阶段流程图

分簇过程类似于 RLEACH 协议，但是在簇头的选举中引进了能量因子$1/\sqrt{\lambda}$，改进后的阈值函数 $T(n)$为：

$$T(n)=\frac{P}{1-P(r\times \bmod\frac{1}{P})}\frac{1}{\sqrt{\lambda}}\ ,\quad n\in G_r \tag{6-8}$$

其中：n 为网络中传感器节点的总数；P 为簇头比例；r 为已完成的轮数；G_r 为到该轮为止

未成为簇头节点的传感器节点组成的集合；$\lambda = \dfrac{E_{\text{n\_init}}}{E_{\text{n\_current}}}$，$E_{\text{n\_init}}$ 为节点的初始能量，$E_{\text{n\_current}}$ 为节点的剩余能量。

如果随机数小于该阈值 ，则该节点就会当选为簇头。选为簇头的节点向网络中其他节点广播邀请消息，消息包括簇头节点的标示符 ID、物理位置和密钥环。其他节点收到邀请消息后根据以下原则来确定是否成为簇成员：

（1）该节点和簇头节点是否有会话密钥；

（2）若该节点和多个簇头节点有会话密钥，则根据广播信号的强弱来选择加入哪个簇。

节点决定成为簇成员后利用会话密钥加密确认消息并发给簇头节点，消息中包括该节点 ID、物理位置、剩余能量 $E_{\text{n\_current}}$ 和该节点到簇头节点的距离 d_{MH}。簇头节点对比所有簇成员的 $E_{\text{n\_current}}$ 和 d_{MH}，利用参数 $\theta(n)$ 确定成为备用簇头的优先权，其中：

$$\theta(n) = \frac{E_{\text{n\_current}}}{\sqrt{d_{\text{MH}}}} \tag{6-9}$$

该参数综合考虑了节点的能量和距离因素，距离主簇头节点较近且剩余能量较多的簇成员节点可优先成为备用簇头，既保证了备用簇头与其他簇成员的连通性，又避免了剩余能量少的节点成为簇头后影响网络的寿命周期。因此，参数 $\theta(n)$ 最大的簇成员优先作为备用簇头，以此类推便建立了备用簇头链。簇头在给每个簇成员分配 TDMA 时隙时，将捎带发送备用簇头链。

4．数据传输阶段

该阶段的流程图如图 6.22 所示。簇内节点利用会话密钥在分配时隙内加密采集的数据并发送给簇头节点，簇头节点以组播形式发送 ACK 消息给簇内成员。若簇内成员在设定的时间阈值内没有收到 ACK，则认为簇头失效或者被摧毁；此时启用备用簇头链，将数据传输给优先权最高的备用簇头。

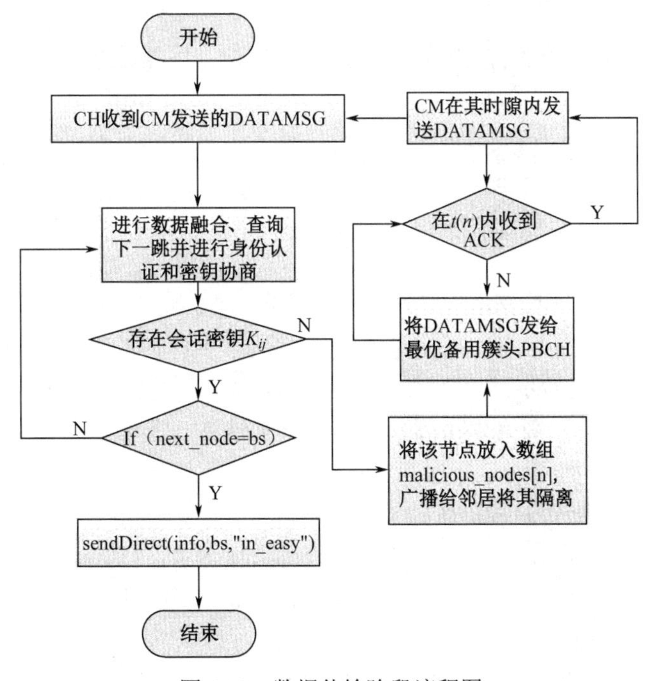

图 6.22　数据传输阶段流程图

为了提高网络寿命，簇头向基站传输数据时采用簇间多跳和单跳传输相结合的方法，如图 6.23 所示：簇头间距离 $l_{AB} < l_{CD} < l_{AC} < l_{BD}$，簇头 D 与汇聚节点间的距离为 l_{DE}，且 $l_{DE} < d_0$。

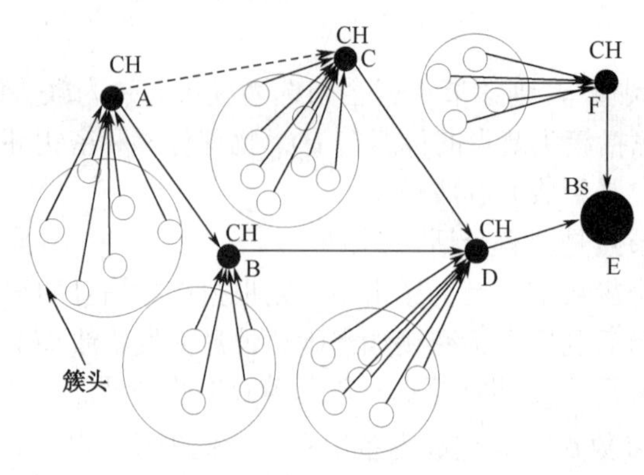

图 6.23　簇间路由示意图

下面以簇头 A 为例说明簇间多跳路由选择的过程。当簇头 A 收到簇内成员的监测数据后先利用会话密钥与其邻居节点 B、C 进行身份认证，然后比较其与邻居节点 B、C 的距离，由于 $l_{AB} < l_{AC}$，故选择簇头 B 为下一跳。依此类推，簇头 A 传输数据到汇聚节点 E 选择的路由为图 6.23 中的实线所示，而对于簇头节点 D、F，与基站的距离小于距离常数 d_0，则选择单跳传输，将监测数据直接传输到基站。

最后，基站收到监测数据后解密并将簇头节点的密钥环和自身存储的密钥池进行对比。若密钥环中密钥均存在于密钥池中，则说明数据是完整的；否则，把该节点放入数组 malicious_nodes[n]中并广播给全网传感器节点，将此节点视为恶意节点加以隔离。

6.9.4　仿真与结果分析

1．性能指标

为了评价协议的可生存性，采用如下 3 个性能指标：网络抗攻击能力、服务生存性和数据包投递率。

（1）网络抗攻击能力：网络能够成功检测并阻止恶意节点对网络进行攻击的概率 P_r，其定义为：

$$P_r = 1 - P_c = 1 - P\{\text{恶意节点攻击网络成功}\} = 1 - \frac{N_I}{N_A} \qquad (6\text{-}10)$$

其中：N_I 表示被恶意节点成功攻击和俘获的节点总数；N_A 表示受到恶意节点攻击的节点总数。

（2）服务生存性。服务生存性是衡量无线传感网可生存性的一个重要指标。恶意节点的耗能攻击和传感节点的耗能不均衡都会影响网络基本服务的持续提供，威胁网络的可生存性。因此，该性能指标可用网络生命周期和节点死亡速率来衡量。

① 网络生命周期：指网络运行时第一个节点死亡的时间，它反映了网络生命的首次衰老；而首次衰老时间越晚，说明服务生存性越强。

② 节点死亡速率 V_{nd}：指网络中节点死亡的平均速率，定义为：

$$V_{nd} = \frac{N_{dead\_nodes}}{t_{l\_node} - t_{f\_node}} \qquad (6\text{-}11)$$

其中：N_{dead_nodes} 表示网络衰老期内死亡节点的总数；t_{l_node} 表示网络死亡的时刻；t_{f_node} 表示网

络开始衰老的时刻，即第一个节点的死亡时刻。

节点死亡速率V_{nd}越小，则说明网络中节点的能耗越均衡，服务生存能力越强。

（3）数据包投递率：指簇头节点将监测数据成功传输到基站的概率，它反映了网络遭受攻击或者灾害时完成关键服务的能力，定义为：

$$R_{data\_delivery} = \frac{N_{bs\_recieved}}{N_{cms\_transmission}} \tag{6-12}$$

其中：$N_{bs_recieved}$表示基站成功接收的数据包总量；$N_{cms_transmission}$表示整个运行过程中所有簇内节点发送的数据包总量。

数据包投递率$R_{data_delivery}$越大，说明网络完成关键服务的能力越强，网络的生存能力也就越强。

2．仿真工具及参数配置

仿真工具同样为OMNeT4.0++，应急通信网络区域设为边长是500 m的正方形。将200个传感器节点随机散落在网络区域内，并含有一个基站和多个恶意节点。传感器节点的通信半径为100 m，初始能量为0.5 J，基站的位置为（550,150）；恶意节点随机部署在整个区域内，恶意节点的通信半径为300 m，能量不受限制，仿真时也不考虑恶意节点消耗能量的问题；节点发送数据时能量消耗根据距离分别采用自由空间能耗模型和多路径衰减模型。单位比特数据的无线收发电路能耗E_{elec}=50 nJ/b，数据帧大小为400 B。簇头节点被摧毁的概率P_d分别为0.5%、1%、1.5%、2%和2.5%，并设定网络中存活节点数小于节点总数的20%时，认为该网络死亡，仿真结束。

3．仿真结果分析

当P_d=0.5%，恶意节点数分别为1、2、3、4和5时，分别对考虑安全问题的RLEACH协议和SRPC协议进行仿真。当恶意节点转发侦听到的信息时，在其通信范围内的所有簇头节点被视为受到恶意节点攻击的节点，将其放入数组attacking_nodes[n]中；若簇头节点利用会话密钥身份认证时发现该恶意节点，则将该簇头放入数组anti-attack_nodes[n]中，同时将此恶意节点放入数组malicious_nodes[n]并广播给邻居节点将其隔离。如图6.24所示，RLEACH协议和SRPC协议都可有效抵御恶意节点的HELLO洪泛攻击、Sybil攻击和选择性转发攻击，由于SRPC协议在节点间还进行了身份认证，网络抗攻击能力较RLEACH协议有所提升。

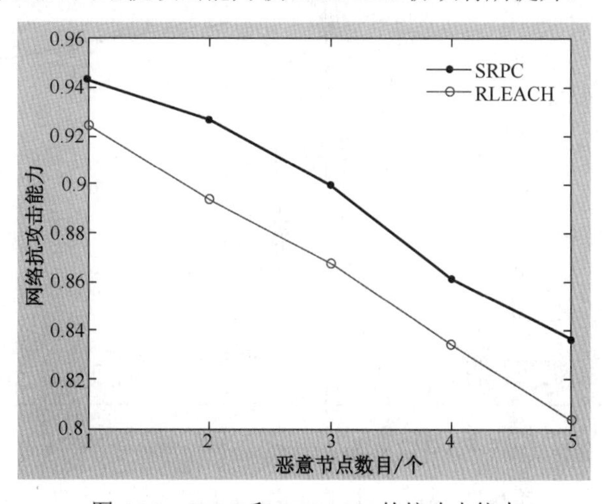

图6.24　SRPC和RLEACH的抗攻击能力

网络服务生存性是完成监控和侦察任务、提高生存性能的重要保障，网络遭受HELLO 泛洪攻击或者簇头节点在数据传输阶段损坏将会影响网络的服务生存性。SRPC 协议引入能量因子并将单跳传输和簇间多跳传输相结合，均衡了能量消耗，延长了网络生命周期，降低了节点死亡速率，提高了服务生存性。图 6.25 所示为 P_d=0.5%，恶意节点数分别为 1、2、3、4 和 5 时，网络中存活节点的平均值。对于 SRPC 协议，网络在 12 000.3 s 时第一个节点死亡，网络开始衰老；整个网络在 104 755.8 s 时死亡，节点死亡速率约为 0.001 7 个/s。而对于 RLEACH 协议，网络在 7 560 s 时第一个节点死亡，网络开始衰老；整个网络在 60 416 s 时死亡，节点死亡速率约为 0.003 0 个/s。由此可见，采用 SRPC 协议的网络的生命周期较采用 RLEACH 协议的网络的生命周期提升约 59%，节点死亡速率降低约 43%。

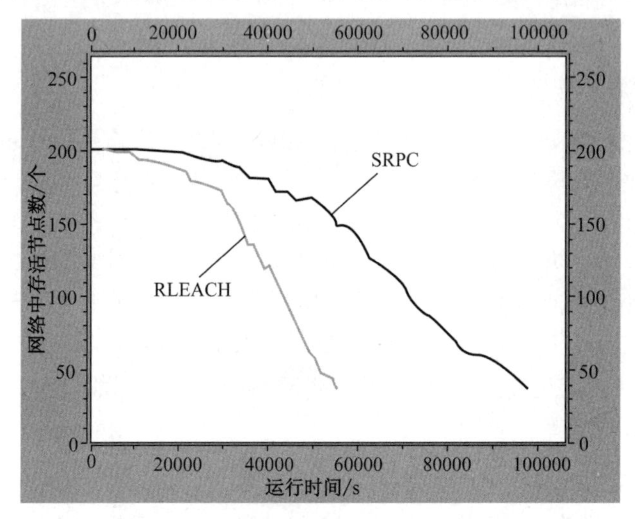

图 6.25　SRPC 和 RLEACH 的服务生存性

当仿真结束时，统计所有簇内节点发送的数据包总量和基站接受的数据包总量，可以计算出数据包投递率。如图 6.26 所示，左侧图显示的是 P_d=0.5%、恶意节点数不同时的 SRPC 协议和 RLEACH 协议的数据包投递率，右侧图显示的是恶意节点数为 2、簇头摧毁率 P_d 不同时的 SRPC 协议和 RLEACH 协议的数据包投递率。

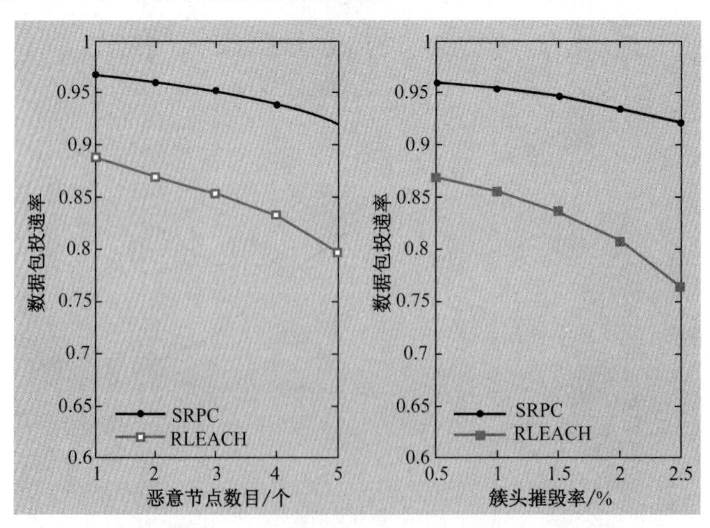

图 6.26　RLEACH 和 SRPC 的数据包投递率

由图 6.26 可以看出，SRPC 协议在网络受攻击和簇头节点受到摧毁时均能较 RLEACH 协议提高数据包投递率，尤其是随着簇头节点摧毁率的增加时，RLEACH 协议的数据包投递率下降较快，而 SRPC 协议的数据包投递率则下降较缓。此时 SRPC 协议具有明显优势，主要是因为 SRPC 协议中引入了备用簇头链，在主簇头受到摧毁或损坏后可以启用备用簇头链来完成监测数据的传输。

仿真结果表明，SRPC 协议可以有效抵御敌方恶意节点的攻击，在均衡能源消耗负载和延长网络寿命的同时可提升数据包投递率，避免了因簇头受到摧毁或损坏而引起关键侦察任务的中断，提高了网络的生存能力。因此今后应在重点考虑无线传感网如何有效防御内部攻击，并综合考虑网络可用资源和应用需求时，通过确定各种网络可生存性指标权重来设计高效、实用的生存性路由协议。

6.10 本章小结

网络生存性是确保网络有效提供通信服务的重要前提之一。对关乎国家安全和人民安危的异构应急通信网络的生存性问题进行系统、深入的研究非常重要。与传统的有线网络和蜂窝无线网络相比，异构应急通信网络的可生存性有着显著不同的特点和要求，在涵盖可靠性、健壮性、可用性、自适应性、安全性和可扩展性等方面，必须根据网络的自身特点、资源状况和应用需求，利用各种可生存性技术来维护网络连接和提供必要的通信服务。

本章从网络可生存性的概念入手，概述了异构应急通信网络生存性问题的提出背景、独特之处、研究现状和面临的挑战，指出了利用最新的技术手段和方法可构建高生存性的异构无线通信网络，探讨了增强网络生存能力的策略、思路、可能采用的方法和技术途径，并针对无线自组网的相关技术手段和提出的生存性网络协议进行了逐一阐述。

今后，除了继续研究网络生存性技术，还应考虑基于适当度量标准对网络的生存能力进行综合评估。生存性评估能够识别网络系统在不同场景下的缺陷和脆弱性，有助于改善系统的可生存性。此外，应急通信网络中的安全问题日益突出，应合理应用当前在网络安全方面取得的最新研究成果，设计将被动防御、主动防御和入侵容忍合为一体的多层次、可扩展的综合安全解决方案。

第7章 应急通信网络的多业务流 QoS 支持技术

应急通信网络是为不同用户群体提供针对性服务的特殊网络，必须能区分不同性质的用户和不同类型的业务流，为不同用户提供各自所需的应急通信服务。为此，本章将对应急通信网络的服务质量（QoS）保障问题进行探讨，并重点讨论无线自组网的多业务流 QoS 支持技术，分析提供 QoS 保障所面临的问题和挑战，比较现有各种 QoS 保障机制的优缺点和应用的可行性，并针对不同的应用场合对其进行适当的改进。

7.1 基本概念和服务要求

7.1.1 QoS 的定义和特征

QoS 定义了一个系统的非功能化特征，通常是指用户对通信系统提供的服务的满意程度。具体而言，QoS 是指网络为用户提供的一组可以测量的预定义的服务参数，包括时延、时延抖动、带宽和分组丢失率等；QoS 也可以看成用户和网络达成的协定。QoS 论坛将 QoS 定义为网络元素（包括应用、主机或路由器等网络设备等）为一致性的网络数据传输所提供的保证级别。QoS 具有大量内涵，不同组织对它的理解也不尽相同。对于应用，通常指用户和应用感知的质量；对于网络，一般指网络提供的服务质量度量。RFC 2386 将 QoS 看作网络在从源节点到目的节点传输分组流时需要满足的一系列服务要求。不同的应用具有不同的 QoS 要求，简单而言，QoS 是指网络需要提供给应用实现正常功能所需的性能级别保证。网络提供特定 QoS 的能力依赖于网络自身及其采用的网络协议的特性。对于传输链路而言，包括链路时延、吞吐量、丢失率和出错率；对于网络节点而言，包括处理能力和内存空间等。此外，运行在网络各层的 QoS 控制算法会影响网络的 QoS 支持能力。网络的目标是在提供 QoS 服务的同时最大化网络资源利用率，为此需要分析应用需求并部署各种 QoS 机制。QoS 特征可以分为基于技术的 QoS 特征和基于用户（应用）的 QoS 特征，如表 7.1 和表 7.2 所示。

表 7.1 基于技术的 QoS 特征

种类	参数	说明
时间	时延	传输一个分组的时间
	时延抖动	传输时间的变化
	响应时间	发送请求到收到响应的往返时间
带宽	系统级速率	可用的带宽（B/s）
	应用级速率	可用的带宽（帧/s）
	传输速率	每秒处理的操作数
可靠性	平均运行时间（MTTF）	正常运行的时间
	平均修复时间（MTTR）	出现故障的时间
	平均故障间隔时间（MTBF）	MTBF=MTTF+MTTR
	可用时间率	MTTF/MTBR
	丢失率或出错率	丢失或没有正确接收的分组率

表 7.2　基于用户（应用）的 QoS 特征

种　类	参　数	说　明
重要性	业务的优先级	根据业务种类或用户级别划分优先级
感知的 QoS	图像质量	包括分辨率、像素等信息
	视频质量	帧速率和帧抖动
	音频质量	抽样速率和量化比特
	视频/音频同步	可用的带宽（帧/s）
成本	用户连接成本	建立连接的花费
	数据单元成本	传输单位数据的花费
安全性	机密性、完整性、认证、不可抵赖性	安全级别由 4 种参数的组合决定

7.1.2　服务需求

与只提供“尽力而为”数据传输能力的传统 IP 网络不同，应急通信网络是为应对突发事件构建的临时性专用网络，不仅要能够灵活、快速地部署和具备健壮的网络生存能力，还必须为特殊的用户群体提供有保障和有区分的应急通信服务。在应急通信环境中，由于通信需求急剧增加而且基础网络设施往往受损，网络服务的通信需求将超过网络提供的服务能力，网络的性能会持续恶化，进而造成分组传输时延过长并变化剧烈（抖动），引起大量分组丢失，甚至造成网络瘫痪。这种情况将对上层各类应用造成严重影响，包括对丢包率敏感的文件传输，以及对传输时延有较高要求的实时多媒体业务和交互式通信业务。

为此，必须采用新的 QoS 参数来有效描述服务性能，并采取有效的应对 QoS 保障措施为不同的用户及业务提供相应服务支持能力。例如，可以使用 QoS 规范来规定应用层的 QoS 要求和管理策略，并指配和维护驻留在端系统和网络中的 QoS 机制。QoS 规范主要面向应用而不面向系统，因此许多低层的问题都应对其透明。也就是说，QoS 规范只是说明应用的要求，而不是通过底层的 QoS 机制获得所需的 QoS 要求。

7.2　相关研究现状

迄今为止，IP 网络的 QoS 问题已得到大量研究，其中最引人注目的成果是 IETF 先后提出的集成服务体系结构（InterServ）和区分服务体系结构（DiffServ）。前者基于资源预留协议（RSVP），可以为实时业务提供确保的服务质量；但是因其可扩展性较差和实现复杂等缺点限制了它在骨干网络中的使用，主要用于小型网络和局域网。区分服务体系结构可以根据不同的服务级别协定（SLA）为各种业务提供一定级别的服务质量，并且由于可扩展性较好和实现简单而被推荐用于骨干核心网络。此外也可以在 Internet 中结合使用集成服务和区分服务，即采用在 WAN 上使用 DiffServ，而在 LAN 上使用 InterServ 的混合模型来提供端到端的 QoS 保证。与此同时，多协议标签交换技术（MPLS）在缓解网络拥塞和保障服务质量方面具有独特的优势，它能够同区分服务模型、集成服务模型及 ATM 网络相结合，用于实施流量工程。虽然这些体系结构和技术并不能从根本上解决 Internet 上各种业务的 QoS 保障，但在很大程度上缓解了这一问题。

随着移动通信的不断发展和多媒体业务的日益普及，在移动网络上提供 QoS 保障的研究逐渐成为一个热点。移动网络可以分为有基础设施支持的移动网络（如蜂窝移动网络）和不依赖基础设施的无线自组网。传统的移动无线网络可以通过基础设施（如基站和中心节点）

进行集中控制和管理，但面临的主要技术难点是如何实现基础设施之间的平滑切换和移动主机的无缝通信问题。对此，研究人员已经进行了大量有意义的研究，并提出了包括小区切换机制和移动 IP 在内的大量的协议和相关技术。目前这个问题的研究目前正朝着更加深入的方向发展（如 B3G 系统中的 QoS 保障问题）。

但是随着信息技术的迅速发展、多媒体应用的开展、网络规模的增大和硬件技术的进步，以及需要与其他网络进行互连，传统的数据业务已逐渐不能满足人们对无线自组网的服务需求。人们希望无线自组网也能可靠地提供综合业务，并且希望能像有线网络或蜂窝网络一样为不同业务提供服务质量保障。此外，不同等级的用户之间需要区分服务优先级，需要在特定场合保障特殊用户的特殊服务需求。当前，在无线自组网中，如何合理、有效地利用无线网络资源，提高数据传输性能，进而为各种业务提供服务质量保障，已成为一个研究热点。

与固定有线网络和传统蜂窝网络不同，对于拓扑经常发生变化、带宽很低、能源和内存非常受限的无线自组网而言，提供 QoS 支持异常复杂和困难。在这类网络中存在大量的背景噪声和干扰，主机可自由移动，无线信道的质量差并且网络带宽很有限。同时移动终端处理能力受限，通常靠电池供电，并且容易遭受敌方的有意破坏和干扰，特别是当网络规模较大时这些问题更加突出。首先，由于没有考虑网络的动态多变性，Internet 上的 QoS 保障机制不能直接应用于无线自组网。因为无线链路的状态随时可能变化，并且因其网络资源匮乏很容易导致网络发生拥塞，同时无线信道质量较差也会造成分组的传输错误率增加。虽然采用冗余编码、增大信号强度和更换路由等方法可以提高无线信道的质量，但是会进一步减少网络的可用资源。其次，IETF 提出的集成服务模型（InterServ）和区分服务模型（DiffServ）虽然是可以较好解决 Internet 中 QoS 保障问题的两种体系结构，但是它们没有考虑无线移动的网络环境。许多有关无线网络中 QoS 保障的研究大多基于单跳的有中心的蜂窝网络模型，因而这些 QoS 体系结构和保障机制也无法直接应用在动态变化的多跳无线自组网和复杂的异构网络环境中。拓扑结构的动态变化也给无线自组网的 QoS 支持带来很大困难，要消除或减轻网络拓扑变化对服务质量的影响需要 MAC 层的相应支持，以及路由协议具有能快速生成新路径的能力。此外，移动节点通常不具备高速网络中骨干节点那样传输大量数据流的能力，并且当传输的数据流具有 QoS 要求时，无线信道的带宽将很快饱和。

在无线传感网中，大量传感节点分布在探测区域，同时各种应用也有不同 QoS 要求。对于涉及事件检测和目标跟踪的应用，可以定义覆盖区域或活动节点数作为 QoS 参数。提供 QoS 支持的关键，是采用一组参数将应用需求映射为网络资源配置并能够测量提供的服务质量。对 WSN 而言，通常可以采用两种 QoS 指配策略。应用策略，由应用对传感节点的部署和数量以及测量准确性提出要求，选用的 QoS 参数包括覆盖范围、测量准确性和优化的节点数量。网络策略，关注底层网络如何投递 QoS 约束的传感数据并高效利用网络资源；这种策略根据数据投递模式来区分不同的应用，关心数据如何被投递以及相应的服务要求。

针对无线传感网的 QoS 保障问题，目前的研究工作大致可以分为 3 类：传统的端到端 QoS 支持方法的应用、可靠性保证机制和应用相关的 QoS 保障方法。顺序分配路由（Seguential Assignment Routing，SAR）是一种用于在 WSN 上提供 QoS 的路由协议。节点选择到接收节点的路径时考虑能量、分组优先级等 QoS 因素，并采用加权 QoS 指标进行性能评估。能量意识的 QoS 路由协议用来寻找最小成本的能量高效的路由，并采用基于类的排队机制来支持尽力而为和实时业务。可靠性保证机制考虑了信道条件和基于应用的网络资源分配。每种数据优先级对应不同的数据投递可靠性，但是它们仍基于端到端的参数，没有采用上述的聚集参数。可靠传输机制（ESRT）是一种期望以最小的能量获得可靠的事件检测和报告的机制，它试图通过拥塞控制来提供可靠性和能量效率；它仅仅依赖传输层，没有考虑其他 QoS 约束。低功耗自适应级簇分层型（LEACH）算法采用一种适用于传感网络的分簇算法来提高资源使用效率。另外，可以通过联合优化 MAC 层调度机制和网络路由来延长节点寿命和改善应用的可靠性。

无线自组网动态变化的拓使得业务数据流经的链路和节点不确定，甚至不存在可用的端到端路径，此时只能采用机会路由机制伺机转发数据。由于无线自组网的复杂性和多变性，许多协议按照可用性和灵活性为原则进行设计，而不过多地考虑效率。这是因为许多优化问题是 NP 完全问题，通常只能寻求次优解，同时高效的算法通常会引入过多的计算和通信开销而限制了它们的应用。无线自组网的 QoS 保障问题可以看成是 3M（Mobile，Multihop，Multimedia）网络的设计问题，即如何在移动多跳无线网络上支持多媒体业务。而现存的许多网络结构和协议都只解决了 3M 中的某个或某两个问题，如 Internet 中的 QoS 保障机制没有考虑移动性问题，移动 IP 和蜂窝网络模型没有考虑多跳情况，而 PRNET 没有解决多媒体业务的传输问题。总之，无线自组网中的服务质量保证是个复杂的系统性问题，应重新考虑对传统协议栈加以改造，并且需要设计和研究新的 QoS 保障机制，从而为不同的用户的多样化业务提供灵活的一定程度的服务质量保证。

7.3 协议栈各层的 QoS 保障机制

在基于无线自组网的应急通信网络中提供服务质量保证意味着需要提供可以接受的信道质量、支持 QoS 的信道接入协议、识别能够满足业务量要求的转发节点，以及在节点实施拥塞控制和管理。本节将从网络协议栈的角度归纳和总结当前无线自组网已经取得的关于 QoS 保障的相关研究结果。

7.3.1 无线信道预测机制

考虑到无线链路的动态变化特性，无线自组网迫切需要一种能够准确预测无线信道质量的机制：当质量较差时，延迟分组的发送并相应地标记流的状态以便随后进行补偿；如果信道质量较好就发送分组。信道预测器可以避免在信道质量较差的情况下向接收节点重复发送分组，这既可提高信道吞吐量，也可节省能源，对于资源受限的无线自组网很有意义。蜂窝网络可通过基站随时了解信道的状况，但这不适用于无线自组网。因为尽管采用链路确认机制可以提高分组传输的可靠性，但会造成大量分组的重发，浪费稀少的带宽和能量。

一种简单的信道预测机制采用基于 RTS-CTS 握手的方法：发送方首先发送一个 RTS 分组到目的节点，如果能够正确收到 CTS，则认为信道质量较好，否则认为信道质量较差。无线自组网的 MAC 协议通常使用 RTS-CTS 来解决隐终端问题，即使握手失败是由于信道质量较差引起的，发送节点也会误认为是由于隐终端冲突造成的，而会重新发起握手过程。因此这种信道预测机制只适用于采用点协调方式（Point Coordination Function，PCF）的 IEEE 802.11 协议。在这种情况下，节点没有必要使用握手机制来防止冲突，收到任何错误的分组都意味着信道质量较差。但是由于没有基础设施，通常无线自组网不采用 IEEE 802.11 PCF 模式进行工作。为此可以考虑采用以下几种方法加以解决。一是借助于分簇网络结构，在簇内由簇头充当接入点（AP），对簇内信道进行预测，而簇间可以采用不同的码字来避免隐终端问题。二是采用不以 RTS-CTS 握手机制来解决隐终端的 MAC 协议，如 MACA/PR 协议，它使用预约表来解决隐终端问题。另外，对于接收者发起的 MAC 协议也可以采用这种握手机制来探测信道。三是借助于双信道或多信道机制，在控制信道使用 RTS-CTS 握手机制来消除隐终端，同时在数据信道使用 RTS-CTS 来探测信道。这里控制信道采用纠错机制，并且控制信号很短，可以认为控制信号不会由于信道质量较差而丢失。如果在控制信道和数据信道上都收到 CTS，说明没有发生隐终端，信道质量也较好；如果在控制信道上收到 CTS，而在数据信道上没有收到 CTS，说明信道质量较差；如果在控制信道和数据信道上都没有收到 CTS，说明存在隐终端并且信道质量较差。需要注意的是，控制信道上没有收到 CTS 而在数据信道上收到 CTS 的情况在假设条件下通常不会发生，控制信道 CTS 的丢失意味着存在隐终端，因此在数据信道上也就不可能收到 CTS。当然，这种假设只适用于控制信道的质量不是很差的情况。

对于那些信道质量较差的移动节点，基于 RTS-CTS 的信道探测机制可以提高系统的吞吐量，减少拥塞。但是该机制也会引入少量协议开销，不宜用在信道质量较好的情况下。为此，当节点观察到信道处于好状态一段时间（具体值可根据具体的环境通过反复测量来确定）后应关闭探测机制，只有当观察到预定数量的分组传输出错时才重新启动信道预测机制。上述信道探测机制简单地使用好坏两个状态来描述信道的状态，而一种更为精确的方法是通过统计信道预测的结果来刻画信道的 BER（误比特率），以此确定无线信道模型中应有的状态数。然后根据信道的状态为各节点分配不同的调度优先级（与信道相关的调度），并且动态地调整分组纠错机制。信道状态越好，调度优先级越高，并且采用的纠错机制越简单。

7.3.2 支持 QoS 的 MAC 协议

MAC 子层处于网络协议栈的底层，是所有数据报文和控制消息在无线信道上发送/接收的直接控制者，它能否高效地使用无线信道是上层各种协议和机制所提供的 QoS 能否得到最终保障的一个关键因素。现有的许多无线自组网 MAC 协议均较好地解决了信道争用、隐终端、暴露终端、入侵终端及提高系统吞吐量的问题，但是大都不能为实时业务提供资源预约和 QoS 保障。它们一般使用 RTS-CTS 握手机制来解决隐终端和暴露终端，同时使用 PKT-ACK 来保证可靠的数据传输。但是握手机制和载波监听增加了系统开销和能量耗费，因为节点需要接收所有的消息来检测是否收到 CTS 消息。这些 MAC 协议解决分组冲突的方法一般是延时重发，延时策略可以采用二进制指数退避算法（BEB）和乘法增加线性减小算法（MILD）等；但是延迟重发策略不能为实时业务提供 QoS 保证，节点退避时间过长会使得数据变得无效。此外，如果节点长时间无法获得信道，将会使缓存溢出而丢失分组。为此需要设计 QoS MAC 协议来高效地调度分组和使用带宽，同时应能够及时地对网络拓扑变化做出响应。

支持 QoS 的 MAC 协议需要综合固定分配、随机竞争和动态调度 3 种信道接入机制，以便达到优化网络资源和提供服务质量支持的目的。通常而言，对于承载面向连接业务的网络，倾向于采用基于预约的信道接入机制，包括固定分配和动态调度。随机接入协议适用于网络中具有大量突发业务的用户。对于连续业务流，随机接入协议性能较差，因为许多传输都会发生冲突，并且不能提供严格的时延保证。固定分配接入机制可以为用户提供一定的 QoS 保障，但是当用户数较少时信道利用率较低，在用户数较多时信道接入时延则较长。而调度机制能够以一种更加系统的方式为用户分配信道。调度机制应保证每个节点在相应的信道上无冲突地传输分组，同时尽可能高效地使用资源。

无线自组网中支持 QoS 的 MAC 协议的目标，是使共享媒体的各个节点能在尽量不影响其他节点的前提下实现自身的 QoS 要求。假如节点可以广播其带宽要求，那么所有节点都将知道邻居节点的带宽要求，从而可以实现一种在邻居节点间分配信道接入时间的分布式协议。此外，可以赋予实时业务更高的优先级，实时业务可以不经过排队就进行转发，从而大大减少实时业务的时延；视频要求比语音业务更多的带宽，可以通过连续预约更多的时间段来解决；还可以赋予不同的节点不同的接入优先级，如指挥员的优先级应高于人员，以确保命令及时下达。

7.3.3 QoS 路由

1. 基本概念

简而言之，QoS 路由用于查找满足 QoS 要求的路径。QoS 要求可以是一维参数，也可以是多维参数，相应的 QoS 路由被称为单维或多维 QoS 路由。相关文献已经证明，当路由选择的约束条件包含两个或两个以上的可加性参数或者包括可加性参数和/或可乘性参数的组合时，这种 QoS 路由的选择是 NP 完全问题。在这种情况下，需要采用启发式算法来寻求次优化解。QoS 路由协议在节能路由协议的基础上，还应满足：健壮性，应能适应网络状态变化，如网络带宽、时延及队列长度的变化等，在网络出现异常，如硬件故障、高负载、通信信道变化等，算法仍能发挥作用；快速收敛性，收敛是指节点计算出最佳路由的过程，收敛过慢会增加传输时延，甚至产生路由循环；灵活性，当前路径失效时，能及时计算出或选择出其他路径进行传输。

2. 无线自组网中实施 QoS 路由的难点与策略

除了计算上的复杂性，QoS 路由还与具体的网络环境密切相关。例如，固定高速有线网中 QoS 路由的实现相对容易。但在无线自组网中，网络拓扑经常变化，不同节点对网络很可能有不同的认识：在时间上，有些节点的信息可能过时；在空间上，节点通常只了解周围部分网络的状态。QoS 路由需要获悉大量链路状态信息来计算可行路径并且维护已得到的路由资源，但是无线自组网中带宽和节点能量受限，QoS 路由的发现和维护非常困难且开销较高，因此可扩展性较差。

在基础设施网络中，QoS 路由的研究已取得了长足进展。但是在无线自组中，当网络拓扑变化太快时，正常的路由都难以维护，更谈不上实施 QoS 路由。因此，应根据实际网络情况来决定是否采用 QoS 路由，即只有当它带来的好处大于实现它所付出的代价时才予以考虑。如果网络拓扑变化较慢，使得在一定的时间间隔内网络拓扑改变的状态信息能够得到及时更新，则称该网络是稳定的。现有的大多数 QoS 路由算法都是以网络是稳定这一假设为前提的，并且基本上都只考虑单播 QoS 路由。多播 QoS 路由的实现更加复杂，需要支持多播组成员的动态加入和离开，并且还要考虑接收者的异质性。

3. QoS 路由算法的分类比较

按照如何维护状态信息和如何执行可行路径的搜索，QoS 路由算法可以分为：集中式、分布式、洪泛搜索和分级路由。在集中式路由中，节点需要维护全局的网络状态信息，源端根据这些状态信息来集中地计算路由并通知该路径上的其他节点如何转发分组；在分布式路由中，各个节点交换控制消息来查找一条满足 QoS 要求的路径，节点只需知道到目的节点的下一跳节点；在洪泛搜索路由中，源节点通过发送探测分组来获得可行路径；在分级路由算法中，节点被划分成一些逻辑组，每个组的路由信息汇聚在边界节点，每个节点需要知道本组中其他节点的信息及其他组的汇聚信息，类似于基于簇的路由算法。在簇内，节点可基于可用的信道情况来选择下一跳路由，并将路由信息上报所在的簇头，然后通过簇头和网关构成的无线干线网分发到各个簇。

集中式路由算法简单，不会形成环路，但是开销较大，可靠性和可扩展性差，不适用于无线自组网络。在分布式路由中，各节点只需维护本地状态，开销相对较少，但是计算得到的路由通常不是最优的，并且可能存在环路。洪泛搜索路由的健壮性较好，但是开销也较大。分级路由的可扩展性好，适用于大型网络，但是路由信息不够准确，从而影响路由算法的性能。对于规模较小的无线自组网，通常应采用分布式路由，也可以采用基于洪泛搜索的 QoS 路由；而对于规模较大的网络可以考虑采用基于簇的分级 QoS 路由。分簇路由可以较容易地对流量或资源占用情况进行监视，并且许多基于簇的分级路由协议（如 HSR）是以链路状态来决定路由的，从而可以方便 QoS 路由的实现，因为链路状态稍加修改就可以反映带宽等 QoS 参数的变化。此外，可以考虑在簇内和簇间采用不同的 QoS 路由算法，即使用一种组合 QoS 路由算法。

在无线自组网中可以对现有路由协议进行改造，使其能够提供 QoS 支持。支持 QoS 的 AODV 和 DSDV 路由就是对原始的 AODV 和 DSDV 路由算法进行了扩展，使它们能够计算满足带宽或时延要求的 QoS 路由。这类 QoS 路由算法的实现复杂度较低，但是它们只适用于规模较小且移动性较低的网络，并且不支持单向信道。链路状态 QoS 路由协议（LS_QoS）对传统的链路状态路由协议进行了扩展，以分组平均错误率和生存时间作为路由指标，可以寻找信号接收质量和信道稳定性均较好的路由。FSR 路由利用了鱼眼睛的特点，即节点的距离越近，它们交换的路由信息越多；反之，交换的路由信息越少。FSR 协议开销较小，具有较好可扩展性，特别是在移动性较强并且带宽有限的情况下。

STAR（System and Traffic Dependent Adaptive Routing）协议考虑了无线链路的带宽和排队时延等因素，它采用路径平均时延作为路由计算指标，并尽量将流量平均地分配给所有可用路径，以减小网络拥塞。但是，上述 QoS 路由算法都没有考虑节点的能量约束，这在很多时候不能满足系统的能量效率要求，并会影响网络的整体性能。能量约束的 QoS 路由非常复杂。减少路由信息交换可以节省节点的能量，但是得到的路由可能不是能量高效的；采用流量分离的方法可以改善节点能量耗费的公平性，但是得到的路由不一定是资源高效的。因此，能量约束路由需要在 QoS 要求、电池寿命和路由效率之间进行折中，其目标是在能量约束下最大化通信性能或以最小的能量耗费来满足预定的通信性能。

SPEED 协议在一定程度上实现了端到端的传输速率保证、网络拥塞控制以及负载平衡。SPEED 协议首先交换节点的传输延迟，以得到网络负载情况；然后节点利用局部地理位置信息和传输速率信息做出路由决定，同时通过邻居反馈机制（一种补偿机制）保证网络传输速率在一个全局定义的传输速率阈值之上。此外，节点还通过反向压力路由变更机制避开开销过大的链路和路由空洞。

SAR 协议是 WSN 中第一个可保证 QoS 的路由协议。它创建多棵树，每棵树的树根都是汇聚节点的一跳邻居。在算法的初始阶段，数从根节点开始，不断吸收新的节点加入。在树的延伸过程中，将避开那些 QoS 不好及能量已经消耗较多的节点。初始阶段结束后，大多数节点都加入了某个树，各节点只需要知道自己的上一跳邻居便可以转发报文。在网络工作过程中，一些树可能由于中间节点能量耗尽而断开，也可能有新的节点加入网络而使网络拓扑结构发生变化。所以汇聚节点将周期性地发起“重建路径”的命令，以保证网络的连通性和服务质量。

7.3.4 无线自组网的传输层协议

1．面临的问题

传输层向应用层提供可靠的数据传输，并根据网络层的特性来高效利用网络资源。传输层协议对于保障应用的服务质量起着重要作用，特别当无线自组网与 Internet 互连互通时。传统有线网络中的传输层协议不能区分拥塞、传输错误及路由失效引起的分组丢失，不适合用于无线自组网。因特网中的传输层协议包括传输控制协议（TCP）和用户数据报协议（UDP）。UDP 是无连接协议，协议开销较小，不能保证分组可靠、按序到达目的节点，适用于能够容忍部分分组丢失并对时延有较高要求的业务。在无线自组网中，常常使用基于 UDP 的 CBR 业务流来测试协议的时延、丢失率等性能。TCP 是面向连接的，可以保证分组可靠、按序的到达，具有流量控制和拥塞控制机制，但实现复杂，开销大。无线自组网要与 Internet 实现无缝连接和协议兼容性，其传输层协议也应使用 TCP。

TCP 拥塞控制算法依赖于分组的丢失和网络的拥塞程度，它一般使用隐含的反馈机制，如超时重传和连续重复的 ACK 来检测分组丢失；然后通过减少拥塞窗口来发起拥塞避免，并且当发生超时后使用指数退避算法来确定重传的超时值。在无线自组网中，节点的移动、故障及链路的失效会引起网络拓扑的变化并可能导致重路由，此外，无线信道的传输错误率较高并且随时间动态变化。这些都会引起分组的突然丢失和额外的时延，而为传统固定网络设计的 TCP 并没有考虑无线自组网的动态多跳特性。TCP 是基于链路的传输出错率非常低并且链路是准静态链路这一假设而设计的，因此它无法区分网络拥塞、路由失效和链路错误造成的分组丢失，而是将分组的丢失无一例外地看成网络拥塞的结果，从而启动拥塞控制过程：超时重传未确认的分组，重传定时器指数退避，并且减少窗口大小，甚至进入慢启动阶段。然而，以下这些都不是无线自组网所希望的：当路由失效时，重传的分组不能到达目的节点，而且浪费了节点的能源和链路带宽；当路由恢复时，由于慢启动机制，吞吐量仍会很低。也就是说，传统的 TCP 协议在无线自组网中常常会引起不必要的重传和吞吐量的下降，为此必须对其进行改进以适应无线自组网环境。

2．无线自组网中 TCP 协议的改进

为了提高 TCP 在无线环境下的性能，目前已提出了多种解决方案。其中，一种比较典型的机制是采用分割连接（Split-connection）的方案。该方案将移动主机与固定主机之间的 TCP 连接分割成两个独立的部分：移动主机与基站之间的无线连接及基站与固定主机之间的有线连接。将无线链路的流量和拥塞控制与固定网络相分离，有助于提高 TCP 的性能。然而分割连接方案违反了端到端的设计原则，因为在数据包到达最终目标之前，发送端就可能收到数据包的确认。同时，这种方案要求基站记录中间状态。另一种方法是采用 snoop 代理机制。snoop 代理对发送给移动主机的 TCP 数据包进行缓存，在重复确认信号和定时器溢出表明数据包丢失时，进行本地重传。然而，当 snoop 代理重传丢失的数据时，发送端可能发生定时器溢出并启动拥塞控制。

传统无线网络中的 TCP 协议大都假设无线链路是单跳链路，并且没有考虑因节点移动引起的链路失效或重路由。为此，需要对其进行适当改造以便用于无线自组网。一种最直观的方

法是使用显式反馈机制来通知链路故障或因路由失效引起的分组丢失。借助于显式链路故障通知机制（ELFN），TCP 能够较准确地获得网络的实际状况，从而做出合适的动作以改善协议的性能。在无线自组网中，由无线链路引起的分组丢失比较频繁，但是可以通过使用可靠的链路层协议来减轻这种影响。更加严重的问题是经常发生并且无法预测的路由失效，即在路由恢复或重建时间内，分组无法到达目的节点，从而引起分组排队或丢失。为此，TCP-F 协议采用显式反馈机制来通知路由失效事件，从而使源端暂时关闭定时器并停止发送分组。当路由恢复后，再通过路由建立消息通知源端，然后源端重新启动定时器并发送分组。显式反馈机制可以抑制拥塞控制机制并立即以网络能够支持的速率恢复发送分组，从而可以在很大程度上提高无线自组网中 TCP 的吞吐量。但是 TCP-F 的性能依赖于路由节点检测路由失效、重建路由和立即发送反馈的能力，并且中间节点需要记录源节点 ID。TCP-BUS 协议结合了反馈和节点的缓存机制以及低层路由协议来提高 TCP 协议在无线自组网中的性能，它使用反馈消息来通知路由失效和成功重建事件。每个节点在路由失效和重建期间缓存分组，并且通过被动确认来保证控制消息的可靠传输。此外，源节点可以周期性地发送探测分组来查询故障点是否找到可行路由。但是这种方法的开销较大，并且协议性能与探测间隔相关。TCP-BUS 相比于 TCP-F 有以下好处：由于采用分组缓存机制，可以减少分组的重传；通过加倍定时器的方法可减少超时情况的出现；通过选择性重传机制可减少拥塞对 TCP 吞吐量的影响。

采用上述机制，无线自组网中的 TCP 性能可以在很大程度上得到改善。但是应尽量少地改动 TCP 协议，并且希望最终可以形成一个被业界接受的普遍适用的原则和机制。此外，还可以考虑采用新的传输层协议来增强无线自组网中数据传输的性能。例如，当前 Internet 中已出现了用于支持多媒体业务传输的具有自适应特性的 RTP 协议和对 TCP 协议进行改进的智能型传输层协议——流控制传输协议（SCTP）。

7.3.5 应用层自适应机制

应用层在服务提供商那里扮演着重要的角色，它直接与用户交互，可以调节应用对网络的要求和提高用户感知的服务质量。目前，很多业务不能利用网络状况信息来适应动态的无线自组网环境，当网络过载、信道质量较差和节点移动性过强时业务质量将急剧下降。在这种多变的网络中，应用的服务质量级别很难保持稳定，因此应用必须能够根据网络的状况做出适当调整。无线自组网中自适应应用的设计目标之一是，在给定的信息传输量的情况下最优化重构的应用质量，或者以尽量少的传输比特获得预定的应用质量。

此外，为了在应用层支持多媒体业务，应用需要与网络协商资源的分配，并且通过自适应压缩和编码机制来适应网络环境的变化。这种自适应性要求应用可以按照不同的服务质量级别来承载多媒体信息，并且提高应用的自适应机制不应引入过多的控制开销。在无线自组网中传输多媒体业务时，可以基于应用的种类、信道的条件和允许的网络开销来调节不同数据的保护程度，以提高应用感知的服务质量。例如，用于 MPEG 视频压缩流的不平等错误保护机制对视频流中重要性较高的字段予以较多的保护，确保重要的信息比特有较少的错误，从而可以提供比相等保护机制更好的感知质量。此外可以根据信道状态在源编码和信道编码的控制开销上进行折中。当信道条件较好时，可以花费更多的控制比特用于源编码以获得较好的质量；反之，将更多的控制比特用于信道编码来降低 BER。

网络状况的量化，需要定义可以充分描述网络提供 QoS 能力的各种指标，因为应用的自适应决定需要基于这些指标值进行。网络监视是指对分组丢失率、时延和时延抖动进行测量，即沿着给定的路径进行周期性抽样测量，并使用过去和当前的测量值来预测将来的情况。由于 QoS 指标的测量通常在接收端进行，因此减少反馈信息的时延也非常重要。需要指出的是，最需要获得 QoS 信息的时刻往往是网络状况较差的时候，此时反馈信息的时延较长并且容易丢失。无线自组网中的自适应应用体系结构不仅要考虑拥塞造成的分组丢失，还需考虑信道质量变化和节点移动造成的影响。一种支持音频业务的自适应应用体系结构如图 7.1 所示。图中，音频服务器通过 UDP 向客户端发送语音分组，因为音频业务对分组传输时延有较苛刻的要求，而能容忍一定的分组丢失。客户端接收音频分组进行缓存后实时播放。客户端监视网络状况并通过 TCP 周期性地向服务器端反馈 QoS 信息，然后服务器基于自适应策略动态地改变抽样速率和分组尺寸来适应网络环境的变化。自适应应用体系结构紧密联系网络层和应用层的功能，并利用网络提供的 QoS 信息来适应网络行为的变化。

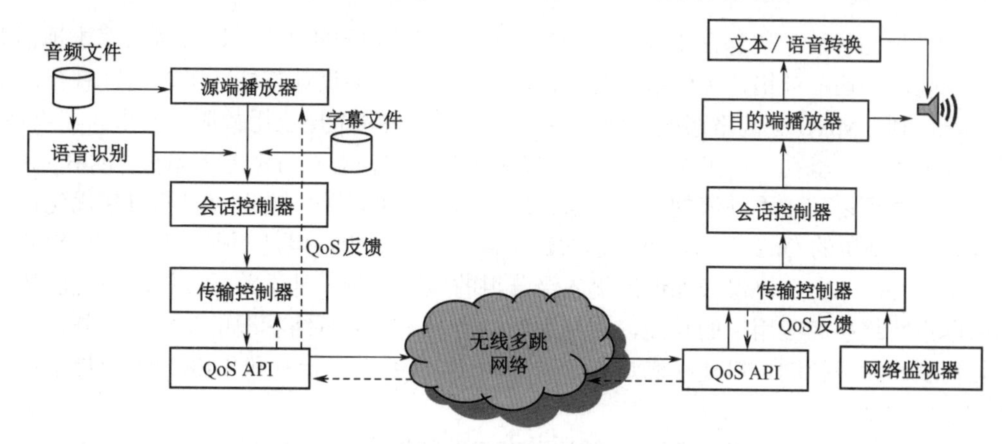

图 7.1　一种支持音频业务的自适应应用体系结构

7.4　无线自组网的跨层 QoS 体系结构

目前的 QoS 保障机制通常只针对特定的网络场景和单一的协议层次，没有认识到上层应用的服务质量保障实则涉及协议栈多个层次，网络体系结构缺乏整体性考虑。为此，本节引入跨层设计理念来设计适用于无线自组网的跨层 QoS 体系结构，重点考虑如何有效协调 MAC 层、网络层和应用层来更好支持业务的 QoS 需求。

7.4.1　背景需求和设计理念

如前所述，无线自组网无线信道的时变特性、共享的无线链路特点以及节点的移动性，使得在其中提供 QoS 保证更加复杂和困难，这体现在协议栈的各个层次上：物理层要适应无线信道的时变特性；MAC 层要尽量减少冲突、保障公平接入，并且在存在隐终端和暴露终端的情况下能够基本可靠地传送数据；网络层要在带宽有限并且不断变化的信道上高效地传递路由信息；传输层要考虑无线信道的高比特错误率和路由变化特性；应用层要处理连接的时断时续、较大的时延和分组丢失等情况。由此可见，无线自组网的 QoS 保障涵盖协议栈所有层次，物理层的传输功率、链路层调度及网络层路由都会影响业务的服务性能。目前，在协议栈各层次都提出了一些支持 QoS 的机制，如在物理层实施传输功率控制，MAC 层执行服务区分的传输调度，网络层采用 QoS 路由，应用层利用错误容忍编码来优化业务性能。但是，无线自组网的 QoS 保障问题至今仍没有一个令人满意的解决方案，一个重要原因在于，各个层次独立采取措施与优化并不是解决 QoS 问题的理想方法。现有的这些 QoS 保障机制往往是孤立的，没有考虑彼此的联系，效率不高，并且它们的目标可能相互冲突。另外，无线自组网不同于传统的有线互联网，前者的瓶颈是链路带宽，希望通过加强移动节点内各层之间垂直方向上的联系来减少节点间水平方向链路的数据传输。这意味着传统的分层设计方法不利于优化无线自组网的整体性能，而应采用基于跨层设计方法的 QoS 保障体系，统筹考虑协议栈各层协议的交互和耦合特性，通过加强层间信息交互和联系来联合优化各层的 QoS 保障机制，以适应无线自组网的动态特性，为用户提供满意的服务性能。

7.4.2 实施跨层 QoS 保障的策略和方法

1．设计策略

跨层设计与优化的优势在于通过层间交互和协调，不同的层次可以及时共享本地信息，从而减少处理和通信开销，优化系统的整体性能。基于跨层设计方法，可以通过联合优化物理层功率控制、MAC 层链路调度和网络层路由选择来保障上层应用的服务要求。在物理层，可以调整节点的传输功率；在 MAC 层，可以利用物理层信息执行动态容量分配；在网络层，拥塞意识路由可以确定不同流的资源分配；在应用层，可以采用错误容忍编码来优化传输性能。例如，网络层的 QoS 机制可以区别对待不同类别的分组，但是不保证及时访问链路，因此需要结合 QoS MAC 协议来保证高优先级分组的服务质量。基于跨层设计的自适应传输机制紧密联系网络层和应用层的功能，并利用网络信息来适应网络状况的变化。另外，可以联合执行调度和功率控制，以便在满足会话端到端 QoS 要求（带宽和 BER）的前提下最小化网络的总传输功率。

为无线自组网提供 QoS 保障必须解决动态链路特性和资源竞争问题，应用必须能够适应不可预测的网络环境并且应该监视当前传递的业务流量，以决定当前的资源要求。在跨层设计思想的指导下，协议栈各层可以进行跨层自适应调节来优化业务的性能：应用层需要跟踪分组丢失并相应调整源速率，并应采用前向纠错（FEC）和针对不同分组的不平等错误保护机制；传输层可以使用资源预留、允许控制及重传机制，以支持端到端的 QoS 保障；网络层可以采用移动管理技术，并应根据当前链路、网络环境和业务特性选择合适的路由；链路层可以根据拓扑动态变化程度、应用对带宽和时延的需求选择合适的信道接入协议，并可以通过功率控制提供健壮的链路；物理层可以按照信道条件和应用需求自适应地选择调制和编码技术，以补偿干扰和多径衰落引起的信噪比变化并可以提高信道利用率。总之，跨层 QoS 保障机制可通过不同的组合，调节发送功率、数据速率、重传定时器、帧长度、编码和调制，以适应网络状况的变化，并可以通过区分数据优先级来尽量满足高优先级业务的 QoS 要求。

2．相关设计方法

（1）支持多媒体业务的跨层设计方法。

在无线自组网中，应用可以根据网络条件动态选择编码方式和压缩机制，从而提高网络资源的使用效率和优化应用的服务质量。视频应用可以采用分层传输模式，即视频信息被编码为基层和增强层，前者提供最基本的定时和必要的图像信息，而后者用来提供更好的服务质量；当可用带宽不足时，可以优先丢弃增强层分组以获得基本的服务质量保证。一种支持时延敏感的多媒体业务流的跨层设计框架如图 7.2 所示，通过联合优化物理层功率控制、MAC 层链路调度和网络层流分配来最小化视频分组经历的时延。该跨层框架可以合理地为业务流分配容量，倾向于使用能量最为高效的路由；而分层机制基于节点间的距离来建立网络连接，将一部分资源分配给并不支持流量传输的链路而浪费了资源。

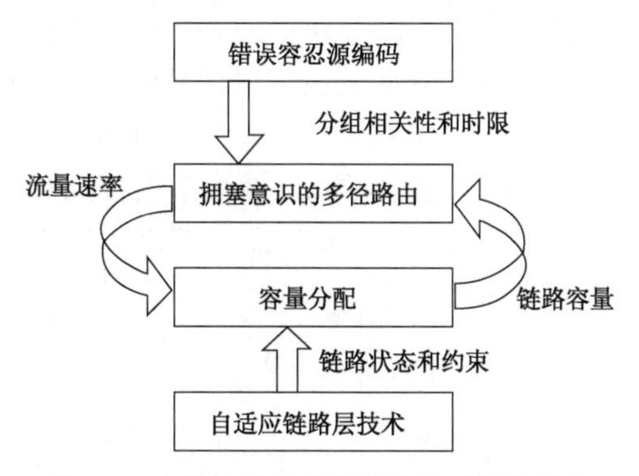

图 7.2　支持多媒体业务流的跨层设计框架

（2）中间件方法。

无线自组网的状况经常发生变化，并且多个应用需要共享和竞争可用的系统资源，因此这些应用需要动态地调整各自的资源需求。为了优化应用层感知的 QoS，可以设计一种中间适配层框架来适应下层网络和端系统资源的动态变化。这种中间适配层实际上是一种中间件（上层应用和下层网络之间的一个逻辑层），它能够方便上下层之间的交互，使上层及时获得底层的反馈信息并使下层能够准确理解上层数据的语义和贯彻上层的决策，从而提高系统的整体性能和应用感知的服务质量。其目标有两个：一是提供具有 QoS 保障的传输层机制并且能够对不同的业务流采用不同的调度策略；二是通过使用一个控制模型，网络能够向应用层提供相关的 QoS 信息以优化应用层的业务性能。一种简单的中间适配层框架由一个传输控制器和应用控制器构成，如图 7.3 所示。前者用于实现一个可靠的传输层并向网络层提供反馈信息，同时可以通过一个分组调度器来适应多种业务流对 QoS 的要求。应用控制器被用来优化应用层的 QoS 性能，提供相应的 QoS 信息来重新指配应用层的通信行为。在这一框架中，应用层的自适应机制往往不能维持某些全局特性（如公平性），并且操作系统的资源管理机制也无法了解应用层数据的语义。为此可以采用中间件 QoS 适配器，它可以通过动态控制和重新指配多媒体业务的相应参数和特性来提高 QoS 自适应机制的效率和准确程度。QoS 适配器主要在两个方面起作用：系统级（如操作系统和网络协议）和应用级。前者主要强调全局参数，如公平性和资源利用率；后者更加重视与应用层相关的语义，如视频流的帧速率和视频跟踪的准确度等。

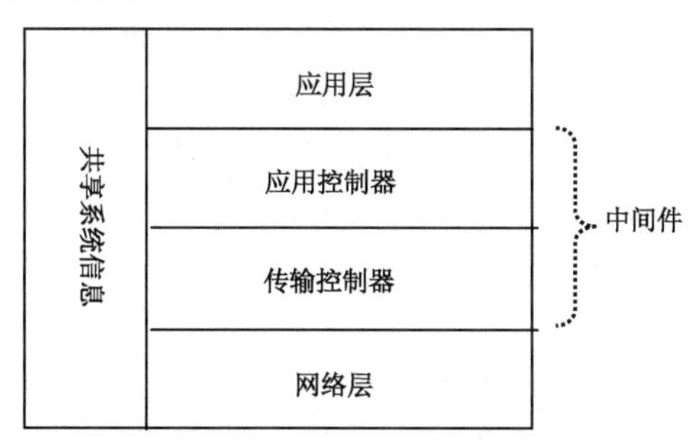

图 7.3　QoS 中间适配层框架

（3）综合多时间粒度自适应机制的跨层 QoS 保障方法。

无线自组网的动态特性是由于在不同时间粒度上起作用的多种因素共同造成的。例如，接收信号强度的变化以纳秒或微妙计算，衰落和可用带宽的变化以毫秒或秒计量，而拓扑的变化以秒或分计算。使用调制、编码、FEC、自动重传请求（ARQ）和交织技术可以在分组传输级上较好地解决无线信道引起的损伤。但是当信道质量持续很差时，则无法确定哪种机制最为合适，并且上述机制可能都无法应付这种情况。为此，可以采用融合操作在不同时间粒度上的自适应跨层 QoS 保障机制。这种跨层 QoS 保障机制是专为异构网络设计的，图 7.4（a）和图 7.4（b）分别给出了可能的网络结构模型和网关节点模型。

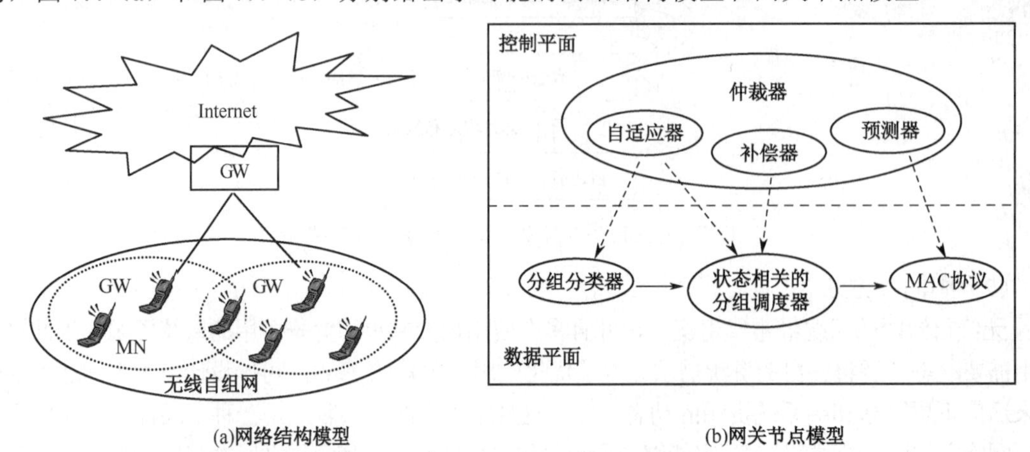

图 7.4　网络结构模型和网关节点模型

图 7.4（a）中使用网关（GW）连接无线接入网络和 Internet。如果无线接入网络为蜂窝网络，则由基站充当 GW；否则，如果为无线自组网，则应选择某些特定的双宿主机来充当 GW。在图 7.4（b）中，网关节点模型包含一个数据平面和一个控制平面。前者由分组分类器、状态相关的分组调度器和 MAC 协议构成，后者包含一系列 QoS 机制来支持数据平面的缓存、分组处理和转发能力。一个仲裁器在预测器、补偿器和自适应器间协调和传输状态信息。在分组传输之前，仲裁器可以调用预测器来测试无线链路的状态。基于信道的状态，仲裁器可以决定立即发送分组或者暂时缓存分组，同时调用补偿器记录该流状态以便下次进行适当的补偿。当流的缓存占用量到达门限时，仲裁器启动自适应器丢弃部分低优先级的分组。

7.4.3　基于跨层设计的 QoS 体系结构

无线自组网本身有一个可以提供的 QoS 的限度，建立无线自组网 QoS 模型时必须认识到应用可以得到的 QoS 依赖于网络的质量。针对 Internet 提出的集成服务模型（InterServ）和区分服务模型（DiffServ）均不适合无线自组网，因为这些模型依赖于精确的链路状态和拓扑信息，而无线信道由于其时变特性很难维护精确的链路状态和拓扑信息。无线自组网的跨层 QoS 体系结构应该具有某种灵活性，需要考虑如何对上层应用、MAC 层机制和网络层协议进行联合设计与优化。MAC 层的研究重点是如何利用与信道状况相关的媒体访问控制方法来满足 QoS 要求并提高信道利用率，基于 CDMA/TDMA 的无冲突 MAC 算法很适合满足应用的 QoS 要求。网络层的研究重点是在审视已有的路由协议的基础上，利用跨层设计的思想设计新的路由选择算法，根据用户要求和目前的链路状况、网络拥塞情况和信号强度等因素来建立和维护路由。QoS 保障的目标是向用户提供可接受的服务质量。为此，应用必须明确地表达 QoS 要求，并且网络必须明确地表示 QoS 测度。协议栈各层均有各自的优化指标。例如，物理层采用 BER 和 SNR，MAC 层关心节点的吞吐率和信道接入效率，而网络层关注路由时延和带宽。跨层 QoS 模型需要确定合适的衡量指标。不同的应用和会话具有不同的带宽、时延和 BER 要求，可以基于最小传输带宽和最大可容忍 BER 来确定 QoS 指标。

跨层 QoS 体系结构（Cross Layer QoS Architecture）应将不同协议层（主要是应用层、网络层和 MAC 层）上的指标区分开来并分别进行匹配，如图 7.5 所示。其主要的思想依据是：应用的 QoS 需求依赖于网络的质量，而后者主要表现为网络资源的可用性和这些资源的稳定性。在应用层，将 QoS 需求划分为不同的 QoS 优先级类别，这些类别具有相应的应用层指标（Application Layer Metric，ALM）。例如，将应用的 QoS 需求分为 3 个 QoS 类别：Class1、Class2 和 Class3。Class1 对应具有较严时延限制的业务（如语音），匹配到 ALM 的时延指标；Class2 对应有较高吞吐量要求的业务（如视频），类似地，将这个类别匹配到 ALM 的吞吐量指标；Class3 没有特定的限制，匹配到 ALM 的尽力而为业务。

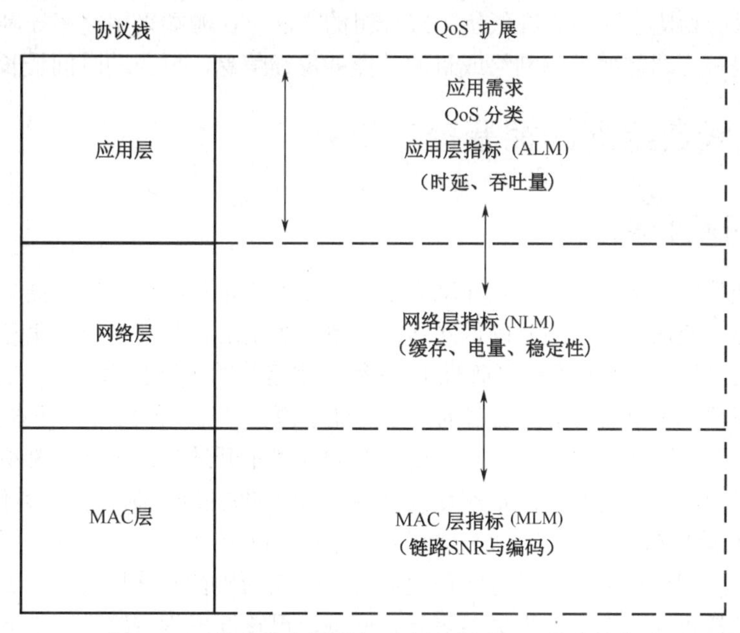

图 7.5　一种支持应用服务区分的跨层 QoS 体协结构

将应用层指标映射到网络层指标，并根据应用的需求选择路径。在网络层使用路由跳数、节点的功率状态、缓存状态和稳定状态来描述网络质量，称这些为网络层指标（Network Layer Metric，NLM）。功率级别表示节点上随时间变化的可用电池量；缓存状态表示可用的未分配的缓存；稳定状态表示节点相对于其邻节点的随时间变化的连接特性。为了计算路径的质量，要使用这些指标的凹性、加性或乘法函数。节点的网络层指标（如剩余电池量）能够显示该节点是否需强置为终端模式，在这种模式下，它只能发送/接收数据而不再为其他节点转发数据。在 MAC 层，可以采用链路的 SNR 或 BER 来衡量链路质量，并将其称为 MAC 层指标（MAC Layer Metric，MLM）。上层应用有必要根据链路的质量使用合理的差错控制机制，如 FEC 和 ARQ。FEC 既检错又纠错，具有恒定的开销，比较适合高优先级业务，如 Class1。ARQ 只能检错，出现错误则重传，所以 ARQ 更适用于低优先级业务，如 Class3。混合 ARQ-FEC 综合了以上两种机制的优点，如果使用纠错码不能够纠正分组错误，则需要进行重传，该机制适用于 Class2 业务。

基于 NLM 和 MLM 确定的链路质量能够将业务流量更均匀地分布在网络中，并可以用来生成质量较好的路径。然后，可以基于应用层指标从多条路径中选择满足业务需求的最佳路径。这也暗示着用户的业务需求应适应网络的质量，在平衡网络资源的情况下最小化能量耗费，并选择一条满足应用需求的路径。网络层处于中间层次，负责上下层之间的协调。一方面，它要与应用进行交互和协商：网络层 QoS 机制应向应用层提供反馈来通知网络可用的资源，并且应用也应能够及时了解网络的资源状况。对于自适应应用而言，它们可以根据需要调节或重新协商 QoS 需求。相比于固定的网络环境，应用层和网络层交互的频率较高，如果不加以合理的控制则会产生大量开销，并会造成服务质量的连续变化。实际上，用户通常宁愿获得相对较低的但较为稳定的服务质量，因此应设置合理的门限或周期性地进行适应性调节。另一方面，网络层要与链路层进行交互，如链路层应向网络层提供足够的信息（如链路层的分组错误率和传输时延）来协调资源分配。

此外，还可以通过反馈分组的转发时延来检测网络是否出现拥塞，然后源端以此来调节注入网络的流量。相比于网络丢弃低优先级分组的方法，在源端采用速率控制机制能更高效地使用带宽，但是源端需要得到网络或目的节点的反馈信息，反应的时间较长。

7.5 无线自组网的拥塞控制机制

7.5.1 问题和挑战

异构应急通信网络环境复杂、拓扑动态多变、信道质量不稳定、用户需求多样且包含大量资源受限的移动通信设备，因此确保网络的高效、稳定运行和用户获得满意服务将面临更多的问题和更大的挑战。拥塞控制是确保 IP 网络正常运行的关键技术之一，主要目的是避免网络出现拥塞崩溃，减少因拥塞而引起的网络性能下降。目前，异构网络基本上是以 IP 协议为纽带的多类型融合网络，其高效、稳定的运行同样离不开适当的拥塞控制机制。

传统的针对准静态高速有线通信网络设计的 TCP 拥塞控制机制将丢包看作拥塞信号，以慢启动、加性增/乘性减（AIMD）、快速重传/快速恢复以及 ACK 定速为主要特征，难以适应在包含固定节点和移动节点以及有线信道和无线信道的异构网络环境下，表现出的数据传输效率低、资源耗费大、网络性能振荡等若干问题，已逐渐成为网络性能的瓶颈。一方面，异构网络中包含信道传输速率差异很大的链路，传统拥塞控制机制表现出抵消、震荡等若干问题；另一方面，异构网络中节点的移动和故障以及链路的失效的会引起网络拓扑的变化并可能导致重路由，同时无线信道的传输错误率较高并且随时间动态变化。这些都会引起分组的突然丢失和额外的时延，使往返传输时延变数增多，非拥塞丢包所占比例大幅提升。传统的 TCP 协议无法区分网络拥塞、路由失效和链路故障造成的分组丢失，而将分组丢失都看作网络拥塞的结果，使得 TCP 拥塞控制性能大幅下降。此外，异构网络中流媒体等实时应用的流行和这些流量普遍缺少拥塞控制机制的特点不仅给 TCP 流量造成了不公平竞争的局面，也给网络的稳定运行带来了潜在威胁。因此，有必要对适用于这种复杂的异构无线网络环境的拥塞控制机制进行系统、深入的研究。

7.5.2 研究发展现状分析

传统的 TCP 拥塞控制算法（如 Reno、NewReno 和 SACK）遵循“中心简单，边缘复杂”的网络设计思想，主要依靠端系统完成拥塞控制任务。由于带宽空闲时窗口增长不够积极，带宽紧张时窗口退避又过于保守，造成了其在高速网络和移动无线网络中收敛慢、振荡、利用率低的局面。针对这一问题业界提出了为数众多的改进方案，有代表性的如 High TCP、TCP Real、TCP Vegas 和 TCP FAST 等。High TCP 为在现实丢包率下支持大窗口修改了 AIMD

参数；TCP Real 在接收端测量接收速率，以帮助判断丢包是否由拥塞引起；TCP Vegas 和 TCP FAST 是针对高带宽时延积网络提出的，在丢包之外特别引入了时延作为另一个拥塞信号，在拥塞避免阶段根据往返时延（Round-Trip Time，RTT）动态决定窗口的调整方向和幅度。虽然这些方案都取得了一定效果，但仍存在诸多问题。在异构网络环境中，由于端系统自身的局限性（尤其是资源受限的移动终端），无法及时、准确地把握网络全局状态，只能通过分组的发送和接收过程间接探测，所能使用的拥塞信号主要是丢包和时延，有时甚至根本不存在端到端路径。因此传统的端到端拥塞控制决策带有不可避免的盲目性，这就决定了上述方案都不能满足要求。如 High TCP 虽改善了带宽利用率，却加剧了振荡；TCP FAST 虽改善了公平性和稳定性，却存在控制参数难以设置的问题。

为了解决上述问题，鉴于路由器在网络中所处的中心地位，许多学者提出了基于路由器支持的拥塞控制方案，通过适当扩展路由器的功能，使其在拥塞发生时及时通知相关端主机，从而改善端到端控制的不足。比较著名的机制包括主动队列管理（AQM）和扩展控制协议（XCP）等。但是，AQM 通常对参数设置敏感，普适性不强，且由于反馈时延的影响，在高带宽时延积网络中往往变得不稳定。XCP 要求路由器直接根据拥塞状况为每个端系统计算窗口调整幅度，虽然改善了终端公平性和网络利用率，却过多增加了路由器开销，甚至要求升级和改造路由器网络协议，网络可扩展性不强。

与此同时，针对移动无线网络环境中传统 TCP 拥塞控制机制性能急剧下降的问题，很多学者提出了一系列改进机制和方案，比较著名的有分割连接（Split-connection）方案、Snoop 代理机制、丢失鉴别器和显示丢失通知（ELN）等方法。分割连接方案和 Snoop 代理机制假定差错发生在最后一跳的无线链路上，试图以带宽为代价向 TCP 发送端屏蔽非拥塞丢包；丢失鉴别器和 ELN 则通过及时让发送端了解丢包的原因来避免启动无谓的拥塞控制算法以提高协议性能。但是，传统无线网络中许多改进的 TCP 拥塞控制机制都利用了基站，假设无线链路是单跳链路，并且没有考虑节点的移动引起的链路失效或重路由造成的影响。因此，这些协议不能直接用于多跳的无线自组网。以无中心、移动性、自组织为显著特性的无线自组网络有着广泛的应用前景，提升这种网络的服务性能是近年来的研究热点。在无线自组网中，传统拥塞控制机制面临的一个突出问题是常常发生无法预测的路由失效，使得分组无法到达目的节点而引起排队或丢失。针对这一问题，业界也相继提出了一些解决方案，如 TCP-F、TCP-BUS 和 ATCP 协议等。

7.5.3 新的研究思路和方法

上面提出的各种改进的拥塞控制方案大都从某一个单独的层次来解决特定网络环境下传统 TCP 拥塞控制机制遇到的问题，尽管它们能在一定程度上改善网络的性能，但是没有考虑拥塞控制机制在异构融合网络中不同网络环境下的适应能力，也没有解决基于端系统的拥塞控制机制和基于路由器支持的拥塞控制机制的有效整合问题。为此，必须采用新的视角和思路来解决异构融合网络中的拥塞控制问题。研究发现，可以在异构网络环境中充分利用近年来得到广泛深入研究的网络测量技术和跨层优化方法来设计高效的拥塞控制机制。

网络测量技术能够通过收集、统计和分析分组数据，达到描述网络负载特征、了解网络拓扑映射、评估网络性能、研究网络动态选路策略的目的，是当前深入认识复杂网络行为的一个有效手段，也是网络管理的关键辅助工具。从理论上讲，利用测量工具获得的路由、流量、带宽、丢包率、往返时延等网络性能信息，完全可以被端系统用来作为辅助拥塞控制决策的依据。基于网络性能测量支持的拥塞控制机制，一方面可以为端系统提供全面、客观的网络状态分析报告，使其尽可能准确地了解网络丢包的原因，改善端到端拥塞控制的盲目性，进而提高网络资源利用率和改善业务服务质量；另一方面不要求路由器升级，也不给其增加额外开销，只要求部署适当的测量平台和测量工具，引入少量的探测流量负载，是有效结合端到端拥塞控制和路由器支持拥塞控制的一种新思路。基于网络测量的拥塞控制方法不仅适用于有线高速网络，也有助于提升移动无线网络的性能。因为借助于网络测量技术，端系统可以更加清楚地认识网络运行状态，从而做出科学的决策。目前网络测量技术在网络性能管理和安全监控上已取得了许多研究成果，并已有大规模的应用实例，但在拥塞控制方面的研究还很少见。因此今后可以考虑基于网络测量技术来设计异构网络的拥塞控制解决方案，为异构融合网络的发展和推广应用提供有益的技术支持。

跨层设计是一种综合考虑网络协议栈各层次并允许任意层次之间交互特定信息的协议设计方法，以达到优化网络整体性能的目的。为更好地适应移动无线网络（尤其是无线自组网）的独特特性，优化网络资源分配和改善业务服务质量，应研究有效结合 MAC 层退避机制、网络层选路协议、传输层拥塞控制算法和应用层业务需求的跨层拥塞控制方法，特别是基于多路径路由的跨层拥塞控制机制。一方面，移动无线网络中的节点一般只有有限的资源，且通常可以移动，使得拥塞时常发生并且往往持续较长时间。因此，当网络拥塞时应用层协议应能及时降低发送业务的速率，利用跨层设计方法进一步优化 TCP 协议。例如，L. Chen 等人提出以效用函数优化为目标的跨层拥塞控制方案，在资源分配中考虑了选路优化和无线信道争用问题，但是各节点需要为所有目的节点单独维护排队，并且需要定期广播自己的拥塞价格信息，通信开销大，占用资源多；M. Chiang 等人对传输层和物理层做了跨层联合设计，在调节传输速率的同时优化功率控制，提高了带宽和能量的使用效率。另一方面，与有线通信相比，无线通信具有带宽低、差错率高、节点相互干扰的劣势，多路径传输路由因其能提供更高的可靠性、更多带宽和更低时延而受到众多学者的青睐，已成为无线自组网的一个热点研究课题。

当前的多路径路由机制大都是在经典的按需单路径路由的基础上改造而来的，如基于 DSR 和 AODV 改造而成的 SMR 和 AOMDV，但它们的目标主要是为了增加传输可靠性、减小传输时延和降低能量消耗等，而很少关注基于多路径传输的拥塞控制问题。由于按需路由发现阶段通常都要用洪泛广播来查找可用路由，代价高昂，因此适宜一次建立多条可用传输路径，尽量延长路由发现的间隔时间。建立多条传输路径以后，为充分利用资源、分摊流量和改善业务服务质量，应该同时利用这些路径来传输数据。遗憾的是，已公开的文献中仅有个别学者就 Internet 中的多路径拥塞控制机制进行了初步研究。H. Han 等人从效用函数的角度出发，设计了一个以当前路径传输速率、往返时延、路径代价为输入的路径拥塞控制器，在发送端单独对每条传输路径进行控制。F. Paganini 等人对上述方案进行了改进，不在源端直接实现负载分配，而是由网络中间节点根据各条路径的具体情况调整流量分配比例，但要求网络中间节点保存状态信息，因此开销比较大。这两项工作都以 Internet 为研究对象，没有考虑移动无线网络的情况。H. Lim 提出了在无线自组网络中通过多路径路由绕开或减轻拥塞的思想，并设计了一种有偏地理选路算法，中间节点可根据邻居节点的拥塞状态通过调整“偏差”参数来绕开拥塞区域，但是在每条传输路径上仍采用现行的 TCP 拥塞控制算法。不难看出，当前有关无线自组网多路径传输拥塞控制的研究工作大都不涉及多路径拥塞控制的实质，开销大，缺少一种简单、有效、针对性强的解决方案。此外，采用多路径传输时，拥塞控制机制的设计又面临新的问题。由于不同路径传输时延存在差异，因此很难确定一个适当的往返时延和超时时间。不同路径上传输的分组经历的时延不同，还可能发生分组乱序，从而影响拥塞控制效率。例如，相关实验表明，简单地在多路径路由协议（如SMR）上应用TCP不仅不能提升性能，反而会在一定程度上导致重传增多，性能下降。另外，如何在各条路径之间合理分配负载，确保全网高效公平运行也是一个难题。

有线网络拥塞控制的研究经验表明，由于冗余分组中包含了时延信息，以冗余分组作为拥塞控制目标，简单、高效、平稳。由于无线自组网规模小，节点异构性低，容易选取和控制冗余分组的数量以确保带宽的高效利用，并且竞争流之间的资源分配也可通过它们各自维持的冗余分组数量比例来进行控制。基于这种考虑，可以在前人关于无线传输拥塞控制研究工作的基础上，进一步探索基于冗余分组指标控制思想进行多路径传输拥塞控制的可行性，采用基于按需多路径寻路机制，对网络层和传输层进行跨层设计，力求建立一种适合无线网络资源受限特点的简单、公平、高效的多路径传输拥塞控制机制，既可分散负载、充分利用带宽资源，又不产生过多的通信和计算开销，以提高网络资源利用率和改善服务性能，进而增强各种网络环境下的通信效率和可靠性。

7.5.4 研究目标、技术问题和解决方案

1. 研究目标

异构网络涵盖高速固定有线网络、蜂窝移动网络和无线自组网等多种网络类型，具有网络环境复杂多变和业务类型多样化的显著特点，现有的用于传统有线网络和无线网络的拥塞控制机制无法确保网络的稳定和高效运行，也难以满足用户多样化的服务需求。为此，必须考虑引入新的技术手段和方法来辅助实施网络拥塞控制。鉴于网络测量技术、多路径选路和跨层设计方法在改善网络性能方面有很大优势并且非常适合用于异构网络，有必要对依托网络测量技术和基于多路径传输的跨层拥塞控制机制进行系统、深入的研究，具体研究目标如下。

（1）针对异构网络环境制定可行的测量系统部署方案，设计高效、稳定、公平的基于性能测量的TCP 拥塞控制和TCP 友好拥塞控制算法；两类算法共享同一实现框架，各自面向自己上面的应用程序优化，公平共享、高效利用网络资源。

（2）基于分组冗余思想，设计一种适合无线自组网的简单、公平、高效的多路径传输跨层拥塞控制机制，通过传输层拥塞控制与网络层选路的跨层交互，指导选路协议按照一定标准选择性地建立多条传输路径；在尽量减少通信开销和计算开销的前提下，根据业务需求均匀分散业务负载，充分利用空闲资源，实现数据流之间的网络带宽公平共享，由此提高动态网络环境下通信的效率和可靠性。

2. 关键技术问题及其解决方案

为达到上述研究目标，需要解决如下关键技术问题：

（1）需要对传统有线网络的测量支撑系统进行改造、剪裁和定制，以适应无线自组网环境下的拥塞控制机制，最大限度地降低测量负载，避免消耗本已稀缺的无线网络资源；另外，还要解决如何从多样化的网络性能参数中准确提炼隐藏的网络拥塞状态信息，据此改善端系统拥塞控制的效率问题。

（2）综合考虑跳数、时延、带宽、节点移动性、相交节点和链路等因素，制定有利于选

出高性能路由的路由评价指标；针对移动无线网络环境中非拥塞丢包频繁、时延波动大、连接易丢失等特性，设计一种高效、平稳的基于冗余分组的单路径拥塞控制算法；具体冗余分组指标值的设置是一个有待解决的难题，该值直接影响着网络性能。

（3）无线自组网多路径选路协议应确定合适的传输路径数量。传输路径少不利于充分利用资源，路径多则增大开销，需要选择适当的值以便在两者之间取得较好的平衡；以公平共享资源为目标，根据网络状况研究将业务流量合理地分配到各传输路径上的分布式流量分配算法。

异构网络新型拥塞控制机制的研究涉及的技术问题较多，主要包含两大任务：一是基于网络测量的拥塞控制机制设计，二是无线自组网中结合多路径传输的跨层拥塞控制机制研究。这两大任务采用的研究方案相对独立，分别介绍如下。

任务 1——基于网络测量的拥塞控制机制设计。第一，通过实验手段对 Ping、Traceroute、Mtr、NeTraMet 等典型测量工具产生的 RTT、丢包率、带宽和吞吐率等网络性能测度的误差范围、时间精度、负载开销进行分析。第二，从短期、中期和长期 3 个时间尺度分别考察网络测量技术与拥塞控制结合的可能性，并在短期尺度上重点分析调度级、突发级、RTT 级、会话级等各级别利用性能测量信息的形式及各自优缺点，遴选基于性能测量支持的拥塞控制实现方案。第三，建立反映异构网络特征的网络模型，在此模型下分析网络性能参数之间的内在关联及与网络拥塞事件的联系，并通过实际测量数据和仿真实验进行检验，从拥塞效用函数的角度定义网络性能综合指标。第四，以在网络中维持一定数量的冗余分组为目标，设计模糊推理机，将网络性能综合指标作为输入，拥塞控制决策作为输出，尽量平滑测量误差的负面影响，设计面向高速有线网络的 TCP 拥塞控制算法。第五，根据无线自组网拓扑动态化和资源受限的特点，从降低测量时间精度、减少性能测度等方面对测量支撑系统进行裁剪和定制，设计适用于无线自组网的基于性能测量的拥塞控制算法。

任务 2——无线自组网中结合多路径传输的跨层拥塞控制机制研究。第一，在方案选择和算法设计上着重考虑“简单、公平、高效”3 个目标，以充分适应无线自组网特殊的应用环境。为此，需要基于“简单、公平、高效”3 个目标来制定具体的评判标准，如以通信开销、计算复杂性、中间节点的参与程度、Max-Min 公平性等指标作为参考，以便衡量和评价算法的优劣。第二，系统研究基于多路径传输的拥塞控制算法，为尽量保持算法简单，适应各种资源受限环境，拟采用基于端系统的控制方式，以冗余分组作为控制目标进行速率调节。基于端系统的设计可减少资源消耗，减轻中间节点负担；而以冗余分组为控制目标实现简单且性能稳定，并且冗余分组的相对数量还可用来区分不同用户的服务质量，实现一种轻量级的区分服务。第三，鉴于多路经传输造成分组失序是导致 TCP 性能下降的一个重要原因，拟设计基于两层结构的拥塞控制算法。在此两层结构中，上层是流控制层，负责将数据流的冗余分组分配到承载该流的各条传输路径上，目的是通过协调负载分配实现公平资源共享；下层是路径控制层，以上层分配的期望冗余分组数为目标调节单条传输路径的发送速率，以平稳、高效地利用网络资源。下层基于冗余分组的单路径拥塞控制可参考 FAST TCP，但需要考虑无线自组网的特殊环境，对其频繁的非拥塞丢包和时延波动进行特别处理。第四，设计基于多路径传输的跨层拥塞控制机制，其设计思路是：首先，综合各类因素制定路由质量评价指标；然后，基于评价指标改进现有按需多路径选路协议，通过拥塞控制机制引导选路协议选出质量较高的传输路径，并考虑优化路由维护，目的是减小系统开销和提高网络性能。

7.5.5 无线自组网中的简单跨层流控机制

1. 问题的提出

如前所述，无线自组网中的拥塞控制机制应充分利用跨层设计思想，将链路和网络状况信息通知传输层和应用层以改善系统性能。例如，ATCP 就是一种平衡网络透明性和应用灵活性的 TCP 协议，它向应用提供关于网络连接状态的信息，并允许应用控制数据流的可靠性和服务质量级别。但是，迄今很少有针对无线自组网中 UDP 协议的研究工作。UDP 无流量和拥塞控制，不能保证数据可靠按序到达目的节点。为此，希望设计一种简单的跨层流控机制以改善采用 UDP 协议的上层业务的性能，然后再考虑将这种跨层流控机制移植到 TCP 协议中以改善 TCP 业务的性能。这种跨层流控机制利用网络层、传输层和应用层之间的关联性，通过层间信息的交互，应用层可以根据网络状况的变化进行自适应调节以优化系统的性能。这种跨层流控机制实际上是一种通过调节发送速率来控制网络流量的机制，而不同于传统意义上的防止 TCP 发送方的发送速率超过接收方的接收能力的流控机制。

2. UDP 跨层流控机制

J.Li 等人指出，无线自组网的吞吐量与网络负载和路由长度（跳数）紧密相关，在给定路由长度的前提下通过优化网络负载可以最大化网络吞吐量，如果网络负载继续增加则会使吞吐量下降。根据这一结论可以设计一种简单的针对 UDP 业务流的跨层流控制技术，它通过调节上层应用的发送速率将网络负载维持在合理的水平，即允许应用在给定路由长度的前提下以最优速率发送数据从而最大化网络吞吐量。为此，网络层需要和应用层交互，及时通知路由变化，然后应用可以据此动态调节发送速率以维持网络负载。考虑到无线自组网的路由协议通常维护路由长度信息，因此可以方便地将此信息提供给应用层。在 UDP 上工作的应用多为具有速率自适应调节能力的音频业务和视频业务，这些应用可以在网络层注册路由变化事件，当路由长度变化时（如出现重路由和路由失效），路由协议会向应用通知此事件；应用收到网络层的通知后，会按照预计的最佳速率设置发送速率。通过跨层反馈，应用层不必了解底层路由协议的具体细节，而只需知道当前使用的路由长度。如果由于网络动态变化导致暂时没有到目的节点的可用路由，应用层可以暂时停止传送分组直到路由恢复，或者定期传输分组以主动发现路由。

为了使用跨层流控机制获得优化的网络负载，借鉴 J.Li 等人提出的方法，通过在静态线形拓扑下测量 UDP 业务的吞吐量随路由跳数和发送速率的变化，可得到不同路由长度下的最佳发送速率。在此，将最佳速率定义为业务获得最大业务吞吐量所需的最小发送速率。在仿真试验中，MAC 协议采用 IEEE 802.11 DCF，路由协议采用 DSR，传输层协议采用 UDP。在此考虑两种流量模式：单向传输的 CBR 和双向传输的 CBR-ACK，前者只允许源节点向目的节点单向传输数据，后者要求目的端收到数据分组后向源端回送 ACK 响应分组（ACK 分组大小为 100 B），主要针对基于 UDP 的需要可靠分组投递的实时应用。模拟试验比较了采用常规 UDP 协议的 CBR 和 CBR-ACK 与采用 UDP 跨层流控机制的 CBR 和 CBR-ACK（分别记为 UDP-CL 和 $\text{UDP-CL}_{\text{ack}}$）的吞吐量和投递率，以说明跨层流控机制的优越性。模拟环境简要描述如下：100 个节点随机分布在 3 000 m × 500 m 的矩形区域中，节点的密度较大，大部分情况下能够维持网络连接；节点采用等待时间为 0、最大速率为 10 m/s 的随机路标移动模型（waypoint model）。

对于 CBR 和 CBR-ACK 流量模式，采用 6 种固定的发送速率：120 kb/s、240 kb/s、480 kb/s、

720 kb/s、960 kb/s和1 200 kb/s，将在速率x下工作的CBR和CBR-ACK分别称为CBR_X和ACK_X。数据分组大小为1000 B，ACK大小为100 B。模拟试验中始终维持一个激活的业务流，模拟时间为100 s。模拟结果如图7.6所示，图中柱形条的高度代表业务的平均吞吐量，而柱形条顶部的数字为分组投递率。模拟结果表明，采用跨层流控机制的UDP-CL和$UDP\text{-}CL_{ack}$的性能好于采用固定速率的CBR和CBR-ACK。原因解释如下：UDP-CL和$UDP\text{-}CL_{ack}$采用跨层速率调节机制，可以根据反馈的路由跳数优化调节发送速率，大大减轻了隐终端的影响。与UDP-CL相比，$UDP\text{-}CL_{ack}$引入了ACK确认机制，增加了网络负载，吞吐量和投递率均有所下降。另外可以观察到，CBR和CBR-ACK的吞吐量随发送速率的增加逐渐增大，当发送速率大于720 kb/s时，其吞吐量接近UDP-CL和$UDP\text{-}CL_{ack}$。但是，通过增加速率提高CBR和CBR-ACK的吞吐量的方法加重了网络拥塞，导致投递率持续降低。

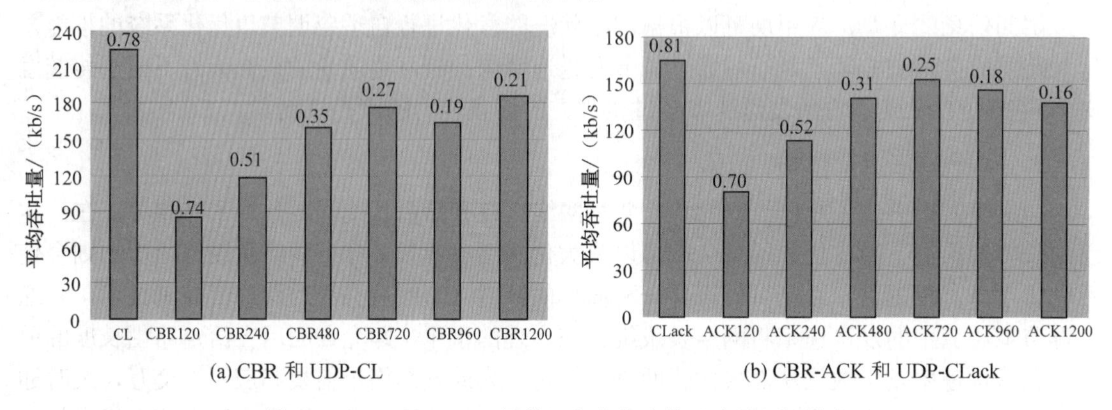

图7.6　3 000 m×500 m拓扑下各业务流的吞吐量和投递率

3. TCP跨层流控机制

虽然TCP协议本身具有流控和拥塞控制机制，但它的流控仅仅是根据接收端的接收能力来调节发送速率，而没有考虑网络的负载状况；它的拥塞控制可以根据网络负载状况调节拥塞窗口大小，进而控制发送窗口，但是基于滑动窗口的速率调整方式没有考虑路由状况，并且它的拥塞窗口很可能大于最佳的发送窗口，数据传输的突发性较强。为此，在无线自组网中可以考虑将上述跨层流控机制移植到TCP，它可以和TCP的拥塞控制一起工作，根据路由状况（路由的通断和路由长短）来更精细地调节源端的发送速率，降低数据突发性；从而优化网络负载，改善TCP性能。需要说明的是，当网络出现拥塞并且拥塞窗口所限定的发送速率小于最佳发送速率时，拥塞控制起作用，此时跨层流控机制不再起作用；即跨层流控机制本身不具备拥塞意识，但能够和拥塞控制协调工作来平滑业务流和优化网络负载。

TCP跨层流控机制的具体实现方法类似于UDP跨层流控机制。基于TCP的FTP等应用可以在网络层注册路由变化事件，当路由变化时路由协议会向应用层通知此事件。收到网络层的通知后，上层应用会按照最佳的发送速率向目的端发送数据。

下面比较UDP跨层流控制和TCP跨层流控机制（将TCP跨层流控机制记作TCP-CL）的性能，模拟结果如图7.7所示。模拟结果表明，所有跨层流控机制的性能都优于TCP，其中UDP-CL的性能最好，而TCP-CL比$UDP\text{-}CL_{ack}$的性能稍好。从图7.7中还可以看到，矩形网络区域下由于路由跳数相对较少，各业务流的性能均有改善。但是，当并发流的数量增加时（从1变到2），跨层流控机制的效果会减弱。因为同时存在多个业务流时，增加了网络负载，并且交叉的流量会带来业务流之间的干扰。在UDP跨层流控机制中，各业务流单独根据反馈的路由长度信息调节发送速率。这样在多个流的情况下，即使每个流优化了发送速率，仍可能造成网络拥塞。当并发流的数目增加时，特别是网络存在混合流量的情况下，TCP 却能够较好地工作，因为 TCP 考虑了交叉流量和网络拥塞情况。TCP-CL 在网络拥塞时的性能与 TCP 相当，此时拥塞控制占主导地位，跨层流控机制几乎不起作用。

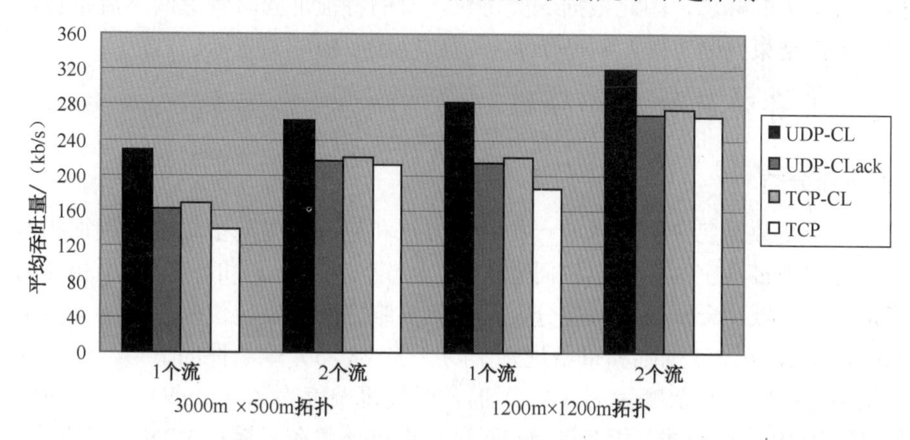

图 7.7　动态网络拓扑下各类业务流的吞吐量

上述模拟结果表明：如果网络负载较低（业务流数量较少），UDP-CL 是较好的选择；如果网络负载较低且业务需要一定的可靠性，可以选择 UDP-CL_{ack}；而当网络负载较高（业务流数量较多）时，TCP-CL 则是较好的选择。

7.6　应急通信中业务流的判定、分类及识别

在 IP 网络中，流是指一对端点之间传送的具有相同特征（包括源，目的地址、源、目的端口和协议等）的一系列数据包。流类似于电信网的呼叫记录，采集一个流的详细数据信息，包括源地址、目的地址、端口号、协议、业务类型、起止时间、包和字节数等。基于业务流的流量判定、分类和识别技术，可以用于基于流量的测量、基于策略的路由、SLA 监测、网络流量建模、服务区分和 QoS 保障等方面。

7.6.1　业务流的判定

最早的业务流模型源于 Jain 提出的包列模型。该模型把具有相同源地址和目的地址的一系列突发的数据包队列标识为一个包列。如果两个数据包之间的间隔时间（包列间隔）大于某个值，则前后两个数据包分属不同的包列。包列间隔可由用户设定，但是每个包列内部的数据包的间隔时间由网络中实际数据包的到达时间确定。该模型反映了实际网络中属性相同的一些临近数据包往往是两个相同端主机之间的信息交互。另外，可以根据 TCP 连接来定义业务流，即属于同一个 TCP 连接的所有数据包为同一个流，因此可根据 TCP 协议自身的标志，如 SYN 和 FIN 进行业务流划分。Claffy 等人提出了一种基于超时时间的业务流定义方法，该方法以包列模型为基础，避免了对连接信息的使用。

业务流结束的判断方法是业务流判定中非常重要的方面，是业务流监测实用化的基础。如果不及时中止业务流，则需要保存的业务流记录信息量会持续增长，在消耗大量内存空间的同时将为流的匹配和查找带来巨大的处理负担。业务流结束的判断方法一般需要满足方便、实用和能够保留网络业务流通信特征的要求。当前采用的方法主要有 4 种：静态超时方法、动态超时方法、基于协议的方法和时间桶方法。例如，对于 TCP 流可以用协议本身的流

结束标识进行判断，其他流则通过静态超时方法或者动态超时方法判断。当前，P2P 应用及视频业务的出现，使得网络流量有很大一部分流是采用 UDP 或者其他协议的。这些协议没有明显标识流结束的标志，因此根据这类协议本身的特征，同时考虑网络流量特征，研究高效精确的业务流结束判断方法，对基于业务流的监测应用非常重要。

7.6.2 业务流的分类和分级

1. 业务流分类

业务流分类是数据包分类技术的一种，该方法和包分类中的多维包分类很相似。包分类问题与计算几何中多维空间的点定位问题类似：给定多维空间中的一些互不相交的区域，找出包含指定点的区域。一般而言，包分类问题比多维空间的点定位问题复杂。假定不同区域互不相交时，对 N 条过滤规则和每条规则平均有 K（$K>3$）个条件的情形，计算几何给出的最好计算结果是：空间复杂度为 O（NK）时，时间复杂度为 O（$\log N$）。二维的包分类问题（即针对目的-源 IP 对的分类）相对简单，而目二维包分类在多播和 VPN 中都有广泛的应用，具有实际的意义，也有一些优秀的算法可以借鉴。因此，解决包分类问题的一个重要思想就是降维，即将高维问题转化为二维乃至一维问题。评价包分类算法优劣的准则包括：查找速度、存储需求、支持的规则数目、更新速度、对多维匹配的支持程度、规则格式的灵活性等。查找速度是包分类算法中最重要的标准，通常要求设备能够按照线速进行查找。在算法时间复杂度方面有 3 种评价指标：最坏情况、平均情况和统计情况。占用内存是指在查找过程中，算法需要占用内存的大小，包括存储过滤规则库本身以及为保证高效查找建立的数据结构所需要的内存。更新包括 3 种可能更新，即完全更新、增量更新及重组或平衡更新。完全更新，是指初始过程中从过滤规则库建立查找数据结构，或者以后重新建立全部查找数据结构的过程；增量更新是指在查找数据结构中增加或者删除一条过滤规则；重组或平衡更新则是指随着过滤规则的不断增加或者删除，可能造成查找数据结构效率降低，因此需要在适当的时候进行重组使其恢复原有的查找效率。在实际算法设计中，往往综合考虑内存大小、查找速度要求、规则更新速度等方面设计合适算法。已有的包分类算法主要分为 4 类，即基本数据结构算法、几何算法、启发式算法和基于硬件的算法。

业务流定义中的业务流属性，如多元组、方向性、结束判断方法等，是用于业务流分类的基础。但是，要真正实现基于业务流的监测并了解网络流量整体特征，必须要分析业务流的其他统计特征，如并发流数目、业务流数目增长速率、业务流数目老化速率、业务流大小（字节大小、数据包大小）、业务流持续时间、业务流速率、业务流最大突发速率等。业务流大小是指业务流所包含的数据包数目或者字节数。例如在业务流大小方面，很多实际网络流量监测分析都发现大部分业务流（大约 80%～90%）都很小，而只有很少一部分业务流（大约 10%～20% ）比较大，但这部分业务流却占据了大部分的网络流量（约 80%以上）。这部分占据网络带宽较多的流量称为关键业务流（形象地将其称为象流，而将其他小业务流称为鼠流）。由于这些关键业务流产生了大部分的网络流量，在对网络流量特征影响上占主导地位，因此如何定义和识别关键业务流成为研究热点之一。例如，将流量尺度大于流量均值加上 3 倍流量方差的业务流视为关键业务流，而 Papagiannaki 提出了可变阈值的单特征可变阈值的特大流标识方法和两特征的特大流标识方法，可利用业务流速率和业务流的持续时间两个参数共同判断特大流。还有的学者采用多尺度和多协议分析方法研究关键业务流的特性，其中包括数据量、持续时间、速率和突发性。

业务流持续时间是指业务流的最后一个数据包的到达时间和第一个数据包的到达时间的差值。Brownlee 等人分析了业务流的持续时间特征，结果显示有 45%的业务流持续时间小于 2 s，而只有小于 2%的业务流持续时间大于 15 min，却携带了超过 50%的网络流量。按照持续时间可以将业务流分成长期流（乌龟流）和短期流（蜻蜓流）。业务流速率是指业务流大小和业务流持续时间之比，按速率可以将业务流分成高速流和低速流。业务流速率特征分析对网络流量模型研究具有重要的指导意义。Yin Zhang 等人研究分析了不同速率的业务流占总流量中的比例，发现：网络流量中大部分业务流速率比较慢，平均业务流速率在 10 kb/s 左右，但每个流量记录中的最大的业务流速率都超过 1 Mb/s，有的甚至超过 10 Mb/s，并且速率最快的 20%的业务流占总流量的 55%～95%。另外，K. Lan 等人分析了业务流大小、持续时间、速率和突发速率之间的关系，发现大小、速率和突发速率之间的相关性较大，通常业务流大则速率和突发速率都相对较大。但是持续时间和业务流大小之间相关性较小，大部分持续时间超过 30 s 的业务流是比较小的业务流，如大约 70%的业务流小于 10 KB，而 90%的业务流小于 60 KB。

2．应急通信网络中的业务分类和分级

应急通信网络规模可大可小，应用环境复杂多变，其所承载的业务不仅种类多样而且数量巨大，并常常超出网络的服务提供能力。为此，必须实施优先级处理，即根据业务的不同性质来区分其传输等级，优先保障重要用户的高等级的业务流使用稀缺的网络资源。优先级处理是应急通信的一个基本要求。在通信资源匮乏的情况下，进行有重点的通信保障是应急通信的根本所在。优先级处理还有一个要求，就是在资源严重匮乏时，具有优先级的呼叫能够优先甚至以抢占的方式获得资源。优先级处理包括用户优先级处理和业务优先级处理两类。一般而言，应急通信网络既要传输对可靠性和实时性要求不高的普通文本数据，也要传输诸如语音、视频及命令等对时延和可靠性要求较高的数据。所有要传输的业务大体可以分为 3 类：

（1）尽力而为业务：特点是对丢包和时延不敏感，主要针对普通数据类业务。尽力而为业务在传输数据之前要对网络进行监听，当发现有更高优先级的数据需要发送时，则退出信道争用，进入等待状态，间隔一段时间后再次进行探测。如果多次探测均未能成功发送，则宣告业务传输失败。在数据转发时，尽力而为业务使用当前节点最“闲”的路径，而不考虑路径的时延或可靠性指标。当发送队列中存在其他业务而当前网络状态和吞吐量不能满足这些业务的服务要求时，通过暂缓发送或丢弃尽力而为业务的数据来提升其他业务的性能。

（2）实时性业务：特点是对时延敏感，但能容忍一定比例的丢包，主要针对音视频和多媒体数据。时延包括发送时延、接收时延和传输时延。前两者与节点性能和缓冲队列的占用情况有关，传输时延与信道长度和特性相关。实时业务需选择端到端时延小于业务允许最大时延的路径进行发送。中间节点接收到实时数据包后，也需对剩余路径时延重新判断，可以每次都选择时延较小的节点进行转发或抢占普通类业务的信道转发。

（3）可靠性业务：特点是对丢包敏感，但可以容忍一定程度的时延，主要针对重要数据类业务，如指挥控制消息和重要文件。可靠性业务需选择端到端可靠性大于期望值的路径进行转发，通过网络编码、多路径并发传输和增加传输功率方法可以提高可靠性。中间转发节点需要对可靠性进行重新计算，可采用贪婪算法每次都选择可靠性较高的下一跳节点进行转发，并在必要时进行数据包的回溯重传。

结合应急通信应用场景，还可以对网络中传输的业务进行更细致的划分，以便更好地对

优先级高的业务进行优先保障。业务的优先级划分取决于多种因素，如通信语义、发送者和接收者，以及通信情景。例如，生死攸关的信息高于常规的监控报告，营救机构之间的消息高于普通大众之间的消息，必要时高优先级业务甚至可以抢占低优先级业务的网络资源。在表 7.3 中，对救灾场景中的业务流依据业务来源、业务内容和业务类型进行了分级，反映了实际的业务传输重要性：指挥控制信息和语音信息业务等级高、视频业务等级次之、来自普通用户的普通数据等级最低。表中的优先级共有 12 个级别，从高到低分别是 1～12。在消息优先级相同的情况下，消息的超时时间越短，转发优先级相对越高。但是，业务分类过多的缺点是增加了协议的复杂度，因此应根据网络性能和负载、业务重要性及实时性等灵活选择适宜的业务分级数。

表 7.3　应急救援场景中的业务分级

业务优先级	业务来源	业务内容	业务类型
1	指挥员	指挥控制信息	语音信息
2	指挥员	指挥控制信息	数据信息
3	救援人员	指挥控制信息	语音信息
4	救援人员	指挥控制信息	数据信息
5	指挥员	常规信息	语音信息
6	指挥员	常规信息	数据信息
7	救援人员	态势感知信息	视频信息
8	救援人员	态势感知信息	数据信息
9	救援人员	常规信息	语音信息
10	救援人员	常规信息	数据信息
11	普通用户	常规信息	语音信息
12	普通用户	常规信息	数据信息

在应急通信网络中，可以基于业务流分级对多个竞争有限网络资源的业务流实施有效的控制。例如，救援机构对幸存者进行营救的相关消息显然比幸存者之间传递的消息的优先级要高，为此必须优先保障救援人员的消息传送；但同时还要对高优先级消息占用的网络资源实施必要控制，以避免过度阻塞低优先级业务而造成低优先级业务被“饿死”。

7.6.3　业务流的识别

1．业务流识别方法分类

流量识别是指在流量分类的基础上，进一步了解各类流量的组成和特性，将流量映射到对应的类别的过程。从应用角度看，当前 IP 网络中的流量可以分为批量数据传送（如 FTP）、交互式应用（如 Telnet）、邮件（如 SMTP）、WWW、多媒体（如视频会议）和 P2P 等业务。

根据识别结论是否确定可以将流识别方法分为两大类：确定性识别方法（Deterministic Classification）和概率性识别方法（Probabilistic Classification）。确定性识别方法最终的识别结论是被识别对象“是”或者“不是”某种应用，答案是确定的。概率性识别方法的最终识别结论并不是确定的，而是给出流属于各类应用的概率；然后在此基础上，可以简单地将流归结为属于概率最高的那类应用。例如对于一个数据流，分析结果为该流属于 WWW 业务的概率为 0.2，属于 P2P 业务的概率为 0.3，属于多媒体业务的概率是 0.5，那么有理由认为该流是多媒体业务。

另外，根据识别规则是否需要分析数据包的载荷，可以将流识别方法分为基于载荷分析（Payload-based Analysis）和基于非载荷分析（Non-payload Analysis）两大类。其中，基于非载荷分析又包括基于端口号、基于应用连接特征等识别方法；基于载荷分析方法又包括基于协议特征字符串、基于协议流程分析等方法。

2. 基于端口号的流识别方法

一些典型应用的传输层协议和端口号是固定的，根据这类信息进行业务识别是识别业务流最简单的一类方法。因特网编号分配管理机构（IANA）将端口分为 3 类：周知端口（Well Known Ports），端口范围为 0～1 023，这些端口由 IANA 分配；注册端口（Registered Ports），端口范围为 1 024～49 151，这些端口用户级进程均可使用；动态端口（Dynamic Ports），端口范围为 49 152～65 535。

由于通过端口号映射的方法实现简单，只需要分析到数据包的传输层，识别开销小；当监测到业务的第一个数据包时就能够确定该流所属的应用，识别快：因而有着广泛的应用。这种方法很容易识别 WWW、DNS 和 SMTP 等常见业务，但不适合识别新业务。基于端口的业务流识别的步骤是：通过捕获本地的网络数据包，得到该数据包目的端口（d_port），查询周知端口列表就可得知该端口业务，并将该数据包插入到对应类型的业务队列中，同时该业务队列长度加 1，继续上述相同的步骤来处理下一个数据包。

3. 基于特征的流识别方法

基于特征的流量识别方法是另一类比较成熟且使用较广泛的流量识别技术，在防火墙、入侵检测等方面有着广泛的应用。目前对于新业务，尤其是对于基于 P2P 的文件共享流量的识别研究多采用这种方法。

特征（Signature）是指能够将一类应用与其他应用区分开的属性。它可以是交互过程中协议的特征字符串、特征模式，也可以是某种特定的行为模式。因为许多应用采用的协议并不是公开的，所以对协议特征的提取多采用抓包加逆向分析的方法。利用应用层特征字符串来识别流量，方法直观，实现也简单。基于特征的流量识别算法一般只分析包的头部，但是需要尽量多地捕获通过探测点的所有数据包，但是这种方法不完全精确。如果网络扫描时，在两个主机之间存在多条数据会话，这些会话就会被关联到这两个主机之间的控制会话。同时，如果多媒体数据不是来自参与控制会话的主机，那么这些数据就会被漏报。

基于协议载荷分析不仅需要分析包头，还需要分析包的有效载荷，这加重了分析系统的负担。另一种基于特征的识别方法假设各类业务的负载比例是固定、单一的，而和业务使用何种传输层协议无关。这样，这个比例可以作为识别一种应用的唯一标识。但是，这种方法的扩展性并不是很好，因为它需要进行大量的离线分析工作以获得每类应用的特征。

4. 基于协议流程的流识别方法

对于一些新业务，如多媒体应用和 P2P 应用，一个完整的流程会涉及多个会话，如控制会话和动态会话。通过控制会话建立连接、协商数据传输参数、启动和停止数据传输。一个会话（Session）是指用户间的数据交换过程。不同于使用固定端口或默认端口的应用，动态会话的端口、协议信息是在控制会话中动态协商的。协议流程分析方法根据构成一次应用的多个会话之间的关联关系，从控制会话中提取动态会话信息，然后根据这些信息来识别该应用涉及的动态会话。

基于协议流程的分析方法以分析多媒体应用的协议流程为基础，在已识别的控制会话相关数据包的净载荷中提取出动态数据会话的协商信息，同时修改过滤器，捕获后续的动态会话。协议流程分析识别方法相对于其他方法，识别比较准确。由于动态会话信息是在控制会话中根据协议流程规范提取的，所以这种方法的识别开销较大，尤其是对那些动态会话信息位置不固定的报文，如基于文本的 SIP 协议和 RTSP 协议，而且这种方法不能识别加密的或者未公开的协议。

5. 流识别方法的评价

流识别方法的评价指标主要有误报率、漏报率和识别开销。误报是指将一种应用的流识别成另一种应用的流的识别动作；漏报是指流量本属于某类应用，但是识别方法却未能做出对应的识别动作。误报率和漏报率直接关系到识别方法的准确性。对同样的输入数据集，采用同一种识别方法，如果采用不同的统计粒度，误报率和漏报率的差别比较大。

除了与准确率相关的指标，识别还有一个重要的参考因素就是应在一个应用数据流产生后对其尽早识别，为此可以定义滞后时间指标。滞后时间越短，说明对于一个业务流能够尽早地识别出来，这将有利于对业务流尽早进行控制。

7.7 基于业务优先级的自适应带宽分配方案及性能分析

7.7.1 问题的提出

在基于无线自组网的异构应急通信网络中，链路带宽和节点缓存是两种重要的网络资源，许多改善 QoS 的方法都是围绕着如何合理分配带宽和缓存展开的。目前，带宽分配方法已有很多种，通常可以归结为两类：静态分配机制和动态分配机制。前者保留固定数量的带宽供高优先级业务使用，这种方法的优点是实现简单，缺点是当高优先级业务较少时将造成带宽的很大浪费；后者动态调节各种业务的带宽共享率，在保证用户 QoS 的基础上尽量提高系统利用率，这种方法需要某种反馈机制，特别适用于闭环控制网络，但实现较复杂。总之，带宽分配和缓存管理的目的是使各类业务更加有效地共享网络资源，两者密切相关。评价带宽分配和缓存管理需要考虑的因素包括：资源使用效率、实现复杂性、业务获得的服务性能和公平性。

在应急通信场合要求网络具备优先级处理能力，必须保障应急通信业务流能够获得比普通呼叫更高的优先级，甚至必要时可以抢占普通呼叫的承载资源。本节提出的基于业务优先级的自适应带宽分配方案就是针对这种应急网络环境下的通信服务需求而提出的，基本原则是：基于业务的优先级和特性为各类业务动态地分配带宽和缓存，同时为了减少实现复杂性而没有过多地考虑公平性和资源使用效率。

7.7.2 方案描述和系统建模

自适应带宽分配方案描述如下：为最高优先级业务适当预留一定数量的带宽，其他等级的业务共享其余的带宽，并且为不同业务设置具有不同超时时间的大小不同的缓存。当各类业务可利用的带宽被占用时，各类业务进入缓存排队；一旦有空闲带宽，缓存内具有较高优先级且没有超时的业务优先占用带宽。对于低优先级业务可以根据情况来设置缓存，如果缓存溢出则丢弃分组。但在高优先级业务流量较大时，这种方法可能会造成低优先级的业务被“饿死”。为此，可以在一定情况下考虑采用加权循环调度（WRR）或允许低优先级业务使用部分预留带宽。预留带宽和缓存的数量可以根据网络状况动态调整，即具有某种自适应机制。但是这需要借助某种实时带宽测量和通知机制，具体方法要根据特定的网络环境来确定。例如，可以由接收端估算带宽或根据 RTT 值的变化估算带宽，同时可以使用捎带确认、显示带宽通知或主动查询等机制来及时反馈带宽值。首先，根据需要提供的 QoS 保障程度的高低将业务分为高优先级业务和低优先级业务。例如，音频和视频业务，以及重要的控制信息属于高优先级业务，而数据报业务和一般消息属于低优先级业务。为简单起见，在此只考虑 4 种不同优先级的业务，如表 7.4 所示。

表 7.4　业务的类型及优先级

业务种类	实时非容忍业务（如实时控制系统）	实时可容忍业务（如 IP 电话）	非实时重要业务（如文件传输）	非实时普通业务（如 E-mail）
优先级别	最高（0）	较高（1）	较低（2）	最低（3）

假定每跳链路可用带宽 N 已知，各种业务的到达时间和服务时间的概率分布已知，为了便于分析，假设服从指数分布。各类业务的缓存大小分别为 M_1、M_2、M_3 和 M_4，缓存超时时间分别设为 s_1、s_2、s_3 和 s_4，具体取值视业务对时延和分组丢失的敏感度而定，并且为高优先级业务设置预留带宽 M。同时假设各类业务分组耗费的带宽一定，网络采用 TDMA 模式工作，即将可用带宽看成由一组由时隙组成的帧，链路的带宽即为相邻两个节点之间的可用公共空闲时隙数。带宽分配逐条链路进行，但是各链路的带宽分配机制相同，因此这里仅考虑一跳链路的情况。系统工作机制如下：当分组到达时，首先判断业务种类，如果可用带宽满足此类业务的带宽服务要求，则直接占用一定数量的带宽（假定每个分组均使用一个单位带宽，即一个时隙）；否则需要判断缓存的剩余容量能否满足接入要求，如满足则将其送入缓存，并启动定时器等待服务，否则丢弃分组。表 7.4 中的 4 种业务的超时时间分别设置为 0.2 s、1 s、1 s 和 100 s。当分组等待超时而可用带宽又不满足服务条件时，则将该分组从缓存中清除。当分组服务完成，出现可用带宽时首先服务高优先级业务的分组。带宽分配和允许控制（Admission Control）工作流程如图 7.8 所示，其中 A1 到 A4 分别代表从高到低的 4 种等级的业务。

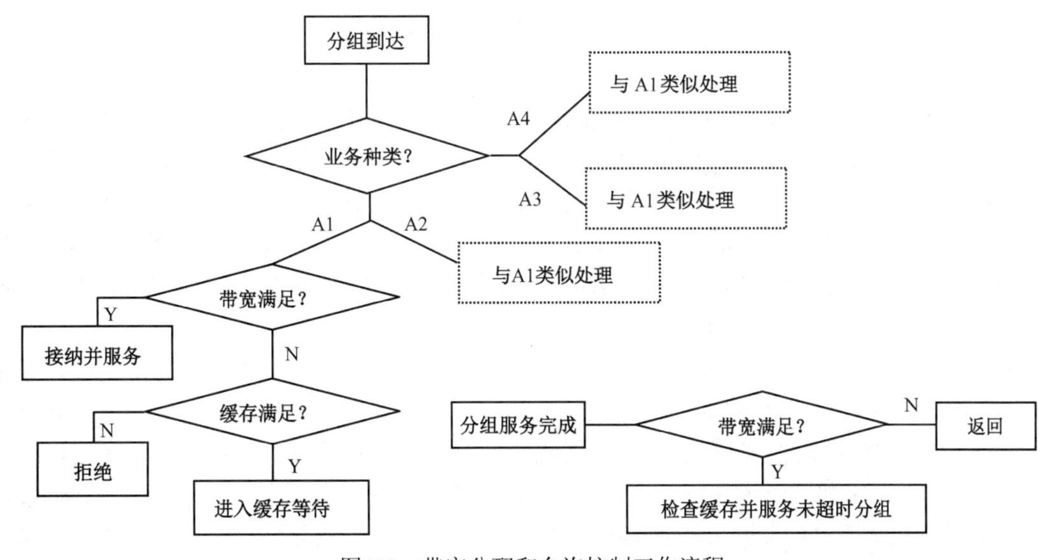

图 7.8　带宽分配和允许控制工作流程

基于以上描述，简单分析一下在每跳链路上各种业务满足的数学模型。各类业务的到达时间服从指数分布，服务时间也为指数分布，各种业务的服务员数目根据业务类别而定，各业务的等待队列长度也不尽相同，因此可以把系统看作一种具有优先权的 $M/M/N/K$ 的混合式排队模型，该排队模型中有 k 个等待位置（缓存）和 N 个服务员。令 $N(t)$代表 t 时刻系统中被占用的可用带宽数和缓存中占用的带宽数之和（假设缓存的单位与带宽的单位相同），若 $N(t) \leqslant N$，那么缓存器此时没有高优先级业务的分组排队；否则，有某类业务的分组在缓存排队。对于实时非容忍业务而言，其状态空间可以表示为：

$$E=\{0,1,2,\cdots,N,N+1,\ \cdots,N+M_1\} \tag{7-1}$$

其中，N 为可用带宽的最大值，而 M_1 为其缓存大小。

从以上的分析可以看出，$N(t)$是一个随机过程，且为 Markov 过程，此时的排队模型可以看作 M/M/N/N+M1。根据排队论的有关知识可以得到其解析解。令 4 种业务的到达速率分别为 λ_1、λ_2、λ_3 和 λ_4，服务速率分别为 μ_1、μ_2、μ_3 和 μ_4，且满足 $\lambda' = \lambda_1 + \lambda_2 + \lambda_3 + \lambda_4$，$\mu' = \mu_1 + \mu_2 + \mu_3 + \mu_4$，并令 $p_{ij}(\Delta t)$ 为一很小的时间段 Δt 内系统占用的带宽数从 i 变到 j 的概率（在 Δt 内带宽只能增加或减少 1 个带宽），那么其状态转移概率为：

$$p_{ij}(\Delta t) = \begin{cases} \lambda'\Delta t + o(\Delta t), & j = i+1, i = 0,1\cdots N-M-1 \\ (\lambda_1+\lambda_2)\Delta t + o(\Delta t), & j = i+1, i = N-M\cdots N-1 \\ \lambda_1\Delta t + o(\Delta t), & j = i+1, i = N\cdots N+M_1-1 \\ i\mu'\Delta t + o(\Delta t), & j = i-1, i = 1,2\cdots N-1 \\ N\mu'\Delta t + o(\Delta t), & j = i-1, i = N\cdots N+M_1 \\ o(\Delta t), & |i-j| \geqslant 2 \end{cases} \tag{7-2}$$

此时 π_{N+M_1} 即为第一类业务的呼叫阻塞率。上述分析只适用于第一种业务，而其他业务的排队模型比较复杂。因为系统是一个有优先级的多业务排队系统，其他业务的服务受限于比其优先级高的业务的服务情况，因此下面借助仿真来分析系统在各种情况下的性能。

7.7.3 系统仿真及性能分析

对于一个规模较小的网络，传播时延较小，因此时延主要由节点的处理时延和排队时延决定。假定每跳链路的可用带宽总数固定为 30 个时隙，而这里主要考察预留带宽和缓存的设置对各类业务性能的影响。在此以各业务的滞留时间和阻塞率作为系统参数，前者与系统时延相关，后者与系统吞吐量相关。为了便于比较，令各业务的服务率 μ 均相同，设为 10；令各种业务的到达速率 λ 也相同。通过增加 λ，我们来观察各种业务的阻塞概率和时延随 λ'（即网络负载 $\rho = \lambda' / \mu'$）的变化。

首先考虑各类业务均不设置缓存，同时也不为高优先级业务预留带宽的情况，模拟结果如图 7.9（a）和图 7.9（b）所示。从模拟结果发现，此时 4 种业务的阻塞概率相近，并且都随网络负载的增加而增加，时延的分布曲线也相似。然后对系统设置稍加改动，为高优先级业务预留带宽，这里假定为实时非容忍业务和实时容忍业务预留的带宽数量为 10，其他条件不变，模拟结果如图 7.9（c）所示。从模拟结果可以看出，当为实时业务预留一部分带宽时，业务 1 和业务 2 的阻塞概率变得很小；而对于非实时业务，与不预留带宽的情况相比，阻塞概率明显增加。如果为了减少非实时业务的阻塞概率，而又不显著增加实时业务的阻塞概率，可以通过改变预留带宽策略来实现，即调节预留带宽的数目，并且区分两种非实时业务。这里规定实时业务可以使用任意的可用带宽，但对非实时业务加以限制，具体规定如下：对于非实时重要业务只有当可用带宽数大于 3 时，才可以使用带宽；对于非实时一般业务，规定只有当可用带宽数大于 8 时，才可以使用带宽。此时的模拟结果如图 7.9（d）所示。结果表明，非实时重要业务的阻塞概率明显得到改善，而非实时一般业务和实时业务的阻塞概率虽有所增加，但也并不明显。

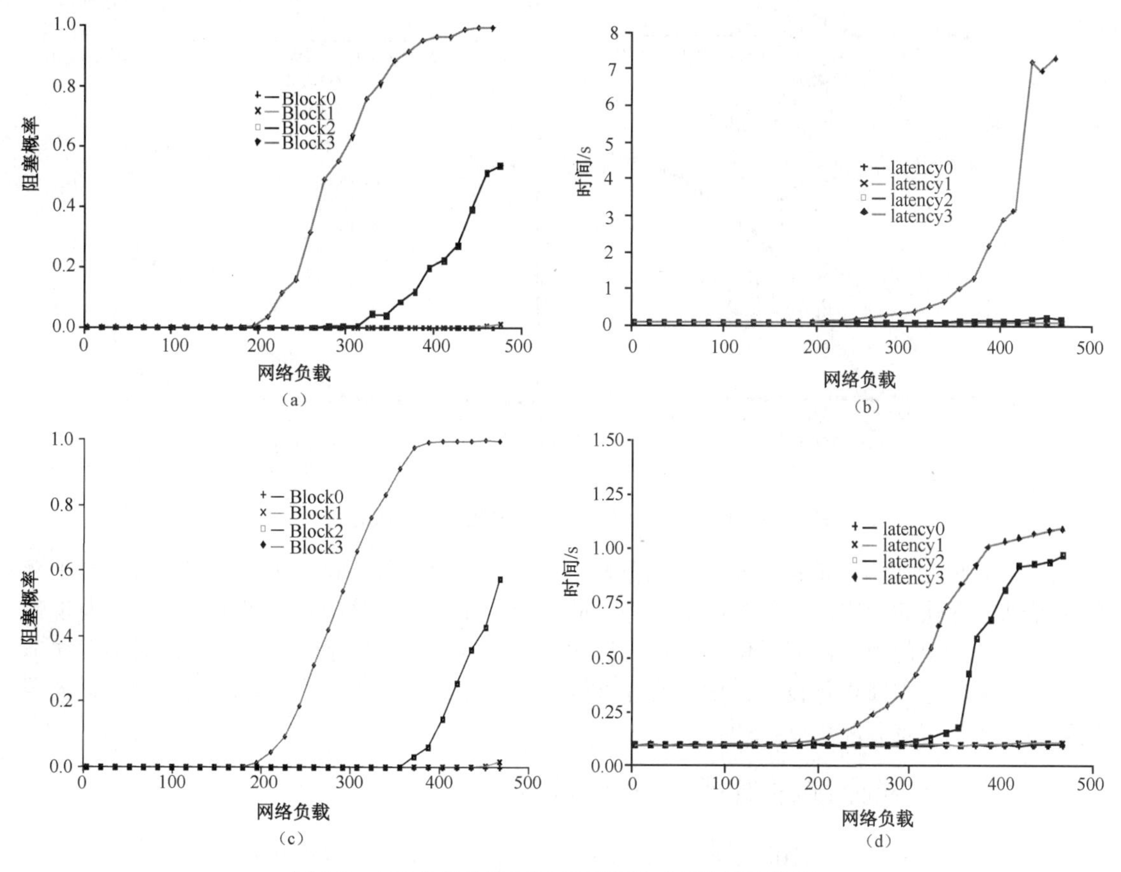

图 7.9　4 种业务的阻塞概率和时延（不设置缓存时）

最后，为了进一步优化各种业务的性能，还可以为各类业务设置缓存，缓存大小都设为 10，但不限制其超时时间。同时规定如果一旦有空闲带宽，服务顺序将按优先级的高低进行服务。模拟结果如图 7.10（a）和图 7.10（b）所示。模拟表明，实时业务的阻塞概率将变得很小，并且两种非实时业务的阻塞概率也能明显有所区别，即非实时重要业务的阻塞概率将减小。同时通过观察时延的变化曲线，我们发现，前 3 种业务的时延都能保持在较小的区间，但是第 4 种业务的时延随负载的增加而快速增大。原因是它的服务优先级最低，并且缓存没有限制等待时间。为了改善这种情况，同时进一步保证实时业务的时延，可以规定各种业务的缓存超时时间分别为：0.2 s、0.8 s、1 s 和 10 s。此时的模拟结果如图 7.10（c）和图 7.10（d）所示。从模拟结果可以看出 4 种业务的阻塞概率变化不大，甚至非实时重要业务的阻塞概率还有所增加，但很不明显。但是，由于对缓存内等待服务的分组的时延进行了限制，我们发现非实时一般业务的时延有明显改善，但这是以牺牲非实时重要业务的时延为前提的。

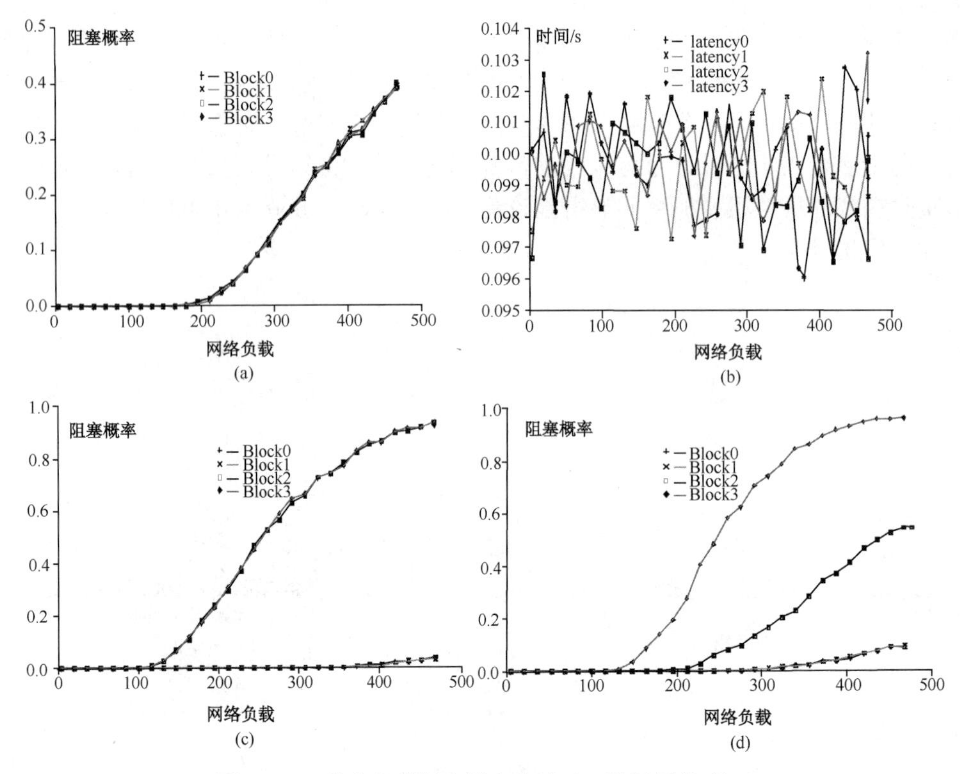

图 7.10　4 种业务的阻塞概率和时延（设置缓存时）

以上模拟是在假定链路带宽固定的条件下进行的，而这并不符合无线网络环境。对于链路带宽动态变化的网络，一种方法是由每跳链路的接收节点估算链路的可用带宽，当发现带宽变化超过一定门限时，可以使用捎带确认的方法向发送节点反馈带宽信息；而后由发送节点对带宽和缓存重新进行设置，如此反复直到最终的接收节点为止，可以实现一种简化的端到端的分布式带宽分配机制。

7.7.4　带宽分配方案的进一步讨论

上面讨论了 4 种业务下的带宽分配机制，并且假设每个分组每次传输占用一个时隙。这通常不符合实际情况，特别是对于自适应业务。自适应业务可以通过减少分组的大小和分组发送速率来适应系统带宽的变化。下面将考虑这种自适应业务情况，并假设实时业务分组可以抢占非实时业务分组的时隙。为了便于分析，假设系统只包含两种优先级不同的业务：一种是自适应实时业务，另一种是非实时业务（数据业务），分别记为业务 0 和业务 1。改进后的带宽分配机制基于带宽预留和带宽分割，并且采用带宽抢占策略。通常每个分组占用一个时隙，但是可以通过分割时隙来接纳更多的分组，而这是以牺牲业务的服务质量为前提的，并且需要保证分割后的时隙仍可以满足分组传输的最小要求。首先按照分组传输的最大带宽要求划分时隙，如果呼叫数较多，可以根据实时业务传输允许的最小带宽要求来减少一部分时隙占用的带宽数量，从而可以划分更多的时隙来接纳更多的呼叫。并且规定实时业务可以抢占数据分组的时隙，被抢占的数据分组返回到排队队列等待，直到出现空闲时隙。在此对数据业务设置一个容量为 L 的等待队列，为了保证分组投递的及时性，对于实时业务不设置缓存队列，并且当等待队列填满时数据呼叫也被阻塞。假设每跳链路共有 C 个可用时隙，其中 K_1 个时隙预留给实时业务专用，K_2 个时隙为可以分割的时隙（这里假设每个时隙最多可分成两个子时隙）用于容纳更多的实时业务的呼叫（即要求实时业务具有一定的带宽自适应能力）。修改带宽分配方案的系统模型如图 7.11 所示。假设 S 表示系统当前被占用的时隙数（被服务的分组数），当 $0 \leqslant S < C-K_1$ 时，可以接纳所有新来的分组。当 $C-K_1 \leqslant S < C+K_2$ 时，只能为实时分组服务；并且当 $C-K_1 \leqslant S < C$ 时，新接入的实时分组将被分配一个完整的时隙。而当 $C \leqslant S < C+K_2$ 时，某些被占用的时隙将被分割为两个时隙，一个用于服务原来的呼叫，另一个用于服务新来的实时业务的呼叫。当 $S=C+K_2$ 时，将不允许接纳任何呼叫。

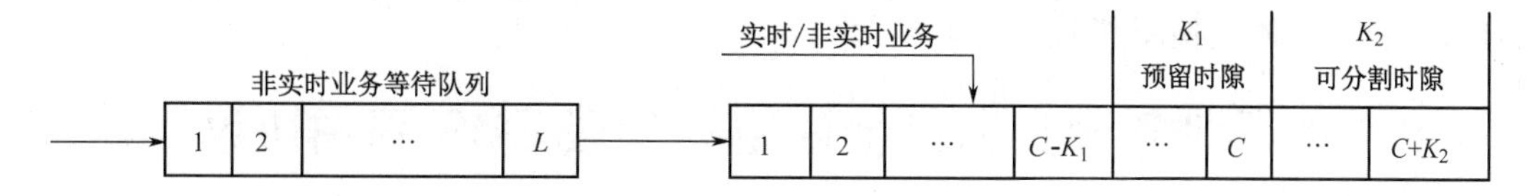

图 7.11　修改带宽分配方案的系统模型

此外，可以通过动态调整 K_1 和 K_2 的值来适应业务量的变化。例如，可以通过统计某个间隔时间内的实时业务和非实时业务的呼叫阻塞率来调整 K_1 和 K_2。当非实时业务阻塞概率持续增加时，可以减少 K_1，适当增加 K_2；反之，可以增加 K_1。如果为了提高实时业务的服务质量，可以适当减少 K_2。当实时业务的阻塞概率持续增加时，可以同时增加 K_1 和 K_2；反之，可以减少 K_1 和 K_2。

在此对以上的带宽分配策略下的各业务性能进行模拟，仅考虑系统存在一种实时业务和一种非实时业务的情况。假定系统可用带宽总数固定为 30 个时隙，这里主要考察预留带宽、排队队列大小及可分割带宽数对各类业务性能的影响。为了便于比较，令各业务的服务率（μ）均相同，设为 10；令各种业务的到达速率（λ）相同。通过增加 λ，观察各种业务的阻塞概率和时延随 λ'（即网络负载 $\rho = \lambda' / \mu'$）的变化。首先，设置 K_1=5，K_2=4，L=5，两种业务的阻塞概率和分组平均滞留时间如图 7.12（a）和图 7.12（b）所示。

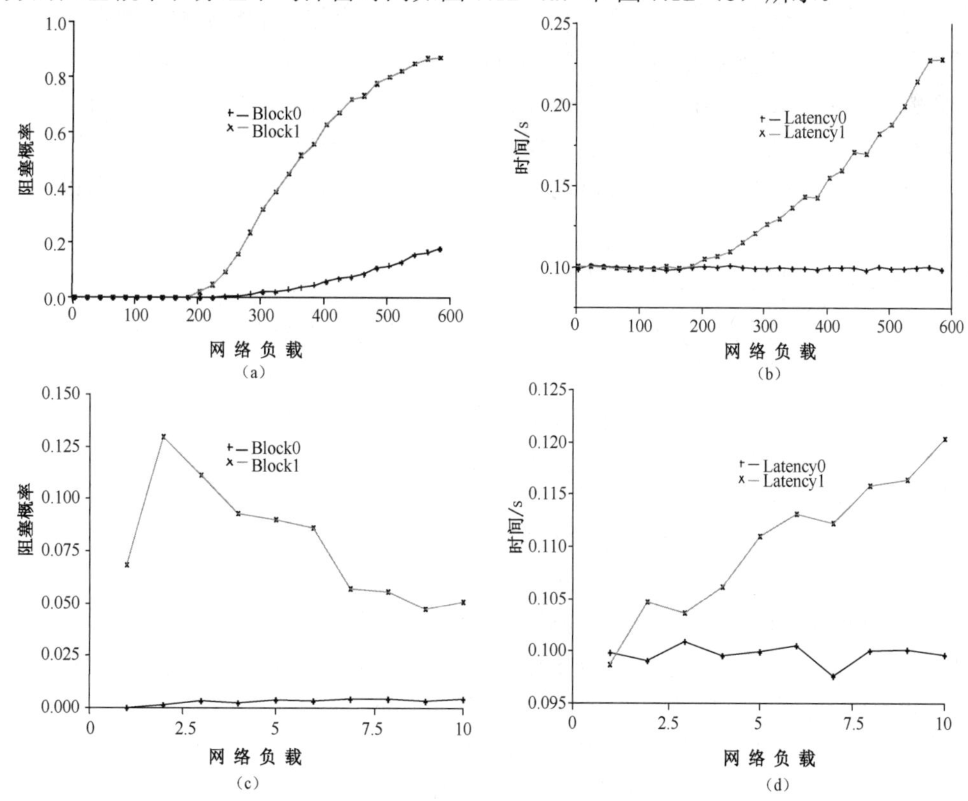

图 7.12　两种业务的阻塞率和系统滞留时间

从模拟结果可以看出，实时业务的阻塞概率（图 7.12 中的 Block0）和时延（图 7.12 中的 Latency0）明显小于非实时业务（图 7.12 中的 Block1 和 Latency1），并且实时业务的时延随负载的变化也很小。下面固定两种业务的到达速率 λ=120，改变 K_1、K_2 和 L 来比较两种业务的性能。首先改变 L，K_1=5 和 K_2=4 保持不变，模拟结果如图 7.12（c）和图 7.12（d）所示。可以看出，非实时业务的阻塞概率随缓存队列的增加而有所减少，但是时延相对增加，同时实时业务的阻塞概率和时延基本不受影响。

7.8 基于业务分类和代价期望的分簇 QoS 路由协议

第 6 章介绍的 PERCA 和 EBCRP 协议，可以有效地改善应急通信网络中节点的分布并使数据传输能耗更加均衡。本节在上述两种算法的基础上，设计适应无线自组织应急通信网络的 QoS 路由机制——具有 QoS 意识的基于分类和代价期望的分簇路由协议 CCECRP（Classification and Cost Expectation based Clustering Routing Protocol）。CCECRP 针对已有的 QoS 路由协议的缺点，考虑了时延、丢包率、能耗、可靠性等 QoS 指标之间的联系，将数据包划分为不同类型；不同类型的数据包采用不同的路由、排队及溢出策略，并应用了拥塞反馈机制。

7.8.1 协议设计方法

1．分簇及数据融合

分簇结构可以实现网络局部自治，减少传输的数据量和节点之间的干扰，便于管理，降低了协议的复杂性。同时，由于相邻节点监测到的数据具有很强的相关性，数据间存在冗余性，因此通过在簇头进行数据融合，可以大幅减少冗余数据的传输，提高能量利用效率。CCECRP 协议采取与 LEACH 协议相同的分簇方法。簇形成后，簇内节点采集数据，并根据数据内容的重要性将其划分为普通包和重要包。若数据包是普通包，则簇内节点等待自己的发送时隙将数据包发送至簇头；若数据包是重要包，则可以抢占发送时隙。数据包在簇头进行数据融合后再进行转发。

2．基于时延期望和能耗期望的路由选择

如前所述，根据重要性将数据包分为普通包和重要包。普通包的传送应注重节省能量，而重要包则应得到及时、可靠的传输。

数据包在节点间中继传输时，如果节点间信道的时延小，但丢包率高，传输的数据包很可能丢失；如果进行重传来提高可靠性，时延则会增加。反之，如果信道的时延较大，但丢包率很低，数据包进行可靠传输的时延可能较短。因此，选择下一跳节点时，时延和丢包率应进行综合考虑。同理，节点间信道的能耗与丢包也应进行综合考虑。

如果数据包是重要包，它在节点间进行中继时必须进行确认重传。假设节点间信道的丢包率为 PLR（Packet Loss Rate），那么数据包传送成功时传送次数的期望是 $R_e = 1/(1-\text{PLR})$。而数据包在节点间传送成功时的时延期望约等于传送次数期望与单次传送时延的乘积。现给出时延期望的概念。

时延期望（expectation of delay, ED）定义为：

$$\text{ED} = \text{t\_delay} \times R_e = \text{t\_delay}/(1-\text{PLR}) \tag{7-3}$$

其中，t _ delay 为节点间数据包的传输时延。

传输时延越小，丢包率越小，时延期望越小，节点间的信道越好。因此，时延期望可以作为数据包选择下一跳节点的指标。同理，数据包在节点间传送成功时的能耗期望约等于传送次数期望与单次传送能耗的乘积。

能耗期望（expectation of energy consume，EEC）定义为：

$$\mathrm{EEC} = \mathrm{e\_consum} \times R_e = \mathrm{e\_consum}/(1-\mathrm{PLR}) \tag{7-4}$$

其中，e_consum 为数据包在节点间传送一次的能耗。

节点间信道的能耗越低，丢包率越小，能耗期望越小，信道越好。因此，能耗期望也可以作为数据包选择下一跳节点的指标。

数据包传送的效率还与路由角度有关，应优先选择路由角度小的节点作为下一跳。

综上所述，对于普通包，在没有发出拥塞告警信息的邻居簇头中，应选择路由角度小且能耗期望小的邻居簇头作为中转节点，以提高能量利用率。因此，以 $M = \cos a/\mathrm{EEC}$ 的值作为下一跳的评价标准，其中 $\cos a$ 为邻居簇头相对自己的路由角度的余弦值，Eec 为邻居簇头相对于自己的能耗期望。当拥有最大 M 值的邻居簇头发出了拥塞告警，则选择 M 值次大的节点，依此类推。

节点转发重要包时，应选择路由角度小且时延期望小的邻居簇头作为中转节点，以减少传输成功时的平均耗费时间。因此，以 $M = \cos a/\mathrm{ED}$ 的值作为下一跳的评价标准，其中 $\cos a$ 含义同上，ED 为邻居簇头相对于自己的时延期望，选择 M 最大的邻居簇头进行转发。

3．基于优先权的排队机制

节点将接收到的数据包放入缓存队列中。如果接收到的是普通包，则将其存储在队尾指针所指的位置，同时尾指针前移。如果接收到的包是重要包，则采取抢占机制，即队首指针后移，将数据包存储在队列的队首。当节点的发送模块和信道空闲时，始终选择队首指针所指的数据包进行发送。所以即便一个节点中队列较长，队列中的重要包也能够较及时地得到转发。整个过程如图 7.13 所示，图中首字母小写的数据包代表一个普通包，如 p30；而首字母大写的数据包代表重要包，如 p127。

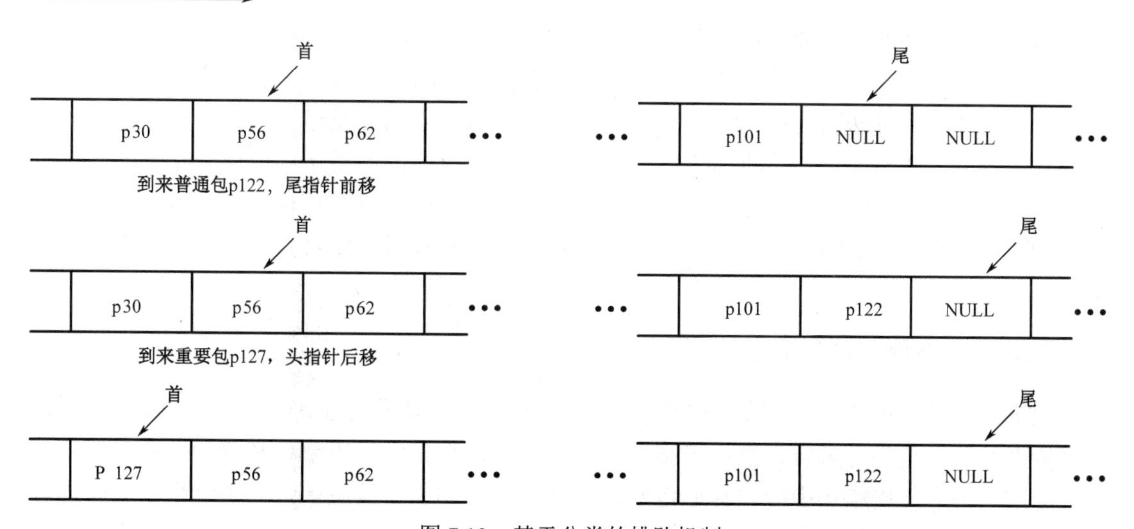

图 7.13　基于分类的排队机制

另外，如果队首数据包本身就是重要包，再来一个重要包时，头指针继续后退，保证了新到的重要包更早地得到及时中继。当新的重要包中继完毕，队首指针继续前进。当发现新的所指的数据包已经被发送时，队首指针继续前进，直到指针到达尚未传输的数据包，开始对它进行处理。可见，这种抢占机制不会对队列产生影响。

4. 基于优先权的溢出策略

根据前面的加入队列策略，队列中数据包的状态有如下3种：

（1）重要包（不论到来早晚）位于队首及队首指针向前的位置，普通包位于队尾及队尾指针向后的位置，该状态较普遍；

（2）整个队列中全是普通包；

（3）整个对列中全是重要包，该状态出现较少。

在WSN中，节点的缓存有限。当缓存耗尽时，对于不同分类的数据包及队列情况所采用的丢弃策略也不同。重要包溢出普通包，如果位于队尾的普通数据包和新到的数据包来自同一个节点（或节点位置接近），采用新的普通包溢出老的普通包的方法，队首指针和队尾指针都后退；当来自的节点不同（或节点位置较远）时，溢出策略有待研究。例如，为了避免节点的普通包始终不能传输到基站，可采用丢弃新普通包的方法。

当队列已满，此时若再到来重要包，对于队列处于（1）、（2）状态时，队首指针和队尾指针都后退，溢出普通包。若队列处于（3）状态，如果最靠近队尾的重要包和新到的重要包来自同一个节点（或节点位置接近），采用新的重要包溢出老的重要包的方法，队首指针和队尾指针都后退；当来自的节点不同（或节点位置较远）时，溢出策略有待研究。例如，为了避免节点的重要包始终不能传输到基站，可采用丢弃新的重要包的方法。

当队列已满，此时若再到来普通包，若队列处于（3）状态时，新到的普通包丢弃（不进行接收）。对于队列处于（1）或（2）状态时，如果最靠近队尾的普通数据包和新到的数据包来自同一个节点（或节点位置接近），采用新的普通包溢出老的普通包的方法，队首指针和队尾指针都后退；当来自的节点不同（或节点位置较远）时，溢出策略有待研究。例如，为了避免节点的普通包始终不能传输到基站，可采用丢弃新普通包的方法。

5. 拥塞反馈机制

当信道发生拥塞时，节点中的数据包发送速率将降低，缓存中队列不断延长。在这种情况下，数据包的发送时延增大，甚至因缓存溢出而丢包。因此，CCECRP协议采取了拥塞反馈机制。当节点的发送队列很长或缓存即将耗尽时，向上游节点发送告警信号。上游节点收到告警信号后，则不选择该节点作为下一跳。但当该节点周围的发送信道恢复正常，缓存中队列减少到一定程度时，再发送一个恢复信号，上游节点就可以继续选择它作为中继节点。拥塞反馈机制具有均衡能耗和流量、减少时延的作用，并且只需要查看节点内部的缓冲区占用情况即可。

7.8.2 协议工作流程

CCECRP协议的工作流程如图7.14所示。CCECRP协议采用分簇网络结构，簇头对簇内节点传来的数据包进行融合，然后依据数据包性质将数据包分为重要包和普通包；重要包选择时延期望小的邻居簇头中继，普通包选择能耗期望小的邻居簇头中继；中继簇头对普通包和重要包分别采用先进先出和后进先出的排队策略，采用的溢出策略也不相同。如果簇头发生了拥塞则向上游簇头发送拥塞反馈信息，上游簇头将选择次优邻居簇头进行中继。数据包最终被中继传输到汇聚节点上。

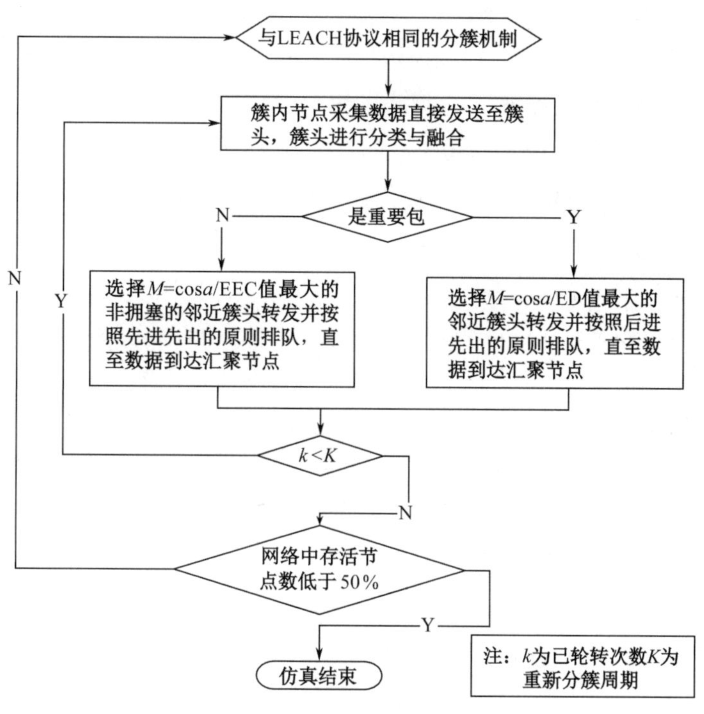

图 7.14　CCECRP 协议工作流程

7.8.3　仿真实验分析

1．仿真环境及评价指标

仿真实验参数配置如表 7.5 所示。节点在区域中随机均匀分布。所有的工作节点以 60 s 为周期发送数据包，其中重要包的概率为 20%。节点间传输时延和丢包率由系统随机产生，传输时延随机分布在（1 ms, 5 ms）区间内，丢包率随机分布在（5%, 30%）区间内。经仿真，确定网络重新分簇周期为 60×18 s。设定当存活节点数减少到原节点数一半时，网络生命期结束。

表 7.5　仿真实验参数

参　　数	参 数 值
网络区域	500 m×500 m
基站位置	550 m，250 m
无线收发电路能耗	50 nJ/bit
发送放大器能耗	100 pJ/(bit・m^2)
数据帧大小	256 B
广播帧大小	64 B
数据融合能耗	5 nJ/bit
缓存大小	512 KB

数据包投递率（packet delivery rate，PDR）的一般定义为：

$$PDR = N_{sr} / N_s \tag{7-5}$$

其中：N_s 为 WSN 中节点发送的数据包个数，N_{sr} 为 WSN 中基站接收到的数据包个数。

在分簇的路由协议中，簇头对簇内节点发送的数据包融合程度较高。因此将分簇结构的 WSN 的投递率定义为：

$$PDR = N_{sr} / N_{hs} \qquad (7\text{-}6)$$

其中，N_{hs} 为簇头发送的数据包数。

实验中选择典型的 QoS 路由协议 SAR 作为参照，比较普通包和重要包的收发包数、投递率、时延和网络寿命等 QoS 指标。实验分别进行了 20 次仿真，对其平均值进行了比较。

2. 仿真结果分析

仿真实验表明，采用 CCECRP 协议与采用 SAR 协议相比，结果变化如下。

（1）网络寿命平均延长 15.0%，能耗更为均衡。图 7.15 显示了仿真中分别采用两种协议时存活节点数的变化情况。CCECRP 采用周期分簇的方法，均衡了能耗。它属于分布式协议，采用局部最优的方法选择路由，而且投递重要包时重传次数减少，具有更好节能性能。

（2）普通包和重要包的收包数平均分别增加 12.9%和 12.5%，即利用有限的能量接收到了更多的数据，如图 7.16 所示（图中 1 和 2 分别表示普通包和重要包，下同）。

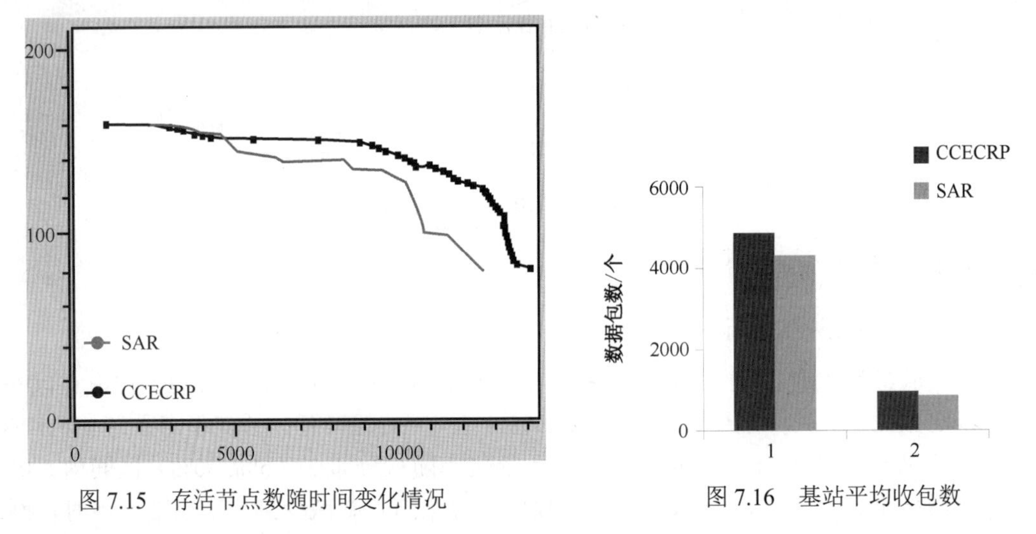

图 7.15　存活节点数随时间变化情况　　　图 7.16　基站平均收包数

（3）普通包和重要包的投递率平均分别提升了 2.7%和 1.2%，如图 7.17 所示，反映出了考虑丢包率的效果。

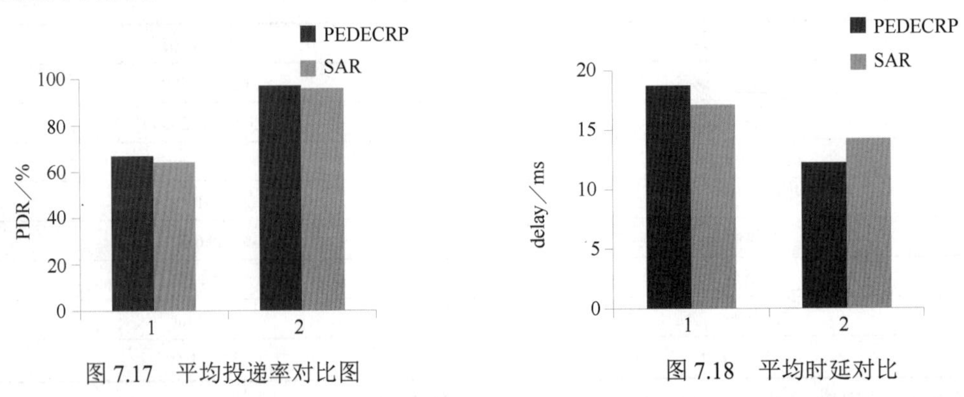

图 7.17　平均投递率对比图　　　图 7.18　平均时延对比

（4）普通包时延平均增加了 14.0%，重要包时延平均减少了 9.5%，如图 7.18 所示。这是因为 CCECRP 协议主要考虑了节能和投递率，并不一定会选择时延小的路径传输，而且数据包在发送缓存区排队时只对重要包优先处理。

CCECRP 协议在网络层和传输层增强了网络的服务区分能力，而且协议运用的机制都是基于本地的，计算量和代价都较小，可以使无线自组织应急通信网络快速、高效地提供有差别的服务，为重要数据的传输提供较好的服务保障，同时提高了能量效率并延长了服务时间。

7.9 本章小结

目前，在传统的有线固定网络和无线网络中，QoS 保障问题虽然已经取得了长足的进展，但至今仍还没有完善的解决方案；因此在环境复杂多变的异构应急通信网络中提供服务质量保障，势必面临更大困难和挑战。但是，可以借鉴和吸收传统网络中已取得的研究成果，并根据异构应急通信网络自身的特点加以改造完善，来设计满足特定应用场景需求的 QoS 保障机制。

本章介绍了应急通信网络中 QoS 保障的背景需求和基本概念，归纳总结了当前的研究现状，从协议栈的角度对无线自组网中的 QoS 保障机制进行了系统阐述，讨论和分析了适用于无线自组网的 QoS 信令机制和 QoS 服务模型。在此基础上，探讨了跨层 QoS 体系结构的设计策略和网络拥塞控制方法。最后，说明了应急通信中的业务流判定、分类和识别机制，给出了一种基于业务优先级的自适应带宽分配方案，并设计了一种基于业务分类和代价期望的分簇 QoS 路由协议。

异构应急通信网络的 QoS 保障问题目前仍处于研究阶段，还有大量问题亟待解决。本章讨论了许多针对无线自组网的 QoS 保障机制，尽管解决问题的出发点和实现方式不同，但是它们互相关联。鉴于基于无线自组网的应急通信网络动态多变性和业务多样性，QoS 保障的目标不是设计一个强大而复杂的 QoS 保障机制，而是寻求一种使用较少开销和代价来支持某种程度的服务质量保障的灵活机制，以便提高能量效率、降低系统成本、改善系统性能，匹配网络约束和应用需求。同时，为了使网络各层能够更好地协调工作，制定一个合理、完善和标准的 QoS 体系结构和服务模型仍是今后的一项重要工作。

第 8 章　应急通信网络的管理和安全技术

应急通信网络是一种为处置公共突发事件临时构建的复杂异构网络，部署了可提供不同业务的多种类型的终端。与传统通信网络一样，应急通信网络也希望对网络和终端做到可信、可管、可控，能够实时、准确地了解节点的信息和状态，以便安全、高效地使用有限的网络资源（特别是无线网络资源），提高应急响应能力。为此，本章将对应急通信网络的管理技术和安全技术进行探讨，并重点讨论无线自组网的资源管理和安全保障机制。

8.1　网络管理技术概述

8.1.1　基本概念和相关标准

简单地讲，网络管理是指在整个网络使用期内，为了满足用户的需求而进行的对网络的操作和维护的全部活动。网络管理的作用是收集网络内相关节点的工作状况，并对网络中的各种设备、部件、用户等进行监测和控制，以保证网络操作的有效性，最大限度地增加网络的可用时间，提高网络设备的利用率、网络性能、服务质量和安全性，简化网络维护和控制运行成本。

网络管理系统一般由至少一个网络管理者（Manager）、多个代理（Agent）、一个或多个管理信息库（MIB）和网络管理协议[如公共管理信息协议（CMIP）或简单网络管理协议（SNMP）]4 部分组成，如图 8.1 所示。被管设备可以包括各种网络设备（路由器和交换机等）、服务器、用户终端和应用程序等。在这些设备或程序中驻留有代理，代理是网络中被管资源的"管理表示"。管理者一方面与用户交互，另一方面通过代理对设备进行管理。管理者与代理通过网络管理协议进行通信，代理在被管系统中直接管理被管对象。被管对象表示了管理操作的资源特征的抽象，这种抽象必须规定对象如何被标识、其组成成分、行为、操作的方式，以及与其他被管对象的关系。从网络管理体系结构的角度看，管理是指管理者通过管理协议向代理传输管理命令，进而控制被管对象的过程。

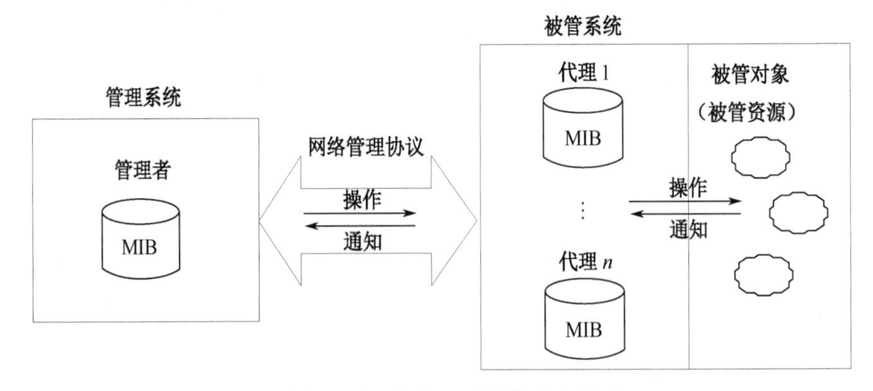

图 8.1　网络管理系统的基本组成

国际标准化组织（ISO）很早就在开放系统互连（OSI）的总体标准中提出了网络管理标

准框架，即 ISO 7498-4。ISO 制定的两个重要标准是 ISO 9595 和 ISO 9596，前者定义了公共管理信息服务（CMIS），后者描述了公共管理信息协议（CMIP）。在 ISO 制定的网络管理标准中，将网络管理分为系统管理（管理整个系统）、层管理（管理某一个层次）和层操作（对某个层次中管理通信的一个实体进行管理）。在系统管理中，定义了管理的 5 项功能域，分别是故障管理（Fault Management）、配置管理（Configuration Management）、计费管理（Accounting Management）、性能管理（Performance Management）和安全管理（Security Management）。这五大功能域（简称 FCAPS）基本上覆盖了整个网络管理的范围，其中故障管理和配置管理是最基本的功能。

为了保证网络管理正常而有效地进行，应确定用于网络管理的通信、控制规则、方法和功能，即需要网络管理协议并保证它能够与网络上的其他协议协调工作。目前，主要存在两个网络管理协议标准，一个是基于 TCP/IP 的网络管理协议（Simple Network Management Protocol，SNMP），另一个是由 ISO/OSI 确定的公共管理信息协议（Common Management Information Protocol，CMIP）。由于 SNMP 的简单和易于实现，几乎所有的商业性网管平台都支持 SNMP，它已成为今天事实上的行业标准。

自 1988 年推出第一版以来，SNMP 得到了迅速发展。SNMP 的基本功能包括监视网络性能、检测分析网络差错和配置网络。SNMP 环境由两部分组成：一个或多个管理站和一组被管理的对象。SNMP 是通过轮询方式进行管理的，被管理的对象上驻留一个代理程序来负责收集本身的管理信息，这些管理信息存放在已标准化的管理信息库（MIB）中。被管对象的状态除了可被管理站轮询检测，还可以用一种称为 Trap 信息的报文主动报告。当被管理对象发生紧急情况时（如重新启动、线路故障等），主动报告非常必要。

8.1.2　基于 Web 的网络管理

传统的网络管理方式已经不能适应当前网络发展的趋势，不能够实现对这种复杂的企业网实现高效和灵活的管理。作为一种全新的网络管理模式，基于 Web 的网络管理（WBM）允许网络管理员使用任何一种 Web 浏览器，在网络任何节点上方便、迅速地配置、控制及存取网络和它的任何组成部分。

Web 管理使用 WWW 工具和技术对互联网上的各种设备进行网络管理。通过在 TCP/IP 协议栈上使用 HTTP，一个标准的浏览器能够监视和控制由相应的 HTTP 服务器程序支持的目标设备。使用如 HTML、CGI、PERL、Java、C++和 SNMP 等支持工具、编程语言和协议，能产生和传输管理信息，并将其表示为静态、动态和基于表（交互式的）的屏幕信息。基于 Web 的管理是一种新技术。就存取和表示有关设备的管理信息的机制和方法而言，可用几种不同的模型表示。

1．使用浏览/被浏览实体模型的 Web 管理

在该模型中，浏览器直接与被管设备上的 HTTP 服务器通信。如图 8.2 所示，模型将管理实体和被管实体封装在一个被浏览实体中，从而屏蔽了实现细节。其中，被浏览实体包含了一个 HTTP 服务器和必要的支持 set 和 get 管理变量的手段。在这类实现中，目的设备必须包括必要的 TCP/IP 协议栈和 Web 管理 applet，这些 applet 被下载到客户机的浏览器中执行。目的设备主要包括 HTML 页和一个 Web 应具有的其他能力。执行的 applet 能够与被管设备通信，并包括 GUI、socket 网络接口和其他许多可能的特征。在该模型中，不需要 SNMP NMS 那样的中间管理设备。浏览器请求到达存储管理 applet 的 HTTP 服务器后，这些 applet 被下

载到浏览器平台执行。

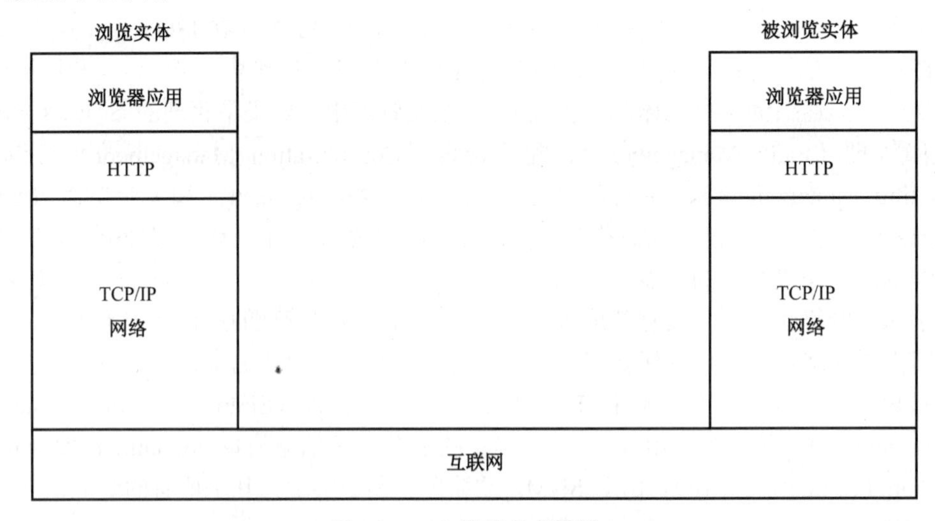

图 8.2 Web 管理参考模型 1

2. 使用 SNMP 浏览/被浏览实体模型的 Web 管理

该模型（见图 8.4）包括 3 个部分，它是一种基于 Web 管理与 SNMP 管理者/代理模式相结合的方式。管理者能包括许多来自被管实体的 applet 和 HTML 页。此时，NMS 也是 HTTP 服务器。浏览器请求到达存储管理应用程序的 CGI 位置。例如，PERL 应用程序可以调用一个接口，该接口又在 SNMP 库中调用适当方法，以对目的设备中的特定的代理执行 SNMP 操作。

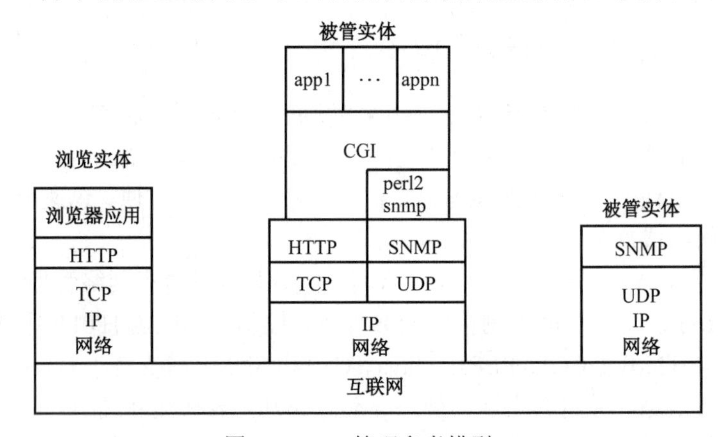

图 8.3 Web 管理参考模型 2

8.1.3 基于策略的网络管理

在基于策略的网络管理（PBNM）中，策略定义了一系列规则，用以操纵、管理、控制对网络资源的访问，指导网络系统行为的选择。在基于策略的网络管理中，网络管理员根据当前的网络环境，以及用户、应用程序、安全性等需求，制定若干网络资源使用和服务的策略。例如，规定没有经过身份验证的管理者无权修改设备的 MIB 变量；运行重要应用程序的用户比使用 Web 的普通用户具有更高的优先级等。基于策略的网管系统把这些策略翻译成与具体设备相关的操作配置命令，发送给被管设备。

策略定义了系统需要完成的行为或期望达到的状态。目前，用于网络管理的策略都还处于一个比较低级的抽象层次上，其共同之处是把策略定义为一组 Event-Condition-Action（ECA）规则的集合，规定当事件 E 发生时，如果满足条件 C，则执行动作 A。由此，策略可以看作一个事件集到动作集的映射函数，基于策略控制的网络系统则可以被看作一个状态机，策略决定了被管设备所处的合法状态。策略规则中的事件和条件定义了策略应用的场合，可以表示为一个条件命题的析取范式或合取范式。当条件为真时，规则指定的动作集将被执行，这可能导致系统停留在原有的状态或变迁到一个新的状态。对于策略规则中的动作集，既可以规定一个特定的执行顺序，指出这一执行顺序是强制性的或仅仅是建议性的，也可以说明动作的执行顺序无关紧要。策略既可以简单到一条策略规则，也可以是若干策略规则的聚合；聚合而成的策略组还可以互相嵌套，如图 8.4 所示。

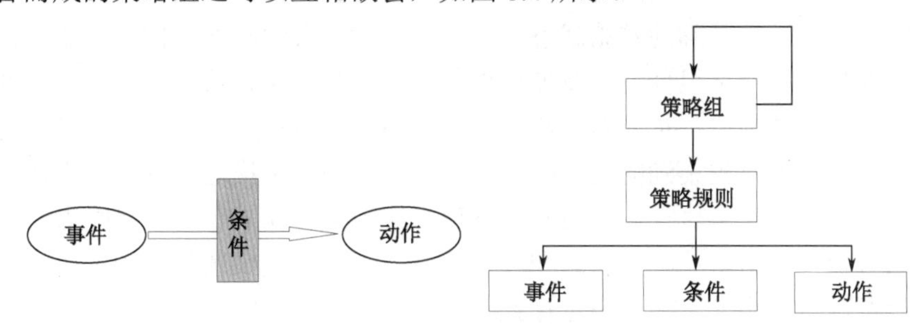

图 8.4　策略和策略规则模型

8.1.4　自治网络管理

随着网络规模和网络复杂性的日益增加，有必要通过某种技术手段来减轻网络管理员的负担。比较著名的技术手段包括软件代理、主动网络和策略语言等技术。软件代理技术，特别是移动软件代理技术的采用，提高了对网络的管理和异步控制能力，可以根据需要迁移管理代码，从而实现了定制的配置和管理程序的分发。主动网络技术通过在运行时注入主动程序来动态地控制网络组件，但是增加了路由器功能的复杂性，引入了更多的处理开销和时延。为了简化对于大规模分布式系统的管理，引入策略来描述各种网络元素应对网络变化应该采取的操作。策略规定了一种由网络管理员定义的规则，用于指导网络组件的行为。尽管上述这些技术手段能够在一定程度上自动执行网络管理操作，但是管理员仍必须准确描述和编写执行特定行为的代码，开发必要的策略，并且需要根据网络环境的变更不断地修改代码或策略。另外，这些自动管理方法都是反应式的，即根据服务故障或性能降级的指示来调整管理和配置策略，不能适应业务目标或用户需求的动态变化。

自治计算（AC）是指能够自主执行操作以满足预定的高层目标的计算实体。具有自制计算能力的实体能够持续监视自身的状态并根据内部或外部的事件调整其状态。自治实体能够独立做出修改操作和配置的选择以满足特定的目标。IBM 定义了一个基于自治管理器的通用框架。自治管理器的任务是监视被管实体、分析其性能、计划和执行一系列适当的管理操作。完成这些任务依赖于一个维护有关被管实体及其操作的必要信息的知识库。如果网络管理系统满足上述的自治计算的 4 个特性，那么就称其为自治网络管理系统（ANMS）。

在 ANMS 中，自配置是指网络管理系统能够监测任何网络组件和网络环境中的变化，并在不破坏网络性能的情况下触发适当的配置操作（自调整机制）。例如，当监测到当前管理器的负担过重时，可以将管理操作分配到多个管理器上。自愈是指管理系统在出现任何故障或错误时能够恢复正常操作。自优化是指能够以最有效的方式执行任何管理任务和服务，从而获得最佳的网络性能。自保护是指管理系统能够采取必要的措施，保护系统操作免受外来影响或破坏。例如，对边缘路由器实施允许控制配置来防止未授权的流量访问网络。

实现自治网络管理的关键要素之一，是拥有能够准确描述被管系统的模型，这需要构建一个知识库（Knowledge Base）。根据需要，该知识库可以是简单的数据库或复杂的专家系统。构建知识库系统的首要步骤是规范必须由系统提供的知识，然后为每种领域知识选择一种合适的模型，最后构建用于知识的发现、获取和处理的方法。

网络监控需要收集必要的网络度量信息来确定网络运行的状况、用户获得服务质量及可能存在的故障或攻击。传统的网络监控主要是指通过网络代理收集预先确定的网络度量参数。而自治网络管理则需要根据网络环境和用户需求的变化持续调整监控操作，以便在尽量减少处理开销的同时获得准确的网络状态视图。这表明，自治网络监控需要能够在网络运行过程中，确定监控哪些网络组件，以及如何调整监控参数、执行监控的方式和频率等。

自治性决策的重要前提，是能够对监测到的网络信息进行自治性分析。在传统的网络管理系统中，分析仅限于将收集到的数据解释为被管网络的状态描述，称为网络诊断，并借助预定的规则或启发式算法来执行。自治网络管理系统中的诊断具有自学习能力，能够根据历史信息和推演分析检测出新的异常状态和攻击行为，而不是仅仅依赖于预定的规则。另外，通过网络分析可以对网络未来的状态进行预测。自治网络管理的自学习，可以通过专家系统、概率模型、模式识别和贝叶斯网络等技术来实现。

传统的网络管理大都是反应式的，通过采用反馈环基于当前的系统诊断信息做出管理决策。这种方法难以避免性能降级和系统故障，网络恢复的成本较高。ANMS 的管理是具有前瞻性的，可以根据系统当前和随后的状态信息以及环境信息做出适当的决策。从预测的即时性看，预测方法还可以分为离线预测和在线预测。前者适用于动态性较弱的网络，预测准确性较低；而后者适用于动态性较强的网络，预测开销较大。从预测采用的机制可以将预测分为概率预测、统计预测、基于机器学习的预测和基于模拟的预测。

8.2 应急通信网络的规划和管理

8.2.1 应急通信网络管理的特点和要求

应急通信网络的规划和管理对于提高网络的可靠性和可用性至关重要。在传统的商业网络领域中，网络管理主要是对静态网络设备（如传输设备、交换中心）的摇控和监视，以及搜集各种报警信息。应急通信网络部署在通信条件恶劣、瞬息变化的网络环境中，包含大量异质节点，并且很多是可移动的通信设备，通信手段以移动（无线）通信为主。对于临时组建的应急通信网，提供对网络的监控能力同样重要。这种网络不仅要传递路由信息，还要可靠地传递网络管理/控制信息，以便进行配置管理、故障管理、安全管理和性能管理。具体而言，应急通信网络的管理有以下特点和要求。

1．满足网络的生存性

为了保证通信的不间断，要求网络管理系统能够对网络的故障和毁损情况做出迅速反应，并绕过故障维持通信。商业网络的管理系统是一种高度集中的系统，所有的信息都汇集于系统的中心管理站点。为了避免单点故障问题和提高网络的健壮性，应急通信网络的管理平台和人员应采用层次化结构，具体可分为 3 个不同的级别：系统的执行与规划级，它是最高一级（各级政府机构）；系统控制级，它为中间一级（后方指挥机构）；设备控制级（现场指挥机构），它是通信网络中的最低一级。不同的级别承担的责任不同，级别越高责任越大，并且各级之间存在某些共享的责任。此外，通常还在上两级中使用备用系统，以便提高系统的恢复能力。

2．满足网络的机动性

应急救援队伍具有快速移动的特点，能够根据公共突发事件的发展和变化迅速转移。因此，当应急指挥所转移到新区域时，应急通信网也必须随之移动，并能与后方指挥部进行方便、可靠的连接。为此，通信指挥员需要能够快速完成网络部署和节点定位，要有完善的无线信道频率资源管理功能。在新的环境中，要能够快速建立可靠的通信链路，为事发区域提供必要的通信覆盖，给无线电系统分配频率，同时不会干扰在该区域已建立的无线电通信链路。

8.2.2 应急通信网络的规划

1．规划步骤

应急通信网络的规划涉及对应急现场中网络资源的定位和部署，包括以下 3 个阶段：

（1）预规划阶段。它是在任何规划实施之前进行的规划，用以确定规划应用可使用的资源类型。

（2）任务规划阶段。该阶段是在某项任务实施前完成的规划，它需要确定任务中要用到的实际资源，以及在数据库中为每个资源命名唯一的标识符。

（3）网络操作规划阶段。该阶段在任务执行过程中完成，其中的每个步骤都可被定义为一种网络模式，并可为每种模式定义不同的数据实例。在这个阶段，可以看到网络是如何在任务执行过程中展开的。资源提供节点可根据现场态势部署在能为用户提供最佳服务的位置。为了检验节点位置的合理性及节点之间电连接的可靠性，需要使用多种分析和验证工具。

2．操作规划

操作规划需要按照应急救援人员被部署的位置规划网络的配置和相应的任务。规划人员可根据指挥所的位置和应急救援人员的分布规划资源节点的位置，并将它们与中继节点进行合理的连接以形成中枢网络。这一规划需要把握的一个原则是能够支持网络初始部署和基本的任务，而尽量少地改动中继节点位置。随后，规划人员应最优化地规划应急通信网络的无线接入点，达到覆盖事发区域的目的。

3．规划验证和频率分配

为了检验所规划的网络拓扑能否在任务执行阶段获得期望的性能，需要进行网络性能分析。在任务规划阶段，每个节点都分配一个用户设置，以此来定义用户的类型和信息量分布。在确定了电路交换用户和分组交换用户的数量后，用户之间应能够以任何可能的方式通信。使用模拟工具对网络实施模拟，通过模拟结果察看网络的规划是否达到预定要求。网络拓扑及节点位置通过检验后，在将部署网络的命令发往节点前，必须给连接网络的无线节点分配频率。分配频率的过程要实施反复的检测，以减少各节点之间的干扰。完成频率分配后，操作员将对转移到新位置的每个节点群发出部署命令和连接指令，以更新链路和网络拓扑等。

8.2.3 应急通信网络的监控和管理

与其他网络管理系统一样，应急通信网络的监控和管理功能也可按照故障、配置、账号、性能和安全管理（FCAPS）5 方面进行，但必须考虑应急通信网络的特殊要求。

1. 故障管理

故障管理是指在出现网络故障时系统可以做出快速反应来维持网络的有效性，通过故障本地化技术快速、准确地定位故障和查找原因，并采用自愈机制来恢复服务。这项任务基本上可使用两种不同的模块完成：状态监视和报警处理。状态监视是指对系统的工作状态进行监视，对应急通信网络而言，就是监视应用系统工作与否、节点和中继线的连接是否正确及各网络节点的工作状态。除了进行状态监视，还可用报警管理系统收集设备的报警，并将报警发送给操作员，操作员再将这类报警列在操作员的常用报警清单中。

2. 配置管理

配置管理包括初始化网络节点的配置和协议参数，并且应基于网络状况动态重配置网络。此外，配置管理还包括用户和服务管理。应急通信网络应具有灵活的网络配置功能，以适应用户经常变化的服务（包括业务种类、优先级、服务质量等）要求。配置管理需要连续地收集各种数据，因此，需要有效地利用通信资源。另外，配置管理还涉及系统的备份，以保证系统的不间断工作。

3. 账号管理

普通的账号管理功能对应急通信网络操作员通常并不重要，但这种功能可以用于辅助查找系统错误。例如，通过记录某一时期某一特定用户的所有呼入和呼出，就能检测出线路中可能的错误和故障。除了呼叫记录，账号管理还可以对各种类型的统计数据进行收集，以供某些服务使用。

4. 性能管理

性能管理用于跟踪系统性能，即对交换机处理器的加载、中继线的加载级别、某一设备定时询问失败的次数进行跟踪和监测。操作员可使用这种信息通过图形输出和趋势分析，在系统可能发生故障的区域出现之前检测到它们。此外，性能管理还对可能出现的后处理的统计数据进行记录。

5. 安全管理

网络的安全管理有着重要的地位，网络可采用加密、数字签名、访问控制等多种安全管理方案，并要特别关注管理系统自身的安全。安全管理将在后文予以阐述，在此不再赘述。

8.2.4 无线自组网的管理

无线自组网由一组无线移动节点构成，具有无中心、自组织和自愈合等特性；因此对于无线自组网的管理既与传统网络管理有共同点，也存在着许多自身的特点，其难度也较传统网络管理大。一般而言，网络管理结构包括集中式网络管理和分布式网络管理两种。集中式网络管理设有一个网络控制中心，负责收集全网运行数据，并实施监控和管理，这在传统网络管理中较为常见；分布式网络管理则是通过在网管对象中设置代理，负责自身及局域设备的管理。所以，针对无线自组网无中心的结构，分布式管理方案更加适合，并鼓励使用远程网络监控（RMON）、移动代理和自治网络管理等智能化的网络管理技术，以保证快速配置和部署网络并能适应时变的网络环境。根据管理内容，可将无线自组网管理分为策略管理、拓扑管理、功率管理、安全管理和 QoS 管理等。

1．策略管理

动态变化的拓扑结构、受限的网络资源和不确定的节点关系使得传统的基于管理者-代理模型的管理方法不合适用于管理无线自组网，尤其是大规模的包含各种节点的异构无线自组网。策略管理主要是指网络结构或者节点配置发生改变时，需要采用不同的策略来确保网络的正常运行，较为著名的策略管理协议有 ANMP 协议和 Guerrilla 管理体系结构等。ANMP 协议主要将网络中的节点分为 3 级结构——管理者、簇头和代理。代理配置在普通节点上，簇头相当于本地管理者，可以对代理收集的信息进行过滤和整合，然后送交管理者。管理者负责协调簇头，并可以跨级直接管理簇内节点。这种分级管理模式提高了网络管理的容错性和可扩展性。ANMP 与 SNMP 兼容，但扩展了 MIB 内的信息，采用对代理的动态配置和动态扩展，使之能够更好地支持无线自组网。ANMP 可以赋予节点和数据一定的安全级别，节点只能读取等于或低于自身级别的 MIB 数据，非常适用于对安全级别要求较高的通信环境。但是，ANMP 仍然采用了集中管理的思想，管理信令开销过大的问题未得到根本改善，同时也不能很好地处理网络分裂问题；主要是对网络及设备信息的采集，对网络及设备的动态配置则无法满足。Guerrilla 管理体系结构针对 ANMP 进行了改进，其核心是引入了分布式管理的思想，节点具有 3 种角色——游牧管理者、探针执行节点和 SNMP 代理节点（普通节点）；随着网络状况的变化，节点的角色也会相应地进行转换。多个游牧管理者组成管理组，随着无线自组网的变化保持良好的扩展性；探针执行节点完成簇内具体的管理操作，承担一定的网络管理工作；对于能力较弱的节点只部署 SNMP 代理，能够接收游牧管理者或者探针执行节点的管理即可。

2．拓扑管理

拓扑管理是指对无线自组网拓扑结构的管理活动，包括对于网络体系结构的设计、对于节点移动性的监控，以及对于网络拓扑的重构等内容。由于节点的移动性，网络的拓扑结构和状态都会发生变化，而当系统的状态变化过快、过大时，就会造成网络性能的急剧下降，所以对于网络拓扑结构的管理显得尤为重要。无线自组网的拓扑结构对于各种控制算法（如传输调度、路由选择等）的性能均有着重要影响。无线自组网体系结构一般分为平面式结构和分层式结构。平面式结构健壮性好，适合小型网络；而分层式结构扩展性好，适合大规模网络。无线自组网的一个重要应用场景就是军事应用，特别是战场上的临时组网，网络的拓扑结构或者因为节点的移动性，或者因为某些节点被摧毁而发生改变，导致正在传输的业务容易因故障而中断，造成 QoS 下降。这时，性能良好的拓扑重构技术就可发挥重要作用，它可以实时、动态地处理网络出现的各种故障，保证网络连通性的及时恢复。

3．功率管理

功率管理主要针对无线自组网节点功率受限的特点，对节点能量的使用加以控制，达到在一定能量约束条件下的网络性能最优。理论证明，无线自组网节点的能量消耗有相当一部分并没有用在对数据的发射和接收方面，而空闲状态下的能量损耗占总消耗的比例较大，所以需要采用休眠机制来使活动中但没有数据交换的节点进入休眠，以节省宝贵的能量资源。例如 IEEE 802.11 MAC 协议中的休眠机制，所有的节点定期被唤醒来接收接入点（AP）已经缓存的分组。这对于那些依靠电池供电的设备无疑具有重要意义，如 PDA、移动电话或者没有连接电源的笔记本计算机。同时，节点的唤醒机制十分重要，各种提出的网卡休眠协议对于休眠时刻的选择、休眠时间长度的设定、何时唤醒都各不相同，如可以考虑利用网络中的数据传输或者反应式路由协议中的路由响应控制分组作为节点唤醒的重要指示。此外，功率控制中需要考虑的另外一个问题是节点能量消耗的公平性。理想条件下每个节点消耗的能量在每一时刻基本相同，这样就可以保证整个网络的寿命最长，不会出现个别节点因能量消耗过度而失效，进而影响网络的正常运转。例如，在分簇结构中，簇头的能量消耗远大于普通节点的能量消耗，所以应通过一定的控制来使节点以近似的概率充当簇头，如可将节点能量的大小作为影响其成为簇头概率的因子。最后，值得一提的是，定向天线的使用可以大幅减少能量的消耗。通过控制定向天线的方向，使波束只在需要的方向为节点通信提供信道，其能耗一般只为全向天线的1/10至1/100。

4. 安全管理

安全管理是无线自组网需要重点考虑的另一个问题，尤其是其应用在军事、法律和商业上时更是如此。无线自组网安全管理所考虑的内容与传统网络安全管理类似，包括可用性、私密性、完整性、认证和抗抵赖性。可用性是指网络在任何情况下都能够提供有效的服务；机密性要求机要信息包括路由信息不能泄露给未授权的用户；完整性要求信息在传输过程中不被中断或篡改；认证要求用于保证节点的接入和操作权限的合法性；抗抵赖性要求发送方不能否认其所发送的信息，便于事后审计、检测入侵，并且能够预防内部攻击。无线自组网自身的特性带来了一些新的安全隐患，一般将其受到的攻击分为主动攻击和被动攻击两类。被动攻击是指入侵者通过监听节点间的通信获取有价值的信息；而主动攻击能够向网络任意发送有效的报文，其目标是将发送到一个节点的报文重定向到其他节点，用于分析或者直接破坏网络的可用性。无线自组网安全机制方面受到的威胁主要是密钥安全管理问题。传统网络中一般存在一个可信任的认证中心来提供密钥服务，但这在完全分布式的无线自组网中是不可实现的，因为临时组织起来的网络没有哪个节点可以被所有其他节点所信任。目前的密钥管理方案主要有两种，即分布式密钥管理方案和自组织的密钥管理。值得注意的是，良好的安全管理机制不仅要具有健壮性，也应具有一定的自适应性，能够在安全和性能之间做出权衡，保证网络的整体性能。

5. QoS 管理

QoS 管理是指为了使无线自组网适用于各种实时性业务，如语音信息和多媒体信息，而提出的网络 QoS 管理机制。同时，Ad hoc 网络的某些应用场合也对 QoS 提出了较高的要求，如应用在战场环境时，战场情况的上报和作战指令的下达都要求消息在规定时间内到达，以保证对战场态势的实时掌握和控制。QoS 管理涉及许多因素，如传输时延、占用带宽、时延抖动和数据可靠性。优先策略也可应用于 QoS 管理，如对不同的用户给予不同的优先级，优先保障高优先级用户的通信需求。在对网络资源需求大于网络能力时，可适度拒绝一些低优先级用户的请求，同时可对服务对象首先提供最低要求的资源分配，满足其基本要求，再对剩余资源重新分配，进一步提高用户的 QoS。在互联网中使用的 QoS 资源预留协议（RSVP），如集中服务和区分服务（DiffServ），可经修改后用于无线自组网。总之，在无线自组网中提供 QoS 保障是一项极具挑战性的任务，因为无线自组网拓扑结构具有快速变化、无线链路带宽有限等特点。

8.3 移动性管理

8.3.1 概述

移动管理也称移动跟踪或位置管理，是移动通信的关键技术之一。第 5 章介绍了移动性管理的概念，并对移动切换技术进行了概括性说明。本节将详细介绍异构应急通信网络涉及的移动性管理技术，并重点说明无线自组网的移动管理技术。移动管理技术主要涉及位置管理和切换管理，使得网络能够对移动终端进行准确定位以传递呼叫，并且当终端改变附着点时仍能维持网络连接。

位置管理包括位置的注册、更新和呼叫传递（Call Delivery），涉及移动台的寻呼、位置数据的鉴权、数据库的查询和更新等。位置管理通常是指为了将呼叫传递给用户，需要跟踪并定位该移动终端。处理的信息包括移动终端初始注册的小区、当前所在的小区以及到达当前小区的路径信息。这些信息可以周期性地更新，也可以由特定事件驱动而按需刷新（如移动终端所在的小区改变）。

切换管理处理移动终端在同一小区内部或不同小区之间的漫游问题。小区内切换（Intracell Handover）通常发生在因移动终端所处的位置发生变化所导致的其信道条件恶劣的情况下，切换的主要依据是用户的信干比（SIR）。在动态信道分配的机制下，移动台可以切换到本小区内一个信道条件更好的频道或信道上去。小区间切换（Intercell Handover）则将当前的连接控制权转移到相邻小区。如果保持当前连接不中断（即移动台同时与新旧小区保持连接），这种切换机制被称为软切换（Soft Handover）；如果连接必须重新建立，则称为硬切换（Hard Handover）。移动切换的目标是提供无缝（Seamless）切换，包括两层含义：从用户角度看，无缝意味着感受不到切换带来的性能影响；从网络层看，无缝意味着切换对于高层应用是透明的。

从使用者的角度看，移动管理方案可被分为：静止的（Static）、游牧式的（Nomadic）和连续的移动性。其中，静止是一种极端情况的移动性；游牧式的移动性是指具备从一个地方到另一地方的移动能力，并能够保持对信息和通信服务的接入能力。实际上，游牧式的移动性往往指诸如笔记本计算机、个人数字助理等终端的可携带性（Portability），即它们可以从不同位置接入 Internet，但是在移动过程中往往是与网络断开连接的。连续的移动性指移动着的用户时刻可以使用网络提供的通信能力，网络将提供无处不在的（Ubiquitous）覆盖，而用户也可以随时随地接入网络获得服务，如蜂窝网络就支持这种连续的移动性。

8.3.2 位置管理

位置管理是指跟踪移动台的位置，并将话音或数据业务传递到移动台。位置管理通常在会话发生之前进行，主要包含 3 个部分：位置更新（含初始注册）、寻呼和位置信息传播。当移动台改变其在固定网中的接入点时，就需要向固定网中的数据库发出位置更新消息，以反映其最新位置，通常采用位置区（Location Area，LA）标识符的变更来完成。为了将到达的呼叫接续到移动台，还需要寻呼功能（即位置跟踪）了解移动台的精确位置（处于哪一个小区），这是通过移动台返回寻呼响应来实现的。位置信息传播指位置信息的存储和分发过程。寻呼、位置更新和传播需要占用无线网络带宽及系统存储和能耗等资源，将这种资源的占用或消耗统称为系统的位置管理开销。本节内容主要围绕如何降低位置管理开销展开，首先介绍移动通信网络的位置区规划，然后阐述 3G 移动通信网中的位置管理策略。

1. GSM 通信系统中的位置管理

在蜂窝移动通信系统中，为便于网络对移动台位置信息的管理，将无线基站覆盖的业务区域划分为多个位置管理区域，简称位置区。每个位置区中又包含多个蜂窝小区。设置位置区的作用是使移动交换中心（MSC）能及时知道移动台（MS）的位置，从而准确、快速地找到该 MS。位置管理主要涉及由移动台向网络发起的位置更新和网络对移动台的寻呼两部分。

在 GSM 蜂窝系统中，位置区存储在 MS 的 SIM 卡内，当 MS 在移动通信网络中漫游时，若发现 SIM 卡内的位置区与网络的位置区不一致，就向网络发送位置更新消息汇报它当前的位置信息，然后网络把该移动台的位置信息在系统数据库里进行更新。这样，如果有对该移动台的呼入业务，网络就能从系统数据中很快查找到该移动台所处的位置，并通过必要的会话与其建立通信。寻呼则是在有新的呼入业务到来时，网络用来寻找和通知移动台的一种方式。网络根据系统数据库对该移动台的位置信息的记录，把寻呼信息在这一位置区域里的所有小区向移动台进行广播。即当 MS 作为被叫时，MSC 就向该 MS 所属的位置区中所有的小区进行寻呼搜索。

一般而言，移动网络中包括一个本地用户数据库和多个访问用户数据库，在 GSM 系统中分别对应归属位置寄存器（HLR）和访问位置寄存器（VLR）。位置更新的方式有周期性位置更新和越区位置更新：前者要求用户定时向网络报告其身份，有时会造成不必要的资源浪费；后者只有当用户发生越区切换时才进行位置更新。位置更新频率过高，将加大控制信道的负荷，浪费系统的信道资源，同时也会增加 MSC 和 HLR 的负荷；另外，在 MS 进行位置更新的时间内不能打出或打进电话。从减少位置更新频率、节约系统信道资源的角度来看，位置区设置得越大越好。但是，如果位置区过大，超过系统的寻呼能力，将会造成系统寻呼信令负荷过高，降低寻呼成功率。因此，在进行网络规划时，必须在位置更新频率与系统寻呼能力之间进行权衡。

2. 3G 通信系统中的位置管理

2G 系统中的位置管理技术存在两点不足：当用户容量扩大引起事务处理增加时，将大大增加 HLR 信令处理负荷和数据库查询时延，HLR 将成为核心网络的瓶颈；如果移动用户漫游到离归属地较远的位置区，这种机制将增加位置更新和位置请求的时延，同时会大量增加中继网络的信令负荷。

针对 2G 系统中存在的数据库信令开销问题，3G 系统提出了许多改进方法和实现机制，比较典型的方法有：本地缓存机制（Local Caching）、前向指针技术（Forwarding Pointer）、本地锚点技术（Local Anchor）和用户 Profile 复制技术等。

（1）本地缓存机制的主要思想是，主叫的 MSC 在呼叫移动用户的同时记录被叫用户的位置，当主叫再次呼叫同一用户时，首先在 MSC 记录的位置区内查询；若能直接寻找到被叫，则能减轻网络信令开销和对 HLR 的查询，否则按照传统的办法查找。

（2）前向指针技术的主要思想是，当移动台到达新的 LA，向新 LA 的 VLR 登记时，此 VLR 通知旧 VLR 移动台已离开该区域，从而使旧 VLR 删除该移动台的记录并建立前向指针指向当前的 VLR；这样呼叫建立时 HLR 可以沿着 VLR 间的前向指针链最终定位到移动台当前的

VLR。在呼叫建立后，HLR 中关于该移动台的记录指针将直接指向当前 VLR，并删除原先的 VLR 指针链。前向指针技术使用户改变 VLR 时不必每次都向 HLR 登记位置，减少了用户远离 HLR 时昂贵的 HLR 查询开销；但其缺点是前向指针链可能过长并形成迂回路由，呼叫的建立延迟也比传统方法大。

（3）本地锚点技术是前向指针技术的一种变形。首先选择移动台所在地附近的一个 VLR 作为局部锚点，VLR 间的位置更新不通知 HLR 而是通知局部锚点；在 HLR 中只保留到局部锚点 VLR 的指针，因而降低了网络信令负荷。

（4）用户 Profile 复制技术主要针对的是用户漫游到国外的情况。此时常规的位置管理方案的信令将要穿越多个国际网络。将用户记录复制到不同地点能方便接入并降低位置管理开销，减少呼叫建立时间和位置更新延迟，并防止数据库崩溃。复制技术包括全部复制和部分复制两类。

上述的位置更新方法都是基于对位置区域的不同划分来实现的。但是，如果移动台在两个位置区域的边界来回移动，将产生频繁的位置更新，导致很大的位置更新开销。移动台在位置区边界上的来回移动所产生的频繁位置更新效应被称为乒乓位置更新效应，简称乒乓效应。乒乓效应会极大影响移动网络的性能，针对这一问题所提出了多种有效的解决方案如下：

（1）TLAS（Two Locat ion Area Scheme）方案：移动台需要记住两个最近驻留或访问过的位置区。如果移动台进入一个新的位置区，并且这一位置区信息已在移动台的记忆数据里存在，则不发起位置信息更新；反之，移动台将向网络发起位置信息更新，同时把其自身记忆数据中最近访问次数较少的位置区的信息数据用新的位置区的信息数据替代。

（2）OLAS（Overlapping Location Area Scheme）方案：每个位置管理区的边界与其相邻的位置管理区的边界有部分小区是重叠的，即处于边界上的小区同时属于两个或多个位置管理区，从而减少不必要的位置更新。

（3）VLS（Virtual Layer Scheme）方案：在原始位置区域划分的基础上增加一个虚拟的位置区域层，一个原始的位置区域将至少由两个虚拟的位置区域所覆盖。

8.3.3 网络层移动性管理

考虑到今后的异构网络很可能是全 IP 化的，因此在网络层实现移动性管理是在异构网络中支持移动性的重要基础。本节主要介绍移动 IP 协议与各种移动性管理策略。

1．IP 网络中的移动性管理

在下一代全 IP 网络中，IP 协议已被看作解决异构网络的集成与协议间互操作性的基础。一个移动节点改变 Internet 的链路附着点之后，应能够在不改变 IP 地址的条件下通信，同时也应当能够与不采用移动性机制的其他节点通信。IETF RFC 2002 为节点在 Internet 内的移动性提供了有效的可扩展的移动 IP 机制。节点可以在不变更 IP 地址的条件下任意移动并改变其附着点，这就使得节点在移动时可以保证传输层和高层连接不中断，且无须在 Internet 路由表中传播与节点移动相关的路由信息。移动 IP 为节点分配了两个 IP 地址：一个是固定的家乡地址（HA），另一个是每改变一次附着点就必须变更的转交地址（CoA）。移动 IP 试图在网络层解决节点的移动性问题，因此既适用于处理节点在同构媒介中的移动，又能够处理异构环境下的移动性问题。

蜂窝网络对用户移动性的支持是通过 VLR/HLR 寄存器和小区切换来实现的，移动 IP 对

IP 网络的移动性支持则是通过地址注册和隧道转发来实现的，需要增加家乡代理（HA）和外地代理（FA）功能实体。表 8.1 对比了蜂窝网络和 IP 网络的移动性管理方案。如表 8.1 所示，移动 IP 中的注册与蜂窝网中的位置更新相对应，其区别主要在于前者的注册开销主要分布在 Internet 的边缘节点（如家乡代理和外地代理），而后者则将位置更新的开销集中到更高级别的管理实体（如 MSC）。移动 IP 中的注册开销比蜂窝网中的位置更新开销要高，这是因为移动 IP 中的家乡网络比蜂窝网络中对应的位置区要小得多。

表 8.1　蜂窝网络与 IP 网络在移动性管理上的对比

项　　目	蜂 窝 网 络	移　动　IP
网络系统	集中式	分布式
架构	分层	扁平
移动台端	位置更新	注册
系统端	寻呼	—
消息交换	对称	非对称

传统的移动 IP 解决的是宏观移动性管理问题，具有切换延时大、分组丢失率高等缺点，并不适合类似于蜂窝网络环境下的微观移动性管理。为此，人们将分层概念引入移动 IP 协议，提出了微观移动 IP 协议，以减少局部范围内移动的切换时间，改善系统的性能。通过层次划分，将网络分成不同的域，从而将移动性问题分成了宏观移动（域间移动）与微观移动（域内移动）。微观移动 IP 协议充分考虑了接入网的特点，与宏观移动 IP 协议相结合，可在 IP 层实现无线互连。一般在域内采用微观移动 IP 协议而在域间采用宏观移动 IP 协议。由于微观移动 IP 协议隐藏了节点在域内的移动，因此减少了信令流量，降低了切换延迟。

2．宏观移动性管理

为了解决宏观移动性管理问题，IETF 提出了移动 IP（Mobile IP）。移动 IP 是在传统网络中实现下一代网络应用的核心技术，主要支持网络移动性、访问的双向性和多媒体业务的实时性等。简单地说，移动 IP 技术允许移动节点（计算机、服务器、网段等）以固定的网络 IP 地址，实现跨越不同网段的漫游功能，并保证基于 IP 地址的网络权限在漫游过程中不发生任何改变。

如图 8.5 所示，采用移动 IP 可以将报文透明地传输给 Internet 中的移动节点。移动节点的身份是由其家乡地址唯一确认的。当移动节点离开其归属网络时，将得到一个临时的转交地址，由它来标志移动节点当前所在的连接位置。

图 8.5　移动 IP 网络中的实体及其相互关系

如图 8.6 所示，移动 IP 具体实现时主要涉及以下几种关键技术：

（1）代理搜索（Agent Discovery）。代理搜索是指移动节点确定它是否移动并得到一个外地代理转交地址的方法。如果外地链路上没有外地代理，移动节点可以通过手工配置或 DHCP 协议得到一个配置转交地址。移动 IP 的代理搜索通过家乡代理和外地代理周期性地发送代理广播消息来实现，代理广播消息是扩展的 ICMP 路由器广播消息。此外移动节点也可以主动地发送代理请求消息来得到代理广播消息。

（2）注册（Registration）。注册是指移动节点家乡代理通知它当前转交地址的一种认证机制，也是一种移动节点再回到家乡链路后注销转交地址的机制。在移动 IP 技术中，按照不同的网络连接方式，有两种不同的注册方式。一种方式是通过外地代理进行注册，即移动节点向外地代理发送注册请求报文，然后由外地代理将报文中继到移动节点的家乡代理；家乡代理处理完注册请求报文后向外地代理发送注册应答报文来接受或拒绝注册请求，再由外地代理将其转发到移动节点。另一种方式是移动节点直接向家乡代理进行注册。注册请求和注册应答报文使用 UDP 协议进行传送。当移动节点根据收到的代理广播消息判断其已返回家乡链路时，移动节点应向家乡代理撤销以前的注册。

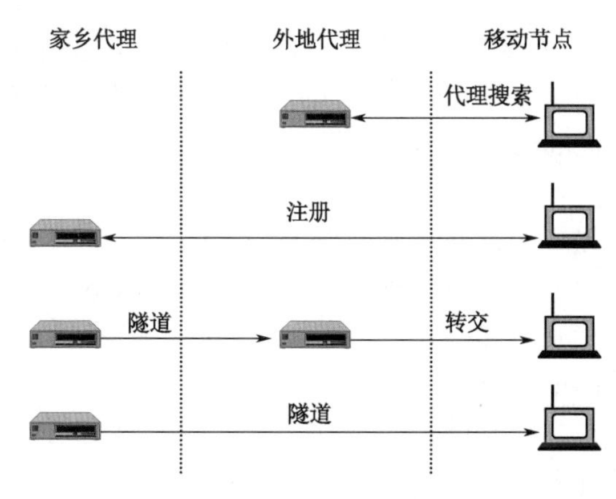

图 8.6　移动 IP 的关键技术

（3）选路（Routing）。移动节点为了能与通信对端通信必须进行数据包的选路。当位于家乡链路时，移动节点的选路不需要专门的选路规则，即与固定节点的选路相同。移动节点位于外地链路上的选路有其独特的规则，移动 IP 中要求家乡代理声明自己对移动节点家乡地址的可达性从而可以截获送往移动节点的数据包。当通信对端向外地链路发送数据包时，数据包首先被送到家乡代理，而后家乡代理根据移动节点已经注册的转交地址通过隧道向移动节点的转交地址转发数据包；在转交地址处，从隧道中拆封出原始数据包送交移动节点。当外地链路上的移动节点需要发送数据时，移动节点可以灵活地选用外地链路上任何可用的路由器来转发数据包。

（4）隧道（Tunnel）技术。隧道技术是指将一种数据包封装在另一种数据包中进行传送的技术。当家乡代理向处于外地链路上的移动节点转发送数据包时，家乡代理通常使用隧道技术，将原始 IP 数据包封装在新的数据包中转发到处于隧道终点转交地址处。移动 IP 可以采用 3 种隧道技术。第一种方法是采用 RFC 2003 定义的 IP 封装，即将原始的 IP 包放在一个新的 IP 包的净荷中。这种封装方法实现简单，但是报头开销较大，并且不适用于 IP 以外的协议。第二种方法是采用 RFC 2004 定义的最小封装，这种方法通过将 IP 封装的内层和外层 IP 包头的冗余部分去掉来完成，能够减少隧道所需的额外字节。但是它的实现复杂，拆封时需要从最小转发包头恢复出原始 IP 报头，并且由于最小转发包头中没有分片信息，所以这种封装不能用于传送那些已经分片的数据包。以上缺点使得最小封装并没有得到广泛的采用。第三种方法是采用通用路由封装（GRE），与前两种封装只适用于 IP 协议不同，它允许将一种协议的数据包封装在采用另一种协议的数据包的净荷中，使得移动 IP 可以支持多种协议的数据包。此外，在 GRE 封装中，GRE 报头有纪录封装次数的计数器，所以可以有效地防止递归封装。

3．微观移动性管理

传统的移动 IP 协议具有切换延时大、分组丢失率高等缺点。将分层的概念引入移动 IP 协议中，可减少小范围内移动的切换时间，改善系统的性能。所谓微观移动 IP 协议，就是在移动 IP 协议中引入层次的概念，将移动节点的切换限制在小范围内，通过层次的划分，将网络分成不同的域，从而将移动性问题划分为宏观域间（Inter-Domain）移动问题和微观域内（Intra-Domain）移动问题。微观移动 IP 协议充分考虑了接入网的特点，与宏观移动 IP 协议相结合，从而可在 IP 层实现无线互连。一般在域内采用微观移动 IP 协议而在域间采用移动 IP 协议。采用该方法对移动节点家乡代理而言，隐藏了节点在域内的移动，因此可减少信令流量，降低切换延迟。

目前已提出的微观移动性管理协议包括：Bell 实验室提出的 HAWII（Handoff Aware Wireless Access Internet Infrast ructure）、Columbia 大学提出的蜂窝 IP、Marthyland 大学提出的 EMA（Edge Mobility Architecture）和分层移动 IP 协议等。下面以 HAWII 协议为例简要介绍为移动性管理技术。

HAWAII 协议的目标是提供标准的微移动特性，其域由扩展功能的路由器及基站组成。移动节点在域内获得一个共同定位转交地址（Co-located Care-of-Address），且节点在域内移动时该地址不会改变。因此在 HAWAII 方案中，隧道的终端是移动节点本身。

HAWAII 保留了蜂窝网中的被动连接和寻呼特性。每一个 HAWAII 域内又划分为一些寻呼区间，移动节点可以通过自己发送的特定请求及基站发送的信标，检测到自己所在的寻呼域。基站和路由器中有一个软状态的寻呼表，如同路由更新信息一样，移动节点也会周期性地发送寻呼更新信息。HAWAII 协议以逐跳（Hop by Hop）的方式管理主机的移动性，软状态表用于确定如何对接收到的分组数据进行处理。该表通过路径建立机制进行管理。软状态路由表是指经过一定的时间后路由表中的路径信息将不再有效，因此移动节点需要周期性地发送路由更新信息。

HAWAII 采用两种切换方案来建立新的路径，分别是转发路径建立方案和非转发路径建立方案。转发方案适用于移动节点只能与一个接收机通信的情况，如 TDMA 系统；而非转发方案适用于移动节点可以同时与多个接收机通信的情况，如 CDMA 系统。转发路径建立过程分为以下几步：

（1）移动主机发送包含旧基站地址的移动 IP 注册请求信息给新的基站。

（2）随后新基站发送一个 HAWAII 路径建立更新信息至旧基站。

（3）旧基站收到该信息后搜索路由表，并为移动节点增加一个新的转发入口（Forwarding Entry），随后再以逐跳的方式转发该消息。在到达新基站路径上的每一个路由器的路由表中均为移动节点再增加或更新转发入口。

（4）新基站收到该信息后，在路由表中增加转发入口，并向移动节点发送注册响应信息。

与转发路径建立方案相比，非转发路径建立方案主要的不同在于，新基站收到移动节点发来的注册请求后，直接在路由表中增加一个移动节点的转发入口，再以逐跳的方式发送路径建立信息。在通往旧基站的每一个基站和路由器上添加新的转发入口，当相交路由器的路由表中移动节点信息更新后，发往节点的分组就将沿着新的路径发送，从而减少了分组损耗。

8.3.4 移动切换

在移动通信中，切换（Handover/Handoff，HO）是指将当前的移动台与基站之间的通信链路从当前基站转移到另一个基站的过程，该过程也被称作自动链路转移（Automatic Link Transfer，ALT）。切换通常发生在移动台从一个基站覆盖区进入另一个基站覆盖区的情况下，为了维持通信的连续性，必须进行切换。

切换的流程包括测量控制（网络通过发送测量控制信息告诉移动台进行参数的测量）、测量报告（移动台向网络发送信号强度等测量报告）、切换判决（网络根据测量报告的类型、组合和内容做出切换的判断，即切换类型、切换时机和目标切换小区）、切换执行（网络和移动台根据信令流程做出相应的动作，如更新激活集、切换至新信道、连接重建等）。

切换可分为软切换和硬切换。软切换是指移动台开始与新的基站联系时，并不中断与原来基站之间的通信，软切换仅能运用于具有相同频率的 CDMA 信道之间。更软切换是指移动台同时与一个基站的多个扇区进行通信，与软切换的主要区别在于上行链路，下行链路性能几乎一致。在上行链路，对于软切换，每个基站向 MSC 报告帧估计，MSC 从中选择一个；而对于更软切换，基站能够通过 Rake 接收机相干合并来自不同扇区的多径信号，因此只有一份帧估计报告被送交 MSC。硬切换是指包括异频、同频和异系统之间的切换。异频切换是指在不同频率间的切换，而异系统切换是指在不同系统间发生的切换（如 GSM-WCDMA 之间）。值得注意的是，软切换是同频切换，而同频切换并非都是软切换。异系统切换包含 FDD 模式到 TDD 模式的切换、WCDMA 系统到 GSM/ GPRS 系统的切换等。切换也可分为水平切换和垂直切换。水平切换是指系统内切换，切换前后的小区覆盖和数据传输率等保持不变，切换控制相对简单；而垂直切换又称为系统间切换，切换前后的信道特性有可能发生较大变化，因此终端必须具备带宽自适应能力，同时还可能涉及不同服务提供者之间的信息传递和互操作性问题。

切换的目的是维持高质量的信号、平衡小区间的业务量及恢复出现故障的控制信道。切换管理需要考虑 3 个问题：切换准则、信道分配和无线链路转换。对于信号质量引起的切换，即信号电平低于一定阈值，需要注意确定信号电平下降不是由于瞬时衰落引起的，而是由于移动台正在离开当前的服务基站引起的；所以新信道必须提供足够高的信噪比，以便切换到新信道后不会立即再切换。对于为了不使小区出现过载而平衡小区间业务量的切换，注意需要较大的相邻小区间重叠区域范围，而且新小区不能处于过载状态。对控制信道出现故障时的切换，是指将话音信道上的话音业务释放，准备将此信道用作备份控制信道。

按照切换控制权的不同，切换可分为以下 3 种类型。

（1）移动台辅助的切换（MAHO）：网络要求移动台测量周围基站信号的 RSSI，由网络基于移动台的报告做出切换的决定，切换时延可能为 1 s 左右。

（2）网络控制的切换（NCHO）：基站监测周围移动台信号的 RSSI，当满足某种切换准则时，则启动切换过程，切换时延可能高达 10 s。

（3）移动台控制的切换（MCHO）：移动台监测周围基站的信号，当满足某种切换准则时，则启动切换过程，由移动台完成 ALT（自动链路转换，基站之间的切换）或 TST（时隙转换，同一基站中信道间的转换），这样可以减轻网络的负担，切换时延较小（50～500 ms）。

8.3.5 无线自组网的移动性管理

1．概述

蜂窝系统通常将服务区域划分成多个位置区（LA），移动管理通过使用一个两级的数据库结构来实现，即归属位置寄存器（HLR）和访问位置寄存器（VLR）。Internet 中的移动管理主要是指移动 IP 协议，移动节点周期性地收到家乡代理（HA）和外地代理（FA）的代理广播消息，根据消息的内容确定自己所处的位置。由于无线自组网的动态特性，这类网络的移动性管理面临着更大的困难。它没有基础设施支持并且没有中心节点，因此，传统的集中式的 HLR 和 VLR 移动管理算法，以及依靠基站和 MSC 的接入控制方法都不再适用。平面无线自组网中，可以借助路由协议来获得所需节点的地址，故移动管理比较简单。但是当网络规模较大时，为了简化管理和减小开销，需要使用分级分簇结构来进行移动管理。

2．典型的移动管理机制

1）移动多媒体无线网络中的移动管理机制

如前所述，无线自组网可以借助路由协议来获得所需节点的地址。但是当网络规模较大时，这种移动管理方式不再可行，有必要采用分级结构来减少路由开销。例如，移动多媒体无线网络（Mobile Multimedia Wireless Network，MMWN）中包含两类节点：端节点和交换节点。端节点通常在交换节点周围形成簇，交换节点作为簇头；而后由这些交换节点形成高级簇，进而形成多层分级结构。在 MMWN 中，为了支持移动节点之间的数据传输，必须跟踪它们的分级地址，采用的方法是使用寻呼和查询/响应方式以及定位管理机制来跟踪分级地址的改变。每个簇内都有一个交换节点充当位置管理器，每个簇的位置管理器用于跟踪簇内的节点，并且能够用于辅助定位簇外的节点。每个节点相对于分级结构有一个漫游级别（漫游级别越高，漫游的范围也越大），它可以在相应的级别隐含地定义漫游簇，并且可以使用寻呼技术在当前的漫游簇中定位移动节点。通常可以根据节点的移动频率来配置节点的漫游级别。为了减少位置更新引入的开销，节点移动性越强，其配置的漫游级别也越高。当一个节点移出其当前漫游簇时，它向位置管理器发送位置更新，该更新消息将传播到高级的簇。图 8.7 给出了一个实例，端节点从交换节点 R 移到 S。图中，u 代表位置更新消息，d 代表删除表项消息，最低公共簇为 A，所有的位置更新在 A 中进行。一个节点可以通过发送位置查询消息来获得某个端节点的地址，该查询消息包括 3 个字段：自身的 ID 和地址以及被查询节点的 ID。该消息沿着位置管理树传播，直至到达一个包含此目的节点表项的位置管理器；而后再沿着该位置管理器向下传播，直到到达目的交换节点。随后该交换节点向发送查询的位置管理器响应包含端节点 ID 和地址的消息。

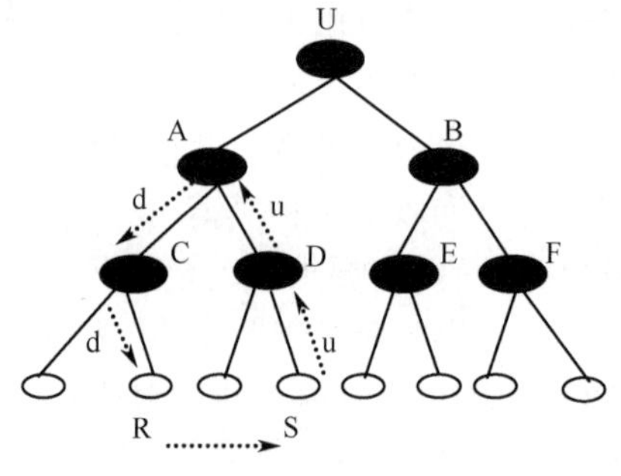

图 8.7 位置更新过程实例

MMWN 中的移动管理机制比较复杂。首先，移动管理代理（即位置管理器）与网络的分级拓扑密切相关，从而使位置更新和位置查找比较复杂。位置更新和查找必须经过由位置管理器构成的级联树，而且簇成员的改变可能会引发分级位置管理树的重新构造以及复杂的一致性维护。其次，MMWN 通过自己定义的协议进行寻址和路由，需要一个带有翻译能力的封装接口与基于 IP 协议的网络互连。最后，用来定位移动节点的寻呼和查询/响应方法也会带来较大的开销和时延。

2）基于虚拟子网结构的移动管理

在一种用于无线自组网的虚拟子网结构（Virtual Subnet）中，节点被划分为两种子网：物理子网和虚拟子网。一个物理子网只覆盖某个本地区域，并且互不交叠；而虚拟子网通过从每个物理子网中选取一个节点构成，要求虚拟子网的节点可以互相连接构成虚拟骨干网络，并且虚拟子网之间彼此交叠。因此，每个节点同时属于一个物理子网和一个虚拟子网，当节点移动时，它可能改变所属的物理子网和虚拟子网。

在虚拟子网结构中能够较方便地实现移动管理。当节点移动而改变地址时，此节点将向新的物理子网和虚拟子网中的所有节点通知其地址，地址更新可以在它与逻辑邻居建立连接时进行或使用广播完成。当源节点不知道目的节点的逻辑地址时，它可以通过查询它的物理（或虚拟）子网来获得该节点地址，因为目的节点必定是它的某个逻辑邻居节点或此邻居节点的逻辑邻居节点，从而使得位置更新和定位变得十分简单。然而前提是要构造和维护虚拟子网结构。

3）基于虚拟家乡区域的移动管理机制

基于虚拟家乡区域（VHR）的移动管理机制首先寻找位于本地范围的目的节点，然后对位置相关的节点地址（LDA）进行管理，目标是使源节点能够获得足够准确的目的节点的位置信息，以便正确路由分组。在无线自组网中，不能将移动管理功能以静态的方式分配到固定的节点。在 VHR 移动管理机制中，节点只在进行位置更新或查询时才发送消息，从而提高了系统的可扩展性。每个节点在一个称为虚拟家乡区域的范围内广播它的当前位置信息，VHR 的中心 C_{VHR} 相对固定，但其半径根据节点的密度而变化。当密度大时半径变小，当密度小时半径增大，以便使 VHR 内部的节点数相对固定。因为过多的节点会导致过多的维护开销，而节点数太少则会造成系统不够健壮。节点 A 通过向其 VHR 发送位置通知消息来进行位置更新，所有处于节点 A 的 VHR 区域内的节点都充当节点 A 的管理者。当节点 B 想与节点 A 通信时，它向节点 A 的 VHR 发送查询消息，VHR 中的一个节点收到此查询消息后，会将节点 A 的位置信息发送到节点 B，然后节点 B 就可以和节点 A 进行通信了。

在基于虚拟家乡区域（VHR）的移动管理机制中，可以使用以下几种位置更新机制：一是基于定时器进行位置更新，每个节点周期性地向 VHR 发送位置更新消息；二是基于距离的位置更新，如果节点检测到它移动的距离超过某个门限时发送位置更新消息；三是采用可预测的距离更新机制，节点向 VHR 报告它的位置和速度，基于这些信息和移动模式，可以预测节点的位置。节点周期性地检测它的位置，并将预测位置同它的实际位置进行比较，一旦距离差别超过某个门限，节点将发送位置更新消息。此外为了增强可靠性和可扩展性，可以使用一种基于 VHR 的移动分级管理体系结构，每个节点可以拥有多个 VHR，为了查询另一个节点的信息，一个节点可以与最近的 VHR 联系。

8.4 无线资源管理

8.4.1 基本概念和目标

无线资源是一个难以准确定义的抽象概念，通常包含时间、频率、空间、功率及码字等。相比于有线资源，无线资源更为稀缺和珍贵，因此必须实施有效的管理。无线资源管理（RRM）也称无线资源分配（RRA），是指通过一定的策略和手段对无线网络资源进行管理、控制和调度，以尽可能地充分利用各种有限的无线网络资源，满足各种业务需求，保证网络的服务质量。无线资源管理涵盖功率控制、切换控制、拥塞控制（包括接纳控制、负载控制、分组调度、资源管理）等，其中接纳控制、负载控制和分组调度等面向网络层面，而功率控制和切换控制面向特定的连接。功率控制的目的是在保证业务质量的情况下，将上行链路和下行链路的传输功率调整到适当的程度，以控制同频干扰；切换控制的作用是处理网络用户从移动网络的覆盖范围的一个区域到另一区域的切换问题，往往将其归类于移动管理问题；接纳控制是在系统即将过载或者资源不足的条件下控制用户接入网络的请求；负载控制是将系统从过载的情况恢复到正常情况；分组调度的功能是处理各种分组业务，以便在特定容量和延迟条件限制下保证业务的服务质量。

无线资源管理的目标是在无线网络资源受限的条件下，为网络内各种用户终端提供适当的业务质量保障，其基本出发点是在网络业务量分布不均匀、信道特性起伏不定及网络资源动态变化等情况下，灵活分配和动态调整无线网络的可用资源，最大限度地提高无线频谱利用率，防止网络拥塞和改善网络整体性能。例如，在 3G 网络中，无线资源管理的目标是在支持不同比特速率、不同服务质量要求的混合业务的情况下最大化系统的吞吐量。

8.4.2 无线资源管理的研究内容

无线资源管理的研究内容主要包括功率控制、信道分配、呼叫准入控制、队列管理和分组调度等。

1．功率控制

在移动通信系统中，系统的容量主要受限于其他系统的同频干扰及系统内其他用户的干扰。在不影响通信质量的情况下，功率控制通过尽量减少发射信号的功率，可以提高信道容量和增加用户终端的待机时间。另外，移动通信系统还可以利用功率控制来减少近地强信号抑制远地弱信号产生的“远近效应”。传统的功率控制以话音服务为主，这方面的研究工作主要涉及集中式与分布式功率控制、开环与闭环功率控制、基于恒定接收与基于质量的功率控制。目前，功率控制的研究工作主要集中在多媒体业务的支持方面，并大多采用综合的功率控制和速率控制方法。事实上，功率控制和速率控制的目标各有侧重：前者希望使更多用户同时享有共同的服务；而后者的目标是增加系统吞吐量，使个别用户或业务具有更高的传输速率。如何满足用户间不同的 QoS 要求和传输速率，同时达到改善公平性和提高吞吐量的双重目标，是目前的热点研究方向。

2．信道分配

在移动通信系统中，信道分配技术主要包括 3 类：固定信道分配（FCA）技术、动态信道分配（DCA）技术和随机信道分配（RCA）技术。

（1）FCA 技术的优点是信道容易管理，信道间干扰易于控制；缺点是信道无法最佳化使用，信道利用率低，而且各接入系统间的流量无法统一控制，会造成频谱浪费。为了适应无线蜂窝网络流量的变化，已有人提出了信道借用方案，如信道预定借用和方向信道锁定借用。信道借用的思想是将邻蜂窝不用的信道用到本蜂窝中，以达到资源的最大利用。

（2）DCA 算法通常可以分为两大类：集中式 DCA 和分布式 DCA。集中式 DCA 一般借助于移动通信网络中的无线网络控制器（RNC），由 RNC 收集基站和移动站的信道分配信息；分布式 DCA 则由本地移动终端决定信道资源的分配，可以减少 RNC 控制的复杂性，但移动终端需要了解系统的全局状态，控制开销较大。也有学者根据信道的不同特点将 DCA 算法分为业务自适应的动态信道分配（TA-DCA）和基于干扰自适应的动态信道分配（IA-DCA）。TA-DCA 可以根据业务特性和分布动态地分配信道资源，以期最小化因信道资源不足带来的呼叫阻塞概率。IA-DCA 采用实时干扰测量的方法，可以更加灵活地实现公用信道池的动态利用和最小化呼叫阻塞概率。

（3）RCA 技术的原理是为减轻较差的信道环境（深衰落）的影响而随机改变呼叫的信道，为了使纠错编码和交织技术获得所需的 QoS，需要通过不断地改变信道来获得足够高的信噪比。

3. 呼叫准入控制

在蜂窝移动通信系统中，以话音业务为主的呼叫准入控制是由基站实施的，在基站有可用的资源时即可接受新的用户呼叫。在 CDMA 网络中，使用软容量的概念，每个新呼叫的到来都会增加对其他现有呼叫的干扰，从而影响整个系统的容量和呼叫质量，因此必须以适当的方法控制接入网络的呼叫。移动通信系统若要同时支持低速话音、高速数据和视频等多媒体业务，必须实施有效的呼叫准入控制机制。

移动通信系统中呼叫准入控制的一般要求是：在判决过程中，基于网络干扰测量的门限，任何新的连接不应该影响现有连接的质量（整个连接期间）；当新连接产生时，呼叫准入控制利用来自负载控制和功率控制的相关信息估计上、下行链路负载的增加，若超过上行或下行链路的门限值，则不允许接入新的呼叫。目前正在研究的呼叫准入控制算法主要有以下几类：基于 QoS 的呼叫准入控制算法、交互式呼叫准入控制算法、基于等效带宽的呼叫准入控制算法、基于容量的呼叫准入控制算法、基于功率的呼叫准入控制算法和分布式呼叫准入控制算法等。此外，在考虑移动通信系统的呼叫准入控制时，拥塞控制策略也是需要考虑的一个方面，因此通常将呼叫准入控制与拥塞控制结合进行研究。

4. 队列管理

队列管理算法用于管理分组的缓存、标记和转发行为。目前，路由器中最常用的队列管理方法当属去尾丢弃和随机早期检测。

（1）去尾丢弃是指当网络持续拥塞并超出系统缓冲区上限时，新到达的分组即被丢弃。其缺点在于，对于 TCP 业务流而言，易造成全局同步（Global Synchronization）现象，从而降低网络吞吐量和带宽利用率；同时，非 TCP 友好的流的存在将不能保证业务的公平性。

（2）随机早期检测（Random Early Detection，RED）由两个独立算法组成：一是计算队列平均长度的算法，它采用指数加权滑动平均方法，决定路由器所能够允许的突发程度；二是计算分组丢失概率的算法，这个概率是队列平均长度的线性函数，决定路由器在当前负载下丢弃分组的频度。RED 可消除全局同步现象，从而提高了带宽利用率，同时保证了一定的公平性，即某个连接的分组被丢弃的概率大致与其占用的带宽成正比。

5．分组调度

分组调度（Packet Scheduling）是指根据一定的规则将无线资源分配给要求传输分组的移动台，以便移动台可以发送或接收分组。分组调度在网络资源分配中扮演着十分重要的角色。在具有服务质量保证的网络中，调度机制需要分配足够的资源给要求服务质量保证的业务使用，同时要将系统中的剩余资源公平合理地分配给正在等待服务的业务。理想的调度算法应在尽量保证公平性的前提下满足最大化吞吐量的目标。在传统的有线网络环境中，有关如何公平、合理地分配网络可用资源的机制已有许多研究结果，但无线网络环境的特殊性使得原有的分组调度机制不再适用。首先，有线链路具有较高的传输速率和极低的差错率，而无线链路的传输速率较低且差错率较高，并且错误常会呈现突发性的分布。其次，在传统的有线网络中，每个时刻只能有一个终端的分组被传送；但在移动通信系统中，任何一时刻均可能有多个终端在使用不同速率传送数据。

在分组交换网络中提供服务质量保证的基本做法，是预留足够的资源以分配给那些要求服务质量保证的业务。预留的网络资源在这些需要服务质量保障的业务未激活时可以动态地分配给其他业务使用。一个典型的分组调度算法描述如下：调度系统按照某种规则选择一个业务，然后判断该业务是否有分组等待服务；若有则依照它的需求尝试为其分配资源，若无则选择下一个业务进行判断；为某个业务分配资源后，若有剩余资源则再选择其他业务重复执行上述过程，直到所有资源全部分配。将传统有线网络中的分组调度算法应用于无线网络环境时，无线链路固有的高差错率与突发错误特性将会造成网络资源的浪费与资源分配的不公平性。例如，当一个数据流在传输分组时，因为链路质量不佳使得数据传送有错而必须进行重传，这会使得分配给传送这个数据分组的资源被浪费了。因此，需要采用必要机制和措施来避免或改善这些问题。例如，一些调度算法基于通信节点无线连接的质量来决定是否分配资源，或者将连接质量较差的节点的资源回收并重新分配给连接质量较好的节点，从而提高资源利用率，但却会降低节点间共享资源的公平性。尽管使用信道监测加上资源补偿机制可以有效改善系统资源的使用率，但是这种机制对于需要实时业务的数据传输有较大影响，甚至一些交互式业务会因为过长的等待时间而发生中断。为此，可以依靠增加信号的发送功率来对抗多径衰落所产生的数据传输错误，或者采用增加扩频因子降低传送速率以维持传输质量。前者可以维持原来的传输速率，但需要消耗较多的资源，并会减少系统可容纳的业务量；后者会降低传输速率，但是不需要消耗更多的发送功率来维持信号接收质量，且不会造成资源分配不公平问题。

8.4.3 移动通信系统的无线资源管理

移动通信网络的拓扑结构和资源都在动态变化，如何有效管理和使用网络资源以满足用户对移动性、多元化业务和服务质量的需求已成为迫切需要解决的问题。在传统的有线分组交换网络中，网络资源包含网络带宽、缓存空间与 CPU 的处理时间等。网络系统需要有效使用网络资源以提升网络系统效能，使得系统可以容纳更多的网络服务，并尽量达到服务质量要求。此外，当网络拥塞发生时，也需要相应的机制让系统恢复正常。通常将上述这此问题均归类为网络资源管理问题。

有线网络环境下的拥塞控制机制并不能直接用于无线网络环境中，因为它们没有考虑无线信道的特性和终端的移动性。如果蜂窝网络的准入机制在计算资源时没有考虑外围蜂窝内的移动终端移入网络内的影响，则当网络负载沉重时，将会因为跨越小区边界而来的移动终端造成网络拥塞。移动通信系统的特殊条件除了影响准入机制的设计，还会对分组调度造成重大影响。传统有线网络的分组调度算法，大都假定由于链路质量不佳导致数据传送产生差错的概率很低；但是在无线环境下，不能保证链路的通信质量，数据传送错误率增加，并且错误的发生常呈现突发性。原有的分组调度机制缺乏对链路传输质量的监控，当链路质量不足以提供服务时仍会实施分组调度，造成分组因链路传输质量不佳而需要重传，进而造成网络资源的浪费。因此，无线环境下分组调度机制有必要针对无线接口的高误码率特性加以改良。

围绕移动性问题，移动无线网络的资源管理分为两个层面：网络层移动资源管理和无线空中接口资源管理。网络层移动资源管理机制负责在 IP 接入网和核心网中动态申请、释放端到端网络资源以满足移动节点的业务需求；无线空中接口资源管理负责基站间移动切换时的无线资源的分配和调整，具体包括接纳控制、切换控制、与空中接口有关的基站选择、信道分配和功率控制等功能。两类管理机制协调合作完成移动网络中的资源管理。无线空中接口资源管理从网络层的资源管理节点处获取与服务需求相关的一系列参数，由无线接纳控制选择合适的无线承载服务，以提供需要的服务并优化无线资源的利用。同时，业务流特性由于受信道容量、功率、干扰等因素的影响而经常变化，无线空中接口资源管理应能及时地获取这些信息，并提供给 IP 服务请求。

网络层的接纳控制技术主要解决端到端的资源预留问题，需要两方面的支持：接纳控制算法和资源预留协议。接纳控制算法除了要考虑固定网络中接纳控制的资源可用性，还要考虑移动切换时的控制。对于移动用户而言，中断一个正在进行的会话比拒绝一个新会话的负面影响更大。因此，接纳控制算法应该包括某种机制以解决切换中资源不足的问题，并尽可能降低切换中断概率。目前已经提出了很多方法来解决此问题，如通过服务质量降级方式可减小切换中断概率，但这种方式只适用于自适应业务，并不适合有严格服务质量需求的业务。在区分服务（DiffServ）体系下，可以利用优先级策略缓解此问题，将移动业务设为高优先级，使其在切换时可以抢占低优先级的业务。然而，这种策略会影响固定互联网中的业务，特别是有严格 QoS 保证的业务。因此，为了适应异构无线网络中的多种业务需求，需要研究适应于各种机制的动态接纳控制算法。

在移动通信系统中，无线资源管理的核心问题是在保证网络服务质量的前提下如何选择合适的基站、信道和功率，以提高频谱利用率。越区切换准则不仅仅应该考虑信号特征（如强度、误码率等），还应考虑业务的 QoS 要求、成本和频谱使用等。这需要无线资源管理对各种空中接口进行综合分析，以做出恰当的选择。

8.4.4 无线自组网的资源管理

1．需求分析

传统网络的资源管理已得到了广泛研究，但是无线自组网的网络环境与传统的有线网络和无线网络相差较大。无线自组网也是一种资源受限的网络。例如，绝大多数移动节点由电池供电，不加约束地使用宝贵的电能必然会造成网络寿命的大幅缩减；又如，无线自组网依靠无线链路进行数据传输，如果没有良好的带宽资源管理策略，就会造成带宽的浪费和利用率下降等问题。无线自组网中尽管难以提供确定性的服务质量保障，但资源管理可以提高网络支持 QoS 的能力，从而改善相关应用的性能。无线自组网中研究较多的资源管理主要有两类，一类是节点的功率管理，另一类是网络的带宽管理。在有线网络（如 Internet）中，链路的带宽相对充足，网络的瓶颈是CPU的处理能力；而在无线自组网中，减少发送、接收分组的时间和次数以便减少带宽和能源耗费远比减少CPU开销和存储资源更为重要。合理有效的功率管理可以使网络中节点的能耗相对均衡，并且能量的消耗并不总是反映通信的需求，因此也需要减少节点闲置状态的功率消耗，以此来达到延长网络寿命的目的；无线自组网依靠无线链路进行数据传输，而无线信道的不稳定性和多径传播等特性导致无线带宽成为了一种极为宝贵的资源，所以需要一种高效的带宽管理策略来保证各个用户能够“和谐”地使用带宽资源，从而一定程度上保证各个用户的QoS。

2．显式资源管理机制

无线自组网的显式资源管理机制可以显著提高网络性能。例如，在网络负载较轻时网络局部也可能会拥塞，资源管理机制通过合理分配可用的链路带宽，可使流量尽量避开网络瓶颈从而防止网络拥塞。具体可以采用两种机制：第一种机制要求网络的中间节点按照业务需求及时向源端反馈状态信息，然后源节点选择它认为能够做到最好利用网络资源的路径来转发分组；第二种机制是要求源节点在发送数据前在中间节点预留相应的资源，以便允许中间节点能够控制它们所消耗的资源数量。这两种方法都可以通过对现有路由协议（如DSR）进行扩展来实现，在网络节点中引入两种软状态——路径状态和流状态。

基于路径状态，采用DSR算法的中间节点可以按照预先定义的源路由转发分组，即只有少量分组需要携带源路由信息，从而使大多数分组不需要携带完整的源路由信息。具体实现机制描述如下：初始时，源节点将源路由信息和唯一的路径标识符放置在发送的每个分组的头部中。当中间节点转发分组时，它们将分组头包含的源路由按照与路径标识符相匹配的方式保存在路由缓存中。当第一个分组成功到达目的端后向源节点反馈一个Success消息，源节点收到Success消息后，它只需发送携带路径标识符的数据分组。此时，中间节点可以根据路径标识符查找缓存的源路由，以便正确地转发这些分组。这种机制不仅可以减少源路由开销，而且能够为源节点提供一种方法，用来监视所经路径的状态。例如，源节点发送携带路径指示字段的分组，当该分组沿不同的路径经过网络时，每个中间节点按照本地的网络状况来更新这些路径指示字段。最后由目的节点将这些指示信息和路径标识符返回源节点，使得源节点可以了解它所使用的源路由的资源状况。路径指示字段中的状态指标应该易于测量并尽量占用较少的字节，以便尽量减少控制开销，并使源节点选择合适的路由来发送分组。

流状态方法允许源节点对不同的业务流进行分类，从而可以对某些流按照优于尽力而为业务的方式进行处理。借助于流状态信息，网络可以通过允许控制机制来为高优先级业务流提供一定的QoS保障。由于无线自组网的动态特性，流状态机制可以直接与路由协议集成在一起以减少网络协议的反应时间，以便在网络不能满足特定QoS要求时及时通知该流。

路径状态和流状态机制提高了DSR的性能，通过路径状态可以减少字节开销，同时又不增加分组开销。这样既减少了每个数据分组的源路由开销，又通过减少分组发送和接收时间而延长了节点的寿命，从而可以在网络负载较高的情况下提高DSR性能。通过跟踪节点的能量级别，并使用路径状态机制缓存的路由及相应的路径指示，可以选择较好平衡节点能量的路径。由于采用了允许控制，流状态机制会丢弃少量已被接受的分组来减少网络拥塞，并且可以为某些业务流提供优于尽力而为的服务。此外，基于网络层测量的路径指示，高层协议可以获得这些路径的状态并做出适当的反应。

3．动态资源管理机制

对无线自组网进行资源管理时，需要对移动终端的位置、业务类型、网络资源和无线传输特性等因素进行综合考虑。一方面，要尽量提高有限的资源的利用率；另一方面，要最大限度地满足用户期望的服务质量要求。这两个目标通常是矛盾的，需要折中考虑，同时还要保证系统在较强的外界干扰下具有较好的健壮性。静态指配资源的方法通常要求在建立链路时协商QoS参数，考虑到无线自组网的动态特性，不宜采用静态指配的资源管理方法。因此，可以考虑采用一种动态资源管理机制，以保证无线自组网中的QoS控制和资源分配的高效性。

自适应业务通常对带宽有一个基本要求和可调节的范围，并且带宽分配在业务会话过程中可以动态调整。因此，可以通过动态分配资源来为自适应业务提供一种软QoS保证，但是需要对业务的QoS进行合理的评估，一种可选的衡量方法是根据用户对业务性能的满意度。满意度是一个主观的评价指标，基于用户的最小满意度可将应用得到的QoS划分为两个区间：QoS可接受区域和QoS不可接受区域。在QoS可接受区域内，只要保证各个业务流能够获得基本的带宽要求，可以在此区域内动态调整各个业务流的带宽分配。这种资源管理机制的目标是使更多的业务流被接纳，并使业务流平滑地适应网络资源的变化。在此使用以下参数来说明不同业务流的带宽要求和网络可以提供的带宽保证，如业务能够接受的最低带宽、请求分配的带宽、实际分配的带宽和业务性能对带宽分配的敏感度等，这些参数能够较好地描述业务的性能对带宽资源分配的敏感度及带宽的可调整范围。

4．基于跨层设计的资源管理

跨层设计打破了传统的分层设计思想，将网络各层作为整体来进行设计、分析和优化控制，可充分利用各层的相关参数信息，进行统一调度，从而实现网络资源的有效分配，因此其在无线自组网中的应用引来了越来越多的关注。如果按照消息传递的方向分类，跨层设计可以分为自下而上的跨层设计机制、自上而下的跨层设计机制和综合跨层设计机制。例如，物理层负责发送数据信息，需要尽可能降低误码率并适应链路特性的快速变化；MAC层则需要在共享的信道上调度各个节点的接入，以避免接入冲突和暴露/隐藏终端现象（通过RTS和CTS机制）；网络层获得到达目的节点的路由，尽量满足高分组投递率、高吞吐量、低能耗和低端到端时延的要求。这些层并不是孤立的，它们相互依赖，所以每层信息的交互有利于自适应地调整控制参数，提高网络整体性能。根据跨层设计涉及到的层数，一般可将其分为3类：层触发机制（Layer Trigger Scheme）、联合优化机制（Joint Optimization Scheme）和完全跨层设计（Full Cross-layer Design）。其中，层触发机制中的层触发是指协议间预定义的用于通知某些事件（如数据传输失败）的信号，在该种机制中，尽管多个层次都会参与优化过程，但一般只有其中一层负责优化过程，其他层只是为其提供相应参数信息。联合优化机制一般由两至三层参与，考虑多个优化目标，包括用户QoS、路由、调度、功率控制等，如Huang W.L.等人提出的结合MAC和PHY层的跨层优化框架，主要目标是实现MAC调度和节点功率控制的联合优化。在完全跨层设计中，所有层次都保持设计上的分隔，但是可以通过网络状态信息在整个协议栈上传递来各自调整行为。

跨层设计的优势就在于它可以综合考虑不同层次的信息作为资源调度的指标，如Chen J等人利用无线自组网的MAC层队列长度信息和网络层的节点能量信息给出总代价指标

$$W_{av\_cost} = \alpha E_{cost} + \beta Q_{cost}\ (\alpha+\beta=1) \tag{8-1}$$

设计出的 QoS-AOMDV 协议，可有效避免能量过低的节点加入到路由路径中；而且在分组速率较高时，可有效提高网络吞吐量和降低端到端时延。因为该协议会优先选择缓存队列中长度较小的节点来转发，均衡了负载和缩短了分组排队时间。类似的研究成果还有在基于 CDMA 的无线自组网提出的功率和接入调度联合控制协议，其利用跨层设计思想来降低时延敏感应用所经受的时延，并能克服多普勒频散效应。

5．基于博弈论的资源管理

无线自组网拥有分布式、动态、自愈和自组织的特性，这种特性使得博弈论成为一种非常合适的网络建模工具。通过对节点间通信交互过程的建模，可以合理配置网络参数，达到网络的全局优化。不同的用户可能具有不同的无线信道质量、不同的处理能力、不同的电池能量和不同的 QoS 需求，应用博弈论优化资源配置不仅可以注重整体有效性，同时也可以关注用户间的公平性。博弈论包含合作博弈和非合作博弈，以及两者的混合竞争策略。合作博弈采用的是一种妥协方式，通过妥协来增加至少一方的收益及整体收益。当然，任何一方都有自己的一个最低效益要求，称之为非合作效用。合作博弈形成的一个必要条件是双方必须达成具有约束力的协议。实际上，增多的效益来自合作产生的合作剩余，至于合作剩余如何分配又取决于双方的力量对比和技巧运用。非合作博弈则是一种博弈双方不可能达成具有约束力协议的一种博弈，每个局中人都竭力使自己的收益最大化，同时自己的策略选择也受到其他局中人策略的影响。非合作博弈中的一个非常重要的概念叫纳什均衡（Nash Equilibrium），是指对于任何一个局中人来说，给定其他人的策略组合，则该局中人没有激励去改变自身策略的一种均衡。应用纳什均衡时应当注意博弈中均衡点的存在性和唯一性是不能保证的，而且均衡点也可能是我们不希望看到的结果。无线自组网中的节点一般都具有相同的特征，而这个特点是能够应用博弈论的重要原因，因为可以在网络元素和博弈要素之间建立起一一映射，如表 8.2 所示。

表 8.2　无线自组网元素在博弈中的映射关系

无线自组网中元素	博弈中要素
节点或者网络整体	局中人
与研究对象（如功率、带宽等）相关的可以采取的行动	策略集
性能指标（端到端时延、吞吐量等）	效用函数

博弈论可以在无线自组网各层应用，甚至可以跨层应用，如物理层的分布式功率控制、MAC 层的媒体介入管理和网络层的分组转发策略等。从形式上看，一般建模 $G=[n,A_n,U_n]$。其中：G 代表博弈；n 表示局中人的数量，也即节点数；A_n 代表每个节点的策略；U_n 代表节点 n 的效用。而每个节点效用函数的建立则与建模对象和使用场景有关，形式多种多样，它是某一节点行动（Action）和其他节点行动的函数，节点为了使自己的效用最大而将不断调整策略。

例来说，Quer G 等人研究了无线自组网基础设施共享（Infrastructure Sharing）的问题。目的是通过这样的合作，提高两个并存无线自组网的整体性能，这里每个网络的节点应视为一种资源。两个无线自组网为了提高数据传输速率和用户 QoS，有时会选择共享自己网络中的某些节点成为两个网络的公共节点，为对方网络作为中继节点传输数据，解决网络分隔问题，因此可以大大提高共享资源的效率；特别是当所有节点都共享时，理论上说对两者都是最为有利的。但是，实际环境中出于隐私和安全的考虑，一个网络可能并不愿意共享太多节点，而且共享一个节点也意味着会有更多其他网络的数据通过该节点中转，导致本地网络的数据传输时延变大。一次博弈往往会造成非常低效的非合作均衡，如两个网络都不愿意共享节点，故采用重复博弈来使局中人把当前行动对未来其他局中人行动的影响考虑进来，对偏离均衡点的局中人实施惩罚，最终达到一种合作均衡。仿真表明，不论业务量如何，通过博弈选择出来的共享节点集（简单起见，实验中每个网络要么不共享节点，要么只共享两个节点）可以接近全部节点共享时的路径平均时延（最优情况），相比随机选择出的两个节点时的情况改善极大。

6．基于情景感知的资源管理

情景是一个内涵十分丰富的概念，它的具体意义要与实际应用场景相结合。例如，在智能家庭（Smart Home）中，情景应该是用户的喜好、行为习惯和活动模式，还包括位置、温度、光照、湿度等物理情景；又如，在网络化学习系统中，考虑的情景是学习者的ID、学习时间、分数、测试标准等。在无线自组网资源调度中，应该着重考虑的情景是节点的状态信息、链路的状态信息和全网的拓扑信息。正如Petrelli所说，有用户就有应用，有应用就有周围环境，情景正是这个周围环境。由于情景感知技术具有良好的自适应性、自管理性、自愈性和自保护性，目前已被用于无线自组网管理和资源调度，以帮助解决无线自组网中节点能量受限、快速和不可预测的拓扑变化等问题，取得了良好效果。基于情景感知的资源管理的一般工作模式是通过制定高层的管理策略来指导网络进行资源调度和行为控制，而这些策略是由满足一定条件的情景信息触发的。例如，节点的电量低于某一阈值进入告警阶段。网络在多跳路由可选的情况下自动减少其作为其他节点数据传输的中继节点的机会，以降低不必要的能耗。又如，通过感知无线自组网内的流量信息，测得当前哪些路由比较繁忙，哪些路由比较空闲，从而更好地指导具有QoS意识的路由协议的设计，实现全网负载均衡并改善用户QoS。再如，通过感知当前节点的移动性（包括速度和位置改变的频率）来选择合适的路由协议，移动性强时可选用AODV协议，移动性弱时可选用OLSR协议，以保证网络性能最优。情景信息的收集是由每个节点参与其中完成的，并且需要一定机制把信息在全网发布，已获得对网络全局的掌控。这样一个闭环的自适应管理，可以使得网络具有自主资源管理能力，实现自动配置和自动优化。

情景感知在无线自组网中应用时需要解决的一个重要问题，是如何有效地完成节点间情景信息的高效交互。Liu Q等人介绍了一种无线自组网中的情景感知的管理和控制机制，可以有效地实现节点间的情景信息交换和管理，并且成功解决了Ad hoc环境下的节点重加入（Rejoining）和信息环（Information Loop）问题。该机制主要包含3个部分：一是情景模型；二是情景信息数据库（CiB），用来提供情景表示和存储；三是情景通信协议（CiComm），用以交换情景信息。情景建模是设计情景感知系统的基础，可在很大程度上影响了其性能。在该机制中，采用了最为流行的本体建模，将本体定义为五维疑问词——Who、When、Where、What和How，每一维都对有关节点的情景从不同角度表达有关信息。本体论可以很好地表达事物以及它们之间的关系，可以有效防止对于事物理解上的偏差，许多研究都使用了本体建模方法。每个节点都通过CiB维护自身与邻居节点的情景信息，一方面采集本地情景，另一方面通过CiComm协议收集邻居节点的情景。为了实时掌控邻居节点的离开和加入，该机制采用软状态的方法，通过“契约定时器（Lease Timer）”及时消除本地CiB中超过一定时间还未发来心跳信标（Beacon_HB）的节点的情景，认为其已经离开。情景信息的交换无疑给网络带来了一定的开销，其契约定时器定时越长，交换的情景分组就越少，反之越多，但过长的定时时间会造成情景信息不能及时更新。由于该方法存在产生冗余情景分组问题，从节约网络资源角度考虑是不利的。

8.4.5 异构无线网络的可重配置资源管理

1. 概述

作为一种适变能力很强的技术，资源可重配置技术是异构无线网络研究领域的一个热点问题，可以实现对异构环境的灵活适应和对异构无线资源的有效利用。网络重构和资源重配置是使异构无线系统实现融合互通的关键技术之一。在异构网络环境中，具有重配置能力的终端（重配置终端）可以根据用户偏好、网络上下文及业务要求选择接入合适的网络。网络重配置技术的主要目的是根据环境变化完成重配置系统的自适应优化，支持多标准的终端设备和不同网络间的联合资源管理。

网络重配置的自主决策过程可以概括为由感知过程、分析过程、决策过程和执行过程组成的闭环迭代控制过程。其中，感知过程完成信息的收集和整理；执行过程在重配置系统中表现为功能和资源的重分配。异构网络资源的优化利用是重配置技术的重要目标之一。因此，需要设计相关的优化算法理论和关键机制，使自主重配置网络能够通过对于外部环境的感知和分析，灵活调整自身内部结构，完成对环境变化的优化适应。

2. 可重配置资源管理机制分类

可重配置系统中的资源管理机制大体可分为 3 类，即动态网络规划与管理、联合无线资源管理和先进频谱管理。

（1）动态网络规划与管理：可重配置网络随时间、空间的变化呈现不同特征，动态网络规划与管理（DNPM）正是针对这种网络提出的规划和管理框架。它在考虑上下文信息、策略信息的前提下，处理无线接入和收发器频谱等资源的分配策略信息。DNPM 主要负责网络侧设备的重配置管理，并包含“规划”和“管理”两个阶段的任务。在初始规划阶段，DNPM 定义无线制式的可用性和组合方式，完成有关无线接口可行性、基站位置、天线模式、子网耦合结构、联合无线资源管理策略等方面的分析和选择；在管理阶段，DNPM 能够对网络元素间的功能再次进行分配，自动调整相关网络设备的参数配置（如改变天线倾角），进行无线接入技术的自动选择和频谱的优化配置，以适应业务环境的变化。认知无线电技术有助于构造网络规划中自适应的传播环境预测模型。传统的分解式规划算法（如拉格朗日松弛算法）无法满足重配置网络规划的要求。目前，启发式搜索算法（如贪婪算法、遗传算法、禁忌搜索算法、模拟退火算法等）是常用的算法，可以通过建立整数规划模型，并根据既定的策略设计代价函数，求解备选方案集合，最终达到最优。

（2）联合无线资源管理：重叠的网络覆盖、多样的业务需求及互补的技术特性，使得异构无线接入技术之间的协同和资源共享成为必需。端到端重配置技术的出现，为终端和相关的网元设备提供了动态地选择、配置无线接入技术及工作频率的能力，使无线资源的联合管理变得更加灵活。

在支持多重网络覆盖的异构网络环境中，必须引入负载控制和负载均衡机制来确保系统的稳定运行。在应急通信环境下，由于业务的瞬时突发特性，网络过载和负载分布不均是经常发生的。在这种情况下，必须采用有效的负载控制和均衡机制。在包含了各种异构无线接入技术（RAT）的可重配置系统中，除了需要控制各 RAT 内部的负载，还需要通过联合负载控制协调 RAT 之间的资源和负载分布，以获得总体性能的提升。联合无线资源管理（JRRM）主要负责完成可重配置系统中无线资源（包括接入权限、时隙、码字、载波、带宽、功率等）的动态管理（分配、释放）。JRRM 重点考虑网络接纳控制和不同接入技术之间垂直切换过程中的资源管理。要实现网络资源的自主管理，需要在无线资源管理过程中引入自主控制，通过环境感知和自主学习能力的扩展实现无线资源管理策略的自部署。在理论研究方面，有学者引入人工神经网络、模糊控制、增强学习、博弈论等分析工具，为解决可重配置的异构网络间分布式联合资源优化问题，提出了基于模糊神经网络和基于负载均衡的 JRRM 算法，期望在阻塞率和频谱效用之间获得一个较好的折中，以提高网络性能和终端用户体验。

（3）先进频谱管理：先进频谱管理（ASM）的主要目的是使频谱分配达到最优化。利用 ASM 可以根据业务量的变化利用感知无线电和网元重配置能力，在异构无线接入技术之间动态、灵活地进行频谱资源的重新分配。考虑到不同无线接入技术的业务特性在时间变化上的差异性，频谱资源的动态分配和再利用对于提高频谱效率非常有意义。目前的 ASM 研究集中于两种设计理念，其一是基于频谱池的共享机制，其二是基于频谱交易的拍卖机制。频谱共享方法的思想是让那些需要频谱的用户能够从资源富余的用户那里租借频谱。一种常见的频谱共享方法是动态频谱接入（DSA），其可分为连续 DSA 机制和分片 DSA 机制。连续 DSA 机制能够为不同接入技术灵活地分配可变宽度的频段，只要相邻频段的资源未被使用就能被邻近频段的拥有者所使用。连续 DSA 方式虽然提高了频谱利用率，但是不够灵活。分片 DSA 机制不再局限于相邻频段的共享，而在更细粒度上分配频谱资源；因同一种接入技术能够占用不连续的若干频段，其灵活性更高。但是，这种方式实现复杂，频率干扰问题较突出。频谱交易或拍卖机制主要借鉴市场拍卖思想，采用了经济学中的相关理论和方法。很多学者提出了一系列基于博弈模型和微观经济学理论的动态频谱分配方法。

3．基于跨层设计的异构无线网络自治重配置管理

现有网络管理的智能化程度较低，路由优化往往只考虑某个目标和要素，没有基于多个要素进行联合优化。目前提出的一种解决思路是基于认知网络的自治重配置机制，可根据网络环境和用户需求的变化重配置网络基础设施和各个节点。自配置网络系统涉及协议栈各层，适合采用跨层优化方法，基于层间信息交互来有效利用稀缺的无线网络资源和保证业务的 QoS。基于跨层理念的采用强化学习的自治重配置管理可以克服异构无线网络管理中的作用域限制，通过使用强化学习（Q-Learning）来定制无线网络中的路由机制，以尽量确保网络性能指标满足服务要求，同时最小化管理开销。

动态、多变、异质的网络环境使得异构无线网络的管理更加复杂和困难。当移动性较低时，应该追求稳态的网络性能；而在高移动情况下，路由维护和更新会带来大量资源耗费和时延。跨层设计的主要优点之一，是允许网络协议从本地节点的角度了解当前网络状态和应用需求，然后嵌入位于网络节点内的中间件可以利用所了解的网络知识指导网络配置来改善网络性能。跨层信息交互能够改善无线网络的整体性能，基于跨层设计的路由管理方法允许应用层路由和网络层路由直接交互信息。例如，可以基于强化学习的自配置机制来增强无线自组网路由协议的性能，灵活重配置关键的路由参数，如 hello 时间间隔和活跃路由超时时间等，综合考虑优化路径长度和负载平衡。

8.5 无线自组网的安全威胁与应对策略

8.5.1 无线自组网的安全问题

在传统的有线网络和蜂窝无线网络中，网络采用层次化体系结构，网络拓扑比较稳定，并且拥有可信任的服务器、目录服务器、域名服务器和证书权威机构（CA），迄今已提出了一系列具有针对性且行之有效的安全机制和策略，如加密、认证、访问控制和权限管理、防火墙等。相比于传统的有线网络和无线网络而言，无线自组网的安全性问题更加复杂并面临更大的困难和挑战。无线自组网不依赖固定基础设施，不存在域名服务器和目录服务器等网络设施，通常没有可信赖的基站或中心节点，并且绝大多数移动节点的通信、计算和存储能力受限；同时，无线自组网的网络拓扑结构、网络的节点数量和运动方式及各节点之间的信任关系都处于动态变化之中。

无线自组网的安全目标与传统网络中的安全目标基本一致，包括数据可用性、机密性、完整性、安全认证和抗抵赖性，但是两者却有着不同的内涵。一方面，无线自组网的特点使得网络容易受到各种安全威胁和攻击，包括信息干扰和窃听、数据篡改和重发、伪造身份、选择性转发和拒绝服务等；另一方面，无线自组网自身的诸多限制不仅使无线自组网易受各类安全威胁和攻击，而且使得传统网络中的许多安全策略和机制不能直接用于无线自组网。其区别主要表现在以下几个方面：

（1）传统网络中的加密和认证应该包括一个产生和分配密钥的密钥管理中心（KMC）、一个确认密钥的认证机构，以及分发这些经过认证的公用密钥的目录服务。例如，蜂窝网络中的基站可以为移动主机分配密钥，由基站充当其管理范围内移动主机的证书授权机构（CA）。无线自组网缺乏基础设施的支持，没有中心授权和认证机构，节点的计算能力很低，这些都使得传统的加密和认证机制在无线自组网中难以实现，并且节点之间难以建立起信任关系。

（2）传统网络中的防火墙技术假设网络内部是安全的，防火墙只用来保护网络内部与外界通信时的安全。由于所有进出该网络的数据都通过某个节点，防火墙技术可以在该节点上实现，用来控制非授权人员对内部网络的访问、隐藏网络内部信息和检查出入数据的合法性等。但是，无线自组网拓扑结构动态变化，没有中心节点，进出该网络的数据可以由端用户无法控制的任意中间节点转发。无线自组网内的节点缺乏足够的保护，很可能被恶意用户利用而导致来自网络内部的攻击，这使得网络内部和外部的界限非常模糊；因此，防火墙技术不再适用于无线自组网，并且难以实现端到端的安全机制。

（3）无线自组网中，由于节点的移动性和无线信道的时变特性，使得拓扑结构、网络成员及各成员之间的信任关系处于动态变化之中；此外，网络中产生和传输的数据也具有很大的不确定性。这些数据包括节点的环境信息、关于网络变化的信息和各种控制消息等，它们都有较高的实时性要求；因此，基于静态配置的传统网络的安全方案不能用于无线自组网。

8.5.2 无线自组网面临的安全威胁和攻击

由于无线自组网本身固有的特性，无论是合法的网络用户还是恶意的入侵节点都可以接入无线信道，因而使其很易受到各种攻击，安全形势也较传统无线网络严峻得多。传统网络通常采用端到端的安全机制，中间节点无须处理信息内容，仅转发信息即可，其安全目标是

提供信息的机密性、完整性、认证和可用性，以确保信息正确、可靠地投递到目
在无线自组网中，信息通常存在大量冗余，中间节点有必要对信息进行聚集和
少消息的传输和能量耗费。因此，无线自组网难以实现传统网络的安全目标，
网络内部攻击时，此时应优先确保无线自组网能够提供基本的服务，如无线传
数据感知并将感知的数据及时投递到基站。

无线自组网中难以对每个节点实施物理防护和逻辑防护，遭受的攻击可以分为被动攻击和主动，或者分为外部攻击和内部攻击。内部攻击较难防范，因为攻击者是网络的合法参与者，拥有加密密钥。内部攻击类型包括错误地使两个非邻居节点建立邻居关系，使合法节点误认为某个恶意节点是其邻居节点。从网络协议栈的角度看，攻击可以在协议栈的各个层次上进行，如表 8.3 所示。针对各类攻击，无线自组网可以采用具有针对性的安全防护技术，如监测、认证、加密、冗余备份、服务多样性和特殊的安全硬件设备等。这些防护技术可以分为两大类：一类是采用先验式防护方式来阻止网络受到攻击，涉及的技术主要包括放火墙、鉴权和加密；另一类是反应式防护方式，通过检测恶意节点或入侵者来排除或阻止入侵者进入网络，涉及的技术主要包括入侵检测和入侵容忍技术。

表 8.3　网络协议栈各层面临的网络威胁和攻击

网络层次	攻击类型	描　述
物理层	干扰/篡改攻击	蓄意干扰和篡改无线电接收信息以阻止目标节点正常通信
链路层	耗尽攻击	攻击者试图通过多次重传耗尽目标节点的资源
	碰撞攻击	攻击者通过蓄意分组冲突阻止目标节点使用链路
网络层	虫洞攻击	合谋利用高功率无线电和远程链路提供一条低延时通信信道
	黑洞攻击	恶意节点控制路由分组以便参与路由并丢弃数据包
	污水池攻击	攻击者试图在网络中建立诱惑分组通过的一个通道以便发起其他攻击
	洪泛攻击	耗尽目标节点有限的存储、处理和带宽资源
	选择性转发	恶意节点的行为大部分时间与正常节点一样，但可选择性丢弃敏感的数据包，并且这种选择性丢弃不易检测
	女巫攻击	攻击节点创建多个伪装的身份标识，即攻击者能够同时出现在多个位置
	急流攻击	当路由发现时恶意节点迅速转发 RREQ 消息以参与任何路由发现，这种攻击通常出现在按需路由协议中，如 AODV 和 DSR 协议
传输层	SYN 洪泛攻击	恶意节点发送大量连接建立请求给目标节点以便耗尽其资源
应用层	克隆攻击	攻击者通过克隆合法用户，违规取得系统权限

8.5.3　网络安全策略

无线自组网中的移动节点比传统网络中的有线节点更容易遭到物理攻击，并且物理安全的重要性依赖于无线自组网的互连方法和节点的操作环境，因此必须根据具体的应用环境区别对待。另外，在加强安全性能的同时也需要兼顾网络性能。由于无线网络的带宽是一种宝贵资源，必须考虑尽可能减少网络开销。网络的扩展性要求也影响着安全服务的可扩展性，如密钥管理。对于特定的应用场合，可以限制网络规模并同时对安全服务的可扩性要求做出假定。通过使用加密和强认证方法能够在很大程度上提高无线自组网的安全性能，但是也引入了过多的开销，特别是当网络规模较大时。因此应对安全性能和网络性能进行折中，根据

际需要来选择合适的安全级别。一般性的原则是，当网络规模较小或网络资源比较充足时，可以采用较强的安全机制；反之，则应适当降低安全性以保障网络的可用性。提高安全性要考虑协议实现的复杂性。业务的多样性要求隐含着应该采用多种安全机制，以便为不同的用户分配不同的安全级别，但是过多的安全策略可能会使系统的管理变得比较复杂。为了简化安全管理，用户应该根据网络拓扑的变化实施相应的授权和接入控制策略，以便限制某些移动节点访问特定的资源。另外，可以通过提高某些节点的智能程度来加强安全性，如在簇头上增加分组过滤访问控制列表；还可以采用冗余机制和分散信任的方法来减少拒绝服务攻击的威胁和网络的脆弱性。

无线自组网中可能包括成百上千个节点，因此安全策略应该具有可扩展性，以适应大规模的网络；同时由于无线自组网的应用环境具有多样性，针对不同环境采取的安全策略也应有所不同。例如，在无线网络会议系统中，节点物理上的安全保障是没有问题的；而在特殊领域（如战场环境）中则不然，因此还需要适当增加物理安全防范措施。

无线自组网的安全需要基于对链路层或网络层的保护。在一些方案中，链路层可提供强安全服务用以保护机密性和真实性，在这种情况下高层所需的安全要求会减少。对于军事应用，机密性尤其重要，没有位置、身份和通信的保护，无线自组网中的用户非常容易遭受各种攻击。如果网络的可用性遭到破坏，用户可能根本无法执行任务。路由信息的真实性和完整性常常需要并行进行处理。如果使用的是公钥密码体系，可以采用数字签名来证实数据的来源和完整性。没有完整性保护，攻击者可以破坏信息、控制分组头，甚至产生错误的流量，使得无法区分引起硬件或网络故障的行为。路由信息的真实性非常重要，节点据此可以证实路由信息的来源；否则，攻击者可以冒名顶替、转移流量，甚至破坏路由结构，使得网络连接受到严重影响。抗抵赖性某种程度上与真实性（认证）相关，路由流量必须留下记录，使得发送路由信息的任何方都不能随后否决其向他方传送了数据。

防止管理数据被篡改和模仿非常重要，因为管理数据的改变会引发网络配置的改动，甚至导致网络无法正常工作。这一点在无线自组网中更加必要，因为节点数量众多，手工配置不可能，通常采用的是自动和按需交换配置数据，使得管理操作更易受到以上类型的攻击。通过这些攻击，敌方可能会控制管理系统并可任意配置网络节点，而这将带来灾难性的后果。

8.5.4 网络安全机制

传统的安全机制，如认证协议、数字签名和加密，虽然在实现无线自组网的安全目标时依然起着重要的作用；但是，无线自组网的特点要求它还必须采用其他特殊的措施和方法来确保安全性。

1. 密钥管理

密钥管理用来在网络中建立、分发、回收和撤销各种密钥。通过密钥管理可以实现隐私性、真实性和完整性安全要求，是其他安全措施的基础性要素。但是要在缺乏中心基础设施、资源严重受限的无线自组网中实施有效的密钥管理则面临着诸多困难。对于拓扑变化较慢的小型无线自组网，密钥可以进行协商或手工配置。对于快速变化的无线自组网，密钥的交换可能需要按需进行而不能假设实现协商好的密钥。如果采用私有密钥机制，则每个需要通信的节点之间都需要一个秘密密钥，这不适用于规模较大的网络。如果采用公钥体系，整个保护机制依赖于私钥的安全性。由于节点的物理安全性较低，私钥必须秘密存储在节点中。例如使用一个系统密钥进行加密。由于没有中心节点和证书机构，密钥的管理仍很困难。一种解决密钥管理的方法是使用用户团体来代替证书权威机构，并在节点中分配证书目录。

在无线自组网中，数据的完整性和抗抵赖性一般也需要基于某种加密算法来实现。加密协议总体上可以分为两大类：私有密钥机制（如 DES 和 IDEA）和公开密钥机制（如 RSA）。但是面临的挑战是密钥的管理。如果采用私有密钥机制，则每个需要通信的节点之间都需要一个秘密密钥，所需管理的密钥数目为 $N(N-1)/2$，其中 N 是节点数。对于规模较大的无线自组网而言，将难以实施有效的密钥管理，因此通常采用公开密钥机制。

由于信道干扰会造成较大的传输时延，使得基于同步的密钥管理方案在无线自组网中很难实现。为此，有学者提出了异步、分布式的密钥管理机制，如 PGP、URSA、JA 和团体密钥管理等方法。

PGP（Pretty Good Privacy）是一种全分布式的自组织公钥管理机制，节点基于 PGP 来创建它自己的公钥和私钥，并且节点自组织地存储、分发和管理证书。公钥证书的发布基于节点之间现有的信任关系，并且定期在可信的邻居节点之间交换证书。URSA（Ubiquitous and Robust Access Control）是一种针对无线自组网的健壮的访问控制方案。无线自组网中不存在完全可信的单个节点，需要通过多个节点实施联合监控并定期发放和更新证书，以防止多个攻击者发起的合谋攻击。

URSA 中的证书基于 RSA 加密体系和基于门限加密的签名机制。URSA 采用一种本地组信任模型，如果一定数量的可信赖节点认为某个节点是可信的，则认为该节点可信任，但这种信任关系具有时间限制。基于此信任模型，信任节点可以为其他节点签署证书并监测其他节点的行为，如果发现行为不端的节点则撤销其证书。

JA（Joshi's Approach）基于密钥共享和冗余提出了一种全分布式的证书授权机制。JA 首先将证书授权机构（CA）的私钥进行分割，然后将分割后的密钥段分发给网络节点。为了通信，节点必须组合一定数量的密钥片段才可重建 CA 密钥。此外，JA 可以配置入侵检测系统来识别行为不端或被俘获的节点。

在团体密钥管理方法中，每个节点都有一个公用/私有密钥对，所需的密钥管理服务由一组节点来完成。这种策略基于以下假设：在无线自组网中，尽管没有任何一个单独的节点是值得信任的，但可以认为一个节点的集合是可信任的，并且假定在一段时间内，最多有（$k-1$）个节点会被占领。密钥管理的实现采用了如下阈值加密算法：（n，k）表示在 n 个节点的网络中，任何大于或等于 k 个节点的集合都能够执行加密操作；而任何小于或等于（$k-1$）个节点的集合则不具备这个能力。该策略还采用了私有密钥定时更新的方法，使攻击者很难同时获取 k 个节点的有效密钥。

2．认证协议

CA 应是一个完全受信任的实体，并可以向需要认证的主机签发数字证书。证书通常是一个采用只有 CA 知道的密钥加密的随机字符串。该密钥可能是 CA 的私有密钥或者是 CA 与接收节点共享的密钥。CA 同时还为主机加密一个标识符和一个时间标签，后者使得该密钥只能被使用有限一段时间，这也要求所有节点的时钟能够很好地同步。尽管该机制能够在具有基础设施支持的无线网络中很好地工作，但是不适用于无线自组网。在无线自组网中仍然会存在以下威胁：一个入侵者可以在一个有效的时间窗口内重放一个具有时间标签的消息，尽管可以使用序列号来减少这种攻击的可能，但是除非对序列号也进行加密，否则不能完全阻止重放攻击。如果为每个分组执行强认证措施来防止重放攻击，即发送查询和接收响应，但是由于时延和开销过高，为每个分组进行强认证是不可行的；另外，还可能存在检测不到重放攻击的情况。例如，原始的消息可能被抑制或延迟，使得重放消息早于原始消息到达目的节点。由于节点的移动和无线链路的不稳定性，可使得原始消息的路由失效或发生拥塞，而这种情况很容易出现在无线自组网中。恶意节点可以通过侦听信道了解这种情况，然后使用被延迟的原始分组的证书和序列号发送消息，接收者会把该消息作为原始消息而接收，而真正的原始消息则被看作重放消息而遭到拒绝。但是，发送者并不能了解这种情况，为此需要采用新型的数据认证机制。

不同的应用环境可以采用不同的认证机制。例如，在通过使用便携式计算机组建无线自组网来召开临时会议的应用环境中，与会者彼此之间通常比较熟悉并彼此信任，会议期间他们通过便携式计算机通信和交换信息。与会者可能没有任何途径来识别和认证对方的身份，例如，他们既不共享任何密钥也没有任何可供认证的公共密钥。此时，攻击者可以窃听并修改在无线信道上传输的所有数据，还可能冒充其中的与会者。为此，可以采用由 Asokan 等人提出的基于口令的认证协议（PBA），它继承了加密密钥交换（Encrypted Key Exchange，EKE）协议的思想。在 PBA 中，所有的与会者都参与会话密钥的生成，从而保证了最终的密钥不是由极少数与会者产生的，因此攻击者的干扰无法阻止密钥的生成。同时，PBA 还提供了一种完善的口令更新机制，与会者之间的安全通信可以基于动态改变的口令来建立。按照这种方式，即使攻击者知道了当前的口令，他也无法知道以前的和将来的口令，从而进一步减少了信息泄密的概率。

在基于无线自组网的应急通信网络环境中非常希望节点和服务得到相应的认证，通信得到授权并且业务量得到鉴别。考虑到网络可能被分割且应具有较好的可扩展性，所以基于不对称加密的认证是最有效的。只要存在可用的根（中心授权）证书，节点就可以相互验证证书或业务流量的数字签名，而不需要直接与中心授权机构通信。通常，认证需要通过建立公钥基础设施（PKI）来分发和维护证书。在应急通信网络中可以由指挥机构或下属机构进行部署，考虑到含有各种异质设备，所以需要标准的认证协议支持认证。可以通过两种方式部署证书：一种方式是在预警期内让每个节点下载并安装证书回收列表（CRL），另一种方式是利用广域无线广播信道实时广播 CRL。

3. 安全路由

迄今，针对无线自组网已提出了大量路由协议，但这些路由协议的主要目标是在动态变化的网络环境中快速查找可用的路由、减少路由时延和开销以及提高网络吞吐量等。由于路由协议负责维护必要的路由信息和网络结构，因此如果路由协议或路由信息受到恶意攻击，整个无线自组网将无法正常工作。为此，业界针对这一问题提出了相应的安全路由方案。这些方案可分为先验式方案和反应式方案两大类。如果采用先验式方案，可使用数字签名来认证消息中不变的部分，并使用 Hash 链加密路由跳数信息，以防止中间恶意节点添加虚假的路由信息。如果采用反应式方案，则可使用入侵检测方法允许相邻节点间相互交换入侵信息来防范恶意节点的攻击。例如，每个节点定期探测邻居节点的吞吐量，并优选探测周期内吞吐量最高的节点作为数据转发节点。

路由协议的安全威胁来自两个方面：一是网络外部的攻击者通过发送错误的路由信息、重放过期的路由信息、破坏路由信息等手段，来达到致使网络出现分割、产生无效的错误路由、分组无谓的重传、网络发生拥塞并最终导致网络崩溃的目的，攻击者还可以通过分析被路由业务流量来获取有用信息；二是网络内部的攻击者可以向网内其他节点发布错误的路由信息和丢弃有用的路由信息。两种攻击都能造成网络中合法节点得不到应有的服务，因此也可以看作一种拒绝服务攻击。针对第一种安全威胁，可以使用数据安全中的加密机制来解决，如带有时间戳的数字签名。消除第二种威胁较为困难，对路由信息进行加密的机制不再可行，因为被占领的节点可以使用合法的私有密钥对路由信息进行签名。一种可行的方法是要求合法节点周期性地交换标识序列符。标志序列符由节点的标志符和序列号组成。占领某个节点的入侵者虽然能够获得合法的密钥，但其很难知道标志序列符，因此可以在一定程度上减少这种攻击带来的威胁。

但是，现有的基于认证和加密的安全路由协议大都不能有效地抵御各种入侵和攻击。为此，一些研究组构建了入侵容忍路由协议，如TIARA（Techniques for Intrusion-resistant Ad hoc Routing Algorithms）、FLAC（Flow-based Route Access Control）、BFTR（Best-Effort Fault Tolerant Routing）、ODSBR（On-Demand Secure Byzantine Routing Protocol）和BA（Boudriga's Approach）。

TIARA 可以减轻 DOS 攻击的影响，它采用的技术主要包括：基于流的路由访问控制、分布式无线防火墙、多路径路由、流量监控和快速认证机制。另外，TIARA 可以较为容易地集成到反应式路由算法中。

FLAC 综合利用分布式无线防火墙和受限资源分配机制来控制分组流和防止资源过载式攻击。参与网络的每个节点包含一个访问控制列表指定授权的流，并定义门限为给定的流分配一定网络资源。FLAC 发现和维护多条路由并且只选择一条路由进行数据转发，利用流监控技术检查网络故障并定期发送称为流状态分组的控制消息。如果发现路径失效，则选择备用路径，并且节点通过在分组中放置路径标签来实施认证。

BFTR 是一种利用路径冗余性的源路由算法，目标是在不安全的网络环境中以较高的投递率和较低的开销维护分组转发服务。BFTR 并不试图推断沿途的节点是好还是坏，而基于现有的统计信息来选择最可信的路径，如具有最高分组投递率的路径。基于统计信息和接收者的反馈，BFTR 能够检测多种攻击，如分组丢弃、破坏或错误路由。

ODSBR 是一种能够应对拜占庭攻击的路由协议。ODSBR 协议的操作包括 3 个阶段：第一个阶段基于洪泛法来查找最低成本的路径，并使用加密操作来保证安全认证和数字签名；第二个阶段通过自适应探测技术来发现路径上的错误链路，路径中间节点周期性地发送安全确认并通过密码技术来确保分组的完整性；最后一个阶段通过管理分配给错误链路的权重来标识坏链路。

BA 是一种入侵容忍机制，它基于多层信任模型并采用动态资源分配和网络恢复机制。多层信任模型将网络划分成两个虚拟集合：资源域和用户域。网络为每种活动类型分配唯一的信任级别，并基于信任级别和活动来分配资源，目的是最大化资源使用率和最小化成本。BA 方法通过分布式防火墙、路径故障的检测和恢复、节点间的信任关系及基于 IPSec 的分组认证来获得入侵容忍能力。

4．安全数据转发

安全路由协议可以确保路由发现的正确性，但是它们并不能保证安全、可靠地投递数据。攻击者可以隐匿于路由的某个节点中，并在路由发现阶段遵守规则，而在数据转发阶段重定向、丢弃、修改或注入数据分组。为此，必须提供保证数据机密性、可用性和完整性的机制。迄今已提出了许多这样的机制，包括轻量级的加密机制，如消息认证码（MAC）用于数据完整性保护，许多激励和奖惩机制用于鼓励节点参与数据转发，以及名誉系统用于区分可信的节点和行为不端的节点。此外，一些学者提出的冗余性和消息保护机制可用于应对网络攻击。例如在 SPREAD 中，将消息分割成多段并在多条路径上同时传输，同时还可以结合使用方向性天线和智能多路径路由。

（1）SPREAD：用于可靠数据投递的安全协议（SPREAD）首先由源节点将消息分割成多段，对每段加密后通过多条独立的路径传送。消息分割采用门限密钥共享算法进行，依据最小化分组受损概率的原则将每段消息分配到一个选定的路径。SPREAD 是一种优化的共享分配机制，攻击者必须截获所有路径的消息段才能恢复消息。

（2）SMT：安全消息传输（SMT）的目标是确保数据的机密性、可用性和完整性。SMT具有如下主要特性：端到端可靠性和可靠的反馈机制；分隔传输数据（其中添加冗余的数据用于恢复）并同时在多条路径上传播；适应网络变化的条件。SMT 要求在两个通信的节点之间建立安全关联（SA），因此不需要链路加密。这种信任关系对于数据完整性和端节点的认证是必不可少的。端节点之间使用一组节点分离的路径，称为活动路径集（APS）。每段消息携带 MAC 用于接收段实施完整性认证并向源端反馈确认消息。确认消息也通过加密保护并在多条路径上传输来提供错误容忍性。

（3）SDMP：基于多路径的安全数据传输（SDMP）利用多路径来增加数据传输的健壮性和机密性。SDMP 在邻居节点之间采用 WEP 链路加密机制来提供链路层机密性和认证。此外，SDMP 区分信令路径与数据路径，前者只采用可用路径集中的一条路径。SDMP 采用多样性编码（如 DC）来分割数据，每段数据均由一个唯一的标识符并通过 XOR 操作进行组合。通过上述措施可大大减小数据被窃取或破坏的概率。

（4）跨层方法（CLA）：跨层方法结合使用方向性天线和智能多路径路由来提供端到端的数据的机密性和可用性。方向性天线减小了分组传输覆盖范围，从而使得窃听更加困难并减少了分组传输干扰和冲突。另外，还结合使用了自适应传输功率控制以进一步减少消息被截获的概率。

5．安全邻居发现

设备移动性和无线信道的易变性使得网络连接频繁变化，无线自组网为了完成多跳信息传输，必须通过邻居节点之间的协作转发，即离不开邻居发现机制的支持。邻居发现（ND）对于路由协议和数据转发至关重要，并且支持网络访问控制、拓扑控制和传输调度等。因此，必须保证 ND 的安全性和健壮性，即必须对邻居的身份加以确认，尤其是在敌对环境中。但是，在无线网络环境中 ND 很容易遭受攻击和破坏。例如，利用基于邻居发现的中间人攻击可以避开敌友识别系统。

在无线自组网中，邻居包括可以直接相互通信的通信邻居和地域上邻近的物理邻居。节点 u 的通信邻居是能够直接向节点 u 发送信息的节点集合 c(u)。节点 u 和节点 v 能够通信，表明链路(v,u)是存在的。节点 u 的物理邻居是在物理上与节点 u 的距离在 r 范围内的节点集合 p(u)。c(u)往往不等同于 p(u)。例如，某个节点 v 通过增加传输功率可以成为 u 的通信邻居，但是却不是 u 的物理邻居。而距离 u 很近的邻居 w 由于障碍物的阻挡而不能成为通信邻居。只有在理想的单位圆盘通信模型下，c(u)才等同于 p(u)。

邻居发现用于确定给定节点的通信邻居或物理邻居。例如，使用标签读卡器读取的 RFID 标签发出的信号可以用于验证标签携带者的身份。RFID 标签信号的通信范围非常受限，物理访问控制系统利用了标签的短范围通信能力，这是一种物理上的邻居发现。而在无线局域网或蜂窝网络中，移动用户需要位于 AP 或 BS 的传输范围之内才能访问外网，这种网络访问控制依赖于通信上的邻居发现。多跳网络中的数据分发和路由依赖于邻居发现。如果目的节点是源节点的邻居，则不需要执行路由发现。另外，如果采用基于位置的路由，则选择距离目的节点最近的节点作为下一跳节点。这些邻居都是指通信意义上的邻居。邻居发现的基本要求是正确性，即确认真正的邻居节点，而不受攻击者的欺骗。为此，必须对邻居节点的真实性加以检验。实际上，无线网络中的邻居发现协议难以保证可靠的消息投递（如攻击者干扰通信），因此难以发现和验证所有的邻居。

目前，针对邻居发现的攻击类型众多。例如，攻击者可以通过伪造信号来攻击 ND，使两个非邻居节点建立邻居关系，使合法节点误认为某个恶意节点是其邻居节点。攻击者还可以实施重放攻击，重复转发分组或有选择地转发分组。此外，攻击者还可以干扰节点之间的通信，从而使节点难以实现完整的邻居发现。安全邻居发现主要关心信号传输特性，采取的应对措施包括加密和数字签名等。

为了提高容错性，应能执行完整的邻居发现。当前，已提出了多种安全邻居发现方法，如：距离约束方法（DB）、基于位置的方法和 RF 指纹（识别）方法等。距离约束方法通过测量信号往返时间继而估计到邻居节点的距离。DB 方法可以保证物理邻居发现，因为攻击者不能缩短传播时间。但是，DB 不能保证通信邻居的正确性。如果攻击者只能执行慢速重放攻击，由于重放会引入过大时延，此时 DB 也可以检测到这种攻击。基于位置的方法利用可信赖的位置信息来保护邻居发现，但是通常只能防范外部攻击。具体而言，节点通过在发送的消息中添加时间戳和位置信息来辅助邻居发现。基于时间戳和最大节点速度信息，节点可以推断接收到的消息的发送者是否超出限定的距离，从而保证物理邻居发现。对于通信邻居发现，则需要为节点配置无线传播模型来确定给定位置的节点是否是通信邻居。RF 指纹（识别）方法通过识别无线发射器的特征信号模式来认证信号源，以确保通信邻居发现。此外，利用本地网络连接性信息也可以检测虫洞和虚假链路。节点在本地交换通信邻居信息，然后可以据此检查虫洞，但是不能有效地防范选择性虫洞（仅建立少量的虚假链路）。

6. 安全信息过滤

无线自组网是由一组随机移动的节点所构成的自配置网络，没有集中式认证服务器，只能通过分布式算法来执行访问控制，以便保证只有授权的用户可以访问网络。实际中，一般通过使用分布部署的多个认证服务器或使用预分配的密钥来实现。攻击者可以降低网络性能或非法利用网络服务，而在有线网络中通常利用分组过滤技术（如防火墙）来防范这类攻击。防火墙用于控制分组在不同网络段之间的传递，可以执行业务量整形和限制服务的可用性。

在无线自组网中，每个节点都可能为其他节点提供连接，因此每个节点均可视为连接内部网络和外部网络的路由器，都应执行防火墙策略。防火墙控制策略是一个排序的过滤规则清单（规则集），定义对满足特定条件的分组执行的操作。规则包含一组选择器（或过滤字段），如源和目的 IP 地址、源和目的端口、协议类型及操作字段。当分组到达防火墙接口时，依据规则集检查分组头字段。如果找到符合规则的一个匹配，则执行对应的操作；否则，执行默认的操作，通常是拒绝转发。但是，在无线自组网中采用防火墙策略面临以下问题：移动网络中难以划分子网，从而会引起规则集的激增和性能降级；节点电池和功率极其受限，包含规则集信息的消息数量、尺寸和传播频率必须最小化以便减少网络带宽的浪费；当规则使用通配符表达时，可能会带来规则一致性问题。如果在到目的节点的路由上存在多个防火墙，那么构建一致的防火墙间和防火墙内规则集是一项很困难的任务；由于必须根据规则清单检查每个分组，分组过滤的时间会随着规则集尺寸的增大而线性增加。在无线自组网中必须使用一种高效算法分析大规模的规则集，并定义适当的规则集分配和更新策略。相比而言，在无线 Mesh 网络中部署防火墙要容易得多，因为 AP 在网络管理器的控制下，用户与 AP 相距一跳，并且 AP 之间彼此信任。

当前，一些学者提出了针对无线自组网的分布式防火墙机制。分布式防火墙旨在防止 MANET 遭受洪泛攻击并且每个节点维护一个防火墙表项，其中包含通过它并由目的地成功接收的所有分组列表。在相关流的发送者和接收者之间成功握手之后，当检测到故障、入侵或其他异常行为时，防火墙将自动维护和刷新防火墙的表项。基于这些防火墙表项，节点可以禁止任何可疑的业务流。

7. 入侵检测技术

无线自组网链路速度慢、带宽有限且节点计算和能量受限，针对传统有线网络开发的入侵检测系统（IDS）难以直接用于此类网络。在无线自组网中，IDS 无法对整个网络进行实时业务的监控和分析，只能利用不完整的信息来完成入侵检测。另外，由于无线自组网节点和拓扑的动态变化，导致发出错误信息的节点可能是被俘节点，也可能是由于正在快速移动而暂时失去同步的节点，使得 IDS 很难识别真正的入侵和系统的暂时性故障。

当前，针对无线自组网提出了两类入侵检测系统：基于移动代理的分布式入侵检测系统和分布式入侵检测系统。基于移动代理的分布式入侵检测系统按某种有效的方式将移动代理分配到不同的节点，执行不同的入侵检测任务。由于移动代理数量的大大减少，这种 IDS 具有较低的网络开销。分布式入侵检测系统要求网络中所有节点共同参与入侵检测与响应。每个节点均配备一个 IDS 代理，IDS 代理运用基于统计异常的检测技术；不同区域的 IDS 代理互相合作以便做出全局入侵检测和响应。例如，当 IDS 代理检测到有入侵节点时，它通过所属簇头向整个网络广播安全信息，从而解决节点故意提供错误定位信息而引发的路由安全问题。

在应急通信网络中，每个节点可以根据可用的存储容量选择记录流经网络的消息。此外灾后也可以收集记录的流量进行灾情分析，以便尽早发现异常事件和系统滥用，更好地准备下一次应对突发事件，提高应急通信的效率。通过这种方式还可以进一步震慑攻击者，因为攻击者很可能被追踪到。此外，还可以利用统计分析和数据挖掘技术实施异常检测。

8. 安全激励协作

节点协作是无线自组网能够正常运转的基本要素之一。因此需要设计一种有效的激励协作策略，既能防止恶意节点的攻击和激励节点参与协作，又能保证通信内容在传输过程中的保密性。

迄今，业界提出了许多激励协作机制，大致可分为两类：一类是基于信誉（声望）的策略，另一类是基于价格（收益）的策略。在基于信誉的策略中，节点观察其他节点的行为（如是否转发和丢弃数据包），然后奖励协作行为或惩罚不协作行为。具体而言，如果一个节点不转发数据包,，就视为不协作，其信誉就会下降并在网络中广播。在基于价格的策略中，节点转发数据包即可获得相应报酬，然后节点用这些报酬来发送自己的数据，从而激励节点自愿参与数据传输协作。上面两种策略的共同特点是，网络中每个节点转发数据包的定价相同。此外，还可以基于博弈论激励节点协作，因为网络功能的实现依靠参与者的贡献，节点不得不相互转发数据包来确保多跳通信。

安全的节点协作机制不仅要能鉴别自私节点和恶意节点，还要能阻止其他网络攻击，如黑洞攻击、灰洞攻击和虫洞攻击等。因此，激励策略需要额外的安全设备或机制来抵御攻击。例如，网络需要采用密钥进行消息加密和认证，每个节点还需要配备防篡改的安全模块。

另外，还有一些激励机制不需要外加安全设备，而是通过自身的安全机制来确保节点之间不会传播虚假评价，这样节点不会恶意地降低另一个节点的信誉。

9. 访问控制

在无线自组网中同样存在控制对网络的访问以及控制访问网络提供的服务的需求。在网络层，路由协议必须保证不允许非授权节点加入网络，保证没有敌对节点加入和离开网络而不被检测到。在应用层，访问控制必须保证非授权用户不能访问服务。访问控制常与身份识别和认证相关联，以便确保合法用户有权访问服务。在一些系统中可能不需身份识别和认证，这时节点可通过证书来访问服务。根据不同的网络结构和安全级别，访问控制的实现方式也不同。集中式的低安全级别网络，可以采用服务器控制的方式，如用户 ID 加密码。在应急通信场合，对网络和资源的访问控制都必须被定义。但是实现一个高效、可扩展、灵活的访问控制协议是非常困难的。

8.5.5 基于入侵容忍的安全防护体系

迄今，业界提出了很多针对无线自组网安全问题的解决方案，这些方案大致可分为预防性和反应式两类防御措施：前者希望抵御各种攻击，如防火墙、访问控制和加密机制；后者根据需要采取行动来抵御攻击，如入侵检测系统（IDS）和入侵防御系统（IPS）。但是，这些为特定目标和场合设计的安全防护机制的适应性较差，并且不都能有效地防御未知的攻击和入侵。无线自组网的安全目标是在网络面临攻击或入侵、出现故障或发生意外事故的情况下仍能及时完成其目标任务的能力，即强调网络和服务的可生存性（Survivability）。可生存性的内涵包括可靠性、可用性、可维护性、机密性、完整性和安全性。可生存系统应可以应对各种错误，包括恶意或无意的错误、攻击或入侵。在安全领域，可生存性旨在增强安全效用并辅助提高可靠性和可用性。为此，在前两类防御措施之外又引入了第三类防御措施，即入侵容忍（Intrusion Tolerance），从而使可生存网络系统能够在提供关键服务的前提下容忍一定程度的攻击和入侵，而不是确保系统绝对的安全。入侵容忍技术是保障网络可生存的核心技术之一，也是增强网络系统安全一个新思路。无线自组网容易遭受各类网络攻击，因此可生存性无线自组网的目标是构建一个完善的入侵容忍体系。入侵容忍技术基于这样一种假设：系统在一定的概率下能够正确提供基本的功能。入侵容忍系统的生存性技术有两种实现方式：一种是基于攻击-响应的入侵容忍方法，这种方法不需要重新设计和实现系统，只需要通过异常检测机制来发现入侵和攻击，然后重新配置资源和调整系统参数，并对错误进行修补来恢复系统服务；另一种是基于攻击遮蔽的入侵容忍方法，该方法需要重新设计系统，并采用冗余、容错和密码学等技术来实现。

借鉴可生存系统的思想，可以集成预防、反应和容忍各类措施来构建基于入侵容忍的综合安全防护体系，如图 8.8 所示。首先，预防性措施（包括防火墙、加密、数字签名、访问控制和 VPN）作为抵抗攻击的第一道屏障，阻止一些常见的攻击；其次，反应式措施（如 IDS、IPS）进一步检测和阻止入侵的攻击和破坏行动；最后，为了防止入侵者破坏系统并保证在入侵的情况下系统能够正常运行，需要应用入侵容忍技术，直到预防或反应预防调整自身的操作并采取适当措施来防止入侵和攻击。由此可见，网络的等级保护不仅是空间上的，也是逻辑上的和技术上的，这也是深层防御的一种体现，即综合集成不同的安全防护技术手段，建立多条防线，保护网络的关键信息或服务。

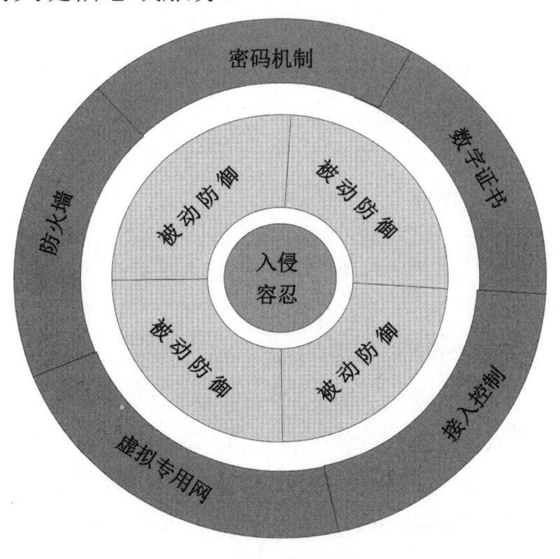

图 8.8　综合安全防护体系

8.6 无线自组网中的信任模型与信任建立机制

8.6.1 基本概念和背景需求

信任是一种建立在自身知识、经验和对象实体属性认识基础上的判断，是一种实体与实体之间的主观行为。早在 1996 年，M.Blaze 等人就针对开放系统提出了信任管理的概念，其基本思想是，在承认开放系统中安全信息的不完整性的前提下，系统的安全决策需要依靠可信任的第三方提供附加的安全信息。迄今，网络安全领域对信任还没有明确和统一的定义。绝大多数学者都认为信任是确保分布式系统安全的基本要素之一，但对于信任的本质和信任的作用仍没有达到完全共识。一种评价信任的基本思路是基于监控机制生成描述节点的可信性、可靠性和能力的信任值，然后利用这种信任信息辅助建立安全路由、授权和访问控制、检测恶意节点和激励节点协作。

大量事实表明，无线自组网的安全问题之所以比较复杂，很大程度上在于此类网络的正常运转依赖于大量节点之间的协作。但是，在这类网络中节点之间的协作关系又是松散和脆弱的，容易受到自私行为、恶意攻击及误配置和误操作的影响，其问题的本质是节点不能确定可否信任和它进行协作的其他节点。当网络节点彼此之间不能信任时，就无法保证安全、可靠地交互信息和协作完成任务。因此，在无中心、分布式的无线自组网中建立和评价信任关系对于确保网络的安全性至关重要。一方面，如果节点轻易相信其他节点，那么更容易遭到恶意攻击；另一方面，如果节点间过度怀疑而不愿合作，那么必然会降低网络的效用。但是，在无线自组网中建立信任关系面临许多问题和挑战，因为网络既不能保证各节点持有被其他节点信任的公钥，也无法出示可信任的证书。当网络节点之间建立了信任关系之后，那么节点可以预测其他节点的行为、评判它们的安全状态和诊断它们的安全问题。概括而言，信任关系有助于解决以下安全问题：

（1）基于对其他节点行为的预测，节点可以避免与不信任的节点协作（如节点仅选择最可信的节点转发分组），减少了遭受攻击的机会，从而改善了网络的安全性和健壮性。

（2）对节点今后行为的预测可以确定网络面临的安全风险，然后可以基于风险程度相应调整网络操作（如风险变大时采用更强壮的安全机制），从而可提供更灵活的安全解决方案。

（3）信任评价可以发现信任值较低的网络节点，进而检测和隔离行为异常的节点。

（4）通过对各网络节点的可信性进行评定，可以定量评估整个网络系统的可信任程度。

（5）在无线自组网中，网络没有可信任的中心授权节点并且节点容易遭受各种恶意攻击，在网络节点间建立的信任关系有助于实施分布式认证和防范攻击。

8.6.2 信任模型

传统网络环境中的信任模型属于一种基于认证中心（CA）的集中式信任模式。但是，这种信任模型存在可扩展性差、单点失效等问题，难以适应无线网络环境的要求。无线自组网中不能保证各个节点持有被其他节点信任的公钥，并且也无法出示可信任的证书。因此，在这种网络环境中建立分布式信任机制十分必要，这种必要性不仅体现在用户对网络的有效使用方面，也体现在有利于网络的良性发展方面。总之，信任模型可分为全局信任模型和基于局部推荐的信任模型两大类。全局模型通过相邻节点间相互满意度的迭代，从而获取节点全局的可信度。基于局部推荐的信任模型在本地记录节点的历史活动信息，并询问其他节点来评价节点的可信度。局部模型通过限制反馈和评价信息范围，大大减小了获得信任所需的网络开销，易于网络规模的扩展。

无线自组网可以采用一种简单的本地组信任模型。如果一个节点对于一定数量的可信赖节点是可信的，那么认为该节点可信任但是信任关系具有时间限制（不超过证书的过期时间）。基于此信任模型，可信的节点可以为网络中的其他节点签署证书并监测其他节点的行为，如果发现行为不端的节点则撤销其证书。另外，Boudriga 提出的基于入侵容忍的无线自组网的安全方案中包含了一种多层信任模型。多层信任模型假定将网络划分成两个虚拟集合，即资源域和用户域；同时为每种活动类型分配一个唯一的信任级别，基于此信任级别和活动，用户或应用程序按照一种分布式机制分配资源，其目标是最大化资源使用率和最小化成本。

需要指出的是，网络应用环境会对信任模型产生影响，进而影响密钥管理和认证的方式。例如，由室内集会人员的移动设备构成的小型 Ad hoc 网络的信任模型与战场环境中的无线传感网的信任模型就有很大不同：在第一种应用情景中，移动设备工作在安全和友好的环境中，移动设备之间是一种彼此信任协作的关系；在第二种情景中，无线设备工作在极度恶劣的非可信的网络环境中，面临大量的安全威胁，节点之间的信任关系是不确定。

如前所述，信任模型可以用于设计适合无线自组网的分布式密钥管理方案。例如，团体协作的密钥管理方法就是利用团体用户代替证书权威机构，其密钥管理服务由一组节点协作完成。

8.6.3 信任建立机制

在对安全敏感的无线自组网应用环境中，由于节点容易受到攻击，被俘获的可能性也较大，因此必须建立适当的信任机制。但是，在无线自组网中信任的建立不能信任媒介，必须借助密钥。因此一个基本的问题是如何生成可信任的密钥而不必依赖受信任的第三方。无线自组网是一个动态的自组织临时网络，节点之间的信任关系也在不断变化，不能保证网络中各个节点持有被其他节点信任的公钥，并且它们也无法出示可以互相信任的证书。一种在网络节点之间建立信任的简单方法是允许节点之间委托信任关系，即已建立信任关系的节点组通过向网络中其他成员传递信任关系来扩展可信任的群体规模。

下面以一个小型网络为例说明这种方法。假设所有节点之间都存在连接，并且采用一种反应式路由协议，其信任建立方法描述如下。如图 8.9 所示，一个小型无线自组网由 3 个信任组 G1、G2 和 G3 组成。假设节点 A 作为委托信任的代理，其通过广播一个 START 消息发起信任传递过程。网络中收到此消息的每个节点向网络广播含有信任公钥的消息，于是节点 A 可以在无线自组网中建立和认证一张信任关系映射表。G2 组的所有节点与节点 A 通过节点 C 能够建立一种间接的信任关系，节点 A 可以通过节点 C 得到 G2 中的签名的公钥。G3 中的节点与节点 A 没有信任关系，但是节点 A 可以与 G3 中的节点 G 手工交换信任密钥，而后通过节点 G 获得 G3 中的签名公钥。最后节点 A 将收集到的签名密钥在整个无线自组网中传播，最终使 G1 至 G3 中的每个节点之间都能建立信任关系，并因此产生一个新的信任组 G4。这种方法能够被扩展，用于在任意规模的无线自组网中建立信任关系。但是，应该看到这种方法存在的缺陷，因为它是以信任组为单位传递信任关系的。如果一个组中任何一个节点被攻击者俘获，而且这个被占领的节点又没有被其他节点发现，攻击者就将威胁整个无线自组网的安全。因此，为了增强安全性能，每个信任组中的节点必须定时互相认证，但认证的频率不应太快，以减少网络开销。此外，如果一个节点要发送机密信息，它可以主动发起认证过程。但是当网络的规模较大时，这种方式将会影响网络的性能。

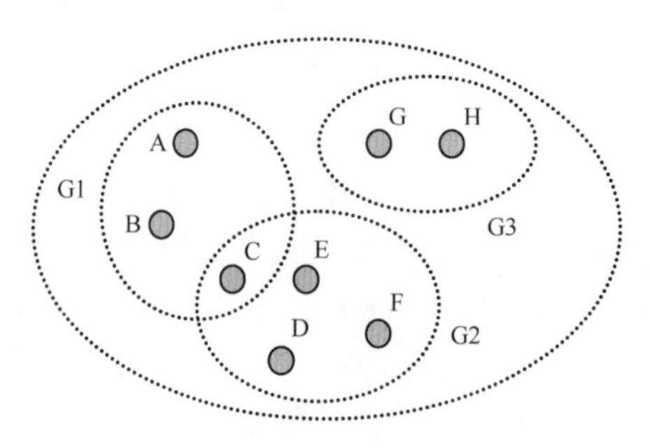

图 8.9　由 3 个信任组构成的小型 MANET

如前所述，无线自组网中的信任关系是一个动态过程，是随着时间变化的，且具有主观性、不确定性和模糊性。因此传统网络中基于静态配置的信任建立方案在无线自组网中是不可行的。在无线自组网中，个体间的信任既取决于个体之间的直接接触，也取决于其他个体的推荐，同时推荐者的可信度也决定其推荐个体的可信度。尽管在理论上可以采用集中式或分布式方法建立信任关系，然而无中心的无线自组网倾向于采用分布式信任建立方法。为了建立信任关系，每个网络节点需要维护一个信任管理器，如图 8.10 所示。信任管理器主要包括信任建立模块和信任记录表。信任记录表用于存储有关节点之间的信任关系及相应的信任值。在需要相互协作的节点之间建立的信任关系包括直接信任关系和间接信任关系，可使用集合{主体，客体，行动，数值}来表示这种信任关系，其中数值或数值范围可描述信任的程度。信任建立模块采用两种方法建立信息关系：当主体能够直接观察客体的行为时，可以建立直接信任关系；当主体从其他实体获得有关客体的相关信息时，则可以建立间接信任关系。实际上，网络节点之间信任关系的建立往往需要同时利用直接信任建立方法和间接信任建立方法。例如，Jie Li 等人在其提出的客观信任管理框架（OTMF）中提到，节点对其他节点的信任程度不仅依赖于直接的观察信息，还依赖间接的观察信息，以此获得较为客观公正的评价。直接信任关系通常基于观察主体和客体的交互历史情况来建立。假设观察到的成功交互次数为 s，失败的交互次数为 f，那么一种简单的计算直接信任值的公式为：$s/(s+f)$。间接信任关系是基于信任可以传递这一原理而建立起来的。例如，如果 A 和 B 建立了信任关系，同时 B 又与 C 建立了信任关系；那么如果 B 告知 A 它对 C 的信任程度，那么 A 可以和 C 建立间接信任关系。但是，基于信任传递方式建立的间接信任必须考虑两个关键要素：一是主体何时、从何处收集其他实体的推荐信息；二是如何根据推荐的信息计算间接信任值。由于间接信任可能涉及一条或多条推荐路径，每条推荐路径又包含一跳或多跳，所以需要适当的信任模型来决定如何根据信任传递路径计算间接信任值。此外，主体对客体推荐信任的判定，往往通过检查观察信任和推荐信任的一致性来实现。

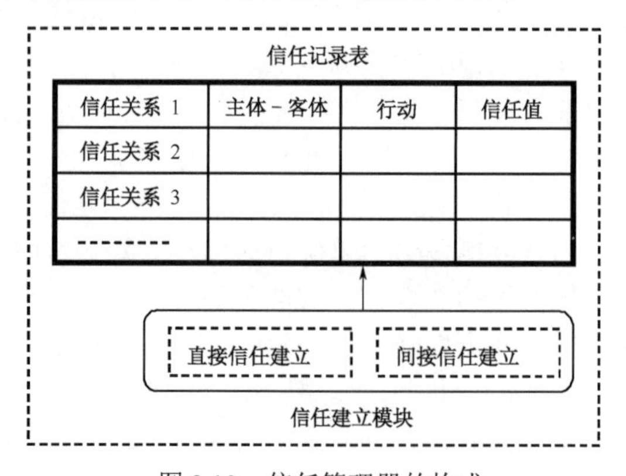

图 8.10　信任管理器的构成

8.6.4 信任辅助的安全路由

按照上述方法建立节点之间的信任关系后，可以设计一种信任辅助的安全路由协议，简单描述如下：

（1）当源节点希望向目的节点传输数据时，首先要寻找到目的节点的多条路由。然后，源节点查看自己的信任记录表以了解它是否与这些路由上的节点存在信任关系。如果没有信任关系，源节点就向邻居节点广播推荐信任的请求消息并等待应答。

（2）收到推荐信任的请求消息后，拥有相应信任信息的节点会予以应答，并且会检查请求消息传递的跳数是否超过预设门限。如果不超过，则继续向其邻居节点转发请求消息；否则，丢弃该请求消息。

（3）源节点收集所有的应答消息并根据信任模型计算和更新所找到的路由上节点的信任值。

（4）源节点根据路由上节点的信任值计算每条路由的可信度，然后选择可信度最高的路由传输分组。

（5）在数据传输过程中，源节点可能需要监视路由上节点的分组转发行为。

（6）在数据传输后，源节点比较它观测到的信任值与它之前收到的推荐值。如果两者之差小于预设门限，则将推荐值标记为良好；否则，将其标记为无效。然后据此更新推荐信任值。

（7）源节点更新为其转发分组的节点的直接信任值，并将信任值低于门限的节点视为恶意节点。

8.6.5 信任关系面临的攻击及其防护措施

基于信任关系可以有效检测异常行为的节点并改善网络性能，同时也可能遭受多种攻击，本节简单介绍信任建立机制面临的各种攻击及其应对策略。

1．流言（Bad Mouthing）攻击

针对基于推荐的信任建立方法，攻击者可以提供虚假的推荐来诋毁合法节点并提升恶意节点的信任值。通过严格地构建和利用推荐信任可以防范这种流言攻击：首先，严格区分对待间接推荐信任和常规的直接信任，必须根据推荐的节点的实际行为来评判推荐信任；其次，信任传递必须满足必要的条件，例如只有当推荐的信任超过预定门限值时才允许信任传递。

2．On-Off 攻击

On-Off 攻击也称为间歇式攻击，是指恶意节点交替地表现出攻击行为和正常行为，目的是期望在不被用户发现的情况下实施攻击。这种攻击实际利的是信任的动态特性。信任是一种动态行为，合法的实体可能由于被敌方俘获而变成恶意实体，不合格的实体也可能因为环境变化而成为符合条件的实体。例如，在无线自组网中，一个移动节点所处的信道环境是动态变化的，只有当它所处的信道条件较好时才能够胜任转发分组的任务。基于这种考虑，应该赋予较早观察到的信任值以较低的权重，并且可引入遗忘因子 f（取值介于 0 和 1 之间）来描述这种特性。但是现有的信任建立机制通常使用固定的遗忘因子，这种做法不能很好地阻止攻击者所发起的 On-Off 攻击。针对这一问题，可以基于人类社会中的一个社会现象来设置遗传因子，即建立好的声誉需要长时间有好的行为表现，而破坏声誉只需要短时间内从事坏的行为。与此相对应，信任建立方法中规定，恶意行为记忆的时间要长于正常行为的记忆

时间。因此引入基于当前信任值的自适应遗忘因子 f_a，当前节点实施正常行为的概率越大，则 f_a 越小。采用这种自适应遗传因子后，如果攻击者要实施 On-Off 攻击就要付出更大的代价。

3．冲突行为攻击

On-Off 攻击中的攻击者在时间域上表现出不同的行为，而冲突行为攻击则是指攻击者针对不同的用户表现出不同的行为或执行不同的操作，目的是降低某些合法用户的信任值。例如，攻击者 X 可以总是对一组节点 G1 表现出正常的行为，而对另一组节点 G2 表现出恶意行为，使得 G1 中的节点和 G2 中的节点对 X 的信任值具有截然不同的评价，进而达到降低 G1 中节点和 G2 中节点之间的信任程度的目的。为了防范这种攻击，需要观察节点对不同节点的行为，并在怀疑出现这种攻击时不再使用基于推荐信任的恶意节点检测方法。

4．女巫（Sybil）攻击和新用户攻击

恶意节点通过伪造合法用户的 ID 发起攻击称为女巫攻击，其目的是降低合法用户的信任值。另外，如果恶意节点能够作为新用户进行注册，那么它就可以轻易地清除它的不良记录，继而实施攻击，这种攻击称为新用户攻击。信任管理本身难以防范这两类攻击，但是可以借助于认证和访问控制加以防范，使攻击者难以注册一个新 ID 的或伪造一个 ID。

8.7　基于可信网络的 WSN 分级信任管理方案

8.7.1　设计思想

在应急通信环境中，无线传感网得到了大量应用并发挥着重要作用。但是由于无线传感网常常部署在无人照看的恶劣环境下，加之其节点能量非常有限且计算能力较弱；因此与其他网络相比，无线传感网的安全防护能力较弱，安全问题更加突出。

鉴于单一的安全机制难以有效地解决 WSN 中的安全问题，因此可以从网络整体出发，采用可信网络的“可认证、可监控、可预测、可控制”的思想，综合利用可信的身份认证机制、有效的密钥分发机制和完善的节点管理机制来实现可信的 WSN 网络。考虑到传感器节点能量有限、计算能力有限和存储空间有限，WSN 的相关安全机制应尽可能简单。相比平面 WSN，基于分簇的分级 WSN 在网络管理、能量均衡、数据有效传输和可扩展性等方面有着显著的优势。为此，信任管理机制应运行在采用基于簇的分级网络结构的 WSN 上，并应采用非均匀分簇协议避免均匀分簇带来的“热区效应”。考虑到非均匀分簇中距离基站较远的簇包含的节点数目较多，不利于实现 WSN 的可管理性，可以对节点数目较多的簇再次进行子簇划分，并通过定义多种角色和可信级别，实现严格的分层管理；同时，可通过基于一次性口令的双向认证协议实现节点身份的可信认证。此外，还可通过设计“分级按需”和“批分发”的可信密钥分发机制实现 WSN 密钥的可信分发和管理。综合上述安全管理机制和基于分簇方法的 WSN 分级信任管理方案（Hierachical Trust-Management Scheme，HTMS），可有效应对多种常见的 WSN 攻击，提供良好的能耗均衡特性，延长网络的生存时间。

8.7.2　节点的属性、角色和可信级别

在 HTMS 方案中，每个节点包含 6 个属性：身份标识（ID），初始密钥（PW0）、角色（Role），会话密钥（K），可信等级（TL），剩余能量值（ESQ）和可信度（TD）。节点的角色包括簇头节点、中间节点、子簇头节点、子簇中间节点、簇头可信半径区域节点、普通节点和不可信节点。节点的可信级别包括 3 级可信、2 级可信、1 级可信和 0 级可信，3 级可信为节点的

最高可信级别。节点可信级别、节点角色及节点的功能和权限之间的对应关系如表 8.4 所示。节点的可信级别和角色随着簇的更新、节点可信度的变化而变化，节点可信级别和角色决定节点的权限，高权限节点对所管理的低权限节点可进行角色和可信级别的调整。

表 8.4 节点可信级别、节点角色与节点的功能和权限的对应关系

节点可信级别	节点角色	节点的功能和权限
3 级可信	簇头节点	管理簇内所有节点的行为和状态
	中间节点	和簇头节点共同组成 WSN 的骨干网络，辅助簇头节点完成簇内节点密钥的管理和分发，监控相邻簇头节点的行为状态
2 级可信	簇头可信半径区域节点	辅助簇头节点完成对簇内子簇进行监管和对簇头节点的灾难恢复
	子簇头节点	负责管理子簇内所有节点的行为，对子簇内节点具有直接操作的权限
	子簇中间节点	和子簇头节点共同组成 WSN 的簇内骨干网络，辅助子簇头节点完成对子簇内节点密钥的管理和分发，监控相邻子簇头节点的行为
1 级可信	普通节点	采集数据
0 级可信	不可信节点	不可用节点

8.7.3 分簇过程

WSN 的分簇过程主要包括簇头的选取、簇的建立、子簇头的选取和子簇的建立。首次簇头节点的选取采用典型的非均匀分簇算法（如 EECU 算法）产生，簇头的一跳邻居节点和簇头构成一个簇。在所有节点加入簇后，存在一部分节点同时属于两个簇，这些节点通过竞争方式选取一个节点担任两个簇的中间节点，其余公共节点随机加入相邻簇中，成为普通节点；中间节点和相邻簇头节点建立直接通信。基于非均匀分簇的 WSN 子簇结构如图 8.11 所示。

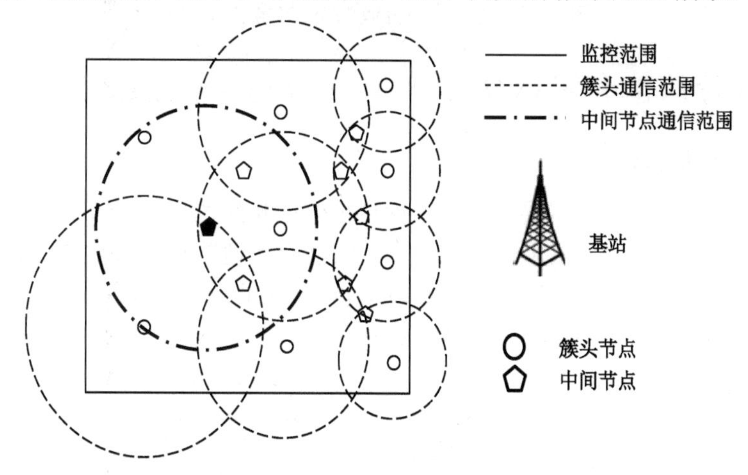

图 8.11 基于非均匀分簇的 WSN 子簇结构

当簇内节点数量过多时，可通过进一步建立子簇来提高节点的可管理性。簇头节点根据簇的范围和簇内节点的数量，计算子簇头节点的竞争半径，并采用均匀分簇算法再次进行分簇（见图 8.12）。分簇过程如下：

（1）簇头建立可信半径区域，选取簇头可信半径区域节点。

（2）产生子簇头节点。簇头广播子簇头竞争半径，所有节点通过 HEED 算法竞争产生子簇头。

（3）子簇头节点选取完成后，子簇头建立子簇结构，相邻子簇选取子簇中间节点。

至此，WSN 分簇完成，后期簇头的更换主要采用可信继承方式。簇头选取可信半径区域中可信度最高的可信半径区域节点作为下一任簇头节点，子簇头节点、中间节点、子簇中间节点也采取同样的方式更新。对相关管理节点的更换，主要依据节点的能量消耗。为了提高 WSN 能量的均衡消耗，当某一节点的能量低于所在簇节点的平均能量时，对该节点进行更换；对管理节点进行更换后，要随之更新一系列依存的关系节点，以保障 WSN 的安全性。

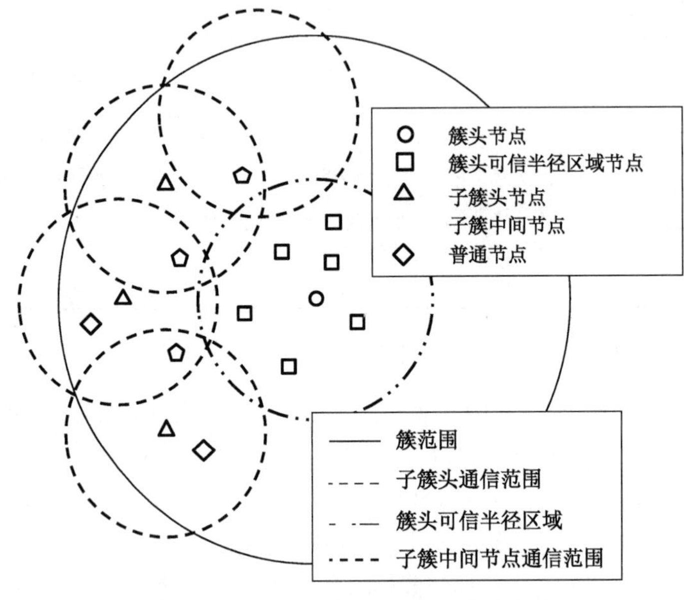

图 8.12　基于均匀分簇的 WSN 簇内结构

8.7.4　身份认证和密钥分发

1. 节点身份可信认证

为节点分发密钥前，首先需要对节点进行身份认证和角色认证。节点身份认证采用基于一次性口令的双向认证协议。采用一次性口令协议能有效地防止重放攻击，采用双向认证能确保认证双方身份的可信，防止冒充攻击。以节点 N_i 和节点 N_j 认证过程为例，相关的符号和定义如表 8.5 所示。

表 8.5　符号和定义

符　　号	含　　义
$K(N_i,N_j)$	N_i 和 N_j 的共享密钥
R_{Ni}	N_i 随机数
R_{Nj}	N_j 端随机数
$H(M)$	M 的 Hash 变换
$\|\|$	级联
+	连接
$E_K(M)$	用密钥 K 对信息 M 加密

认证过程如图 8.13 所示，具体描述如下。

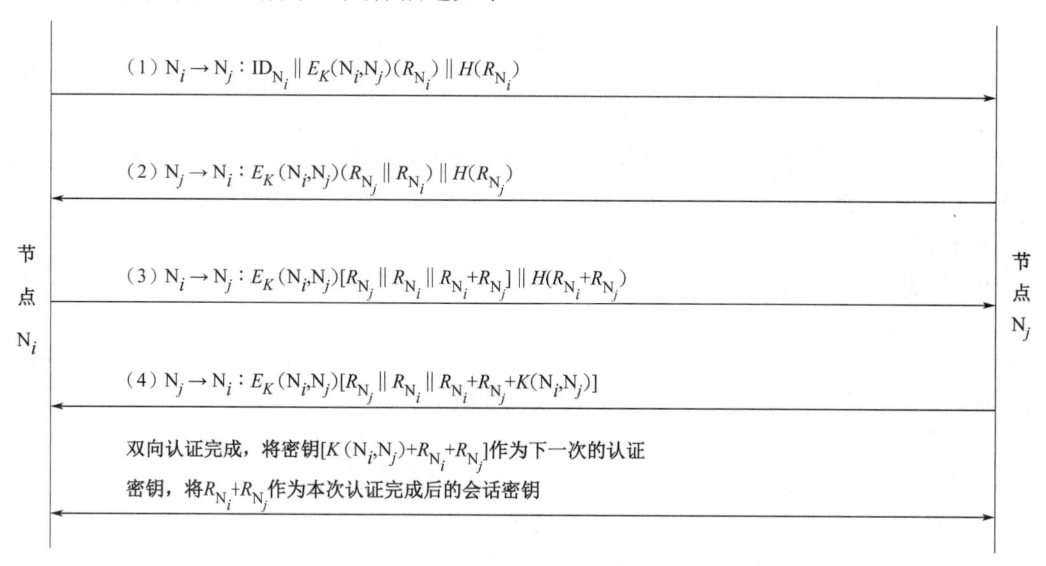

图 8.13　基于一次性口令协议的双向认证过程

（1）节点 N_i 选取一随机数 R_{Ni}，用 $K(N_i,N_j)$加密 R_{Ni}，并计算 R_{N_i} 的 Hash 值（保证 R_{N_i} 的完整性）；然后将数据包 $E_{K(Ni,Nj)}(R_{Ni})$和 $H(R_{Ni})$发送给 N_j。其公式表示为：

$$N_i \to N_j:\ ID_{Ni} \parallel E_{K(Ni,Nj)}(R_{Ni}) \parallel H(R_{Ni}) \tag{8-2}$$

（2）N_j 收到 N_i 发送的数据包，首先判断 ID_{Ni} 的合法性，然后用 $K(N_i,N_j)$解密数据包 $E_{K(Ni,Nj)}(R_{Ni})$，获取 R_{Ni}；通过计算 R_{Ni} 的 Hash 值验证 R_{Ni} 的完整性，验证一致后，N_j 存储节随机数 R_{Ni}；然后产生随机数 R_{Nj}，用 $K(N_i,N_j)$加密$(R_{Nj} \parallel R_{Ni})$，并计算 $H(R_{Nj})$的值；N_j 将数据包 $E_{K(Ni,Nj)}(R_{Nj} \parallel R_{Ni})$和 $H(R_{Nj})$发送给 N_i。其公式表示为：

$$N_j \to N_i:\ E_{K(Ni,Nj)}(R_{Nj} \parallel R_{Ni}) \parallel H(R_{Nj}) \tag{8-3}$$

（3）N_i 用密钥 $K(N_i,N_j)$解密收到的数据包，获取随机数 R_{Nj} 和随机数 R_{Ni}；计算 $H(R_{Nj})$验证 R_{Nj} 的完整性，并对比 R_{Ni} 是否一致验证数据包的新鲜性；验证合法后，N_i 生成数据包 $[R_{Nj} \parallel R_{Ni} \parallel R_{Ni}+R_{Nj}]$和 $H(R_{Ni}+R_{Nj})$，然后将数据包发送给 N_j。其公式表示为：

$$N_i \to N_j:\ E_{K(Ni,Nj)}[R_{Nj} \parallel R_{Ni} \parallel R_{Ni}+R_{Nj}] \parallel H(R_{Ni}+R_{Nj}) \tag{8-4}$$

（4）N_j 用密钥 $K(N_i,N_j)$解密收到的数据包，获取随机数 R_{Nj}；验证 R_{Nj}、R_{Ni} 的正确性后，用 $K(N_i,N_j)$]加密$[R_{Nj} \parallel R_{Ni} \parallel R_{Ni}+R_{Nj}+K(N_i,N_j)]$并发送给 N_i。其公式表示为：

$$N_j \to N_i:\ E_{K(Ni,Nj)}[R_{Nj} \parallel R_{Ni} \parallel R_{Ni}+R_{Nj}+K(N_i,N_j)] \tag{8-5}$$

第（3）步完成 N_i 对 N_j 的身份认证，第（4）步完成 N_j 对 N_i 的身份认证，即完成双向身份认证；认证完成后将$[K(N_i,N_j)+R_{Ni}+R_{Nj}]$作为下次认证密钥，将 $R_{Ni}+R_{Nj}$ 作为后续通信会话密钥。为了提高通信的安全性，为该会话密钥设置一定的有效期，到期重新设定新的会话密钥。

节点的角色认证主要依据节点的初始信息和节点的相邻节点的信息的正确性。例如，对子簇头节点角色进行认证时，簇头使用子簇头节点的初始密钥与子簇头节点通信，非目标子簇头节点将不能解密获取的簇头节点发送的信息；同时，簇头节点根据子簇头节点的相邻子簇中间节点、簇内普通节点的信息判断子簇头节点是否为有效的子簇头节点。

2. 密钥分发机制

WSN的可信密钥分发采用“分级按需”和“批分发”相结合的方式。其中，密钥的“分级”分发是指在密钥分发过程中，首先给高可信级别节点分发所需密钥，然后由高可信级别节点为低可信级别节点分发密钥；密钥的“按需”分发是指为节点分发密钥时是根据节点通信需要而分发密钥，即节点中不存储任何与自身无关的密钥信息。密钥的“批分发”是指在密钥分发时，高可信级别节点将低可信级别节点需要的密钥信息一次性地分发给该节点，以提高密钥分发效率。

以基站为簇C_i分发密钥为例，其中HN表示C_i的簇头，MN表示C_i的相邻中间节点，上级节点使用下级节点的初始密钥为下级节点分发密钥。密钥分发过程如下：

（1）基站完成对HN、MN的身份认证和角色认证后，为HN和MN分配共享密钥K(HN,MN)，然后将对应的共享密钥分配给HN和MN。

（2）基站将簇C_i内节点的ID和PW0组成节点信息列表[List(ID，PW0)]并分片（分片数量与簇头相邻中间节点数目相同），然后通过“批分发”方式将分片发送给中间节点。中间节点只存储簇内节点的ID和PW0，并不存储节点的可信级别和角色等信息。将簇内节点信息暂时存储在中间节点，主要因为中间节点不具有和簇内节点进行通信的权限，因此即使中间节点被捕获，非法用户也不能通过中间节点攻击簇内节点。如果将簇内节点的信息直接发送给簇头节点，簇头一旦被捕获，整个簇内节点都将直接被控制。

（3）簇头节点为可信二级节点的通信分配共享密钥。可信二级节点将通信需求信息发送给簇头，簇头节点和相邻中间节点建立可信通信，为需要通信的可信二级节点分配共享密钥，然后从相邻中间节点中取出可信二级节点的初始密钥，加密相应的共享密钥后将其发送给相应的可信二级节点。

（4）簇头节点为可信一级节点分发共享密钥。簇头根据子簇头节点提供的子簇内节点ID列表，首先完成对子簇头节点和子簇中间节点的身份和角色认证；然后从相邻中间节点中获取相应的初始密钥信息，分片发送给子簇头节点的相邻子簇中间节点；子簇头节点通过和相邻子簇中间节点交互，为子簇内可信一级节点分配共享密钥。

至此，WSN网络的共享密钥分发完成，所有节点之间建立了安全链路，在后续通信中均可采用密文数据传输，保证了数据的保密性。

8.7.5 WSN可信路由机制

WSN可信路由以节点的可信度为判断值，在节点传输数据时，选择可信度高的节点作为下一跳，以保证数据的安全性。

定义：节点N_i对节点N_j可信评估值TD为节点N_j的可信级别TL与N_i对N_j的动态可信度评估值ΔTr之和，其公式表示为：

$$\mathrm{TD}\left(\mathrm{N}_i \rightarrow \mathrm{N}_j\right)=\mathrm{TL}\left(\mathrm{N}_j\right)+\Delta\mathrm{Tr}\left(\mathrm{N}_j\right) \tag{8-6}$$

节点的动态可信度主要由延时D、丢包率L、节点到直接管理节点的跳数H、节点到直接管理节点的距离S、节点的剩余能量ESQ、节点的能量消耗速度EC和节点的最低能量保留值E_0构成。节点N_i和相邻节点N_j的动态可信度定义为：

$$\Delta\mathrm{Tr}=\frac{\alpha}{D}+\frac{\beta}{L}+\frac{\gamma}{H}+\frac{\mu}{S}+\lambda\frac{\mathrm{ESQ}-E_0}{\mathrm{EC}} \tag{8-7}$$

其中：α、β、γ、μ和λ是在区间（0，1）中取值的5个参数，同时满足$\Delta\mathrm{Tr}<1$。

E_0为节点N_j保留的最低能量，当节点N_j的能量低于该门限值，相邻节点将N_j的可信度标记为 0 级，并停止和 N_j 进行通信，然后将节点 N_j 能量不足的信息发送给所在子簇头节点；子簇头节点确认后控制节点 N_j 清除一切存储的信息，进行自毁处理，然后将 N_j 的死亡信息报告给簇头节点；簇头节点进而报告给基站。按照节点可信度评估规则，每个节点为相邻的同可信级别的节点建立一个可信度列表。

在 WSN 中，由子簇头节点、子簇中间节点和簇头可信半径区域节点共同组成 WSN 簇内骨干网络，由簇头和中间节点共同组成 WSN 骨干网络。可信一级节点通过单跳方式将感知数据传输给子簇头节点，子簇头节点对子簇内的感知数据进行融合；然后通过簇内骨干网络将感知数据传输给簇头节点，其他子簇头节点、子簇中间节点不对本子簇头节点发送的感知数据进行处理；簇头节点对簇内感知数据进行融合，然后通过 WSN 骨干网络将融合后的感知数据传输给基站，其他簇头节点和中间节点不对本簇头节点发送的感知信息进行处理。采用基于可信度的数据传输路由选择如图 8.14 所示。

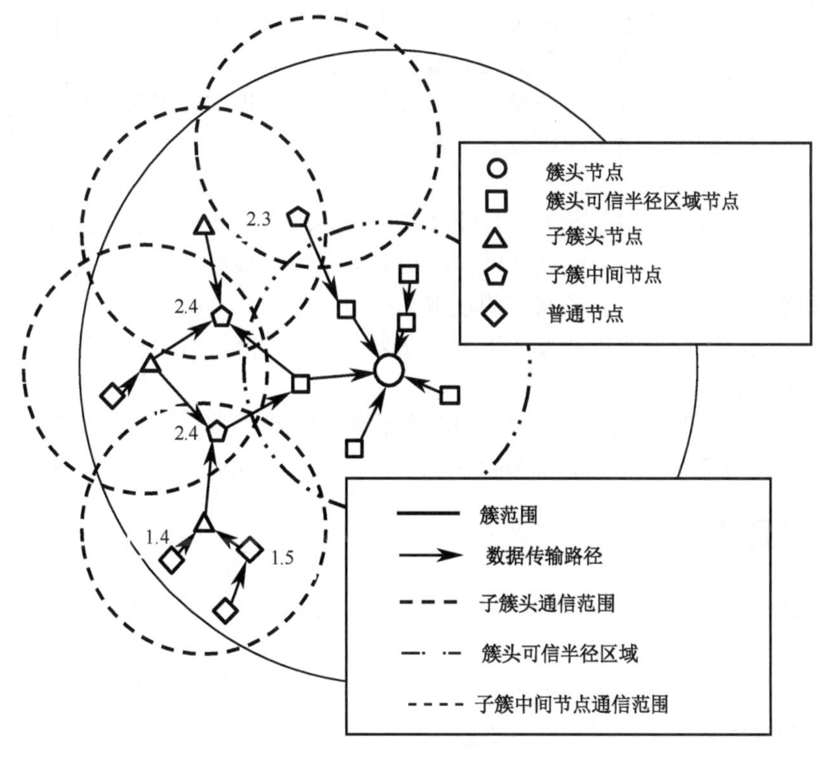

图 8.14　基于可信度的数据传输路由选择

新节点首先在基站注册相关信息，然后按需抛洒到一定的区域；新节点广播请求通信信息；新节点所在的子簇头节点响应新节点的请求，然后发送新节点的信息给簇头，由簇头节点通过和基站交互验证新节点的合法性；验证完成后，簇头通知新节点所在子簇的子簇头节点新节点是合法的；该子簇头节点将新节点设定为可信一级节点，然后通知子簇内节点新节点是合法的；新节点通过子簇头节点和周围可信一级节点建立通信，同时子簇头节点将新节点的信息发送给对应的簇头可信半径区域节点。

8.7.6　可信保障和安全性分析

WSN 分级信任管理方案的可信保障主要通过节点的“角色+可信级别”和严格的分层管理实现。通过“角色+可信级别”约束节点的权限，节点之间可以通过“角色+可信级别”评估其他节点的行为的可信性；严格的分层管理主要通过监控方式和替补方式实现，如可信半径区域节点对子簇内节点的监控，簇头和中间节点的相互监控等，从而实现全面的管理机制。当 WSN 受到破坏或者感知节点死亡过多时，簇头节点通过扩大通信半径重新建立簇结构，或者重新建立 WSN。另外，如果感知节点数量过少，簇头通知基站补充更多节点，保障 WSN 的可用性。

WSN 分级信任管理方案的安全性体现在以下方面：

（1）实现一次性口令认证，有效解决了传统静态口令易被嗅探劫持和字典攻击的问题。同时，新的认证口令由上一次共享密钥和本次通信过程中通信双方的随机数组成，可保证相邻两次密钥之间不能直接通过简单的方式推导出来，从而可以防止类似 SKEY 一次性口令中出现的小数攻击等问题。

（2）实现了双向认证过程。在簇头基站认证过程中，簇头通过发送验证秘密信息（随机数）验证基站是否为真正的基站，基站通过传回验证秘密信息证明自己的身份；同时基站也采用同样的方式验证簇头节点身份的可信性，在中间节点身份认证过程中也采取了相应的解决方案。双向认证能有效地解决冒充基站对节点的攻击。

（3）有效防止重放攻击。节点在身份认证过程中，每一步均使用随机数作为新鲜因子，保证了通信数据的新鲜性。由于随机数只在本次认证过程中有效，非法用户不能通过重放上次的认证信息实现认证成功。

（4）有效防止中间人攻击。数据在传输过程中均采用加密处理，在认证过程中没有明文出现，同时对认证信息进行 Hash 处理可保证相关数据的完整性，防止中间人对认证数据进行修改，从而防止了中间人对认证双方的攻击。

（5）认证完成后协议为通信双方产生一次性会话密钥，作为后期通信加密密钥，为后期数据的安全传输提供了保障。

（6）身份认证过程只使用了对称加密技术、随机数、Hash 运算，而对称加密、随机数产生、Hash 运算均对硬件的要求较低，符合感知网络单元（传感器）能量有限、计算能力有限的条件。

8.8 本章小结

网络的管理和安全是网络正常组织、运行和维护过程中必须正视和加以妥善解决的重大问题。作为一种大量利用无线通信技术的异构网络，应急通信网络的有效管理和安全保障非常复杂，面临着比传统网络更大的困难和挑战。本章首先分析了基于无线自组网的应急通信网络面临的管理困境和安全隐患，然后重点讨论了针对无线自组网的管理方案和安全保障机制。在网络管理方面，本章主要探讨了移动性管理和无线资源管理技术；在网络安全方面，重点介绍了安全保障机制和可信管理方案。

迄今，国内外对无线自组网的管理和安全问题展开了大量研究，并取得了一系列研究成果。但由于无线自组网的开放性和复杂性，还有很多问题亟待解决。当前，应急通信系统作为专业性通信手段，其管理和安全保障机制与民用通信系统有所区别，而且缺少相关国际标准。为此，应急通信网络中的管理和安全保障机制方案不仅要充分吸收和借鉴现有商用系统的很多成熟技术，而且必须充分考虑这种异构网络系统的特殊信要求，如高保密性、高机动性和高生存性。今后，应进一步研究各种管理和安全机制的综合集成，根据应用场景和用户需求设计切实有效的管理和安全解决方案，构建高生存性的可管、可控和可信的应急通信系统。

第 9 章　应急通信网络的认知与协同通信技术

对于网络的认知与协同不仅可以改善网络服务和优化网络性能，也是实现异构网络融合互通的基础。网络认知与协同技术的研究和应用对于发挥应急通信系统的作用具有重要意义。在发生突发公共事件时，尤其是大型自然灾害的情况下，现有通信网络通常将遭到严重损坏，原有的网络拓扑结构、网络服务能力和网络环境将发生不可预测的变化。此时，有效感知现场网络态势，迅速做出自适应调整，同时综合协调现场各种救援机构及用户群体的行动，对于抢险救灾和恢复灾区通信至关重要。为此，本章将对应急通信网络的认知与协同通信技术进行探讨，重点阐述认知网络技术和基于认知的应急通信系统的构建。

9.1　认知无线电技术

9.1.1　提出背景

随着无线通信技术的飞速发展，无线用户和无线应用的规模呈爆炸式增长，使得本来就稀缺的无线频谱资源变得越来越紧张，以致成为了制约无线通信发展的一个瓶颈。当前，频谱分配方式主要有两种：一种是专用方式，出售或分配给具有唯一支配权的服务提供商或机构；另一种是公用方式，可以按照协商的方式共同使用频谱资源。一方面，很多无线网络技术都使用非授权频段（UFB）工作（如 WLAN 所在的 ISM 频段）；但随着 WLAN、WPAN 业务的迅猛发展，它们所工作的非授权频段已渐趋饱和。另一方面，为保证一些无线通信业务（如电视广播业务等）获得良好的服务性能，频谱管理部门专门为其分配了特定的授权频段（LFB）供这些业务使用。与非授权频段相比，授权频段的频谱资源要多得多（即大部分频谱资源用作授权频段），然而授权频谱资源却在时间和空间上存在不同程度的闲置。2002 年 11 月，美国联邦通信委员会（FCC）在其发布的频谱政策特别工作组（SPTF）报告中指出了这一问题。事实上，就目前而言，频谱利用率低下是一个比频谱稀缺更严重的问题。据 Shared Spectrum 公司报导，所有可用频带的平均利用率不到 10%；而在某些频带，如 30～300 MHz，甚至低于 2%。专用分配方式和严格的管制策略极不合理，人为加剧了无线资源的短缺问题。因此，管理层考虑实施新的频谱管理策略，引入了动态频谱接入（DSA）概念，即允许非授权用户（ULU）适时利用授权用户（LU）未使用的频段资源，以提高频普利用率并进而缓解频谱资源匮乏问题的机制，这正是提出和发展认知无线电技术的初衷。

认知无线电（Cognitive Radio，CR）是在这种背景下产生的一种崭新的无线通信模式。然而，动态或伺机共享无线频谱资源并不是新近提出的思想，早在 20 世纪 30 年代海事通信系统就允许动态共享无线资源。到了 20 世纪 60 年代，美国联邦通信委员会（FCC）允许在陆地移动通信系统中共享无线信道和民用频带。80 年代提出的 SDR 和 90 年代提出的 CR 正是对这种思想的继承和发展，允许更灵活、高效地使用宝贵的无线频谱资源。FCC 于 2003 年 5 月在华盛顿成立了认知无线电工作组，明确提出采用认知无线电技术作为提高频谱利用率的技术手段；2004 年 3 月在美国拉斯维加斯召开了一个认知无线电的学术会议，标志着认知无线电技术正式起步。近来，FCC 已允许非授权用户访问 TV 频带的频谱空洞。在此基础上，IEEE 也成立了 IEEE 802.22 工作组，负责开发相应的空中接口和此方面的标准化工作。认知无线电是继软件无线电后通信技术的又一个发展热点，它体现了通信技术从数字化向智能化的发展。此后，认知无线电技术受到了产业界和学术界的广泛关注，成为了无线通信研究和市场发展的新热点。然而，认知无线电技术的大规模实际应用还面临很多挑战。这些挑战涉及技术、政策和市场等诸多方面。

9.1.2 基本概念和工作原理

认知是一个有关认识或认识行为的过程，包括感知和判断。认知概念很早就已应用到无线通信网络中。例如，信道估计和感知周围用户的存在可视为认知原理应用到无线网络的基本形式。认知无线电这一术语是瑞典皇家技术学院 Joseph Mitola 博士于 1999 年在软件无线电（Software Defined Radio，SDR）的基础上首次提出的。他描述了一个认知无线电系统，采用无线电域中基于模型的方法对控制无线电频谱使用的规则（如射频频段、空中接口、协议及空间和时间模式等）进行推理；通过无线电知识表示语言（RKRL），表述无线电规则、设备、软件模块、电波传播特性、网络、用户需求和应用场景的知识，以增强个人业务的灵活性，使软件无线电技术能更好地满足用户需求。从狭义上讲，CR 是指能够通过与工作环境交互，改变发射机参数的无线电设备。从广义上将，CR 是一个智能无线通信系统。CR 能够感知外界环境，并使用人工智能技术从环境中学习。它通过实时改变某些操作参数（如传输功率、载波频率及调制和编码技术等），使其内部状态适应接收到的无线信号的统计特性变化，从而实现任何时间、任何地点的高可靠通信和对频谱资源的有效利用。归纳而言，认知无线电是在软件无线电的基础上，增加频谱感知和智能处理能力，通过对环境的感知、理解和主动学习，实时改变无线操作参数和调整系统的内部状态，使无线设备能自动适应外部无线环境和自身需求的变化。认知无线电技术旨在变革传统的固定分配频谱资源的方式，从频谱再利用的思想出发，允许认知无线电设备可以通过感知无线环境，按照某种伺机（Opportunistic）方式动态地利用在空域、频域、时域和码域上出现的空闲频谱资源（称为频谱空洞，指分配给某授权用户但在特定时间和具体位置该用户没有使用的频带），从而提高现有频谱资源的利用率。认知无线电的核心思想是使无线通信设备具有发现频谱空洞并合理利用它的能力。

认知无线电通过分析电磁环境寻找满足干扰温度（IT）要求的频段，如果该频段的信道状况能满足通信要求，则向网络发送无线资源分配请求；在获取资源后，就开始启动通信过程。在认知无线电技术中，称频段的授权用户为主用户（PU），称非授权的认知无线电用户为从用户（SU），也称次用户。在通信过程中，SU 应该在避免对工作频段内 PU 干扰的情况下，实现有效的通信传输。SU 只能利用 PU 当前未使用的频段，一旦发现 PU 要使用该频段，SU 要在规定的时间内切换到其他未使用的频段上；这样既可以避免干扰主用户，也不会中断认知无线电的通信过程。但认知无线电也要避免过于频繁切换频段，因为这会导致 SU 的服务质量急剧下降，也降低了频谱的利用率。从用户对主用户频谱的机会性占用有 3 种类型：从用户和主用户可共存的干扰控制方式；从用户仅能伺机占用主用户频谱资源的干扰避免方式；仅能辅助主用户中继传输的无干扰方式。

认知无线电以频谱感知、智能学习、动态频谱接入和自适应调节为显著特征，通过感知—分析—学习—决策—行动这一认知循环过程来对外界的变化做出适时反应，如图 9.1 所示。

在图 9.1 中，外部环境提供激励，认知无线电对这些激励进行处理和分析，从而提取有益于实现特定系统目标的相关信息。例如，它可以通过分析 GPS 提供的位置信息决定通信环境是在室内还是室外。基于分析得到的信息，认知无线电按照当前策略库中的规则进行学习和推理，并依据端到端目标做出通信资源规划和分配的合理决策；然后付诸行动，进行系统参数配置或调整以优化系统目标；最后将本轮的决策和行动作为新的知识经验更新到策略规则库中供今后使用。本轮的行动会对外部环境造成影响，然后系统重新开始下一轮认知循环过程。

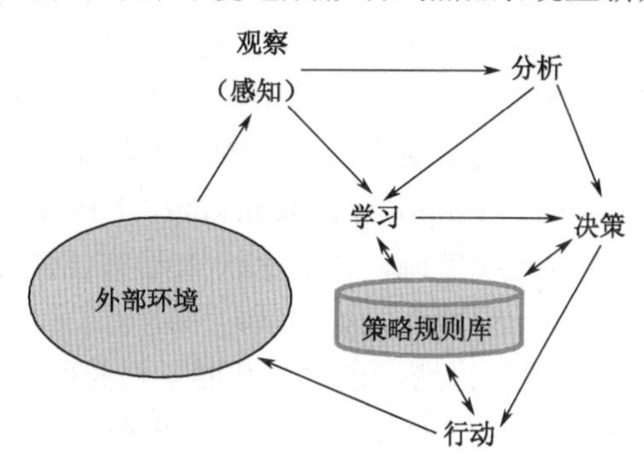

图 9.1　认知无线电的认知循环过程

9.1.3　研究现状和应用发展趋势

1. 研究现状

认知无线电是实现下一代宽带无线通信的关键技术，而且被普遍认为是解决目前无线频谱利用率较低的最佳方案。自 1999 年提出认知无线电概念以来，CR 技术以其难以替代的优势，日益得到无线通信行业的重视。目前，尽管认知无线电的标准和法规尚不成熟，但业界普遍认为它将成为下一代有影响力的革新技术。2002 年 11 月 FCC 发布的频谱政策特别工作组（SPTF）报告中指出，非授权频谱资源相对较少但其上承载的业务量很大，而另一些相对充足的已授权频谱资源的利用率却很低。SPTF 报告对频谱资源的使用政策具有深远的影响，促使 FCC 重新审视频谱管理的传统方法，改善频谱管理方式。IEEE 于 2004 年 10 月正式成立 IEEE 802.22 工作组——无线区域网（Wireless Regional Area Network，WRAN）工作组。该工作组的目的是研究基于认知无线电的物理层、媒体访问控制层和空中接口，将分配给电视广播的甚高频/超高频频带用作宽带接入频段。美国国防部的下一代无线通信（XG）将研究以认知无线电为核心的系统方法和关键技术，以实现动态的频谱接入和共享。在 XG 已公开的标准提案中对 PHY 层和 MAC 层进行了规范，并制定了分阶段实现的思想：初始阶段对目前的 MAC 层与 PHY 层进行修改，如物理增加了 XG 控制模块，而 MAC 层增加了 XG 处理模块；然后逐步演进，最终实现具有完全认知特性的 MAC 层和 PHY 层。XG 计划实施方雷声公司声称其论证的方案可使目前的频谱利用率提高 10 倍。除美国外，德国、英国、意大利、瑞典、日本和中国的研究机构也开始了这方面的工作。

当前，认知无线电技术已经得到了学术界和产业界的广泛关注，很多著名大学和研究组织纷纷对认知无线电技术展开研究。例如，美国加州大学 Berkeley 分校开发的 CORVUS 系统，重点研究认知无线电的网络架构；美国 Georgia 理工学院无线网络实验室提出 OCRA 项目；Rutgers 大学 Winlab 实验室开发了认知无线电平台；德国 Karlsruhe 大学设计了频谱池系统、欧盟的 E2R（端到端可重配置）项目等。在商业界，Intel、Qualcomm、Philips、Nokia

等公司也已经开始着手进行认知无线电技术的研究，试图对高端手机进行改进使其具备一定的 CR 功能。目前，对认知无线电的研究已经涉及基本理论、射频前端、网络架构和协议、频谱感知、自适应频谱分配、动态频谱管理、智能天线、数据传输、自适应调制和波形技术，以及与现有无线通信系统的融合和原型开发等领域，并取得了一些成果。这些成果主要集中在物理层和媒体访问控制（MAC）层。为此，IEEE 专门组织了两个重要国际年会 IEEE CrownCom 和 IEEE DySPAN，交流这方面的成果，许多重要的国际学术期刊也刊发了关于认知无线电的专辑。

认知无线电要想从根本上改变过去的无线电资源分配状态，除技术开发和市场推广之外，还必须得到政府法规的支持。为了支持认知无线电的市场运作，FCC 于 2004 年 5 月发布《建议规则制订通告》(Notice of Proposed Rulemaking，NPRM)，允许基于认知无线电技术使用电视广播频段中的未授权无线资源，放宽了认知无线电实用化的限制。随着认知无线电技术的发展，各标准化组织和行业联盟，如美国电气电子工程师学会（IEEE)、国际电信联盟（ITU）和软件无线电（SDR）论坛，也纷纷开展了相关研究，并开始着手制订认知无线电的标准和协议，以推动该项技术的发展与应用。IEEE 在推进认知无线电技术的标准化工作方面做了大量的工作，目前正在制订的与认知无线电相关的标准主要包括 IEEE 802.22、IEEE 802.16h、IEEE P1900、IEEE 802.11h 和 IEEE 802.11y。2007 年 4 月组建的 IEEE SCC41（IEEE 标准协调委员会 41）负责解决下一代无线系统中认知频谱管理相关的标准化问题。2003 年 8 月软件无线电论坛开始探讨放松当前严格的频谱划分政策的可能性，研究通过开发新的智能无线电设备来提高频谱利用效率。该论坛于 2004 年 10 月成立了认知无线电工作组和认知无线电特殊兴趣组，专门开展有关认知无线电技术的研究。认知无线电工作组的主要任务是明确认知无线电的定义和确认可用的技术。特殊兴趣组的任务是对工作组提交的技术确定其商业应用的价值。ITU 关于认知无线电的研究工作目前仍隶属于 ITU-R 工作组中的软件无线电研究课题。考虑到软件无线电不足以涵盖认知无线电的所有范畴，ITU-R 于 2006 年 3 月提出一项新的建议，将认知无线电单独作为一个研究课题进行研究。

2．应用和发展趋势

认知无线电是一种极具潜力的通信技术，美国 FCC 发布的《建议规则制订通告》指出了它的 4 种具体应用：乡村市场和未注册设备、公共频谱租借、动态频谱共享和通信系统之间的交互。认知无线电在无线和移动通信领域均具有巨大的发展潜力。例如，认知无线电用户可以通过与其他用户的协商实现更有效的频谱共享，既可用于不同频段通信系统之间的交互，又可推进频谱资源二级市场的开发使用和乡村地区的频谱接入。认知无线电可以应用于有中心网络、分布式网络和无线自组网中，满足授权用户和未授权用户的需要。

认知无线电在宽带无线通信系统中也有着广泛的用途。基于 IEEE 802.11b/g 和 IEEE 802.11a 的无线局域网设备工作在 2.4 GHz 和 5 GHz 不需授权的频段上。然而在这个频段上，可能受到包括蓝牙设备、HomeRF 设备、微波炉、无绳电话以及其他一些工业设备的干扰。具有认知功能的无线局域网设备可以通过接入点对频谱进行不间断的扫描，从而识别出可能的干扰信号，并结合对其他信道环境和通信质量的认知，自适应地选择最佳的通信信道。FCC 等法规机构要求 IEEE 802.11a 无线电应能检测到雷达信号并避免对它们形成干扰，于是 IEEE 802.11 工作组制定和发布了 IEEE 802.11h 无线局域网标准，用于解决无线局域网与雷达设备的共存问题。从 CR 的角度来看，IEEE 802.11h 可以认为是 CR 技术在无线局域网中的初步应用。CR 技术的另一项应用是 Atheros 公司推出的基于 Super G 技术的无线局域网技术。该技术可以根据检测到的邻近无线局域网用户情况自适应地调整信道占用方式，最大限度地提高系统传输速率。2005 年 7 月，FCC 开放了用于固定卫星服务网络的 3.65～3.7GHz 频段。IEEE 802.11y 无线局域网标准旨在开发一种机制以便与频段内的其他用户共享频谱资源。在 IEEE 802.11y 中提供了频谱感知、传输功率控制和动态频率选择技术。具有认知功能的接入点在不间断正常通信业务的同时，通过认知模块对其工作频段和更宽的频段进行扫描分析，以便尽快发现非法的恶意攻击终端，从而进一步增强通信网络的安全性。此外，IEEE 802.16 h 也把 CR 功能引入了 WiMAX 网络，用于同构网络和异构网络的共存。

目前，基于 IEEE 802.22 标准的无线区域网（WRAN）是 CR 技术的一项重要应用，它使用未充分利用的电视广播信道，在对电视信道不产生干扰的前提下，为农村和边远地区等低人口密度区域提供宽带接入通信功能。在 WRAN 系统中，基站和用户预定设备是主要实体，转发器是可选实体，采用集中式网络结构。在下行方向，WRAN 采用固定的点对多点星状结构，其信息传播方式为广播方式；在上行方向，WRAN 向用户提供有效的多址接入，采取需分多址（DAMA）和时分多址（TDMA）机制，即客户终端设备（CPE）以传输需求为基础，根据 DAMA 和 TDMA 机制共享上行信道。用户通过与基站（BS）的空中接口接入核心网络，可支持多个数据、语音和视频用户同时接入网络；BS 提供集中式的控制，包括功率管理、频率管理和调度控制。

在支持多信道、多接口的无线 Mesh 网络中，节点具有一个或多个无线电接口（如网卡），可同时接入一个或多个无线信道。节点具有感知无线环境的功能，可以根据信道使用情况选择接入相应的信道，从而提高无线资源利用率和通信性能。在这种基于认知无线电的 Mesh 网认识无线 Mesh 网（CogMesh）中，节点的可用信道动态变化，可伺机占用空闲频谱进行对等通信；其网络结构受主用户和次用户的随机出现而动态变化，有效的分布式控制必不可少。CogMesh 网络采用本地控制信道用于信道接入控制，但频谱空洞的变化使得信道控制相当复杂，为此可以采用分簇方法。一个节点在一个信道上形成簇，然后邀请邻居节点加入其所在的簇，共享此信道。通过在簇之间协商选择网关节点，簇之间可以互连构成更大的网络。

通过引入人工智能、信号处理等技术，未来认知无线电的应用将不仅仅是单纯的频谱检测，可能会扩展到整个系统性能的感知，这将使得未来的无线通信系统更加智能化和人性化。基于认知无线电的研究和应用现状，预计认知无线电未来会在以下方面进一步发展：

（1）基本理论和相关应用的研究。这些研究将为认知无线电的大规模应用奠定坚实的基础，如系统频谱感知、频谱资源自适应分配和动态频谱管理、跨层联合优化方法、网络体系结构等。

（2）试验验证系统开发。目前，已经有多个试验验证系统（如 CORVUS 系统和频谱池系统）正在开发之中，成功开发这些系统将为验证认知无线电的基本理论和关键技术提供测试床，有利于推动其大规模应用。

（3）与现有系统的融合。虽然目前认为认知无线电的应用普遍不要求授权用户做任何改变，但如果授权用户和认知无线电用户协同工作，将会便于实现并提高效率。目前，已经有一些研究工作考虑将认知无线电集成到现已部署的无线通信系统（包括 WPAN、WLAN 和 WMAM）中的方法，并取得了一些初步成果。据报道，3GPP 长期演进技术（LTE）项目采用了认知无线电技术，以便允许无线设备通过自动调整来适应用户的需求和环境变化。

（4）相关国际标准的制订和完善。尽管电气电子工程师学会（IEEE）、国际电信联盟（ITU）和软件无线电（SDR）论坛推出了一系列旨在推广和应用认知无线电的标准，但是许多标准还不够完善，可操作性不强，不利于商品开发和市场推广。因此，制订完善的具有较强可操作性的国际标准仍是一项紧迫的任务。目前，最有前途的标准当属 IEEE 802.22 和 IEEE 802.11y。

9.1.4 认知无线电的关键技术

1．宽带射频前端技术

为了提供宽带频谱感知能力，CR 需要采用崭新的射频收发器结构，其主要部件是射频（RF）前端和基带处理单元，如图 9.2 所示。在 RF 前端，接收的信号经过放大、混频和模数转换处理，然后送到基带处理单元对信号进行解调；发送信号的处理过程与此相反。认知无线电设备的射频前端必须能够调谐到大频谱范围内的任意频带。在通用的宽带射频前端结构中，接收的信号通过放大、混频和 A/D 转换等步骤后送入基带处理，进行频谱感知或数据检测。针对 CR 应用，宽带射频前端面临的主要难题是射频前端需要在大的动态范围内检测弱信号。为此，需要使用采样速率高达数吉赫的高速 A/D 转换器。为了降低这一需求，可以考虑通过陷波滤波器滤出强信号，降低信号的动态范围；或者采用智能天线技术，通过空域滤波滤出强信号。

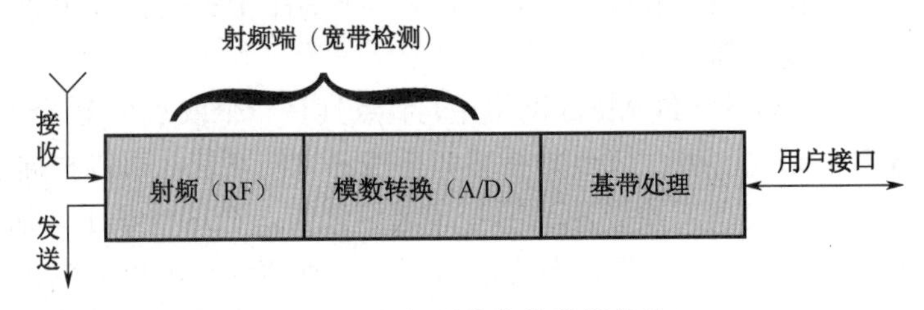

图 9.2 认知无线电收发器结构

2．频谱感知技术

认知无线电对周围环境的变化非常敏感，因为频谱感知对于 CR 网络是一项必要的功能。频谱感知允许 CR 用户检测到频谱空洞而不会干扰主网络。频谱感知分为主动感知和被动感知。前者又称机会感知，是指次用户通过协作或非协作感知来判断频谱的使用模式；后者又称共享信息方法，是指主用户或其他控制实体通过信标或控制信道发布频谱信息。对于被动感知，次用户需要从主系统获得频谱使用模式的信息，或基于某种策略/规则来推断出频谱使用情况。被动感知不需要依赖频谱检测技术，可靠性强且服务保障好；但是开销大、频谱感知时间长、实现难度大且可扩展性差。主动感知需要在确保次用户不干扰主用户通信的前提下，快速识别可用的频谱空洞。主动感知往往采用分布式方式，而被动感知则常采用集中式方式。

主动感知技术包括单节点感知和多节点协同感知。前者指单个 CR 节点根据本地的无线射频环境进行频谱特性标识；后者则是通过数据融合，基于多个节点的感知结果进行综合判决。单节点感知技术包括匹配滤波、能量检测和周期特性检测 3 种方法。在匹配滤波方法中，CR 节点需要事先知道授权用户信号的先验信息，如脉冲形状、调制方式和信号包络等，检测时间短但检测成本高。在能量检测方法中，CR 节点无须知道授权用户的信号信息，只需要在检测间隔测量在主频带上收到的能量，实现简单；但检测时间长，不能区别信号类型且容易受到噪声的影响。在周期特性检测方法中，通过利用主信号内在的周期自相关特性，可以区别噪声和信号类型，抗噪声效果较好，但计算复杂度高。实际上，往往组合使用上述技术来实现频谱感知。例如，首先使用能量检测进行快速粗略的扫描，识别可能的空闲频带范围，然后再利用特征检测发现其中的频谱空洞。需要指出的是，无论采用哪种检测方法，检测时间越长，检测的精度相对也越高。

在认知无线电技术中，进行频谱感知通常需要对所观察的频段进行干扰温度的估计。干扰温度可以看作频段内的干扰功率谱密度，将干扰温度估计量和设定的干扰温度门限比较，若在特定连续时段内均小于门限，即可认为出现了频谱空洞。频谱空洞的检测通常在接收端进行，然后将获得的信息通过反馈信道传送至发送端，并据此进行发射功率控制和动态频谱管理。频谱感知要能够准确地检测出信噪比（SNR）大于某一门限值的授权用户信号，通常这个门限值很低，对于单节点感知要达到这个要求并不容易。为此，可以采用协同频谱感知，通过检测节点间的协作达到系统要求的检测门限，从而降低对单个检测节点的要求。例如，可以在感知区域内部署大量传感器，通过这些传感器联合进行无线环境的探测。协同感知可采用集中或分布式的方式进行。前者是指各感知节点将本地感知结果送到基站（BS）或接入点（AP）统一进行数据融合，做出决策；后者是指各个节点间相互交换感知信息，各节点独自决策。影响协同频谱感知的关键因素包括参与协同的单个节点的感知性能、网络拓扑结构和数据融合方法。协同感知通过减少单用户检测的不确定性可提高检测准确率，特别是在多径衰落和遮蔽效应显著的环境中；但是它的缺点是引入了较大的控制开销。

随着频谱带宽需求的不断增长和 CR 技术的进一步推广，需要感知的频谱宽度可能达到数百兆赫至数吉赫，这样认知用户需要采用更高速的 ADC 器件，而当前的硬件工艺则很难达到这一水平。一种有效的解决途径是将压缩感知（Compressed Sensing , CS）理论应用于宽带频谱感知。CS 理论指出，若信号是稀疏的或在某个变换域稀疏，则可用一个与变换基不相关的观测矩阵将高维信号投影到低维空间，通过求解优化问题就可以从低维观测中以高概率重构原信号。若信号足够稀疏，所需的采样速率将远远小于由信号带宽决定的奈奎斯特采样速率。2012 年，美国密歇根理工大学的田智教授通过利用宽带信号二阶循环谱的稀疏性，首次将压缩感知技术应用于宽带信号的循环平稳特征检测。

3. 数据传输技术

数据传输技术对于 CR 实现利用空闲频谱进行通信，进而整体上提高频谱利用率非常关键。由于 CR 的可用频谱可能位于很宽的频带范围内，并且不连续，因此 CR 数据传输技术必须能够适应这一特性。目前，实现频谱自适应数据传输有两个基本途径：采用多载波传输技术或基带信号发射波形技术。对于多载波传输技术，正交频分复用（OFDM）是最佳候选技术，可以灵活控制和分配频谱、时间、功率、空间等资源。OFDM 的基本思想是将整个可用频带划分成 OFDM 子载波，每一个子载波的状况，包括发射功率、比特速率及是否使用，可以分别进行设定。CR 用户只利用没有被授权用户占用的子载波传输数据，构成所谓的非连续 OFDM（NC-OFDM）。

子载波的分配根据频谱感知和判决的结果，以分配矢量的方式实现。例如，在进行 OFDM 调制时，可以将已被授权用户占用的子载波置零，从而避免对授权用户产生干扰。同时，考虑到频谱渗漏问题，还有必要留出足够的保护子载波。OFDM 技术的重要优点是实现灵活，但也面临同步、信道估计和高峰平比等问题。为此，可以通过在时域、频域或者码域设计特殊的发射波形，生成满足特定频谱形状的发射信号。例如，对于频域合成波形的变换域通信系统（TDCS），可设计特殊扩频码片的扰测量法/码分多址（CI/CDMA）技术和跳码/码分多址（CH/CDMA）技术等。

4. 自适应频谱资源分配技术

自适应频谱资源分配技术主要包括子载波分配技术、子载波功率控制技术、多天线资源分配和复合自适应传输技术。

（1）子载波分配技术。认知无线电具有感知无线环境的能力，通过对干扰温度的测量，可以确定频谱空洞。子载波分配是指根据用户的业务和服务质量要求，分配一定数量的频率资源。检测到的空洞资源是不确定的，带有一定的随机性。OFDM 系统具有裁剪功能，通过子载波（子带）的分配，将一些不规律和不连续的频谱资源进行整合，按照一定的公平原则将频谱资源分配给不同的用户，实现资源的合理分配和利用。

（2）子载波功率控制技术。认知无线电技术利用已授权频谱资源的前提是不影响授权用户的正常通信。为此，非授权用户应该控制其发射功率，避免干扰其他授权用户。在传统的以基站为中心的无线通信系统中，功率控制通过基站实现。对于认知无线电系统，需要考虑分布式工作模式下的功率控制方法。多用户 CR 系统的功率控制问题可看作一个对策论问题，如不考虑竞争现象，可将其看作合作对策，该问题就简化为一个最优控制理论问题。如果每个用户最大化自己的效用，则功率控制问题被归结为一个非合作对策。博弈论和信息论中的注水法可用于解决功率控制问题，而迭代注水法可以用来处理多用户场景。功率控制算法追求的是功率控制的完备性和收敛性，既不造成干扰又可使认知无线电有较好的服务通过率，且可以达到实时性的要求。

（3）多天线资源分配。该技术的基本思路是把系统的多输入多输出（MIMO）信道看作多个独立子信道的集合。发送端会在增益较多的子信道上分配更多的能量，而在衰减比较厉害的子信道上分配较少的能量，甚至不分配能量，从而在整体上充分利用现有资源，达到最大传输容量。可以看出，空域资源的分配是和功率分配密切结合的，同时多天线既可用增加的子信道提高信息传输率，也可在传输率不变的情况下增加信息的容余度来提高可靠性。

（4）复合自适应传输技术。该技术将 OFDM 和一系列自适应传输技术相结合，从而达到无线电资源的合理分配和充分利用。为了寻求最佳工作状态，需综合应用动态子载波分配技术、自适应子载波功率分配技术、自适应调制解调技术和自适应编码技术等一系列自适应技术，形成优化的自适应算法。根据子载波的干扰温度，通过自适应调整通信终端的工作参数，可以大幅度提高频谱资源的利用率和系统的通信性能。

5. 动态频谱管理

依照频谱应用状况和干扰的影响，可将频谱应用划分为 3 个等级：严格分配管理（不可干扰）、在一定程度上可供非授权使用（可容忍一定的干扰)和无限制的非授权使用。在现阶段，大多数频谱为第一等级，即按照严格分配来进行管理，因而频谱利用率较低。认知无线电的频谱管理思想是适当缩小第一等级频谱所占的范围，逐步扩大第二和第三等级频谱所占用的范围，以提高频谱利用率。这样将频谱分为 3 部分，第一部分非授权用户不可占用，第二部分可适当占用，第三部分可以不受限制地占用。第二和第三部分是认知无线电可利用的频谱，尤其是第三部分。

动态频谱管理也称动态频谱分配，涵盖频谱感知、频谱决策、频谱共享和频谱迁移，主要目的是基于频谱感知的结果采用 OFDM 技术、自适应带宽调整和信道切换策略，以便及时规避出现的主用户并有效利用射频频谱。频谱管理算法通过无线环境感知和分析检测各个发射功率控制器的输出，选择合适的调制策略以适应时变的无线射频环境，始终确保在信道上保持可靠的通信，通过适当的频谱分配实现认知无线电系统与授权用户间的频谱共享。

CR 网络中的频谱管理主要包含 4 个阶段：频谱感知（监测），CR 用户实时监测整个频带以获悉可用的频谱空洞；频谱决策，根据可用的频谱和相关策略，为 CR 用户分配信道；频谱共享，由于可能有多个用户试图访问频谱，应该协调这些用户的访问以避免冲突；频谱迁移，CR 用户是许可频谱资源的访问者，因此如果主用户需要使用此许可频谱，那么 CR 用户必须迁移到其他未用的频谱。

CR 网络的频谱管理框架如图 9.3 所示，框架中包含上述的 4 个主要功能，并且存在众多的层间交互，因此有必要采用跨层设计方法，即允许任意层次（而不仅限于相邻的层）双向交互必要的信息。

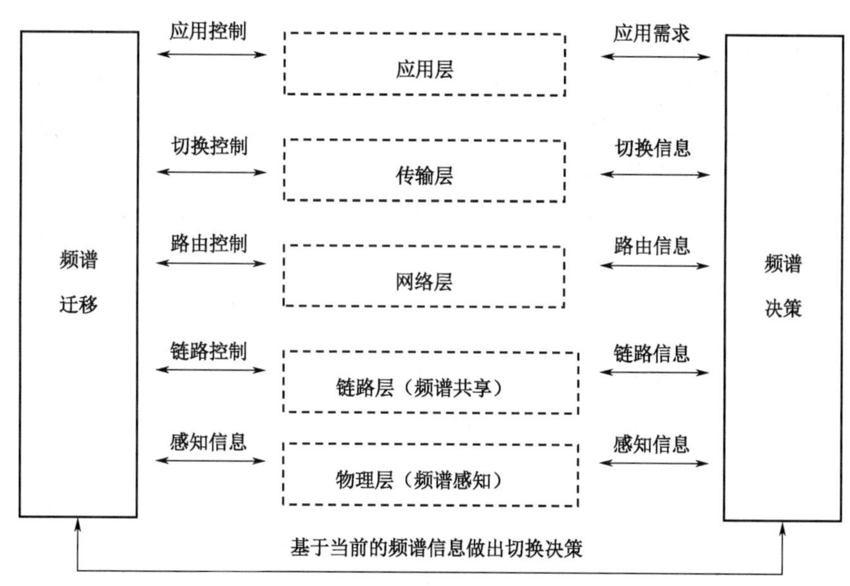

图 9.3 认知无线网络的频谱管理框架

9.1.5 认知无线电规则

为了提高频谱利用率，频谱管理机构将选择利用率较低的其他已授权频段，暂时用来支持非授权频段上那些未能接入系统的通信业务。为此，频谱管理机构将生成一整套无线电规则来指导并约束非授权用户合理地使用授权频段。这些规则由频谱管理机构以某种机器可以理解的方式发布，以便具有认知无线电功能的非授权用户可以定期搜索并下载相应的频谱使用规则。获得最新的频谱使用规则之后，非授权用户将根据这些法规，对自身的通信机制主动进行调整（包括工作频段、空中接口、发射功率、智能天线、调制解调方式、多址接入策略及协议架构和服务价格等）。

频谱租用程序、用户优先级策略和无线电知识表示语言（RKRL）都可以用来描述这种规则。频谱租用程序是一种类似于握手协议的协商程序。频谱出租者首先发送出租频谱的信号，里面包含一些诸如频率、带宽、租用使用的时间段及价格等相关信息；租用者在收到信号后，给对方发送意向信号，列举自己所希望达到的要求；双方经协商后达成一致，从而完成一个简单的频谱租用程序。制定用户优先级策略是为了提高频谱管理的高效性和保障通信的有序性。应急服务、政府部门、商业客户和个体用户等各种用户应该具有不同的优先级。例如，应该将消防和医疗急救等社会紧急服务用户的优先级设定为最高，并且频谱管理者可以改变全局或局部的优先级。RKRL 是瑞典皇家科学院专为认知无线电开发的用来描述整个事件知识、计划和需求的语言，涉及的范围包括规则的模式、语言定义、推论模式、多语法和无线电本体。通过 RKRL 这种标准语言，可动态定义认知无线电系统突发的数据变换，代理可以快速地通过操作相关协议使无线规则更好地满足用户需求，增强了系统的灵活性和反应能力。RKRL 可以方便无线认知规则的制定，向用户提供灵活的人性化服务。RKRL 描述的内容包括无线方式、设备、软件模块、传输、网络、用户需求，以及根据用户需求而自动配置的应用方式。

9.2 认知网络技术

9.2.1 提出背景

当前网络无所不在，各种网络类型层出不穷且网络应用不断深入，用户对网络的可用性、可靠性和异构性要求与日俱增；而当前部署的通信网络，无论是遍及全球的电话网和因特网，还是在特定场合应用的短波通信系统和集群通信系统，大都依赖预设的网络基础设施，可靠性不高且缺乏认知能力和自适应性。这些网络内部缺乏及时、有效的监测和响应机制，网络单元无法动态、有效地利用网络资源并做出合理、正确的调整；同时网络元素之间缺乏积极、主动的协调联动，只能根据各自了解的信息对网络事件做出孤立、被动的反应，因此不能优化网络的整体性能。为了在复杂多变的异构网络环境中最大限度地利用网络资源，保证多样化通信业务及时、可靠的开展，迫切需要对现有通信网络进行适应性升级改造，允许网络单元主动监视网络状态、及时交互信息，并依据系统目标采取适当的行动。具有认知能力的网络，即认知网络（Cognitive Network，CN）正是面对这种需求在认知无线电（Cognitive Radio，CR）的基础上提出的一种崭新的智能型网络，旨在采用伺机动态利用闲置无线频谱的思想提升网络的资源利用率，并通过赋予网络认知能力提高通信系统在各种环境下的智能性、可靠性和适用性。从根本上讲，认知网络的出现源自网络日益增加的复杂性、异质性和可靠性要求，这一点对于动态变化的无线（移动）网络环境尤其如此。

9.2.2 定义和内涵

认知网络有时也称自知网络（Self-aware Network），是在认知无线电的基础上由 Motorola 和 Virginia Tech 公司率先提出的具有认知能力的新型智能型通信网络，它能够感知网络当前的状况，并根据当前的状况进行计划、决定并行动。不同于传统电信领域的智能网络，CN 具有自配置、自调节和自学习能力，它能够实时感知网络条件，并根据所收集的当前网络外部环境、内部状态和经验信息，基于系统目标需求动态地规划、调整和决策应采取的行动，以满足网络日益增加的复杂性、异构性和可靠性要求。

目前，有关认知网络的定义并没有统一的标准，Virginia Tech 公司的 Thomas 给认知网络下的定义为：它是一种能够感知当前网络条件并据此进行规划、调整和采取适当行动的网络。IEEE 900.1 工作组给出的认知无线电网络的定义是：它是一种能够在认知无线电设备之间建立连接并能根据网络环境、拓扑结构、操作条件和用户需求的变化调整其连接特性、操作行为的网络。显而易见，认知无线电是认知网络在无线通信环境中的一个特例，它们的共同之处在于都将认知过程看作性能优化的核心。认知无线电要求采用可调节参数来定义认知过程的优化空间，这些可调节参数通常依赖软件无线电（SDR）提供；而认知网络的对应组件则是软件可调节网络（SAN）。

与认知无线电相比，认知网络的最大不同之处是两者的目标和作用范围：认知网络的目标是通过自主协调各个网络单元的行动达到网络整体性能的最优化，是一种全局的端到端目标；而认知无线电的目标是使认知无线终端高效利用稀缺的无线频谱资源和提高自身性能，是一种局部性目标。认知网络中包含大量网络单元，其中包括全网范围内参与行动的子网、路由器、交换机、终端、编码和加密设备、传输媒介和网络接口等，要求认知网络跨越协议栈所有层次进行调节，增加了作用范围、灵活性和复杂性。当前，认知无线电台主要调节物理层和 MAC 层参数，从而使认知过程所做调整的影响局限于无线电台本身及与其直接相连的无线电台。而由认知无线电台构成的无线认知网络则要求多个无线电台相互协商来达成参数设置的一致，以便优化无线电台网络的整体性能。认知无线电缺乏全局目标，多个电台协商达成一致很可能要花费较长时间，并且难以得到最优的网络性能。而无线认知网络中的无线电台能够紧密协作以达到优化目标。另外，认知网络需要支持跨越多个有线和无线网络的大型异质网络，而认知无线电台仅适用于无线网络。

9.2.3 目标和要求

任何技术的提出几乎无一例外都是以尽可能低的代价来满足特定的需要为目标。认知网络的总目标是在较长的运行时间内以较低代价提供更好的网络端到端性能，具体的性能目标包括提高资源使用效率、服务质量、安全性、可管理性等。认知网络由多个节点组成并适用于异构网络这一特点，为其认知处理操作增加了一个自由度。认知网络的能效和应用受限于所属网络单元的认知能力、适应能力和能够接受的成本代价。这些成本代价包括网络的投资成本、规划成本、控制开销、运行耗费和学习花费等。一般情况下，认知网络的复杂程度高于非认知网络。但是考虑到性能改善获得的收益远大于付出的代价，这样做通常是可取的。同时，这也是衡量是否有必要构建认知网络的一个基本原则。对于某些网络环境，如可预测行为的静态有线网络，则没有必要构建认知网络。反之，动态变化的异质无线网络环境非常适合构建认知网络。认知网络应该能够（通过代理）观察网络状况（性能），并据此决定采取适当的行动，如修改和调整各种网络元素。认知网络应具有一定预见性，而不是被动反应，即试图在出现问题之前进行必要调整以避免因问题发生而造成严重后果。

此外，认知网络还必须包含可修改的软件可调节（自适应）网络（SAN）中的要素。如同认知无线电需要依赖 SDR 来对配置参数（如时间、频率、带宽、编码、空间、波形）进行修改一样，SAN 要求网络元素具有可调节性和可伸缩性，如能够调节协议栈多个层次的协议。具备方向性天线的无线网络或能够自适应调整信道接入方式的 Ad hoc 网络都是 SAN 的特例。不难看出，认知网络的架构应该是可扩展和灵活的，可以支持未来的发展和新网络要素。

9.2.4 研究现状和发展应用

目前，学术界和产业界均对认知网络给予了足够重视并开展了广泛研究。然后，现有的关于认知网络的研究大都针对常规的有线和无线网络展开，只有少量研究考虑了复杂的异构网络环境和实际应用需求。归纳而言，当前对于认知网络的研究工作主要包括以下几类：第一类是对认知网络的体系架构和网络模型进行研究，以便从系统角度整体指导认知网络的设计和实现；第二类是在协议栈的特定层次应用认知无线电技术，如基于动态频谱分配技术在数据链路层根据信道条件自适应调整节点使用的无线频谱；第三类是结合跨层设计方法，在多个协议层联合实施认知决策和行动，如节点根据底层反馈的数据链路和物理信道的状态信息动态选择路由；第四类是从用户和应用角度出发对网络进行适当改造和动态配置，以增强系统性能和改善用户的服务保障水平。

在认知网络的体系结构与网络模型方面，Sutton 等人提出一种基于节点可配置能力的网络平台框架，但未考虑如何支持分布式推理、学习和集体决策；在此基础上 Thomas 提出了一种基于可配置网络的支持优化决策的认知网络框架，但是该网络框架未体现认知网络中感知、学习、决策和行动之间的循环关系，并且没有考虑具体的应用需求和实际网络场景，实用性较差。张东梅等人提出了一种支持应急通信的认知网络模型，并给出了基于认知的服务质量控制和优化策略以及智能决策和学习算法。该模型关注应急通信系统的建模、应急通信业务的定义与描述以及业务 QoS 保障等问题。此外，自适应 Ad hoc 自由频带(Adaptive Ad hoc Free-band，AAF)通信项目针对认知无线电网络中的物理层、数据链路层和网络层协议的设计内容提出了基本要求，设计了采用软件无线电和 DSA 技术的支持下一代应急网络 xGEN 的 AAF 协议栈。欧美也在第 6 代框架项目中针对超 3G 通信技术提出了环境感知网络（Ambient Network，AN）模型，旨在构造包含多种接入技术和多种网络类型的异构融合网络环境，根据通信设备的特征和网络环境条件为用户提供无所不在的尽可能好的服务。

在路由协议设计方面，赵超等人将认知无线电技术引入了 Ad hoc 网络，设计了支持多信道的认知 Ad hoc 路由协议。认知 Ad hoc 网络的路由问题很复杂，针对网络可用频谱的时变性、多样性和差异性，赵超等人提出了两类路由尺度：最大化平均吞吐量和最大化信噪比。在网络资源动态分配策略方面，胡晗等人基于认知无线电理论，在原有的主次用户基础上，引入了另一类特殊的认知用户，提出了视认知用户的优先级介于主用户和次用户之间的具有三级优先级的动态频谱接入策略。仿真结果表明，采用三级优先级策略的认知无线电通信系统可有效降低认知用户的阻塞率和强制终止概率。

有些学者提出可将认知无线电应用于应急通信场景，以提高应急通信服务的可靠性和可用性。例如，当出现大量突发性应急业务时，允许应急用户有条件地使用其他通信系统的空闲资源，特别是稀缺的无线频谱资源，并且通过适当的机制加强各通信系统之间的协同配合以优化全局目标。AAF 通信项目致力于解决应急通信环境中通信需求急剧增加和频谱资源短缺的矛盾，基于认知无线电思想搜索未充分利用的频谱，自适应调整传输参数以利用空闲的频谱。Easy Wireless 项目主要考虑为应急场合下的移动用户提供 QoS 支持和服务连续性。目前，已有学者将认知无线电技术应用到无线传感网络中，提出了一种多频多跳的无线传感器模型，有效减小了同信道干扰，增强了数据传输并发性。还有一些学者考虑了认知网络在军事通信系统中的应用，如美军的下一代战斗网无线电台就是一种集成了智能天线技术的多频段、多模式的认知无线电台，它能够快速组网并具有很强的抗干扰性。今后，认知网络还将在 3G 移动通信系统、情景意识服务和智能网络领域发挥巨大作用。

9.2.5 认知网络的工作模式和资源管理

1. 工作模式

认知网络的认知过程可视为一个“机器学习”的过程，在此过程中可以采用众多不同类型的人工智能、判决和自适应算法，其中包括神经网络、模式识别、基因算法、专家系统、卡尔曼滤波器等。总之，不管选择什么样的学习方式，认知过程需要能够快速地学习或者收敛到一个解，而且当状态发生改变时该学习仍能够实现快速收敛。对于环境经常变化的网络而言，如移动无线网络，快速收敛是非常重要的。认知网络可以采用两种不同的操作模式。第一种是集中控制模式，在该模式下，中央服务器或者中央实体跟踪所有的端到端目标和网络状态数据。第二种模式是分布式控制模式，在该模式下，网络中的节点共享这些信息，没有中央服务器来统一收集、管理和发布这些数据。这两种模式各有各的问题：对于集中控制模式，它存在单点故障问题；而对于分布式控制模式，它的问题在于网络的开销过大。网络设计者在设计认知网络时需要考虑这些因素，另外也可以采用综合集中控制模式和分布式控制模式的混合模式。

认知网络非常适合采用跨层设计方法，允许非相邻层之间通信和在各层间共享内部信息，并且考虑节点之间的紧密协作。在认知网络中，实施自适应调整的层通常不同于观测网络状态的层。一方面，特定的协议层观察当前网络状况并将此信息提供给认知过程，认知过程然后根据优化算法确定适当的行动，通过更改网络单元和协议栈的配置来达到最优性能。另一方面，认知网络的调节范围不局限于跨层设计的作用范围。跨层设计往往由各个网络节点独立执行优化，并且通常执行单目标优化。认知网络则必须协调多个网络单元，还常常要在多个优化目标之间进行折中，为此需要执行多目标优化（MOO）。跨层设计独立实现的各个目标很可能是次优化的，并且不同目标之间可能产生冲突；而认知网络则可通过在优化过程中联合考虑多个优化目标来避免这一问题。

2. 资源管理

网络资源管理能力是构建认知网络的必备能力之一。为了提高资源使用效率，可将认知原理扩展到整个无线系统中，实现跨层优化和适应性资源分配，构造一种跨越系统各层的认知资源管理器（CRM）。CRM 类似于传统的无线资源管理器（RRM），但是强调智能和机器学习能力。CRM 可以工作于分布式模式，亦可以工作于集中模式。前者运行在通信终端上，后者运行在某个中心点，目标是协同配置网络资源和调度节点行为。认知资源管理器不仅需要了解资源使用情况、可用链路的质量和高层业务量信息（节点自身及其周围的情况），还需要获悉网络拓扑和其他节点的信息。但是所有这些信息的收集均很困难，特别是在异构无线网络环境中。CRM 通过全面监测和收集网络状态信息来判断当前网络的配置能否满足上层的应用需求，然后按需动态分配网络资源并对相应的网络可调节单元进行重配置。CRM 通过网络协议栈各层之间的信息交互和多个网络节点的协调联动来优化网络整体性能或实现特定系统目标。

基于上述分析，图 9.4 给出了一种认知网络的 CRM 资源管理框架。该框架包含网络信息收集和资源决策调度两大功能，并且可提供网络多层之间的跨层交互以及系统与外部环境的交互。有学者将这种具有认知能力的跨层协议栈称为认知协议栈（CoPS），即协议栈各层具有环境意识能力，并且可以通过跨层交互来了解协议栈不同层次之间的信息，从而达到协议栈的认知并发掘协议栈的灵活性，实现系统的自适应性。CRM 不仅要有能力同步协调不同协议层的进程，还要有能力重配置不同实体的参数，以实现对资源的控制。可以把 CRM 视为一个模块化的运行可配置的联合工具，并且可简单地把不同协议层和实体间的信息交换作为一个总线，称为认知总线。另外，在资源紧张的认知无线网络中还可利用后文介绍的协作中继技术，由频谱资源富足的节点充当中继节点来改善源和目的节点之间的通信性能。

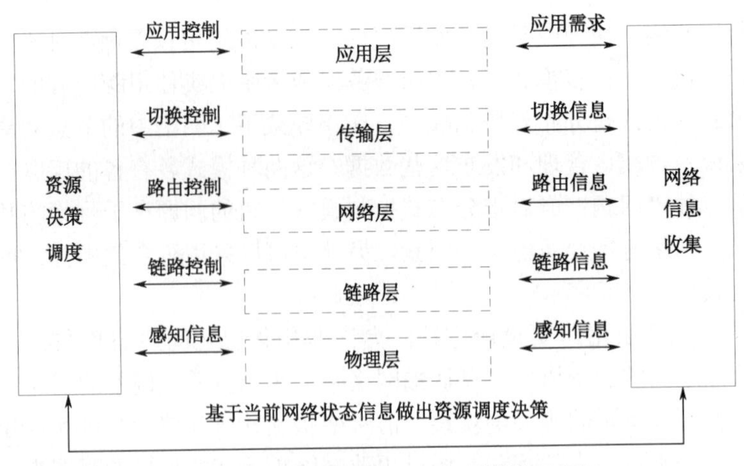

图 9.4 基于 CRM 的认知网络频谱管理框架

鉴于异构网络环境复杂多变并且各类业务具有不同的 QoS 需求，认知网络的频谱管理面临如下设计挑战：冲突避免，各网络节点的资源调度应该避免与系统目标相冲突；QoS 支持，认知网络应该支持业务的 QoS，并要考虑动态和异构的网络环境；无缝通信，认知网络应该能提供无缝通信，即使是在主网络激活的情况下；动态资源分配，能够选择适当的中继节点并为用户分配适当的资源。

9.2.6 认知网络的设计和实现框架

为了设计和实现某种特定网络，一种常用的方法是给出这种网络的体系结构并识别其关键特性。根据认知网络的定义和特点，Johnson-Laird 将认知网络结构抽象为“目标—认知决策—重配置”3 个层次，并给出了一种 3 层结构的认知网络实现框架如图 9.5 所示。最上层是决定系统和网络单元行为的行为目标层；这些目标馈送给第二层的认知处理层，由该层计算得到系统应采取的行动；最下层是软件可调节网络（SAN），为认知网络提供实际可采取的操作。在这个框架中，包含多个认知单元且它们的协作程度可以动态改变。认知单元可以分布在一个或多个节点上，类似于软件代理。

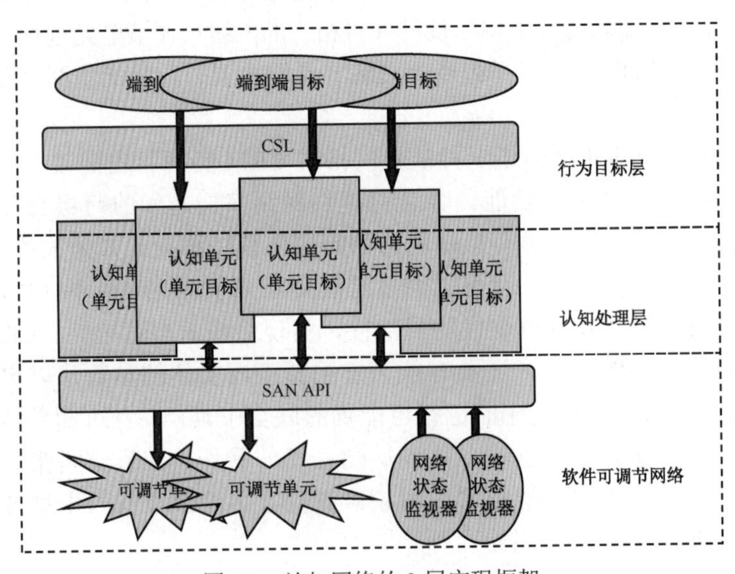

图 9.5 认知网络的 3 层实现框架

1．行为目标层

行为目标层包括系统的端到端目标、认知规范语言（CSL）和认知单元目标。端到端目标由用户提出或由应用程序和资源需求决定，驱动着整个系统的行为。脱离端到端目标指导的网络行为，可能会导致不期望的后果，例如各个认知单元的操作目标可能会出现冲突，这是很多跨层设计存在的问题。如果认知网络有多个端到端目标，考虑到优化所有目标难以实现，必须有所取舍，每个认知单元必须充分理解端到端目标和各自的能力，为此需要开发一个接口层用来联系端到端目标和认知处理。在认知网络中，由 CSL 完成此任务，它通过将端到端目标转换成本地单元目标向各个认知单元提供行为指导。CSL 的作用类似于认知无线电中的无线电知识表示语言（RKRL），但是形式上类似于 QoS 描述语言。它将端到端目标映射为下层操作机制，这些机制基于网络能力是可调整的而不是固定的。此外，CSL 必须能够适应新的网络单元、应用程序和目标，支持分布式操作和集中式操作。认知网络的操作范围涵盖多个认知单元，各个认知单元可能会独自行动以获取本地目标（处于无政府状态）或协作行动（借助于管理中心或激励协作机制）来获得全局目标。但是，将端到端目标映射为本地单元目标通常是一项艰巨而复杂的任务。

2．认知处理层

认知处理涉及认知单元的一系列认知行为，从基于全局目标的行为决策到先验性的主动调整。很多学者将认知处理与机器学习相关联，即通过学习获得经验来改善系统性能，而不需要完全掌握所处环境的信息。因此，可以在认知处理中利用各种人工智能、决策支持和自适应算法来进行学习和调整。学习和调整是为了实施目标优化，为此需要了解在各种条件下以前的决策是否有效，然后将这些成功决策的信息保存在数据库中。当今后碰到类似的情况时就可以根据获得的经验采取适当的行动。认知处理的决策行为对网络性能的影响依赖于可用的网络状态信息。为了使认知单元基于端到端目标做出合理决策，必须了解网络当前状态和其他认知单元的情况，但是大型网络往往难以做到这一点。为此可以利用过滤和抽象方法来减少需要传递的信息量并避免触发不必要的认知处理。过滤用于去除不相关或相关性很小的信息，因此认知单元需要决定各类信息相对认知处理的重要程度。在网络设计阶段可以确定过滤规则并在运行阶段由认知处理根据当前网络状况动态地修改预定的规则。抽象就是对信息进行加工提炼，是用于缩减表示网络状况所需信息量的一种方式。同过滤一样，也可以在设计阶段指定抽象机制并由认知单元在运行时动态地进行调整。但是，过滤和抽象可能会屏蔽掉一些有用的信息，因此必须谨慎定义过滤和抽象规则。需要指出的是，并不排除在有些情况下，认知单元自发进行操作时所获得的网络性能，甚至比在获得网络信息后执行有意识操作时所获得的网络性能还要好。但这种情况很少发生，认知单元因缺少必要信息导致的系统性能降级称为无知代价，但是带来的好处却是控制开销的减小。上述这些问题在认知网络设计阶段必须予以充分考虑。

3．软件可调节网络

软件可调节网络（SAN）中包括 SAN API、可调节的网络单元和网络状态监视器。SAN 是认知网络的基础，同时它又属于一个相对独立的研究领域，如同软件无线电的设计独立于认知无线电的开发一样。但是，SAN 需要提供认知处理层可理解和利用的网络接口。这些接口类似于应用程序接口（API）或者接口描述语言（IDL），并且应该是灵活的和可扩展的。目前，认知网络已经定义了统一链路层 API（ULLA）和公共应用请求接口（CAPRI）。前者是 SAN 与运行于其下的物理实体之间的接口，通过它可依靠底层链路和物理层技术获取链路和物理层信息；后者是 SAN 与运行于其上的应用之间的接口，应用通过 CAPRI 可与 SAN 协商 QoS 参数。

SAN 的另一个任务是及时将网络状态通知认知处理层，网络状态信息的详尽程度由过滤和抽象机制决定。网络状态来源于网络监视器（如网络传感器、状态检测器等）对网络进行的实时观察。观察的信息包括本地信息（如 BER、链路可用带宽和节点剩余电量等）和全局信息（如端到端时延和网络连通性等）。可调节的网络单元拥有一组可操作的状态集合，认知处理需要根据网络当前状态为每个可调节单元指定适当的操作状态以便实现系统的端到端目标。这些选定的满足系统目标的状态集合构成优化状态集，并且可能存在不只一个这样的集合。即使达不到端到端目标，也要尽可能选取适当的状态集合来获取更好的性能。可选的状态越多，系统越灵活，越有可能实现目标，但是操作也越复杂。当然，普通网络通过非认知的处理有时也能达到系统目标，但是性能难以达到最优，这也正是缺乏可调控能力所要付出的代价。认知网络应该尽量少地利用网络状态信息以便减少认知处理开销，可调节单元（如认知无线电台）则可利用详尽的本地信息来进一步优化网络性能。为此，可调节单元必须在认知网络的统一规划下分工协作地来高效完成系统总体目标。

9.2.7 认知网络的关键技术

认知网络作为认知无线电技术的拓展和延伸，是一种面向异构网络和多样化应用的智能化通信网络。除了前文介绍的认知无线电技术，认知网络的设计和实现还涉及情景感知、跨层设计和重配置等技术。

1. 情景感知（Context Awareness）

认知网络中的“认知”在很大程度上需要借助于计算机界已研究多年的情景感知（也称上下文感知）技术，它包括感知和决策两个层面。一般的情景感知模型如图9.6所示。分布于网络中的传感器负责采集原始的网络环境信息；解释器负责对原始信息进行过滤，去除和认知系统无关的信息，以减少无用信息量的传送；汇聚器则对于过滤后的感知信息进一步抽象，以精简的形式向决策层报告。决策层采用人工智能、策略控制、自适应算法等技术，根据历史经验、当前环境信息以及上层目标要求确定网络重配置的控制指令。就认知网络而言，端到端的性能和许多网元相关，理论上的最优决策需要多个网元的协同配合，仅根据单个网元的上下文做出的局部决策并不一定是最佳的。但是考虑到实际网络的复杂性和有限的处理能力，要获得网络完整的信息是不现实的，所以认知决策往往是基于不完整的信息做出的。为了评判决策的成效性，需要采用反馈机制，并存储历史决策及其效用，供后续决策作为依据。

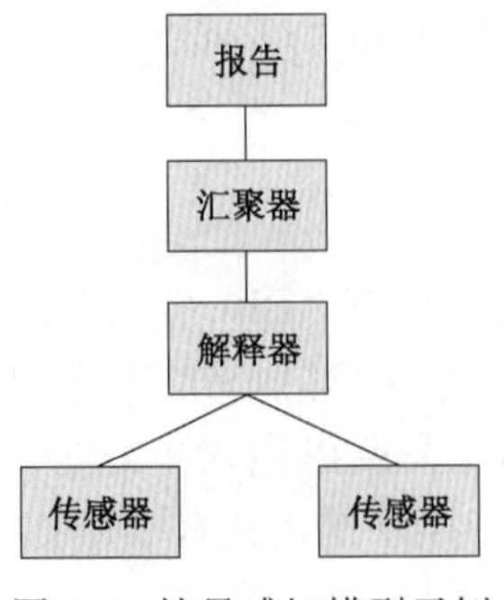

图 9.6 情景感知模型示例

2．跨层设计

认知网络的最终目的是根据认知的网络信息调整相关网元的协议栈或协议层参数，以保证用户的端到端性能。通常获取上下文信息的认知观察层和需要调整的自适应适配层并不一定相同，认知网络需要综合各层的认知信息导出对于某一层的重配置决策。然而目前网络协议栈普遍采用的是分层设计原则，也就是说，每个协议层只和其相邻层有信息交互，其感知的信息仅对相邻层有影响，因此认知网络必须采用跨层设计思想。基于跨层设计的网络认知模型如图 9.7 所示，其中每个协议层由两部分组成，一部分完成原有的分层协议功能，另一部分是认知接口，提供该层认知的上下文信息。认知跨层总线则综合各个协议层认知的信息，提供给认知引擎使用，认知引擎根据总线提供的跨层信息做出决策，控制相应协议层的配置。

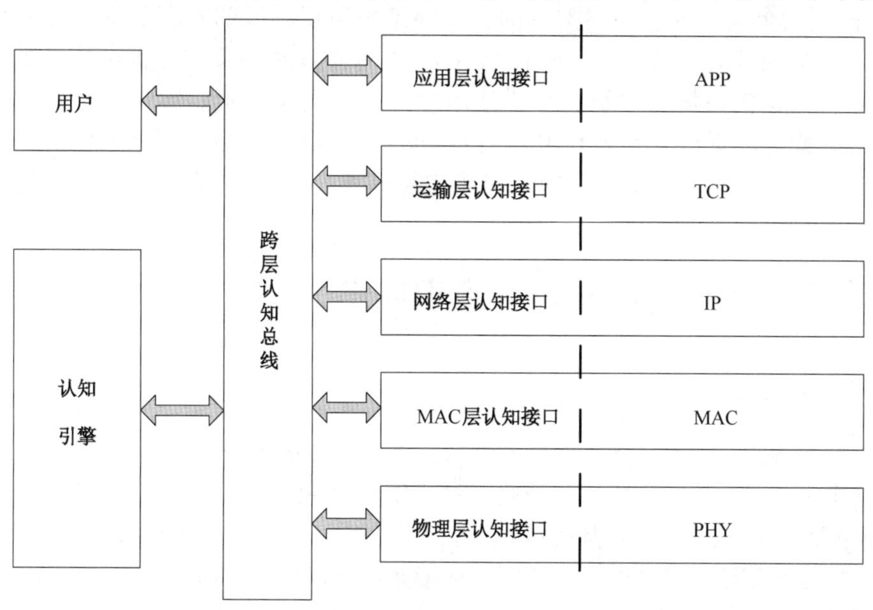

图 9.7　基于跨层设计的网络认知模型

在无线通信情况下，跨层设计的一个典型应用场景是 TCP 协议层参数的自动配置。TCP 协议是针对有线网络环境设计的，它没有显式的拥塞指示机制；当超时未收到接收证实时就认为网络发生了拥塞，从而自动减小拥塞窗口。但是对于无线通信而言，证实超时常常并非因网络拥塞产生，而是因无线链路的丢包引起的，因此有必要根据物理层和 MAC 层的跨层感知信息及时地调整 TCP 的拥塞控制参数。与一般的跨层设计相比，认知网络的跨层设计技术复杂度更高。一般跨层设计考虑的是单目标优化，认知网络考虑的是多目标优化；一般跨层设计仅限于无记忆的自适应，认知网络跨层具有学习功能，能基于对过去决策的学习决策未来；一般跨层设计是以节点为中心的，认知网络跨层需要观察多个节点，考虑多节点目标优化。

3．重配置（Reconfiguration）

早在 20 世纪 90 年代，学术界就开始研究终端重配置，其技术基础就是软件无线电（SDR）。它是构建可重配置用户终端的相关硬件和软件技术的总成，可经济、有效地实现多模、多频带、多功能无线终端，并能通过软件下载支持终端的动态适配、升级和增强。终端重配置的基本思想是根据认知的可用无线频谱资源，自适应地改变终端的无线接口配置，使终端能够自由接入不同的无线环境，实现在多无线电环境下的无缝漫游和切换通信。重配置技术针对无线接入环境的异构性特点，以异构资源的最优化使用和用户对业务的最优化体验为目标，综合可编程、可配置、可抽象的硬件环境和模块化的软件设计思想，使网络和终端支持多种接入技术，且可灵活适配。世界无线通信研究论坛（WWRF）专门设立了重配置工作组，研究未来B3G无线通信框架下重配置系统的商业模型。虽然认知网络的实现最终要落实到底层SAN 网元的重配置，重配置过程也是通过软件实现的，但是其重配置的技术层次更高。一方面，重配置的对象更广，不但包含终端重配置，还包含网络重配置（也称网络重构）和业务重配置；另一方面，重配置的作用范围更大，不限于单个节点，可能覆盖端到端路径上的多个网元，又称为端到端重配置（E2R），其复杂度和重要性远高于终端重配置。相比 SDR 技术仅限于终端的狭窄思路，E2R 考虑得更为全面，涉及网络架构的各个环节和协议标准的所有层次，是一种具有前瞻性的异构网络融合的解决方案。E2R 以 SDR 终端和基站等可重配置实体为基础定义网络架构，结合先进的资源管理机制和灵活的空中接口实现技术，实现了对异构环境的灵活适应和对异构无线资源的有效利用。正因为如此，2006 年启动的欧共体研究项目 E2R II 专门研究了端到端自适应条件下的高级频谱管理（ASM）、联合无线资源管理（JRRM）和动态网络规划管理（DNPM）。

9.3 环境感知网络和情境意识服务

9.3.1 背景需求

当前网络覆盖无所不在，各种网络类型层出不穷且网络应用不断深入，使得网络用户处于一种复杂多变的异构网络环境中。与此同时，越来越多的网络用户希望能够定制他们的服务并能随时随地访问这些服务。具有情景意识的服务是一种以用户为中心（User-centric）的服务模式，能够根据通信设备的特征和网络环境条件提供最佳的通信服务，隐藏底层网络基础设施的异质性，管理个人移动性，适应网络场景的动态变化。为了实现这一美好的愿望，一方面，不同的网络之间应能根据需求进行有机结合，采用适当的技术和提供有针对性的服务；另一方面，用户应能实时感知网络环境并根据网络特征和能力来选择适当的网络和定制服务。从技术上来看，还需要解决网络发现、选择和组合、用户需求预测。以及网络情景的感知、处理和分析等一系列问题。

环境感知网络（Ambient Network, AN）正是为了实现这一网络服务目标而提出的一种崭新网络服务模式，它提供了网络之间灵活交互的自动控制平台，旨在构造包含多种接入技术和多种网络类型的异构融合网络环境，为用户提供无所不在的尽可能好的服务。AN 最早是欧美在第 6 代框架项目中针对超 3G 通信技术提出的。AN 能够隐藏底层网络基础设施的异质性，有效管理个人移动性和适应网络场景的动态变化。欧盟 2004 年启动的环境感知网络项目的最初目标是解决 3G 的 IP 多媒体子系统（IMS）提供的网络互连功能存在的不足。例如，由于网络互连基于预先协商，因此不能很好地支持在线协商并需要进行大量的手工配置；同时，IMS 中的信令协议（如 SIP）也不具有通用的信令框架，不能很好地支持在线协商。环境感知网络提供了动态在线协商机制并能更好地支持移动网络环境，从而在异构网络环境中提供了一种动态、可扩展的协作方式。环境感知是指以用户为中心，通过透明分布在用户所处网络环境中的智能感知、信息处理和通信功能，依据用户当前的场景和需求向其提供各种服务。AN 支持各种程度的网络协作，可以适应多样化的应用需求，如从低程度的网络互连（每个网络独自控制自己的资源）到高程度的网络集成（多个网络合并成单个网络）。

9.3.2 情境意识服务平台

按照业界的定义，情景是指可以用来描述实体状况（状态、位置和环境）的任何信息，实体可以是人或物理对象。从为用户提供服务的角度看，特别是从支持情景意识的网络基础设施的角度看，可以将情景划分成不同的类别，如用户身份信息、网络设备、服务资源规范和用户环境信息等。情景意识能力必须能够支持在分布式网络环境下对情景的收集、交换、分发和处理；除了支持通用的情景信息处理，还可以通过情景推理器优化情景信息的处理，即提供智能情景处理功能。许多应用都可以利用情景意识能力来适当地调整服务行为，但是高效、可靠地收集并准确解释情景信息十分困难。具体而言，为了能够跨越不同网络高效处理情景信息，情景意识服务平台需要满足如下要求。

（1）能够定位并访问各种情景信息源。情景信息源的数量可大可小，并且可以隶属不同的组织和个人。

（2）收集情景信息源的信息，并可以在一个服务平台上或不同服务平台之间交换这些信息，情景信息的收集和交换应该允许透明地使用分布式的情景信息源。

（3）解释情景信息并推导一个合理且有用的语义信息段，用于表达支持特定目的所必需的信息，并且这些信息在语义和语法上与其他服务平台上使用的信息可以互操作。

（4）支持基于环境变化的自适应响应机制。

基于上述要求，下面给出一种通用的情景意识服务平台的分层框架（见图 9.8），从下至上包括：基础网络层、情景感知层、情景推理层、自适应层和应用层。底层的基础网络层包含大量信息采集设备，如传感器和监视器；中间的情景感知层和情景推理层负责信息的汇聚和处理，上层的自适应层和应用层根据网络环境的变化做出适当的态势评估和行动决策。

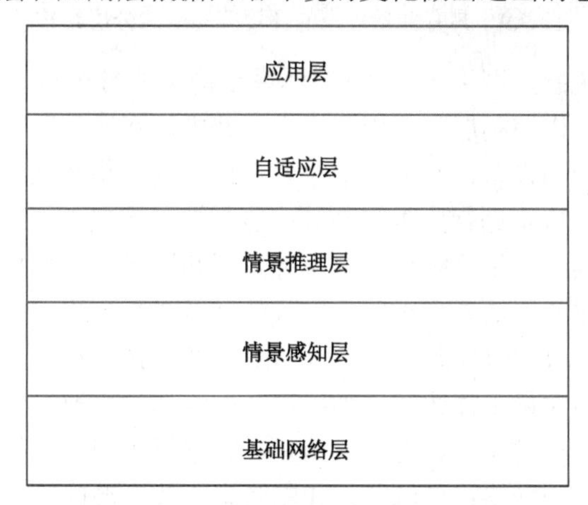

图 9.8　情景意识服务平台的分层框架

在获取情景意识的常用方法中包括支持情景收集和分发的中间件技术、基于代理的方法、松散耦合的 Web 服务和各种智能情景处理机制等。支持情景获取的中间件使网络底层情景感知实现对高层应用是透明不可见的，如 Context Toolkit、CoolTown、Sentient Computing、Oxygen 和 Endeavour 等。中间件技术实现较灵活，但可扩展性受限且通信开销较大。基于代理的情景管理方法的核心是通过一种情景代理组件维护共享的网络模型和公共策略语言，并在软件代理、情景源、服务提供者和用户之间协商资源和服务，较著名的代理方法包括 Context Broker Architecture（CoBrA）、SOUPA 和 GAIA。为了使软件代理能够一致地理解信息，可以使用语义 Web 按照精确的机器可解释的形式来表示信息。例如，myCampus 就是一种改善校园交流环境的语义 Web 原型结构，用户代理能够自动发现和访问作为 Web 服务的情景信息源；当用户移动时，可以在其设备上显示当前环境中可提供的服务信息。

9.3.3 环境感知网络体系结构

环境感知网络（AN）是一种网络之上的网络系统，其采用一种整体性方法设计移动全 IP 网络的公共控制层。AN 引入了环境控制空间（ACS）的概念，即一种允许模块化控制功能共存和协作的环境。这种环境支持即插即用，允许 ACS 启动和动态发现当前可用的功能。

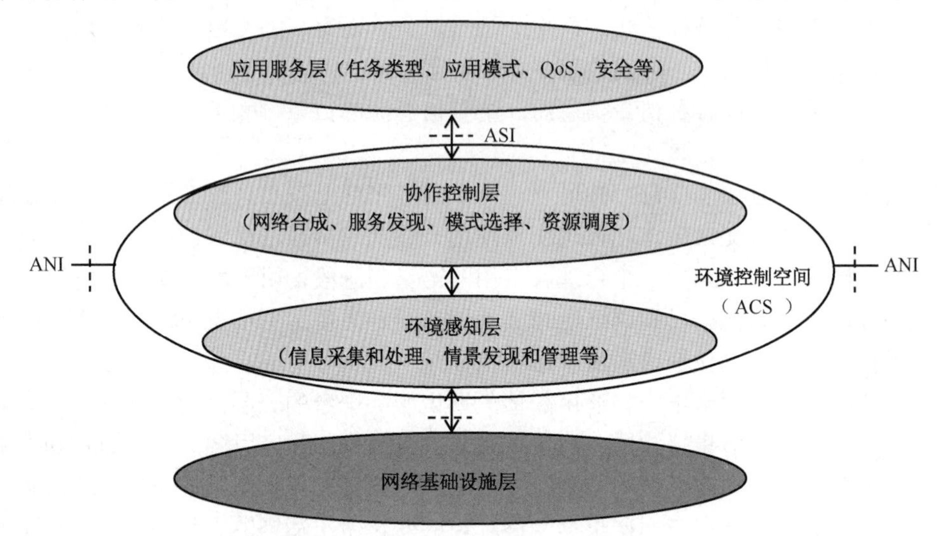

图 9.9　具有情景意识的环境感知网络分层结构

具有情景意识的环境感知网络（CBAN）体系结构（见图 9.9）包含 4 个层次：网络基础设施层、环境感知层、协作控制层和应用服务层。其中，网络基础设施层涵盖网络正常运转所需的各种物理网络设施和设备；环境感知层负责信息的采集和处理，根据获得的信息判断当前所处的网络情景并对情景进行分类管理等；协作控制层包含一组协作的功能实体（FE）以实现各种控制功能，具体包括网络合成、服务发现和通告、组网模式选择以及资源调度和管理等功能实体；应用服务层需要考虑所需完成的任务类型、采取的应用模式、希望获得的 QoS 和安全级别等。CBAN 的 FE 包含 3 大类别：触发 FE、策略 FE 和资源管理 FE。触发 FE 负责处理 ACS 产生的大量事件通知，为用户和网络提供获取、过滤和处理特定信息的方式，从而使用户和网络具有情景意识能力；策略 FE 根据用户的喜好、网络的特征和能力按既定算法和规则选择最佳的网络；资源管理 FE 负责无线资源的管理和调度，以便最大化资源利用率。

需要指出的是，环境感知层和协作控制层共同构成环境控制空间（ACS）。ACS 的关键特征是分布式、模块化和可扩展性，其包含的功能实体的实现通常涉及多个网络节点。从功能上看，可以将部署了 ACS 的网络称为环境感知网络。CBAN 各种控制功能的实现独立于底层具体的网络技术和传输媒介，但依赖 ACS 的支持，以适应各种网络环境。例如，应用层负责创建抽象的连接实体，而由 ACS 负责建立符合要求的端到端连接。ACS 有 3 种重要的接口，分别是环境网络接口（ANI）、环境资源接口（ARI）和环境服务接口（ASI）。环境服务接口支持应用服务层利用 ACS 提供的功能，如使用 ACS 服务建立、维护和终结不同网络实体之间的端到端连接；环境网络接口允许不同的环境感知网络之间的交互通信；环境资源接口为 ACS 提供必要的控制机制以管理和使用底层网络的各种资源。

9.3.4 关键技术分析

1. 环境智能技术

环境智能（AI）是指基于透明地分布在特定周围物理环境中的智能感知、信息处理和通信功能，依据用户所处的场景和需求向其提供各种服务；它以用户为中心，具有智能性、自适应性、普适性、持久性、透明性、辅助性和预期性的特点。环境智能技术的实现依赖于大量相互协作的设备，包括嵌入在物理环境中的传感器件、激励器件、信息存储器件、信息处理器件和通信器件等。这些器件可以置于各种物体的表面或嵌入设备内部，或由人们随身携带（或穿戴），甚至植入人体内部。这些器件的共同要求是低功耗、低成本和微尺寸，并且可以通过大量部署来提供冗余性和健壮性。所有器件必须互连互通、紧密协作以提供情景意识的智能服务，并可以按照各种组网技术构成规模不一的网络，支持网络的自组织和自配置。

2. 网络合成技术

网络合成（Network Composition）是环境感知网络的重要特征之一，允许包括有线通信网、蜂窝无线通信网、卫星通信网和无线自组网等异质网络之间安全和透明地协作，而不需要或仅需要少量的预配置。网络合成是指不同网络独立决定协作并设立相互关联条件的过程。环境感知网络简化了网络互连互通的控制开销，它可以支持自动且动态的互连互通能力，降低了网络协作的交易成本，并能使网络随环境变化而重新协商网络合成事宜。网络合成度是指不同网络之间的协作程度，可以分成 3 个等级：网络互连、控制共享和网络集成。网络互连是最常见的网络合成类型，每个网络相对独立并分别控制自身的资源，但支持网络之间的协作以完成特定的任务。例如，实现移动用户在两个互连的由不同机构控制的网络之间动态漫游。这种网络之间的动态漫游不是事先预设好的，而是动态地在线协商完成的，是网络合成过程的一部分。另外，通过网络互连可以提供无所不在的网络连接和服务访问功能，并且用户可以根据所在网络环境选择接入最佳的网络。对于控制共享的网络合成，各组成网络仍相对独立，但是共享它们的一部分资源，在维护各自的资源的同时对共享的资源实施联合控制。而对于网络集成来说，所有参与协作的网络合并成一个全新的网络，拥有对所属网络资源的绝对控制权。

网络合成过程包含 5 个阶段：媒体感知、网络发现/通告、网络互连、合成协商和合成执行。在媒体感知阶段，各网络探测能够与其通信的邻居网络，识别邻居网络的通信链路。媒体感知可以由事件触发或定期执行，如一个用户所在的局域网需要连接到远程网络以便获得所需的服务。在媒体连接建立之后，进入网络发现/通告阶段，各网络互相通告其标识符、资源、能力、服务和价格等信息，然后各网络通过被动侦听通告消息或主动发送请求消息发现所需的网络服务。在选定希望与之合成的网络后，接下来实施网络互连，出于对安全性的考虑，该阶段可能涉及网络之间的认证和授权。随后，互连的网络协商网络合成度，确定网络之间资源的访问、共享和管理方式。最后，参与合成的网络根据协商的合成协定，配置网络元素以完成网络合成。

3．情景推理和态势评估技术

为了有效地利用所收集的网络情景信息，必须通过情景推理技术正确选择、调整和解释情景参数。情景推理的任务是根据应用需求组织和协调情景感知设备感知和收集信息并推导出有用的情景信息。从功能上看，情景推理需要解决 3 个问题：匹配情景信息源描述和应用特定的参数；检索和选择现有的情景信息源；通过组合来自多个情景信息源的情景参数推导或估计所需的情景信息。

态势评估允许网络实体实时了解当前网络状况并做出最佳的行动决策，涉及感知信息的采集、存储、处理和呈现。当前常常采用数据统计处理和信息推断方法来获得较为准确的数据评估结果，如贝叶斯方法。科学有效的评估过程要求预测未来的网络状况并权衡各种可能的操作，以便获得最好的网络性能或造成最小的负面影响。

9.3.5　应用分析

1．支持态势感知的网络构建

态势感知和情景意识类似，但是内涵更为宽泛，不仅允许网络实体了解自己所处的环境并且能够做出智能的决策。支持态势感知的网络能够自动检测周围环境的变化并做出适当响应。实现自组织网络可以采用两种方法：一种方法是自顶向下的分级控制方法，由中心控制节点决定网络的行为以便最大化网络性能；另一种方法是采用基于本地交互的平面结构的分布式控制方法，每个节点自主地做出决策，以所有网络节点的群体行为决定网络的整体行为。

在蜂窝网络中，网络信息可以来自移动交换中心（MSC）和无线网络控制器（RNC），也可以来自移动终端的上传信息（实时报告信道状态）。网络信息可以分为 3 类：地理位置信息，包括节点的位置和邻居节点的分布；空间/时间信息，如邻居的信道传播特性、网络的可用容量和覆盖范围以及网络性能的季节变化情况等；系统信息，包括提供的服务和系统干扰情况等。获得这些信息有助于节点评估网络状况并做出适当决策。

近年来，用户和运营商对基于位置的应用服务均非常感兴趣。移动通信技术的发展允许移动节点收集和上报基于位置的信道状况信息，并可通过这些信息调整网络参数，以优化网络性能。基于位置辅助的规划允许网络优化资源分配和增强资源管理能力。

2．情景意识的网络连接管理

在异构网络环境中，通信终端根据应用需要和网络条件自动选择适当的网络连接（包括有线和无线连接以及固定连接和伺机连接等）是确保业务服务质量的关键要素之一。也就是说，这种网络选择应具有情景意识并考虑网络协议栈各层次的相关因素，如带宽需求、拥塞状况、连接成本和用户喜好等。

网络连接的管理应依据应用、网络接口和连接器 3 种实体之间的关系。其中，应用是指运行在用户终端上的客户服务，它主动请求网络连接以实现应用目标，如下载文档；网络接口是指终端可用的有线和无线网络连接设备，如 Wi-Fi、蓝牙等；连接器是指为用户终端实际提供网络连接的实体，包括基础设施连接器，如 IEEE 802.11 接入点、蓝牙接入点和 GPRS 基站等，以及提供因特网连接和临时网络服务的移动对等连接器。

任何网络连接管理解决方案都可以归结为两种关系：应用和接口之间的关系（选择接口）以及接口和连接器之间的关系（选择连接器）。首先，需要网络连接的应用至少应与一个激活的接口发生关联，对于任何活动的接口需要存在至少一个可用的连接器。这样，由应用、接口和连接器及其关系就构成了一个描述网络连接选择的三元组。网络连接管理应考虑各种网络情景，包括水平和垂直移动切换以及微移动性和宏移动性。例如，TEEE 802.11 标准仅支持通过 AP 的域内水平切换，但是通过移动 IP 等机制也可以实现域间水平切换。蓝牙实际上不支持任何形式的移动切换，一旦更改网络连接点则必须重新发起网络连接；UMTS 支持无缝的域内水平切换。如果有多个可用的网络接口，应允许终端上的多个应用同时使用多个接口并且通过接口之间的切换来最大化网络吞吐量。

3. 基于情景意识的移动社交网络

当前，移动社交网络非常流行，扩大和方便了人们的社会交往。例如，在线社交网络 Facebook 已拥有超过 6 千万用户。在线社交网络提供了丰富的个人信息，如姓名、照片、联系信息、兴趣爱好和相关好友信息等。社交网络让用户分享这些情景数据并提供搜索这些数据的手段，用户可以加入具有相同兴趣爱好的用户组。WhozThat 系统是一种支持情景意识的移动社交网络系统，它在本地共享社交网络 ID，并通过无线接入手段访问在线社交网络以便将个人身份和位置相绑定。WhozThat 系统的思想是将社交网络中丰富的个人信息用于现实的社会交往，从而方便人们交流、沟通，以及提高效率和愉悦感。实现移动社交网络的技术手段是通过绑定移动手机和社交网络，并且利用无线网络技术在移动手机之间交互信息；具体实现过程分为两个步骤：首先在邻近的随身携带的移动设备之间共享身份（通过蓝牙或 Wi-Fi），然后基于身份查询在线社交网络并将相关信息导入本地场景以方便实际的社会交往。在此基础上可以实现更复杂的情景应用，如根据场景中人们的兴趣爱好来提供相应的服务。

通过 WhozThat 系统交换社交网络 ID，允许构建基于本地情景意识的应用和服务。例如，假如一个人进入一家酒吧后，他的手机通过与酒吧中其他人的手机通信并基于社交网络中的信息可获取他人的身份和兴趣爱好。这些人中可能有以前见过的朋友，或者有兴趣爱好相同的人，然后他就可以选择希望与之交往的对象。此外，酒吧也可以根据大多数客人的音乐取向来播放取悦客人的乐曲。但是这种应用受到用户在社交网络上发布的信息以及访问权限的限制。如果环境能够感知用户的位置和行为，那么系统还可以做出更智能的反应。例如，如果知道用户正在交谈，则降低音量或只播放背景音乐。智能环境还可以根据用户的位置通知用户可用的信息资源和服务设施，或者通知相关人员（警察、医生等）某地发生了某事（刑事案件、交通事故等）。此外，通过与多跳网络技术结合可以扩充 WhozThat 系统的功能，支持开展各种对等式应用，如分布式投票、打印、数据对象共享和即时通信等。但是，共享社交网络 ID 和检索个人信息都会带来对于隐私和安全问题的处理，其中包括用户身份的认证、匿名机制、安全基础设施建设和敏感信息管理等。

9.4 具有认知能力的应急通信系统的构建

9.4.1 需求背景

当前部署的应急通信网络大都依赖预设的网络基础设施，可靠性不高且缺乏认知能力，不能充分利用稀缺的网络资源来优化网络性能。无论是依托传统公用通信设施构建的公共应急通信系统还是各政府职能机构建设的专用应急通信系统，所处网络环境通常是稳定、可预测的，资源管理方式僵硬，使用固定分配的网络资源，各专用应急系统与其他公用无线系统之间不能共享频谱；只能按照预定的规划进行操作，缺乏自适应、自学习和自配置能力，不能随网络环境的变化进行自动调整，难以满足多样化的应急通信需求。在应急事件发生时，短时期内涌现的大量突发业务会造成传统应急通信系统的资源紧张，呼叫拥塞，甚至导致系统瘫痪。另外，各机构临时部署的各种专用应急通信系统之间以及与现存的通信网络系统之间彼此孤立，不能很好地协调工作，妨碍应急行动顺畅、高效地开展。为了在复杂多变的异构应急通信场景中最大限度地利用网络资源（特别是无线网络资源），保障应急指挥通信及时、有序和可靠地开展，迫切需要对现有应急通信网络进行适应性升级改造，以便允许网络单元主动监视网络状态、及时交互信息并依据预定的任务目标采取适应性行动，避免发生自然灾害或其他紧急突发事件时由于应急通信资源严重不足或救援机构之间缺乏统一协调指挥造成的应急救援混乱。

同时，我们注意到近年来兴起的认知无线电、认知网络和环境感知网络技术能够实时感知当前网络条件并根据现有资源约束和用户需求进行动态规划，适时分配网络资源和调整网络操作以优化系统目标。对比传统应急通信系统存在的缺陷和认知网络技术具备的优势，不难发现在网络环境复杂多变、资源严重匮乏的应急通信场景中非常有必要构建具有认知能力的应急通信系统，提升应急通信网络的资源利用效率，增强应急通信系统在各种网络环境下的智能性、可靠性和适用性。这也正是构建具有认知能力的应急通信系统的初衷，旨在利用认知无线电实时监测并伺机动态接入无线频谱、提高频谱利用率的思想来提升应急通信网络的资源利用率，同时通过赋予网络认知和情景意识能力来提高应急通信系统在各种网络环境下的智能性、可靠性和适用性。例如，可以在应急通信系统中引入动态频谱接入机制，允许未授权用户伺机使用授权（主）用户暂时不用的部分频段资源（一旦主用户需要时再归还给主用户），从而缓解应急无线系统频谱资源缺乏的问题。

目前，已有学者提出可利用认知无线电技术提高应急通信服务的可靠性和可用性。例如，张静等人提出了一种支持动态频谱接入（DSA）的应急移动专网设计方案。DSA 应急移动专网面向普通手持终端，可以用空投、人工简易架设等方式紧急恢复受损基础设施，并可通过动态频谱接入扩充通信容量，支持紧急呼叫的优先处理和搜索定位。Wei Wang 结合使用多跳中继和认知无线电技术来增强蜂窝网络中移动终端的通信能力，使移动终端可以根据接收到的导频信号功率的大小选择单跳直连或多跳中继通信方式。而且，如果通过多跳中继仍不能访问基站，则可以降低工作频率来扩大传输范围。

基于认知无线电理论，引入了一类特殊的认知用户——应急用户，并提出了两种动态频谱接入策略：一种是将应急用户视作一般次级用户（下面提及的次用户都是指一般次级用户）的具有两级优先级的系统接入策略；另一种是视应急用户的优先级介于主用户和次用户之间的具有三级优先级的系统接入策略。另外，采用三维马尔可夫链模型，分别构建了在这两种动态频谱接入策略下系统的动态频谱接入过程的分析模型；在该模型基础上推导了应急用户和其他认知用户的阻塞率和强制终止概率，给出了它们的闭合数学表达式，对系统的性能进行了分析。数值仿真结果表明，采用三级优先级策略的认知无线电应急通信系统较之二级优先级的认知无线电应急通信系统，可有效降低应急用户的阻塞率及强制终止概率，可在很大程度上提高应急用户的性能。

9.4.2 设计理念

实际上，应急通信系统所处的网络环境复杂多变且难以预测，事发区域的传统通信设施往往遭受破坏而变得不可用或不够用，缺乏足够的通信资源，而应急通信业务对服务质量又有较高的要求。为此，可以基于认知无线电的思想构建具有认知和可重配置能力的应急通信网络，对传统的公共应急通信系统进行升级改造使其具有认知能力，并互连整合事发现场的各种专用应急通信系统。认知能力和情景意识对于应急通信网络特别重要。例如，在处置火灾的应急场景中，受灾人员的位置信息是最关键的情景信息，且应赋予消防部门比警察部门更高的优先级。同时在应急事发现场，认知无线电台不仅可以根据网络条件更改通信设置以减少信道干扰和改善业务服务质量，而且具有认知能力的应急通信系统可以通过对网络环境的实时监测和分析进行正确决策，并相应调整网络行为，达到优化网络整体性能的目标。具有认知能力的应急通信系统可以在采用多种不同协议和物理层接口的异构网络中提供一种网络有序共存的机制，利用观察到的网络状态，通过查找网络性能瓶颈、重构网络配置和优化网络行为提供业务所需的端到端 QoS。此外，这种认知通信系统可以通过对网络各层的反馈分析发现攻击行为和安全隐患，从而采取一定的行为动作来增强安全性。最后，基于认知能力的应急通信系统具有一定的预见性，而不是被动反应，即试图在出现问题之前就进行前瞻性调整以尽量避免发生重大问题而造成严重后果。

在应急通信场景采用认知无线电技术，可以提高应急通信服务的可靠性和可用性。一方面，当出现大量突发性应急业务时，应急用户可有条件地使用其他通信系统的空闲资源，特别是稀缺的无线频谱资源；同时认知无线电台可根据网络条件和用户需求更改通信设置，如调整工作频率、传输功率和调制技术，以达到特定的通信目的（如减少信道干扰和改善业务服务水平）。另一方面，具有认知能力的应急通信系统通过对网络环境的实时监测和分析，并基于特定的策略和规则进行推理学习；进而可以做出智能决策，自适应调整网络行为，最终达到完成特定通信任务或优化网络整体性能的目标。例如，在发生重大自然灾害后，可以综合应用卫星、蜂窝、宽带无线、有线等多种通信手段，覆盖 4 类不同的区域环境——指挥中心、安置中心、灾区现场和救援物质中转中心。每一类区域可用的通信手段不尽相同，通信需求和通信方式也不相同，因此非常适合通过认知网络技术来保障各类区域的通信：根据环境条件自适应选择可用网络；自动适配网络拓扑的变化及网络节点的加入和退出；保证高优先等级通信的连接；确保救援物资中转的跨区域通信连接；保证重要通信业务的安全性。

9.4.3 认知应急通信系统的构建

1．网络体系结构

当前，学术界已在认知网络的体系结构与网络模型方面展开了研究。其中，Sutton 等人提出一种基于节点可配置能力的网络平台框架，但未考虑如何支持分布式推理、学习和集体决策。在此基础上 Thomas 提出了一个基于可配置网络的支持优化决策的认知网络框架，但是该网络框架未体现认知网络中感知、学习、决策和行动之间的循环关系，并且没有考虑具体的应用需求和实际网络场景，实用性较差。此外，张冬梅给出了一种支持应急通信的认知网络模型，并给出了基于认知的服务质量控制和优化策略以及智能决策和学习算法。该模型关注应急通信系统的建模、应急通信业务的定义与描述以及业务

QoS 保障等问题。

参考借鉴上述网络框架和模型并针对其不足，在此给出一种支持应急通信的认知网络（Cognitive Network Supporting Emergency Communication，ECCN）体系结构，将应急通信需求、认知处理和底层网络关联在一起，如图 9.10 所示。ECCN 体系结构自下而上依次是异构网络基础设施层、（软件）可调节/自适应网络层、认知处理层和应用目标层。

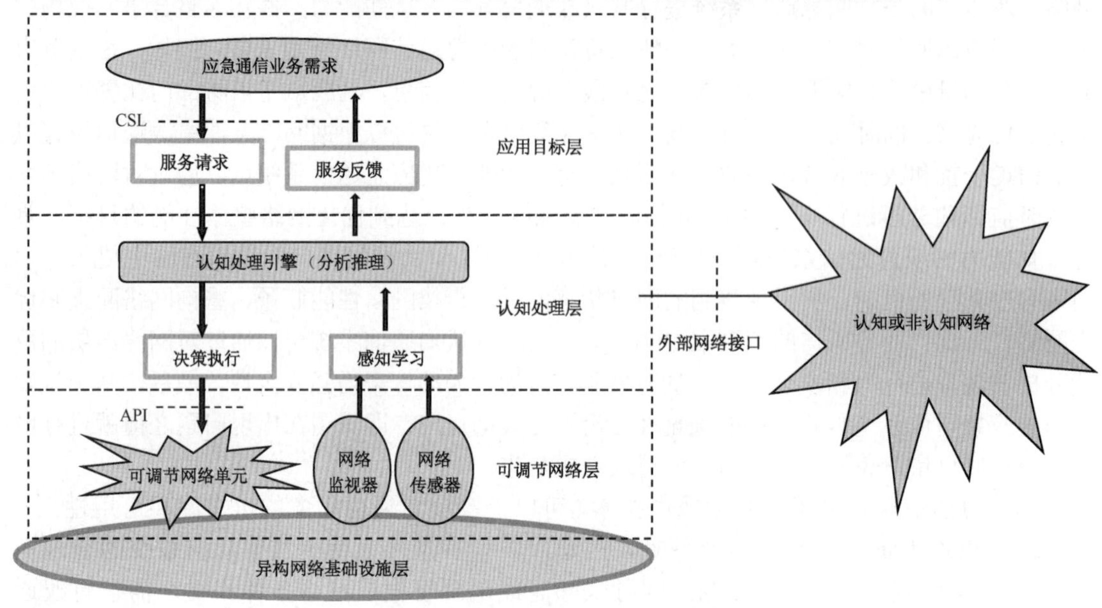

图 9.10　认知应急通信网络体系架构

（1）异构网络基础设施层包括事发现场的各种网络系统和通信设备，是网络运作的基础平台。

（2）可调节网络层叠加在底层基础网络设施之上，主要包括可调节网络单元、网络状态监视器和传感器。可调节网络单元（如认知无线电台）是认知决策的执行单元，基于认知决策指令对网络设备和系统采取实际可行的操作。异构网络基础设施层与可调节网络层共同组成可重构网络（重构一般是指可以在不改变任何硬件的情况下通过调整操作参数配置来适应网络要求的功能）。

（3）认知处理层是 ECCN 的核心决策层，实时接收应急用户的服务请求并通过网络监视器和传感器获取底层网络状态信息，然后通过认知处理引擎（CPE）在对上下层信息进行分析推理的基础上做出行动决策，指导下层各种可调节网络单元的操作。此外，除了控制决策，认知处理层还将网络的服务水平等信息反馈给上层应用和用户。

（4）最上层是应用目标层。系统任务目标由用户提出或由应用需求决定，这些任务需求通过识别、调整和优化等方式驱动整个应急通信系统的行为。如果脱离目标的指导，可能会因各网络设备自行操作的目标不一致而导致不期望的后果。

另外，认知网络还提供可与外部认知/非认知网络互连互通的外部网络接口。

在 ECCN 体系结构中，认知处理引擎的推理决策引入了机器学习功能，使认知决策具有随网络环境的变化而不断学习和优化的能力，能够从以往的调整决策中积累有益经验并用于今后的决策行动。在机器学习的范畴中，根据学习的反馈类型不同，学习技术可以分为监督式学习、非监督式学习和强化式学习三大类。考虑到监督式学习和非监督式学习都需要训练数据，而应急通信环境往往是不可预知的，因此很难事先准备大量训练数据。强化式学习则不需要训练数据，仅依靠简单的重复尝试学习即可得到最优行为策略，非常符合应急通信场景下节点能力有限且需要在线学习的特点。因此，应采用强化式学习算法实现认知处理引擎的在线学习。

2. 认知处理引擎

认知处理引擎（CPE）是对前面提到的认识资源管理器（CRM）的扩展，不仅执行资源管理更强调认知决策。CPE 通过特有的认知规范语言（CSL），将系统目标映射为下层认知过程可以理解的形式，以指导可调节网络单元的具体操作行为，如可以采用类似可扩展置标语言(XML)这样的语言。认知处理引擎利用各种人工智能、机器学习、决策支持、自适应算法进行学习和推理，根据当前网络状态信息并结合成功的经验知识做出最佳决策，然后将这些成功的决策信息保存在数据库中供以后遇到类似的情况直接使用。在网络设计阶段可以根据经验事先确定学习和推理规则，而在运行阶段则可由认知处理引擎根据当前网络状况动态地修改预定规则。不管选择何种学习方式，认知过程均需要能够快速地学习或者收敛到一个解，而且当状态发生改变时该学习仍能够实现快速收敛。对于环境经常变化的网络而言，如移动无线网络，快速收敛非常重要。

鉴于认知应急通信网络必须基于应用需求协调网络节点的行动来优化系统整体目标，因此在认知网络节点上可由认知处理引擎进行网络资源的统一智能管理和全局优化。这样，通过多个节点的 CPE 之间的信息交互和协同运作，最终使多个自主的认知节点整合为统一的认知网络。CPE 的功能结构如图 9.11 所示。CPE 是一种多功能软件实体，它利用感知的网络状态信息和协议栈各层的信息，基于策略库提供的策略信息进行分析；然后通过调用合适的优化机制和算法调度资源的使用，并按需灵活调整跨层协议栈各层参数，以获得匹配应用需求的最佳系统设置。随后，CPE 与环境和其他实体交互信息，观察节点的行为和网络优化结果；通过推理和学习总结经验和更新策略并将其存入策略知识库中，用于今后的推理和决策。此外，CPE 还可以决策在合适的时候采用合适的信道资源及通信技术，为不同的用户提供各自所需的服务质量保障。

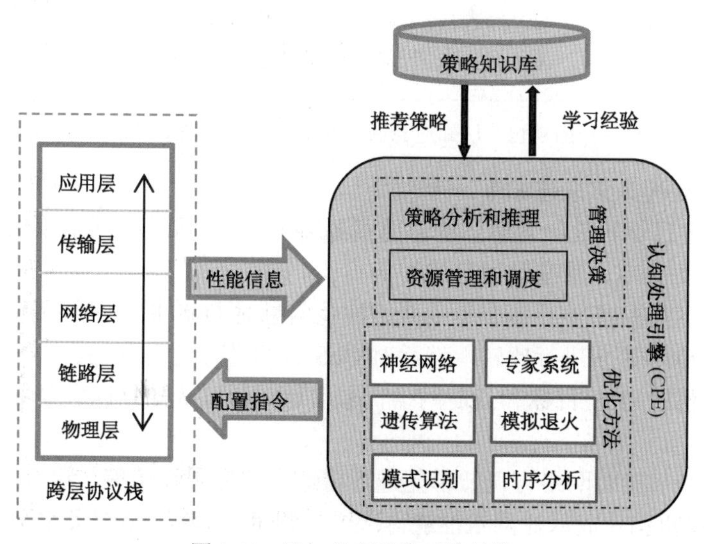

图 9.11　认知处理引擎功能结构

CPE 采用模块化和可扩展结构，可以根据需要添加合适的优化和调节工具，如神经网络、模式识别、遗传算法、专家系统、时序分析和卡尔曼滤波等。例如，CPE 可针对大量数据执行多维和多目标的优化，以便考虑采用遗传算法或模拟退火方法，而这些算法在处理大量参数和大搜索空间方面较为有效。为了更为有效地处理大量历史数据，有必要对信息进行分类和聚类，采用的方法包括神经网络、时序分析等。例如，通过对感知数据的时间序列进行分析，可以建立网络的频谱占用模型，这将有利于找出空闲频谱的规律，从而对未来的频谱分配构成先验知识，以便相应地决策自身的行为。同时，为了使 CPE 能够可靠地进行操作，必须确保决策过程中使用的数据质量，可采用卡尔曼滤波、贝叶斯推理和统计学习理论处理推理的不确定性，以确保数据的可靠性。

3. QoS 控制过程

应急通信网络环境复杂多变、难以预测并且需要支持多种类型的业务，可根据各类业务传递信息的紧急程度，设置数据从源端投递到目的端的时间限制。基于上述认知应急通信网络体系架构，可以采用基于反馈控制的网络 QoS 控制机制。

认知网络 QoS 控制的核心是一个感知—分析—学习—决策的过程。基于 Col John Boyd 提出的观测、定位、决策、行动（Observe、Orient、Decide-Action，OODA）循环理论设计的认知应急通信网络的 QoS 循环控制过程为：服务需求映射→QoS 指标测量→QoS 目标调整→QoS 控制行动决策→网络行为自适应→QoS 指标测量→服务性能反馈，如图 9.12 所示。

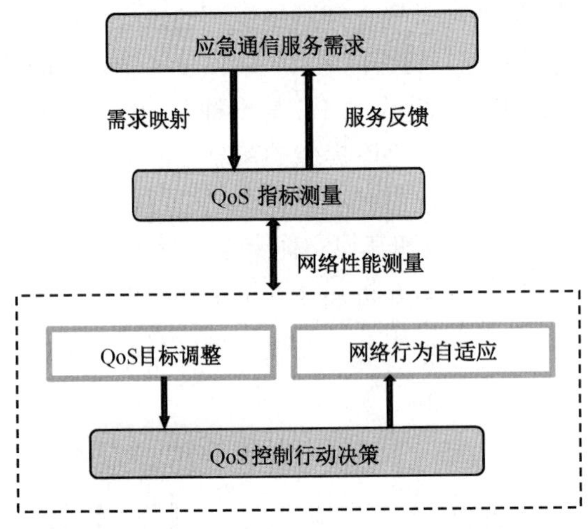

图 9.12　认知应急通信网络的 QoS 反馈控制

该 QoS 控制过程具体描述如下：

（1）根据任务目标预设应急通信业务的服务需求，并将服务需求映射提炼为具体可度量的 QoS 指标（如丢包率、带宽和时延等）。

（2）通过网络监视器/传感器收集的网络性能信息对 QoS 指标进行测量，同时将 Qos 测量结果与预期的 QoS 需求进行比较，然后对 QoS 目标进行适当调整。

（3）依据调整的 QoS 目标和当前网络状态信息，通过认知处理引擎进行 QoS 控制推理和决策。

（4）按照控制决策对网络可调节单元进行自适应的配置和调整，进行网络重构。

（5）网络调整重构完成后对网络性能再次进行测量，并将网络服务水平反馈给上层应用，用户可以据此对服务请求进行适当调整。

9.4.4 应用场景分析

具有认知能力的应急通信系统通过资源实时感知和自适应管理可解决紧急情况下的资源紧缺问题，适用于多种应急场景。首先，无线频谱资源紧缺使得专门分配应急通信频段很困难，即使能分配专用应急频段，有限的带宽也无法满足急剧增长的应急通信业务量需求；而现有许多无线系统的授权频谱资源却在时间和空间上存在不同程度的闲置，具有认知能力的应急通信系统无须预先分配或协商通信频率，即可动态使用闲置频谱以提高应急通信容量。其次，应急通信网络必须确保紧要信息能够可靠、及时地传递，认知应急通信网络可以在没有网络基础设施条件下，通过频谱使用的优先权和抢占权来保证关键业务的服务质量。再次，紧急事件发生的时间、地点和危害程度通常不可预知，在事件发生后再根据现场基础设施受损情况进行网络的修复重建、资源的重新规划与分配或临时征用通信设备的做法耗时费力；而认知应急通信系统能实时感知网络环境的动态变化和实现自适应资源管理，因此可以满足快速、灵活地支持应急通信的需要。最后，在公众通信网络瘫痪的情况下，为了在事发现场迅速建立不同政府职能部门的应急专用通信网络并尽量避免网络间的通信干扰，可以在各部门临时组建的应急专网中设置认知决策中心节点，同时还可以各部门的应急决策中心节点连接到后方指挥控制中心，实现应急通信资源的统一分配和调度，完成跨不同职能部门网络的协作联动以及接入卫星、移动通信或 Internet 等外部网络。下面介绍认知应急通信系统在几种不同应急场景下的具体应用情况。

1．地震灾害救援

近来，国内外的重大地震灾害给当地人民带来了巨大的人员伤亡和财产损失。当地震灾害发生后，事发区域的网络通信基础设施会遭受严重损毁；同时由于网管人员不能及时获知灾害程度和发展信息，无法对灾难造成的严重后果提前做出应对措施。当地震的消息在全国通报后，呼往震区的通信业务量会在短期内剧增，当地的汇接局将承受较平时高数倍的话务量，因此很容易造成现有电信网络的拥塞甚至瘫痪。这种情况将导致地震灾区的大量灾情信息不能及时向外传递，外部指挥和救援人员则由于不能充分地掌握地震中心的情况而无法实施有效救援。究其原因：一方面，在于地震的突发性强且破坏性大；另一方面，是因为当前部署的通信网络仍然为非智能网络，需要人工进行干预，不能适应复杂多变的应急网络环境。

如果在灾区提前部署网络单元/要素可重配置的具有认知能力的通信系统，那么在地震发生时可以利用网络传感器/监视器及时采集网络状态信息和灾情信息，优先保证指挥救援中心与灾区的通信畅通。应急通信系统的认知处理引擎可以对实时收集的网络状态信息进行分析，基于掉话率、通话时延等性能指标以及基站退服和光缆中断等告警信息判断地震灾害的破坏程度。例如，如果发现汇接局的接通率较平时下降且超过预定的门限值，同时该地区出现大量基站退服、光缆中断等告警且汇接局的话务量明显上升，那么可判决该地区发生了较大地震灾害，这时可通过限制呼入灾区的呼叫量和调节网络设备的参数来确保应急通信指挥的顺畅进行。限呼的比例取决于灾区通话接通率（a）的大小，a 越小则限呼比例越大，以确保灾区向外的呼出成功率及与外地指挥中心的正常接通率。与此同时，灾区的应急通信系统可以对可用的通信设备进行重新配置。例如，根据基站的位置调整其发送功率和覆盖方向，尽可能大地覆盖受灾地区。由此可见，认知应急通信系统不仅可以为应急指挥和救援调度提供第一手的信息，而且能提高救援的针对性，最大限度地减少灾害现场人员的伤亡，具有显著的社会效益。

2. 城市突发事件处理

突发事件处理是现代化城市管理的重要研究课题。突发事件往往发生在难以预料的场合和环境（如火灾和大型交通事故）。在突发事件发生后，应急指挥机构将迅速派遣公安、消防、医疗等多支救援机构抵达事发现场。到达现场后为了有效处理突发事件，救援机构需要迅速、准确地了解现场情况。为此，在应急现场，各个救援机构应主动探测并充分利用现存的网络基础设施，快速部署各自的专用应急通信网络。由于供应急通信使用的频谱资源有限，不同的救援机构将竞争使用这些稀缺的无线资源，从而造成严重的通信干扰，进而妨碍救援行动。为此，可以改造、升级各机构的应急通信网络使其具备认知能力，将专用通信网和现存的公共通信网根据任务需求进行适当程度的整合，构建一个规模更大、功能更强的便于指挥协同的一体化异构应急通信网络，以便协调多个机构的应急救援行动，准确、及时地传递各种应急信息。例如，各部门应急人员携带的认知无线电台可通过自适应频谱感知检测和收集活动的无线电台的位置和发射频率信息，并通过动态频谱接入（DSA）优化使用稀缺的频谱资源，从而提高频谱利用率并可以在一定程度上避免各营救机构之间的通信干扰。另外，考虑到应急通信环境复杂多变，参与的人员、通信设备和通信需求时刻变化，应急指挥机构需要随时了解应急现场的全局态势，以做出科学决策并及时下达指挥控制信息；同时救援机构之间也需要紧密协作。具有认知能力的应急通信系统可以实时获取网络情景信息，根据事态发展和网络环境的变化灵活地调整事发现场各协作网络的结合度，调整设备参数、通信模式和资源配置，从而支持高效的指挥、控制和通信，提供快速反应的应急通信服务。

3. 森林火情监控

在重要的无人值守的林场部署具有认知能力的无线传感网，可以实现对森林火情的实时预警和监视。具有认知能力的无线传感网（C-WSN）由传感器节点、中间转发节点和汇聚节点组成。由于每个节点都具有频谱感知和信道选择的认知能力，传感器节点可以选择空闲信道将感知信息发送给转发节点，同时转发节点可以利用其他空闲信道继续进行转发，直至到达汇集节点，所以可提高空闲信道的利用率。在火灾事发现场，监控节点的地理位置是非常重要的一种情境信息，可用于目标定位和支持优化路由。在森林中配备 GPS 接收机的节点可以赋予定位角色，这些节点可以充当锚节点以帮助定位其他节点。另外，采用多频多跳组网方式的认知无线传感网可以高效地进行频谱分配，从而降低相邻节点无线传输的相互干扰，增强数据传输的并发性，解决传统无线传感网络对信道利用率不高的问题。最后，考虑到森林无线传感网络规模较大且节点数量较多，适合采用分簇网络结构；簇头节点负责感知簇内传感节点的位置、发射功率和工作频率，并于邻近簇头交互信息，从而有效地管理和协调传感节点的行动，提升网络整体性能。

9.5 协同通信技术

协同是指协调多个不同的资源或者个体，使它们一致地完成某一目标的过程或能力。协同通信则是指不同应用系统之间、不同资源之间以及不同终端设备之间等的协同。在无线网络中，协同通信技术允许无线节点之间合作传输信息，可获得多输入多输出（MIMO）与多跳传输增益，是实现大覆盖和高传输带宽的下一代移动通信系统的关键技术之一。在无线网络中，多播服务非常有效和流行，但要考虑无线信道的不可靠性、移动设备的能量和网络带宽的限制。协作式无线网络能够高效地实现错误/丢失恢复，充分利用短距离通信链路和蜂窝链路的互补能力。协作式重传方案允许多个彼此邻近的移动设备自组织成为协作簇，采用更可靠且高速的短距离无线通信技术交换从无线接入点接收的数据或重传丢失的数据包。簇内不能恢复的数据可以向接入点发送反馈消息以触发接入点重传。当前，协同通信在无线通信系统中得到了广泛研究，如协同 MIMO、多用户协同中继、协同无线资源分配、基于协同机理的异构无线网络融合等。协同通信与无线 Mesh 网络、泛在无线网络和认知无线电一道构成了 IMT-Advanced（高级国际移动通信）关键技术的基础。协同通信从互利协作的角度出发将无线信道、无线网络和无线应用等不同的协议层技术紧密结合在一起进行设计和优化，能够使无线通信网络和系统获得跨层协同带来的性能增益，从而大幅提高无线通信系统的传输能力和无线资源的使用效率，同时还可以增强系统的可靠性和可用性。目前，协同通信日益受到业界关注，已在蜂窝网络、无线自组网、无线局域网和无线城域网等场合得到了应用，因此具有重要的理论意义和应用价值。

9.5.1 背景需求

协同通信技术最早源于 Cover 和 Gamal 在 1979 年对简单的三终端网络中继信道所取得的研究成果，即源节点和目的节点可在中继节点的帮助下完成通信任务。他们的研究工作更多地关注中继多跳通信，论证了通过节点中继转发能够增加源节点与目的节点间信道的容量。此后，Kramer 等人将三终端中继网络扩展为多终端中继网络，并对采用不同编码策略的网络性能进行了分析。协同通信技术源于中继信道，但协同通信技术的主要目的是通过节点协作通信来抵抗信道衰落和提高系统传输性能。自协同通信的概念提出以来，引起了业界的很大兴趣和关注；特别是近几年随着分集技术的发展，协同通信成为了当前无线通信中的研究热点。国际上许多学者和知名机构都相继开展了协同通信相关课题研究，特别是在系统通信信道容量分析方面取得了丰硕成果。例如，世界无线通信研究论坛（WWRF）成立了专门研究协同中继的分委员会，并发表了一系列研究报告。欧盟第六框架计划（The Sixth Framework Programme for Research，FP6）于 2004 年启动了 WINNER 项目，目的是研发一种在性能、效率和覆盖面上均优于目前系统的无线协同系统。与此同时，瑞士皇家科学院室也启动了协同 MIMO 无线网络研究项目。

协同通信最初的一个主要目的是对抗无线信道的多径衰落，在 S-D 信道处于深度衰落的情况下，可以通过 R-D 信道处于良好信道状态的伙伴节点 R 将数据中继转发给目的节点 D。MIMO（多输入多输出）技术的成熟和广泛应用进一步促进了协同通信的发展。MIMO 技术利用多用户无线通信环境中不同传播路径的独立性，通过在收发两端装备多副天线，能够有效提高传输容量及增强传输可靠性。然而，对于很多价格低廉、体积小巧的设备（如无线传感器节点），装备多个天线是很困难的。在这种情况下，邻近的单天线移动用户可以合作共享彼此的天线协同传输信息，通过这种协作中继传输可获得类似 MIMO 的虚拟多天线环境，从而达到增加空间分集增益和提高系统传输性能的目的。

协同通信技术可视为分布式虚拟 MIMO 技术，结合了分集传输和多跳中继的优点，在单天线移动用户网络环境中能够近似获得多天线用户和多跳中继传输的性能。协同通信技术实现灵活，能够在不同场合与多种技术结合使用。例如，协同通信可以与 OFDM、空时编码和认知无线电技术结合使用，以提高其抗衰落、编码增益和频谱接入机会。随着 MIMO 技术的成熟和应用，多天线技术在利用空间分集和空间复用提高链路容量上显示出了巨大潜力。无线网络中的协作式空间复用（CSR）允许所有协作的链路构成空间复用链路组，并为空间复用给自己提供一定数量的时隙，可以实现在多条链路上同时传输，从而获得容量和能量效率的改善。

网络用户间的协作可以提升网络性能。相关研究已经证实，对于一个具有多收发天线的 Ad hoc 网络，协作传输可以使含有 N 个节点的网络中的单个节点吞吐量由 $O(1/\sqrt{N})$ 提升到 $O(1)$。此外，利用节点移动也可提升性能，但要考虑缩短时延。同时，基于节点合作的网络编码也是一个研究热点。用户终端之间的协作传输还可以节省网络能耗，典型的例子是，在 Ad hoc 网络中可使用较短距离的多跳协作传输替代较长距离的单跳传输。在多播通信中可以利用节点的协作传输减少不必要的数据传输，由于每一个时刻仅需少部分节点接收和转发数据，从而允许节点轮流进入休眠状态。另外，考虑到无线网络中部分节点的信道质量可能持续较差，即使重传也无法正确接收数据，此时，可以借助信道条件好的邻近节点的协作转发来减少不必要的重传。

9.5.2 操作方式和工作原理

对于异构无线网络，通过在不同的接入网络之间引入协同通信可以为用户提供无缝的通信服务，因此能够增强网络的整体性能和服务能力。为了应对无线网络中的信道衰减、干扰和移动性，节点可以选择相互协作，协调转发彼此的数据，称之为协作中继。协作中继利用无线广播特性的优势，通过协作构建一个分布式多天线阵列，使多个独立的物理信道形成单一的协作链路，可以更有效抵御信道衰减和干扰引起的传输性能下降，获得协作分集，增强网络的健壮性、吞吐量和覆盖率。不难看出，异构网络间的协同通信是指利用不同无线网络之间的相互协作获得网络的“涌现”增益，其研究重点是异构网络间的网络选择和移动切换等。与此不同，同构网络内的协同通信是指在同一种网络内利用各节点协同工作提高网络的通信能力。网络节点之间的协作关系主要有 3 类：互不协作的竞争行为；不对称的单方协作关系；相互协作的对称协作关系。

协同通信的中继节点可以采用不同的操作方式：一种方式是中继节点固定放置在源目的节点对之间，中继节点自身不发送任何信息，只是负责转发源节点和目的节点之间交互的信息；另一种方式则允许任意用户节点担当中继节点，此时中继节点不仅转发源目的节点对之间的信息，自己也可发送信息。此外，中继节点对接收到的将要转发的信息可以采用不同的处理方式，如放大转发、解码转发和编码协作等多种方式。

（1）放大转发（AF）方式也称非再生中继方式，是最简单、最常见的一种协作转发方式，大致包括 3 个步骤。首先，源节点广播发送信息，中继节点和目的节点独自接收信息；然后，中继节点将接收到的信息直接放大后转发给目的节点；最后，目的节点将前后接收到的信息进行合并解码以恢复原始信息。AF 方式可使目的节点收到两路独立的衰落信号，传输性能良好。当信道条件较好时，往往没必要进行中继协作。一种增强的 AF 方式允许通过目的节点的反馈信息来判断源节点直接传输到目的节点的信息是否成功接收，如成功则无须调用中继转发过程。

（2）解码转发（DF）也称再生中继方式。类似于 AF，DF 也包括 3 个传输阶段，唯一不同之处在于中继节点将源节点发送的信息先进行解码，然后再将解码后的信息转发给目的节点。不难看出，DF 的性能很大程度上依赖源节点与中继节点间的信道传输质量和解码的准确率。基于这种特点，改进的 AF 可首先判断源节点与中继节点间的信道传输质量，当信道质量较好时才选用 DF 中继方式，否则由源节点直接发送信息到目的节点。

（3）编码协作（CC）是协同通信技术与信道编码技术相结合使用的一种中继转发方式，最早是由Hunter提出的。在CC方式下，源节点和中继节点利用特定的编码在各自的传输路径上发送源节点信号的不同部分。在CC方式下，中继节点并不是重复发送源节点的信息，而是通过先解码后编码的方式来发送，从而提高了传输信息的冗余性和容错性，进而增强了系统的性能。需要指出的是，网络编码协作（NCC）是将网络编码思想应用于编码协作的一种中继方式，可以获得优良的中继协作性能，目前已得到了日益广泛的应用。

9.5.3 关键技术问题

迄今，协同通信技术已取得许多研究成果，但仍存在很多亟待解决的关键技术问题。

1. 无线资源管理

要对无线资源进行管理，需要研究空间、频率、时间、功率、子载波和终端等多种资源综合协同利用的方法，以便从根本上提高频谱资源利用的有效性。目前关于协同通信的研究大都没有考虑源节点与中继节点之间功率分配的优化问题，并且采用的一般是集中式功率分配机制。为此，迫切需要设计一种满足实际用户需求的分布式功率分配方案。在多用户异构网络通信环境中，各移动终端能否合理、有效地选择协作伙伴和接入网络将直接影响系统的性能；而对于伙伴的选择也应考虑协作的时机问题，即考虑何时有必要采用协同通信。此外，还要考虑频谱效率和功率效率的协同优化问题，其中难题之一是要解决低信噪比下的信号同步问题。

2. 协作中继的判决

当源节点和目的节点之间信道质量足够好时，没必要采用协作中继方式。因此，需要某种判决机制来决定是否需要采用协作传输，如源节点/目的节点或中级节点需要估计信道状态并做出决策。只有在无线设备之间具有相互独立的衰落信道时协作增益才能达到最大。例如，在室内短传输距离环境中，相关性增加，协作增益就会减小，并且协作也会带来开销和延迟。协作节点的选择依赖节点间信道的质量、流量类型和数据速率等因素。对于源节点或目的节点发起的协作，它们都需要获得两跳链路的信息，而协作节点仅需获得一跳链路信息，从而可减小控制开销。但是当存在多个协作节点时，必须考虑它们之间的协调以达到规定的协作节点数量。此外，源节点和目的节点发起的协作可使用集中式算法，而协作节点发起的协作则采用分布式算法。

3. 协作节点和参数的动态性选择

协作传输涉及多个节点和多条物理信道，每个节点和物理信道都处在不断变化的通信环境中。节点的移动和信道环境的变化都会使得节点之间的相对位置发生变化，由此引入了时间选择性衰落和路径损耗，进而带来协作伙伴的选择和移动网络的切换等问题。因此只能根据特定的场景选择适合应用需求的协作机制，并确定最佳操作点。所以，协同通信系统必须合理地假设中继节点的运动模式，同时仔细考虑中继节点移动性对系统性能的影响。此外，还应考虑隐藏终端对MAC协议的影响，根据目标需求和环境条件选择最佳的协作节点。需要说明的是，用户协作分集增益的提高是以MAC协议的复杂度的增加为代价的。

4. 时间同步与信道估计

现有的协同通信研究大都假定源节点、中继节点和目的节点之间可取得精确的时间同步，并且系统能够通过估计得到准确的信道状态信息。但是，这一假设在实际网络环境中是不成立的，移动用户间很难实现精确的时间同步和得到准确的信道估计，这在一定程度上阻碍了协同通信系统的实际推广应用。

5. 其他问题

协同通信在获得系统性能增益的同时还会带来以下问题：一是增加了通信终端实现的复杂性，二是用户传输数据信息的保密性，三是终端之间的激励协作问题。因此，只有当用户终端协同带来的收益大于付出的代价时采用协同解决方案才是可取的。考虑到现有的终端大都是半双工终端，即中继节点不能同时在同一个时频空间内实现发送和接收。为此可考虑利用多个中继终端实现交替传输来确保源节点能够连续发送数据，以避免因半双工终端限制而导致的复用损失。此外，可以考虑将协同通信技术与OFDM、网络编码和认知无线电等多种技术结合在一起使用，以进一步增强系统整体性能。例如，协同通信与OFDM技术结合能够同时发挥协同中继传输与OFDM抗信道衰落的优势。

最后，网络中继协作机制的标准化问题还有待解决。

9.5.4 协同认知技术

目前，无线信道的衰落特性与有限的频谱资源是阻碍无线移动通信系统发展的主要瓶颈。认知无线电和协同通信技术都是当前非常有前途并得到广泛关注和应用的新兴技术。认知无线电提高了无线频谱的使用效率，而协同通信技术能够增强系统的传输性能。为此，可以考虑结合认知无线电技术与协同通信技术，以便在提高无线网络频谱资源利用率的同时增强系统的信息传输性能。实际上，在认知无线电系统中，授权用户（LU）与认知用户（CU）之间也是一种竞争协作的关系，CU伺机使用当前LU未用的空闲频谱资源，当LU重新活跃时再将频谱资源归还于它。

1. 协同认知模型

在认知协同模型中，LU和CU是一种协作竞争的关系。CU不仅可以竞争使用LU未用的频谱资源以提高频谱使用效率，还可以通过协同通信技术来提高传输性能。在认知协同模型中，CU用户之间以及CU与LU用户之间均可以进行协作。认知无线电系统中的协同认知模型包括协作式频谱检测模型、协同式通信模型和混合式模型。

在无线网络环境中，信道的衰落和噪声干扰等因素使得CU可能会对LU的未用频谱漏检测或虚检测，进而影响认知无线电的使用效能。协作式频谱检测模型可以较好解决这一问题。多个认知用户之间可通过频谱检测信息交互和数据融合判决等协作来提高频谱检测的准确率。协同通信模型存在两种方案：一是LU与CU之间的协同通信，LU作为源端，CU充当LU的中继转发节点，以便协助LU更有效地传输数据，减少频谱占用时间，进而使CU有更多的频谱使用机会；二是次级用户之间的协作传输，多个CU互为对方的中继节点并且需要持续检测LU的活动，它们协作转发彼此的信息以增加次级用户的吞吐量。混合式模型结合了协作式频谱检测模型和协同式通信模型，不仅能够协作检测频谱，还能实施协同通信，以便尽量提高系统的整体性能。

2. 协同认知中继

近来的研究表明，通过在资源紧张的认知无线电网络中利用协作中继技术（次用户的协作传输和中继）可以提高空间多样性和频谱多样性增益，进而提高整个系统性能。由频谱资源富足的节点充当中继节点可改善源节点和目的节点之间的通信性能。在认知无线电网络中，协作传输涉及两种不同的基本情景：次级用户之间的协作传输，一个次级用户充当另一个次级用户的中继节点，并且次级用户需要持续检测主用户的活动；主用户和次级用户之间的协作传输，次级用户中继传输主用户发往目的节点的业务量，次级用户这样做的目的在于尽快帮助主用户完成传输以便获得更多的传输机会。不难看出，次级用户之间的协作传输旨在增加次级用户的吞吐量，而主用户和次用户之间的协作传输旨在增加次级用户的传输机会。此外，中继合作在4G无线网络中同样可以发挥重要作用，如提高网络覆盖、数据速率、负载平衡和频谱利用率。

下面利用一个简单的包含3个终端的中继模型介绍协作中继传输的思想，如图9.13所示。该模型包含源节点S、中继节点R和目的节点D。通过中继节点R的协作，中继传输源节点S的信号到目的节点D可以提高空间多样性，削弱多径传播带来的信号衰落影响。另外，在认知无线电网络中，资源的分配和使用很不均衡。不仅主用户和次用户的频谱可用性相差很大，而且各个次用户的频谱需求也不同。为此，可以利用频谱富裕的次用户中继其他急需传输的次用户的业务量，以便提高系统的整体性能。在图9.13所示的简单协作中继模型中，源节点S的可用信道为CH1和CH4，目的节点D的可用信道为CH1和CH6，两者之间的通信需求为150 kb/s，但是它们的公共信道CH1只能支持100 kb/s。与此同时，节点S和节点D的邻居节点R有可用的信道CH4和CH6。此时，可以利用节点R作为中继节点通过CH4和CH6（需要进行必要的信道切换）向目的节点D中继传输额外的数据。通过这种方式可以提高频谱利用率并增加次用户的吞吐量。但是，在认知无线电网络中实现协作中继面临如下挑战：传统的无线电台只能在特定时间的特定信道上发送或接收数据，但是协作中继技术要求中继节点可以使用不同的信道接收和发送数据（由中继节点完成信道切换）；动态资源分配问题，如何选择适当的中继节点并为次用户分配适当的频谱资源；MAC 协议必须协调分组的转发和传输，而且主用户信号的正确检测对于次用户的操作至关重要；对于中继节点和接收节点，正确解码多个信道上并发传输的信号至关重要，同时需要通过适当的无线频率配置来抑制其他信道上的噪声和干扰；为了避免对主用户造成干扰，需要利用信道不连续的OFDM技术中继传输数据。

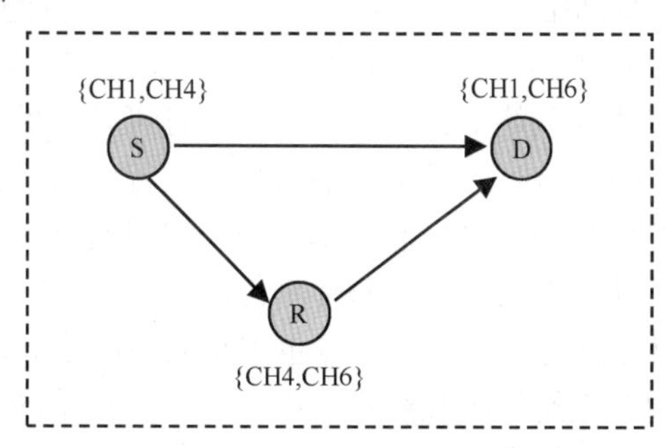

图9.13　3个节点的协作中继网络模型

3. 其他考虑

协同通信和认知无线电技术的结合必将对移动通信系统的终端设计和网络架构、业务模式和推广应用带来积极影响。

基于协同通信和认知无线电技术构建的无线通信系统对移动终端的设计提出了更高的要求，这一点主要表现在移动终端必须具有认知协同能力，能够根据网络环境和应用需求的变化通过动态重配置自适应地选择协作伙伴和接入适当的无线网络。这种协同认知移动终端的功能远非现有的单模移动终端可比，很可能将会是目前各种移动通信终端的发展演化目标。

在同构网络中，协同认知终端可以自组织地构建分布式虚拟 MIMO 通信系统。MIMO 系统能够显著提高无线通信系统的容量，但在成本较低且体积较小的移动终端上难以安装足够数量的天线，使得系统容量的提升有限。利用协同通信技术，单天线移动用户同样可以通过有效构造虚拟 MIMO 环境来获得分集增益。在异构网络中，协同认知终端可以用于构建环境认知泛在通信网络。基于对环境的认知能力，移动终端可在不同接入网络之间进行无缝切换和漫游，并通过动态选择接入到当前“服务最优”的网络。也就是说，异构网络之间的协同认知通信可以构建一个无处不在的泛在通信网络。针对异构混合多业务特性，通过多用户资源调度与优化配置，可大幅度提高多用户多业务系统的容量。此外，协同通信可以组合现有的蜂窝单跳通信和 Ad hoc 多跳通信模式，这一点在无线异构组网中具有突出的优势。

显然，基于协同通信技术和认知无线电技术构建的泛在异构通信网络能够为用户提供更多的业务和更好的服务。随着协同认知终端通信能力和智能化程度的提高，可能会催生一些新的业务模式。例如，无线网络中各节点之间通力协作构成 P2P 无线信息系统，共同完成信息共享和数据传输任务。协同通信技术可以扩展到超远距离的深空通信，可以将高空卫星、空间工作站，甚至月球等星体作为中继节点，构建星际互联网。另外，当灾难（如地震、战争、飓风等）发生时，目前已有的通信网络难以保持通信畅通，使得政府应急部门因不能迅速了解灾情而造成严重损失。在这种情况下，可以将各种网络有机地融合在一起，通过快速构建协同认知应急通信网络来提供高效的应急通信服务。

9.6 网络编码技术

9.6.1 基本概念

为了充分利用稀缺的无线网络的资源，扩大网络覆盖范围和提高系统容量，可采用多跳传输的通信方式。在多跳无线网络中，信息可以通过中继节点进行复制、放大和转发。但是，中继节点的简单转发一般无法实现网络的最大流传输。针对这一问题提出的网络编码（Network Coding）技术可以实现网络的最大流传输，同时可以有效解决中继节点的传输瓶颈问题。网络编码是一种允许中继节点对已接收的数据包进行编码后再发送出去，接收节点通过相应的译码过程得到完整信息的信息处理技术。网络编码通过中间节点和接收节点对接收的信息进行一定额外的信号处理而获得网络整体性能的改善。

9.5 节中提到，在协同通信的协作中继节点也常常采用网络编码技术来增强信息传输效率和可靠性。网络编码强调节点间的相互协作，它从网络信息论的角度出发，将节点合作编码的概念应用到整个网络中，以提高网络传输性能、可靠性和安全性。网络编码理论是网络通信研究领域中的一项重要突破。自提出以来，已迅速发展成一个重要的研究方向，并对信息论、编码、通信网络、网络交换理论、无线通信、计算机科学、密码学、运筹学、矩阵理论等学科领域带来了深远影响。

9.6.2 发展简史

早在 20 世纪 50 年代，香农就指出：“通信网络端对端的最大信息流是由网络有向图的最小割决定的”，但传统路由器的存储转发模式难以达到最大流—最小割定理规定的上界。直到

2000年，香港中文大学的R.Ahlswdee等人在论文《Network Information Flow》中首次提出了网络编码，并依据信息论严格证明了网络编码通过允许中间节点对接收到的信息进行编码转发，接收节点通过相应的解码获得原始信息，这样可以达到通信网络的容量上界，从而最大限度地利用网络资源。网络编码的提出从本质上打破了通信网络中传统的信息处理方式，是通信网络研究领域中一个重要的里程碑事件。实际上，香农定理解决了点对点信道的容量极限问题，网络编码则解决了如何达到单源到多点以及多源到多点的网络容量的极限问题。

网络编码彻底改变了通信网络中信息处理和传输的方式，是信息理论研究领域的重大突破，已经引起了学术界的广泛关注和高度重视。国外许多著名大学和研究机构都在积极开展对网络编码理论和应用的研究，与此同时网络编码也逐渐引起了国内学术界的关注和重视。网络编码的一个研究重点是网络编码的构造方式，当前主要有两种方式：一种是网络编码的代数构造方式，另一种是实现网络编码的多项式时间算法。前者是在已知整个网络拓扑信息的情况下，用一个系统转移矩阵描述信源输入信息和信宿接收信息之间的关系，并通过构造符合要求的系统转移矩阵实现网络编码；后者进一步简化了网络编码的构造，它也是在已知拓扑的情况下，首先通过最大流—最小割算法找到完成组播所需的路径集合，然后在找出的这个子图中自上而下地确定各节点所需要进行的操作，从而可以将网络编码构造的复杂度从指数级降低到多项式级。这两种方法都要求已知网络拓扑信息，但也可以采用不需要网络拓扑信息的分布式网络编码和随机网络编码。分布式网络编码的实现是通过在网络中传输的每个数据包上预先留出一些位置，以记载此数据包在前面各编码节点上所采取的操作，然后接收节点可以根据收到的数据包直接译出信源所发送的信息。这种方法可以在不知网络拓扑信息的情况下实现网络编码，但会增加网络负载。对于随机网络编码，中间编码节点对接收到的信息会在一个有限域内随机选择一个元素作为组合的系数。研究表明，只要有限域足够大，随机网络编码的成功率很高。

需要指出的是，关于无线网络中的网络编码研究目前正在成为一个新的研究热点。由于无线网络自身的一些独有特性，网络编码应用于无线网络可以提高网络的传输容量和降低能耗等。另外，网络编码可以与其他技术相结合，如网络编码和纠错码的结合、网络编码与路由协议和调度算法的结合、网络编码与协同通信，以及网络编码与加密机制的结合，等等。

当前，学术界已经对网络编码理论及其应用进行了广泛研究，并从理论模型上证实了运用网络编码能提升网络的性能，但验证步骤或模拟环境大多基于若干假设或理想化模型，与实际的应用环境还有一定的差距，因此由此得出的结论尚存局限性。因此，将网络编码应用于实际，构建基于网络编码的实用系统，还有待更严格、更深入、更广泛的研究与实践。

9.6.3 工作原理和操作过程

网络编码最初是针对组播技术提出来的。组播的基本思想是：源主机只需发送一份数据到组播组地址，组播组中的所有接收者都可以收到同样的数据副本，而网络中的其他主机则收不到该数据。网络编码是针对传统组播技术无法实现最大流—最小割定理确定的容量上限而专门提出的。网络信息流的最大流—最小割定理：对于已知的网络流图，信源S到信宿T的流量的最大值W。等于其最小割的容量，即

$$\max \text{flow}(S, T)=\min C(S, T) \tag{9-1}$$

网络编码技术是一项非常有效的信息处理技术，可以显著改善网络的性能，并且还能在多项式时间内求解一些NP完全问题。我们知道，通信网络中节点的主要功能是完成数据复

制操作：在单播传输中，节点将收到的分组在一定时延内复制到某个输出端口；在多播传输中，节点将收到的分组在一定时延内复制到多个输出端口。令输入分组为 x_k（t），则输出可表示为 $a_k \times x_k$（t-d_k），d_k 表示第 k 个分组的时延，a_k 等于 1 或 0，即分组或成功传输或被丢弃。如果采用网络编码，那么输出可表示为

$$y_k(t)=f[x_k(t), x_{k-1}(t), \cdots, x_{k-m}(t)] \tag{9-2}$$

其中，最简单有效的一种 f 函数是异或（XOR）操作。这种编码所获得的好处归功于节点不仅能够执行复制操作，而且可以执行其他合适的操作，如异或操作。此外，借助于这种编码的灵活性，使得 NP 完全问题可能变成多项式可解问题。对于具有动态连接的大规模网络，这种特性可以大大简化网络设计和改善网络性能。

下面通过一个简单示例说明网络编码方法能够带来的好处。如图 9.14 所示，一个网络中包含 3 个通信站：一个基站 A、一个中继站 R 和一个用户站 B。A 和 B 之间建立了多条连接，假定只有一种业务类型。为了支持网络编码，将时间帧划分成时隙。如果 A 和 B 希望分别向对方发送数据块 x 和 y。使用传统的通信技术，执行上述信息交换需要 4 个时隙：在第一个时隙，A 向 R 传送 x；在第二个时隙，R 向 B 传送 x；在第三个时隙，B 向 R 传送 y；在第四个时隙，R 向 A 传送 y。借助于网络编码技术，可以将需要的时隙数减为 3 个：在第一个和第二个时隙，A 和 B 分别向 R 传送 x 和 y，在第三个时隙，R 对 x 和 y 执行异或操作，并向 A 和 B 广播异或的分组。由于 A 和 B 自己存储有 x 和 y 分组，可以方便地通过异或操作进行译码得到 y 和 x。

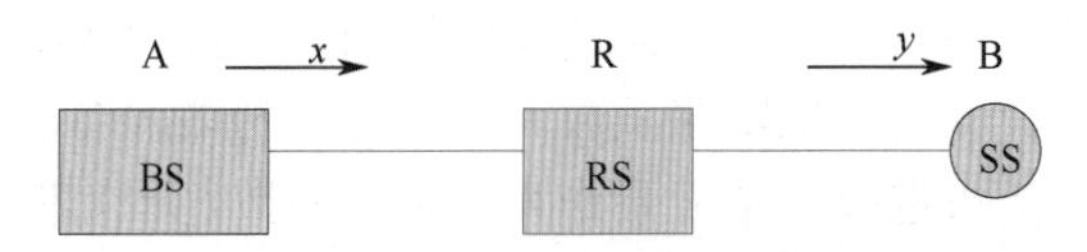

图 9.14　一个简单的网络偏码示例

此外，利用新近提出的物理层网络编码机制还可以解决长期困扰无线通信网络的两个突出问题：干扰和安全性问题。例如在上面的示例中，采用常规通信方式节点 A 和 B 不能同时向 R 发送信号，否则会互相干扰。但是通过采用物理层网络编码，在第一个时隙节点 A 和 B 可以同时向 R 发送分组，节点 R 接收组合的信号（x+y）。在第二个时隙，节点 R 广播此组合信号，然后 A 和 B 可以通过正确地译码得到想要的信号，这种情况只需要两个时隙。采用这种编码，中间节点只能收到组合的信号，可以防止中间人截获信息，以确保更好的机密性。但是，这种编码机制的性能依赖于时间同步、无线信道中的功率和相位控制等多个因素。

9.6.4　网络编码的显著特点

网络编码是一种允许中继节点对已接收到的多个数据包进行编码后再发送出去，接收节点通过相应的译码过程得到完整信息的信息处理技术。网络编码可以提高网络的吞吐量和健壮性，同时可以通过分散信息流以平衡网络负载，但会增加信息传输时延和节点的处理复杂度。具体而言，网络编码具有如下显著特点：

（1）增加网络吞吐量。已经证明，网络编码可以实现网络的最大流传输，网络的最大流即为从源点到接收点的最大数据传输速率。对于一个多源多接收端的网络，只考虑其中一个接收端时，对应该接收端会有一个传输速率；而网络编码的优势在于当所有接收端同时接收信息时，每个接收端仍可以保持原有的速率。需要指出的是，网络节点数越多，网络编码提高网络吞吐量的优势越明显。

（2）提高网络健壮性。网络编码的独特之处是编码后的各个数据包具有相同的重要性，接收端只要收到足够数量的数据包就可以进行解码，从而提高了网络的健壮性。另外，网络编码可以改善时延敏感及丢包率较高的网络的传输性能。对于传统的端到端传输方式，提高传输可靠性的两种主要方法是ARQ（自动重传请求）和FEC（前向纠错）；前者以时延为代价获得了更优的速率，后者以速率为代价获得了更低的网络时延。若采用网络编码，即允许中间节点对输入信息进行组合再传送出去，则可以同时在时延和速率方面都达到最优。

（3）均衡网络负载。使用网络编码可以充分利用网络中的各条链路，使流量在传输过程中均匀地分布于整个网络，从而有效避免链路瓶颈造成的网络拥塞。

（4）增强网络安全性。网络编码使传输的信息更加分散，并且在一定程度上将信息进行了隐藏，更难窃听，提高了信息的安全性。

（5）增加了信息传输时延和计算复杂度。对于网络编码而言，编码节点需要缓存收到的信息，然后通过一定的处理组合成待传送的编码信息。这种运算不仅带来了额外的时延，而且还要考虑网络节点的同步问题。此外，节点的编码和解码也在一定程度上增加了网络运算复杂度。需要指出的是，编码算法越复杂，解码的复杂度也随之增加，因此需要折中考虑网络编码的增益与复杂度，尽量使用低复杂度、增益较大的网络编码算法。另外，网络编码对误码率有较高的要求，只有较小的误码率才能保证网络编码的有效性和可靠性，否则将会降低系统的整体性能。

9.6.5 关键技术问题

网络编码涉及通信、信号处理和计算机网络等众多学科领域，面临许多有待解决的技术问题，简述如下。

1. 网络编码节点选取方案

在给定的网络结构中，只需选择其中的部分节点实施网络编码，而其他节点只需具有传统的存储转发功能即可。这样，不仅可以降低网络编码算法的复杂度，而且也减少了对节点硬件的要求，从而使网络编码的应用更为广泛。另外，无线网络要特别考虑节点能量和稳定性，选择编码节点时应尽可能将能量高、运算能力强和存储空间大的节点作为编码节点，以提高网络的健壮性。

2. 网络编码算法设计

目前，网络编码主要有确定性和随机性两种编码方案，分别用于不同的网络架构。对于结构较简单的网络，可以选择比较简单的确定性算法；而对于无线网络，则主要采用随机编码机制。对于随机编码，如果符号集加大，则信息成功传输概率也会增大，但会增加数据报头的负担。因此，符号集的大小需要权衡各种因素，慎重选择。

3. 网络编码复杂度分析

网络编码涉及大量的数学运算，计算复杂度较高。对于确定网络编码，所需的符号集较小，编码复杂度较低，但是需要中心节点集中控制网络信息。对于随机网络编码，所需符号集较大，并且节点传输的系数向量也会占用一定网络带宽。总之，网络编码复杂度受到符号集大小、节点计算复杂度、网络编码方案等诸多因素的影响，需要进行全面分析。

4. 适合网络编码的路由机制

网络编码可以将多个输入信息通过编码组合成一个信息发送出去，消除了节点处的排队时延，从而达到在组播通信中本由多个接收节点共享的网络资源如同每个接收节点独享资源的效果。传统的路由机制一般为了减少排队时延而尽量回避交叉路径，而网络编码则无此限制，可以采取更加自由的路由机制，在出现交叉路径时可以进行相应的网络编码来解决排队时延问题。进一步讲，为了更充分地利用网络编码机制，可以有意采用交叉路径，从而达到用较少的中继节点即可获得同样的信息传输效果。

5. 协同编码机制研究

协同机制可以带来分级增益，但却是以更多的中继节点作为代价，每个用户端需要单个或者多个中继节点为其提供中继协同服务。采用网络编码之后，可以使单个中继节点为两个或多个终端服务，从而可减少所需的中继节点的数量。

6. 网络编码安全性分析

网络编码不仅可以提高网络吞吐量，还会对网络的安全性能产生影响。一方面，网络编码造成的信息分散性和编译码特性增加了信息破译难度，改善了安全性；另一方面，对于确定性编码算法，由于传输过程涉及较多的节点数目，加之编码算法确定，又会降低系统的安全性能。因此，应针对不同的系统选用合适的编码算法，以提高网络的安全性能。

9.6.6 网络编码的应用

网络编码作为新兴的富有前途的信息传输和处理技术，实际上是一种从总体上提高系统性能的方法，有着广泛的应用场合，其应用领域涵盖无线网络、P2P 系统、网络安全和分布式文件存储等多个方面。例如，在 P2P 网络中，网络编码可以加速信息下载时间并提高系统健壮性；又如，网络编码可以增大网络通信流量，特别适合提高带宽受限的无线网络的吞吐量。网络编码还特别适合组播和广播场景，因此可用于 Mesh 网络、Ad hoc 网络和无线传感网络等无线自组网。为了不需要对现有网络的软硬件设备和相应的协议做较大修改，可以选择在高层实现网络编码。下面简要介绍网络编码当前的主要应用场合。

1. 无线网络

无线网络的物理层广播特性和业务流的双向性非常适合使用网络编码。应用网络编码，可以解决传统路由、跨层设计等技术无法解决的问题。具体而言，网络编码在无线网络中可可以减少数据包的传播次数，降低无线发送能耗。采用随机网络编码，即使网络部分节点或链路失效，最终在目的节点仍然能恢复原始数据，增强了网络的容错性和健壮性。当前的研究热点集中于物理层网络编码、协同网络编码方案设计和网络编码协议性能评估等。相对于传统的协作机制，协同网络编码方案在同等的频谱效率下可达到更高的分集增益。

2. P2P 网络

将网络编码应用于 P2P 网络具有两个明显的好处。第一，可减少文件的下载时间。在一个大范围分布式的端到端系统中，找到最优的分组传输路径十分困难，在主机对于底层网络拓扑知之甚少的情况下更是如此。而使用网络编码，网络拓扑和发送次序对文件发送时间的影响将会大大减小。第二，由于编码后的分组具有多样性的特点，即使服务器在文件下载过程中离线，或某些网络节点下载结束后立刻离开，都不会产生太大影响，所以基于网络编码方案与一般方案相比具有更好的健壮性。相关实验证明，如果所有的对等实体都运用网络编码，则 P2P 系统的平均下载速率较不用网络编码时可提高 2～3 倍。同时，网络编码能够适应 P2P 系统的动态变化，如节点的动态加入或离开等。

3. 网络安全

传统的网络安全手段主要是利用数据加密、哈希函数和消息认证等方式来确保数据的安全传输。但是这些方法存在一定的局限性，如计算复杂度较大、数据传输速率较低、消息冗余较大等，因此需要寻找一些安全、高效的数据传输方式。虽然网络编码的初衷在于提高网络的吞吐量，但是随着进一步研究发现，它也可以很好地应用于网络安全领域。具体而言，网络编码可以很好地防范网络窃听和对抗拜占庭攻击。Jaggi 提出了一种利用散列函数检测拜占庭攻击的方法，给出了一种多项式复杂度的分布式算法，可在对抗攻击的前提下达到最优组播速率。Krohn 等人利用椭圆曲线算法给出了一种适用于网络编码的签名方案，除了可检测被修改的分组，还加入了对数据的身份认证功能。

4. 分布式文件存储

分布式文件存储是网络编码的又一个应用热点。Aeedanski 等人研究了在多个存储资源受限的节点间进行分布式文件存储的问题，比较了无编码存储、基于纠删码存储和采用随机线性码存储 3 种策略。仿真结果表明，基于随机线性码的分布式存储策略，在无须全局文件服务器的参与时，其性能接近采用集中式全局调度算法时的性能。

9.7 激励协作机制

9.7.1 问题的提出

无论是无中心的无线自组网，还是有基础设施支持的 P2P 网络，网络节点之间的交互协作对于充分发挥网络的功效均至关重要；另外，多种增强网络性能的新兴技术，如认知网络、环境感知网络、无线传感网、协同通信和网络编码也都离不开网络单元之间的紧密协作。网络和节点的协作可以获得很多好处，如扩大网络覆盖范围、降低网络接入成本、提高服务质量、促进资源共享、加速数据分发和改善负载平衡，等等。

应急通信网络作为复杂的异构通信网络，不仅要确保网络内节点的协作，还要保证不同网络之间的协同。由于缺乏基础设施，无线自组网的很多功能必须由多个节点协调合作完成，所以缺乏协作会严重影响网络的性能。例如，数据吞吐量将随着不协作节点（如拒绝转发数据的节点）数量的增加而急剧下降，并且网络规模越大，网络性能受到的影响也越大。在应急救援场景中，不同用户节点的目标和能力不同，并且可能不属于同一个机构，网络规模较大并且动态多变；所以必须在指挥机构的统一领导下有效协同各类用户节点的行为，以确保救援行动的顺利开展。例如，在事发现场缺乏 GPS 卫星定位手段的情况下，可以基于节点协作定位技术确定待援用户的位置。又如，在自组织蜂窝网络中，节点既可以通过基站获取定位信息，也可以利用已知自身位置的临近节点来获得定位信息，还可综合两者结果来提高定位精度。此外，在应急通信网络中特别强调基于用户群的合作来增强网络服务性能，而用户群的形成则基于用户自身的特性、历史行为和地理位置等信息。

迄今为止，大多数有关网络协同的研究工作均假设网络节点之间是相互协作的。对于隶属于同一个管理机构或组织的单一网络而言这一假设基本成立，如战术小分队、救援小组和兴趣小组等用户组成的网络，网络中的用户之间是一种利他协作的关系。但是，对于包含大量用户群体的P2P网络和异构网络环境，通信设备分属于具有不同兴趣和来自不同机构的用户，无法保证这些节点之间是一种自愿协作的关系。实际上，用户将成为网络协同的重要组成部分，其行为和抉择将对网络运作和性能产生重要影响。随着用户携带的设备能力的提升，用户不仅是内容消费者，还将最终变成内容提供者。例如，在商业应用模式下，各用户节点充当自身的管理者，并且设法以最小的代价从网络中获得最大的利益。在这种环境下，节点都是自私的，不会自愿为其他节点转发分组和共享信息，网络中节点相互协作这一假设不再成立，节点之间是一种动态的合作竞争关系。

当前，计算机和通信网络已由单一实体管理的集中式分层系统逐渐向多个实体管理的分散分布式系统演进，网络智能逐渐转移到网络边缘节点。例如，P2P网络和Ad hoc网络是完全自组织的，需要通过多个端用户的协同合作来提供网络服务，但是节点自身可能并不具备协同意识。相反，为了节约电池消耗，节点可能不会自愿为其他节点服务而只在有利可图时才会这样做。因为节点很大一部分能量会耗费在分组转发上，因此很多节点可能会禁止转发操作来延长使用时间。这样做的结果使得整个网络的功能无法实现，各个用户也得不到相应的收益，而这并不是我们希望看到的结果。为了尽量避免出现这种情况，迫切需要设计有效激发网络节点之间互相协作的机制。

9.7.2 相关研究概述

在分布式网络系统中，所有参与者共享公共战略利益，节点间的行为协调对于决策来说变得很困难。决策涉及的资源分配和控制可以看作微观经济协调问题。为了实现激励协作的目标，一种简单可行的解决方法是引入虚拟货币的概念，对使用服务的节点收费，同时为提供服务的节点付费。该方法假定每个节点最初具有一定数量的虚拟货币，并且规定一个节点必须拥有最小限额的货币数才有权使用网络。通过这种机制，节点为了自身利益将不得不为其他节点提供服务。付费方式可以采用两种模型：源端付费模型和目的端付费模型。源端付费模型又称钱包模型，源节点发送的分组需要携带一定数量的虚拟货币，提供分组转发的节点将会得到一定数额的货币，数额的大小由多种因素决定。其中最重要的因素是转发分组的代价，如耗电量。如果分组携带的货币数不足，中间节点将会丢弃此分组。这种方法的好处在于可以防止节点发送无用的数据，从而降低了网络拥塞的可能。但是这种方法需要估计分组需要携带的货币数，实现比较困难。目的端付费模型也称分组交易模型。分组不需要携带货币，中间的节点通过交易分组来获得一定的收益；即一个节点向它的上游节点低价购入分组而后再高价卖给下游节点直到分组到达目的节点，转发分组的总费用实际上由目的节点承担。这种方法克服了第一种模型的缺点，并且更加适用于多播通信。因为多播通信中，接收者处于主动地位，但是这种模型不能防止用户发送无用的分组。激励协作机制的一个关键是必须能够保证付费模型的安全可靠，需要解决的问题包括防止伪造虚拟货币，保证携带货币的分组的完整性和分组交易的公平性等，并且必须在分组传递的可靠性和效率之间进行合理折中。

许多关于节点激励协作机制的研究工作都假设节点由各自的用户控制，并且用户可能会修改节点的硬件和软件来达到各自的目的。从商业网络运营的经验可知，一旦用户控制节点，节点的行为很可能会被修改。因此，为了防止节点行为被用户恶意操纵，节点内部需要配置可信任的安全模块。这种安全模块类似于GSM手机中的SIM卡或一种专用芯片，很难被用户修改；并且既使用户可以修改节点的行为（如禁止节点的转发功能）他也不能获得任何收益，从而减少了非法修改节点行为的发生。基于这种思路，L. Buttyan 等人对上述虚拟货币机制进行了改进：要求每个节点将自己产生的和需要转发的分组首先送到安全模块，安全模块维护一个可以防止非法修改的计数器。当节点发送自身的分组时，计数器减少一定的值，而转发分组时计数器可以增加一定数值，并且只有当计数器大于预定值时才允许发送自身的分组。通过这种机制，每个节点为了满足自身的发送要求，需要为其他节点转发分组来增加计数器值。该机制还可以激励用户打开移动设备并限制节点发送大量的分组到较远的目的节点（这将消耗大量能量和计数器值）。此外，该机制可以与任何现存的路由算法结合使用。上述机制均可看作基于支付系统的激励协作机制：通过向服务方提供报酬来获取服务，可以采取直接支付或基于第三方的间接支付。为了确保支付系统的可靠性，应采用可防干扰和篡改的硬件或可信任的第三方。支付系统可以有效阻止自私的非协作行为，但无法阻止恶意或有缺陷的行为。

近来，有一些学者提出采用声誉（或信誉）机制或黑白名单方法来甄别和惩罚恶意节点的行为，以达到鼓励节点协作的目的。信誉系统通过观察过去的行为来预测未来的行为，提供服务差异化机制，按照信誉等级提供区分服务。在信誉系统中可以将信誉定义为节点在特定协议中的合作水平。根据所建立的合作类型，合作的交互水平和用户体验不同。信誉等级可以是全局的或局部的，以信誉等级为基础可以基于简单的门限对网络实体进行分类，门限值取决于网络状况和进行协作的网络实体的分布情况。但是，这种机制需要在网络中传播大量信息，并且需要实时更新，因此系统实现和维护的开销较大。针对声誉机制存在的问题，Ning Jiang 提出了一种新的策略：通过本地节点的协作监听和检测发现自私节点和恶意节点，并通过动态重路由绕开自私节点，可以具有较低的开销和较好的可扩展性。

还有一些学者对基于博弈论的网络节点激励协作机制进行了研究，发现网络中的节点的策略选择要比囚徒困境中的简单二元选择（合作或背叛）复杂得多。网络中的节点有着丰富的策略空间，端节点的决策不仅要考虑个人信息、本地资源、共享成本和支付意愿，还要考虑隐蔽行为和节点的地位及合作机会等。具有不同能力和需求的终端如果按照利益最大化原则独立决策自己的行动可能会影响网络整体性能，同时也达不到自身利益最大化的目的。囚徒困境问题可以建模为非合作博弈，个体理智和集体利益之间存在冲突，得到的纳什均衡通常不是帕累托最优的。激励的目标是维护协作利益。基于博弈轮的网络激励协作机制的目标是通过建立适当的博弈规则来减少或消除社会学最优效果（帕累托最优）和 Nash 均衡之间的差距。

针对囚徒困境问题，很多 P2P 文件共享交换系统（如 Bittorrent）建立在网络实体间直接互惠的基础上，遵循针锋相对或以牙还牙（tit for tat）策略直接交换文件分块或碎片，以打破囚徒困境。换句话说，通过将一个大的文件交互分解为多个小的交互来避免单次博弈带来的缺陷。

此外，鉴于激励机制是在自愿的基础上鼓励合作，但是并不强制执行合作，所以恶意的不合作行为或简单的错误行为会缺乏合作动机；此时可以考虑引入执行系统通过设定行为规则来强制特定节点执行合作，以避免损害网络整体收益的小团体行为。

当前，尽管激励协作机制的研究取得了一系列成果，但是仍面临很多挑战和技术难题：如何正确对待和处理自私行为、恶意行为和过失行为；如何解决隐蔽信息、不对称信息和全局状态的不可观察性；如何完成实体的身份验证和解决用户匿名与隐私问题；如何制订综合考虑用户社会行为、经济方式和法律手段的奖惩措施；支付系统需要考虑货币供给和需求的平衡，信誉系统既要考虑历史的长期行为，也要考虑短期的当前表现。

9.7.3 激励协作机制的工作原理分析

下面以采用计数器和安全模块的激励协作机制为例来分析其工作原理。在此假定每个节点维护一个信用计数器，并遵守以下规则：

（1）当节点发送自身产生的分组时，它首先需要估计到达目的节点需要经过的中间节点数 n（借助于路由发现过程，如与 DSR 结合），如果计数器的值大于等于 n，那么它可以发送分组，并将计数器值减少 n（即相当于携带面值为 n 的虚拟货币）；否则不能发送此分组，计数器值保持不变。

（2）当节点为其他分组转发了一个分组时，计数器（虚拟货币）加 1。

如图 9.15 所示，一个节点有两个输入流和两个输出流。流 INo 表示节点自身产生的分组流，流 INf 表示节点接收到的转发分组流。每个流入节点的分组包括自身产生的和需要转发的分组，它们或者被发送或者被丢弃。输出流 OUT 表示被节点发送的分组流，包括自身产生的分组 OUTo 和转发的分组 OUTf，而流 DRP 表示丢弃的分组。节点当前的状态可以使用两个变量 b 和 c 来表示：b 表示节点剩余的电量，用来限制节点可以发送的分组总数；c 表示计数器的当前值。b 和 c 的初始值分别设为 B 和 C。为了简化分析，假设当节点发送一个自身的分组时，c 将减少整数值 N（$N\geqslant 1$），N 表示该节点到达目的节点经过的中间节点的平均数，只有当 $c\geqslant N$ 时，节点才能发送自身分组，并且每当节点转发一个分组，c 值增加 1。此外，每当节点发送一个分组，b 减少 1。当 b 减为 0 时，节点将停止运行，直到被重新充电。同时，假设节点只使用 C 来发送自身的分组，不会消耗完所有的电量，即

$$C/N<B \tag{9-3}$$

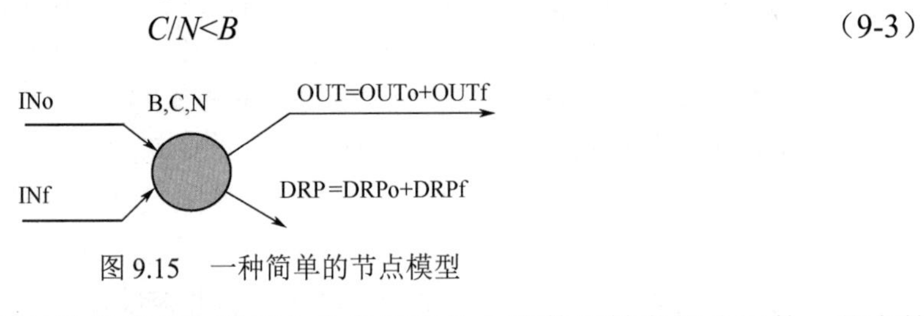

图 9.15　一种简单的节点模型

令 OUTo 和 OUTf 分别表示在节点生存期内自身发送的分组数和转发的分组数，节点的自私性可以通过在满足以下条件限制下最大化 OUTo 来表示：

$$\mathrm{OUTo}，\mathrm{OUTf}\geqslant 0 \tag{9-4}$$

$$N\times \mathrm{OUTo}\leqslant C+\mathrm{OUTf} \tag{9-5}$$

$$\mathrm{OUTo}+\mathrm{OUTf}=B \tag{9-6}$$

条件（9-5）说明自身发送分组所消耗的计数器值不应超过初始计数器值和转发分组赚得的计数值之和，条件（9-6）说明在不考虑其他功耗的情况下，两种分组消耗的能量的极限值。图 9.16 给出了以上条件的图形化表示。从图 9.16 中或条件（9-5）和（9-6）可以容易地得到 OUTo 的最大值为$(B+C)/(N+1)$，此时

$$\mathrm{OUTf}=(NB-C)/(N+1) \tag{9-7}$$

即节点必须为其他节点转发一定数量的分组才能最大化自己的收益。如果不存在信用计数器的概念，即条件（9-5）不存在的情况下 OUTo 的最大值为 B，此时 OUTf=0，即它将丢弃所有的转发分组。尽管它能发送很多分组，但是这些分组将不会被转发，这不符合激励协作机制的要求。

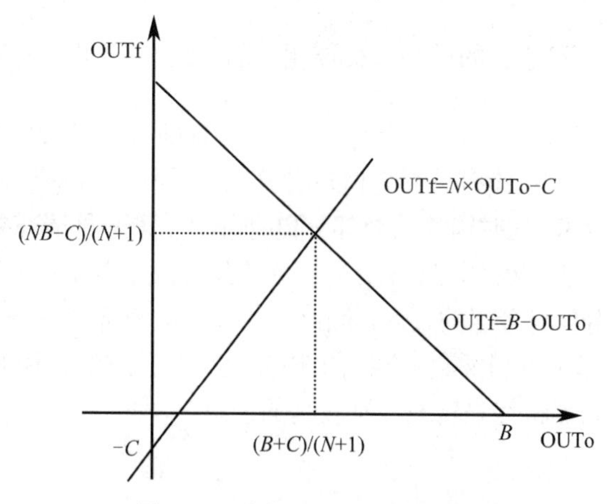

图 9.16　求解 OUTo 最大值的图解

从原理上讲，节点总能达到最大的 OUTo。当节点的计数器的值不足时，它可以暂时缓存自己的分组并通过转发其他分组来增加计数器的值，以便发送自己的分组。但是，这只在缓存空间足够大和对分组时延没有限制时才成立。对于实时业务，发送那些缓存时间较长的分组是毫无意义的。在这种情况下，节点需要丢弃一部分缓存时间过长的分组，目标是在最大化 OUTo 的同时尽量减少丢弃的分组数。为此可以对以上模型进行如下扩展：假设节点按照恒定的平均速率 r_o 产生自身分组，接收的待转发分组的产生速率为恒定的 r_f；电池耗尽所需的时间为 t_{end}，t_{end} 是一个变量，因为它依赖于节点的行为。同时假设节点对自身的分组不进行缓存，即没有立即得到发送的自身分组将被丢弃（由于节点可以重复产生自身分组，所以不会引起过多问题）。系统的目标是尽量减少分组丢弃比例，即最大化

$$Z_o = \frac{\mathrm{OUT_o}}{r_o t_{end}} \tag{9-8}$$

同时需要满足以下限制条件：

$$\mathrm{OUTo} \geqslant 0，\mathrm{OUTf} \geqslant 0 \tag{9-9}$$

$$\mathrm{OUTo} \leqslant r_o t_{end} \tag{9-10}$$

$$\mathrm{OUTf} \leqslant r_f t_{end} \tag{9-11}$$

$$N \times \mathrm{OUTo} - \mathrm{OUTf} \leqslant C \tag{9-12}$$

$$\mathrm{OUTo} + \mathrm{OUTf} = B \tag{9-13}$$

由式（9-13）可得

$$\mathrm{OUTf} = B - \mathrm{OUTo} \tag{9-14}$$

因此限制条件可以转变为：

$$\mathrm{OUTo} \geqslant 0 \tag{9-15}$$

$$\mathrm{OUTo} \leqslant B \tag{9-16}$$

$$t_{end} \geqslant \mathrm{OUTo} / r_o \tag{9-17}$$

$$t_{end} \geqslant -\mathrm{OUTo} / r_f + B / r_f \tag{9-18}$$

$$\mathrm{OUTo} \leqslant (B+C)/(N+1) \tag{9-19}$$

条件(9-15)至(9-19)决定了 OUTo 和 Z_o 的可行区域，如图 9.17 所示。由于我们假设 $C/N<B$，则根据条件（9-19）可以得到 OUTo$<B$。Z_o 的值可以由通过坐标原点并满足可行区域的直线的斜

率获得，即斜率最小（$\frac{t_{\mathrm{end}}}{\mathrm{out}_\mathrm{o}}$ 最小）的并与可行域相交的直线。根据 $r_\mathrm{f}/r_\mathrm{o}$ 的取值，可以分为两种情况，如图 9.17（a）和图 9.17（b）所示。当 $r_\mathrm{f}/r_\mathrm{o} \geqslant (NB-C)/(B+C)$，即 $(B+C)/(N+1) \geqslant r_\mathrm{o}B/(r_\mathrm{o}+r_\mathrm{f})$）时，Zo 的最大值为 1，此时节点没有丢弃任何自身分组；否则，如果 $r_\mathrm{f}/r_\mathrm{o}<(NB-C)/(B+C)$，Zo 的最大值为 $r_\mathrm{f}(B+c)/r_\mathrm{o}(NB-C)$，此时需要丢弃部分自身分组。第一种情况要求转发分组的到达速率足够大，使得节点的计数器足够大以转发所有自身的分组；而第二种情况下转发分组的到达速率较低，不能满足转发所有自身分组的要求，因此节点需要丢弃部分自身分组。此外，如果考虑对分组进行缓存的情况，每个分组缓存的时间由该分组需要经过的路径的跳数和分组的类型决定，并且一旦有足够的计数器将优先转发级别较高的分组。

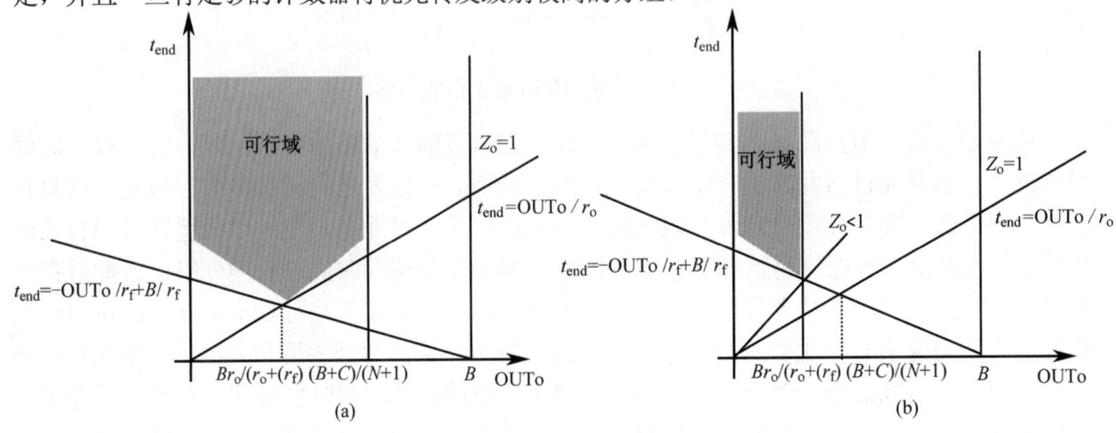

图 9.17　求解 OUTo 和 Zo 最大值的图解

9.7.4　分组转发策略

以上分析了节点通过激励协作机制可以获得的最大收益，但是没有说明节点应该如何操作来达到理论上的最大值。节点尽量发送自身的分组是合理的，但是节点还需决定接收到的转发分组的处理原则。假设 f 表示到目前为止已发送的转发分组数，那么收到的转发分组可按以下 4 种不同的转发策略进行处理，其中 $(NB-C)/(N+1)$ 是分析得到的最大转发分组数。

策略 1：if　$f<(NB-C)/(N+1)$　then　转发分组
　　else 丢弃分组

策略 2：if　$f<(NB-C)/(N+1)$　then
　　　if $c \leqslant C$ then 转发分组
　　　else 以概率 C/c 转发分组
　　else 丢弃分组

策略 3：if　$f<(NB-C)/(N+1)$　then
　　　if $c \leqslant C$ then 转发分组
　　　else 丢弃分组
　　else 丢弃分组

策略 4：if　$f<(NB-C)/(N+1)$　then
　　　if $c \leqslant C$ then 以概率（$1-c/C$）转发分组
　　　else 丢弃分组
　　else 丢弃分组

以上策略的相同之处在于如果 $f \geqslant (NB-C)/(N+1)$，则丢弃分组，因为此时再转发分组，将无法获得最优的收益。4 种转发策略的区别在于转发的分组数到达此门限前的转发动作：策略 1 总是转发分组，而其他策略中的分组转发依赖于计数器的当前值。并且可以看出，4 种转发策略下的节点的协作性依次减少。L. Buttyan 等人通过模拟研究了 4 种转发策略的性能。模拟发现在 4 种策略下，OUTo 都可以最大化，但策略 1 的性能最好，可以获得最大的 Zo[5]。从而表明策略的协作性越强，节点的收益越大。这是因为策略 1 相比与其他策略，它可以预留更多的信用计数器，在转发分组数不足时使用，以减少自身分组的丢弃率。但是当节点的能量较少时，使用规则 1 可能并不是最优的，因为节点所剩的电池能量可能无法使用完计数器值（即该节点转发了过多的分组，计数器值虽然较高，但是能量所剩无几，只能发送较少的自身分组，造成计数器值的浪费）。此时，节点从自身利益出发可以选用协作性较低的转发规则，但是如果电池可以及时得到补充，那么最好使用转发策略 1。

9.8 本章小结

当前，信息通信系统取得了长足进展，能够提供包括有线、无线和卫星在内的多种通信技术手段，但是仍不能很好地适应通信环境复杂、业务种类多样且网络资源动态变化的异构网络环境。认知网络（环境感知网络）是未来通信网络发展的一个重要方向。认知网络能够高效利用网络资源、及时感知网络状态并能随网络环境的动态变化做出智能化调整，非常适合在复杂多变的异构应急网络环境下为各类用户提供各自所需的通信服务，因此具有广阔的应用前景和重要的社会及经济效益。另外，协同通信技术可以扩大服务覆盖范围、提高无线数据传输质量，节省能量和改善服务质量并支持灵活的组网模式，也已得到学术界、产业界和各国政府的高度重视，并已经取得了许多有价值的研究成果。本章系统阐述了网络认知和协同所涉及的多种技术，包括认知无线电、认知网络、环境感知网络、协同通信、网络编码和激励协作等，说明了每种技术的概念和特点，并指出了其存在的技术难点。在此基础上，设计了基于认知能力的应急通信系统，分析了其在应急通信场合的潜在应用。

实际上，认知与协同早已存在于各种网络中，而且是保证网络高效正常运行的基本要素。例如，在网络中所有互连或交互的通信实体必须采用所有实体公认的协议、信令和行为规则，协同的实体包括基本的功能模块和 OSI 各层的网络单元等。网络的认知和协同紧密关联，两者互为补充、互为裨益，共同构成未来普适智能无线网络的基础支撑技术。高效的协同依赖于网络参与各方的认知来获得相关知识，而获取更多的决策知识又离不开网络节点的协同合作。不难看出，基于网络认知和协同的一体化应急通信系统是未来应急通信系统发展的一个重要方向，可广泛应用于自然灾害救援、公共突发事件处理和大型集会活动等领域。

第 10 章　应急通信网络的性能指标体系与评价方法

基于无线自组网的应急通信网络包含大量不同种类的网络单元，可提供多样化的业务；因此对这种异构网络的性能进行全面、客观的评价十分必要，以便了解网络运行的状况和效率，进而指导网络的构建、维护和升级。另外，网络性能评估的结果还可以反过来用于调整和设置恰当的网络配置参数，改进和优化之前设计的协议和算法，进而得到使网络性能不断优化的协议算法、设计方案和实现机制。但是，目前应急通信网络在这方面开展的工作相对较少，缺乏针对此类网络的科学、系统的评价指标体系和性能评价方法。为此，本章将探讨应急通信网的性能指标体系构建与性能测量和评价方法。

10.1　IP 网络的性能指标体系

网络性能与网络业务质量水平有关，反映了网络提供通信业务的质量，是网络本身特性的体现，可以由一系列指标定义和描述。网络性能和网络业务质量是两个密切相关，但又有所不同的概念。网络性能是指从网络运营的角度定义的衡量网络实际运行状况的参数指标体系；网络业务质量是从用户对业务的实际使用感受出发，描述的业务使用性能。也就是说，网络性能反映网络运行的内在特征；而业务质量是网络运行状况的外在表象，后者往往依赖于用户的主观感受。对于使用的网络，人们希望定义一系列的定量参数来描述网元、链路、端到端路径以及路径和网络设备的各种运行性能，使得用户和网络运营商对网络性能和可靠性具有最精确而全面的理解，这些经过严格定义的定性或定量参数称为性能指标。对应于网络协议各层次，满足特定目的的性能指标的完备集合称为性能指标体系。

10.1.1　标准化的网络性能指标

要进行 IP 网络性能测量和评价，关键是要选取能够正确反映 IP 网络性能的一系列参数。对网络性能进行度量和描述的手段就是网络性能指标，ITU-T 和 IETF 分别定义了一套性能指标，并在不断地进行补充和修订。ITU-T 定义的 IP 网络性能参数包括 IP 包传输延迟（IP Packet Transfer Delay，IPTD）、IP 包时延变化（IP Packet Delay Variation，IPDV）、IP 包误差率（IP Packet Error Ratio，IPER）、IP 包丢失率（IP Packet Loss Ratio，IPLR）、虚假 IP 包率（Spurious IP Packet Ratio，SIPR）和 IP 包吞吐量（IP Packet Throughput，IPPT）等。而 IETF 的 IPPM 工作组定义的 IP 网络性能指标包括：连通性（Connectivity）、吞吐量（Throughput）、带宽（Bandwidth）、时延（Delay）、时延抖动（Delay Variation）和丢包率（Packet Loss Rate）等。

IP 网络性能指标可以从物理层、链路层、网络层、传输层和应用层 5 个层次来分析：物理层关注基于比特的性能指标，如物理带宽、传输时延和接口比特吞吐量等；链路层关注基于帧的性能指标，如交换机的帧吞吐量、帧传输时延和丢失率等；网络层关注 IP 包性能，如 IP 包传输时延、时延抖动和丢包率等；传输层关注端到端的 TCP 包或 UDP 包的性能，如 TCP 连接建立时间、TCP 包丢失率和 UDP 包传输时延等；而应用层重点考虑业务的可用性和服务质量，如接通率、呼叫建立时间等。网络性能指标中最常用的 3 个指标是网络带宽、时延和丢包率。带宽是网络中的宝贵资源，虽然目前未形成标准的网络带宽测量指标体系，但通常可分为链路带宽测量、瓶颈带宽测量和可用带宽测量。可用于测量网络带宽的算法和工具很多，主要是基于数据包的模型，包括单包模型、包对模型和多包模型。时延测量在网络性能监测、网络行为分析和网络应用设计等方面有着广泛的应用，IETF IPPM 对时延指标进行了标准化，将其分为单向时延、往返时延和时延抖动。时延测量的基本方法是计算收发数据包的时间间隔，但是单向时延测量必须保证收发主机之间的时钟同步。丢包率是指一定时间间隔内从源节点到目地节点间的传输过程中丢失的数据包占传输数据包总数的百分比。丢包率的测量比较简单，只需要在发端对要测量的发送数据包打上标记，而在收端统计在规定时间内到达的打标记的数据包数量即可。

10.1.2 IP 网络性能评价指标体系的构建

制定评价指标体系的目的是对目标网络的综合服务性能进行科学有效的评判，进而改进相关网络协议和算法，完善网络组织、维护和运行流程，不断增强网络服务性能，构建高效、稳定、可靠、安全及可控的网络。在 IP 通信网络中，网络性能指标的制订在一定程度上借鉴了 IETF 定义的网络性能指标，但是制订的评价指标体系要能够更全面地衡量网络性能、业务流量和应用质量；它既包括反映网络自身运行状况和特征的指标，又涉及体现上层业务质量的指标，还包括反映网络流量变化和分布的指标。对网络性能进行定量分析是指运用数学工具或测量方法，找出反映网络性能的定量指标间的数值关系，以及某个或某些指标变化时对网络性能的影响。与单纯定性分析相比，定性与定量相结合的分析能够更精确地反映网络性能的实际情况，可为设计和规划网络提供更准确、详细的依据，使决策更为科学。

1. 建立评价指标体系的原则

性能评价指标的确立既要考虑普遍适用性，又要考虑系统的特定应用领域，因此提出以下指标体系的建立原则：

（1）全面性：设计的指标体系要尽可能全面，能够有效地反映系统运行情况的基本特征。

（2）可测性：选取的评价指标必须是确定且严格定义的，可以进行测量和评定。

（3）独立性：选取的指标的相关性应尽可能小，以及较少冗余度。

（4）真实性：设计的指标应符合系统运行的实际情况，具备真实性和可信性。

（5）实用性：设计的指标应能够在系统运营中发挥指导作用，有助于网络维护，能为网络的规划和优化提供所需的数据。

（6）可重复性：指标的测量方法必须是可重复的，即在相同环境下采用相同测量方法多次测试可以得到相同的结果。

2. 选取的评价指标

IP 网络系统选取的评价指标分为 3 大类：第一类是反映网络运行性能的指标，第二类是反映网络流量的指标，第三类是反映业务质量的指标。

网络性能指标如下：

（1）连通性（或可达性）。各网络组件间的连通性是衡量网络可用性的基本指标之一，反映了数据能否在各网络组件之间相互传送的属性。使用 Ping 命令可测试 IP 网络上两点之间的连通性。为了衡量网络的连通状况，可以使用网络连通率，定义为连通的线路数占总线路数的比例。

（2）带宽。带宽是指单位时间内物理通路理论上所能传送的最大比特数，表示网络传输路径或链路的传输容量（Capacity）。相关的参数有链路带宽、瓶颈带宽和可用带宽等。如不加说明，本章所说的带宽是指端到端瓶颈带宽。

（3）时延。时延是指数据包离开源节点的时间 T1 与到达目的节点的时间 T2 的时间间隔“T2-T1”，又称单向时延。单向时延的测量要求时钟严格同步，在实际的测量中难以做到，为此常采用往返时延衡量网络时延。

（4）往返时延（Round-Trip Time，RTT）。往返时延是指从源节点发送出去的数据包，经过若干路由器转发最终到达目的节点，目的节点对其做出响应后再按原定路由返回到源节点所经历的时间。

（5）时延抖动。时延抖动是指数据流中不同数据包时延的变化量。时延抖动的测量以时延测量为基础，相邻两个数据包的时延值的绝对差即为时延抖动值。

（6）丢包率。丢包率是指一段时间内丢失或出错的数据包数量与传输的数据包总数的比值。在 IP 网络中，分组经常需要在路由器中进行排队以等待处理，如果队列满了，那么分组就会被丢弃。所以一旦发生了分组丢失，就预示其中某段链路拥塞或设备故障。

（7）路由跳数（Hop Count）。路由跳数是指从源节点到目的节点的路径上所经过的路由器的数量；可以通过 Traceroute 工具来得到端到端的路由跳数。

网络流量指标如下：

（1）IP 吞吐量。IP 吞吐量是指单位时间内在网络中给定点成功传送的 IP 数据包数量，也称为分组吞吐量；IP 吞吐量也可以用字节或比特吞吐量来衡量，即单位时间内在网络中给定点成功传送的 IP 数据包的字节或比特总数。单位是比特每秒（b/s）、字节每秒（B/s）或分组每秒（p/s）。

（2）链路利用率（Link Utilization）。链路利用率是指特定时间间隔内吞吐量与接入速率的百分比。

（3）基于网络协议的流量大小和分布。该指标是指单位时间内网络中给定点成功传输的各特定网络协议数据包的字节数量及其占总流量的比例分布情况，主要包括 TCP、UDP 和 ICMP 协议的网络流量。

（4）业务流量大小和分布。该指标是指给定时间间隔内网络中各主流业务（HTTP 业务、FTP 业务、SMTP 业务、DNS 业务、流媒体业务、P2P 业务等）的流量及其占总流量的比例分布情况。

业务质量指标主要关注 WWW 业务、网络视频业务（如网络会议）或交互式业务（如网络即时通信）的质量，可以通过业务的带宽、丢包率和时延进行衡量或者通过用户的主观打分进行衡量。

3. 层次化网络性能评价指标体系

根据上面确定的各类评价指标，可以构建整个网络的性能评价指标体系，如表 10.1 所示。该指标体系是一种层次化指标体系，第一层指标是网络性能指标、网络流量指标和业务质量三大类指标，在第一层指标的基础上依次确定各类的第二层指标。具体而言，网络性能指标下的第二层指标包括连通率、网络瓶颈带宽、往返时延、时延抖动和丢包率；网络流量指标下又包括业务吞吐量、业务流量大小、业务流量分布等二级指标；业务质量指标下包括视频业务质量、交互式业务质量和 WWW 业务质量等二级指标。

表 10.1　网络性能评价指标体系

一级	二级	三级	四级
网络性能评价指标体系（A）	网络性能指标（B_1）	连通率 C_1	
		带宽（C_2）	瓶颈带宽（C_{21}）
			可用带宽（C_{22}）
		时延（C_3）	单向时延（C_{31}）
			往返时延（C_{32}）
		时延抖动（C_4）	
		丢包率（C_5）	
		路由跳数（C_6）	
	网络流量指标（B_2）	IP 吞吐量（C_7）	
		链路利用率（C_8）	
		网络流量大小和分布（C_9）	TCP 流量（C_{91}）
			UDP 流量（C_{92}）
			ICMP 流量（C_{93}）
		业务流量大小和分布（C_{10}）	HTTP 流量分布（C_{101}）
			FTP 流量分布（C_{102}）
			SMTP 流量分布（C_{103}）
	业务质量指标（B_3）	视频业务质量（C_{11}）	带宽（C_{111}）
			时延（C_{112}）
			时延抖动（C_{113}）
		交互式业务质量（C_{12}）	带宽（C_{121}）
			时延（C_{122}）
			丢包率（C_{123}）
		WWW 业务质量（C_{13}）	带宽（C_{131}）
			时延（C_{132}）
			丢包率（C_{133}）

该评价指标体系自下而上涵盖了全网的链路层、网络层、传输层和应用层多项技术指标，并且以定量指标为主，定性指标为辅；在评估过程中应实现定性指标的定量处理，确立合适的评估模型、评估算法和指标权重。

10.2　基于无线自组网的应急通信网络的性能指标体系

基于无线自组网的应急通信网络环境复杂多变，涉及数量众多、类型各异的网络设备，提供多样化的业务，因此提取合理、有效的网络特征和性能评价指标是设计网络协议和评价网络性能的基础。所以，对无线自组网的特征和性能进行全面、科学的分析和评价十分必要，以便准确了解网络运行的状况和效率，进而指导应急通信网络的构建、组织和维护。

10.2.1　网络关键特征说明

无线自组网的性能在很大程度上依赖于网络使用的环境和应用特征，因此为了制订科学、合理的网络性能评价指标体系必须全面考虑网络的应用环境和特征。

1．网络定量特征

网络定量特征是指能够通过具体数值进行量化和描述的特征。对于基于无线自组网的应用通信网络而言，其网络定量特征主要包括网络情景、网络建立时间、网络重配置时间、网络容量、节点加入时间、控制开销、带宽/能量效率和存储空间等。

（1）网络情景。网络场景是描述网络应用样式的最重要的定量特征之一，包括网络区域形状和尺寸（覆盖范围），网络负载，业务类型和流量模式，无线信道模型，以及无线节点的数量、位置、分布、传输功率、移动模式和允许休眠的节点比例等。

（2）网络连通性和拓扑变化频率。网络连通性通常是指相互能够通信的节点对数占节点总对数的比例，有时也可用节点平均度来衡量；网络拓扑变化频率表征网络动态性。

（3）网络建立时间。该特征是指从网络启动开始到网络中一组节点可以相互通信为止的时间，具有较短建立时间的网络协议能够更快速和容易地进行网络的配置和重构，以适应网络环境变化。对于路由算法，该时间是指路由算法的收敛时间。

（4）网络重配置时间。该特征是指链路故障或节点失效、移动、入网或退网后网络重组织/重恢复所需要的时间。重配置时间越短，服务中断的时间也越短。

（5）链路容量和网络容量。前者主要指链路的有效（或可用）带宽，后者指网络中允许同时并发传输的最大数据量。

（6）节点加入时间。该特征是指一个或一组新节点从加入网络到准备好发送和接收分组的时间，可以将其看作本地节点收集相关路由信息的时间。节点加入网络的时间越短意味着路由算法越能更好地对网络状态的变化做出反应。

（7）控制开销。控制开销包括每个节点存储的各种控制和状态信息，以及用来传播和维护网络正常运转所需传输的控制消息。

（8）带宽/能量效率。带宽效率是指数据分组使用的带宽比率，控制消息占用的带宽越高，带宽效率相对越低；能量效率是指消耗单位能量可以传输的有效数据量。

（9）节点的功率和电池量。节点的功率和电池量反映了节点的通信、传输和计算能力，并且与电池消耗量成反比。

（10）存储空间。存储空间是指用于维护路由表、管理表和其他状态信息表的存储字节总量。

2．网络定性特征

除了上述可量化的网络特征，还有一些网络特征难以获得准确的度量数值。这些网络特征可以采用相应的等级和程度加以描述。

（1）网络拓扑信息。该特征表明网络的拓扑组织结构和形式，以及变化程度。

（2）路由算法对拓扑变化的反应方式。该特征表明路由算法是按需驱动还是按路由表驱动；当网络拓扑发生变化时，路由算法是采用完全重新组织的方式还是采用部分更新的方式。

（3）网络对环境的适应能力。该特征表明网络适应拓扑、信道环境和业务流量变化的能力。

（4）节点的功率意识能力。该特征表明节点能否在适当的网络条件下采用休眠模式来节省能量。

（5）单信道或多信道。该特征表明网络是否采用一个独立的控制信道传输控制信息。

（6）单向链路的支持能力。该特征表明网络是否能够在必要的情况下支持使用单向链路以维持网络连接。

（7）安全性。该特征表明网络的安全问题是否突出，以及应用对网络安全的特定要求。

（8）节能意识。节能对于网络寿命非常重要，节能意识表明网络是否支持设备的自动休眠功能。

（9）QoS 支持。该特征表明网络是否区分用户和消息的优先级，是否支持多媒体业务。

10.2.2　网络性能评价指标体系构建

对于基于无线自组网的应急通信网络，其性能指标的选取和指标体系的构建必须在借鉴 IP 网络性能指标的基础上，以应急通信为特定的应用场景并要充分考虑无线自组网的定性和定量特征；具体而言，不仅应涵盖 IP 网络常用的吞吐量、端到端时延和分组丢失率等常规网络性能指标，还要重点考虑与无线自组网和应用通信场合紧密相关的网络的可靠性、可用性、安全性、生存性和可扩展性等指标。此外，性能评价指标体系选取的性能指标还要满足如下几个条件：客观全面性，能够有效反映系统运行情况的基本特征；严格定义性，可以进行量化评测；指标独立性，选取的指标之间的相关性应尽可能小，以较少冗余度；实用性，设计的指标应符合网络系统运行的实际情况，有助于网络规划、管理和优化。

根据网络的应用场景和特征以及指标体系的构建原则，所制订的反映基于无线自组网的应急通信网络综合性能的评价指标体系如表 10.2 所示。该指标体系是一种层次化的分级指标体系，最高层（一级）指标是网络服务性能、网络可靠性、网络可用性、网络安全性、网络可扩展性和网络生存性等六大类指标，然后在一级指标的基础上依次确定各类的二级和三级指标。例如，网络服务性能指标下的二级指标包括网络的可达性、带宽和时延，而网络带宽二级指标又包括 2 个三级指标：瓶颈带宽和可用带宽。

表 10.2　应急通信网络性能评价指标体系

<table>
<tr><td rowspan="22">基于无线自组网的应急通信网络综合性能评价指标体系</td><td rowspan="10">网络服务性能指标</td><td colspan="2">网络可达性</td></tr>
<tr><td rowspan="2">带宽</td><td>瓶颈带宽</td></tr>
<tr><td>可用带宽</td></tr>
<tr><td rowspan="2">时延</td><td>单向时延</td></tr>
<tr><td>往返时延</td></tr>
<tr><td colspan="2">时延抖动</td></tr>
<tr><td colspan="2">丢包率/投递率</td></tr>
<tr><td colspan="2">吞吐量</td></tr>
<tr><td colspan="2">链路利用率</td></tr>
<tr><td colspan="2">网络流量负载</td></tr>
<tr><td rowspan="4">网络可靠性指标</td><td colspan="2">平均故障间隔时间 （MTBF）</td></tr>
<tr><td colspan="2">平均故障修复时间 （MTTR）</td></tr>
<tr><td colspan="2">节点/链路故障率</td></tr>
<tr><td colspan="2">节点/链路抗扰度</td></tr>
<tr><td rowspan="8">网络可用性指标</td><td colspan="2">网络可用度</td></tr>
<tr><td rowspan="4">路由可用度</td><td>路由发现时间</td></tr>
<tr><td>路由协议的效率</td></tr>
<tr><td>路由跳数</td></tr>
<tr><td>路由稳定度</td></tr>
<tr><td colspan="2">网络建立时间</td></tr>
<tr><td colspan="2">网络重配置时间</td></tr>
<tr><td colspan="2">节点加入时间</td></tr>
</table>

续表

<table>
<tr><td rowspan="20">基于无线自组网的应急通信网络综合性能评价指标体系</td><td rowspan="2">网络可用性指标</td><td colspan="2">网络控制开销</td></tr>
<tr><td colspan="2">带宽/能量效率</td></tr>
<tr><td rowspan="4">网络安全性指标</td><td colspan="2">网络机密性</td></tr>
<tr><td colspan="2">信息完整性</td></tr>
<tr><td colspan="2">信息不可否认性</td></tr>
<tr><td colspan="2">网络可信可控性</td></tr>
<tr><td rowspan="4">网络可扩展性指标</td><td colspan="2">网络规模</td></tr>
<tr><td colspan="2">节点/链路密度</td></tr>
<tr><td colspan="2">网络负载承受度</td></tr>
<tr><td colspan="2">网络效益成本比</td></tr>
<tr><td rowspan="10">网络生存性指标</td><td rowspan="4">网络抗毁性</td><td>网络连通度</td></tr>
<tr><td>网络黏聚度（结合度）</td></tr>
<tr><td>网络覆盖度</td></tr>
<tr><td>节点/链路抗毁度</td></tr>
<tr><td rowspan="3">服务生存性</td><td>网络生存时间</td></tr>
<tr><td>网络服务响应时间</td></tr>
<tr><td>网络服务恢复时间</td></tr>
<tr><td rowspan="3">网络适应性</td><td>网络情景适应能力</td></tr>
<tr><td>网络感知和学习能力</td></tr>
<tr><td>网络调整和演化能力</td></tr>
</table>

为了便于理解，下面对制订的评价指标体系中的各类指标逐一进行简要说明。

1．网络服务性能指标

该类指标主要沿用了 IETF 确定的 IP 网络性能指标，反映了网络的常规服务性能，主要包括网络可达性、网络带宽、网络传输时延、时延抖动、丢包率、吞吐量、链路利用率以及网络流量负载大小与分布等指标。其中，链路利用率是指给定时间间隔内链路的吞吐量与其最大传输量之比，也可以指链路上有分组传输的时间比例。

2．网络可靠性指标

该类指标主要强调网络在特定的网络条件下（一般不考虑外部攻击）完成既定任务的能力，主要包括平均故障间隔时间（MTBF）、平均故障修复时间（MTTR）、节点/链路故障率和节点/链路抗扰度等指标。其中，MTBF 是指在规定的条件下和规定的时间内，网络系统累计运行时间与故障次数之比；MTTR 是指在规定的条件下和规定的时间内，网络系统修复性维修总时间与被修复的故障总数之比；节点/链路故障率是指在规定的条件下和规定的时间内，节点或链路出现故障的次数；节点/链路抗扰度是指在规定的条件下和规定的时间内，节点链路正常工作所能承受的最大干扰。

3．网络可用性指标

该类指标与网络可靠性指标密切相关，但两者的概念不同。网络可用性指标反映网络在特定的条件下处于可工作或可使用状态的程度，主要包括网络可用度、路由可用度、网络建立时间、网络重配置时间、节点加入时间、网络控制开销和带宽/能量效率等指标。其中，网络可用度（Availability）是指在特定条件下和规定时间内，网络系统的有效使用时间与规定的总时间之比，即 Availability=MTBF/（MTBF+MTTR）；路由可用度指标又包括路由发现时间、路由协议的效率、路由跳数和路由稳定度等指标。其中，路由发现时间是指源节点通过路由查询/计算以决定到目的节点的路由的时间；路由协议的效率是指完成路由任务的控制信息与传输的数据信息的比率；路由稳定度是指路由保持稳定不变的平均时间。不难看出，可靠性高的网络系统其可用性不一定高，可靠性往往通过冗余技术来提高，而可用性则不仅依赖网络设备和链路的可靠性，而且与网络的结构和故障修复能力有关。

4．网络安全性指标

该类指标反映了网络应对各种威胁和攻击的安全保密能力，主要包括网络机密性、信息完整性、信息不可否认性和网络可信可控性。需要说明的是，这些指标大都是定性指标，需要在给定的网络条件下采用特定的处理方法加以量化。

5．网络可扩展性指标

该类指标反映了网络适应网络规模增大和网络功能任务增加的能力，主要包括网络规模、节点/链路密度、网络负载承受度和网络效益成本比。其中，网络规模包括网络的尺寸（直径）和节点的数量；节点/链路密度是指单位面积内的节点/链路数量；网络负载承受度是指在规定的网络条件下网络正常运转所能允许通过的最大流量；网络效益成本比是指网络收益与部署成本之比。

6．网络生存性指标

该类指标是应急通信网络特别关心的一类指标，与其他类指标的不同之处在于其关注网络关键服务的持续提供能力。网络生存性指标包括网络抗毁性、服务生存性和网络适应性等3 个二级指标。其中，网络抗毁性是指当网络遭受攻击和破坏时网络维持其拓扑结构和服务性能的能力，包括网络连通度、网络黏聚度、网络覆盖度、节点/链路抗毁度等 4 个三级指标；服务生存性又包括网络生存时间、服务响应时间和网络服务恢复时间等 3 个三级指标；网络适应性又包括网络情景适应能力、网络感知和学习能力以及网络调整和演化能力等 3 个三级指标。这里，网络连通度是指使网络不连通所应去掉的最少节点数；网络黏聚度是指使网络不连通所应去掉的最少链路数；网络覆盖度是指网络的有效通信服务区域与网络部署的总区域之比；节点/链路抗毁度是指节点/链路至少能与任意其他节点连接的能力；网络生存时间是指从网络开始工作到其不能满足用户服务需求的时间间隔；网络服务响应时间是指用户向网络发出服务请求到其获得响应的延迟时间；网络服务恢复时间是指网络从服务中断到重新提供服务的延迟时间或从降级的服务到恢复服务等级所需的时间。

上述分级评价指标体系选取的六大类指标全面反映了网络的综合性能，涵盖了网络协议栈多个层次的常用指标，同时考虑了无线自组网的特性和应急通信的实际应用需求。该指标体系不仅有较好的完备性，较强的通用性，还可以根据不同的应用场景裁剪或添加特定的指标。此外，可以看到该指标体系以定量指标为主，定性指标为辅。例如，网络服务性能指标都是可以量化的定量指标；而网络安全性指标大多是定性指标，这些定性指标要通过专家打分和用户的主观评价等方式才能实现定性指标的量化处理。最后需要指出的是，指标体系中各项指标相对于系统任务目标的重要程度是不同的，不同的权重往往会导致不同的评价结果。为此，需要确定合适的指标权重；一种较为简单、合理的指标确定方法是，采用层次分析法来确定不同的指标的权重。

10.3 网络测量技术

异构应急通信网络规模大、应用广，然而网络自身却存在一些固有的缺陷，如服务质量难以保证，无法确保网络安全，等等。为了提高网络资源利用率，尽可能为用户提供高质量的服务，需要能够及时、准确、全面地了解网络的性能和运行状况，以便对网络实施有效的管理。网络测量是了解网络运行状况、业务性能以及用户使用网络资源和业务情况的重要手段，也是实施网络规划与管理、业务质量评价与控制、业务使用计费和研究网络行为的基础。网络测量具有广泛的应用范围，其中包括网络故障诊断、协议排错、网络流量特征分析、业务性能评估、计费管理、网络入侵监测和网络行为分析，等等。

10.3.1 基本概念

网络测量是指遵照一定的方法、技术和标准，利用某种测量手段和工具，通过测试表征网络状态和性能的各种指标来了解网络的运行状况和性能优劣。从概念上讲，网络测量是指通过收集网络数据或分组的踪迹，定量分析不同的网络应用在网络中的分组活动情况的技术。

1. 网络测量要素

网络测量包含以下 3 个基本要素：

（1）测量对象：待测量节点、链路或网络的某种或某些特性。

（2）测量环境：包括测量点的选取，测量时间的确定，测量设备、通信链路的类型等。

（3）测量方法：针对某一具体的网络行为指标，选取合适的测量方法。

2. 网络测量要求

网络测量方法应该满足 3 方面的要求：

（1）稳健性：被测网络的轻微变化不会使测量方法失效。

（2）可重复性：在同样的网络条件下，多次测量结果应该一致。

（3）准确性：测量结果应该能够反映网络的真实情况。

10.3.2 网络测量技术和方法

网络测量所涉及的对象复杂多样，测量内容广泛，测量数据庞杂，需要多种测量方法予以支持。

1. 主动测量和被动测量

根据测量过程中是否向网络内注入探测包，可以将测量方式分为主动测量（Active Measurement）和被动测量（Passive Measurement）。主动测量根据测量需要向网络中注入特定的探测包，通过对探测包穿越网络而发生的特性变化的分析，得到网络状态和性能参数。例如，网络测试命令 Ping 通过发送 ICMP 探测包可获得网络往返时延、丢包率与连通性等参数。

主动测量不依赖于被测对象的测量能力，适合端到端的网络性能测量。它的缺点在于注入的探测包不仅占用网络资源，而且会对网络本身的运行状况造成影响，因此测量结果往往会存在一定的偏差。所以，主动测量方法必须设法将对网络的影响减到最小。

被动测量通过在网络中的关键设备和节点上部署测量装置捕获数据包并进行统计分析，进而获得网络状态和性能参数。被动测量不必发送额外的测量包，不会对网络自身行为造成影响，测量结果较主动测量更为准确。但是，被动测量实现复杂，只能获得网络局部数据，其准确度依赖于测量装置的性能和统计分析算法，并且还会带来隐私和安全问题。实际中，主动测量和被动测量方法往往结合起来使用，前者适用于网络性能测量，而后者适用于网络流量测量。目前的主动测量工具主要基于 TCP/IP 中的相关协议来实现，如 ICMP、TCP 和 UDP。被动测量可以基于 SNMP 协议来实现，也可以用数据包捕获方式来实现。

2. 边缘测量和内部测量

按照实施网络测量的位置，可将网络测量方法分为网络边缘测量和网络内部设备（如交换机和路由器等）测量。网络边缘测量只需边缘主机的参与，而不需要网络核心设备的配合，通常借助于网络推测方法来获得网络内部的相关参数。网络边缘测量主要是对网络端到端业务的性能进行测量，也可以基于网络流量矩阵估计方法来估测网络流量。端到端性能测量是 IP 网络测量的重要内容，可以全面了解网络性能，如对于时延、丢包率和带宽等的测量。端到端业务质量测量是进行网络业务质量监控和管理的重要手段。

网络内部设备测量是一种被动测量方法，通常采用 SNMP 协议在相关网络设备上通过抽样统计的方法对网络的性能和流量进行测量。例如，在接入路由器和边界路由器的位置可以对网络流量进行测量，也可以针对特定业务流选用的特定路径实施基于路径的测量。

3. 协作式测量与非协作式测量

根据测量参与者是否愿意主动配合，可将网络测量分为协作式测量和非协作式测量。协作式测量是指需要被测网络的配合而进行的网络测量，如路由器协作的测量。这种测量既可以得到端到端的性能测量结果，也可以对网络性能进行分段分析。而非协作测量则不需要被测网络的参与，如检测网络拓扑的变化。

4. 单点测量和多点测量

根据测量环境中测量站的数量和分布，可以把网络测量分成单点测量和多点测量。在网络测量研究的早期，网络规模较小，主要采用的是单点测量，即通过一个测量站对网络性能进行测试。对于大规模网络测量的情况，需要在网络中的很多地点部署测量站进行分布式多点测量，以便得到比较详尽的、综合的大规模网络数据以及单点测量所得不到的交叉路由信息。现在的多数网络测量体系都采用分布式多点测量，如 NIMI、NLANR 和 IEPM 等。

5. 长期测量和短期测量

根据测量指标的时间粒度和用途可以将网络测量分为长期测量和短期测量。长期测量通过对网络流量、性能进行长期测量，建立网络行为模型，为网络规划设计提供科学依据。短期测量是指实时测量网络性能指标，为保证业务 QoS 或网络安全提供依据。

6. 网络推测方法

由于网络的分布化、异构化和不协作等特性，IP 网络的性能参数难以直接测量出来，需要采用专门的计算方法进行性能指标的估计。网络推测就是用于网络性能参数估计和推测的一种技术手段。网络推测利用网络的部分测量信息，通过某种推导机制来获得对于网络未知性能的估计和预测值。例如，利用端到端的分组延迟和丢失信息可以获得网络内部链路的 QoS 性能。

近年来，研究人员将应用于医学、地震预测和地质勘探等领域的成熟理论和方法应用于网络推测，衍生出了网络断层扫描或网络层析（Network Tomography，NT）技术，可根据对网络外部（网络端点或边界）的测量分析来推断网络的内部性能来拓扑结构。NT 是一种在没有网络节点协作条件下，通过主动发包探测或被动收集网络内部有用信息的新技术，结合统计学方法能够很好地推理出网络所有链路上的 QoS 参数，如时延分布、丢包率、网络拓扑结构和源目的（Origin-Destination，OD）节点对流量等。NT 网络推断技术只需要测量端到端的网络行为，而不需要内部网络的任何协作，不但降低了常规网络测量方法带来的网络负载，还可实现与被测网络内部结构和协议无关的测量。

网络推测属于一种系统识别和参数估计问题，可以根据复杂度和精确度选择相应的估计方法，常用的方法有最小二乘估计、最大似然估计和期望最大化算法等。网络推测的缺点是计算复杂度较高，而计算精度不够高。

10.3.3 网络性能主动测量技术

网络性能测量是分析网络运行状态、服务质量的前提，是实施网络性能管理、改善业务质量的基本手段。性能测量是指通过对网络的实际测量，获取网络吞吐量、用户响应时间、线路利用率等方面的性能参量，并确定门限值以进行性能评估。主动测量通过向网络中注入特定的探测包，并收集和分析这些探测包在网络传输后发生的特性变化，从而得到网络性能参数和网络行为参数，其工作原理如图 10.1 所示。

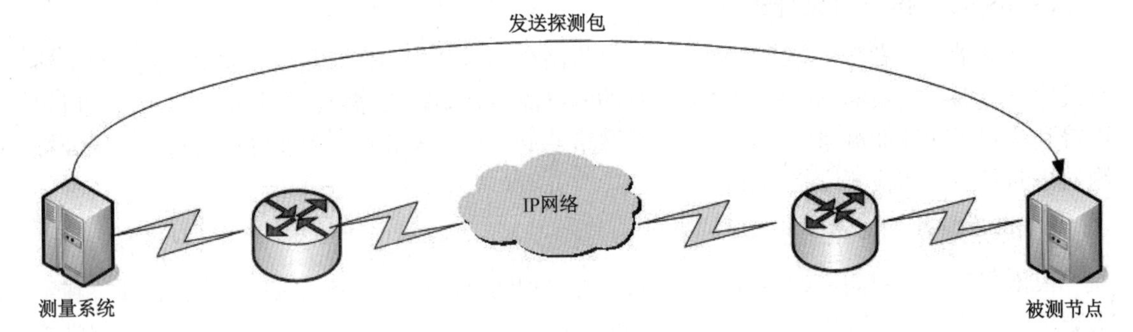

图 10.1　主动测量工作原理示意图

网络性能监测系统可以测量各种常见的网络性能指标，如网络带宽、时延、吞吐量、丢包率和连通性等，这些性能指标的测量主要基于主动测量方法，即监控中心调度多个探针主动发送数据包来实施测量过程。主动测量根据测量需要向网络中注入特定的探测包，通过对探测包穿越网络所发生的特性变化的分析，得到网络状态和性能参数。例如，网络测试命令 Ping 通过发送 ICMP 探测包可以获得网络往返时延、丢包率与连通性等参数；Traceroute 可以测量路由和路由跳数；采用 Iperf 可以测量 TCP 和 UDP 分组的带宽、时延和丢包率。单路测量可以基于单路延时和丢包协议（OWDP）进行。协议基本思想为从源站向时钟同步的目的站发送带有发送时戳的 IP 测试包，在目的站计算其接收时刻与发送时戳的时间差，得出链路的单向传输延时和包丢失率。主动测量不依赖于被测对象的测量能力，适合于端到端的网络性能测量。它的缺点在于注入的探测包不仅会占用网络资源，而且会对网络本身的运行状况造成影响，测量结果往往会存在一定的偏差。

为了减少主动测量方法对网络造成的影响，可以采取一些必要的措施。首先，如果引入网络的探测流量是经过周密计算并受到严格控制的，就能使其对网络的负载情况影响甚微。以带宽为 10 兆比特/秒的网络为例，假设每分钟连续发送 100 个平均大小为 500 比特的探测分组，则占用的带宽为 833 比特/秒，与 10 兆比特/秒的带宽相比，相差了 4 个数量级。实际采用的测量流量往往还要小得多，而网络带宽也更宽。因此，一般情况下，引入的探测流量并不会显著加重网络的负载，影响网络的正常运营。其次，在探测流量很小的情况下，它对网络本身造成的影响很小，对其他流量性能的影响也很小，即海森堡测不准效应（Heisenberg Uncertainty Principle）微乎其微。因此，测量并不会因为引入的探测流量的影响而使得测量结果产生较大偏差。再次，可以按照泊松规律发送探测包完成测试，此时探测包发送的时间间隔具有随机性和不可预测性，不会扰动网络的本身特性。最后，由于 ICMP 协议是标准 IP 协议的一个组成部分，因此，所有支持 IP 协议的网络设备都应当支持 ICMP 协议，并响应 ICMP 探测分组。利用 Ping 进行的网络攻击只是诸多网络攻击手段中的一种，并不能因为存在被攻击的可能性，就放弃对相关网络功能的支持。事实上，网络中的大多数设备都提供了对 Ping 的支持，只有极少数的网络设备关闭了对 ICMP 分组的响应。

10.3.4 网络性能被动测量技术

网络性能的被动测量可以分为基于数据包捕获的协议分析的测量和基于网络管理协议的测量。前者在关键设备和节点上部署测量装置捕获数据包并进行统计分析，一般通过端口镜像、多路转发（如使用分光计）以及链路串接等方式收集网络中传输的数据包、信令数据包或者管理信息，进而获得网络状态和性能参数。被动测量不必发送额外的测量包，不会对网络自身行为造成影响，收集到的数据主要用于网络流量测量和各种流量分析，如流量中各种应用业务构成的分析，报文的长度分布分析，按报文到达的时间分析流量的规律以及分析网络利用率和网络拥塞状况等。被动测量的工作原理框图如图 10.2 所示。

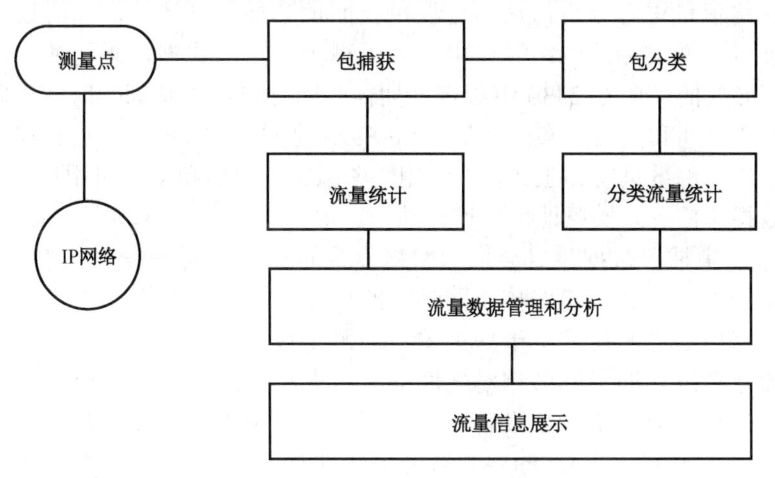

图 10.2　被动测量工作原理框图

首先在测量点部署测试装置以捕获数据包，然后根据需要对数据包进行分类，进而统计总的网络流量和各网络协议或应用的流量，最后进行流量数据的管理、分析、预测，并将统计和分析结果呈现给用户。基于流的流量测量主要是对网络中的流进行测量和分析，以掌握网络的流量特性，如各种协议的使用情况、业务的服务性能和用户的行为特征等。网络流量测量广泛用于网络规划、性能分析、入侵监测以及 QoS 保证等领域。对于大规模的网络而言，流量测量和分析非常困难，难以对网络承载的各类业务进行及时、准确的流量和流向分析，因为缺乏有效的流量测量和分析系统。传统的基于网络管理协议的测量系统的典型做法是利用 SNMP 协议对网络重点链路和接入点进行流量监视和统计，或者利用 RMON 探测对部分端口进行流量采集和监视。

为了深入分析网络流量特性，被动测量可以在两个层次上进行，即分组级测量和流级别测量。分组级的被动测量是精细粒度的，包括源 IP 地址、目的 IP 地址、端口号、分组大小、协议号和特定的应用层数据。现有的大量可用的分组捕获工具（俗称嗅探器），大都依赖于 libcap 库，如 TCPdump、Ethereal、Wireshark 和 SNORT 等。Wireshark 包括流量签名，可以用于基于分组载荷的应用识别。SNORT 是一种实时流量分析和分组记录工具，能够执行内容搜索/匹配并可检测多种网络安全攻击。用于捕获分组的硬件类型分为 3 种：一是电缆或光纤分离（或分流）器，可以捕获流量而不影响实际的流量，因为没有将设备添加到分组的路径上；二是采用端口镜像设备，镜像端口的速度可能会限制监视端口的数量，但对分组延迟影响不大；三是在分组路径上放置主动设备（如路由器），该设备可以将分组捕获到磁盘上或将分组镜像到另一台机器上，这种方式会增加分组延迟，但不会更改分组内容。随后，通常会将捕获的分组或相关数据存储在一个本地或远程数据库中，以便于对数据进行管理和分析。考虑到捕获的数据量很大，必须提高数据访问和分析的效率，因此通常采用高效的数据库管理系统。捕获设备的性能会影响捕获的完整性，并且会造成分组的丢失。

相比于分组级测量，基于流的测量是一种宏观测量，需要采用适当的聚集规则，收集的数据包括流的数量、流比特速率、流大小和流分布等。在 IP 网络中，流指一对端点之间传送的具有相同特征（包括源、目的地址，源、目的端口和协议等）的一系列数据包。流类似于电信网的呼叫记录，采集一个流的详细数据信息，是指采集该流的源地址、目的地址、端口号、协议、业务类型、起止时间、包和字节数等。基于流的测量便于从更细的粒度对网络流量进行分析，从而可以更全面地掌握流量特性，如协议使用情况和用户的行为特征等。在实际的网络测量中，为了减少测量的数据，采用抽样技术来减少测量开销是很有必要的。RFC 2330 中规定，抽样时间分布可以是固定时间间隔、随机时间周期、泊松分布时间和几何分布时间等。NetFlow 是 Cisco 公司专有的流量测量技术，也是典型的基于流的测量系统和工具，广泛用于 Cisco 路由器和交换机中以捕获、显示和分析各种网络数据流信息，如源地址、目标地址、端口号、协议类型等。NetFlow 的缺点是在路由/交换设备上捕获数据包时会增加网络设备的开销，从而影响网络性能，因此主要用在边缘路由器上，不适合于对核心网骨干路由器的测量。为了确定骨干网性能，可以在每一对骨干路由器之间使用基于探测的主动测量技术。这种基于节点对的流量测量的关键是推导流量矩阵，即不同节点对之间的流量大小。流量矩阵可以从基于流的测量结果、网络设备的接口流量统计结果以及其他网络信息中推导出来。其他被动测量工具还有协议分析仪，如 Agilent Internet Advisor 和 WG Domino 等。基于数据包的被动测量系统因为需要捕获、保存和分析处理链路上经过的数据包而需要较高的数据处理能力和较大的数据存储能力。基于数据包捕获的方法还存在用户安全性问题和隐私方面的顾虑，因此采集系统一般只保存数据包头或者对数据包按照某种策略进行过滤。

10.3.5 无线自组网的性能测量

由于网络的分布性，网络拓扑变化的不确定性和无线链路的不可靠性，无线自组网的性能测量成为目前无线自组网络技术中的难点之一。无线自组网的网络带宽和节点能量都非常有限，所以应尽量减少网络测量引入的控制开销并降低测量的复杂性。由于影响 Ad hoc 性能的因素很多并且错综复杂，仅仅考虑网络带宽和时延等有限的测试指标并不能反映网络的真实性能；因此，针对无线自组网的性能测量系统需要根据网络特性确定其性能测量内容，并有针对性地选择测试方法。

1. 网络性能测量的内容

无线自组网的性能测量必须考虑协议栈不同层次的网络协议，特别是链路层 MAC 协议和网络层路由协议。不同层次的协议由于其完成的功能不同，所以具有不同的测量指标。

（1）物理层需要测量的指标包括：数据发送速率，即终端设备可支持的最大传输带宽；传播距离，即设备的通信范围，主要与终端的发送功率和接收门限（信噪比）有关；差错控制能力，无线信道通常是不可靠信道，所以需要具有相应的差错控制能力，保证在一定的信道误码率下，可以完成正常的数据通信。

（2）链路层 MAC 协议性能测量主要内容有：接入时延，即节点从有数据需要发送到数据的实际发送的时间间隔；网络吞吐量，即单位时间内成功传送的数据量；优先级，即网络中节点按照优先级排序，优先级高的节点具有更低的平均接入时延；公平性，即网络接入协议要保证优先级低的节点不会被“饿死”，同等优先级的节点应有接近的接入时延。

（3）路由协议性能测量的主要内容有：端到端时延与吞吐量，源节点到目的节点之间（端到端）行为最直接的测量内容就是时延和吞吐量，这两个参数都与 MAC 层协议的效率直接相关；路由发现时间（也称路由重建时间），即从开始计算路由到得到可用路由的时间；路由表收敛时间，即路由表从初始状态到稳定状态经历的收敛时间；路由协议的效率，即路由协议的开销占整个数据传输量的比例。

2. 性能测量的基本方法

由于物理层的测量内容只涉及点对点之间的通信，而且无线终端设备厂商一般也会事先提供相应的物理层参数，所以下面只讨论 MAC 信道接入协议和路由协议的测量方法。

1）信道接入协议性能测量方法

（1）接入时延测量节点对所有到达发送缓冲区的数据包用时间戳进行标记，在该数据可以发送后，即满足条件——收到 CTS 数据帧并且是缓冲区最先要发送的报文时，再记录下数据可以成功发送的时间。这个时间与时间戳记录的时间相减即为接入时延，在进行系统测量时，通常是计算节点所有数据包的平均时延。

（2）优先级测量。网络中的优先级可以分为节点优先级和报文优先级。在统计意义下，优先级的测量要依赖于平均接入时延的计算。如果是对网络节点按照优先级进行区分，性能测量就计算不同节点的平均接入时延。如果网络只支持报文优先级，就要对不同类型的报文进行区分，分别计算平均接入时延。对于同时支持节点优先级和报文优先级的网络，测量则更加复杂。

（3）公平性测量。公平性测量的依据主要是平均网络接入时延，优先级高的节点比优先级低的节点具有更小的平均接入时延。同时，不同优先级节点之间的时延差距应相对明显。例如，最高优先级节点与最低优先级节点之间的时延差距不到 5%，就说明 MAC 层的网络优先级机制是失败的。

2）路由协议性能测量方法

路由协议的所有性能测量参数都需要在多跳网络中通过实际测量得到，应根据无线自组网的特点合理运用路由协议的性能测量方法。需要特别指出的是，网络的覆盖范围和网络节点的移动性等，对网络路由协议的参数会产生较为明显的影响。所以应根据路由协议的特点，采用不同的路由协议性能测量方法。

（1）路由协议端到端时延。测量主机之间的时钟同步是端到端测量重要的技术基础。利用 GPS、PSTN、CDMA 等网络的外部时钟源来实现测量主机间的同步，虽然精度高，但费用昂贵且在测量主机数量很大时难于实现。一般端到端时延的测量可以通过测量 RTT 获得，但是由于无线链路广泛存在着链路非对称的情况，所以需要测量端到端的单向时延。针对单向时延的测量，有学者提出了一种基于某种最优化目标确定测量参数的方法：根据不同的要求，提出相应的优化目标，利用线性规划模型进行求解，最终达到提高单向时延参数精度的目的。

（2）路由发现时间。当路由协议发现当前维护的路由条目失效或无法为目的节点提供可用路由时，会主动发出路由请求，网络中的邻居节点会根据路由请求的内容或者转发路由请求，或者向源节点报告可用路由，或者什么都不做。从发送路由请求到得到可用路由的时间就是路由重建时间。

（3）路由协议的效率。路由协议的效率是指网络中路由信息占信息传输总量的百分比。对于路由协议的效率参数，可以利用外部测量的方法，即在网络中加入监听节点并分析数据内容的方法来计算路由协议效率。但是这种方法的开销较大，如果对协议本身进行修改，本地计算可以大大减少网络开销。

10.4 网络性能测量和评价系统的设计

本节针对网络测量和评价的实际需求，设计了一种体系结构合理、功能完备、扩展性较强的通用网络性能测量和评价系统。该系统对于实时掌握网络的实际运行状况和应用系统的性能，实现网络性能的监控和评价，进而实现网络性能优化，提供高质量的网络服务，具有重要的应用价值。

10.4.1 系统体系结构

网络性能测量和评价系统的体系结构为分层结构，如图 10.3 所示。从底层到高层为系统支撑层、数据采集层、业务处理层和功能展现层。

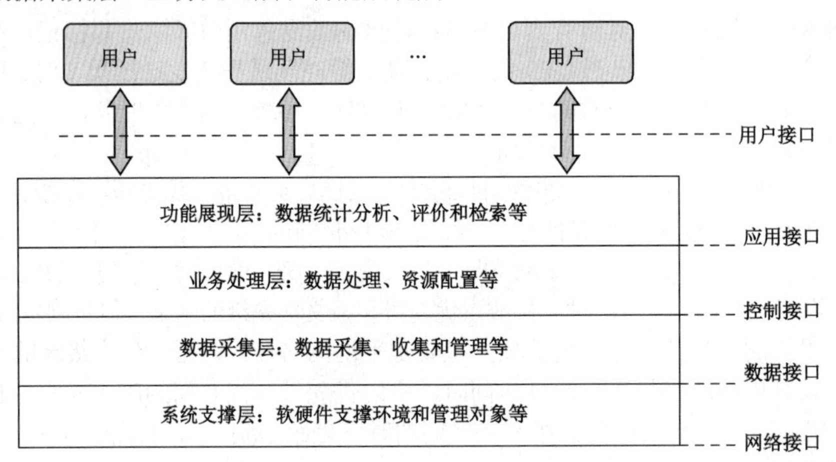

图 10.3 网络性能测量和评价系统的体系结构

1. 系统支撑层

系统支撑层是系统运行的基础条件。该层提供了系统运行的软硬件支撑环境和系统的管理对象。其中，支撑环境由网络、服务器、存储系统、数据中心、数据仓库、系统数据库、操作系统等组成；系统的管理对象，通常意义上是指被管理的各类软硬件对象，包括用户的网络对象、系统服务器、软件平台、业务应用和第三方采集接口等。

2. 数据采集层

数据采集层是系统的信息收集通道，通过网络接口收集与网络测量相关的数据，并实时将这些数据交给业务处理层进行处理。该层综合考虑网络管理信息收集的多样性等因素，从网络用户实际需求出发，结合数据的安全性、分布式、可管理性等特性，采用远程采集和代理采集插件，重点采集配置数据、性能数据和告警事件信息等内容，从而满足网络监测的信息采集要求。

3．业务处理层

业务处理层是整个系统平台的业务和数据处理核心。该层向下负责通过数据接口将数据采集层收集到的数据进行加工、处理和组织，然后将处理结果存储到测量数据库，进行存储和维护等数据管理操作。该层向上提供各类业务功能和数据资源，为功能展现层提供支撑，起到承上启下的作用。

4．功能展现层

功能展现层是和用户进行直接交互的界面，提供系统的主要服务功能。该层对业务处理层处理后的数据进行统计分析，通过对各项指标的测量结果的综合分析，将分析结果写入分析数据库中，并根据用户需求将分析结果通过应用接口提交给数据表示层。数据表示层通过用户接口（如 Web 和 GUI）以图表的形式向用户呈现网络测量和性能评价的结果，如数据分析结果和事件处理结果等。

10.4.2　网络部署架构

对于大型分布式的复杂网络，单点测量难以对网络的全貌进行测量和分析，因此网络性能监测和评价系统应采用分布式控制、多点监测和集中统计分析的方式进行部署。整个系统采用 3 层网络架构，由一个网络性能监测中心、若干监测控制站和分布于全网不同位置的多个测量站构成，如图 10.4 所示。

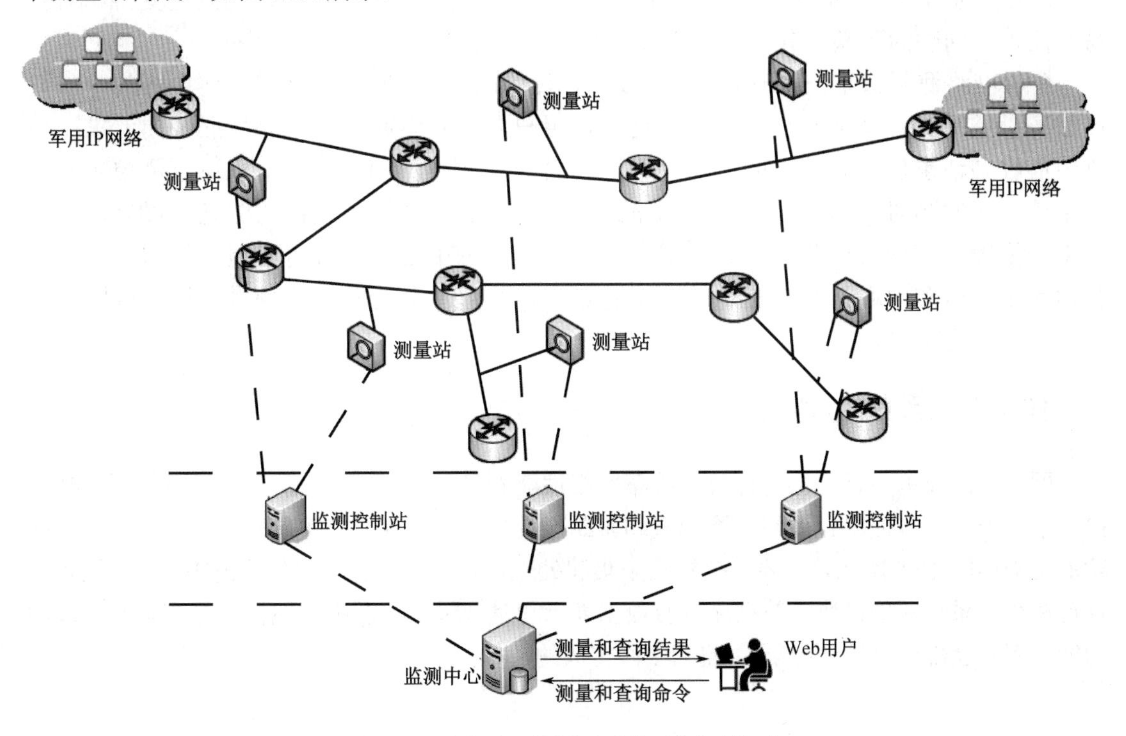

图 10.4　分布式网络测量系统网络部署架构

监测中心（MC）和监测控制站构成一个分布式的监测控制体系，用来规划和控制全网的监测任务，测量站（也称探针）执行所规划的监测任务。其中监测中心负责综合来自各处的监测数据，分析全网的性能及动态特性，向网络管理员和授权用户提供查询与控制服务。监测控制站按区域和任务灵活地分布于网络各处，直接控制测量站完成监测任务。多个测量站在监测中心的统一部署下协同工作，以主动或被动的方式对所要监测的一条或多条网络路径进行性能监测。主动方式是指在网络上发送测试 IP 包，实测网络链路的时延等性能参数；被动方式则是指监听网络上的 IP 包，在安全性允许的范围内捕获 IP 包并分析其头部以得到不同网段流量等性能信息，也可搜集分布于全网的 MIB 库中的相关信息。测量站所得到的监测结果由所属域的控制站负责统计和综合，最后由控制站向监测中心汇报所管辖域的网络性能状况。采用这种分层分布式多点协同测量方式，可以避免将所有监测工作全部放在监测中心，造成监测中心负担过重的弊端，使系统具有很强的健壮性和可扩展性，可以根据需要方便地添加或删除测量工具和测量组件。另外，网络测量系统是一种基于网络的分布式应用系统，各个模块和组件之间需要彼此进行协作和数据交换。但是，网络管理环境下实现技术的多样性使得早期的分布式技术无法实现普遍的互相连接，如 DCOM 需要每个连接点都使用 Windows，CORBA 需要每个连接点都有 ORB，RMI 需要每个连接点都使用 Java。而实际上，大规模网络测量系统将工作于一个具有松散耦合结构的环境，它无法要求通信的双方具有相同结构。因而，传统的分布式技术不能胜任这一平台中的相关通信任务。相对而言，Web Service 技术可以有效地解决基于 IP 网络的分布式计算和资源共享等问题。Web Service 技术能够在分布式应用中充分使系统对计算环境动态地进行描述、发布、发现和调用。因此，将 Web Service 技术应用于基于 IP 网络的大规模网络测量系统，可使大规模网络的性能测量变得相对容易和简单，同时满足系统分布式处理和开放性的需求。

一次网络测量请求的执行过程可描述如下：首先，Web 用户调用监测中心的身份验证服务以进行身份验证；身份验证通过后，用户向监测中心发起对测量服务的请求；检测中心收到请求后，向相应的监测控制站发出关于某种测量服务的请求；监测控制站将测量请求下发到对应的一个或多个测量站，由这些测量站执行具体的测量；最后，测量站将测量数据上传给监测控制站，然后再返回给监测中心，同时将本地测量结果存储到数据库中。监测中心对监测控制站上报的结果进行汇总分析，并将测量结果通过图形用户界面呈现给用户。

10.4.3 系统功能结构

网络性能监测与行为分析评价系统集网络性能测量、性能行为分析和性能评价于一体，提供了一个可以方便整合多种网络测量和诊断工具的平台，并支持信息查询和显示，其系统功能结构如图 10.5 所示，主要包括数据采集和处理模块、数据管理和分析模块、系统设置和管理模块、系统评价模块、数据库以及数据表示和呈现模块。图中虚线框内是测量站完成的功能，而其余部分是监测控制站/监测中心完成的功能。

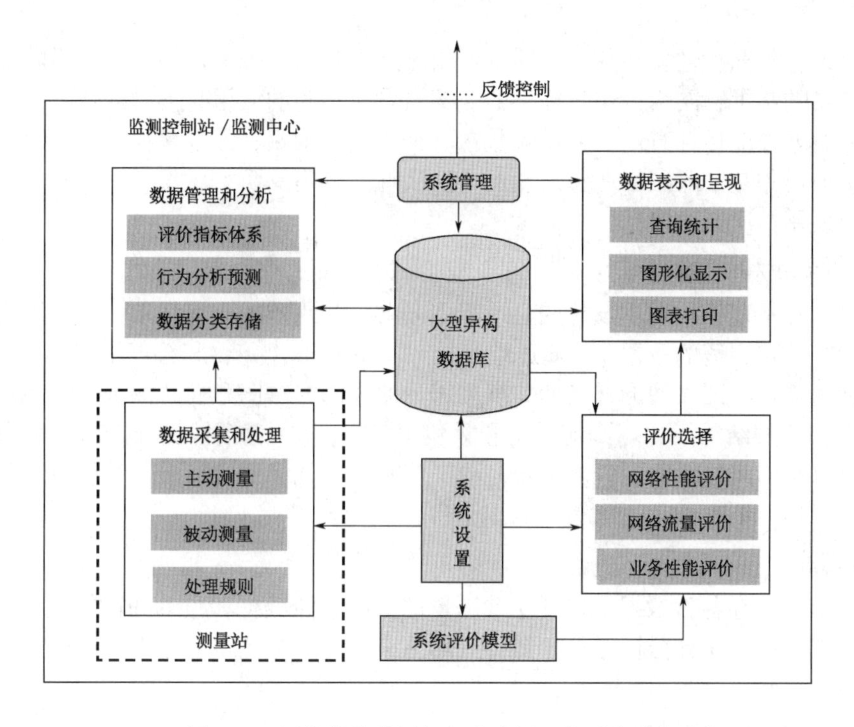

图 10.5　网络性能监测与行为分析评价系统功能结构

1．数据采集和处理模块

数据采集和处理模块负责收集性能数据和采集流量信息。数据采集方法包括主动探测和被动侦听。前者通过测量站向被测网络或设备主动发送探测包来完成，如向被测站点在一定的时间间隔内连续发送 ICMP 报文，然后采集该站点在一段时间内响应的 ICMP 报文。后者通过测量站基于高效的抽样方法被动地采集业务流量来完成，如将测量站的网卡设为混杂模式，则可以采集该网段上的所有信息帧或抽样采集部分信息帧。另外，根据系统设置的数据处理规则对主动探测和被动抽样得到的原始数据进行预处理，得到符合系统性能分析需求的数据形式，可尽量减少上传给监测控制站的数据量，从而减少网络传输和控制开销。

2．数据管理和分析模块

数据管理和分析模块完成如下任务：首先，将测量站上传的数据进行分类、整合、格式化存储和维护等操作；然后依据评价指标体系对测量的数据进行处理和运算以得到各种网络性能指标数值，并通过行为分析算法对业务流量数据进行统计和分析，基于数据库中的历史数据和预测模型进行网络性能预测和流量趋势分析，或在故障出现时进行报警和故障定位；最后，把反映网络设备性能和网络运行状况的性能数据（如端口的利用率等）分类存入数据库，将网络性能指标和行为分析和预测结果按照一定格式写入数据库。另外，为了避免数据膨胀问题，应定期对数据进行整理，根据记录数据的日期不同而以不同的时间粒度保存数据。数据存留时间越长，相应的粒度也越低；如果超过规定时间，则数据不再保存。采用这种机制，可有效避免数据记录的膨胀，从而支持对大规模网络长时间的网络监测任务。

3．系统评价模块

系统评价模块包括系统评价模型和评价选择两部分。评价模型包括线性评价模型和平面评价模型。在选定评价模型后，可以基于评价指标体系和测量得到的网络性能数据和业务流量数据对网络性能、业务性能和网络流量进行全面衡量和评价。其中，网络性能评价的目的是了解网络运行状况和性能参数，包括链路或端到端延迟、带宽、丢包率、吞吐量等；业务性能测量的目的是了解网络为用户提供的业务质量，不同的应用有不同的业务性能指标，如网络视频的主要性能指标有最大并发流数量、平均使用带宽、丢包率和平均响应时间等；网络流量测量的目的是了解网络业务流量的分布情况和网络的负载状况，为分析流量特征、协议和应用的使用情况提供依据。

4．数据表示和呈现模块

数据表示和呈现模块提供友好的呈现界面和实现与用户的交互接口，根据用户和管理需求从数据库中获得合适的数据，并通过用户接口（如 Web 浏览器和管理用户界面）向用户提供查询统计功能，以图表的形式（如数据列表、曲线图、饼图和柱状图等）向用户呈现网络测量和性能评价的结果（如端到端时延和丢包率等）；其中包括数据分析结果和事件处理结果等，并可以打印所显示的图表。系统自动形成定量的性能评价报告，并能对所监测性能事件（如连接阻断、RTT 数值过大等）给出事件详细列表。

5．数据库

数据库负责保存各种数据，包括主动测量的网络性能数据和被动抽样的业务流量数据、依据网络性能指标和统计分析算法计算得到的各种统计数据、日志管理、系统管理和配置数据，以及用户名和口令等。

6．系统设置和管理模块

系统设置和管理模块负责将上述各模块有机地结合为一个整体，协调各功能模块完成系统指定的功能。该模块可以控制测量站的部署、启动和停止，可以查询测量站的工作状态，负责设置和制定测量任务、测量目标、测量策略、数据处理规则、存储方式、行为预测方法、性能评价标准、评价模型以及数据查询和显示方式。系统利用 EJB 的 JMS 消息服务实现上述各功能模块之间的实时消息通信。采用 EJB 组件实现业务逻辑的优点是可以提高应用程序的可重用性、可移植性和可扩展性，从而提高开发效率。最后，系统可以根据网络性能的监测和评价结果生成事件报告，并实施反馈控制，如发送告警、阻断异常网络连接、隔离异常网络设备或对网络设备的运行参数进行优化设置等。

系统通过在 IP 网络中部署一定数量的测量站获取原始网络性能和业务流量数据。这个阶段由于数据量大，实时性要求高，所以功能单一，只做数据采集和低层次的预处理工作。测量站的分布和数量可随网络规模和测量需要而扩展。测量站可以采用多种现有的测量工具和软件实施主动测量和被动测量，并通过监测控制站和监测中心的合理调度尽可能减少对被测网络的影响。数据管理和分析集中在监测控制站或监测中心完成（视网络规模而定，如果被测网络规模适中，可以省略监测控制站），根据测量要求对原始测量数据进行计算、分类、统计和构造等抽象工作，形成各种反映网络性能的结果。抽象结果的多少随着选定的网络性能评价指标而扩展，最终抽象数据以各种友好的面向用户的方式显示。数据存储和数据可视化的分离使得数据表达方式不限于特定的抽象数据，数据可视化表示方式可以随可视化技术和网络可提供的服务类型的发展而扩展。

10.5　网络性能评估模型和指标权重确定方法

10.5.1　常用的评估模型和算法

目前，在评估领域主要采用以下几种模型和方法。

（1）线性加权模型。线性加权模型具有直观性强、物理意义清晰、模型运算简单、速度快、易程序化等特点，适用于科技评估。

（2）层次分析法（AHP）。对一个复杂的问题，层次分析法首先对目标、准则、方案、措施进行层次划分，再做比较，然后进行评价。评价的最终结果是各种决策相对于目标的优先顺序，该方法适用于系统效能评估。

（3）模糊分析模型。模糊分析模型建立在模糊集合基础上，评价方式与人们的正常思维模式接近，可以使评估中多类多层次的模糊性科学化、定量化。这种方法已在我国高等院校教学工作评价中得到广泛应用，其缺点在于指标难以把握，评估对象间难以进行优劣排序，容易造成误判。该模型主要适用于不确定的非线性系统的预测和评价。

（4）投入—产出模型分析法。投入—产出模型分析法（DEA）是一种处理多输入多输出问题的多目标决策方法，它应用数学规划模型计算和比较决策单元之间的相对效率，从相对效率出发对评估对象进行效率评估。由于实用性和无须任何权重假设的特点，该方法在较短时间内得到了广泛推广和应用。但 DEA 法只适用于同类单位间的评估，且要求单位数应比指标数大得多。

（5）灰色关联评估法。灰色关联评估法是将评估指标原始数据归一化后，将每个指标的最优值组成参考数列，待评单位各评价指标原始数据的归一化值组成比较数列，并以关联度的大小对待评单位进行排序。该法对数据资料的分布类型和样本量无严格要求，也不需要提供评价的参照标准，可较准确地反映评价单位的空间分布规律。这种方法适用于信息不够确定和不够完备的系统，计算相对复杂。

10.5.2 指标权重确定方法

指标体系权重是指标相对于规划目标重要性的一种度量，不同的权重往往会导致不同的评价结果。因此，采取适当方法以保证指标体系权重分配的科学性和合理性显得至关重要。

层次分析方法（Analytical Hierarchy Process, AHP）是美国匹兹堡大学教授萨迪（A. L. Saaty）在 20 世纪 70 年代提出的，80 年代初开始引入我国。层次分析方法较完整地体现了系统工程学的系统分析和系统综合的思路，即将一个复杂问题看成一个系统，根据系统内部因素之间的隶属关系，将复杂问题转化为有条理的有序层次，以一个层次递阶图直观地反映系统内部因素之间的相互关系（系统分析阶段）。这样复杂系统问题的求解就被分解为简单得多的各子系统的求解，而后逐级地进行综合（系统综合阶段）。因此 AHP 是一种有效的分析系统结构的方法，近年来在理论与应用上都有很大进展。具体应用时，它大体可分为 4 个步骤。

（1）建立层次结构模型。在深入分析所面临的问题之后，将问题中所包含的因素划分为不同层次，如目标层、准则层、指标层、亚指标层等，用框图形式说明层次的递阶结构与因素的隶属关系。

（2）构造判断矩阵。判断矩阵元素的值反映了人们对各因素相对重要性（或优劣、偏好、强度）的认识，一般采用 1～9 及其倒数的标度方法。

（3）层次单排序及其一致性检验。判断矩阵 $\boldsymbol{A}$ 的特征根为 $\boldsymbol{AW}=\lambda_{\max}\boldsymbol{W}$ 的解 $\boldsymbol{W}$，经归一化后即为同一层次相应因素相对重要性的排序权值，这一过程称为层次单排序。为进行层次单排序（或判断矩阵）的一致性检验，需要计算一致性指标 $\mathrm{CI}=(\lambda_{\max}-n)/(n-1)$。当随机一致性比率 $\mathrm{CR}=\mathrm{CI}/\mathrm{RI}<0.1$ 时，认为层次单排序的结果有满意的一致性；否则需要调整判断矩阵的元素取值。

（4）层次总排序及其一致性检验。计算同一层次所有因素对于最高层（总目标）相对重要性的排序权值，称为层次总排序。这一过程是从最高层次到最低层次逐层进行的。层次总排序的一致性检验，也是从高到低逐层进行的。

下面以 IP 网络的指标体系为例，介绍采用层次分析方法如何确定各指标的权重。首先构造两两比较判断矩阵，对同一层次指标进行两两比较；比较的结果以 A. L. Saaty 建议的 1～9 级标度法表示，如表 10.3 所示。

表 10.3　判断矩阵标度及其含义

标　度	含　义
1	表示两个基本点因素相比，具有同样的重要性
3	表示两个基本点因素相比，一个因素比另一个因素稍微重要
5	表示两个基本点因素相比，一个因素比另一个因素明显重要
7	表示两个基本点因素相比，一个因素比另一个因素强烈重要
9	表示两个基本点因素相比，一个因素比另一个因素极端重要
2、4、6、8	上述判断矩阵的中值
倒数	因素 i 与 j 比较得判断 b_{ij}，反之则得判断 $b_{ji}=1/b_{ij}$

根据系统的实际情况，采用德尔菲法征求有关部门专家的意见，构造出各层次的判断矩阵如表 10.4 至表 10.7 所示。

表 10.4　A－B 层判断矩阵

	网络性能	网络流量	业务质量
网络性能	1	1/4	1/5
网络流量	4	1	4/5
业务质量	5	5/4	1

表 10.5　B1－C 层判断矩阵

	连通率	带宽	时延	时延抖动	丢包率	路由跳数
连通率	1	1/4	1/5	1/7	1/8	1/9
带宽	4	1	4/5	4/7	4/8	4/9
时延	5	5/4	1	5/7	5/8	5/9
时延抖动	7	7/4	7/5	1	7/8	7/9
丢包率	8	8/4	8/5	8/7	1	8/9
路由跳数	9	9/4	9/5	9/7	9/8	1

表 10.6　B2－C 层判断矩阵

	IP 吞吐量	链路利用率	网络流量大小	网络流量分布
IP 吞吐量	1	1/3	1/5	1/7
链路利用率	3	1	3/5	3/7
网络流量大小	5	5/3	1	5/7
网络流量分布	7	7/3	7/5	1

表 10.7　B3－C 层判断矩阵

	视频业务	交互式业务	WWW 业务
视频业务	1	1/3	1/5
交互式业务	3	1	3/5
WWW 业务	5	5/3	1

根据判断矩阵，计算对于上一层某元素而言本层与之有联系的所有因素的权重的过程，称为层次单排序。可以根据层次分析法基本原理，通过数学计算求出判断矩阵对应于最大特征值 λ_{max} 的特征向量。此特征向量的各元素即权重值，也就是单排序结果。

对矩阵：

$$A—B \xrightarrow{\text{方根法}} \begin{bmatrix} \sqrt[6]{1\times1/4\times1/5\times1/7\times1/8\times1/9} \\ \sqrt[6]{4\times1\times4/5\times4/7\times1/2\times4/9} \\ \sqrt[6]{5\times5/4\times1\times5/7\times5/8\times5/9} \\ \sqrt[6]{7\times7/4\times7/5\times1\times7/8\times7/9} \\ \sqrt[6]{8\times2\times8/5\times8/7\times1\times8/9} \\ \sqrt[6]{9\times9/4\times9/5\times9/7\times9/8\times1} \end{bmatrix} = \begin{bmatrix} 0.0651 \\ 0.2604 \\ 0.3255 \\ 0.4557 \\ 0.5208 \\ 0.5859 \end{bmatrix} \xrightarrow{\text{归一化}} \begin{bmatrix} 0.0294 \\ 0.1176 \\ 0.1471 \\ 0.2059 \\ 0.2353 \\ 0.2647 \end{bmatrix} \quad (10\text{-}1)$$

可得其特征向量为：

$$\boldsymbol{\omega} = \begin{bmatrix} 0.0294 \\ 0.1176 \\ 0.1471 \\ 0.2057 \\ 0.2353 \\ 0.2647 \end{bmatrix} \quad (10\text{-}2)$$

则

$$\boldsymbol{A\omega} = \begin{bmatrix} 1 & 1/4 & 1/5 & 1/7 & 1/8 & 1/9 \\ 4 & 1 & 4/5 & 4/7 & 1/2 & 4/9 \\ 5 & 5/4 & 1 & 5/7 & 5/8 & 5/9 \\ 7 & 7/4 & 7/5 & 1 & 7/8 & 7/9 \\ 8 & 2 & 8/5 & 8/7 & 1 & 8/9 \\ 9 & 9/4 & 9/5 & 9/7 & 9/8 & 1 \end{bmatrix} \begin{bmatrix} 0.0294 \\ 0.1176 \\ 0.1471 \\ 0.2057 \\ 0.2353 \\ 0.2647 \end{bmatrix} = \begin{bmatrix} 0.1764 \\ 0.7057 \\ 0.8821 \\ 1.2350 \\ 1.4114 \\ 1.5879 \end{bmatrix} \quad (10\text{-}3)$$

AHP 法的主要优点是可将决策者的定性思维过程定量化。但由于评价对象是一个复杂的系统，专家们的认识存在不可避免的多样性和片面性，所以即使有 9 级标度也不能保证每个判断矩阵具有完全的一致性。因此，还必须对形成的判断矩阵进行一致性检验。一致性检验是指检查各个指标的权重之间是否存在矛盾之处。一致性检验的依据是矩阵理论，步骤如下。

计算判断矩阵的最大特征根 λ_{max}：

$$\lambda_{max} = \frac{1}{n}\sum_{i=1}^{n}\frac{(A\omega)_i}{\omega_i} \quad (10\text{-}4)$$

式中：λ_{max} ——判断矩阵的最大特征根；

n ——判断矩阵的维数，也是层次子系统中的指标个数；

$\boldsymbol{A}$ ——判断矩阵；

$\boldsymbol{\omega}$ ——判断矩阵的特征向量；

$(A\omega)_i$ ——判断矩阵 A 与特征向量 $\boldsymbol{\omega}$ 相乘所得的向量 $\boldsymbol{A\omega}$ 的第 i 个元素。

于是 A-B 矩阵的最大特征根为：

$$\lambda_{max} = \frac{1}{n}\sum_{i=1}^{n}\frac{(A\omega)_i}{\omega_i} = \frac{1}{6}\left(\frac{0.1764}{0.0294} + \frac{0.7057}{0.1176} + \frac{0.8821}{0.1471} + \frac{1.2350}{0.2057} + \frac{1.4114}{0.2353} + \frac{1.5879}{0.2647}\right) = 5.9998 \quad (10\text{-}5)$$

查表，当 $n=6$ 时，RI＝1.24，则随机一致性比率为：

$$\mathrm{CR}=\frac{\mathrm{CI}}{\mathrm{RI}}=\frac{\dfrac{\lambda_{\max}-n}{n-1}}{R.I}=\frac{\dfrac{5.9998-6}{6-1}}{1.24}=0.000<0.1 \tag{10-6}$$

当 CR≤0.1 时，认为判断矩阵的一致性是可以接受的。当 CR＞0.1 时，应对判断矩阵进行适当修正，平均随机一致性指标 RI 如表 10.8 所示。

表 10.8 平均随机一致性指标 RI

矩阵阶数	1	2	3	4	5	6	7	8	9	10	11	12
RI	0.00	0.00	0.58	0.90	1.12	1.24	1.32	1.41	1.45	1.49	1.51	1.48

则 A－B 的权重系数值应为：

ω(A－B)=（0.0294，0.1176，0.1471，0.2059，0.2353，0.2647）

同理，可以求得以下权重系数值为：

ω(B_1－C)=（0.2500，0.7500）

ω(B_2－C)=（0.1111，0.3333，0.5556）

ω(B_3－C)=（0.1111，0.3333，0.5556）

ω(B_4－C)=（0.0625，0.1875，0.3125，0.4375）

ω(B_5－C)=（0.1111，0.3333，0.5556）

ω(B_6－C)=（0.0625，0.1875，0.3125，0.4375）

层次单排序之后，还应进行层次总排序计算。利用同一层次中所有层次单排序的结果和上层次所有元素的权重，计算针对总目标而言，本层次所有因素的权重值的过程，称为层次总排序。层次总排序同样也应进行一致性检验，其方法类似于层次单排序。计算过程略。检验结果 CR≤0.10，故层次总排序符合一致性要求。这样，得到了评估体系中各层次指标的权重值，结果如表 10.9 所示。

表 10.9 评价指标权重体系

总目标层	一级指标	二级指标		
		名称	单权重	总权重
A（网络性能评价指标体系）	B_1（网络性能指标）0. 3914	C_1（连通率）	0.2500	0.0978
		C_2（带宽）	0.1500	0.0587
		C_3（时延）	0.1236	0.0483
		C_4（时延抖动）	0.2354	0.0921
		C_5（丢包率）	0.1826	0.0714
		C_6（路由跳数）	0.0584	0.0023
A（网络性能评价指标体系）	B_2（网络流量指标）0.3176	C_7（IP 吞吐量）	0.1111	0.0352
		C_8（链路利用率）	0.3333	0.1158
		C_9（网络流量大小和分布）	0.4445	0.1411
		C_{10}（业务流量大小和分布）	0.1111	0.0352
	B_3（业务质量指标）0.2910	C_{11}（视频业务）	0.1111	0.0323
		C_{12}（交互式业务）	0.3333	0.0970
		C_{13}（WWW 业务）	0.5556	0.1617

10.6 基于 ANP 的 WSN 可生存性指标体系的构建与分析

10.6.1 背景需求

在特定应用场合用来评价 WSN 可生存性涉及的各种影响因素的完备集合称为 WSN 可生存性评价指标体系。针对不同的应用领域，WSN 生存性评价指标体系也有所差异。相对常规应用的 WSN，应急通信中的 WSN 更易遭受攻击或出现故障（如战场通信、抢险救灾等场合），甚至造成部分网络瘫痪，从而影响网络基本服务的提供，威胁网络的生存能力。应急通信中的 WSN 的生存性指标体系较常规 WSN 更加注重网络适应性和网络服务性，要求 WSN 能够准确感知网络情景以调整生存策略，及时恢复应急通信中的 WSN 的基本服务，进而增强 WSN 生存能力。

20 世纪 90 年代末，美国 T. L. Saaty 教授在层次分析法（Analytical Hierarchy Process，AHP）的基础上，为刻画网络层内各指标间的依赖性和影响性以及网络层对控制层的反馈作用提出了网络分析法（Analytic Network Process，ANP）。ANP 考虑了复杂动态系统中各指标间的相互作用，因此基于 ANP 建立的指标体系更符合实际情况。ANP 的基本结构如图 10.6 所示，主要包括控制层和网络层。控制层又包含目标层和准则层，所有的决策准则 P_1，P_2，…，P_n 只受目标层控制且相互独立；网络层的内部是互相影响的网络单元，由所有受控制层支配的元素组构成。

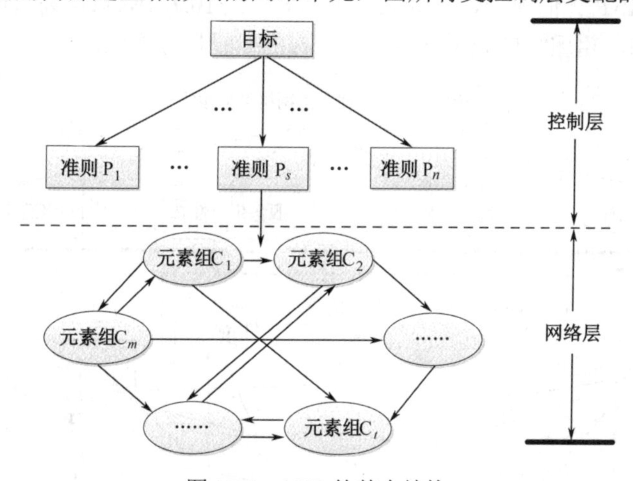

图 10.6　ANP 的基本结构

10.6.2 可生存性指标体系的构建

无线传感网的可生存性指标涵盖面较广，除考虑网络吞吐量、端到端时延和分组丢失率等传统 IP 网络性能和服务质量指标外，还重点考虑了网络安全性、网络抗毁性、网络适应性、网络生存时间、网络响应时间和网络恢复时间等指标，进而对网络生存性进行综合评价。本节在综合考虑应急通信特点和无线传感网特征的基础上，建立了 WSN 可生存性评价指标体系。该评价指标体系包含一级指标 4 个、二级指标 11 个，如表 10.10 所示。

表 10.10　评价指标集及描述

	一级指标	二级指标	二级指标含义描述
应急通信中 WSN 生存性指标	网络安全性 C_1	抗攻击能力 C_{11}	WSN 抵御恶意节点非法入侵保证信息安全性的能力
		攻击识别能力 C_{12}	WSN 能够及时、准确地识别攻击的能力
	网络抗毁性 C_2	网络连通度 C_{21}	WSN 内所有节点之间的互连互通程度

续表

	一级指标	二级指标	二级指标含义描述
应急通信中WSN 生存性指标	网络抗毁性 C_2	节点抗毁度 C_{22}	WSN 中节点至少能与其他任一节点连通的能力
		节点密度 C_{23}	WSN 单位面积监测区域内传感器节点的个数
	服务生存性 C_3	网络生存寿命 C_{31}	WSN 从开始工作到其不能提供所需服务为止的时间跨度
		网络服务时效性 C_{32}	WSN 在期望的时间内完成网络监测任务的能力
		网络服务恢复率 C_{33}	WSN 服务中断后能及时恢复网络关键服务的概率
	网络适应性 C_4	情景适应能力 C_{41}	WSN 对网络环境的自我适应能力
		认知学习能力 C_{42}	WSN 感知和学习所受生存威胁，并从中获得相关知识的能力
		调整演变能力 C_{43}	WSN 根据获得的知识调整生存策略的能力

网络分析法的提出主要是为了解决指标间的依赖性和不同层间的反馈性。在表 10.10 中的 WSN 生存性指标体系中，二级指标间相互影响，相互依赖。例如，表 10.10 中的网络的认知学习能力影响网络服务恢复率和攻击识别能力，网络连通度和节点密度又影响网络生存寿命和网络服务时效性等。本节结合 ANP 理论并通过分析评价指标间的关系，建立了分层网络结构的 WSN 可生存性指标体系 ANP 评估模型，如图 10.7 所示。在图 10.7 中，双向箭头清晰地描述了各指标之间的相互影响关系，粗虚线框表示框内评价指标的一级指标相同。

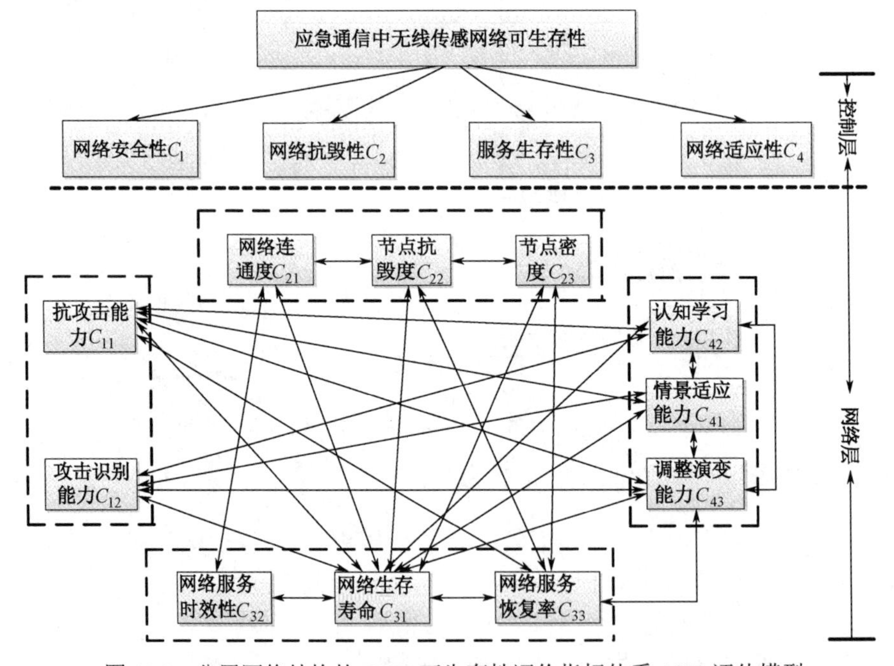

图 10.7　分层网络结构的 WSN 可生存性评价指标体系 ANP 评估模型

10.6.3　指标体系中指标权重的确定

1. 求解权矩阵

在图 10.7 所示的 ANP 评估模型中，控制层元素组 C_i（其中 i=1，2，3，4）中的指标元素为 C_{ij}（j=1,2,⋯,N）；以元素组 C_i 为准则，C_i 中元素 C_{ik}（k=1,2,⋯,M）为次准则。对多名专家（专家数量通常大于 10）进行问卷调查，专家采用 1～9 标度法给各指标间的相对重要性打分。最后综合考虑专家们的打分，对元素组中的元素进行两两对比，判断指标间的相对重要性，构造权矩阵 W_{ij}。如果 W_{ij}=0，则说明元素组 C_i 和 C_j 相互独立。下面以构造权矩阵 W_{31} 为例，介绍判断矩阵的求解过程。通过 12 位领域专家对各指标之间的相对重要性进行打分形成问卷调查表 10.11，该表结合应急通信中 WSN 的特征解释了打分的重要依据。

（1）根据问卷调查表中的专家打分情况，以控制层元素组 C_1 中元素为次准则，和 C_3 中元素 C_{3k}（k=1，2，3）依次进行相对重要性对比，构建判断矩阵，分别如表 10.12 和表 10.13 所示。在表 10.12 和表 10.13 中，CR 称为随机性一致比率；当 CR <0.10 时，认为该判断矩阵具有满意的一致性。

（2）计算判断矩阵的最大特征值及其对应的特征向量，并对判断矩阵进行一致性检验。若满足一致性检验，则归一化处理这些特征向量，便可得到对应的权重向量，权重的大小反映了该元素对准则的影响程度。

表 10.11 专家问卷调查表

评价指标	专家对各指标的相对重要性打分												专家打分的重要依据
	专家1	专家2	专家2	专家4	专家5	专家6	专家7	专家8	专家9	专家10	专家11	专家12	
C_{31} 和 C_{32} 对 C_{11} 的重要性	6	7	7	5	8	7	7	7	6	8	7	8	（1）WSN 安全机制是以能耗为代价的，延长网络寿命是提高网络安全性的基础。 （2）在应急通信中，WSN 基本服务的及时恢复能够相应提高网络安全性。 （3）在应急通信中，WSN 要求网络在提高能源效率的同时保证网络完成基本任务
C_{31} 和 C_{33} 对 C_{11} 的重要性	4	6	5	5	5	5	5	6	5	5	4	5	
C_{32} 和 C_{33} 对 C_{11} 的重要性	1	1	1/3	1	1/2	1	1/2	1/2	1/3	1	1/3	1/2	
C_{31} 和 C_{32} 对 C_{12} 的重要性	5	7	6	6	6	7	5	6	5	6	7	6	
C_{31} 和 C_{33} 对 C_{12} 的重要性	3	3	3	3	4	4	2	3	3	3	2	3	
C_{33} 和 C_{32} 对 C_{12} 的重要性	1	3	2	2	3	2	2	2	2	1	2	2	

表 10.12　以 C_{11} 为次准则的判断矩阵

C_1	C_{31}	C_{32}	C_{33}	权重
C_{31}	1	7	5	0.7396
C_{32}	1/7	1	1/2	0.0938
C_{33}	1/5	2	1	0.1666
CR=0.0122<0.10，因此，判断矩阵满足一致性要求				

表 10.13　以 C_{12} 为次准则的判断矩阵

C_1	C_{31}	C_{32}	C_{33}	权重
C_{31}	1	6	3	0.6667
C_{32}	1/6	1	1/2	0.1111
C_{33}	1/3	2	1	0.2222
CR=0<0.10，因此，判断矩阵满足一致性要求				

（3）将计算所得的权重向量依次作为权矩阵 $\boldsymbol{W}_{31}$ 的列向量，可得如下权矩阵：

$$\boldsymbol{W}_{31}=\begin{bmatrix}0.740 & 0.667\\0.094 & 0.111\\0.166 & 0.222\end{bmatrix} \tag{10-7}$$

2．构造并计算未加权超矩阵

按照计算权矩阵 $\boldsymbol{W}_{31}$ 的过程，依次计算其他所有权矩阵 $\boldsymbol{W}_{12}$，$\boldsymbol{W}_{13}$，…，$\boldsymbol{W}_{44}$，则可构造如下未加权超矩阵 $\boldsymbol{W}$：

$$\boldsymbol{W}=\begin{bmatrix}\boldsymbol{W}_{11} & \boldsymbol{W}_{12} & \boldsymbol{W}_{13} & \boldsymbol{W}_{14}\\\boldsymbol{W}_{21} & \boldsymbol{W}_{22} & \boldsymbol{W}_{23} & \boldsymbol{W}_{24}\\\boldsymbol{W}_{31} & \boldsymbol{W}_{32} & \boldsymbol{W}_{33} & \boldsymbol{W}_{34}\\\boldsymbol{W}_{41} & \boldsymbol{W}_{42} & \boldsymbol{W}_{43} & \boldsymbol{W}_{44}\end{bmatrix} \tag{10-8}$$

未加权超矩阵由二级指标所对应的 16 个权矩阵组成，反映了指标间的相互联系及相对重要性。带入数据可得到未加权超矩阵，如式（10-9）所示。

$$\boldsymbol{W}=\begin{bmatrix}0.900 & 0.100 & 0 & 0 & 0 & 0.667 & 0.500 & 0.333 & 0.250 & 0.500 & 0.167\\0.100 & 0.900 & 0 & 0 & 0 & 0.333 & 0.500 & 0.667 & 0.750 & 0.500 & 0.833\\0 & 0 & 0.659 & 0.400 & 0.114 & 0.109 & 0.548 & 0.396 & 0.630 & 0.655 & 0.413\\0 & 0 & 0.156 & 0.200 & 0.405 & 0.582 & 0.175 & 0.351 & 0.108 & 0.095 & 0.260\\0 & 0 & 0.185 & 0.400 & 0.481 & 0.309 & 0.277 & 0.253 & 0.262 & 0.250 & 0.327\\0.740 & 0.667 & 0.443 & 0.659 & 0.333 & 0.122 & 0.260 & 0.528 & 0.598 & 0.545 & 0.428\\0.094 & 0.111 & 0.169 & 0.185 & 0.333 & 0.558 & 0.327 & 0.140 & 0.134 & 0.182 & 0.143\\0.166 & 0.222 & 0.388 & 0.156 & 0.334 & 0.320 & 0.413 & 0.332 & 0.268 & 0.273 & 0.429\\0.273 & 0.109 & 0.443 & 0.637 & 0.400 & 0.443 & 0.135 & 0.114 & 0.156 & 0.333 & 0.260\\0.545 & 0.582 & 0.169 & 0.105 & 0.200 & 0.387 & 0.367 & 0.481 & 0.185 & 0.333 & 0.413\\0.182 & 0.309 & 0.388 & 0.258 & 0.400 & 0.170 & 0.498 & 0.405 & 0.659 & 0.334 & 0.327\end{bmatrix} \tag{10-9}$$

3．计算加权超矩阵

对控制层元素 C_i 进行两两比较，计算一级指标的权矩阵 $\boldsymbol{A}$。按照上述步骤建立判断矩阵，计算最大特征值及其对应的特征向量并进行归一化处理，可得如下一级指标权矩阵：

$$\boldsymbol{A}=\begin{bmatrix} a_{11} & a_{12} & a_{13} & a_{14} \\ a_{21} & a_{22} & a_{23} & a_{24} \\ a_{31} & a_{32} & a_{33} & a_{34} \\ a_{41} & a_{42} & a_{43} & a_{44} \end{bmatrix}=\begin{bmatrix} 0 & 0 & 0.250 & 0.413 \\ 0 & 0.250 & 0.250 & 0.120 \\ 0.252 & 0.500 & 0.250 & 0.107 \\ 0.748 & 0.250 & 0.250 & 0.360 \end{bmatrix} \tag{10-10}$$

将权矩阵和未加权超矩阵相乘即得到加权超矩阵：

$$\boldsymbol{W}'=\boldsymbol{A}\cdot\boldsymbol{W}=\begin{bmatrix} a_{11}\cdot W_{11} & a_{12}\cdot W_{12} & a_{13}\cdot W_{13} & a_{14}\cdot W_{14} \\ a_{21}\cdot W_{21} & a_{22}\cdot W_{22} & a_{23}\cdot W_{23} & a_{24}\cdot W_{24} \\ a_{31}\cdot W_{31} & a_{32}\cdot W_{32} & a_{33}\cdot W_{33} & a_{34}\cdot W_{34} \\ a_{41}\cdot W_{41} & a_{42}\cdot W_{42} & a_{43}\cdot W_{43} & a_{44}\cdot W_{44} \end{bmatrix} \tag{10-11}$$

根据式（10-11）代入数据可得到加权超矩阵，如式（10-12）所示。

$$\boldsymbol{W}'=\begin{bmatrix} 0 & 0 & 0 & 0 & 0 & 0.167 & 0.125 & 0.083 & 0.103 & 0.207 & 0.069 \\ 0 & 0 & 0 & 0 & 0 & 0.083 & 0.125 & 0.167 & 0.310 & 0.207 & 0.344 \\ 0 & 0 & 0.165 & 0.100 & 0.029 & 0.027 & 0.137 & 0.099 & 0.076 & 0.079 & 0.049 \\ 0 & 0 & 0.039 & 0.050 & 0.101 & 0.146 & 0.044 & 0.088 & 0.013 & 0.011 & 0.031 \\ 0 & 0 & 0.046 & 0.100 & 0.120 & 0.077 & 0.069 & 0.063 & 0.031 & 0.030 & 0.040 \\ 0.186 & 0.168 & 0.221 & 0.330 & 0.166 & 0.030 & 0.065 & 0.132 & 0.064 & 0.058 & 0.046 \\ 0.024 & 0.028 & 0.085 & 0.092 & 0.167 & 0.140 & 0.082 & 0.035 & 0.014 & 0.019 & 0.015 \\ 0.042 & 0.056 & 0.194 & 0.078 & 0.167 & 0.080 & 0.103 & 0.083 & 0.029 & 0.029 & 0.046 \\ 0.204 & 0.082 & 0.111 & 0.159 & 0.100 & 0.111 & 0.034 & 0.029 & 0.056 & 0.120 & 0.094 \\ 0.408 & 0.435 & 0.042 & 0.026 & 0.050 & 0.097 & 0.092 & 0.120 & 0.067 & 0.120 & 0.149 \\ 0.136 & 0.231 & 0.097 & 0.065 & 0.100 & 0.042 & 0.124 & 0.101 & 0.237 & 0.120 & 0.117 \end{bmatrix} \tag{10-12}$$

4．计算极限超矩阵

加权超矩阵 $\boldsymbol{W}'$ 中的元素 W_{ij}' 直接反映了各指标间的相互影响程度和依赖程度。ANP 分析法中引入了极限超矩阵，它将加权超矩阵反复自乘直到该矩阵不再变化或者达到稳定状态，这样可间接反映指标体系中各指标元素的相互依赖和影响关系。若加权超矩阵的极限收敛且唯一，即 $\overline{\boldsymbol{W}'}=(W')^{\infty}=\lim\limits_{k\to\infty}(W')^{k}$ 存在，则 $\overline{\boldsymbol{W}'}$ 的列向量就是所有二级指标相对应的权重。极限超矩阵可以由 MATLAB 软件编程求解，求得的极限超矩阵如式（10-13）所示。

$$\overline{\boldsymbol{W}'}=\begin{bmatrix} 0.0855 & 0.0855 & 0.0855 & 0.0855 & 0.0855 & 0.0855 & 0.0855 & 0.0855 & 0.0855 & 0.0855 & 0.0855 \\ 0.1395 & 0.1395 & 0.1395 & 0.1395 & 0.1395 & 0.1395 & 0.1395 & 0.1395 & 0.1395 & 0.1395 & 0.1395 \\ 0.0592 & 0.0592 & 0.0592 & 0.0592 & 0.0592 & 0.0592 & 0.0592 & 0.0592 & 0.0592 & 0.0592 & 0.0592 \\ 0.0401 & 0.0401 & 0.0401 & 0.0401 & 0.0401 & 0.0401 & 0.0401 & 0.0401 & 0.0401 & 0.0401 & 0.0401 \\ 0.0415 & 0.0415 & 0.0415 & 0.0415 & 0.0415 & 0.0415 & 0.0415 & 0.0415 & 0.0415 & 0.0415 & 0.0415 \\ 0.1105 & 0.1105 & 0.1105 & 0.1105 & 0.1105 & 0.1105 & 0.1105 & 0.1105 & 0.1105 & 0.1105 & 0.1105 \\ 0.0502 & 0.0502 & 0.0502 & 0.0502 & 0.0502 & 0.0502 & 0.0502 & 0.0502 & 0.0502 & 0.0502 & 0.0502 \\ 0.0666 & 0.0666 & 0.0666 & 0.0666 & 0.0666 & 0.0666 & 0.0666 & 0.0666 & 0.0666 & 0.0666 & 0.0666 \\ 0.1008 & 0.1008 & 0.1008 & 0.1008 & 0.1008 & 0.1008 & 0.1008 & 0.1008 & 0.1008 & 0.1008 & 0.1008 \\ 0.1719 & 0.1719 & 0.1719 & 0.1719 & 0.1719 & 0.1719 & 0.1719 & 0.1719 & 0.1719 & 0.1719 & 0.1719 \\ 0.1342 & 0.1342 & 0.1342 & 0.1342 & 0.1342 & 0.1342 & 0.1342 & 0.1342 & 0.1342 & 0.1342 & 0.1342 \end{bmatrix} \tag{10-13}$$

该极限超矩阵的列向量为：

（0.0855,0.1395,0.0592,0.0401,0.0415,0.1105,0.0502,0.0666,0.1008,0.1719,0.1342）

它对应于整个指标体系中所有二级指标的权重。同时，将对应的所有二级指标权重相加可得到一级指标的权重，分别为（0.2250,0.1408,0.2273,0.4069）。

10.6.4 指标体系分析与验证

1. 指标体系分析

由 10.6.3 节求得的一级指标权重可知，网络适应性在指标体系中的权重最大，表明提高网络适应性是提高应急通信中 WSN 生存性最为关键的要素。应急通信中 WSN 可生存性重点应考虑 WSN 遭受攻击、发生故障或者意外灾害后如何完成网络的基本服务。因此，在网络环境复杂多变的应急通信中网络适应性的提高可以有效增强网络的生存能力和服务性能。情景适应能力和认知学习能力可以在 WSN 受到攻击、发生故障时利用可用网络资源重选路径、重配置网络资源或重组网络结构，可靠完成网络的基本服务；调整演变能力则可在 WSN 受到攻击、发生故障后根据所获得的知识调整网络的生存策略，或者通过记忆已发生的攻击和故障，采取措施避免再次遭受同样的攻击，由此不断进化网络以提高网络的生存能力。

服务生存性和网络安全性所占的权重接近，但服务生存性的比重稍大一点。在应急通信中，网络安全性和服务生存性两者相互制约、相互影响，WSN 需要在提高服务生存性的前提下确保监测信息的安全性。具体而言，网络寿命的长短是提高网络安全性的重要保障，WSN 安全机制的运行需要耗费大量能源，因此服务生存性和网络安全性权重的差别要根据具体应急通信场合而定。因此，如何综合考虑并权衡网络安全性和服务生存性以设计高效的协议和算法，仍是学术界研究的热点。

网络抗毁性在该指标体系中的权重偏小，这主要因为 WSN 是一种无基础设施的自组织网络，并且传感节点分布密集，网络抗毁性相对传统网络要强很多；因此该评价指标体系中重点考虑的是受 WSN 自身限制影响的评价指标。

另外，指标体系中二级指标的权重可以作为增强应急通信中 WSN 可生存性的重要依据。具体而言，从极限超矩阵可知，二级指标按照权重从大到小排在前面的指标为认知学习能力、攻击识别能力、调整演变能力、网络生存寿命、情景适应能力、抗攻击能力和网络服务恢复率。需要注意的是，网络生存寿命指标影响着其他指标，因此，延长网络生存寿命是提高 WSN 可生存性的关键因素，它将间接影响 WSN 的其他生存性指标。

2. 指标体系验证

本节基于构建的指标体系，对采用前面介绍的 SRPC 协议和 RLEACH 协议的 WSN 的生存性进行综合评价，从而验证指标体系的有效性和可行性。SRPC 协议在权衡服务生存性和网络安全性的基础上可提高 WSN 的数据包投递率，增强 WSN 在应急通信中的服务能力；RLEACH 协议则主要通过身份认证、数据加密和密钥会话等机制提高网络的安全性。考虑到应急通信中 WSN 容易遭受攻击并且簇头可能被摧毁，利用仿真软件 OMNeT 4.0++分别对 SRPC 协议和 RLEACH 协议进行仿真，获得部分评价指标的仿真值，如表 10.14 所示；然后对其进行数值量化，如表 10.15 所示。最后，利用仿真值和指标权重综合评价采用两种协议的 WSN 生存性。在表 10.14 和表 10.15 中，网络服务恢复率主要描述簇头遭受攻击或摧毁后能否及时提供关键服务的能力；因此，验证时选择采用数据包投递率来衡量。抗攻击能力和网络服务恢复率用恶意节点数变化时得到的平均值来表示。

表 10.14　部分评价指标的仿真值

路由协议	评价指标		
	网络生存寿命（0.1105）	抗攻击能力（0.0855）	网络服务恢复率（0.0666）
SPRC 协议	12000.3	0.9082	0.9470
RLEACH 协议	7560	0.8702	0.8572

表 10.15　部分评价指标的仿真值量化结果

路由协议	评价指标		
	网络生存寿命（0.1105）	抗攻击能力（0.0855）	网络服务恢复率（0.0666）
SPRC 协议	1	1	1
RLEACH 协议	0.63	0.96	0.91

WSN 的可生存性可利用式（10-14）进行综合评价，其中 N_i 表示协议中部分评价指标的仿真值量化结果，W_i 表示该指标在评价指标体系中的权重，即

$$S = \sum_{i=1} N_i \cdot W_i \tag{10-14}$$

根据式（10-14）、表 10.15 和式（10-13），可以量化评估采用两种协议时 WSN 的可生存性。代入数据得到采用 SPRC 协议时的网络可生存性 S=0.263，采用 RLEACH 协议时的网络可生存性 S=0.212。从评估的数值结果可以初步得出结论：采用 SRPC 协议的 WSN 的生存能力优于采用 RLEACH 协议的 WSN。究其原因，一方面，SRPC 协议利用簇间多跳和单跳路由相结合的机制可有效地节约能源，延长了网络寿命；另一方面，SPRC 协议中备用簇头链的启用也提升了网络服务恢复率。综合考虑指标体系中的多种指标的权衡，所以采用 SPRC 协议的 WSN 更加适用于在应急通信中提供可生存的网络服务。

10.7　基于 SMP 的分簇 WSN 生存性评估模型

10.7.1　研究背景

近年来，已有不少学者提出了基于系统状态的评估模型。这类模型根据网络在特定场合下可能的状态和各状态之间的转移概率，通过计算可靠性、可用性等可生存性的数值函数定量评估网络的生存能力，如马尔可夫过程模型、有限状态机模型等。但是，应急通信中的无线传感网常常易受人为蓄意攻击，状态之间的转移概率并不一定服从负指数分布，而且节点的生存状态变化频繁多样；同时，WSN 自身的限制也迫切需求适应于应急通信中的有效的评估方法。因此，马尔可夫过程不能客观地评估网络可生存性。而半马尔可夫过程（SMP）中各状态的逗留时间可服从任何分布，所以基于 SMP 建立的生存性模型更能客观、有效地评估网络可生存性。

本节在全面考虑应急通信中分簇 WSN 的簇头节点可能受到的生存性威胁的基础上，建立了一种基于半马尔可夫过程的分簇 WSN 生存性评估模型。该模型在考虑应急通信中簇头生存状态的基础上建立了基于 SMP 的簇头生存状态转移图，结合网络生存性需求计算 WSN 的生存性效用函数，并定量分析了多种评价指标对网络生存能力的影响及其相关性；进而，利用该模型对采用 SPRC 协议和 RLEACH 协议的 WSN 的生存能力进行了量化评估和比较分

析。分析与验证结果表明，该生存性评估模型不仅可以对应急通信中 WSN 的生存能力进行客观、有效的评估，还能对 WSN 的实际部署和应用提供参考依据。

10.7.2 生存性评估模型

在分簇网络中，簇头的生存状态在很大程度上决定了网络的生存性。根据连续时间马尔可夫过程的性质，簇头处于生存状态 S_i 的概率为 P_{S_i}，簇头的 SMP 生存模型如图 10.8 所示。应急通信场合中的 WSN 簇头的生存状态集合定义为 $S=\{H,A,M,R,F\}$，具体含义如下。

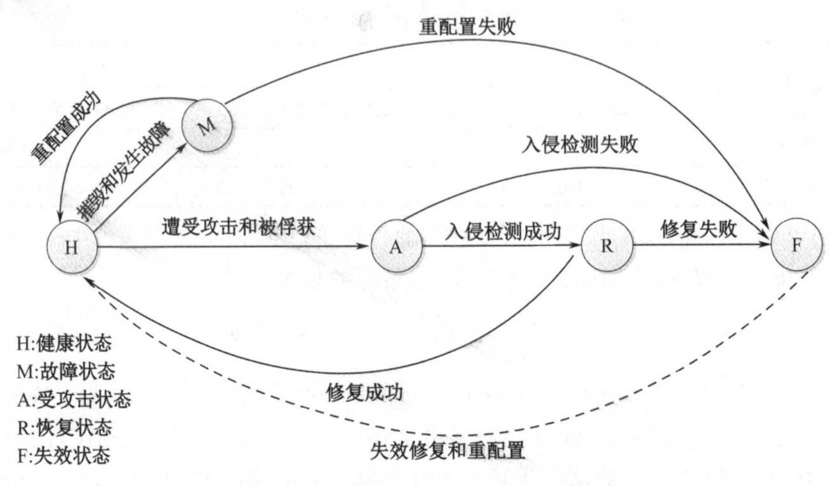

图 10.8 应急通信中簇头的 SMP 生存模型

（1）健康状态（H）：网络持续提供服务，未发生故障、遭受攻击和失效，网络能够转发并传输机密、可用、完整的侦察信息。

（2）受攻击状态（A）：网络遭受 HELLO Flooding 攻击、选择性转发（Selective Forwarding）攻击或者 Sybil 攻击时，影响网络的寿命、信息的安全性以及基本服务的完成。

（3）故障状态（M）：网络运行时传感节点被摧毁、软硬件老化等造成故障，导致网络不能正常转发和传输监测数据，造成服务中断。

（4）恢复状态（R）：网络发生故障、遭受攻击和失效后，利用冗余技术、资源重配置和相应的生存性协议对网络进行修复。

（5）失效状态（F）：网络遭受严重攻击且可生存性技术修复失败，网络不能持续提供基本的服务。

在应急通信中，簇头的 SMP 生存状态概率转化关系模型如图 10.9 所示。网络处于健康状态（H）时，簇头接收并融合簇内节点上传的监测数据，然后采用特定协议或者算法将数据安全可靠地传输到基站。簇头因遭受敌方摧毁或自身软硬件老化而转化为故障状态（M）时，若 WSN 及时利用网络重配置或软件自愈技术成功恢复后便可转化为健康状态（H），否则进入失效状态（F）。簇头因遭受恶意节点攻击或者被俘获转化为受攻击状态（A）时，若 WSN 通过密钥协商和认证等“防”、“检”技术成功修复后转化为修复状态（R），然后通过隔离或者备用资源重配置成功则转化为健康状态（H），继续提供网络服务并完成监测任务；否则，转化为失效状态（F）。在失效状态（F）时簇头不能继续监测数据，可以通过人工手动修复或者重新配置使网络恢复健康状态（H）。

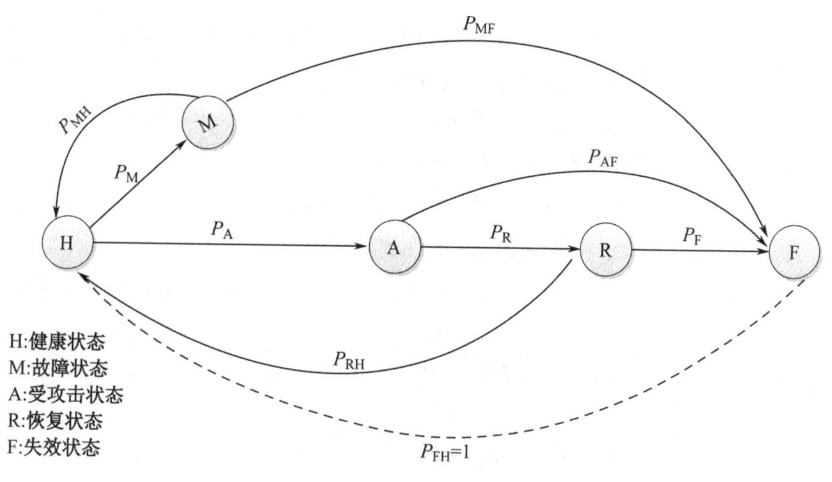

图 10.9　应急通信中簇头的 SMP 生存状态概率转化关系模型

SMP 生存状态转换模型中各项参数的定义如表 10.16 所示。

表 10.16　SMP 生存状态转换模型参数定义

参　　数	参 数 描 述
P_M	簇头发生故障或者失效的概率
P_A	恶意节点成功攻击网络的概率
P_R	网络成功检测敌方攻击的概率
P_F	网络自我修复失败的概率
P_{RH}	网络自我修复成功的概率
P_{AF}	网络进行入侵检测失败的概率
P_{MF}	网络修复故障失败的概率
P_{MH}	网络修复故障成功的概率

10.7.3　分簇 WSN 可生存性评估

根据 SMP 生存性模型对分簇 WSN 网络生存性进行分析，由状态转移模型和各项参数，可以得到图 10.10 中生存状态模型的连续马尔可夫链状态转移矩阵 $\boldsymbol{Q}$ ：

$$\boldsymbol{Q}=\begin{bmatrix} -P_M-P_A & P_M & P_A & 0 & 0 \\ P_{MH} & -P_{MH}-P_{MF} & 0 & 0 & P_{MF} \\ 0 & 0 & -P_R-P_{AF} & P_R & P_{AF} \\ P_{RH} & 0 & 0 & -P_F-P_{RH} & P_F \\ P_{FH} & 0 & 0 & 0 & -P_{FH} \end{bmatrix} \tag{10-15}$$

其中状态空间 $\boldsymbol{S}=\{H, M, A, R, F\}$。

设簇头稳定状态的概率矢量为 $\boldsymbol{\Pi}=[\nu_H,\nu_M,\nu_A,\nu_R,\nu_F]$，根据连续马尔可夫性质，可得如下方程组：

$$\begin{cases}\boldsymbol{Q}\cdot\boldsymbol{\Pi}=0\\ \sum\limits_{i\in s}\pi_i=1\end{cases}$$

根据以上方程组可得如下方程：

$$\begin{cases} \nu_M \cdot P_{MH} + \nu_F \cdot P_{FH} + \nu_R \cdot P_{RH} = \nu_H \cdot \nu_M + \nu_H \cdot P_A \\ \nu_H \cdot P_M = \nu_M \cdot P_{MH} + \nu_M \cdot P_{MF} \\ \nu_H \cdot P_A = \nu_A \cdot P_R + \nu_A \cdot P_{AF} \\ \nu_A \cdot P_R = \nu_R \cdot P_{RH} + \nu_R \cdot P_F \\ \nu_R \cdot P_F + \nu_A \cdot P_{AF} + \nu_M \cdot P_{MF} = \nu_F \\ \pi_H + \pi_A + \pi_M + \pi_R + \pi_F = 1 \end{cases} \tag{10-16}$$

式中：$P_{MH} + P_{MF} = 1$，$P_{FH} = 1$，$P_F + P_{RH} = 1$，$P_R + P_{AF} = 1$。对式（10-16）求解，得：

$$\nu_H = \frac{1}{1 + 2P_A + 2P_M + P_A \cdot P_R \cdot (2P_F - 1)} \tag{10-17}$$

$$\nu_A = \frac{P_A}{1 + 2P_A + 2P_M + P_A \cdot P_R \cdot (2P_F - 1)} \tag{10-18}$$

$$\nu_M = \frac{P_A}{1 + 2P_A + 2P_M + P_A \cdot P_R \cdot (2P_F - 1)} \tag{10-19}$$

$$\nu_R = \frac{P_R \cdot P_A}{1 + 2P_A + 2P_M + P_A \cdot P_R \cdot (2P_F - 1)} \tag{10-20}$$

$$\nu_F = \frac{P_A + P_M - 2P_R \cdot P_A \cdot P_{RH}}{1 + 2P_A + 2P_M + P_A \cdot P_R \cdot (2P_F - 1)} \tag{10-21}$$

由于簇头在故障状态、修复状态和失效状态时，不能持续提供网络的基本服务，而在攻击状态下可以降低服务的安全等级继续提供网络基本服务；因此可将基于连续时间马尔可夫过程的簇头节点的可生存性定义为概率$\nu_{S(CH)}$，且$\nu_{S(CH)} = \nu_H + \nu_A$，则将式(10-17)和式(10-18)代入该式可求得：

$$\nu_{S(CH)} = \frac{1 + P_A}{1 + 2P_A + 2P_M + P_A \cdot P_R \cdot (2P_F - 1)} \tag{10-22}$$

设簇头处于生存状态S_i的平均逗留时间为h_{s_i}，则基于 SMP 的簇头节点的生存状态的稳态概率可由下式计算：

$$\pi_i = \frac{\nu_i \cdot h_{S_i}}{\sum_j \nu_j \cdot h_{S_j}} \tag{10-23}$$

假设基于半马尔可夫过程的簇头的可生存性为$\pi_{S(CH)}$，由式（10-17）、式（10-18）和式（10-23）可得：

$$\pi_{S(CH)} = \frac{h_H + h_A \cdot P_A}{h_H + h_M \cdot P_M + h_A \cdot P_A + h_R \cdot P_R \cdot P_A + h_F (P_A + P_M - 2P_R \cdot P_A \cdot P_{RH})} \tag{10-24}$$

无线传感网节点分布密集，冗余性和容错性较强，网络的生存性不能由单个簇头节点的生存性来衡量，而应综合考虑由多个簇头节点构成的网络提供关键服务的能力。因此，在应急通信场景中为了提高监测数据的准确性与安全性，以及传输数据的可靠性，规定每轮网络中有一半以上的簇头是可生存的，则该轮网络才是可生存的。因此，假设第 i 轮选举产生的簇头总数为m_i，则第 i 轮网络生存性$\pi_{S(ER)_i}$可定义为：

$$\pi_{S(ER)_i} = p\{\text{有一半以上的簇头是可生存的/簇头总数为}m_i\} \tag{10-25}$$

假设网络运行过程中每个簇头的生存性相互独立，则第 i 轮网络可生存性$\pi_{S(ER)_i}$为：

$$\pi_{S(ER)_i} = \sum_{j=\left[\frac{m_i+1}{2}\right]}^{m_i} \binom{m_i}{j} \left(\pi_{S(CH)_i}\right)^j \left(1-\pi_{S(CH)_i}\right)^{m_i-j} \tag{10-26}$$

那么整个网络运行 r 轮时网络生存性可用所有轮网络生存性的均值来衡量，即整个网络的生存性 $\pi_{S(WN)}$ 可定义为：

$$\pi_{S(WN)}=\frac{1}{r}\sum_{i=1}^{r}\pi_{S(ER)_i}=\frac{1}{r}\sum_{i=1}^{r}\sum_{j=\left[\frac{m_i+1}{2}\right]}^{m_i}\binom{m_i}{j}\left(\pi_{S(CH)_i}\right)^j\left(1-\pi_{S(CH)_i}\right)^{m_i-j} \tag{10-27}$$

10.7.4 模型分析与验证

模型分析与验证是指在一定的实验条件下确定该模型能否提供网络的准确信息，如生存性指标对网络生存性的影响以及各生存指标之间的相关性。上述基于 SMP 的 WSN 生存性模型的输出变量是无线传感网的整体生存性，即 WSN 满足生存性需求时的稳态概率。第 6 章提出了一种应急通信中基于簇的 WSN 生存性路由协议——SRPC，该协议在均衡能耗的基础上可有效抵御恶意节点的攻击，并在簇头节点遭受攻击或者被摧毁后保证监测信息的可靠投递，因此可从网络安全性、服务生存性和数据包投递率等方面提高 WSN 在应急通信中的生存能力。RLEACH 协议是一种基于改进的随机密钥对的安全路由协议，它通过提高网络抵御攻击的能力和网络生存寿命来提高网络的可生存性。

同一网络在不同外部环境下其生存性可能不同，网络的生存能力只有在特定环境下才能得到有效衡量与评估。因此，根据实验统计数据，上述模型中的健康状态、故障状态、受攻击状态、修复状态、失效状态的平均逗留时间分别取 0.6 min、0.4 min、0.3 min、0.3 min 和 0.4 min。由相关文献的仿真结果可知，当簇头发生故障的概率为 P_M=0.5%、恶意节点的数目为 5 时，SRPC 协议的抗攻击能力 P_r=83.65%，而 RLEACH 协议的抗攻击能力 P_r=80.29%。由此，可以求得两种协议下簇头遭受攻击的概率 P_A 分别为 16.35%和 19.71%。

1．生存性指标间的相关性分析

该模型中簇头的生存性可由式（10-23）计算得到。基于上述参数设置并采用 MATLAB 软件进行仿真，可得到 WSN 采用 SRPC 协议和 RLEACH 协议时簇头可生存性在不同网络环境下的变化情况，如图 10.10 所示。

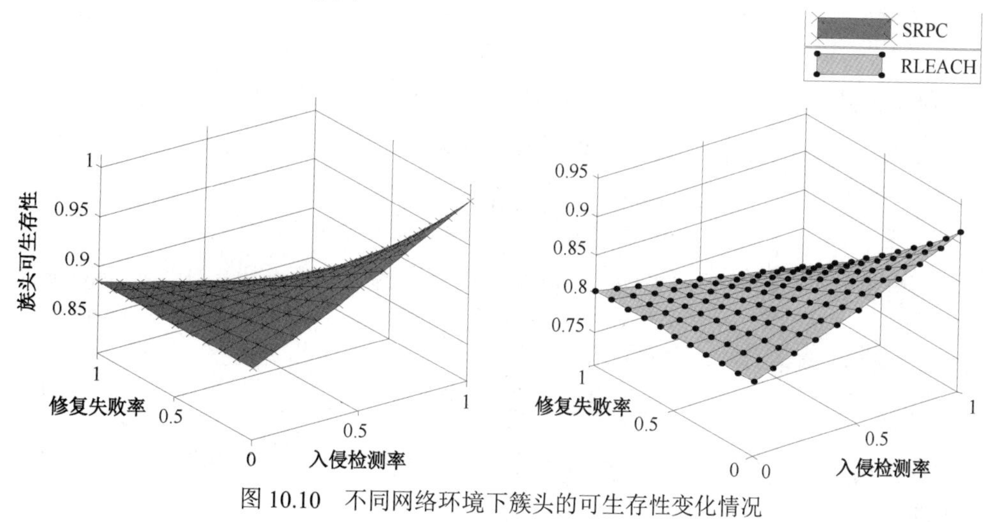

图 10.10　不同网络环境下簇头的可生存性变化情况

SRPC 协议抵抗恶意节点攻击的能力比 RLEACH 协议要强，故 SRPC 协议中簇头的可生存性比 RLEACH 协议要高。应急通信中 WSN 可生存性强调的是网络在遭受攻击或者发生故障后继续提供关键服务的能力。因此，若网络能够及时检测到入侵情况及受损程度，并能迅速得到修复，则认为该簇头的可生存性很强；若网络能够及时检测到入侵情况及受损程度，但是不能迅速得到修复，则认为该簇头的可生存性很差；若网络不能检测到入侵情况及受损程度而直接进入失效状态，此时簇头的可生存性和网络修复率无关。由图 10.11 可以看出：对于 SRPC 协议和 RLEACH 协议，当网络自我修复失败率和入侵检测成功率最高时簇头的可生存性最弱，分别为 82.91%和 74.99%；当网络自我修复成功率和入侵检测成功率最高时簇头的可生存性最强，分别为 99.55%和 91.38%。同时，需要强调的是，在这两个协议中，当入侵检测率为 1 时，簇头可生存性随着网络修复率的降低而迅速下降，说明提高网络修复率是增强网络可生存性的决定因素；当网络修复失败率为 1 时，簇头可生存性随着入侵检测率的提高而降低。综上可知，利用该模型得到的理论值和实际是相吻合的。

2．分簇 WSN 可生存性分析

结合 SRPC 协议和 RLEACH 协议，可以将该模型中的分簇 WSN 的生存性需求定义为网络在任何情况下均能将监测信息安全、可靠地传递给用户。当网络遭受攻击时可以通过降低服务的安全等级来继续完成服务，则分簇 WSN 的可生存性可由式（10-26）来计算。将 SRPC 协议和 RLEACH 协议分别运行 10 轮，并统计每轮的簇头数目；假设数组 $\boldsymbol{A}=[X\ Y]$，其中 X 表示网络入侵检测成功的概率，Y 表示网络自我修复失败的概率，则可以得到不同参数设置下簇头的可生存性数值；利用[1 1]、[0 0]、[0.5 0.6]、[0.5 0.2]和[1 0]这 5 组数组以及式（10-25）、式（10-26）和相关参数，可以求得采用两种协议时整个网络的可生存性的理论值。

在 OMNeT4.0++仿真软件中利用 SRPC 协议和 RLEACH 协议分别对本节提出的生存性评估模型进行模拟仿真，协议中每轮持续时间为 60 s，每轮簇头的初始状态为 H；随着协议的运行网络面临的生存性威胁以一定概率使簇头进入相应的生存状态，转换模型如图 10.9 所示；记录簇头转换生存状态的时刻，最后模拟的簇头可生存性和整体网络的可生存性可分别表示为

$$\overline{\pi_{S(CH)}} = \frac{\overline{t_H} + \overline{t_A}}{t_{ER}} \tag{10-28}$$

$$\overline{\pi_{S(WN)}} = \frac{\overline{t_H}' + \overline{t_A}'}{t_{WN}} \tag{10-29}$$

其中：$\overline{t_H}$ 表示每轮簇头处于健康状态的平均时间；$\overline{t_A}$ 表示每轮簇头处于受攻击状态的平均时间；t_{ER} 表示协议每轮的持续时间；$\overline{t_H}'$ 表示整个网络中簇头处于健康状态的平均时间

$$\overline{t_H}' = \sum_{i=1}^{N} \left(\overline{t_H}\right)_i \tag{10-30}$$

它是所有轮簇头处于健康状态的平均时间的和；$\overline{t_A}'$ 表示整个网络中簇头处于受攻击状态的平均时间

$$\overline{t_A}' = \sum_{j=1}^{M} \left(\overline{t_A}\right)_j \tag{10-31}$$

它是所有轮簇头处于攻击状态的平均时间的和；t_{WN} 表示整个网络运行的时间，也就是网络的生命周期。

本仿真中取 60 s，则簇头可生存性反映了簇头在单位时间内提供关键服务的能力。协议运行 10 轮后仿真结束，而网络的整体生存性的理论值可由式（10-25）和式（10-26）得到。选取 5 个随机种子形成 5 种拓扑结构对模型进行模拟仿真，假设仿真结果近似服从正态分布，最后将平均值作为模拟结果。模拟结果和理论值的对比如图 10.11 和图 10.12 所示（其中横坐标分别对应 5 组参数数组）。

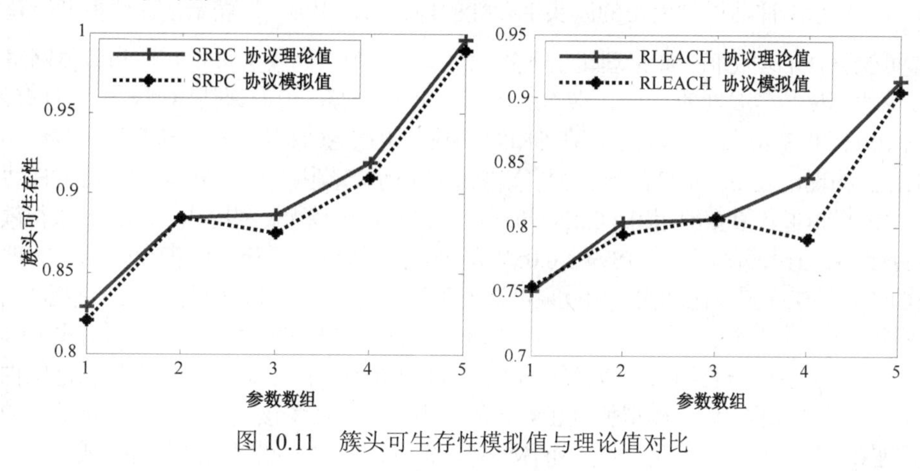

图 10.11　簇头可生存性模拟值与理论值对比

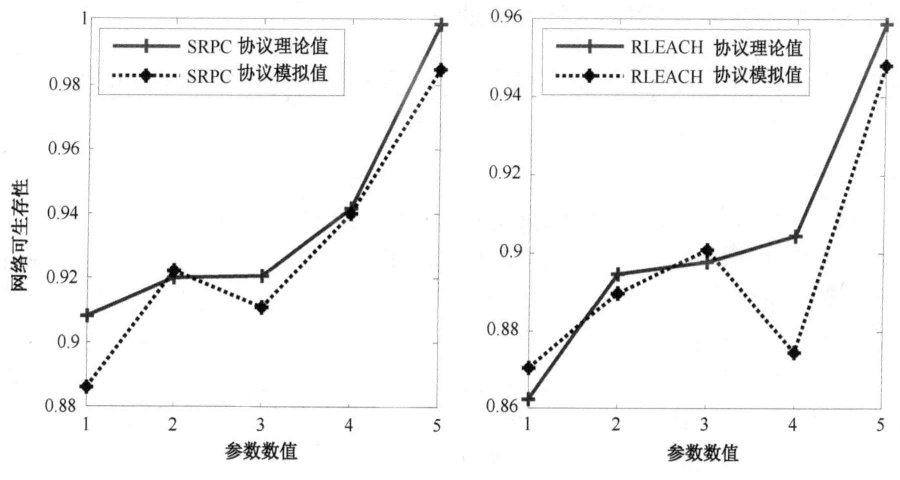

图 10.12　网络可生存性模拟值与理论值对比

3. 生存性评估模型验证

为了准确地反映应急通信中 WSN 可生存性理论值与模拟仿真结果的吻合程度，本节利用概率论和数理统计知识对仿真结果的置信区间进行估计。将随机种子获得的仿真结果当作抽样值，依据文献，当仿真结果的置信水平为 0.95 时，簇头可生存性、网络的整体可生存性的模拟仿真结果的置信区间分别为

$$\left(\overline{\pi_{S(CH)}}'\pm\frac{S_{S(CH)}}{\sqrt{n}}\cdot t_{\alpha/2}(n-1)\right) \tag{10-32}$$

$$\left(\overline{\pi_{S(EN)}}'\pm\frac{S_{S(EN)}}{\sqrt{n}}\cdot t_{\alpha/2}(n-1)\right) \tag{10-33}$$

其中：$\overline{\pi_{S(CH)}}'$表示模拟仿真所获得的簇头生存性的模拟值：$\overline{\pi_{S(WN)}}'$表示模拟仿真所获得的网络的整体可生存性的模拟值；$S_{S(CH)}$和$S_{S(EN)}$分别表示簇头可生存性和网络的整体可生存性的模拟仿真结果的标准差；n表示随机种子的个数，即为样本个数；$t_{\alpha/2}(n-1)$表示自由度为$n-1$的t分布的上α分位点；$1-\alpha$表示仿真结果的置信水平。

用$\pi_{S(CH)}$表示由评估模型所得的簇头生存性的理论值，用$\pi_{S(WN)}$表示由评估模型所获得的网络的整体可生存性的理论值；如果理论值在置信区间内，则认为簇头可生存性和整体网络的可生存性的理论值与模拟值是相吻合的，误差的可信程度为95%，说明评估模型是可行且有效的。

由图 10.11 和图 10.12 可以看出，在 SRPC 协议和 RLEACH 协议中，簇头可生存性和整体网络的可生存性的理论值与模拟值的误差大多数控制在很小的范围内。但是，在 RLEACH 协议中簇头可生存性的模拟值在参数数组[0.5 0.2]时与理论值误差相对较大。利用式（10-32）求得簇头可生存性的仿真结果的置信区间为(0.7899 ± 0.0562)，而由评估模型所获得的簇头生存性的理论值为0.8382，即仿真结果在置信区间内；由此，可认为簇头可生存性的理论值与模拟值是相吻合的。同样，整体网络可生存性的模拟值在数组[0.5 0.2]时与理论值的误差相对也较大。利用式（10-33）求得整体网络可生存性的仿真结果的置信区间为(0.8745 ± 0.0418)，其理论值也在置信区间内，说明整体网络可生存性的理论值与模拟值是相吻合的。由此便验证了该生存性评估模型的有效性。一般而言，网络可生存性考虑的是网络的整体性能，即使网络中一些簇头遭受摧毁或攻击，但是只要网络整体能够满足预定的生存性需求就认为该网络是可生存的。

10.8 基于计算机模拟的异构应急通信网络生存性评价

10.8.1 需求分析

在第 6 章中，介绍了一种基于无线自组网的高生存性异构应急通信网络，给出了网络结构，并分析了网络部署和节点配置情况。但是，基于无线自组网的异构应急通信网络的可生存能力必须从系统整体的角度进行评估，评价难度远远高于单一网络或设备的性能评测。另外，网络的性能与网络拓扑、业务量和业务类型密不可分，性能评估不仅要考虑上述网络的定量特征和定性特征，还要考虑网络的目标任务和应用需求。传统电信网的业务主要是话音业务，其业务流量大多呈泊松分布。因特网业务类型众多，其业务流量有明显的自相似特性。异构应急通信网络涉及数量众多、类型各异的通信设备，业务类型多样，其网络流量特征尚无定论。因此，现阶段很难构建合理的数学模型，大都只能通过计算机模拟手段来评估应急通信网络的网络性能指标（如网络连通性、吞吐量和分组投递时延）间的数值关系以及与网络参数（如网络规模、节点功率和移动速度）之间的变化关系，其目标是考察如何设置适当的网络参数以便使网络获得较高的服务性能。

10.8.2 模拟环境目的和环境设置

下面的模拟实验针对的是第 6 章介绍的异构应急通信的地面网络。考虑到干线网拓扑结构的重要性，首先，考察干线网的连通度和覆盖度以及普通用户节点接入干线网的概率，旨在分析骨干节点数量的配置以及骨干节点和用户节点传输范围的设置；然后，考察节点度和节点间的路由跳数随网络参数的变化情况；最后，考察网络稳定度和网络参数的关系。为便于分析，假设同种节点之间的链路是对称链路，只要一个节点m位于另一个节点n的传输范围内，节点m就可收到来自节点n的数据；如果两个节点位于彼此的传输范围内，则这两个节点可以直接通信。

模拟环境设置如下：在一个 1000 单位距离×1000 单位距离的区域内随机放置N个用户

节点和 M 个骨干节点，如图 10.13 所示。两种节点的移动方向均在[0，2π]内随机分布，用户节点和骨干节点的移动速率分别在[0, maxV_p]和[0, maxV_g]范围内随机选择；maxV_p 和 maxV_g 分别表示用户节点和骨干节点的最大移动速率，单位是距离/时间，并令 maxV_p>maxV_g。两种节点的传输范围均可动态调整，并令骨干节点的传输范围大于用户节点的传输范围。如不特别说明，模拟时间 T 为 10000 单位时间。

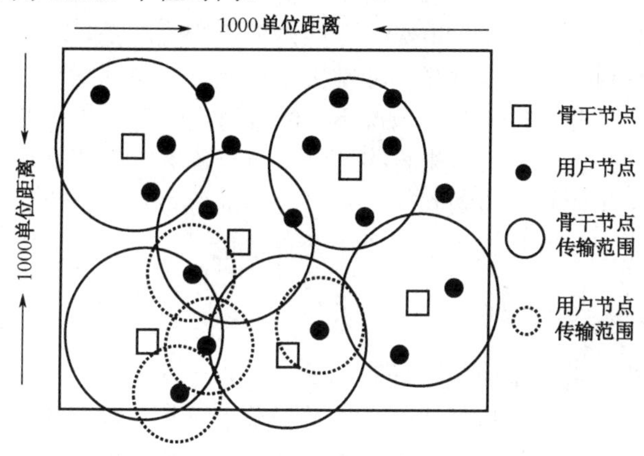

图 10.13　模拟实验中的节点分布情况

10.8.3　网络连通度和覆盖度分析

首先，模拟评测网络连通度随传输范围和节点数的变化。在此，定义连通度

$$\text{Connectivity}=\frac{\text{通过一跳或多跳可以互相通信的节点对数}}{\text{总的节点对数}} \tag{10-34}$$

从可生存性角度来看，连通度直接影响着节点对之间通信的成功率。令 maxV_g=1，骨干节点的传输范围 R 在[50,500]内变化，骨干节点数 M 在[5，25]内变化，模拟结果如图 10.14 所示。

然后，固定用户节点数 N=250 个，maxV_p=5，maxV_g=1。通过改变 M 和 R 来观察干线网的覆盖度，定义覆盖度

$$\text{Coverage}_{\text{gp}}=\frac{\text{位于所有骨干节点传输范围内的普通节点数}}{\text{普通节点的总数}} \tag{10-35}$$

模拟结果如图 10.15 所示。

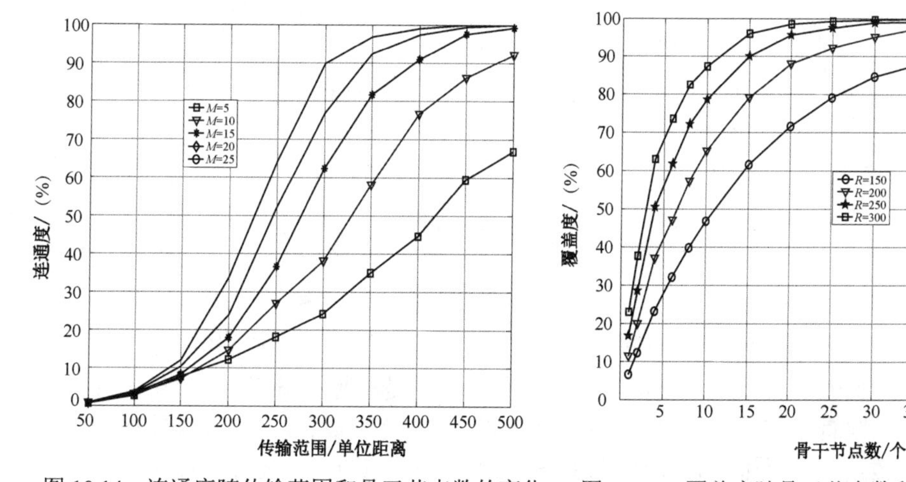

图 10.14　连通度随传输范围和骨干节点数的变化　　图 10.15　覆盖度随骨干节点数和传输范围的变化

模拟结果表明：骨干节点的连通度和覆盖度均随骨干节点的数量和传输范围的增加而增加。当传输范围在 350 单位距离以内时，连通度增加得很快；当骨干节点数在 25 个之前时，覆盖度增加得很快。随后，两者的增加速度逐渐变慢，最终都趋向于 100%。

应急通信网络需要合理配置骨干节点的数量和传输范围，以保证干线网有较好的连通度和覆盖度。在骨干节点数（或传输范围）确定的情况下，可以通过调整骨干节点的传输范围（或数量）来满足连通度要求（如：>90%）。干线网的覆盖度越高，用户节点获取信息和接收命令的时间将越短，这对于保障作战指挥非常关键。但是考虑到网络成本、空间复用度和网络安全等因素，应该在传输范围确定的情况下，配置适当数量的骨干节点使干线网的覆盖度达到预定要求（如：>85%）；而其他未直接被骨干节点覆盖的用户节点则可以通过节点的协作转发来获取信息。由于用户节点数量大，只需较小的传输功率就可达到很高的连通度，这种策略可以在很大程度上减少所需配置的骨干节点数量。

10.8.4 接入概率分析

在应急通信网络中，普通节点需要随时向骨干节点上报态势消息，因此普通节点需要能够接入干线网。普通节点传输范围较小，有些普通节点不能一跳直接访问骨干节点。下面考察在允许多跳转发的情况下普通节点能够接入干线网的概率，即

$$\text{Acess}_{\text{pg}}=\frac{\text{能一跳或通过多跳转发访问骨干节点的普通节点数}}{\text{普通节点的总数}} \tag{10-36}$$

令普通节点数 N=100，maxV_p=5，maxV_g=1；然后观察普通节点的接入概率随骨干节点数 M 和普通节点传输范围 r 的变化情况，图 10.16 所示给出了模拟结果。从图 10.16 可以看出，接入概率随 r 和 M 的增加而增加，并且受传输范围的影响更大一些，特别是当 r 在[60,140]内变化时。

另外，为了说明多跳转发的优势，将跳数不受限的情况（多跳 Ad hoc 网络）与限制普通节点只能一跳接入干线网的情况（如单跳蜂窝网络）进行了比较，模拟结果如图 10.17 所示。从图 10.17 可以明显地看到，相比于单跳接入策略，即使在传输范围较小和骨干节点数较少的情况下，多跳转发策略也能获得较高的接入概率。

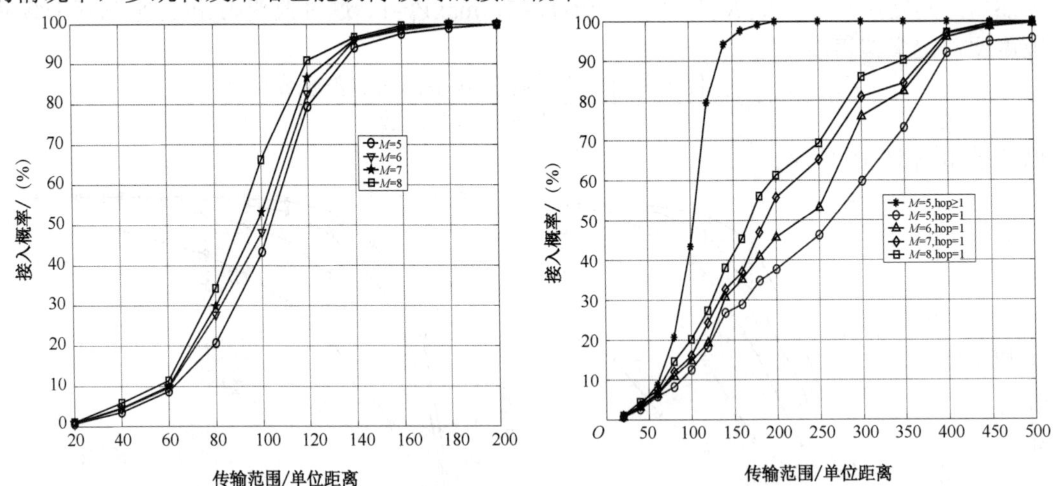

图 10.16 接入概率随传输范围和节点数的变化　　图 10.17 跳数受限和不受限时的接入概率

以上模拟实验假设骨干节点有足够大的接纳容量，但是实际上骨干节点的接纳容量是有限的，因此下面考察骨干节点接纳容量受限时普通节点的接入概率。在此规定如果骨干节点接纳的普通节点数达到容量限值，即使普通节点可以访问骨干节点，也将不被接纳。骨干节

点的容量限值通常应满足：骨干节点数×容量限值≥普通节点数。

下面通过 3 组实验来观察接入概率与容量限值和网络参数的关系，普通节点的数量 N=100。在实验 1 中，骨干节点的容量限值 limit=20，骨干节点数 M 从 5 到 8 变化，普通节点传输范围 r 从 0 到 200 变化；在实验 2 中，固定 M=6，limit 从 10 到 40 变化，r 从 0 到 200 变化；在实验 3 中，固定 r=100，M 从 5 到 8 变化，limit 从 10 到 40 变化。3 组实验的模拟结果如图 10.18 所示。图 10.18（a）表明，与接纳容量不受限的情况相比，接纳容量受限后接入概率明显降低，但是仍可通过增加骨干节点数和普通节点的传输范围来提高接入概率。图 10.18（b）表明，当接纳容量限值过低时，增加普通节点的传输范围难以达到较高的接入概率。例如当容量限值为 10 时，最大的接入概率为 60%（10×6/100）。模拟结果还表明，接纳容限增加到一定数值后，再增加接纳容量对于提高接入概率的作用不大。图 10.18（c）表明，通过增加骨干节点数和接纳容量均可增加接入概率，并且在传输范围固定时接纳容量的增加只能在一定程度上提高接入概率，而骨干节点数的增加可以显著提高接入概率。因为提高接纳容量只能增加可与骨干节点通信的普通节点的接入概率，而骨干节点数量的增加还将提高可以与骨干节点通信的普通节点的比率。

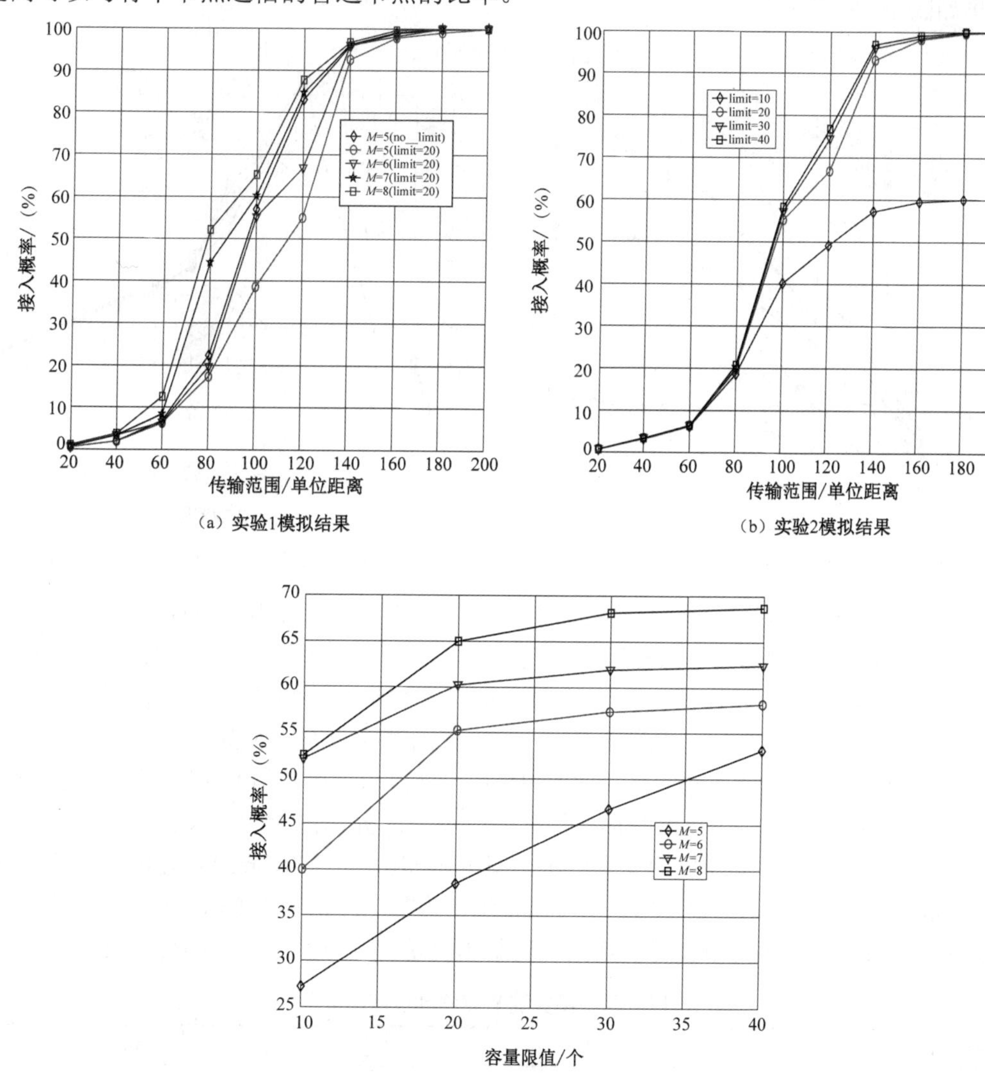

（a）实验1模拟结果

（b）实验2模拟结果

（c）实验3模拟结果

图 10.18　3 组实验的模拟结果

10.8.5 节点度和路由跳数分析

下面考察骨干节点的节点度 G 随网络参数的变化情况，其定义为：

$$G=\frac{\sum_{\text{所有节点}}\text{每个节点的邻居节点数}}{\text{节点的总数}} \tag{10-37}$$

令 $\max V_g=1$，R 在[100，1200]内变化，M 在[10，50]内变化，模拟结果如图 10.19 所示。从图 10.19 中可以看到，节点度随节点数和传输范围的增加而增加。在维持网络连通度和覆盖度的前提下，可以通过合理配置节点数和传输范围将节点度维持在适当的范围（通常为 5～8）来提高网络吞吐量。另外，为了减少分组传输时延和提高分组投递率，希望连通的节点对的平均路由跳数 H 较少（即路由长度较短）。定义节点对的平均最短路由跳数为：

$$H=\frac{\sum_{\text{连通的节点对}}\text{每个节点对的最短路由跳数}}{\text{连通的节点对总数}} \tag{10-38}$$

令 $\max V_g=1$，R 在[0，600]内变化，M 在[10，50]内变化，考察 H 随 R 和 M 的变化情况，模拟结果如图 10.20 所示。

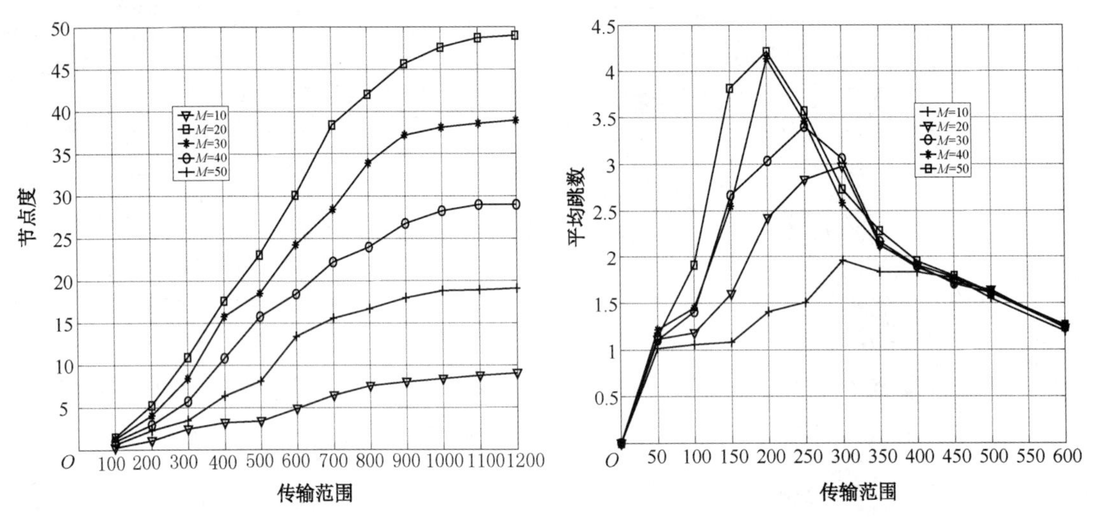

图 10.19 节点度随节点数和传输范围的变化　　图 10.20 路由跳数随节点数和传输范围的变化

图 10.20 中的模拟结果显示，H 随传输范围的增加先增大后减小，并且大多数情况下随节点数的增加而增加。因为当节点传输范围较小时，网络连通性弱，节点多跳连通的概率相对较小（极端情况下网络完全不连通，此时 H=0）。当传输范围增加时网络连通性增强，节点多跳连通的概率逐渐增加并会达到最大值。传输范围继续增加，很多节点能够以较小的跳数连接（极端情况下构成全连通网络，此时 H=1），节点对的平均跳数随之减少。当节点数较多时，网络连通性较好，节点多跳连通的概率也较大，所以 H 相对越大。

下面观察 H 随节点移动速度的变化情况。固定 M=20，R=250，$\max V_g$ 在[0，16]内变化，模拟结果如表 10.17 所示。从表 10.17 中可以看到，除节点静止时 H 略低外，节点的运动速度对 H 几乎没有影响，因为节点对的连接程度基本上是由节点数和节点的传输范围决定的。

表 10.17 路由跳数随节点移动速度的变化

移动速度	0	2	4	6	8	10	12	14	16
H	2.21	2.71	2.50	2.70	2.59	2.60	2.63	2.68	2.65

10.8.6 网络稳定度分析

节点 m 到 n 的链路 l_{mn} 的连接保持时间 h_{mn} 定义为 m 和 n 可直接通信的持续时间，可用来表示链路的稳定性。令节点传输范围为 R、节点平均速率为 V、节点 m 和 n 的距离为 d，那么最坏情况下 $h_{mn}=(R-d)/(2V)$，即假定节点 m 和 n 始终逆向移动。路径 $P=(i,j,k,\cdots,l,m)$的稳定性 P_S 近似由最短的链路保持时间确定，即 $P_S=\min[h_{ij},h_{jk},\cdots,h_{lm}]$。路径稳定性是动态的且与情景相关。为了降低数据的传输时延和增加数据投递率，希望路径比较稳定。这里将网络稳定度 S_N 定义为所有节点对之间连接保持时间的平均值，即

$$S_N=\frac{\sum_{\text{所有节点对}}\text{连接保持时间}}{\text{总的连接数}} \tag{10-39}$$

该定义采用节点对之间连接通断变化的频率来衡量网络稳定性；变化频率越快，网络越不稳定。下面考察网络稳定度随网络参数的变化情况。令 $\max V_g=1$，R 在[50，500]内变化，M 在[10，50]内变化，模拟时间为 2000 s，模拟结果如图 10.21 所示。从图中可以看到，网络稳定度随节点数量和传输范围的增加而增加，并最终趋于最大值 2000 s，此时网络始终保持全连通状态。然后，考察网络稳定度随节点移动速率的变化情况。固定 $R=300$，$\max V_g$ 在[1，16]内变化，M 在[10，50]内变化，模拟时间为 2000 s，模拟结果如图 10.22 所示。从图中可以清楚地看到，网络稳定度随节点移动速率的增加而降低，特别是当速率从 1 到 5 变化时。

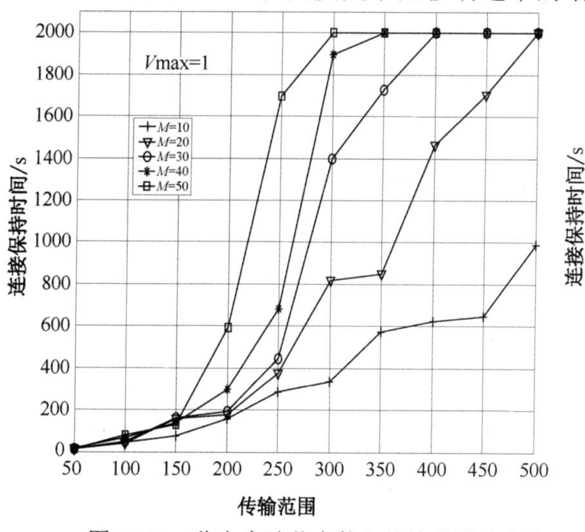

图 10.21 稳定度随节点数和传输范围的变化

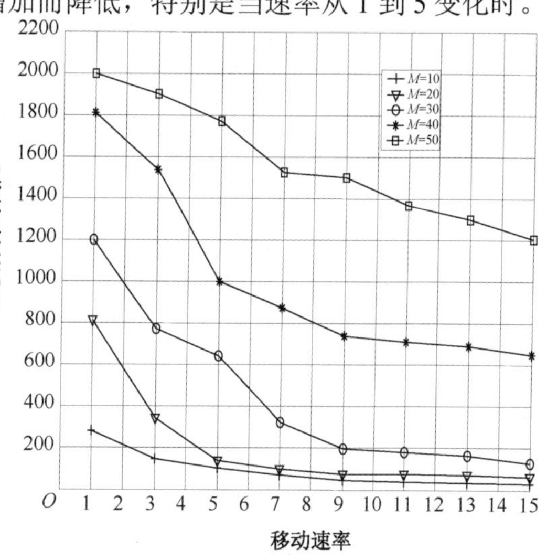

图 10.22 稳定度随节点数和移动速率的变化

10.8.7 实验结论

以上模拟结果表明：节点数量和传输功率的增加有利于改善网络的连通度、覆盖度、接入概率和稳定度，但增加了干扰、能耗和冲突；节点移动性对网络连通度几乎没有影响，但影响网络的稳定性。因此，需要合理配置节点的数量、移动速度和传输功率，从而以可接受的成本获得较高的连通度和稳定度，进而改善网络服务性能。在规划应急通信网络时需要综合考虑干线网连通度、覆盖度和稳定度，以及普通节点到干线网的接入概率。如果能够确定骨干节点数，则可以根据干线网的连通度、覆盖度和稳定度要求来确定骨干节点的传输功率，并可以适当增加传输功率以减少骨干节点数量。当骨干节点数量和传输功率确定后，可根据普通节点的接入概率要求和骨干节点的接纳容量来确定普通节点的传输功率。此外，必须限

制节点的移动性以维持可接受的网络稳定度。总之，网络配置是一个动态的反复的过程，应根据收集到的网络和节点的实际情况及时做出合理的部署，最大程度地保证通信网络的可生存性。这里给出的只是模拟结果，现实应急通信网络配置时应依据实际网络环境中的测试结果进行。

10.9 本章小结

在异构应急通信网络中，网络性能的测量、分析与评价对于全面、实时地掌握应急通信网络的整体性能和确保网络可靠、高效地运行非常重要，而构建客观、有效的网络性能指标体系是其前提条件之一。本章首先介绍了 IP 网络的评价指标体系，并以此为基础说明了基于无线自组网的应急通信网络性能评价指标体系的构建。其次，本章介绍了网络性能测量技术，并特别阐述了无线自组网的性能测量方法。在此基础上，设计了一种同样的网络性能检测和评价系统。再次，本章探讨了网络性能评价模型和指标权重的确定方法，针对 WSN 的可生存性评估问题，设计了基于 ANP 的 WSN 生存性评价指标体系并给出了基于 SMP 的分簇 WSN 生存性评估模型。最后，利用计算机模拟手段对异构应急通信网络的可生存性进行了量化评估和分析。

参考文献

[1] 李文峰，韩晓冰．现代应急通信技术．西安：西安电子科技大学出版社，2007.

[2] 张雪丽，王睿，董晓鲁，等．应急通信新技术与系统应用．北京：机械工业出版社，2010.

[3] 孙玉．应急通信技术总体框架讨论．北京：人民邮电出版社，2009.

[4] 高岩．通信行业应急通信保障预案体系探讨．通信世界，2005（39）：12-16.

[5] 郑少仁，王海涛，赵志峰，等．Ad Hoc网络技术．北京：人民邮电出版社，2005.

[6] 陈兆海．应急通信系统．北京：电子工业出版社，2012.

[7] 王海涛，许晔峰．应急通信保障方法和技术途径探讨．中国电信建设，2009，21（5）：44-50.

[8] 张飞舟，杨东凯，陈智．物联网技术导论．北京：电子工业出版社，2010.

[9] John W Rittinghouse．云计算．田思源，译．北京：机械工业出版社，2010.

[10] 李军．异构无线网络融合理论与技术实现．北京：电子工业出版社，2009.

[11] 罗娟，曾凡仔，李仁发，等．无线传感网络原理与OMNET++实现．长沙：湖南大学出版社，2011.

[12] 王良民，廖闻剑．无线传感网络可生存理论与技术研究．北京：人民邮电出版社，2011.

[13] 陈山枝，郑林会，毛旭．应急通信指挥：技术、系统与应用．北京：电子工业出版社，2013.

[14] 陈如明．资源互补构筑天地一体应急通信系统．世界电信，2008（7）：66-71.

[15] 何锦芳．关于建立全国性无线电应急通信机制的设想．中国无线电，2008（6）:33-35.

[16] 周俊，陈欣伟．应急通信保障体系建设的一些思考．电信工程技术与标准化，2008（7）：1-5.

[17] 崔林．应急通信中的问题与对策．中国卫星应用大会报告论文集，2006年8月：303-308。

[18] 张雪丽．应急通信的不同场景和技术需求．电信科学， 2007（2）：56-59.

[19] 张雪丽．应急通信技术体系及标准化问题探讨．现代电信科技，2009（2）：25-28.

[20] 黄遵国．信息系统生存性与安全工程．北京：高等教育出版社，2010 .

[21] 张乐君．网络信息系统可生存性技术研究．哈尔滨：哈尔滨工程大学出版社，2012.

[22] 陈志德．无线传感网络节能、优化与可生存性．北京：电子工业出版社，2013.

[23] 周千里．重大现场应急通信技术体系研究与探讨．中国新通信，2008（12）：40-44.

[24] 谭志．智能光网络路由与生存性技术．北京：机械工业出版社，2010 .

[25] Frank H P，Marcos D Katz．认知无线网络．周正，译．北京：北京：北京邮电大学出版社，2011.

[26] 王莉．网络信息系统生存性增强技术研究．成都：西南交通大学出版社，2011.

[27] 郑军，张宝贤．无线传感网络技术．北京：机械工业出版社，2012.

[28] 陈静，吴健华．交通应急通信系统设计方案探讨．中国交通信息产业，2008（3）：72-75,

[29] 钟斌，李博，程谦云．提高无线通信系统抗突发灾害的能力．通信与信息技术，2009（1）：44-47.

[30] 陈如明．未来应急通信发展策略再思考．通信技术政策研究，2008（6）：1-14.

[31] 陈敏．应急抢险通信系统应用浅析．铁道通信信号，2009（10）：63-64.

[32] 姚春华．公用通信网抗大灾害能力亟需提高．世界电信，2009（9）：48-50.

[33] 郭凯．全业务运营模式下的应急通信技术发展战略．通信与信息技术，2009（5）：55-58.

[34] 李政，王谦．灾难管理中的通信热点问题．现代电信科技，2009（4）：25-29.

[35] 杨然．灾难应对通信系统的需求与未来发展．现代电信科技，2009（2）：29-33.

[36] 沈斌．移动Ad Hoc网络与Internet互连的关键技术研究．武汉：华中科技大学，2007.

[37] 李华．公众移动通信网应急能力需求模型与网络方案研究．电信科学，2009（11）：36-40.

[38] 李颉，许舫. 无线城市异构网络下的多模终端发展现状及趋势. 移动通信，2009（10）：9-13.
[39] 周平，陈延. 浅析我国宽带无线应急通信系统建设的必要性和发展状况. 中国安防，2009（12）：95-98.
[40] 冯烈丹，向军，何洁. 地震黄金救援72小时内的通信保障. 卫星与网络，2009（5）：26-28.
[41] 王激扬，边立军. 5·12汶川地震灾后通信应急措施思考. 电信工程技术与标准化，2008（7）：12-14.
[42] 纪阳，吕擎擎. 端到端重配置技术综述. 中兴通讯技术. 2007，13（3）：24-27.
[43] 晏光华，袁林锋. 异构无线网络互连策略研究. 计算机与数字工程，2010，38（12）：66-69.
[44] 马冲，李广侠. 如何构建天地一体应急系统. 卫星与网络，2009（7）：29-34.
[45] 张洪顺，唐敏. 综合应急无线电指挥调度网的组建与实施. 中国无线电，2009（1）：19-23.
[46] 沈克勤. 一种基于Ad hoc网络的多网融合方案及其实验验证系统的实现. 电信科学，2005（1）：4-8.
[47] 容晓峰，高晓娟. 军用应急通信网互连方式的研究与设计. 计算机工程与应用，2002（6）：32-35.
[48] 黄川，郑宝玉. 多无线电协作技术与异构网络融合. 中兴通讯技术，2008，14（3）：27-31.
[49] 万晓榆，孙三山. 我国特大自然灾害下的应急通信管理探讨. 重庆邮电大学学报，2009，21(1): 29-34.
[50] 凌云，崔灿，杨俊峰. 适合异构通信网络的信息传输服务. 计算机工程，2009，35（8）：152-155.
[51] 糜正琨. 认知网络与网络融合. 中国新通信，2009（6）：5-10.
[52] 秦航，崔艳荣. 基于认知无线网络的异构网融合研究. 2008，5（4）：261-263.
[53] 杨盘隆，陈贵海. 无线传感网与因特网融合技术. 中兴通讯技术，2009，15（5）：24-27.
[54] 唐伦，陈前斌. 一种基于竞标机制的异构无线网络选择模型. 中国科技论文在线，2008，3（1）：16-20.
[55] 程婕，冯春燕. Ambient Networks 项目及其关键技术. 中兴通讯技术，2008，14（3）：38-41.
[56] 严剑锋. 应急通信多接入技术并存的若干关键问题研究. 上海：上海交通大学，2008.
[57] 严颐琛. 基于救灾应急通信的移动ad hoc网络的研究与应用. 上海：东华大学，2005.
[58] 高强，刘献伟. 电力系统应急通信网络及其抗毁性分析. 电网技术，2009，33（11）：104-108.
[59] 李闵，黄益栓. 一种QoS覆盖网络拓扑相关的方案. 计算机与数字工程，2008，36（6）：145-147.
[60] 王智源，丁泽中，胡广水. 军事通信网络拓扑结构抗毁性仿真. 计算机系统应用，2010，19（12）：109-113.
[61] 阮建英. 基于WiMAX的应急通信技术研究. 通信系统与网络技术，2007，33（3）：14-16.
[62] 李攀. 移动WiMAX在应急通信系统中的应用. 武汉：武汉科技大学，2009.
[63] 彭木根，王文博. 协同无线通信原理与应用. 北京：机械工业出版社，2009.
[64] 王毅，张琳华. 一种新型的车载动中通应急系统. 电视技术，2008，48（7）：50-54.
[65] 刘伟. 通信网络安全和应急保障方案研究. 通信与信息技术，2009（1）：47-50.
[66] 李威力. 动中通车载应急移动通信系统. 卫星与网络，2009（7）：74-78.
[67] 赵蕾. 应急通信保障系统的设计与实现. 电信科学，2011（3）：111-117.
[68] 郭丽丽. 博弈论在应急管理资源配置中的应用. 北京：北京交通大学，2008.
[69] 赵淑红. 应急管理中的动态博弈模型及应用. 开封：河南大学，2007.
[70] 赵绍，李岳梦. 认知网络在未来移动通信网络中的应用：汶川地震后的思考. 现代电信科技，2008（9）：61-64.
[71] 罗凡. 认知无线电在应急通信中的应用. 电脑开发与应用，2010，23（3）：14-17.
[72] 张静，汤红波. 基于动态频谱接入的应急移动通信系统. 电信科学，2008（12）：16-20.
[73] 宋笑亭. 高空平台通信系统及其应用. 中国科学：A辑，2008（12）：13-16.
[74] 文运丰. 利用高空无人机实现区域通信的系统设计方法. 无线电通信技术，2005，31（3）：37-39.
[75] 杜鑫，孟晓景. 基于Ad Hoc 网络的灾难应急通信网络分析. 计算机与信息技术，2010（2）：67-69.

[76] 杨卫东，张光昭. Ad Hoc网络在紧急救援中的应用. 电信科学，2008（5）：101-105.

[77] 任宏，杨树强. 宽带无线通信系统在应急指挥系统的应用分析. 无线通信技术，2010（1）：17-20.

[78] 刘军，许德健. 无线自组织网络在公安应急通信中的应用. 中国人民公安大学学报：自然科学版，2010（1）：55-57.

[79] Stamatios V Kartalopoulos. Surviving a Disaster. IEEE Communications Magazine, IEEE Communications Magazine, 2002, 40(7): 124-125.

[80] Ismall Guvenc，Ulas C. Reliable Multicast And Broadcast Services in Relay-based Emergency Communications. IEEE Wireless Communications, 2008,7(6):40-47.

[81] Larry Stotts，Scott Seidel. MANET Gateways: Radio Interoperability Via the Internet, Not the Radio. IEEE Communication magazine, 2008,45(11):51-59.

[82] Mooi Choo Chuah，Peng Yang. A message ferrying scheme with differentiated services. IEEE MILCOM 2005. 17-20 Oct，USA，2005：1521 – 1527.

[83] Jiang Ning, Hua K A, Liu Danzhou. A Scalable and Robust Approach to Collaboration Enforcement in Mobile Ad-Hoc Networks. JOURNAL OF COMMUNICATIONS AND NETWORKS，2007，9(1)：56-66.

[84] Michele Lima，Aldri Santos，Guy Pujolle. A Survey of Survivability in Mobile Ad Hoc Networks[J]. IEEE COMMUNICATIONS SURVEYS & TUTORIALS，2009，11（1）：66-77.

[85] Navid Nikaein，Raymond Knopp. An Overview of the WIDENS MAC/PHY layer for Rapidly Deployable Broadband Public Safety Communication Systems. Research Report RR-05-143，Sep，2005.

[86] Massimiliano Leoni，Fabio Rosa，Andrea Marrella. Emergency Management：from User Requirements to a Flexible P2P Architecture，Proceedings of ISCRAM 2007，May，2007，Australia：271-279.

[87] Gyun Park，Bong Keol. Development of Ad hoc Network for Emergency Communication Service in Disaster Areas. Proceedings of the 9th WSEAS International Conference，Sofia，Bulgaria，May，2008：337-340.

[88] Mahapatra R P，Tanvir Ahmad Abbasi. A Propose Architecture of MANET for Disaster Area Architecture. International Journal of Computer Theory and Engineering，2010，2（1）：31-34.

[89] Eranga Perera，Roksana Borell. A Mobility Toolbox Architecture for All-IP Networks: An Ambient Networks Approach. IEEE Wireless Communications，2008，7（4）：8-17.

[90] Wang Wei，Gao Weidong，Bai Xinyu. A Framework of Wireless Emergency Communications Based on Relaying and Cognitive Radio. PIMRC 2007，Greece，Sep，2007：432-436.

[91] Tara Ali-Yahiya，Thomas Bullot. A Cross-Layer Based Autonomic Architecture for Mobility and QoS Supports in 4G Networks. CCNC 2008，Las Vegas，Jan，2008：79-83.

[92] Maurits de Graaf，Hans Berg，Richard J. Boucherie Easy Wireless: broadband ad-hoc networking for emergency services. The Sixth Annual Mediterranean Ad Hoc Networking WorkShop，Corfu，Greece，June 12-15，2007：32-39.

[93] Midkiff S F，Bostian C W. Rapidly Deployable Broadband Wireless Communications for Emergency Management. National Digital Government Research Conference，May 2001，Redondo Beach CA，USA.

[94] Francesco Chiti，Romano Fantacci. A Broadband Wireless Communications System for Emergency Management. IEEE Wireless Communications，2008，7（6）：8-14.

[95] Nirwan Ansari，Chao Zhang. Networking For Critical Conditions. IEEE Wireless Communications，2008，7（4）：73-81.

[96] Janefalkar A，Josiam K. Cellular ad-hoc relay for emergencies (CARE). VTC2004，Los Angeles，Sept. 2004：2873–2877.

[97] Sun Oh. Beacons in time of distress: advances in wireless applications for emergency telecommunications. APACE2003，Aug，Tokyo，2003：10–15.

[98] Thomas R. Cognitive Networks. IEEE DySPAN 2005，Maryland，USA，Nov，2005：352–60.

[99] Lee M. Emerging Standards for Wireless Mesh Technology. IEEE Wireless Communication，2006，13（2）：56–63.

[100] Lu Kejie.WiMAX Networks: From Access to Service Platform. IEEE Network，2008，22（3）：38-45.

[101] Fujiwara T，Lida N，Watanabe T. A Hybrid Wireless Network Enhanced with Multihopping for Emergency Communications. IEEE International Conference on Communication，Paris，June，2004：4171-4175.

[102] Richard Anderson. Designing a National Emergency Wireless System. Master dissertation of University of Pittsburgh，April，2005.